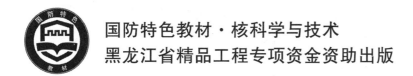

国防特色教材·核科学与技术

黑龙江省精品工程专项资金资助出版

核材料辐照效应

郁金南　编著

U0285115

哈尔滨工程大学出版社
Harbin Engineering University Press

内容简介

本书共分 10 章,主要内容包括核材料(包括核燃料和结构材料)辐照效应的基本理论和基本知识,研究核材料中辐照缺陷的产生过程,微观结构缺陷的演化以及它与结构稳定性、力学性能、物理性能间的关系,探索核材料辐照行为的基本规律和现象,并介绍辐照效应研究的最新进展和理论模型。

本书可供核材料科学与工程专业的研究生使用,也可供从事材料辐照改性、电子元器件辐射加固以及离子注入材料辐照损伤的本科生、硕士研究生学习使用,同时也可作为核燃料循环学科、先进能源靶物理研究生的选修课教材。

图书在版编目(CIP)数据

核材料辐照效应/郁金南编著. —哈尔滨:哈尔滨工程
大学出版社,2020.6
ISBN 978 - 7 - 5661 - 1140 - 1

Ⅰ.①核… Ⅱ.①郁… Ⅲ.①核工程－工程材料－辐
照效应 Ⅳ.①TL34

中国版本图书馆 CIP 数据核字(2016)第 143478 号

选题策划　石　岭
责任编辑　石　岭
封面设计　张　骏

出版发行　哈尔滨工程大学出版社
社　　址　哈尔滨市南岗区南通大街 145 号
邮政编码　150001
发行电话　0451 - 82519328
传　　真　0451 - 82519699
经　　销　新华书店
印　　刷　哈尔滨市石桥印务有限公司
开　　本　787 mm × 1 092 mm　1/16
印　　张　29
字　　数　762 千字
版　　次　2020 年 6 月第 1 版
印　　次　2020 年 6 月第 1 次印刷
定　　价　98.00 元
http://www.hrbeupress.com
E-mail:heupress@ hrbeu.edu.cn

前　　言

核能发电对发展经济和环境保护有着极其重要的意义,发展核电的关键是核反应堆的安全性和经济性,其核心的问题是核燃料元件、堆芯结构材料和压力壳钢的安全运行性能。这些材料都面临高温、高温度梯度、高热流、高速流场的作用,特别是在大量中子的轰击下,会发生核反应造成新的元素产生(包括气体),本身的成分将发生改变,另一方面因中子轰击在内部形成大量缺陷,缺陷的迁移和积累会对材料的形状、尺寸、力学性能造成严重的影响。其特点是在使用过程中不断地变化,那么它在中子的作用下会发生什么变化,能使用多久,会不会危及安全,有什么办法能增长它的使用寿命,这关系到反应堆的改进和发展问题,也是核材料的独特问题。反应堆在建成运行过程中将会出现各种问题(大量体现在材料的失效),如何分析和解决这些问题,以支持反应堆的安全运行,这就需要培养核反应堆和核材料专业的人才,对核反应堆和核材料有一个全面系统的了解,特别是对核材料辐照效应的认识。

在反应堆材料和核材料科学与工程等书籍中都非常重视并用相当篇幅叙述辐照效应,但是目前缺少一本系统阐述核材料辐照效应的书籍,以理解核材料的独特问题。近年来,材料辐照效应的研究,无论是实验研究还是计算机模拟实验研究都得到长足的发展,尤其是计算机的发展,提供了分子动力学模拟从碰撞过程直接产生的原始缺陷到缺陷退火、聚集和演化过程,以及相互连接,从深层次揭示辐照产生缺陷和它的发展机制;在应力下模拟从位错源处不断产生位错,随后运动、缠结、堆积、相互作用到滑移带的出现,揭示了应力下塑性变形、硬化到断裂的发展机制。在实验方面,结合聚变堆材料的氢、氦与碰撞级联的协同作用,在材料的辐照脆性和力学性能的变化上积累了大量数据;在辐照疲劳方面有了相当多的数据,正待归纳分析以期获得清晰的物理机制。这些都需要培养核材料专业的人才去开展研究,相应地需要一本基础教材,从固体中原子碰撞产生缺陷过程,到辐照缺陷的迁移、聚集和演化,导致微观结构的变化以及它与结构稳定性、力学性能、物理性能间的关系,探索核材料辐照行为的基本规律和现象,以及最新进展和理论模型研究,在辐照效应基本概念和基本理论的基础上,理解和推断材料在辐照下的行为,提高解决工程中实际问题的能力。

本书是在李恒德先生等译的《反应堆燃料元件的基本问题》,李文治教授编写的《辐照效应(固体中原子碰撞部分)》和周邦新院士等译的"材料科学与技术丛书的核材料Ⅰ和Ⅱ"等书的基础上,参考近年最新发展的科研成果,结合本人20多年的教学经验编写而成的。第1章介绍了材料辐照效应发展的历史和所研究的领域和承担的任务。第2章至第4章介绍碰撞的基本理论和在固体中产生缺陷的过程,是计算损伤剂量的基础,亦是开展分子动力学模拟研究的必要知识。

第5章介绍各种辐照粒子产生辐照损伤的特性和相应的计算损伤剂量的方法。第6章介绍了原始辐照缺陷的退火、聚集和演化的基本机制和相应的计算方法，具体介绍了缺陷的复合率，扩散率，空位和间隙原子的速率方程组，空位团、间隙原子团的形核和生长过程，空洞(或气泡)长大方程，间隙位错圈的长大方程等，特别是气泡(或气孔)的迁移、聚合和辐照重溶以及位错、晶界对气泡(或气孔)的钉扎，这些都将会在辐照样品的微观观察分析中得到具体应用。第7章介绍了金属核燃料和氧化物燃料的辐照行为，重点介绍氧化物燃料的辐照行为，特别是氧、锕系元素的重新分布以及裂变产物的迁移，它们在燃料元件的安全中起着重要作用，亦是芯块与包壳相互作用(PCI效应)的重要因素。第8章介绍了金属材料的辐照硬化、脆化和断裂的机制，这是核材料研究生必备的基本知识，在此基础上可对铁素体/马氏体钢的辐照硬化、脆化和断裂机制开展研究。第9章介绍了辐照生长和蠕变的基本机制，在实际中有很多具体应用。而辐照疲劳是一门新兴的课题，正在发展之中，本章只是介绍一些基本知识，留待研究生去探索。最后一章是探索聚变堆发展中的材料问题，它是发展聚变堆的瓶颈问题，这里仅介绍包层的结构材料。

书中不妥和错误之处，敬请读者批评指正。

编著者

2019年10月

目　　录

第1章 绪 论

1.1 材料辐照效应的发展历史和概况

辐照效应是射线与物质相互作用造成的物质力学性能及组织结构上的变化。它随射线种类、能量和物质性质不同而变化。

最早观察到固体辐照效应的是 1815 年 Berzelins 发现硅铍钇矿石释放潜能,后来表明这些矿石含有少量钍和铀,Hamberg(1914)正确说明了硅铍钇矿石释放潜能是放射性衰变粒子轰击造成的辐照效应。最早开展辐照效应的研究是基于探索射线对探测器和生物的效应,以及建造加速器中高能粒子、射线与物质的相互作用。随着核反应堆的建造,辐照效应的研究受到极大的重视,并获得飞速的发展。在美国建造第一座反应堆时,金属铀、石墨各向异性的辐照生长和石墨的潜能释放,直接威胁到反应堆的安全和生产堆的成败。在固体物理学家、冶金专家艰辛的研究下,采用带电粒子辐照模拟方法,用质子、氘核轰击铀、石墨和铝,研究产生缺陷的机理及其效应,寻求减少金属铀和石墨辐照生长的方法,以及控制石墨辐照潜能的释放,最终获得初步成效。Fermi 在 1946 年指出"核技术的成败取决于材料在反应堆中强辐射场下的行为"。在其后几十年中,核动力堆、核电站、快堆和聚变堆的发展,都证实了 Fermi 的断言。

在核电站发展过程中,由于元件破损造成放射性泄露,核电站的发展几经起伏。早期由于 Zr 合金包壳织构、氢化和针形腐蚀造成大量放射性泄漏,阻碍了核电站的发展,当改进 Zr 合金成分、织构,氢化和针形腐蚀获得解决,核电站得到了长足发展。但是在 1970 年左右,为了减少 UO_2 芯块肿胀和裂变气体释放,增加了芯块的孔隙率,结果造成 UO_2 燃料芯块辐照密实,导致元件坍塌、弯曲和破损,不得不暂停和中止已建成的核电站的启用,直至问题解决,形成核电站发展的第二次起伏。目前一方面仍在寻求防止 UO_2 燃料芯块与包壳相互作用(PCI)所导致的破损。例如改良芯块制备工艺,制备软芯块,减少芯块裂缝,以改善芯块与包壳相互作用的芯块一侧的性能。另一方面是提高包壳抗裂变产物侵蚀的性能,例如在包壳内侧有一层 0.1 mm 厚的纯 Zr 内衬,或一薄层石墨内衬,以减少芯块裂缝对包壳的应力,并改善抗裂变产物的侵蚀。同时根据一系列功率剧增试验和 PCI 的研究成果,提出了改进核电站运行的程序,以确保元件的安全。

另一个问题是核电站的压力容器辐照脆性、监测和寿命控制,它直接关系着核电站的安全和经济性,为此研究人员实施了一系列强化研究计划,开发了一系列的改进型合金,综合运用先进测试技术,诸如场离子显微镜、高分辨率电镜和小角度中子散射,以及力学试验的测量结果,寻求中子辐照对压力容器钢(RPV)韧脆转变温度(DBTT)升高的敏感因素,例如辐照硬化与铜、磷、镍的辐照诱发沉淀硬化的综合效应,发现铜元素的危害性,以及辐照后的退火使辐照缺陷与沉淀间的相互作用,从而开发铜含量低的新型压力容器钢,它具有高的抗辐照脆性能力和低的韧性脆性转变温度。这些研究成果直接改进美国机械工程师协会(ASME)标准及美国核管理委员会(NRC)的有关守则,给出监测、寿命控制和处理辐照脆化的常规程序。当前研究发展第四代核电站,提出高效率和确保核电站安全的概念,关键是提高核电站的运行温度,例如提高高温气冷堆的运行温度,这不仅能提高发电效率,还能直接生产氢。同样,提高快堆的出口温度,也可以直接产生氢。这些概念都对材料提出更高的要求,特别是辐照场中的高温性能,核材料研究面临新的挑战。

聚变堆是洁净、安全和用之不竭的最强大能源,它的成败除了等离子体物理以外,首当其冲的就是第一壁材料和面向等离子体材料,它们经受高通量的 14 MeV 中子辐照和逃逸离子的轰击,损伤剂量高于核电站元件包壳材料的损伤剂量的 10^4 倍,并且有大量嬗变氦、氢和其他产物,迄今尚没有合适的材料。因此,在辐照场下材料性能是至关重要的,直接关系到核反应堆的安全性和可靠性。核技术每一步的进展都与材料辐照性能的改进密不可分。

1.2 粒子辐照在固体中形成辐照缺陷的基本过程及其作用

材料辐照效应来自入射粒子与材料晶格原子的相互作用,它包括碰撞过程、缺陷形成过程和微观结构演化过程,这将导致辐照肿胀、辐照生长和微观结构的变化,在缺陷复合时释放出潜能。这些辐照缺陷和微观结构在应力场下与位错相互作用下形成力学性能变化和辐照蠕变,在电场和晶格振动场下与电子、声子相互作用形成物理性能的变化。

碰撞过程包括入射粒子与晶格原子发生碰撞产生初级离位原子(PKA)和嬗变核素,以及初级离位原子和嬗变原子在晶格中产生一系列碰撞所形成的碰撞级联(见图 1.1)。它们使局部的大量点阵原子剧烈地碰撞,这种碰撞大约在 $10^{-18} \sim 10^{-13}$ s 内完成。其后这些局域的晶格原子剧烈扰动,在 $10^{-13} \sim 3 \times 10^{-13}$ s 内演变为低密度、类高温熔化液滴和有冲击前沿的离位峰,这些过程统归于碰撞阶段。随后是离位峰弛豫,间隙原子逸出,离位峰从高温液滴冷却为过冷液滴。其后是贫原子区、空位、间隙原子的形成过程,约 $3 \times 10^{-13} \sim 10^{-12}$ s。

在 10^{-12} s 以后是贫原子区、空位、间隙原子、嬗变杂质与晶格原有的位错和相结构相互作用导致微观结构的演化,包括离位级联内缺陷的扩散、复合和聚集形成空位团;外围的间隙原子和空位逸出并扩散到位错、晶界、空洞、沉淀物;以及辐照诱发显微组织变化

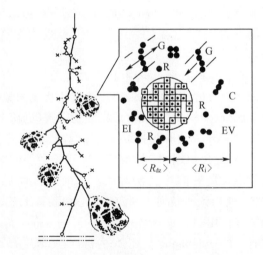

○—空位;×—空间原子;●—级联碰撞区;$\langle R_{dz} \rangle$—贫原子区的平均半径;$\langle R_i \rangle$—间隙原子与离位级联中心的距离;R—级间的复合;C—级联间的成团反应;G—小间隙原子环向贫原子区滑移;EI,EV—逸出间隙原子和空位。

图 1.1 入射粒子在固体中碰撞过程的示意图

(合金无序化、非晶化)。由于不同种类的阱吸收逸出间隙原子和空位效率是不同的,这将导致到达不同阱的间隙原子和空位流量不平衡,产生空洞肿胀和辐照蠕变等现象。辐照缺陷的扩散、复合和聚集以及与杂质、杂质气体相互作用将形成一系列缺陷团的形核、生长,产生不同大小辐照缺陷团的分布。

在无应力场下辐照产生的一系列辐照缺陷、缺陷团和新的显微组织(包括新的沉淀相、有序合金的无序相、晶粒内非晶化组织或无定形组织),在应力场下与位错运动相互作用发生辐照蠕变和力学性能变化;在电场和晶格振动场下电子、声子与辐照缺陷相互作用形成物理性能的变化。样品在堆内处于自由状态下辐照,到达一定辐照剂量后,转运到热室进行力学性能和物理性能测量。与辐照前的性能相比较得到的性能变化反映的是新增的辐照缺陷所产生的效应,如辐照肿胀、辐照生长、辐照硬化、辐照脆化、电导和热导性能下降、光学性能变化等。

在应力场下辐照,辐照不断地产生缺陷,它们与位错相互作用,加快或减慢位错运动,如点缺陷加快位错的攀移,增加辐照蠕变,而缺陷团和新的显微组织又阻碍位错运动,形成辐照硬化。对于循环应力,位错的往返运动又能扫除一些缺陷。因此不同的应力状态,辐照缺陷、缺陷团和新的显微组织与位错有着不同的相互作用,形成不同的变化。虽然位错状态对辐照产生缺陷有一些影响,但是辐照的碰撞过程是原子的动力学过程,所受的影响小,其只是在辐照缺陷的形成、扩散、复合和聚集过程起到重要作用。因此一些动态性能,如辐照蠕变、辐照疲劳等需要进行在役辐照和测量。

中子和辐射粒子撞击点阵原子产生缺陷,其核反应将产生嬗变元素,这些点阵缺陷和嬗变元素所引起的材料宏观性能改变称为辐照效应,其性能降低称为辐照损伤。实际上,辐照效应不仅有辐照损伤,还有辐照改性。对于宝石,辐照产生的缺陷增加色心浓度;对于橡胶,辐射改变大分子的交联方式以改进其性能。对于半导体工业,在堆内中子场下部分硅元素吸收中子嬗变成元素 P,形成 P 的均匀掺杂,这是制备大型电子元器件母材最经济的方法。电子辐照产生深层的缺陷掺杂,可以减少少子寿命,缩短开关时间。在制备大型集成芯片工艺过程中,采用纳米离子束技术,在不同位置注入不同离子进行掺杂,达到所需要的离子浓度和相应的电性能。这些高技术的应用伴随辐照缺陷和损伤,因此需要研究母材的性质和所产生的辐照缺陷,采用适当的热处理方式来达到所需要的性能。

离子束冶金采用注入离子与缺陷的结合,形成新的表面层,改善材料表面性能,例如增强表面硬度,改善抗蚀、抗磨性能,甚至可以具备特殊的性能(如催化性能等)。在高 Tc 超导体中采用辐照缺陷(包括裂变碎片产生的缺陷)提高钉扎中心浓度,达到高磁场下的高电流密度和强磁场的效果。最近,采用高能分子束轰击高 Tc 超导形成规则的纳米管,达到了较理想的钉扎分布。还有采用辐照技术制备纳米材料,这些辐照缺陷为高技术应用开辟了广泛的前景。

在空间技术中,有 39% 的故障是电子元器件在空间辐照环境下失效所引起的。对于 CMOS 器件,辐射粒子在绝缘层中产生缺陷形成空间电荷的积累,降低 NMOS 器件的开启电压,加深 PMOS 器件的抑制电压,改变线路功能和传输性能,以致失效的总剂量效应。对于逻辑电路,高能粒子引起的单粒子效应(包括翻转、锁定和焚毁)将造成控制失败(例如姿态控制),产生严重事故。研究辐射粒子对电子元器件的总剂量效应和单粒子效应是至关重要的。

不同粒子辐照可以在固体内产生不同类型的缺陷,它是研究固体缺陷的一种有效方法,分析各种类型缺陷的性质、功能,以及它与其他缺陷间的相互作用,是研究固体性质的有力工具。

1.3　辐照效应研究的领域和任务

辐照效应研究的领域涉及反应堆工程、加速器工程、碎裂中子源等核材料和结构材料等学科,亦涉及核技术的诸多领域和电子元器件辐照加固技术,以及固体物理中的若干学科,如缺陷理论、半导体和离子晶体中的缺陷作用、高 Tc 超导中缺陷钉扎效应等。本书仅限于核材料辐照效应基本物理过程阐述,更好地处理材料中辐照损伤问题,同时它也是辐照模拟技术的物理基础,有助于对其他辐照效应的理解。特别是当前发展聚变堆工程,聚变堆材料是关键问题,尤其是材料经受 14 MeV 强流中子的辐照,损伤剂量很高又伴随着大量的嬗变氦、氢,急需材料辐照效应数据和评价其工程应用的可能性。但是目前缺乏 14 MeV 强流中子装置进行辐照试验,只能采用辐照模拟技术来筛选材料,这就需要建立辐照效应理论和模型来正确设计辐照模拟实验和数据处理,推断其应用的可能性,以适应聚变堆材料的发展,特别是分子动力学模拟(MD Simulation)技术的发展,能够研究碰撞过程和原始缺陷形态、缺陷形成能和迁移能,以及其后的演化过程,与相应的辐照实验微观观察相比较,了解各因素的作用。在性能研究上,MD 模拟位错运动和位错群的组合、缠结,观察到位错群的隧道效应。因此随着分子动力模拟技术和各种辐照技术的发展,以及微观观察的进展与性能测试,可以分析 14 MeV 强流中子的辐照损伤和其影响因素,以设计材料的组分,寻求低活化、耐辐照、耐腐蚀的材料。

材料的组分设计受到诸多因素制约,它应具有足够的力学性能、物理性能、化学性能、中子特性(抗辐照的特点,即要求辐照损伤引起的性能变化小)、耐蚀和抗热震性,必须具备以下条件:

(1)符合核条件

①中子经济性,即元素吸收中子截面一定要小;

②杂质含量要满足核级纯;

③低活性,感生放射性小,半衰期短,剩余发热量小。

(2)运行性能

①具有良好的物理性能和机械性能;

②抗辐照性能一定要强;与冷却剂相容性要好。

(3)工业支持性

①工业上能够大规模生产,具有工业生产能力;

②具有经济性,成本低廉;

③焊接性能良好(包括焊接件的辐照性能好)。

基于对以上各特性的考虑,核工业结构材料有以下几种:

(1)铝及铝合金(生产堆)

铝的优点是价廉,热中子吸收截面(0.23 b[①])及活化截面(0.21 b)小,并有适当的强度和良好的塑性、导热性及加工性能,对 100 ℃以下的纯水也有较好的抗蚀性,但熔点低,抗高温水腐蚀差。

(2)镁合金

镁合金抗 CO_2 的氧化能力强,中子吸收截面和活化截面是铝的1/4,延性、蠕变强度和导热性能较好,但是耐高温性能差。

---

① 1 b = 1×10^{-28} m^2

（3）锆合金（核电站）

锆合金比不锈钢的熔点高 300 ℃，热膨胀系数是不锈钢的 2/3，导热率高 18%，热中子吸收截面小一个数量级；机械性能、加工性能好，同 UO_2 相容性好，尤其是对 300 ℃～400 ℃ 的高温水，高温水蒸气也具有良好的抗腐蚀性能和足够的热强性。

（4）不锈钢（快堆）

不锈钢在堆内用量最多的是快堆和改进型气冷堆，不锈钢中奥氏体组织具有良好的耐蚀性和焊接性能，优良的热强性和冷、热加工性能，冷形变后又具有强度、塑性和韧性的良好综合性能，但不锈钢的中子吸收截面较大（约 2.9 b），高损伤剂量下辐照稳定性差（辐照肿胀、新相析出、氦脆等）。

当前对于高温气冷堆和聚变堆，以上材料都难以符合要求。目前有面向等离子体材料（如铍合金、多元素掺杂的石墨制品、Cf/C 复合材料、SiCf/SiC 复合材料、纯钨和钨合金），低活性结构材料（低活性马氏钢、钒合金、SiCf/SiC 复合材料），氚增殖剂材料（锂陶瓷、锂铅合金、金属锂）等，它们都面临着辐照考验，衡量利弊得失进行筛选，才能被应用于聚变堆，它的成败直接关系到聚变堆的经济性和安全性，这对于材料科学界又是一个崭新的挑战。

本书对核材料辐照效应基本物理过程进行阐述，为分子动力学模拟技术、各种辐照技术、微观观察、性能与辐照缺陷的关系提供基础知识，可以帮助理解当前发展动态和进一步研究辐照损伤及其影响因素，有助于聚变堆材料的辐照研究和材料设计。

第2章 经典散射理论

固体材料受到高能粒子轰击时,入射粒子与材料晶格原子发生一系列的碰撞,这是引起辐照效应的初始过程。碰撞有弹性碰撞和非弹性碰撞两类,弹性碰撞并不改变原子的结构和性质,服从能量守恒、动量守恒和角动量守恒等定律。非弹性碰撞则引起电离,电子激发使一部分运动的能量转化为原子或固体中的内能。以原子作实体而言,它就不能满足动量守恒、角动量守恒定律。对于金属材料,弹性碰撞将产生晶格缺陷,造成损伤。分子动力学模拟技术就可以描述这一系列的碰撞过程。因此,从经典散射理论的两体弹性碰撞入手来研究原子的运动轨迹和一般的散射规律,以及它与原子势函数的关系,对分子动力学模拟和 Monte Carlo 模拟计算都是基础性的和至关重要的知识。关于原子作用势函数的描述,很难以简单的解析形式表达在所有能量范围内都适用的势函数。在本章第2节中,除了介绍几种在一定条件下可以适用的简单的解析势函数之外,还将对在相当大的范围内都适用的 Thomas – Fermi 势的基本轮廓作以描述,同时亦介绍分子动力学模拟中所采用的镶嵌势的原理。微分截面概念的引入可使我们对散射规律的描述和了解更加深入,物理意义更明确。对诸如刚性球、库仑势等简单势函数,都可以给出解析形式的微分截面表达式。然而,对于较更实际的作用势而言,却给不出微分截面的解析表达式。在本章的最后部分,介绍由 Linhard 所给出的 Thomas – Fermi 势条件下微分截面的处理方法和一般形式,在 Monte Carlo 模拟计算中通常采用 Ziegler Biersack – Littmark (ZBL)普适势和相应的微分截面。

2.1 二 体 碰 撞

当运动粒子进入固体与固体内的靶原子发生碰撞时,可以用图 2.1 所示的几何条件描述一般碰撞状态的特征。图 2.1(a)绘出了碰撞几何的细节,图中,θ 是实验室坐标系内的散射角,ϕ 是相应的反射角,P 是运动粒子不发生散射而沿初始方向直进时的轨道与靶粒子中心之间的最短距离,称之为碰撞参数(或碰撞瞄准距)。$P = 0$ 时,就是正碰撞。图 2.1(b)是相应的简化图形。

设 m_1,v_1 分别表示运动粒子的质量和初始速度;m_2,v_2 分别表示被击粒子的质量和初

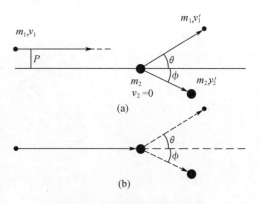

图 2.1 一般碰撞状态示意图

始速度。在 $P = 0$ 的弹性碰撞中,通过动量守恒与能量守恒将碰撞前后的运动状态建立起直接的关系。当被击粒子初始时处于静止状态,它们所满足的动量守恒与能量守恒关系式为

$$m_1 v_1 = m_1 v_1' + m_2 v_2' \qquad (2.1)$$

$$\frac{1}{2} m_1 v_1^2 = \frac{1}{2} m_1 v_1'^2 + \frac{1}{2} m_2 v_2'^2 \qquad (2.2)$$

由式(2.1)和(2.2)可以很容易地确定出碰撞后两个粒子的速度和能量。经过简单的运算

得到

$$T = \frac{4m_1 m_2}{(m_1 + m_2)^2} E \qquad (2.3)$$

式中, $E = \frac{1}{2} m_1 v_1'^2$ 是运动粒子的初始能量, $T = \frac{1}{2} m_2 v_2'^2$ 表示被击粒子在碰撞后所得到的能量, 鉴于(2.3)式是正碰撞条件下导出的, 实际上是最大的传递能量 T_m。可将(2.3)式改写成

$$T_m = \Lambda E$$

$$\Lambda = \frac{4m_1 m_2}{(m_1 + m_2)^2} \qquad (2.4)$$

对于 $P \neq 0$ 的情况, 根据图 2.1 所示的几何条件分别写出动量守恒与能量守恒公式, 从而确定碰撞后二粒子的运动状态。这时二粒子的运动方向不再限于轴上, 必须分别写出沿 x, y 轴方向上的动量守恒与能量守恒公式。在分子动力学模拟中, 需要描述粒子的轨迹和状态, 用计算机建立出所有晶格粒子的运动方程式, 进行计算、记录和显示。由于计算量庞大, 晶体不能过大, 只能做初级离位原子能量小于 20 keV 的状态, 研究级联碰撞产生的原始缺陷状态。对于跟踪入射粒子的 Monte Carlo 模拟计算, 需要描述碰撞概率和碰撞后粒子和被撞粒子的出射方向和能量, 这就需要引入质心坐标系, 计算碰撞后粒子和被撞粒子的出射方向和能量, 并为导出碰撞概率奠定基础。

2.1.1　质心系

二体碰撞是一种相向的运动, 可以分解为整体的质心运动和在质心系中的相对运动。在质心系中的相对运动又可简化为单粒子(其质量为折合质量 μ)在有心力场中的运动, 使计算简单易行。建立质心坐标系, 如图 2.2 所示, 根据牛顿定律有以下关系:

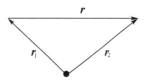

$$\begin{cases} m_1 \ddot{\boldsymbol{r}}_1 = f(r) \boldsymbol{r}_0 \\ m_2 \ddot{\boldsymbol{r}}_2 = -f(r) \boldsymbol{r}_0 \end{cases} \qquad (2.5)$$

图 2.2　粒子矢量位置间的关系

其中 $\ddot{\boldsymbol{r}}_1$ 和 $\ddot{\boldsymbol{r}}_2$ 是运动粒子和被撞粒子的运动加速度, $\boldsymbol{r}_0$ 是二者连心线上的单位矢量, $f(r)$ 是二者之间的作用力。上式二者相加为零, 即

$$m_1 \ddot{\boldsymbol{r}}_1 + m_2 \ddot{\boldsymbol{r}}_2 = 0$$

对时间一次积分, 得出

$$m_1 \dot{\boldsymbol{r}}_1 + m_2 \dot{\boldsymbol{r}}_2 = 常数$$

其中 $\dot{\boldsymbol{r}}_1$ 和 $\dot{\boldsymbol{r}}_2$ 是运动粒子和被撞粒子的速度矢量, 如果把它们看作 $(m_1 + m_2)$ 的整体运动 $\dot{\boldsymbol{r}}_c$, $\dot{\boldsymbol{r}}_c$ 即是 $(m_1 + m_2)$ 的整体运动速度矢量, 即

$$\dot{\boldsymbol{r}}_c = \frac{m_1 \dot{\boldsymbol{r}}_1 + m_2 \dot{\boldsymbol{r}}_2}{m_1 + m_2} \qquad (2.6a)$$

它的位置矢量 $\boldsymbol{r}_c$ 为

$$\boldsymbol{r}_c = \frac{m_1 \boldsymbol{r}_1 + m_2 \boldsymbol{r}_2}{m_1 + m_2} \qquad (2.6b)$$

称之为质心位置, 它的速度 $\dot{\boldsymbol{r}}_c$ 称为质心速度, 这一运动体系称为质心系。因为 $\dot{\boldsymbol{r}}_c$ 是常数(恒

量),所以这是一个匀速运动的体系,它属于惯性运动系,在质心系中运动的物体服从力学规律。质心系的特点如下:

① $m_1(\boldsymbol{r}_c - \boldsymbol{r}_1) = m_2(\boldsymbol{r}_2 - \boldsymbol{r}_c)$,即质心在 m_1 质点和 m_2 质点的连线上;

② $\dot{\boldsymbol{r}}_c$ = 常数,是一个匀速运动的体系,把坐标放在 $\boldsymbol{r}_c$ 的质心上,同样是惯性运动系,符合通常的力学规律;

③
$$m_1(\dot{\boldsymbol{r}}_c - \dot{\boldsymbol{r}}_1) = m_2(\dot{\boldsymbol{r}}_2 - \dot{\boldsymbol{r}}_c) \tag{2.6c}$$

表明第一粒子和第二粒子在质心系中,其动量永远是方向相反,数值相等。

由于是相向的运动,第一粒子、第二粒子和质心的运动都在它们的连线上,相当于一个轴线,因此 $\dot{\boldsymbol{r}}_1, \dot{\boldsymbol{r}}_2$ 和 $\dot{\boldsymbol{r}}_c$ 可以写为 v_1, v_2 和 v_{cm},当靶粒子 v_2 为 0,则

$$v_{cm} = \frac{m_1}{m_1 + m_2} v_1 \tag{2.7}$$

设 w_1 和 w_2 为粒子 1 和粒子 2 在质心系中的初始速度,则有

$$w_1 = v_1 - v_{cm} = \frac{m_2}{m_1 + m_2} v_1 \tag{2.8}$$

$$w_2 = -v_{cm} = -\frac{m_1}{m_1 + m_2} v_1 \tag{2.9}$$

二粒子在质心系中的初始动量分别为 $m_1 w_1, m_2 w_2$。二体质心系的总动量为零,这是上述质心系的特征③的结果,即

$$m_1 w_1 + m_2 w_2 = 0 \tag{2.6'}$$

这是质心系描述二体碰撞的必然结果。质心系内的总动能为

$$E_{cm} = \frac{1}{2} m_1 w_1^2 + \frac{1}{2} m_2 w_2^2 = \frac{m_2}{m_1 + m_2} E \tag{2.10}$$

式中,E 是运动粒子在实验室系内的初始动能。

两粒子在质心系内碰撞后的终速度 w_1', w_2' 同样满足总动量为零的规律,即

$$m_1 w_1' + m_2 w_2' = 0 \tag{2.6''}$$

根据总动能守恒,可得

$$\frac{1}{2} m_1 w_1'^2 + \frac{1}{2} m_2 w_2'^2 = \frac{1}{2} m_1 w_1^2 + \frac{1}{2} m_2 w_2^2 = \frac{1}{2} m_1 \left(\frac{m_2}{m_1 + m_2} v_1\right)^2 + \frac{1}{2} m_2 \left(\frac{m_1}{m_1 + m_2} v_1\right)^2 \tag{2.11}$$

由式(2.6″)和(2.11),可以求出两粒子碰撞后在质心系内的速度,在数值上有

$$w_1' = w_1, \quad w_2' = w_2 \tag{2.12}$$

在质心系内,碰撞前后两粒子的速度在数值上均不发生变化。根据系统的总动量为零和式(2.6c),碰撞前两粒子沿反方向相向运动,碰撞后两粒子仍沿反方向相背运动,只是它们各自的方向发生了改变,综合表示在图 2.3 中,ϕ 是质心系内的散射角,在推导过程中,并未对散射角 ϕ 的数值做任何限制,不管 ϕ 多大,式(2.12)都是满足的。

2.1.2   基本方程、能量传递公式

1. 能量传递公式

质心系内散射角的变化范围是 $0 \sim \pi$,即由
0(擦边碰撞)到 π(正碰撞)。由图 2.3 的几何
关系可得

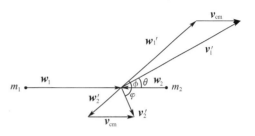

$$v_1' = \frac{\sqrt{m_1^2 + m_2^2 + 2m_1m_2\cos\phi}}{m_1 + m_2} v_1 \quad (2.13)$$

$$v_2' = 2v_{cm}\sin\frac{\phi}{2} = \frac{2m_1}{m_1 + m_2} v_1 \sin\frac{\phi}{2} \quad (2.14)$$

碰撞后,传递给反冲原子的能量为

图 2.3   质心系 - 实验室系的转换关系

$$T = \frac{1}{2}m_2v_2'^2 = \frac{4m_1m_2}{(m_1 + m_2)^2}\frac{m_1}{2}v_1^2\sin^2\frac{\phi}{2} = \frac{4m_1m_2}{(m_1 + m_2)^2}E_1\sin^2\frac{\phi}{2} = T_m\sin^2\frac{\phi}{2} \quad (2.15)$$

式中 v_1',v_2' 和 T 分别表示碰撞后入射粒子、被撞原子在实验室系内所具有的速度和传递给被撞原子(亦称反冲原子)的能量,它们与入射粒子的初始速度、两粒子的质量以及质心系内的散射角有关。根据图 2.3 所示的几何关系,散射角 θ、反冲角 φ 分别满足如下关系:

$$\cos\theta = \frac{m_2\cos\phi + m_1}{\sqrt{m_1^2 + m_2^2 + 2m_1m_2\cos\phi}} \quad (2.15a)$$

$$\varphi = \frac{\pi - \phi}{2} \quad (2.15b)$$

在实验室系内的散射角 θ、反冲角 φ 与能量传递之间的关系为

$$\cos\theta = \left(1 - \frac{T}{E}\right)^{-\frac{1}{2}} - \frac{1}{2}\left(1 - \frac{m_2}{m_1}\right)\left(\frac{T}{E}\right)\left(1 - \frac{T}{E}\right)^{-\frac{1}{2}} \quad (2.15c)$$

$$\cos\varphi = \left(\frac{T}{T_m}\right)^{\frac{1}{2}} \quad (2.15d)$$

2. 散射角

由动量守恒与能量守恒导出了弹性碰撞中传递能量 T 与散射角 ϕ 的关系,在上述处理中,只考虑了碰撞前的初始状态和碰撞过程完成后的最终运动状态,两粒子的初始运动状态同最终状态之间的关系是通过散射角 ϕ 而建立起来的。如何确定弹性碰撞过程中粒子的轨迹和散射角?我们从基本方程(2.5)出发,在质心坐标系中分析碰撞过程。两粒子在质心系内的运动轨迹如图 2.4 所示,G 点是质心的位置。两粒子从无穷远逼近质心,并在某一时刻内接近到一最近距离,然后它们又逐渐远离质心,最后又飞向无穷远处。

为求解散射角 ϕ,由方程(2.5)第一式乘 m_2 减去

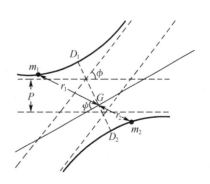

图 2.4   质心系内的碰撞状态几何关系

第二式乘 m_1 得

$$m_1 m_2 (\ddot{\boldsymbol{r}}_1 - \ddot{\boldsymbol{r}}_2) = (m_1 + m_2) f(r) \boldsymbol{r}_0$$

化简后得到单矢量 $\boldsymbol{r}$ 方程,即

$$\mu \ddot{\boldsymbol{r}} = f(r) \boldsymbol{r}_0 \qquad (2.16)$$

相应的 $\dot{\boldsymbol{r}}_1, \dot{\boldsymbol{r}}_2$ 由(2.6b)式改写为

$$\boldsymbol{r}_1 = \boldsymbol{r}_c + \frac{m_2}{m_1 + m_2} \boldsymbol{r}$$

$$\boldsymbol{r}_2 = \boldsymbol{r}_c - \frac{m_1}{m_1 + m_2} \boldsymbol{r}$$

由此,在质心系中两粒子的相对运动简化为两粒子的距离 r 和运动方向极角 ψ 的两变数问题,即相当于单粒子(其质量为折合质量 μ)在有心力场中的运动。$f(r)\boldsymbol{r}_0$ 是两粒子之间的相互作用力,用原子作用势 $V(r)$ 来表示 $-\mathrm{d}V(r)/\mathrm{d}r$。质点在有心力场 $f(r)\boldsymbol{r}_0$ 中运动,满足能量守恒定律和角动量守恒定律,即

$$\begin{cases} \dfrac{1}{2}\mu u_1^2 = V(r) + \dfrac{1}{2}\mu(\dot{r}^2 + r^2\dot{\psi}^2) \\ \mu P u_1 = m_1 \dot{r}_1^2 \dot{\psi} + m_2 \dot{r}_2^2 \dot{\psi} = m_1 \left(\dfrac{m_2 r}{m_1 + m_2}\right)^2 \dot{\psi} + m_2 \left(\dfrac{m_1 r}{m_1 + m_2}\right)^2 \dot{\psi} \end{cases} \qquad (2.17)$$

其中,u_1 是质心中 μ 粒子初始速度,亦是起始时的相对速度;当 m_1 的起始速度为 v_1,m_2 的起始速度为零,起始的相对速度就是 v_1;P 是瞄准距离。因此能量守恒方程式为

$$\frac{1}{2}\mu v_1^2 = V(r) + \frac{1}{2}\mu(\dot{r}^2 + r^2\dot{\psi}^2) = V(r) + \frac{1}{2}\mu\left[\left(\frac{\mathrm{d}r}{\mathrm{d}\psi}\frac{\mathrm{d}\psi}{\mathrm{d}t}\right)^2 + r^2\dot{\psi}^2\right] \qquad (2.18)$$

其中系统的起始动能,亦是在质心系的总能量为

$$\frac{1}{2}\mu v_1^2 = \frac{1}{2}\frac{m_1 m_2}{m_1 + m_2}v_1^2 = \frac{m_2}{m_1 + m_2}E_1 = E_{\mathrm{rel}}$$

式中,E_{rel} 是质心系的总能量,由系统的总动能和两粒子间的作用势能组成。

角动量对时间的微分为 $\dfrac{\mathrm{d}}{\mathrm{d}t}[\boldsymbol{r} \times \mu\dot{\boldsymbol{r}}] = \mu\dot{\boldsymbol{r}} \times \dot{\boldsymbol{r}} + \mu\boldsymbol{r} \times \ddot{\boldsymbol{r}} = \mu\boldsymbol{r} \times \ddot{\boldsymbol{r}}$。由于 $\boldsymbol{r} \times \mu\ddot{\boldsymbol{r}} = \boldsymbol{r} \times f(r)\boldsymbol{r}_0$,

所以 $\dfrac{\mathrm{d}}{\mathrm{d}t}[\boldsymbol{r} \times \mu\dot{\boldsymbol{r}}] \equiv 0$,$\boldsymbol{r} \times \mu\dot{\boldsymbol{r}} =$ 常数(即角动量守恒)。(2.17)式中的第二式描述了 μ 粒子角动量守恒,将 μ 的质量公式代入后,稍做运算得出

$$\dot{\psi} = \frac{m_1 m_2}{m_1 + m_2}v_1 P \Big/ \left\{ m_1\left(\frac{m_2 r}{m_1 + m_2}\right)^2 + m_2\left(\frac{m_1 r}{m_1 + m_2}\right)^2 \right\} = \frac{v_1 P}{r^2} \qquad (2.19)$$

将(2.19)式代入能量守恒律(2.18)式,消去 $\left(\dfrac{\mathrm{d}\psi}{\mathrm{d}t}\right)^2$ 得出

$$\frac{m_2}{m_1 + m_2}E_1 = V(r) + \frac{1}{2}\frac{m_1 m_2}{m_1 + m_2}v_1^2 P^2\left[\frac{1}{r^4}\left(\frac{\mathrm{d}r}{\mathrm{d}\psi}\right)^2 + \frac{1}{r^2}\right]$$

考虑到 r 随 ψ 的数值增大而减小,在公式推导中,对 $\left(\dfrac{\mathrm{d}r}{\mathrm{d}\psi}\right)^2$ 开方应取 $-\dfrac{\mathrm{d}r}{\mathrm{d}\psi}$,因此 ψ 与 r 的关系为

$$\mathrm{d}\psi = -\frac{1}{r^2}\left(\frac{1}{P^2} - \frac{V(r)}{E_1 P^2}\cdot\frac{m_1 m_2}{m_2} - \frac{1}{r^2}\right)^{\frac{1}{2}}\mathrm{d}r \qquad (2.20)$$

对上式的两边分别积分,同时注意到当两粒子间的距离由 $\infty \to r_{\min}$ 时,ψ 则由 $\phi/2 \to \pi/2$,于是得到

$$\phi = \pi - 2P \int_{r_{\min}}^{\infty} \frac{\mathrm{d}r/r^2}{\sqrt{1 - \dfrac{V(r)}{E_1} \times \dfrac{m_1 + m_2}{m_2} - \dfrac{P^2}{r^2}}} \tag{2.21}$$

这是质心系内散射角的表达式。积分下限是两粒子可接近到的最近距离,其数值由 $\dfrac{\mathrm{d}r}{\mathrm{d}\psi} = 0$ 这个极值条件给出,由式(2.20)得出

$$\frac{1}{P^2} - \frac{V(r_{\min})}{E_1 P^2} \cdot \frac{m_1 + m_2}{m_2} - \frac{1}{r_{\min}^2} = 0$$

或改写为

$$r_{\min} = \left[\frac{1}{P^2} - \frac{V(r_{\min})}{E_1 P^2} \cdot \frac{m_1 + m_2}{m_2} \right]^{-\frac{1}{2}} \tag{2.21a}$$

这时的势能为

$$V(r_{\min}) = \frac{m_2}{m_1 + m_2} E_1 \left(1 - \frac{P^2}{r_{\min}^2} \right) \tag{2.21b}$$

当 $P = 0$,即正碰撞条件为

$$V(r_{\min}^0) = \frac{m_2}{m_1 + m_2} E_1 \tag{2.22}$$

如果考虑同类粒子间的碰撞,上式变为

$$V(r_{\min}^0) = \frac{1}{2} E_1 \tag{2.22'}$$

当一个初始动能为 $\dfrac{1}{2} m_1 v_1^2 = E_1$ 的运动粒子与一初始时静止的同类粒子($m_1 = m_2$)发生正碰撞时,系统的势能刚好等于运动粒子初始动能的一半,它们所接近的最近距离可由上式确定,这将被用于导出原子间碰撞的等效刚球半径。

　　散射角 ϕ 由原子间相互作用势 $V(r)$ 和碰撞参数 P 所确定,除了库仑势、屏蔽势和几个近似的幂级势以外,很少有解析解。我们首先研究原子间相互作用势,然后在碰撞截面中介绍几种解析解的解法,以供解析分析之用。

2.1.3　正碰撞的性质

　　以上的分析适用于非相对论的任何质心系散射角 ϕ 的弹性碰撞。当碰撞事件发生时,动能向势能转换,特别是对于正碰撞($\phi = \pi$),当粒子刚要改变方向退转回去的一刻,动能(除了质心的动能)变为零。对于正碰撞,动量守恒可写成

$$v_{\mathrm{cm}} = \frac{m_1}{m_1 + m_2} v_1 + \frac{m_2}{m_1 + m_2} v_2 \tag{2.6a'}$$

这里 v_1 和 v_2 是碰撞过程中某一时刻两个粒子的实验室系速度。两个粒子的相对速度 g 定义为

$$g = v_1 - v_2$$

将上两式重新排列便可将 v_1 和 v_2 表示为 v_{cm} 和 g 的函数:

$$v_1 = v_{cm} + \left(\frac{m_2}{m_1 + m_2}\right)g \qquad (2.6a-1)$$

$$v_2 = v_{cm} - \left(\frac{m_1}{m_1 + m_2}\right)g \qquad (2.6a-2)$$

两个粒子的总动能 E_k 为

$$E_k = \frac{1}{2}m_1 v_1^2 + \frac{1}{2}m_2 v_2^2 = \frac{1}{2}(m_1 + m_2)v_{cm}^2 + \frac{1}{2}\mu g^2$$

μ 是折合质量,等于 $m_1 m_2/(m_1 + m_2)$。因此总动能可以分成两个部分,一部分是系统作为一个整体而运动,由 v_{cm} 来描述,另一部分来自两个粒子的相对动能,由上式第二项表示,即

$$E_r = \frac{1}{2}\mu g^2 \qquad (2.6a-3)$$

在碰撞中质心的动能不变;但是当距离逼近时势能变得重要了,相对动能降低。碰撞过程中的任一时刻总的能量是守恒的,于是

$$E_r + V(r) = E_{r0} \qquad (2.6a-4)$$

式中,$V(r)$ 是正碰撞时分开距离 r 时的作用势能,E_{r0} 是起始状态的相对动能,起始状态被认为是距离无穷远的状态。方程(2.6a-4)的一个重要特例是在最近距离 r_{min} 处,这时相对动能为零。如果碰撞双方质量相同,$\mu = m/2$,如果靶原子起始是静止的,$g_0 = v_{10}$,则方程(2.6a-4)变成

$$V(r_{min}) = \frac{E}{2}$$

式中

$$E = \frac{1}{2}m_1 v_{10}^2$$

2.2　原子间作用势

2.2.1　原子间相互作用势的一般描述(Bohr 势、Born-Mayer 势)

　　当两个原子间的距离由无穷远逐渐接近时,它们的势能随距离的变化如图2.5所示。势能曲线由两部分组成:一项是表示两原子间的吸引力;一项是表示两原子间的排斥力。随着原子间的距离 r 的减小,引力项和斥力项都在不断地变化着,但排斥力变化得更迅速。由图2.5中的曲线特征可知,当 r 值较大时,引力起主导作用,而当 r 值较小时,则斥力占优势。图2.5中的势能曲线是两项力叠加的结

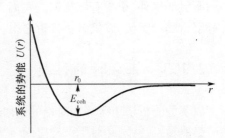

图2.5　两粒子间的热能曲线

果。在 $r = r_0$ 处,系统处在最低能态,E_{coh} 称作结合能,r 小于 r_0 之后,由于斥力急剧增大,系统的能量也开始激增。势能曲线纵坐标的最低值即为固体内原子间的结合能,而与这个最低值相对应的横坐标 r_0 就是固体内原子间的平衡间距。对于分子动力学模拟技术,需要采用镶嵌势,它是由对力的斥力项和电子云的结合项组成。对于 Monte Carlo 模拟计算的碰撞过程,两原子能够接近到小于晶体内原子间距,系统的势能将主要由原子间的排斥力所决定。鉴于我们将研究的高能原子与固体内的点阵原子所能接近到的距离可能远小于点阵原子的平衡间

距,在这种情况下,原子间斥力势是主要的。

关于斥力势的描述是很复杂的,而且在两个原子间距的整个范围内,不能用单一的解析表示式精确地描述这种函数。每个原子都是由处于中心的原子核和绕其周围运动的各壳层的电子所构成的,粗略地说,可把各壳层的电子视为电子云。原子间的斥力势又包含两项:一项是由两原子的电子云重叠所引起的;另一项是带正电的两原子核之间的静电斥力。当彼此孤立的两原子互相接近时,两原子核周围的电子云首先开始接触并发生重叠。电子云的重叠意味着有一部分电子占据着相同的空间位置。根据泡利不相容原理,两个电子不可能处于完全相同的状态,因此占据相同空间位置(即重叠的部分)的那些电子中,有一部分电子必须处于更高的、原先未被电子占据的能级上。随两原子间的距离减小,电子云重叠的部分越来越大,意味着有更多数目的电子受到影响,因而电子云重叠对于系统势能增加的贡献随着两原子的逼近程度而增大。

如果两原子间的距离稍小于点阵内原子的平衡间距时,由于两个带正电的原子核几乎完全被各自的核外电子所屏蔽,原子核之间的静电斥力很小,因而可以忽略不计。在这种情况下,斥力势主要是由电子云重叠所引起的。如图 2.6(c)所示,电子云重叠所导致的斥力势通常用幂级势(b/r^n)表示,Mayer 利用量子力学对其进行了计算,指出用

$$V(r) = A\exp(-r/\rho) \tag{2.23}$$

代替幂级势表示这项斥力势要更好一些,式(2.23)称作 Born – Mayer 势,式中常数 A 和 ρ 可用物理量(弹性模量和晶格常数)来确定。

随着两原子的间距缩短,电子云重叠的程度增加,如图 2.6(b)所示,由 Born – Mayer 势所描述的封闭壳层重叠所导致的斥力增大,但是另一方面,由于在两核之间起屏蔽作用的电子数目越来越少,因而两核之间的静电斥力对势能的贡献也在增大。当两个原子间的距离进一步缩小,以致小于最内层电子(K 壳层)的轨道半径时,如图 2.6(a)所示,由于静电斥力随 r 减小而增大的要比电子云重叠所导致的增大更加迅速,斥力势主要由两个没有屏蔽的核之间的静电斥力所构成,在这种极端情况下,可用库仑斥力来描述系统的作用势函数,即

$$V(r) = \frac{Z_1 Z_2 e^2}{r} \tag{2.24}$$

式中,Z_1,Z_2 分别为两原子的原子序数,e 是电子电荷。

在图 2.6(b)所示的范围内,库仑斥力和封闭壳层重叠所引起的斥力在数量级上相差不多。在这种情况下,很难对作用势作出精确的描述,但是辐照损伤和离子注入研究中经常遇到这种情况。人们曾提出用各种不同的屏蔽库仑势来表示这个范围内的势函数。Bohr 首先提出了指数形式的屏蔽函数,即屏蔽库仑势:

$$V(r) = \frac{Z_1 Z_2 e^2}{r} e^{-\frac{r}{a}} \tag{2.25}$$

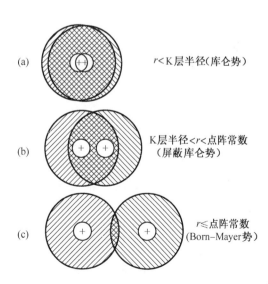

(a) 　$r<$K 层半径(库仑势)

(b) 　K 层半径$<r<$点阵常数(屏蔽库仑势)

(c) 　$r\leqslant$点阵常数(Born–Mayer势)

+号表示核电荷,斜线环形区表示最内层电子半径和离子半径之间的半径值,在这一范围内存在着绝大多数的原子电子,双斜线区域表示两原子的电子云重叠区。

图 2.6　原子间不同作用势函数的适用范围

式中,a 是屏蔽半径,以下式表示:

$$a = \frac{\sqrt{2}\lambda a_0}{(Z_1^{2/3} + Z_2^{2/3})^{1/2}} \tag{2.25'}$$

其中,a_0 为玻尔半径,数值为 5.29×10^{-9} cm;λ 是介于 $0.707 \sim 2.09$ 之间的常数,这种形式的势函数反映了处于两核之间的壳层电子对两核间的库仑力的屏蔽作用,因而斥力小于纯库仑力。当 r 很小时($r/a \to 0$),屏蔽作用小到可以略去不计,这就过渡到了纯库仑斥力势。然而,当 r 较大时,屏蔽库仑势与 Born – Mayer 势有较大的差别,这是由于式(2.25)所考虑的只是电子对两核间库仑斥力的屏蔽效应,而完全没有考虑电子云重叠所造成的斥力势函数的贡献。电子云重叠的斥力随 r 增大而降低的量要比屏蔽库仑势慢些,因此不能把式(2.25)当作联结库仑斥力势和 Born – Mayer 势的过渡桥梁。

2.2.2　Thomas – Fermi 势

如前所述,在两种极端情况下,分别采用式(2.23)和(2.24)可以精确地描述原子间的作用势函数。然而在实际问题中,特别是在运动原子慢化过程中,运动原子从相当高的速度一直减速到完全静止下来的状态,这意味着,原子的能量在一个很宽的范围内变化,处理这种问题有两种方法。一是确定一个分界能量,高于分界能值时用式(2.23)所示的库仑势来近似,低于分界能值时用刚球碰撞模型近似。刚球势函数虽然是一种不符合实际的作用势,然而这种近似却为理论计算带来极大的方便。二是找出一个能在相当宽的能量范围内普遍适用的势函数。为此,人们曾提出了几种不同形式的势函数,其中之一就是 Bohr 于 1948 年提出的指数形式的屏蔽库仑势,这种势函数并不能描述原子间的势能关系。Thomas – Fermi 原子模型给出了比较满意的结果。

Thomas – Fermi 模型假定原子内有很多电子,其势函数 $V(r)$ 的变化是比较平缓的,许多电子处于势能变化不大的体积内,在一定的局域范围内,势函数 $V(r)$ 可假定为常数。这意味着这些电子可被看作是围绕原子核的自由电子气。如果我们考虑在无限介质内一个边长为 L 且势能 $V(r)$ 近似为常数的立方体,由薛定谔方程可解出电子的能量为

$$E = \frac{\eta^2}{2m_e}\boldsymbol{k} \cdot \boldsymbol{k} = \frac{\eta^2}{2m_e}\left(\frac{2\pi}{L}\right)^2 (n_x^2 + n_y^2 + n_z^2)$$

式中,$\eta = \hbar/(2\pi)$,$\hbar$ 为普朗克常数;m_e 是电子质量;$\boldsymbol{k}$ 是电子波函数的波矢量;n_x, n_y, n_z 是 $\boldsymbol{k}$ 空间的 x, y, z 方向上的三个整数。由该式可以看到,电子能态是分立的,对应于特定波矢量的模 $|\boldsymbol{k}|$,有一个特定的等能面。这些等能面是一些以 $|\boldsymbol{k}|$ 为半径的球面。在每个球面上包含数目一定的状态可供电子填充。根据泡利不相容原理,每个电子能态可填充自旋相反的两个电子。

根据量子力学粒子波函数的状态原理,在上述立方体内电子波函数的波矢量必须满足周期性的边界条件,也就是 $(L/2\pi)k_x, (L/2\pi)k_y, (L/2\pi)k_z$ 必须是整数,其中 k_x, k_y, k_z 是 $\boldsymbol{k}$ 空间的波矢量在 x, y, z 方向上的三个分量。因此,在 $\boldsymbol{k}$ 空间的 $\mathrm{d}k_x\mathrm{d}k_y\mathrm{d}k_z$ 单元内,其电子能态的数目为

$$(L/2\pi)^3 \mathrm{d}k_x\mathrm{d}k_y\mathrm{d}k_z$$

根据泡利不相容原理,每个电子能态可填充自旋相反的两个电子,因此在 $\mathrm{d}k_x\mathrm{d}k_y\mathrm{d}k_z$ 单元内可填充的电子数目为

$$2(L/2\pi)^3 \mathrm{d}k_x \mathrm{d}k_y \mathrm{d}k_z$$

在量子力学中,粒子的动量 $\boldsymbol{P}$ 可以用波矢量 $\boldsymbol{k}$ 来描述,其关系为 $\boldsymbol{P} = \eta\boldsymbol{k}$,因此 $\boldsymbol{k}$ 空间亦是粒子动量空间。将上述关系应用到原子的 $r \rightarrow r + \mathrm{d}r$ 电子壳层,势能 $V(r)$ 近似为常数,在这壳层内的电子,在 0 K 下,从最低能态填起,每个状态都填满了电子,逐级升高,直至所有电子填完为止。实际上,在这壳层内电子的数目是有限的,因为在这壳层内电子的动能不能大于 $-V(r)$,否则就要被逸出。因此电子最高动能等于 $-V(r)$,相应的最高动量表示为 $\boldsymbol{P}_0$。在这电子壳层内,最大波矢量的模为 $\dfrac{P_0}{\eta}$,其对应的电子动量 $\boldsymbol{P} = \eta\boldsymbol{k} \leqslant \boldsymbol{P}_0$ 的电子数目为

$$2\left(\frac{L}{2\pi}\right)^3 \int_0^{\frac{P_0}{\eta}} \int_0^\pi \int_0^{2\pi} k^2 \mathrm{d}k \sin\theta \mathrm{d}\theta \mathrm{d}\varphi = \frac{P_0^3 L^3}{3\pi^2 \eta^3}$$

单位体积中的电子数目是 $\dfrac{P_0^3}{3\pi^2\eta^3}$,其中 $\dfrac{P_0^2}{2m_e} = -V(r)$,所以在这壳层内的电子密度 $n(r)$ 为

$$n(r) = \frac{[-2m_e V(r)]^{3/2}}{3\pi^2 \eta^3} \tag{2.26}$$

在原子内电荷分布应该满足静电势 $\dfrac{V(r)}{e}$ 的泊松方程

$$\frac{1}{e}\boldsymbol{\nabla}^2 V = \frac{1}{er^2}\frac{\mathrm{d}}{\mathrm{d}r}\left[r^2 \frac{\mathrm{d}V(r)}{\mathrm{d}r}\right] = -4\pi e n(r)$$

将式(2.26)代入上式,导出势函数 $V(r)$ 必须满足下述方程:

$$\frac{1}{r^2}\frac{\mathrm{d}}{\mathrm{d}r}\left[r^2 \frac{\mathrm{d}(-V)}{\mathrm{d}r}\right] = \frac{4e^2[-2m_e V(r)]^{3/2}}{3\pi\eta^3} \tag{2.27}$$

上述微分方程应该满足下述边界条件:当 $r \rightarrow 0$ 时,势能主要是由原子核贡献的,外层电子不起作用,应为纯库仑势 $V(r) = -(Ze^2/r)$;另一方面,当 $r \rightarrow \infty$ 时,考虑到势能随 r 增大而下降的趋势要比 $(1/r)$ 更为迅速,因此不但可以假定 $V(r)$ 趋于零,而且 $rV(r)$ 也趋于零。根据上述条件,方程(2.27)所满足的边界条件为

$$\begin{cases} r \rightarrow 0 & V(r) \rightarrow -\dfrac{Ze^2}{r} \\ r \rightarrow \infty & rV(r) \rightarrow 0 \end{cases} \tag{2.28}$$

将单个中性原子的作用势写成屏蔽库仑势的形式为

$$V(r) = -\frac{Ze^2}{r}\chi_{\mathrm{T-F}}$$

其中 $\chi_{\mathrm{T-F}}$ 是待定的 Thomas – Fermi 屏蔽函数,将式(2.27)的左边简化为

$$\frac{1}{r^2}\frac{\mathrm{d}}{\mathrm{d}r}\left[r^2 \frac{\mathrm{d}(-V)}{\mathrm{d}r}\right] = \frac{Ze^2}{r}\frac{\mathrm{d}^2\chi_{\mathrm{T-F}}}{\mathrm{d}r^2} \tag{2.27'}$$

将式(2.27′)代入公式(2.27)得

$$\frac{\mathrm{d}^2\chi_{\mathrm{T-F}}}{\mathrm{d}r^2} = \frac{4e^2(2m_e)^{3/2}}{3\pi\eta^3}\left(\frac{Ze^2}{r}\right)^{1/2}\chi_{\mathrm{T-F}}^{3/2} \tag{2.27''}$$

为解方程(2.27″),变量变换为无量纲的量,设 $r = ax$,式(2.27″)转化为

$$x^{1/2}\frac{\mathrm{d}^2\chi_{\mathrm{T-F}}}{\mathrm{d}x^2} = \frac{a^{3/2}}{\dfrac{3\pi\eta^3}{4e^2(2m_e)^{3/2}(Ze^2)^{1/2}}}\chi_{\mathrm{T-F}}^{3/2}$$

令

$$a^{3/2} = \frac{3\pi\eta^3}{4e^2(2m_e)^{3/2}(Ze^2)^{1/2}}$$

$$a = \frac{1}{2}\left(\frac{3\pi}{4}\right)^{2/3}\frac{\eta^2}{m_e e^2 Z^{1/3}} = \frac{0.885a_0}{Z^{1/3}}$$

其中，$\frac{\eta^2}{m_e e^2} = a_0$ 是玻尔半径，a 就是屏蔽半径。最终式(2.27″)转化为

$$x^{1/2}\frac{\mathrm{d}^2\chi_{\mathrm{T-F}}}{\mathrm{d}x^2} = \chi_{\mathrm{T-F}}^{3/2} \qquad (2.27‴)$$

边界条件化为

$$\begin{cases} x = 0, \chi_{\mathrm{T-F}}(0) = 1 \\ x = \infty, \chi_{\mathrm{T-F}}(\infty) = \chi'_{\mathrm{T-F}}(\infty) = 0 \end{cases} \qquad (2.28')$$

利用方程(2.27‴)和边界条件(2.28′)，可以给出 Thomas – Fermi 屏蔽函数的数值解和近似的解析解，图 2.7 绘出了 $\chi_{\mathrm{T-F}}(x) - x$ 的关系曲线。Thomas – Fermi 势仅适用于重原子，其中有三个假定：①在原子内势函数变化较慢，在局部体积中有许多电子，因此在这一局域范围内，势函数 $V(r)$ 可假定为常数；②电子服从 Fermi – Dirac 统计；③电子按能级逐级充填。这些假定在重原子中是合适的。

上面所讨论的是关于单个中性原子势函数的 Thomas – Fermi 原子模型，如果要考虑原子序数分别为 Z_1 和 Z_2 的两原子系统的势函数，原则上也可以利用 Thomas – Fermi 方程解出屏蔽函数 $\chi_{\mathrm{T-F}}(x)$。Ejvind Bonderup 对两原子系统的 Thomas – Fermi 势

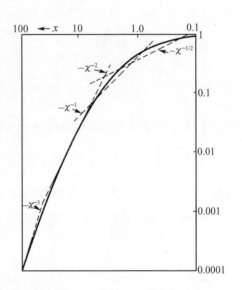

图 2.7　$\chi_{\mathrm{T-F}}(x) - x$ 的关系曲线

（简称 T – F 势）做了详细处理，于是得到两原子系统 Thomas – Fermi 势函数的一般形式：

$$V(r) = -\frac{Z_1 Z_2 e^2}{r}\chi_{\mathrm{T-F}}\left(\frac{r}{a}\right)$$

$$a = \frac{0.885a_0}{(Z_1^{2/3} + Z_2^{2/3})^{1/2}} \qquad (2.29)$$

通常将原子势函数的 Thomas – Fermi 势函数形式简写为 TF 原子势。

对于两原子系统尚不能用一个精确的解析式将 Thomas – Fermi 势表达出来。通常，或者是用数值解，或者是用近似的解析解。我们希望有能将 Thomas – Fermi 屏蔽函数以显函数的形式表示出来的解析式。Bohr 给出的是指数形式的屏蔽函数，虽然在 r 很小时，它可以过渡到库仑势，但在相当宽的范围内，它与实际的函数曲线偏离较大，因此公式(2.25)并不是一个好的势函数。另外，在许多情况下，人们采用幂函数形式的屏蔽函数来近似，一般写作

$$\chi_{\mathrm{T-F}}\left(\frac{r}{a}\right) = \frac{K_S}{S}\left(\frac{a}{r}\right)^{S-1} \qquad (2.30)$$

式中，$S = 1, 2, 3, \cdots$（但不局限于整数），K_S 是常数，与此相应的势函数可用式(2.29)加以改写而得到，即

$$V(r) = \frac{Z_1 Z_2 e^2}{r^S} K_c \tag{2.31}$$

通常称作负幂势, 式中 $K_c = \dfrac{K_S a^{S-1}}{S}$ 是一个数值常数, 在不同的范围内, 通过调整 S 的数值, 以使之与 Thomas – Fermi 势近似相符。当 $S = 1, K_c = 1$ 时就回到了纯库仑势; 当 $S = 2$ 时, 称作平方反比势, 是一种广泛采用的势函数。尽管平方反比势是一种比较粗糙的近似, 然而函数形式简单, 数学处理方便, 在某些特定的条件下利用这种近似还是可以接受的。负幂势的缺点是不能用一个单一的解析式表达所有范围内的势函数。

目前广泛采用的是一种与 Thomas – Fermi 势函数近似的形式, 是由 Lindhard 给出的, Lindhard 的屏蔽函数是

$$\chi_{\mathrm{T-F}}(r/a_{\mathrm{L}}) = 1 - \left(\frac{r}{a_{\mathrm{L}}}\right)\left[\left(\frac{r}{a_{\mathrm{L}}}\right)^2 + 3\right]^{-\frac{1}{2}}$$

式中, a_{L} 是 Lindhard 所选用的屏蔽半径, $a_{\mathrm{L}} = 0.885\, 3 a_0 \left[Z_1^{2/3} + Z_2^{2/3}\right]^{-1/2}$, 它与式 (2.29) 中的 a 只有微小差别。因此, Lindhard 等人所给出的势函数是

$$V(r) = Z_1 Z_2 e^2 \left[\frac{1}{r} - \frac{1}{(r^2 + 3a^2)^{1/2}}\right] \tag{2.32}$$

这个势函数称作标准势, 在两种极端情况下, 可以得到

$$V(r) = \frac{Z_1 Z_2 e^2}{r} \quad \left(\frac{r}{a} \ll 1\right)$$

$$V(r) = \frac{3}{2} \cdot \frac{Z_1 Z_2 e^2}{a}\left(\frac{r}{a}\right)^{-3} \quad \left(\frac{r}{a} \gg 1\right) \tag{2.33}$$

将式 (2.33) 与 (2.31) 相比较可以看到, 标准势的上限 ($r \to 0$) 相应于 $S = 1$, 下限 ($r \to \infty$) 相应于 $S = 3$。

上面在讨论势函数时, 都是以两个原子间的距离为参考的, 而两个原子间的距离又取决于运动原子的初始能量和碰撞参数。我们知道, Thomas – Fermi 势本质上反映了两核之间的库仑斥力以及核外电子的屏蔽作用, 而没有考虑电子云重叠对势函数的贡献, 因此 Lindhard 给出的标准势在低能时仍然是不适用的。另一种经常采用的是由 Moliere 所给出的修正的 Thomas – Fermi 屏蔽函数, 其形式为

$$\chi_{\mathrm{T-F}}(r/a) = \sum_{i=1}^{3} \alpha_i \exp(\beta_i r/a) \tag{2.34}$$

式中

$$\{\alpha_i\} = \{0.1, 0.55, 0.35\}, \quad \{\beta_i\} = \{6.0, 1.2, 0.3\} \tag{2.35}$$

这个势函数在从低能到高能的整个范围内都能较好地适用。显然, Moliere 势要比 Lindhard 给出的势函数复杂一些。

2.2.3　Hartree 的自洽势

TF 原子势的电子分布不能反映原子中电子的壳层结构, 并且不适用于低原子序数原子的情况。另一种近似解法是 Hartree 方法, 假设电子在中心力场下运动, 中心力场包括原子核势和其他电子波函数的作用势 $[e\psi(r)\psi^*(r)$ 电荷作用势], 写出每个电子在其自身的中心力

场下的薛定谔方程。设第 k 个电子的归一化波函数为 $u_k(r_k)$，r_k 是 k 电子离中心的距离，它应满足中心力场下的薛定谔方程：

$$\left(-\frac{\eta^2}{2m}\nabla_k^2 - \frac{Ze^2}{r_k} + \sum_{j\neq k}\int |u_j(r_j)|^2 \frac{e^2}{r_{jk}}\mathrm{d}\tau_j\right)u_k(r_k) = \varepsilon_k u_k(r_k) \tag{2.36}$$

其中，Z 是原子序数；$r_{jk} = |r_j - r_k|$；$u_j(r_j)$ 是第 j 个电子的归一化波函数；$\mathrm{d}\tau_j$ 是第 j 个电子在 r_j 处的微体积元；ε_k 为变分原理所证实的第 k 个电子本征态的能量。在原子内有 Z 个电子，式 (2.36) 就构成一列 Z 个同时性的 $u_k(r_k)$ 非线性积分微分方程。为解这组 Z 个积分微分方程，Hartree 先假定一个原子势场 V^0，计算各个波函数 $u_k^0(r_k)$，$k = 1,2,3,\cdots$，然后由这些波函数计算原子势场

$$V^{(1)} = -\frac{Ze^2}{r_k} + \sum_{j\neq k}\int |u_j^0(r_j)|^2 \frac{e^2}{r_{jk}}\mathrm{d}\tau_j$$

再计算下一级近似的波函数 $u_k^{(1)}(r_k)$，$k = 1,2,3,\cdots$ 由此计算

$$V^{(2)} = -\frac{Ze^2}{r_k} + \sum_{j\neq k}\int |u_j^{(1)}(r_j)|^2 \frac{e^2}{r_{jk}}\mathrm{d}\tau_j$$

再计算 $u_k^{(2)}(r_k)$，直至 $|V(n) - V(n-1)| \leq \varepsilon$（确定的精度）为止，得到较正确的势函数。上述的近似是对 (2.36) 式的左边第三项为 r_k 所有角度作球对称处理，因此式 (2.36) 的解能被表示为径向函数和球谐函数的乘积。作进一步简化，在一个壳层内的 $2(2\lambda+1)$ 电子或一些电子在相同势场作用下，具有相同的径向波函数。由此径向函数乘以球谐函数得出电子的整个波函数。电子的本征能量是分立的，不同的本征能量构成了电子的壳层结构。这种方法略去了电子位置间的相关性，所有电子的全波函数被假设为各个电子波函数的简单乘积，而没有采用反对称的波函数；由泡利不相容原理，电子波函数应是反对称的，相应地就没有交换势能项，因此将其缺点归纳如下：

(1) 没有采用反对称的波函数；

(2) 势函数中没有交换势能项；

(3) 没有作中心势场修正，如中心势场要加电子自旋角动量 $S_k\left(\frac{1}{2}\eta\,\sigma_k\right)$ 与轨道角动量 $L_k(r_k\times p_k)$ 相互作用能量项 $\sum_k \xi(r_k)L_k\cdot S_k$，其中 $\xi(r) = \frac{1}{2m_e^2c^2}\frac{1}{r}\frac{\mathrm{d}V}{\mathrm{d}r}$，这一项可以用微扰方法来解出。

当考虑反对称的波函数，仍忽略自旋相关的相互作用，导出 Hartree – Fock 方程式：

$$-\frac{\eta^2}{2m_e}\nabla^2\varphi_i(r_1) + \left[V(r_1) + \sum_j e^2\int \frac{|\varphi_i(r_2)|^2}{r_{12}}\mathrm{d}\tau_2\right]\varphi_i(r_1) - \tag{2.37}$$

$$\sum_j e^2\left[\int \frac{\varphi_j^*(r_2)\varphi_i(r_2)}{r_{12}}\mathrm{d}\tau_2\right]\varphi_j(r_1) = \sum_j \lambda_{ij}\varphi_j(r_1)$$

式中，$\varphi_i(r_j)$ 是反对称的波函数；λ_{ij} 是拉格朗日乘子。我们定义 Dirac 密度矩阵为

$$\rho(r_1,r_2) = \sum_j \varphi_j^*(r_1)\varphi_j(r_2)$$

式 (2.37) 中第一个求和项就变为

$$U_{\varphi_i}(r_1) = \left[e^2\int \frac{\rho(r_2,r_2)}{r_{12}}\mathrm{d}\tau_2\right]\varphi_i(r_1)$$

方括号内的量是第 i 个电子与全部电子电荷分布的库仑相互作用，包括自身的电荷。式

（2.37）中第二个求和项可以写为

$$A\varphi_i(\boldsymbol{r}_1) = \left[-e^2\int\frac{\rho(\boldsymbol{r}_2,\boldsymbol{r}_1)\varphi_i(\boldsymbol{r}_2)}{\varphi_i(\boldsymbol{r}_1)r_{12}}\mathrm{d}\tau_2 \right]\varphi_i(\boldsymbol{r}_1)$$

式中，A 定义为 Dirac 交换算符，它与 Hartree – Fock 方程中其他算符一样，都是哈密顿算符。上述的 Hartree – Fock 方程式可以写为一列方程组：

$$H^F\varphi_i(\boldsymbol{r}) = \varepsilon_i\varphi_i(\boldsymbol{r}) \tag{2.38a}$$

$$H^F \equiv -\frac{\eta^2}{2m}\boldsymbol{\nabla}^2 + V + U + A \tag{2.38b}$$

如果采用平面波近似，$\varphi_i(\boldsymbol{r})$ 波函数可以写为

$$\varphi_i(\boldsymbol{r}_j) = \mathrm{e}^{(ik\cdot\boldsymbol{r}_j)}u_i(\boldsymbol{r}_j)$$

同样可以采用逐步近似法得出原子势函数，它们是由三项组成的：

$$V(r) = -\frac{Ze^2}{r} + U + A$$

式中，U 是电子电荷库仑相互作用项，A 是电子交换势能项。

对于同类原子间的相互作用势和异类原子间的相互作用势亦可以采用上述 Hartree – Fock 方程导出相应的原子势函数，这些都是数值解。

Biersack 和 Ziegler 基于广泛应用的普适势函数：

$$V(r) = -\frac{Z_1Z_2e^2}{r}\chi\left(\frac{r}{a}\right)$$

$$a = \frac{0.885a_0}{(Z_1^{2/3} + Z_2^{2/3})^{1/2}} \tag{2.39}$$

其中，$\chi\left(\dfrac{r}{a}\right)$ 是屏蔽函数，变量 $x = r/a$ 用作 $\chi\left(\dfrac{r}{a}\right)$ 的自变量，寻求合适的 $\chi\left(\dfrac{r}{a}\right)$，使它成为从低到高的原子序数都能适用的原子间相互作用势函数。对于同类原子间的相互作用势，$a = 0.885\,3a_0Z^{-1/3}$，包括三项：第一项是原子间库仑相互作用 V_C；第二项是由于两原子重叠处电子密度增加所引起的电子动能增加 V_K；第三项是电子相同电荷和相同自旋的局域斥力，即泡利不相容原理引起的相关能和交换势能项 V_A。原子 2 处在原子 1 的势函数内所产生的库仑相互作用为

$$V_C = Ze\psi(r_{12}) - \iiint_\infty e\rho(r_2)\psi(r_1)\mathrm{d}\tau \tag{2.40}$$

式中，$\psi = \dfrac{Ze}{r}\chi(x)$，$Ze$ 是核 2 的电荷，它处在离核 1 的距离为 r_{12} 的位置；$-e\rho(r_2)\mathrm{d}\tau$ 是原子 2 离核 2 的距离 r_2 处体积元 $\mathrm{d}\tau$ 内的电子电荷，它离核 1 的距离为 r_1；ρ 是电子数密度。根据泊松方程有

$$-e\rho = -\frac{1}{4\pi r}\frac{\mathrm{d}^2}{\mathrm{d}r^2}(r\psi) \tag{2.41}$$

式（2.40）转换为

$$V_C = \frac{Z^{7/3}e^2}{0.885\,3a_0}\left[\frac{\chi(x_{12})}{x_{12}} - \iiint_\infty\frac{\chi(x_1)\chi''(x_2)}{4\pi x_1 x_2}\mathrm{d}\tau_x\right] \tag{2.42}$$

在方括号内的部分是 x_{12} 的普适函数；V_C 正比于 $Z^{7/3}$。

两原子重叠处电子密度增加所引起的电子动能增加 V_{K},在自由电子统计模型中转变为

$$V_{\mathrm{K}} = \kappa_{\mathrm{K}} \cdot \iiint_{\infty} \left\{ \left[\rho(r_1) + \rho(r_2) \right]^{5/3} - \rho(r_1)^{5/3} - \rho(r_2)^{5/3} \right\} \mathrm{d}\tau \qquad (2.43)$$

如在库仑能计算中,ρ,ψ 和 r 能用 $\chi(x)$ 和 x 来表示,式(2.43)就变为

$$V_{\mathrm{K}} = \frac{Z^{7/3}\kappa_{\mathrm{K}}}{(0.885\,3a_0)^2(4\pi)^{5/3}} \iiint_{\infty} \left\{ \left[\frac{\chi''(x_1)}{x_1} + \frac{\chi''(x_2)}{x_2} \right]^{5/3} - \left[\frac{\chi''(x_1)}{x_1} \right]^{5/3} - \left[\frac{\chi''(x_2)}{x_2} \right]^{5/3} \right\} \mathrm{d}\tau_x$$

$$(2.43')$$

式中,V_{K} 与距离的关系变为 x_{12} 的普适函数,V_{K} 亦是正比于 $Z^{7/3}$。

对所有原子对,将 V_{C} 和 V_{K} 相加再乘以 $Z^{-7/3}$,$(V_{\mathrm{C}} + V_{\mathrm{K}})Z^{-7/3}$ 与 x 或 $rZ^{1/3}$ 画曲线得到单个原子普适的 χ_1 屏蔽函数,示于图 2.8 中,且有

$$\chi_1 = 0.09\mathrm{e}^{-0.19x} + 0.61\mathrm{e}^{-0.57x} + 0.3\mathrm{e}^{-2x} \qquad (2.44)$$

其中的点是由固体内 Hartree – Fock – Slater(HFS)原子所计算的值。

关于相关能和交换能的势能项,V_{A} 代表了电子相同电荷和相同自旋的局域斥力,在二级微扰理论中,它是斥力势的低能部分,在大的原子间距时这一效应变得最重要,它将占总相互作用势能中的 50%。在电子气的 Thomas – Fermi 统计模型中,发现交换能和相关能是正比于 $\rho^{4/3}$ 的,因此这两项能表示为

$$V_{\mathrm{A}} = -\kappa_{\mathrm{A}} \iiint_{\infty} \left\{ \left[\rho(r_1) + \rho(r_2) \right]^{4/3} - \rho(r_1)^{4/3} - \rho(r_2)^{4/3} \right\} \mathrm{d}\tau \qquad (2.45)$$

将上面得到的泊松方程和相应的 ψ,a 的关系代入式(2.45),得

$$V_{\mathrm{A}} = \frac{-Z^{5/3}\kappa_{\mathrm{A}}}{0.885\,3a_0(4\pi)^{4/3}} \cdot \iiint_{\infty} \left\{ \left[\frac{\chi''(x_1)}{x_1} + \frac{\chi''(x_2)}{x_2} \right]^{4/3} - \right.$$

$$\left. \left[\frac{\chi''(x_1)}{x_1} \right]^{4/3} - \left[\frac{\chi''(x_2)}{x_2} \right]^{4/3} \right\} \mathrm{d}\tau_x \qquad (2.45')$$

式中,κ_{A} 是系数。V_{A} 正比于 $Z^{5/3}$,而 V_{C} 和 V_{K} 正比于 $Z^{7/3}$,因此 V_{A} 与 V_{C} 和 V_{K} 并不处在同一标尺上,即两原子相互作用势不能表示为一个普适的屏蔽函数,即便是假定了一个普适的函数 $\chi(x)$。两原子相互作用势包括两项,一项是 $(V_{\mathrm{C}} + V_{\mathrm{K}}) = Z^{7/3}V_1$,另一项是 $V_{\mathrm{A}} = Z^{5/3}V_2$,其中 V_1 和 V_2 是 $x = r/a$ 的普适函数。如同在图 2.8 中一样,用由固态的 Hartree – Fock – Slater 原子的方法计算的 V_{A} 值绘成 $V_{\mathrm{A}}Z^{-5/3}$ 与 x 或 $rZ^{1/3}$ 的曲线,如图 2.9 所示,得出普适曲线,它可以表示如下

$$-RV_2 = \exp\left[-\left(\frac{1}{7R} \right)^2 - \frac{R}{4} - \left(\frac{R}{7} \right)^2 \right], R = rZ^{1/3} \qquad (2.46)$$

因此两原子相互作用势 $V = V_{\mathrm{C}} + V_{\mathrm{K}} + V_{\mathrm{A}}$,而 $V_1 = (V_{\mathrm{C}} + V_{\mathrm{K}})Z^{-7/3}$,$V_2 = V_{\mathrm{A}}Z^{-5/3}$。由此得出

$$V = Z^{7/3}V_1 + Z^{5/3}V_2 = \frac{Z^2e^2}{r}(\chi_1 - Z^{-2/3}\chi_2) \qquad (2.47)$$

式中,$\chi_1 = 0.09\mathrm{e}^{-0.19x} + 0.61\mathrm{e}^{-0.57x} + 0.3\mathrm{e}^{-2x}$,$\chi_2 = 0.07\exp\left[-\left(\frac{1}{7R} \right)^2 - \frac{R}{4} - \left(\frac{R}{7} \right)^2 \right]$,$R = Z^{1/3}r = 0.295x$,$r$ 是两核之间的距离,a 是屏蔽长度,$e^2 = 14.4$ eV·Å[①]。式(2.47)代表了相同原子间

---

① 1 Å $= 10^{-10}$ m

的斥力势。相应的屏蔽函数可以写为 $\chi = \chi_1 - Z^{-2/3}\chi_2$，它适用于高原子序数的原子，也可以适用于低原子序数的原子。

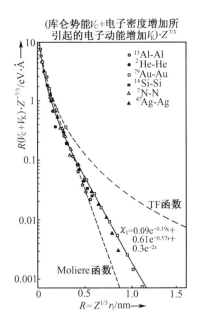

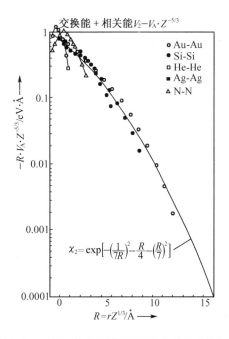

图 2.8 原子间库仑相互作用能 V_C 和两原子重叠处电子密度增加所引起的电子动能增加 V_K 绘成的 $RV_1(R)$ 与 R 的曲线（$R = Z^{1/3}r$）

[假如所有原子具有相似的形式，即所有 TF 原子将获得一曲线表示在图中。然而，HFS 原子产生分散的数据点，这是由于其壳层结构或由于 Seitz – Wigner 元胞边界（在较大距离时的陡坡势），实线用于拟合函数 Φ_1，而虚线来自 TF 函数和 Moliere 函数]

图 2.9 对于两个有重叠原子所产生的交换能和相关能之和绘成的 $RV_2(R)$ 与 R 的曲线（$R = Z^{1/3}r$）

（对于具有相似形式的原子，即 TF 原子，由理论预期的曲线表示在图中。实线是通过这些点的人工拟合曲线）

对于异类原子间的相互作用势函数 $V_{12}(r)$，被推荐为下列形式：

$$V_{12}(r) = \sqrt{[V_{11}(r)V_{22}(r)]} \tag{2.48}$$

式中，r 是原子 1 与原子 2 之间的距离，$V_{11}(r)$ 是同类原子 1 相距 r 的势函数，$V_{22}(r)$ 是同类原子 2 相距 r 的势函数，或者等效于

$$\chi_{12} = \sqrt{[\chi_{11}(r/a_1)\chi_{22}(r/a_2)]} \tag{2.48'}$$

式中，χ_{11} 和 χ_{22} 分别是同类原子 1，2 的屏蔽函数，a_1，a_2 分别是原子 1，2 的屏蔽半径。所推荐的异类原子间相互作用势函数与同类原子的势函数相比有着相同的精确性。

2.2.4 镶嵌原子势

在计算机模拟实验中，特别是在模拟级联碰撞过程，和计算离位阈能、空位和间隙原子的

形成能、迁移能,空位团和间隙原子团的结合能,空位和间隙原子与缺陷团的结合能和逸出能等,需要精确考虑晶体中原子间相互作用势,它是个多体问题。为表述各个原子间的作用势,发展了一种称作镶嵌原子势的方法(Embedded Atom Method,EAM),它把相互作用势写为各个原子对之间的斥力势和多体的、各向同性的引力势之和,而引力势也可以写成粒子对形式的函数之和,N 个原子的总势能 U 包括各个原子对之间的斥力势和局域电子密度的引力势,即

$$U = \sum_{i=1}^{N-1} \sum_{j=i+1}^{N} \varphi(r_{ij}) + \sum_{i=1}^{N} \Phi(\rho_i) \tag{2.49}$$

式中,下标 i 和 j 用于标记各个原子;N 是系统的原子总数;r_{ij} 是原子 i 和原子 j 之间的距离;$\rho_i = \sum_j \psi(r_{ij})$。所有函数都可以写成基本函数之和:

$$\varphi(r) = \sum_{k=1}^{n^\varphi} a_k^\varphi \varphi_k(r) \tag{2.50}$$

$$\psi(r) = \sum_{k=1}^{n^\psi} a_k^\psi \psi_k(r) \tag{2.51}$$

$$\Phi(\rho) = \sum_{k=1}^{n^\Phi} a_k^\Phi \Phi_k(\rho) \tag{2.52}$$

因此,具体到每对原子间的作用势,可以写为原子对之间的斥力势和镶嵌能两项。对于同类原子,原子对之间斥力势可以写为以下形式:

$$\begin{cases} \varphi(r) = \dfrac{Z^2 e^2}{r} \chi\left(\dfrac{r}{a}\right), r < r_1 \\ \varphi(r) = \exp(B_0 + B_1 r + B_2 r^2 + B_3 r^3), r_1 \leq r \leq r_2 \\ \varphi(r) = \sum_{k=1}^{n^\varphi} a_k^\varphi (r_k^\varphi - r)^3 \theta(r_k^\varphi - r), r > r_2 \end{cases} \tag{2.50'}$$

式中,Z 是原子序数;e 是电子电荷;a 是屏蔽半径($a = 0.88534 a_0/(2^{1/2} Z^{1/3})$,$a_0$ 是玻尔半径);B_0,B_1,B_2,B_3 和 a_k^φ 是拟合常数;$\theta(r)$ 是 Heaviside 阶梯函数;屏蔽函数为 $\chi(x)$,($x = r/a$)。对于铁由下式表示:

$$\chi(x) = 0.1818\exp(-3.2x) + 0.5099\exp(-0.9423x) + 0.2802\exp(-0.4029x) + 0.02817\exp(-0.2016x)$$

镶嵌能 $\Phi(\rho)$ 可以写为下列形式:

$$\Phi(\rho) = A_0 \sqrt{\rho} + A_1 \rho + A_2 \rho^2 \tag{2.53}$$

式中,等式右边第一项正比于电子密度的开方,它相应于在原来电子紧束缚近似方法中第二动量级中忽略了的电子动能;第二项与电子密度成线性项可以转化为粒子对之间的相互作用。对于铁,Mendelev 将(2.53)式写为

$$\Phi(\rho) = -\sqrt{\rho} + a^\Phi \rho^2 \tag{2.53'}$$

$$\rho = \psi(r) = \sum_{k=1}^{n^\psi} a_k^\psi (r_k^\psi - r)^3 \theta(r_k^\psi - r) \tag{2.54}$$

式中,a_k^ψ 和 r_k^ψ 是拟合常数和拟合参数。对于铁的两种试验性的势函数,这些拟合常数和拟合参数列于表2.1中。原子间相互作用势为

$$V(r) = \varphi(r) + \Phi(\rho) \tag{2.55}$$

表 2.1　铁的两种试验性的势函数的参数(距离的单位为 Å,能量的单位是 eV)

参数	原子作用势 2	原子作用势 4
r_1	1.00	0.90
r_2	2.00	1.95
B_0	6.4265260576348	14.996917289290
B_1	1.7900488524286	-20.533174190155
B_2	-4.5108316729807	14.002591780752
B_3	1.0866199373306	-3.6473736591143
$a_1^\varphi(r_1^\varphi)$	—	195.92322853994(2.1)
$a_2^\varphi(r_2^\varphi)$	-24.028204854115(2.2)	17.51698453315(2.2)
$a_3^\varphi(r_3^\varphi)$	11.300691696477(2.3)	1.4926525164290(2.3)
$a_4^\varphi(r_4^\varphi)$	5.3144495820462(2.4)	6.4129476125197(2.4)
$a_5^\varphi(r_5^\varphi)$	-4.6659532856049(2.5)	-6.8157461860553(2.5)
$a_6^\varphi(r_6^\varphi)$	5.9637758529194(2.6)	9.6582581963600(2.6)
$a_7^\varphi(r_7^\varphi)$	-1.7710262006061(2.7)	-5.419002764419(2.7)
$a_8^\varphi(r_8^\varphi)$	0.85913830768731(2.8)	1.7996558048346(2.8)
$a_9^\varphi(r_9^\varphi)$	-2.1845362968261(3.0)	-1.4788966636288(3.0)
$a_{10}^\varphi(r_{10}^\varphi)$	2.6424377007466(3.3)	1.8530435283665(3.3)
$a_{11}^\varphi(r_{11}^\varphi)$	-1.0358345370208(3.7)	-0.64164344859316(3.7)
$a_{12}^\varphi(r_{12}^\varphi)$	0.33548264951582(4.2)	0.24463630025168(4.2)
$a_{13}^\varphi(r_{13}^\varphi)$	-0.046448582149334(4.7)	-0.057721650527383(4.7)
$a_{14}^\varphi(r_{14}^\varphi)$	-0.0070294963048689(5.3)	0.023358616514826(5.3)
$a_{15}^\varphi(r_{15}^\varphi)$	—	-0.0097064921265079(6.0)
$a_1^\psi(r_1^\psi)$	11.686859407970(2.4)	11.686859407970(2.4)
$a_2^\psi(r_2^\psi)$	-0.014710740098830(3.2)	-0.014710740098830(3.2)
$a_3^\psi(r_3^\psi)$	0.47193527075943(4.2)	0.47193527075943(4.2)
a^Φ	-0.00035387096579929	-0.0003490617836 3530

对于双元素合金,总势能 U 可以写为

$$U = \sum_{i=1}^{N_A-1}\sum_{j=i+1}^{N_A}\varphi^{AA}(r_{ij}) + \sum_{i=1}^{N_A}\Phi^{AA}(\rho_i) + \sum_{i=1}^{N_B-1}\sum_{j=i+1}^{N_B}\varphi^{BB}(r_{ij}) + \sum_{i=1}^{N_B}\Phi^{BB}(\rho_i) +$$
$$\sum_{i=1}^{N_A}\sum_{j=1}^{N_B}\varphi^{AB}(r_{ij}) + \sum_{i=1}^{N_A+N_B}\Phi^{AB}(\rho_i) \tag{2.49'}$$

式中,$\varphi^{AA}(r_{ij})$,$\varphi^{BB}(r_{ij})$,$\varphi^{AB}(r_{ij})$分别是原子 $A-A$、原子 $B-B$ 和原子 $A-B$ 之间的斥力势,按照推荐的异类原子间的斥力公式(2.48),$\varphi^{AB}(r_{ij}) = \sqrt{\varphi^{AA}(r_{ij})\varphi^{BB}(r_{ij})}$。$\Phi^{AA}(\rho_i)$是原子 A 在原子 A 点阵下的引力势,$\Phi^{BB}(\rho_i)$是原子 B 在原子 B 点阵下的引力势,$\Phi^{AB}(\rho_i)$是原子 A 在原子 A,B 点阵下的引力势。因为引力势是各向同性的来自原子 A 和原子 B 的多体效应,$\Phi^{AB} = \Phi^{BA} = \sqrt{\Phi^{AA}\Phi^{BB}}$。

因此,异类原子 A 与 B 之间的相互作用势可以写为

$$V^{AB}(r) = \varphi^{AB}(r) + \Phi^{AB}(\rho) \tag{2.55'}$$

式中,$\varphi^{AB}(r)$ 和 $\Phi^{AB}(\rho)$ 按照推荐的异类原子间的斥力公式和引力势公式来决定。

2.2.5　等效刚球势

在计算机模拟实验中,如模拟级联碰撞过程,计算离位阈能、空位和间隙原子的形成能、迁移能,空位团和间隙原子团的结合能,空位和间隙原子与缺陷团的结合能和逸出能等,特别需要符合实际的原子势函数,它能够得出正确的缺陷图像和进一步的演化过程。但是计算机模拟实验是有限的,特别是在探索碰撞的物理过程时,常常采用刚球碰撞模型,得出一些清晰的物理过程和简洁的计算公式来判别各因素的作用,如碰撞列模型和沟道结构描述原子长距离传输过程,碰撞自由程导出离位峰的概念,计算碰撞级联所产生的离位原子总数的 Kinchen – Pease 模型等。刚球的特点是

$$
\begin{cases}
V(r) = \infty & (r < 2R_0) \\
V(r) = 0 & (r > 2R_0)
\end{cases}
\tag{2.56}
$$

式中,R_0 表示原子的刚球半径。在这一模型中碰撞两粒子所能接近的距离同运动粒子的能量无关。式(2.56)表示,直到两个原子实际接触之前,作用势一直为零;一旦接触,原子的作用势突然增大至无穷。显然,这个势函数描写的原子间的作用势是不真实的。但是,由于刚球势描述碰撞特别简单,而且当运动原子具有的能量较低时,大体上也是可以接受的,因此在辐照损伤计算中被广泛地采用。为了把作用势同运动原子的能量联系起来,对刚球模型加以修正,称作等效刚球模型。这种模型保留了刚球碰撞的特征,但刚球的半径同运动原子的能量有关,我们把两原子发生碰撞时所能接近的最小距离定义为等效刚球的两球的半径之和,它们的半径由式(2.22)或(2.22′)确定。如果作用势取 Born – Mayer 势,并假定是同类原子,则由式(2.22′)和(2.23)可以得到等效刚球半径为

$$
R_0(E_1) = \frac{\rho}{2}\ln\left(\frac{2A}{E_1}\right)
\tag{2.57}
$$

原则上,等效刚球模型可用于任何势函数,但是根据式(2.56)所表示的势函数特征可以推测,$V(r)$ 随 r 的变化越陡峭,等效刚球模型越合理。一般来说,Born – Mayer 势、反比平方势均可用于等效刚球模型来确定刚球半径,而库仑势与刚球势的特征相差太远,不能用于等效刚球模型。因此,我们需要确定等效刚球模型可以采用的范围。我们采用分界能量的概念,利用 Bohr 的屏蔽库仑势来确定这个分界能量。如果我们考虑的是同类原子间的碰撞,由式(2.22′)和(2.25)可以得到

$$
\frac{E_1}{2} = \frac{Z^2 e^2}{r_{\min}}\exp(-r_{\min}/a)
$$

式中,E_1 是运动原子的能量,$r_{\min}$ 是正碰撞时两原子所能接近到的最小距离,屏蔽半径 a 由式(2.25b)给出。令等效刚球半径之和($r_{\min}$)刚好等于屏蔽半径这个临界条件,可以定出运动原子所具有的能量,这个能量就定义为分界能量,用 E_A 表示为

$$
E_A = \frac{2Z^{7/3} e^2}{a_0}\exp(-1)
\tag{2.58}
$$

显然,分界能量 E_A 是人为定出的,然而这个能量数值可以确定某一个特定的碰撞事件采用什么样的近似势函数:运动原子能量高于 E_A,采用库仑散射势;低于 E_A,采用刚球散射势,其等效半径由所选用的实际势函数确定。虽然,这种处理是很粗糙的,但是用库仑势和刚球势在处理散射问题时在数学上很简便,可以显示一些物理量之间的关系,便于分析。

2.3　碰　撞　截　面

2.3.1　微分截面和碰撞截面

根据碰撞两粒子本身的属性(质量、原子序数)、运动原子初始动能以及对计算精度要求选用相应的势函数,代入式(2.21)中求得散射角 ϕ,然后利用式(2.15a),(2.15b) 和(2.15)可分别得到散射原子的运动方向和能量、反冲原子的运动方向和能量。因此,对特定的碰撞事件,唯一地确定了碰撞过程中的能量传递关系。然而,在式(2.21)中,散射角同碰撞参数 P 密切相关,因此当我们应用式(2.21)来确定散射角时,必须给出特定的碰撞事件的碰撞参数 P。如果只是分析碰撞过程中的物理模型和数学处理方法,假定一个 P 的数值是可以的,但是在处理实际情况时,问题就比较复杂。如在辐照效应的研究领域内,所遇到的实际情况是一束均匀的粒子流(中子、带电粒子、电子等)在给定的时间内连续不断地轰击固体介质,在千千万万个入射粒子中我们无法跟踪每一个粒子。在亿万个入射粒子与亿万个靶原子之间,无法确定每一对碰撞粒子间发生碰撞时的碰撞参数,只是知道它们介于 $0 \sim P_{max}$ 之间,可能发生正碰撞($P = 0$),也可能发生擦边碰撞($P = P_{max}$,P_{max} 为两粒子的作用范围半径之和),亦可能发生两种极端情况之间的任一状态的碰撞。因此,在考虑大量入射粒子与大量的靶原子发生的众多碰撞事件之中,就每一个碰撞事件而言,都有着确定的碰撞参数,但是总的来看,它们具有各种不同的碰撞参数,并且介于 $0 \sim P_{max}$ 之间。从统计物理的观点,可以设想为一个靶原子受到大量入射粒子以各种不同的碰撞参数的撞击状态,根据其散射规律,归一化为概率的概念,即就平均而言,入射粒子与固体中某个原子相遇发生碰撞的概率,称为碰撞截面。简单地说,碰撞截面是表示一个粒子入射到单位面积内只含一个靶原子的靶子上所发生的碰撞概率。

当一束均匀的入射粒子(初始速度都是 v_1)打到一个初始静止的靶原子上,如果粒子打在图 2.10 所示的小面积 $d\sigma$ 上,其碰撞参数介于 $P \sim P + dP$ 之间,那么散射粒子的速度相应地落在 $v_1' \sim v_1' + dv_1'$ 之间,散射角落在 $\theta \sim \theta + d\theta$ 之间,而反冲原子也有相应的变化,即速度和反冲角分别处于 $v_2' \sim v_2' + dv_2'$ 和 $\varphi \sim \varphi + d\varphi$ 之间。无论是散射粒子的速度和散射角,还是反冲原子的速度和反冲角都与初始速度有关。为了描述碰撞过程的一般规律,定义一个函数 $K(v_1, v_2')$,且

$$d\sigma = K(v_1, v_2')dv_2' \qquad (2.59)$$

该式表明,当粒子从以初始速度 v_1 穿过垂直于 v_1 的一个无穷小的面积 $d\sigma$ 时,反冲粒子的速度相应地有一个分布,$d\sigma$ 是反冲粒子落在 $v_2' \sim v_2' + dv_2$ 范围内的面积,而 $K(v_1, v_2')$ 是其特定的分布函数,它表征微分面积 $d\sigma$ 与反冲粒子速度分布的内在联系。同样,对于散射粒子也有一个与式(2.59)相类似的关系式。

如果两个粒子间的作用势函数是球对称

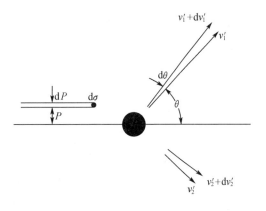

图 2.10　微分截面定义示意图

的,当入射粒子从以靶粒子为中心,半径为 P 的圆周上的任一点入射时(即它们的碰撞参数都等于 P),散射粒子的运动方向相对于轴线呈对称分布(θ 值为定值),且速度在数值上相等。轴线是指入射方向通过靶粒子初始位置的中心线。反冲粒子的运动方向相对于这一轴线也呈对称分布(φ 值为定值),且速度数值也相等。同理,当入射粒子入射在以 P 为半径的圆至以 $P+\mathrm{d}P$ 为半径的圆所构成的环带上时,散射粒子和反冲粒子的速度分别处在 $v_1' \sim v_1'+\mathrm{d}v_1',v_2' \sim v_2'+\mathrm{d}v_2$ 之间,而且

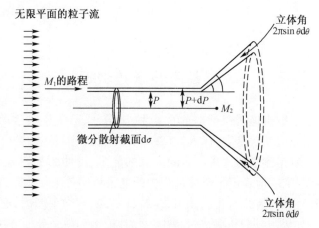

图 2.11 运动粒子的碰撞参数和散射截面关系图
(具有碰撞参数 P 和 $P+\mathrm{d}P$ 的离子的入射路线和微分截面 $\mathrm{d}\sigma$ 的定义)

各自的速度方向相对于这个轴线呈对称分布,在这种情况下,可以把微分截面写成

$$\mathrm{d}\sigma = 2\pi P\mathrm{d}P \tag{2.60}$$

图 2.11 画出了微分截面同散射粒子速度的变化关系,类似地,也可画出反冲粒子的速度分布关系图。虽然图 2.11 是以实验室坐标系画出的,在质心系内也可以画出类似的关系图。

在球对称的势函数条件下 P 为定值时反冲粒子所得的速度 v_2' 绕轴线呈对称分布,且速度值相等,那么传递给被击粒子的能量 $T\left(T=\dfrac{1}{2}M_2v_2'^2\right)$ 都是一定的。因此,当碰撞参数由 $P \to P+\mathrm{d}P$ 时,则可唯一地确定反冲粒子所获得的能量由 $T \to T+\mathrm{d}T$,显然传递给反冲粒子的能量除了取决于碰撞参数外,还与入射粒子的初始速度 v_1 有关,即同入射粒子的初始动能 E_1 $\left(E_1=\dfrac{1}{2}M_1v_1^2\right)$ 有关。因此,同公式(2.59)类似,定义一个函数 $K(E_1,T)$:

$$\mathrm{d}\sigma = K(E_1,T)\mathrm{d}T \tag{2.61}$$

式中,$K(E_1,T)$ 描述了碰撞过程中能量传递关系的基本特征,称作能量传递的微分截面 $\left(\dfrac{\mathrm{d}\sigma}{\mathrm{d}T}\right)$,它是待定的能量传递的概率分布函数。$K(E_1,T)\mathrm{d}T$ 表示能量为 E_1 的入射粒子与靶粒子发生碰撞,传给靶粒子的能量处于 $T \sim T+\mathrm{d}T$ 之间的概率。由此,通过函数 $K(E_1,T)$ 把几何微分截面 $\mathrm{d}\sigma$ 同传给被击靶原子的能量 T 联系起来。如果将式(2.60)改写为

$$\mathrm{d}\sigma =2\pi P\mathrm{d}P = 2\pi P \frac{\mathrm{d}P}{\mathrm{d}\phi}\cdot\frac{\mathrm{d}\phi}{\mathrm{d}T}\cdot\mathrm{d}T$$

再与式(2.61)相比较,得到

$$K(E_1,T) = 2\pi P \frac{\mathrm{d}P}{\mathrm{d}\phi}\cdot\frac{\mathrm{d}\phi}{\mathrm{d}T} \tag{2.61$'$}$$

这就是计算能量传递的概率分布函数的基本公式,当选定了合理的势函数,就可以求出 $K(E_1,T)$ 的具体表达式。

如果我们希望了解碰撞过程中散射角的变化规律,也可以定义一个函数 $K(E_1,\phi)$,且有

$$\mathrm{d}\sigma = K(E_1,\phi)\mathrm{d}\Omega \tag{2.62}$$

式中,ϕ 和 $\mathrm{d}\Omega$ 分别是质心系内的散射角和立体角微分元,而 E_1 仍是实验室系内入射粒子的

初始动能。$\dfrac{\mathrm{d}\sigma}{\mathrm{d}\Omega}$，即 $K(E_1,\phi)$，称作微分角截面，而 $K(E_1,\phi)\mathrm{d}\Omega$ 表示碰撞后散射粒子落在由角 ϕ 和 $\phi+\mathrm{d}\phi$ 构成的立体角范围内的概率，由此通过 $K(E_1,\phi)$ 将几何微分截面同散射角联系起来。在球对称的势函数条件下，散射角方向相对于轴线呈对称分布，如图 2.11 所示，可将质心系内的立体角微分元写成 $\mathrm{d}\Omega=2\pi\mathrm{d}\cos\phi=2\pi\sin\phi\mathrm{d}\phi$，将此式代入式（2.62），并应用式（2.60）得到

$$K(E_1,\phi)=\frac{P}{\sin\phi}\cdot\frac{\mathrm{d}P}{\mathrm{d}\phi} \tag{2.62'}$$

利用式（2.15），（2.61'）和（2.62'）就可以得到能量传递的微分截面与微分角截面，且有以下关系：

$$K(E_1,T)=\frac{4\pi}{\Lambda E_1}K[E_1,\phi(T)] \tag{2.63}$$

式中 Λ 由式（2.4）给出。

微分截面表示发生在单位区域内的碰撞截面。如果将微分截面在所有区域内积分，可得到总碰撞截面。这样定义的总截面表示一个靶粒子对入射粒子所表现出来的几何截面，通常称作微观散射截面。应用式（2.61）并对所有可能的能量范围进行积分，得到

$$\sigma(E_1)=\int_0^{T_m}K(E_1,T)\mathrm{d}T \tag{2.64}$$

式中，T_m 是碰撞中最大的传递能量，它由式（2.4）给出。在有些情况下，需要确定传递能量高于某一个数值 T_0 的总截面，则式（2.64）的积分下限为 T_0。

2.3.2　库仑势条件下的能量传递微分截面

当入射粒子能量很高时（通常是离子状态），它可以穿入靶原子的电子壳层以内，在这样的条件下两粒子间的作用相当于两个裸核之间的相互作用，可以采用纯库仑斥力势来计算能量传递截面。为了简化计算，引入一个变量代换，令 $u=r^{-1}$，由于

$$\frac{\mathrm{d}r}{\mathrm{d}\psi}=\frac{\mathrm{d}r}{\mathrm{d}u}\frac{\mathrm{d}u}{\mathrm{d}\psi}=-r^2\frac{\mathrm{d}u}{\mathrm{d}\psi}$$

式（2.20）转换为

$$\mathrm{d}\psi=P\frac{\mathrm{d}u}{\left(1-\dfrac{V(u)}{E_1}\dfrac{M_1+M_2}{M_2}-P^2u^2\right)^{1/2}}$$

由 $\mathrm{d}\psi$ 与总散射角 ϕ 的关系 $\displaystyle\int_{\phi/2}^{\pi/2}\mathrm{d}\psi=\frac{1}{2}(\pi-\phi)$，得出

$$\phi=\pi-2P\int_0^{\frac{1}{u_0}}\mathrm{d}u\left[1-\frac{V(u)}{E_1}\frac{M_1+M_2}{M_2}-P^2u^2\right]^{-\frac{1}{2}}$$

为求解上述方程简便起见，采用方程

$$\left(\frac{\mathrm{d}u}{\mathrm{d}\psi}\right)^2=\frac{1}{P^2}-\frac{M_1+M_2}{M_2}\frac{V(u)}{E_1P^2}-u^2 \tag{2.20'}$$

把库仑势 $V(r)=Z_1Z_2e^2/r$ 转化为 $V(u)=Z_1Z_2e^2u$，式（2.20'）变为

$$\left(\frac{\mathrm{d}u}{\mathrm{d}\psi}\right)^2=\frac{1}{P^2}-\frac{Z_1Z_2e^2}{E_1}\frac{M_1M_2}{M_2P^2}u-u^2$$

对上式进行微分，化简后变成简谐的二阶微分方程，为

$$\frac{\mathrm{d}^2 u}{\mathrm{d}\psi^2} + u = -\frac{Z_1 Z_2 e^2}{2E_1} \frac{M_1 + M_2}{M_2 P^2} \tag{2.65}$$

令

$$C = -\frac{Z_1 Z_2 e^2}{2E_1} \frac{M_1 + M_2}{M_2 P^2}$$

方程(2.65)的通解为

$$u = C + A\cos\psi + B\sin\psi \tag{2.66}$$

当 $\psi = \pi, r = \infty$ 时，将 $u = 0, \psi = \pi$ 代入上式，得 $A = C$。因此，式(2.66)简化为

$$u = A(1 + \cos\psi) + B\sin\psi \tag{2.66'}$$

上式两边同时除以 $\sin\psi$，得

$$\frac{u}{\sin\psi} = A\frac{1 + \cos\psi}{\sin\psi} + B$$

当入射粒子初始入射时 $\psi = \pi, r = \infty, \dfrac{1}{r\sin\psi} = \dfrac{1}{P}$。因此，$B = \dfrac{1}{P}$，代入式(2.66')得出

$$u = A(1 + \cos\psi) + \frac{1}{P}\sin\psi \tag{2.66''}$$

在入射粒子出射时 $u = 0, \psi \to \phi$，代入式(2.66'')，得

$$C(1 + \cos\phi) + \frac{1}{P}\sin\phi = 0$$

化简后得 $\dfrac{1 + \cos\phi}{\sin\phi} = -\dfrac{1}{CP}$。再由三角函数关系得出

$$\cot\frac{\phi}{2} = -\frac{1}{\left(-\dfrac{Z_1 Z_2 e^2}{2E_1} \dfrac{M_1 + M_2}{M_2}\right)P} \tag{2.67}$$

该式给出了库仑势下碰撞参数与质心系内散射角间的关系，利用公式(2.15)和(2.67)分别求出 $\dfrac{\mathrm{d}\phi}{\mathrm{d}T}$ 和 $\dfrac{\mathrm{d}P}{\mathrm{d}\phi}$，并将这些结果代入到式(2.61')，最后可导出

$$K(E_1, T) = \pi \frac{Z_1^2 Z_2^2 e^4}{E_1} \frac{M_1}{M_2} \frac{1}{T^2} \tag{2.68}$$

相应的能量传递的微分截面为

$$\mathrm{d}\sigma = \pi \frac{Z_1^2 Z_2^2 e^4}{E_1} \frac{M_1}{M_2} \frac{\mathrm{d}T}{T^2} \tag{2.68'}$$

这就是著名的卢瑟福散射定律。它表明，在库仑势的作用下，能量传递的微分截面与碰撞中传递能量 T 的平方成反比，这意味着，库仑势散射事件中低能传递事件占绝对优势，或者说，小角散射(向前散射)事件是主要的。

将式(2.68)代入到式(2.61)中，可以得到库仑势散射的总截面。在这种情况下，散射总截面为无穷大，这是这种势函数长程作用所导致的自然结果。

2.3.3 刚球散射的能量传递微分截面

刚球散射模型是能得到解析形式的能量传递微分截面的另一种极端情况，在2.2.5节中

已经描述了刚球势函数的特征。由式(2.56)可知,在运动粒子运动过程中,当它与被击粒子的间距大于它们的刚球半径之和时,一个粒子对另一个粒子的存在毫无感觉,而一旦它们达到物理接触时,作用势立刻变成无穷大。因此,两粒子不可能接近到比它们的几何半径之和更小的距离。

这种形式的势函数原则上也可以应用前面推导的散射公式计算出能量传递微分截面的解析表达式,然而由于势函数的不连续性,在应用式(2.21)计算散射角 ϕ 时遇到了困难。为了仍能表示散射角一般关系的积分公式,必须做出人为的、然而又是合理的规定,这一规定是:令 $V(r) = 0$,无论碰撞参数 P 取何值,粒子所能接近到的距离刚好就是两个刚球的半径之和而无须用式(2.21b)求 r_{min}。于是,利用式(2.15),(2.21)和(2.61′)计算得到

$$K(E_1, T) = \frac{\sigma}{\Lambda E_1} \tag{2.69}$$

式中,σ 为两刚球的散射总截面,其数值为 $\pi(R_1 + R_2)^2$。

实际上,利用更直观的方法也可导出刚球散射能量传递微分截面,如图 2.12 表示了两个刚球发生碰撞过程中的几何条件,可以得到

$$P = (R_1 + R_2) \sin \varphi$$

式中,φ 是实验室系内的反冲角,利用式(2.15b)可直接得到质心系内的散射角 ϕ 与碰撞参数的关系

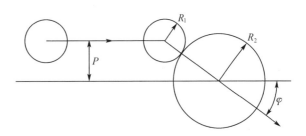

图 2.12　刚性球碰撞几何关系

$$P = (R_1 + R_2) \cos \frac{\phi}{2}$$

然后再利用式(2.15)和(2.61′)计算得到的表达式,其结果同式(2.69)完全相同。

式(2.69)表明:在刚性球模型中,能量传递微分截面是一个与传递能量 T 的数值大小完全无关的常数,这意味着碰撞时传给被击靶原子的能量在 $0 \sim \Lambda E_1$ 之间等概率分布,或者说,当一束均匀的粒子流打到靶粒子上时,在各种碰撞事件中,从擦边碰撞($T = 0$)到正碰撞($T = \Lambda E_1$)之间的各种碰撞事件出现的概率均等。由式(2.69)和(2.63)得到

$$K(E_1, \phi(T)) = \frac{\sigma}{4\pi} \tag{2.70}$$

该式表明,在刚球模型中,在质心系内散射是各向同性的,即散射概率与散射角 ϕ 无关,式(2.69)和(2.70)给出了刚球散射的基本特征。

至于两粒子的碰撞截面,视两碰撞粒子的类型而定,对于低能原子与靶原子间的碰撞而言,通常利用第 2.2.5 节中描述的等效球的概念来定出等效球半径,式(2.57)给出了 Born - Mayer 势的等效球半径。

2.3.4　屏蔽库仑势条件下的能量传递微分截面

在上两节中,推导了两种极端情况下的能量传递微分截面的计算公式,由于这些公式都是简单的解析表达式,使用起来特别方便,在一些精度要求不高的问题中,通常将实际问题简化成

这两种极端情况来处理。正如在第2.2.5节所指出的那样,根据运动粒子的能量和由式(2.58)所确定的分界能量数值决定采用哪一种形式的能量传递微分截面。然而,上述方法只是非常粗略的近似,为了提高计算的精确度,研究采用屏蔽型库仑势函数条件下的一般散射规律。

将式(2.29)所示的势函数代入式(2.21)中,并做出相应的变化,可得到

$$\phi = \pi - 2\frac{P}{a}\int_{r_{\min}/a}^{\infty} \frac{\mathrm{d}(r/a)/(r/a)^2}{\sqrt{1 - \dfrac{Z_1 Z_2 e^2}{a E_1} \cdot \dfrac{M_1 + M_2}{M_2} \cdot \dfrac{\chi_{\mathrm{TF}}(r/a)}{r/a} - \dfrac{(P/a)^2}{(r/a)^2}}} \qquad (2.71)$$

令 ε 表示无量纲的约化能量,且

$$\varepsilon = \frac{a E_1}{Z_1 Z_2 e^2} \cdot \frac{M_2}{M_1 + M_2} = \frac{a E_r}{Z_1 Z_2 e^2} \qquad (2.72)$$

式中,$E_r = \dfrac{M_1}{M_1 + M_2} E_1$ 为质心系内的动能;a 为屏蔽半径,我们采用 Lindhard 所给出的式(2.32)表示。为简化书写,我们将该式中的下标"L"去掉。

由式(2.71)和(2.72)可知,散射角 ϕ 是碰撞参数 P 和无量纲能量 ε 的函数,可写成

$$\phi = \phi\left(\frac{P}{a}, \varepsilon\right) \qquad (2.73)$$

对于任一形式的势函数,原则上都可以由式(2.71)计算出散射角,但是这个积分公式所给出的解往往不能用解析式表示出来。下面讨论碰撞参数 P 较大时的近似处理方法。由式(2.21a)可以看出,$r_{\min} \geqslant P$,因此当 P 值较大时,两粒子所能接近的距离 $r_{\min}$ 不可能是很小的,这表明式(2.21)中的 $V(r)/E_r \ll 1$。在这种情况下,可以对 $V(r)/E_r$ 展开作近似处理,并由式(2.21)导出散射角的近似表达式。在这里我们采用另一方法来简化式(2.21)。如果碰撞参数 P 值大,意味着当运动粒子从 $-\infty$ 飞来掠过静止粒子又飞向 ∞ 时,运动方向基本不变,更确切地说,方向只有微小的变化,在这样的条件下,可以用"冲量近似"导出式(2.21)的近似式。

如果两个粒子间的相互作用势为 $V(r)$,则两粒子间的作用力应为

$$F = -\frac{\mathrm{d}V(r)}{\mathrm{d}r} \qquad (2.74)$$

力的方向始终沿着两粒子的连线,当运动原子由 $-\infty \to +\infty$ 时,由于力的作用,运动粒子 M_1 将一部分动量传给静止的靶粒子 M_2,如图2.13所示,在整个碰撞过程中,靶粒子所得到的总动量(即靶粒子的动量变化)由作用力对时间的积分给出,有

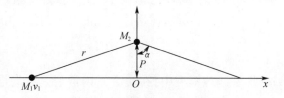

图 2.13 冲量近似散射系统

$$\Delta I = \int_{-\infty}^{\infty} \boldsymbol{F}\mathrm{d}t$$

我们把作用力 $\boldsymbol{F}$ 分解为 F_x 和 F_y 两个分量,注意到运动粒子由 $-\infty \to 0$,再由 $0 \to \infty$ 的过程中 F_x 是互相抵消的,因此可将上式改写成

$$\Delta I = \int_{-\infty}^{\infty} F_y \mathrm{d}t \qquad (2.75)$$

将 $\mathrm{d}t$ 改写为 $\mathrm{d}t = \mathrm{d}x/(\mathrm{d}x/\mathrm{d}t) = \mathrm{d}x/v_1 = (\mathrm{d}x/\mathrm{d}r)\mathrm{d}r/v_1$,$v_1$ 是运动粒子的初始速度。根据图

2.13 所示的几何条件,$\mathrm{d}x/\mathrm{d}r = r/\sqrt{r^2 - P^2}$,$F_y = -\dfrac{P}{r}\cdot\dfrac{\mathrm{d}V(r)}{\mathrm{d}r}$。将这些关系式代入式(2.75),同时考虑到图中几何条件对称性以及当 $x=0$ 时 $r=P$ 这一事实,于是有

$$\Delta I = -\frac{2}{V_1}\int_P^\infty \frac{P}{\sqrt{r^2 - P^2}}\frac{\mathrm{d}V(r)}{\mathrm{d}r}\mathrm{d}r \tag{2.76}$$

在碰撞过程中,被击粒子所得到的能量为

$$T = \frac{(\Delta I)^2}{2M_2} \tag{2.77}$$

利用式(2.15)和(2.77)将质心系内的散射角 ϕ 与传递动量 ΔI 建立了关系,即

$$\sin^2\frac{\phi}{2} = \frac{(\Delta I)^2}{2M_2 \Lambda E_1} \tag{2.78}$$

在这里所讨论的是碰撞参数较大的情况,可以预期散射角 ϕ 一定是相当小的。当 ϕ 值很小时,则有近似关系式 $\sin^2\dfrac{\phi}{2}\approx\dfrac{\phi^2}{4}$,利用这一条件将式(2.76)代入式(2.78)中,得到

$$\phi = -\frac{P}{E_r}\int_P^\infty \frac{1}{\sqrt{r^2 - P^2}}\frac{\mathrm{d}V(r)}{\mathrm{d}r}\mathrm{d}r \tag{2.79}$$

将式(2.29)代入到式(2.79)中,得到

$$\phi = -\frac{P}{E_r}\int_P^\infty \frac{-\dfrac{Z_1 Z_2 e^2}{r^2}\chi_{\mathrm{TF}}(r/a) + \dfrac{Z_1 Z_2 e^2}{ra}\chi'_{\mathrm{TF}}(r/a)}{r\sqrt{1 - P^2/r^2}}\mathrm{d}r$$

为了化简上述积分公式,引入一个变量代换

$$r = P/\cos\alpha$$

式中,α 角定义如图 2.13 所示,将这个代换代入前式,化简后得到

$$\phi = \frac{b}{P}g(P/a)$$

式中,$b = \dfrac{Z_1 Z_2 e^2}{E_r}$ 称作碰撞直径,其数值等于库仑势条件下当 $P=0$ 时两个粒子所能接近的最近距离。由式(2.72)可知,$b = a/\varepsilon$,于是有

$$\phi = \frac{a}{\varepsilon P}g(P/a) \tag{2.80}$$

其中,$g(P/a)$ 是 P/a 的函数,且

$$g\left(\frac{P}{a}\right) = \int_0^{\pi/2}\cos\alpha\left[\chi_{\mathrm{TF}}\left(\frac{P/\cos\alpha}{a}\right) - \frac{P}{\cos\alpha}\chi'_{\mathrm{TF}}\left(\frac{P/\cos\alpha}{a}\right)\right]\mathrm{d}\alpha \tag{2.81}$$

在式(2.73)中已经指出,ϕ 是 ε,P 的函数,式(2.80)就是"冲量近似"条件下散射角的一般计算式,这样计算散射角就变成计算函数 $g(P/a)$ 的问题了。

现在,让我们处理负幂势条件下的能量传递微分截面。为了讨论负幂势散射的普遍规律,将屏蔽函数写成

$$\chi_{\mathrm{TF}}(r/a) = \frac{K_S}{S}\left(\frac{a}{r}\right)^{S-1} \tag{2.82}$$

式中,$S = 1, 2, 3, \cdots$,当 $S=1$ 时,上式又恢复了纯库仑势;K_S 是数值常数。将式(2.82)代入到式(2.81)中,得

$$g\left(\frac{P}{a}\right) = \int_0^{\pi/2} \cos\alpha \left[\frac{K_S}{S}\left(\frac{a}{r}\right)^{S-1} + \frac{P}{\cos\alpha} \cdot \frac{(S-1)}{Sa} \cdot K_S\left(\frac{a}{r}\right)^S\right]\mathrm{d}\alpha$$

利用 $r = P/\cos\alpha$ 这一代换，可将上式化简为

$$g\left(\frac{P}{a}\right) = K_S \cdot \gamma_S \cdot \left(\frac{a}{P}\right)^{S-1} \tag{2.83}$$

式中

$$\gamma_S = \int_0^{\pi/2} \cos^S\alpha \mathrm{d}\alpha = \frac{\Gamma\left(\frac{1}{2}\right)\Gamma\left(\frac{S+1}{2}\right)}{2\Gamma\left(\frac{S}{2}+1\right)} \approx \frac{1}{S}\sqrt{\frac{3S-1}{2}} \tag{2.84}$$

表 2.2 中列出了不同 S 值时 γ_S 的近似值。

表 2.2 不同 S 值时的 γ_S 数值

S	1	3/2	2	5/2	3	4	5	∞
γ_S	1	0.874	$\pi/4$	0.719	2/3	$3\pi/16$	8/15	$\sqrt{\pi/2S}$

将式(2.83)代入到式(2.80)中，得

$$\phi = \frac{\gamma_S K_S}{\varepsilon}\left(\frac{a}{P}\right)^S \tag{2.85}$$

这样，对于负幂势得到了散射角的解析表达式，可以计算负幂势下的能量传递微分截面。对式(2.85)取微分，有

$$\frac{\mathrm{d}P}{\mathrm{d}\phi} = -\frac{\varepsilon P^{S+1}}{S\gamma_S K_S a^S} \tag{2.86}$$

在小角散射时(即式(2.85)中 ϕ 是个小数值)，由式(2.15)可近似地得到

$$\phi = 2\left(\frac{T}{T_m}\right)^{1/2} \tag{2.87}$$

将上式对 T 微分，得到

$$\frac{\mathrm{d}\phi}{\mathrm{d}T} = \frac{1}{T_m^{1/2}T^{1/2}} \tag{2.88}$$

将式(2.88),(2.85),(2.86)和(2.87)代入式(2.61')中，则有

$$K(E_1,T) = CE_1^{-\frac{1}{S}}T^{-1-\frac{1}{S}}$$

或者

$$\mathrm{d}\sigma = CE_1^{-\frac{1}{S}}T^{-1-\frac{1}{S}}\mathrm{d}T \tag{2.89}$$

其中 C 为常数，且有

$$C = -\pi a^2 \frac{\gamma_S^{2/S}K_S^{2/S}}{S}\left(\frac{Z_1Z_2e^2}{a}\right)^{2/S} \cdot \left(\frac{M_1}{M_2}\right)^{1/S} \tag{2.89a}$$

由于 ϕ 是 P 的递减函数，因此 ϕ 对 P 取微分时出现了负号。

现在考查一下式(2.89)的精确度。无论 S 取何值，均可利用式(2.21)求出精确值，并由此计算出能量传递微分截面 $K(E_1,T)$ 的值。当 $S = 1$ 时，可以得到严格的解析解，而由式(2.89)推导出的公式与严格的解析解是一致的，不存在任何误差；当 S 取任一其他数值时，利

用式(2.89)得到的结果与精确值相比较,都存在误差,其误差值随传递能量 T 的数值单调地增大,而与 E_1 无关。因此在 $T = T_m$ 处,误差达到最大值。当 $S = 1,3/2,2$,和 $5/2$ 时,相应的最大误差分别为 $0,+10\%,-3\%$,和 -20%。这表明,S 值愈大,预期误差绝对值越大。这种变化趋势可以利用势函数的曲线变化特征作一定性说明。$S = 1$ 时,式(2.82)变成了纯库仑势,随着两个粒子间距离的增大,库仑势下降得很缓慢,这意味着碰撞通常发生在较大的距离处,所呈现的碰撞往往是小角散射。随着所选择的 S 值的增大,势能曲线随两粒子间距离加大而迅速下降,这样发生大角度散射的概率增加,因此利用小角近似所导出的公式将会有较大的误差。

由式(2.85)推导式(2.89)的过程中,曾经使用 $\dfrac{\phi^2}{4}$ 近似表示 $\sin^2\dfrac{\phi}{2}$。这一近似只有在 ϕ 角很小时才是合理的。为了使前面所得到的结果不限于小角散射,将上述的推导加以推广,以便使其也适用于大角散射。为此,需要引入两个重要的代换:

①如前所述,小角近似时用 $\dfrac{\phi}{2}$ 代替 $\sin\dfrac{\phi}{2}$,当推广到大角度时,上述近似处理就不必要了,因此第一个代换是

$$\frac{\phi}{2} \rightarrow \sin\frac{\phi}{2}$$

②在由式(2.85)推导式(2.89)时,我们用了 $\mathrm{d}\sigma = \pi\mathrm{d}P^2$ 关系式,如果式中的 P^2 用 $P^2 + P_0^2$(P_0 是常数)代替,就有 $\mathrm{d}P^2 = \mathrm{d}(P^2 + P_0^2)$,为此第二个代换是

$$P^2 \rightarrow P^2 + P_0^2$$

关于第一个代换的理由是显而易见的,而第二个代换的实际意义需要做进一步说明。

采用上述两个代换,可以将式(2.85)改写成

$$2\sin\frac{\phi}{2} = \frac{a^S \gamma_S K_S}{\varepsilon}(P^2 + P_0^2)^{-S/2} \tag{2.90}$$

根据散射角可能的变化范围,应有 $\sin\dfrac{\phi}{2} \leqslant 1$,利用这一性质可以定出 P_0,当碰撞参数 $P = 0$ 时,质心系内的散射角 $\phi = \pi$,于是由上式得

$$P_0 = \left(\frac{a^S \gamma_S K_S}{2\varepsilon}\right)^{1/S} \tag{2.91}$$

Lindhard 指出,当给定碰撞参数 P 时,存在一个有效的最近距离,其数值是 $(P^2 + P_0^2)^{1/2}$。为了说明 P_0 的物理意义,回顾一下 $S = 1$ 时的情况,它是纯库仑势,其数值常数 $K_1 = 1$,由表 2.2 可知,$\gamma_1 = 1$,于是由式(2.91)得到

$$P_0 = \frac{a}{2\varepsilon} = \frac{b}{2}$$

在以前的讨论中曾提到,习惯上将参数 b 称作碰撞直径,类似地,可以把 P_0 称作碰撞半径,其数值上等于库仑势下两粒子发生正碰撞时($P = 0$)最近距离的一半。在小角度近似的处理中,由于开始就假定 P 具有较大的数值,在公式推导中,P_0 是不重要的($P \gg P_0$),然而当推广到大角度散射时(尤其是 $P \rightarrow 0$ 时),P_0 的作用就不可忽视了。

为了简化处理,Lindhard 引入了一个新的变量 t,令

$$t = \varepsilon^2 \cdot \sin^2\frac{\phi}{2} = \varepsilon^2(T/T_m) \tag{2.92}$$

利用式(2.90)和(2.92)可给出

$$2t^{1/2} = \gamma_S a^S K_S (P^2 + P_0^2)^{-S/2} \tag{2.93}$$

这样,碰撞参数 P 仅是一个参量 t 的函数,引入参数 t 的最大方便之处在于微分截面只需用一个变量表示,因而可使讨论大为简化,将式(2.72)和(2.93)结合起来,即可得到

$$t = TE_1 (M_2/M_1)(2Z_1 Z_2 e^2/a)^{-2} \tag{2.94}$$

式中,t 是无量纲的参数,它正比于入射粒子的初始能量 E_1 与反冲粒子获得的能量 T 的乘积。将式(2.93)改写成

$$P^2 + P_0^2 = \left(\frac{\gamma_S K_S a^S}{2t^{1/2}}\right)^{2/S}$$

由此推导出微分截面为

$$d\sigma = \pi a^2 \frac{dt}{t^{1+1/S}} \cdot \frac{1}{S}\left(\frac{\gamma_S K_S}{S}\right)^{2/S} \tag{2.95}$$

在负幂势条件下,$d\sigma/dt$ 正比于 $t^{-(1+1/S)}$,通常把 $d\sigma/dt$ 称作约化微分截面,对于库仑势而言,就有 $\dfrac{d\sigma}{dt} = \dfrac{\pi a^2}{4} \cdot \dfrac{1}{t^2}$,同理,可给出任何负幂次势的约化微分截面的表示式。

通常人们将约化微分截面改写成一个标准的表达式:

$$d\sigma = \pi a^2 \frac{dt}{2t^{3/2}} \cdot f_S(t^{1/2}) \tag{2.96}$$

这种标准形式的约化微分截面表明,不同类型的势函数的微分截面之间的差别唯一地由函数 $f(t^{1/2})$ 的特征来决定。对于前面所讨论的幂函数形式的屏蔽库仑势,将式(2.95)和(2.96)加以比较,即可得到

$$f_S(t^{1/2}) = \lambda_S (t^{1/2})^{1-2/S} \tag{2.97}$$

式中,$\lambda_S = \dfrac{2}{3}\left(\dfrac{\gamma_S K_S}{2}\right)^{2/S}$。根据式(2.97)来考查 $f_S(t^{1/2})$ 与 t 的函数关系:当 $S=2$ 时,$f_2(t^{1/2})$ 是一个与 t 无关的常数,这是一个有意义的特征,它表明对于辐照损伤和离子注入领域内进行近似处理时常用到的反比平方势而言,约化微分截面是一个与 t 无关的常量,因此 $f_S(t^{1/2})$ 与 t 的关系曲线是一条与 t 轴平行的直线;当 $S<2$ 时,函数 $f_S(t^{1/2})$ 随 t 的增大而减小;而 $S>2$ 时,$f_S(t^{1/2})$ 随 t 的增大而增大。前面已经指出,参数 t 正比于入射粒子的初始能量,因此 t 值的大小可作为运动粒子进入到靶粒子(原子)内部深度的量度,即 t 值越大,相当于两粒子能接近的距离越小,在这种情况下应采用低幂次的屏蔽库仑势;反之,t 值越小,两粒子将在较大的距离处发生碰撞,电子壳层的屏蔽作用较大,因此预期采用较高幂次的势函数。

对于幂函数形式的屏蔽库仑势函数的散射规律已经给出了详细的描述,通常针对特定的对象选用合理的 S 值来做近似计算,由于这种近似计算都可以用解析形式表达出来,在数学处理上十分简便,然而必须根据两粒子所能接近的距离采用不同的幂次 S,因此对于不同能量范围且具有不同碰撞参数的运动粒子只有选用不同的幂次 S 进行计算才能得到较好的近似。显然,试图利用这种形式的势函数来解析地描述具有各种可能的能量和碰撞参数的运动粒子的散射问题是困难的,这正是负幂势的不足之处。因此需要对 Thomas – Fermi 势的散射规律作精确的描述。

2.3.5 Thomas – Fermi 势约化微分截面

对于 Thomas – Fermi 势的散射问题,拟采用式(2.96)所给出的标准形式来表示 TF 势函数的散射截面,设法确定 Thomas – Fermi 屏蔽函数条件下 $f(t^{1/2})$ 的表示式。

根据式(2.80),有

$$\varepsilon\phi = \frac{a}{P}g(P/a)$$

利用类似于推导负幂势散射截面的处理方法,将上式也推广到大角度散射,即

$$\varepsilon\sin\frac{\phi}{2} = \frac{1}{2}\frac{a}{(P^2 + P_0^2)^{1/2}} \cdot g\left[\frac{1}{a}(P^2 + P_0^2)^{1/2}\right]$$

再利用式(2.92)所给出的关系,得到

$$t^{1/2} = \frac{1}{2}\frac{a}{(P^2 + P_0^2)^{1/2}} \cdot g\left[\frac{1}{a}(P^2 + P_0^2)^{1/2}\right] \tag{2.98}$$

将 $\chi_{TF}\left(\dfrac{P/\cos\alpha}{a}\right)$ 代入到式(2.81),积分后即可给出与 $\chi_{TF}\left(\dfrac{P/\cos\alpha}{a}\right)$ 相应的 g 值,这时 g 是 $(P^2 + P_0^2)$ 的函数,因而原则上可以由式(2.98)解出 $(P^2 + P_0^2)$,其结果可写成下述形式:

$$P^2 + P_0^2(\varepsilon,a) = a^2 G(t^{1/2}) \tag{2.99}$$

式中,$G(t^{1/2})$ 是 $t^{1/2}$ 的函数,鉴于 Thomas – Fermi 势没有严格的解析表达式,尚不能写出 $G(t^{1/2})$ 的显函数。根据定义将微分截面写作

$$\mathrm{d}\sigma = \pi\mathrm{d}(P^2 + P_0^2)$$

于是有

$$\mathrm{d}\sigma = \pi a^2 \mathrm{d}G(t^{1/2}) \tag{2.100}$$

将式(2.96)和式(2.100)相比较,则可得到 $f(t^{1/2})$ 的计算公式,其结果是

$$f(t^{1/2}) = 2t^{3/2}\frac{\mathrm{d}G(t^{1/2})}{\mathrm{d}t} = tG'(t^{1/2}) \tag{2.101}$$

以上只是给出了 Thomas – Fermi 势的约化微分截面 $f(t^{1/2})$ 的计算方法,而没有给出 $f(t^{1/2})$ 的具体形式。为了描述 Thomas – Fermi 势的约化微分截面 $f(t^{1/2})$ 的基本特征,下面利用不同 S 值的幂函数近似,讨论 $f(t^{1/2}) - t^{1/2}$ 的变化趋势。

假定两体碰撞系统的无量纲能量 ε 具有定值,且 $\varepsilon \geqslant 1$,根据式(2.95)应有 $0 < t^{1/2} < \varepsilon$,且 $t^{1/2} = \varepsilon \cdot \sin(\phi/2)$,由此可知,当 $t^{1/2}$ 大时,将发生大角度的散射,在这种情况下,运动粒子能够穿入靶原子的电子壳层,两粒子的作用势为纯库仑势,即 $S = 1$,因而发生卢瑟福散射,由式(2.97)得到

$$f(t^{1/2}) = \frac{1}{2t^{1/2}} \tag{2.102}$$

该式表明,$f(t^{1/2})$ 随 $t^{1/2}$ 的减少而增大,然而随着 $t^{1/2}$ 的减小,散射角相应地减小(碰撞参数 P 增大)。两粒子能够接近的最近距离逐渐变大,相应地电子的屏蔽效应显现出来,在这种情况下,势函数的幂次 S 将大于1。$f(t^{1/2})$ 虽然随 $t^{1/2}$ 的减小而增大,但小于卢瑟福散射的相应值。直到 $t^{1/2}$ 小到应当用 $S = 2$ 的势函数描述以前,$f(t^{1/2})$ 的值一直是增大的,当 $t^{1/2}$ 减小到可用 $S = 2$ 来描述 Thomas – Fermi 势时,由式(2.97)表明,$f(t^{1/2})$ 为一常数值。随着 $t^{1/2}$ 的进一步减小,近似的幂次 S 值开始大于2,这时,由式(2.97)可知,$f(t^{1/2})$ 也随之减小。当 $t^{1/2}$ 减小到应

用 $S=3$ 的幂函数近似表示 Thomas – Fermi 势时,得到

$$f(t^{1/2}) = \frac{2}{3}\left(\frac{\gamma_S K_S}{2}\right)^{2/3} t^{1/6} \tag{2.103}$$

或许,当 $t^{1/2}$ 值更小时,用 $S=4$ 来近似 Thomas – Fermi 势更为合适。

综上所述,可以预期,Thomas – Fermi 势的约化微分截面 $f(t^{1/2})$ 随 $t^{1/2}$ 的变化应是一条光滑的曲线,沿着 $t^{1/2}$ 轴,先是随 $t^{1/2}$ 的减小而增大,逐步达到一个最大值,而后又开始减小。

正如以上所指出的,关于 Thomas – Fermi 势的约化微分截面不能用解析式表示出来,$f(t^{1/2})$ 与 $t^{1/2}$ 的关系曲线通常是根据式(2.99)和(2.101)利用数值法近似解出,Lindhard 等完成了这种计算,他们的结果如图 2.14 中的虚线所示。图 2.14 所示曲线是一条 Thomas – Fermi 势的约化微分截面的普适曲线,由于都是采用约化参量来讨论并得到这条曲线的,这意味着,不论运动粒子的初始能量是多大,也不

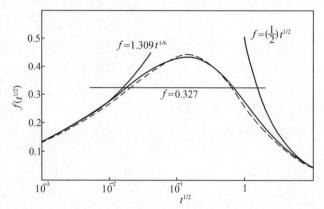

图 2.14 Thomas – Fermi 势的约化微分截面

论参与碰撞过程的两个粒子的原子序数 Z_1,Z_2,以及原子量 M_1,M_2 为何值,其散射特征都是用这一条曲线表示的。因此,这条普适曲线为理论处理运动粒子在固体内所经受的多重碰撞问题提供了很大的方便。

Winterbon 等给出了 Thomas – Fermi 势的约化微分截面的近似解析表达式

$$f(t^{1/2}) = \lambda t^{1/6}\left[1 + (2\lambda t^{2/3})^{2/3}\right]^{-3/2} \tag{2.104}$$

式中,$\lambda = 1.309$。

复习思考题

2.1 二原子发生弹性碰撞,由动量、能量守恒定律,导出在质心系中 $W'_1 = W_1$,$W'_2 = W_2$,W_1,W_2,W'_1,W'_2 为粒子 1 和粒子 2 在质心系中的初始速度和碰撞后的终速度。

2.2 入射粒子在固体中与原子发生弹性碰撞,导出弹性碰撞下能量传递公式:

$$T = \frac{4M_1 M_2}{(M_1 + M_2)^2} E \sin^2 \frac{\theta}{2}$$

其中,M_1,E 和 T 是入射粒子的质量、初始能量和传递给被撞原子的能量,M_2 是被撞原子的质量,θ 是质心系中粒子出射方向与入射方向的夹角。

2.3 导出在库仑势下的微分截面:

$$d\sigma = \pi \frac{Z_1^2 Z_2^2 e^4}{E_1} \frac{M_1}{M_2} \frac{dT}{T^2}$$

其中,Z_1,Z_2 是入射粒子和被撞原子的原子序数,e 是电子电荷,E_1 和 T 是入射粒子的能量和传递给被撞原子的能量。

2.4　试根据微分能量转递截面 $\mathrm{d}\sigma = \pi \dfrac{Z_1^2 Z_2^2 e^4}{E_1} \dfrac{M_1}{M_2} \dfrac{\mathrm{d}T}{T^2}$ 导出微分角截面。

2.5　希望将屏蔽库仑势与常数 A 和 S 都是已知的负幂势函数联结起来。匹配点（即能量 E^*，高于这个能量应用屏蔽库仑势，低于这个能量应用负幂势）可借助于下述判据确定出来：当用这两种势函数计算时，正碰撞时接近的最小距离是一样的。试导出能够计算 E^* 的公式。

第3章 运动粒子的慢化和射程

当一个入射粒子进入固体介质时,发生第一次碰撞后,还将继续在介质内运动并相继发生一系列碰撞。下面基于经典散射理论,着手研究运动粒子在固体介质内的多次散射和能量消散行为。固体物质是由原子组成的,而原子又是由原子核和电子构成的。以下将把原子核和核外电子看成是固体介质的基本组元。当运动粒子在固体介质内穿行时,它与固体的这些基本组元相互作用,通过多次碰撞将能量传递给被击的靶粒子,而它本身的能量逐渐降低,这种现象称作运动粒子的慢化过程。运动粒子主要由两种方式消散能量,一是与固体物质的原子核作用,通过弹性碰撞而消耗能量;二是与固体内的电子作用,通过电离或电子激发而消耗能量。运动粒子在固体内慢化的结果至少将产生两个重要的效应。①入射粒子将其初始能量消耗殆尽后,将作为杂质(通常是异种元素)原子停留在固体内,使固体原来的性质发生变化。人们可以通过选择入射粒子的初始能量和注入数量控制杂质的深度和浓度,以便得到预期的性质,这个过程称作离子注入或掺杂。这种离子束辐照技术已经成功地应用于半导体工业,金属表面的离子束辐照改性研究近年来也得到了迅速发展。②在入射粒子的慢化过程中,通过多次弹性碰撞产生若干个新的运动原子,所有这些运动原子最终都将静止下来。但是,这些被击中的点阵原子离开了自己原来的位置,引起固体的性质改变,这种效应称作辐照损伤。通常这种效应会使材料性能变坏,但有时候也会使固体材料性质向着人们所希望的方面发展,例如离子束混合作用,辐照形成非晶态等。掺杂和损伤是密切相关的,它们反映了辐照效应的两个侧面。这两种效应的共同物理基础是运动粒子在固体内的慢化过程。因此,从固体介质对运动原子的阻止作用着手,先处理粒子本身慢化的基本规律,然后引出粒子射程的概念,并介绍由 Lindhard,Scharff 和 Schiott 所给出的射程和射程标准偏差的理论方法(简称 LSS 理论),在本章末,将利用 LSS 理论来确定粒子停留位置沿固体深度的浓度分布,至于慢化过程中所导致的损伤问题将在第4和第5章进行讨论。

3.1 运动粒子在固体内的慢化

当一个初始能量为 E_1 的入射粒子进入固体内穿行时,它与固体的基本组元相互作用发生逐次碰撞,将其能量逐次地传递给被击的靶粒子,而它本身的能量逐渐降低,形成慢化过程。

假定作为靶粒子的基本组元在固体内呈随机分布,取一个单位面积,其厚度为 ΔR 的体积元,运动粒子从这个薄片体积元的左侧进入并从右侧离开。在这个过程中,运动粒子能否与靶粒子发生碰撞(暂且不管传递能量特征)将取决于这个体积元内所包含的靶粒子数目以及每个靶粒子所表现出来的碰撞截面,如图 3.1 所示。假定靶粒子的密度为 N,而每个靶粒子的碰撞截面为 σ,且由式(2.64)给出。显然,当入射粒子由体积元左侧的单位面积上任一处射入并穿行了 ΔR 时,发生碰撞的概率应为 $N\sigma\Delta R$。随着穿行距离 ΔR 的增大,碰撞概率也将增大,当 ΔR 增大到使 $N\sigma\Delta R = 1$ 时,则一定要发生一次碰撞,或者说,碰撞概率达到 1。一旦发生碰撞,将会出现能量传递,但对能量传递的数值没做任何限制,它可能是 $0 \sim T_m$ 之间的任一数值。然而,不仅要了解一般的碰撞概率,更希望了解发生某一特定能量传递事件的碰撞

概率。运动粒子在这一体积元穿行时,既
可能将能量传给原子核,也可能传给原子
核外电子。用 T_n 和 $\sum_i T_{ei}$ 分别表示碰撞
时传给原子核和原子核周围诸电子的能
量,其中 i 表示核外第 i 个电子。运动粒子
与一个靶原子发生这种特定的能量传递的
碰撞概率用 $d\sigma_{n,e}$ 来表征。显然,当运动粒
子在固体内穿过了 ΔR 的距离时,发生上
述的特定能量传递事件的碰撞概率为

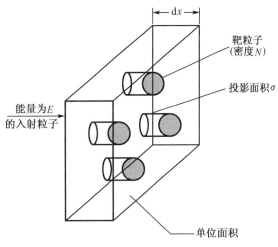

$$dp = N \cdot \Delta R \cdot d\sigma_{n,e} \qquad (3.1)$$

式中,N 为固体介质的原子密度,为归一化
的概率分布函数,且满足

图 3.1　碰撞截面

$$\int dp = 1 \qquad (3.2)$$

暂且把原子核和核外电子当作一个整体来处理并用原子表示,由式(2.61)所给出的定义将运
动粒子和一个静止的原子发生碰撞的微分截面写成

$$d\sigma_{n,e} = K(E_1, T_{n,e}) dT_{n,e} \qquad (3.3)$$

式中,$T_{n,e} = T_n + \sum T_{n,e}$,它表示碰撞中传给被击原子核和核外诸电子的能量之和。由于
$K(E_1, T_{n,e})$ 表征发生各种可能的碰撞状态的概率,因此运动粒子与一个静止原子发生碰撞时
平均传给原子的能量为

$$\langle T_{n,e} \rangle = \frac{\int T_{n,e} K(E_1, T_{n,e}) dT_{n,e}}{\int K(E_1, T_{n,e}) dT_{n,e}} = \frac{\int T_{n,e} K(E_1, T_{n,e}) dT_{n,e}}{\sigma_{n,e}} \qquad (3.4)$$

当运动粒子在固体内穿行 ΔR 时,它与该体积元内诸原子发生碰撞的概率为 $N\sigma_{n,e}\Delta R$,而
发生碰撞时传递的平均能量由式(3.4)表示,因此这个运动粒子在这段路程上的平均损失能
量应为

$$\langle \Delta E \rangle = \int T_{n,e} dp = N\Delta R \int_0^{T_m} T_{n,e} K(E_1, T_{n,e}) dT_{n,e} \qquad (3.5)$$

当 ΔR 为无穷小时,可将上式改写为

$$\left(-\frac{dE}{dR} \right) = NS(E_1) \qquad (3.6)$$

式中,所引入的负号表示运动粒子的能量随入射深度 R 的增大而减小;dE/dR 称作阻止本领,
其物理意义是运动粒子在单位路程上所损失的能量;$S(E_1)$ 称作阻止截面,由下式表示:

$$S(E_1) = \int_0^{T_m} T_{n,e} d\sigma_{n,e} = \int_0^{T_m} T_{n,e} K(E_1, T_{n,e}) dT_{n,e} \qquad (3.7)$$

虽然将 $S(E_1)$ 称作阻止截面,但它不同于一般意义上的截面。将式(3.4)与(3.7)相比较可以
看出,阻止截面是每个原子所呈现出的碰撞截面与碰撞中原子所得到的平均能量之积,其量
纲为 $eV \cdot cm^2/$原子。与阻止本领不同,它与固体内原子密度无关,仅是原子本身属性的
函数。

在近似处理时,通常将核散射和电子激发(或电离)看作是彼此无关的。在这样的假设条

件下,可将它们分别独立地加以处理,于是式(3.6)可写为

$$\left(-\frac{\mathrm{d}E}{\mathrm{d}R}\right)_{\mathrm{tot}} = \left(-\frac{\mathrm{d}E}{\mathrm{d}R}\right)_{\mathrm{n}} + \left(-\frac{\mathrm{d}E}{\mathrm{d}R}\right)_{\mathrm{e}} + \left(-\frac{\mathrm{d}E}{\mathrm{d}R}\right)_{\mathrm{ex}} \tag{3.8}$$

和

$$S(E) = S_{\mathrm{n}}(E) + S_{\mathrm{e}}(E) + S_{\mathrm{ex}}(E) \tag{3.9}$$

式中,下标分别表示核阻止和电子阻止对运动粒子慢化所做的贡献,但是在与电子相互作用中,除了引起电离激发外,还有一种是原子间不同能量的电子交换所引起的能量损失,特别是当原子的运动速度接近原子轨道电子速度时,这种效应就更不可忽视,所以在式(3.8)和式(3.9)右边增加了第三项$\left(-\frac{\mathrm{d}E}{\mathrm{d}R}\right)_{\mathrm{ex}}$和$S_{\mathrm{ex}}(E)$,称作电荷交换效应。

3.1.1 核阻止本领和阻止截面

当入射粒子在固体中穿行时与靶原子发生弹性碰撞,相当于与原子核单元发生弹性碰撞,导致能量损失,其单位路程上由弹性碰撞所造成的能量损失称为核阻止本领。应用第2章弹性散射的结果可以导出核阻止本领和阻止截面表达式,根据式(3.6)和(3.7)可以写出核阻止本领的类似公式,即

$$\left(\frac{\mathrm{d}E}{\mathrm{d}R}\right)_{\mathrm{n}} = -NS_{\mathrm{n}}(E) \tag{3.10a}$$

$$S_{\mathrm{n}}(E) = \int_0^{T_{\mathrm{m}}} T\mathrm{d}\sigma = \int_0^{T_{\mathrm{m}}} T \cdot K(E,T)\mathrm{d}T \tag{3.10b}$$

为了书写方便,并与第2章的符号保持一致,将表示核散射微分截面和传递能量的下标"n"暂时去掉,这里的T和$\mathrm{d}\sigma$表示弹性碰撞的相应物理量。将式(2.96)代入式(3.10b),并利用式(2.21)所给出的关系,可以得到

$$\left(\frac{\mathrm{d}E}{\mathrm{d}R}\right)_{\mathrm{n}} = -\pi a^2 N \cdot T_{\mathrm{m}} \int \sin^2\phi/2 \cdot \frac{\mathrm{d}t}{2t^{3/2}} \cdot f(t^{1/2}) \tag{3.11}$$

注意到$\mathrm{d}t = 2t^{1/2}\mathrm{d}(t^{1/2})$,并将式(2.92)代入上式中,得到

$$\left(\frac{\mathrm{d}E}{\mathrm{d}R}\right)_{\mathrm{n}} = -\frac{\pi a^2 N T_{\mathrm{m}}}{\varepsilon^2} \int f(t^{1/2}) \mathrm{d}(t^{1/2}) \tag{3.12}$$

Lindhard引入一个无量纲的约化路程长度ρ,其数值由下式给定:

$$\rho = \pi N a^2 R \cdot \frac{4M_1 M_2}{(M_1 + M_2)^2} \tag{3.13}$$

利用式(3.10b)和(2.72)所给出的约化能量,可将式(3.11)改写成

$$\left(\frac{\mathrm{d}\varepsilon}{\mathrm{d}\rho}\right)_{\mathrm{n}} = -S_{\mathrm{n}}(\varepsilon) = -\frac{1}{\varepsilon}\int_0^{\varepsilon} f(t^{1/2}) \mathrm{d}(t^{1/2}) \tag{3.14}$$

式中,$\left(\frac{\mathrm{d}\varepsilon}{\mathrm{d}\rho}\right)_{\mathrm{n}}$和$S_{\mathrm{n}}(\varepsilon)$分别称作核碰撞的约化阻止本领和阻止截面。值得注意的是,在无量纲的参数中,阻止截面和阻止本领在数值上是相等的。

由于运动粒子进入固体后能量逐渐减小,单独利用诸如刚球散射或卢瑟福散射这样的简化模型,不大可能正确地描述核阻止过程。为此,采用幂函数的屏蔽库仑势推导阻止本领,以分析其各段阻止本领的特征。将式(2.97)代入式(3.14)中,积分后可以得到

$$\left(\frac{\mathrm{d}\varepsilon}{\mathrm{d}\rho}\right)_{\mathrm{n}} = \frac{\lambda_{\mathrm{S}}}{2(1-1/S)}\varepsilon^{1-2/S} \tag{3.15}$$

式中

$$\lambda_{\mathrm{S}} = \frac{2}{S}\left(\frac{\gamma_{\mathrm{S}}K_{\mathrm{S}}}{2}\right)^{2/S} \tag{3.15'}$$

Winterbon 等对 λ 的数值做了讨论,并给出 $\lambda_1 = 0.5$,$\lambda_2 = 0.327$,$\lambda_3 = 1.309$。由式(3.15)可知,利用反比平方势近似($S=2$),无量纲的核阻止本领是一个数值为 0.327 的常数。

如果将式(2.89)代入式(3.10b)中,即可得到核阻止截面为

$$S_{\mathrm{n}}(E) = \frac{1}{1-S}\cdot C\cdot \Lambda^{1-1/S}E^{1-2/S} \tag{3.16}$$

式中,C 由式(2.89a)给定,$\Lambda = \dfrac{4M_1M_2}{(M_1+M_2)^2}$。根据式(3.16),当入射粒子能量较高时($S=2$),核阻止截面是一个数值为 $2C\Lambda^{1/2}$ 的常数;而当入射粒子的能量较低时,相应于 $S=3$,核阻止截面正比于 $E^{1/3}$。同样,也可以求出核阻止本领的表示式。作为一个特例,考查反比平方势($S=2$)下的核阻止截面,利用式(2.89a),(3.10a)和(2.16),得

$$\left(\frac{\mathrm{d}E}{\mathrm{d}R}\right)_{\mathrm{n}} = 1.308\pi NaZ_1Z_2e^2\frac{M_2}{M_1+M_2} \tag{3.17}$$

关于 Thomas-Fermi 势下的核阻止本领,需要将 Thomas-Fermi 势的约化微分截面 $f(t^{1/2})$ 的数值解或 $f(t^{1/2})$ 的近似解析式(2.104)代入式(3.14)中,计算出 Thomas-Fermi 势的约化核阻止本领 $\left(\dfrac{\mathrm{d}\varepsilon}{\mathrm{d}\rho}\right)_{\mathrm{n}}$ 与无量纲能量 ε 之间的关系,图 3.2 给出了计算得到的关系曲线。图中也画出了 $S=2,3$ 时的关系曲线。由图中曲线可知,在一定的能量范围内,利用不同幂次的幂函数来近似 Thomas-Fermi 势是合理的。一般认为,当 $0.08\leqslant\varepsilon<2$ 时,采用反比平方势进行计算是可以接受的;而只有当 $\varepsilon\geqslant 10$ 时,才能采用卢瑟福散射来计算阻止截面。

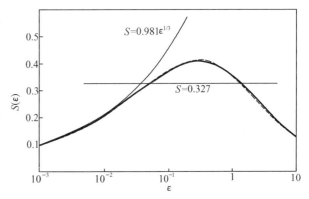

粗实线:Thomas-Fermi 势;
虚线:由式(2.104)计算的 $S(\varepsilon)$;
细实线:负三次幂势。

图 3.2 核阻止本领和能量关系

3.1.2 电子阻止本领

当一个具有相当高能量的运动粒子进入固体后,它的绝大部分能量消耗于电子阻止上,例如,MeV 量级的质子在固体内慢化期间,消散于电子阻止的能量与核阻止相比,可高达上千倍。因此,运动粒子在固体介质内能量消散过程中,电子阻止所给予的贡献是相当可观的,了解电子阻止的特征和规律,对于入射粒子的射程和损伤分布是至关重要的。

运动粒子与原子核周围的某个电子发生碰撞时,将一部分能量传给被击的电子,其结果是电子由低能态跳到高能态(激发),甚至电子完全脱离该原子核的束缚(电离)。原子核周围的诸电子处在不同能级上(不同壳层),不同能级的电子具有不同的结合能。被击中的电子只有当它获得的能量大于结合能时,才会发生电离。最外层电子的电离值最小,如果我们令最低电离能为 I_{min},由式(2.15)可知,若要发生电离效应,轰击粒子必须具有的最低能量为

$$E_I = \frac{M_1}{4m_e}I_{min} \tag{3.18}$$

式中,m_e 是电子的静止质量,M_1 是运动粒子的质量,E_I 称作电离阈能。当运动粒子的能量更高时,不但最外层的电子可以被电离,而且内层电子也可被电离。如果运动粒子的能量足够高,最内层的电子也可能被电离。

然而,当运动粒子的能量小于 E_I 时,是否不会发生任何电离(或激发)呢?首先研究由 N 个原子所组成的固体,由固体的能带理论,存在两个能带,即价带和导带。两个能带之间有一个能量间隙 ΔE,该间隙称作禁带。价电子填充状态如图 3.3(a)所示。由图可知,电子占满了价带,而导带是空着的。处于价带的电子要到达导带,至少必须获得 ΔE 的能量。如果我们取禁带的宽度 ΔE 作为最小电离能 I_{min},则由式(3.18)可以计算出所讨论固体的电离阈能 E_I 值。对于像金刚石这样的典型共价键固体,$\Delta E \approx 5$ eV。如果用质量数为50的运动粒子轰击金刚石,$E_I = 115$ keV,也就是说,能量低于 115 keV 的运动粒子($M_1 = 50$)射入金刚石内时,电子基本上不参与阻止作用。

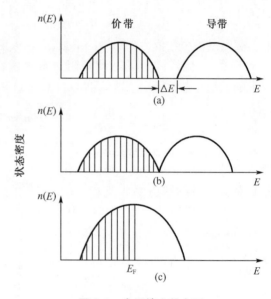

图 3.3 电子填充状态图

随着固体的金属性质逐渐加强,禁带的宽度 ΔE 由大变小,进而完全消失。对于金属性质很强的固体,价带和导带开始发生重叠(如图 3.3(b)所示),甚至达到完全重合。典型金属性质的固体内价电子的填充状态如图 3.3(c)所示,所填充到的最高能级称作费米能 E_F。在 0 K 时,费米面以下完全被电子占据着,而费米面以上是完全空着的。在费米面附近的电子,由于没有禁带的限制,这些电子只要接受一点能量,就有可能跳到较高的能级上。在这种情况下,尽管运动粒子的能量相当低,电子的阻止作用仍然存在。

由此可见,电子的阻止作用在运动粒子的慢化过程中是始终存在的。运动粒子的能量越高,消耗于电子阻止的能量部分的比例越大。随着运动粒子的能量降低,电子阻止所起的作用逐渐减小。

1. 高速运动粒子的电子阻止本领

当运动粒子在金属、合金内穿行时,可以把固体中的电子看作电子气,运动粒子在电子气中运动并通过与它所遇到的电子发生碰撞而损失能量。当运动粒子具有较高速度,在固体内

穿行时被强烈地电离,即它的高速度能使它自己的外层电子剥掉。粗略地说,轨道速度小于运动粒子本身运动速度的电子,将被运动原子甩掉。在这种情况下,在固体内高速运动粒子相当于一个带有电荷 Z_1(这里 Z_1 并不是运动原子的原子序数)的离子,通过库仑作用将能量传递给介质中的电子。鉴于 $V_1 \gg V_F$,在实验室系内,相当于一个速度为 V_1 的离子与静止电子间的碰撞。由于离子运动速度很高,可以不考虑其他电子的屏蔽效应而直接采用库仑势函数

$$V(r) = -\frac{Z_1 e^2}{r} \tag{3.19}$$

这个过程的能量传递截面可根据式(2.68)求出,其中的第二个粒子取作电子($Z_2 = 1, M_2 = m_e$),即

$$K(E, T_e) = \frac{\pi Z_1^2 e^4}{E} \cdot \frac{M_1}{m_e} \cdot \frac{1}{T_e^2} \tag{3.20}$$

式中,T_e 表示碰撞中传递给被击电子的能量;E 为运动粒子的初始能量。如果离子的能量足够高,固体中所有的电子都能够被激发,电子的密度就等于 $Z_2 N$,N 为固体的原子密度,Z_2 为固体原子的原子序数,相应地,电子阻止本领由式(3.10a),(3.10b)计算,这时 $T_m = 4(m_e/M_1)E$,$T_0 = \bar{I}$,即靶原子的平均电离能。将能量传递截面公式(3.20)代入(3.10a),(3.10b),电子阻止本领可以表示为

$$\left(-\frac{dE}{dR}\right)_e = Z_2 N \int_{\bar{I}}^{4\left(\frac{M_e}{M_1}\right)E} T_e \left[\frac{\pi Z_1^2 e^4 (M_1/m_e)}{E T_e^2}\right] dT_e$$

积分后得到

$$\left(-\frac{dE}{dR}\right)_e = \frac{\pi Z_2 Z_1^2 e^4}{E} \cdot N \cdot \frac{M_1}{m_e} \cdot \ln\left[\frac{4E}{(M_1/m_e)\bar{I}}\right] \tag{3.21}$$

上式是由经典力学理论推导出来的。但是,描述高速离子与电子间的散射问题不能用经典散射的概念,而应用量子力学计算来处理。量子力学计算所得到的结果刚好是式(3.21)的二倍,即

$$\left(-\frac{dE}{dR}\right)_e = \frac{2\pi Z_2 Z_1^2 e^4}{E} \cdot N \cdot \frac{M_1}{m_e} \cdot \ln\left[\frac{4E}{(M_1/m_e)\bar{I}}\right] \tag{3.21'}$$

这就是 Bethe – Bloch 公式。且有

$$S_e(E) = \frac{2\pi Z_2 Z_1^2 e^4}{E} \cdot \frac{M_1}{m_e} \cdot \ln\left[\frac{4E}{(M_1/m_e)\bar{I}}\right] \tag{3.21''}$$

当离子能量降低时,它从介质中俘获一个电子的机会就会增加。或者说,电荷 Z_1 和离子的能量有关。Bohr 假定离子只能保留它外层电子中那些轨道速度超过运动离子速度的电子,并计算出一个有效电荷(称作有效电荷是因为它并不一定是个整数)。根据原子中电子速度的 Thomas – Fermi 分布,可以计算出原子中速度小于离子速度 $(2E/M_1)^{1/2}$ 的电子数目。这些电子被认为是从离子中剥掉的电子。运动离子的有效电荷为

$$(Z_1)_{eff} = \frac{Z_1^{1/3} \eta}{e^2}\left(\frac{2E}{M_1}\right)^{1/2} \tag{3.22}$$

式中,η 是普朗克常数除以 2π;Z_1 这里代表运动离子的原子序数。在固体内运动着的一个原子或离子,它失去电子或俘获电子是一种动态过程,因而非整数电荷应理解为整数电荷态依据处在这一电荷态的时间份额加权平均的结果(包括中性原子)。当然,有效电荷不能超过运动离子的原子序数;但是式(3.22)表明不论它的动能多么小,离子总是要保留着某些电荷的。实际上,存在着一个较低的中性化能量 E_{neut},到了这个能量时,一个中性的运动原子就不能通

过和固体内静止原子的碰撞再被离子化了。我们可以考虑运动原子中结合最弱的电子和介质中自由电子的碰撞。可以不把原子看作是以速度 $v_1 = (2E/M_1)^{1/2}$ 在电子海中穿行,而可以反过来,把原子当作是静止的,并把点阵中的电子看作是以 v_1 的速度运动着(即将参考坐标从实验室系转换为以运动原子作为坐标原点,参见图 3.4)。如果有一个点阵电子和原子中的一个电子发生正碰撞,前者就向后者传递能量 $m_e v_1^2/2$。如果这个能量低于运动原子的最低电离能 I,就不能发生电离,原子在它的其余慢化过程中就保持中性。这个条件可写成

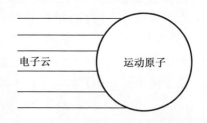

图 3.4 原子在电子云中运动示意图
(坐标设在运动原子上,电子云向原子撞击)

$$\frac{1}{2} m_e v_1^2 = E_{\text{neut}} \cdot \frac{m_e}{M_1} = I$$

从这一条件得出的中性化能量 E_{neut} 数值和用相反过程(运动原子使点阵原子电离)所得的数值很接近。根据这种简单的处理,一个运动粒子为了要保持某些正电荷所必须具有的最低能量大约等于它的质量数乘以千电子伏特,即

$$E_{\text{neut}} = M_1 \cdot \text{keV} \tag{3.23}$$

低于这一能量,$(Z_1)_{\text{eff}}$ 等于零,式(3.22)就不再适用。

实际上,在比上面用电荷中性化的简单考虑所得出的几十千电子伏特远远高的能量时,式(3.21)就不再有效了。而在高能量时,Bethe 公式只有对阻止本领曲线上 $(dE/dR)_e$ 随能量下降的部分才有效。对于重离子来说,这个能量可高达 100 MeV。金属中由于快中子散射而产生的初级离位原子一般没有那么大的能量,可以落到式(3.21)所适用的范围;但是更需要有另外的理论来解释中性原子在同类原子的点阵中运动时所遇到的电子阻滞。

2. 低速度运动粒子的电子阻止本领

如前所述,在 0 K 时,费米能 E_F 以下的每个状态都填满了电子。当运动粒子的速度(能量)较低时,在散射过程中传给电子的能量比较小。如果被撞电子所处的能态比 E_F 低很多,那么这些电子接受了传给它的能量之后也不大可能越过 E_F 而跳到空着的能态上,这意味着这种散射事件是不大可能发生的,因此只有处在费米面附近的电子才有较大的概率参与对运动粒子的阻止作用。可以预期,运动粒子的速度值越低,能参与阻止作用的电子数目越少,或者说,电子阻止本领越小。

为了计算原子或离子在同类元素的金属中运动时所具有的 $(dE/dR)_e$,需要计算对于贴近费米面处的电子所传递的能量。由于运动粒子能量低于 E_{neut},原子是中性的,这就相当于一个大原子(10^{-8} cm)在众多的电子(10^{-13} cm)海中运动,电子与原子的碰撞可以考虑为一个质量 M_1 速度 v_{10} 的原子和一个速度为 v_e 方向相反的传导电子互相正碰撞。两粒子的初始相对速度 g_0 为 $g_0 = v_{10} + v_e$。正碰撞后,相对速度的矢量改变了方向但不改变大小,因而 $g_f = -(v_{10} + v_e)$,g_f 是碰撞后最终的相对速度。在和电子碰撞以后,原子的速度根据方程(2.6a)应为

$$v_{1f} = v_{\text{cm}} + \left(\frac{m_e}{M_1 + m_e}\right) g_f = \frac{M_1 v_{10} - m_e v_e}{M_1 + m_e} - \left(\frac{m_e}{M_1 + m_e}\right)(v_{10} + v_e) = v_{10} - \frac{2 m_e v_e}{M_1}$$

这里 m_e 与 M_1 相比要小得多,m_e 在分母中已被略掉。原子在碰撞中损失的能量是

第3章 运动粒子的慢化和射程

$$\Delta E = \Delta\left(\frac{1}{2}M_1 v_1^2\right) \approx M_1 v_{10}(v_{10} - v_{1f}) = 2m_e v_e v_{10} \tag{3.24}$$

同样,碰撞以后的电子速度由式(2.6a)给出:

$$v_{ef} = v_{cm} - \left(\frac{M_1}{M_1 + m_e}\right)g_f = \frac{M_1 v_{10} - m_e v_e}{M_1 + m_e} + \left(\frac{M_1}{M_1 + m_e}\right)(v_{10} + v_e) = 2v_{10} + v_e$$

或电子速度的增量为

$$\Delta v_e = v_{ef} - v_e = 2v_{10} \tag{3.25}$$

在单价金属里,传导电子数约等于原子密度 N。但是只有那些位于费米速度 v_F 处 Δv_e 范围内的电子才能参与慢化过程。或者说,金属有效电子的密度为

$$n_e \approx N\left(\frac{\Delta v_e/2}{v_F}\right) = \left(\frac{v_{10}}{v_F}\right)N \tag{3.26}$$

现在设想参考坐标固定于运动原子上,有效电子撞击原子的流量 I_e 是

$$I_e = n_e g_0 = n_e(v_{10} + v_e) \tag{3.27}$$

每秒钟内有效电子和单个运动原子的碰撞数为 $\sigma_e I_e$,其中 σ_e 是运动原子和传导电子的作用截面。运动原子交给有效电子的能量损失速率为 $\sigma_e I_e \Delta E$,这个数值再除以原子在一秒钟内所走过的距离(v_{10})就给出阻止本领的定义:

$$\left(\frac{dE}{dR}\right)_e = \frac{-个原子每秒损失的能量}{-个原子每秒走过的距离} = \frac{\sigma_e I_e \Delta E}{v_{10}}$$

将式(3.24),(3.26)和(3.27)代入上面式子里,并将 v_e 和 v_{10} 分别用 $2\varepsilon_F/m_e$ 和 $(2E/M_1)^{1/2}$ 表示,得到

$$\left(\frac{dE}{dR}\right)_e = 8\sigma_e N\left(\frac{m_e}{M_1}\right)^{1/2} E^{1/2}$$

或将 $E^{1/2}$ 前的系数用常数 k 表示,则电子阻止本领变成

$$\left(\frac{dE}{dR}\right)_e = kE^{1/2} \tag{3.28}$$

采用比以上简单模型更精确的方法分析阻止机理,可以得到不同的常数值 k,但对 $E^{1/2}$ 的依赖关系仍然不变。对于同类原子的情况,Lindhard[5] 导出的 k 值为

$$k = 0.3NZ^{2/3} \tag{3.29a}$$

式中,N 是金属原子密度,以 Å^{-3} 为单位,Z 是金属原子的原子序数。式(3.28)和(3.29a)适用的范围是

$$0 < E(\text{keV}) < 37Z^{7/3} \tag{3.29b}$$

在这一公式及式(3.29a)中都用到了所有元素(氢除外)的 $Z/M = 0.43 \pm 0.03$ 这一事实。

如果利用式(2.72)和(3.13),可以将式(3.28)写成无量纲的约化形式

$$\left(-\frac{d\varepsilon}{d\rho}\right)_e = S_e(\varepsilon) = \kappa\varepsilon^{1/2} \tag{3.30}$$

式中,常数 κ 为

$$\kappa = \frac{0.079 Z_1^{1/6} Z_1^{1/2} Z_2^{1/2}(A_1 + A_2)^{3/2}}{(Z_1^{2/3} + Z_2^{2/3})^{3/4} \cdot A_1^{3/2} \cdot A_2^{1/2}} \tag{3.31}$$

在一般情况下,κ 值处于 $0.1 \sim 0.2$ 之间,只有当 $Z_1 \ll Z_2$,κ 值才有可能大于 1。$Z_1 = Z_2$,$A_1 = A_2$ 时,$\kappa = 0.133Z^{2/3}A^{1/2}$。式中 A_1,A_2 分别是运动粒子和靶原子的原子量。在约化能量单位

· 45 ·

中,式(3.30)所适用的范围是 $0 < \varepsilon < 1\ 000$。

3. 电子交换截面

运动原子在固体中慢化时,与靶原子的每一次碰撞,有一定的概率使离子失去电子,或者离子从靶物质中俘获电子,这种现象就是离子在物质中的电荷交换效应。单次碰撞中失去或俘获一个电子的过程,其截面大小与入射离子速度和核电荷有很强的依赖关系,与靶物质的核电荷关系不是太大。当运动原子的速度接近电子轨道速度,电子的交换截面最大,对于重离子

$$\sigma_{俘获电子} \backsim \pi a_0^2 Z_1^2 Z_2^{1/3} \left(\frac{v_0}{v_{10}} \right)^3 \tag{3.32a}$$

$$\sigma_{失去电子} \backsim \pi a_0^2 Z_1^{1/3} Z_2^2 \left(\frac{v_0}{v_1} \right)^3 \tag{3.32b}$$

式中,v_1 是运动离子最外层电子的速度,电荷交换能量损失仅占总能量损失中很小的份额,约占百分之几。

4. 阻止本领随粒子能量的变化关系

由上述两种情况的电子阻止本领的特征可以看到:电子阻止本领首先随运动粒子能量增加而增大,如式(3.28)所示;而后当运动粒子能量很高时,电子阻止本领又随粒子能量增加而减小。显然,在上述两种阻止机制之间没有一个明确的分界能。可以预期,在一个相当宽的能量范围内,两种机制同时起着作用。因此,在两种极端情况之间,曲线应是平滑过渡,并在某一特征能量处电子阻止本领呈现极大值。阻止本领与运动原子的能量或速度的关系如图3.5 表示。但是,在这个过渡区内,还不能用一个解析式来表示电子阻止本领。

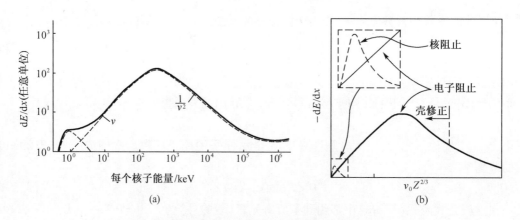

图3.5　阻止本领与运动原子的能量或速度的关系

在离子注入、离子溅射和辐照损伤研究的能量范围内,一般都可用式(3.28)来计算电子阻止对运动粒子慢化所做的贡献;在利用高能带电粒子(包括处理反应堆芯燃料内的裂变碎片)研究固体材料的辐照损伤时,可能需要用式(3.21′)来处理;而在离子束分析技术(背散射分析、核反应分析和沟道技术)中,则往往利用一些拟合的经验公式来计算。

现在分析式(3.8)的前两项之和,即运动粒子在固体内的核阻止本领和电子阻止本领之和,如图3.5(a)所示。但是在离子注入、离子溅射和辐照损伤研究的能量范围内,可以在以

上处理核阻止和电子阻止的基础
上,用一个图表示运动粒子在固体
内阻止本领的特征,如图 3.6 所示。
该图给出了约化阻止本领(阻止截
面)$\left(-\dfrac{\mathrm{d}\varepsilon}{\mathrm{d}\rho}\right)_{\mathrm{e}}$ 与约化能量的平方根
$\varepsilon^{1/2}$ 的函数关系。实线表示了由
Thomas – Fermi 势函数而得到的核
阻止本领曲线,这是一条适用于任
何 M_1,M_2,Z_1 和 Z_2 值的普适曲线。
图中还画出了由反比平方势($S=2$)
所得到的结果。关于电子阻止本
领,在 $\left(-\dfrac{\mathrm{d}\varepsilon}{\mathrm{d}\rho}\right)_{\mathrm{e}} \propto \varepsilon^{1/2}$ 坐标系统内,由

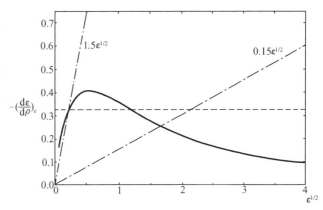

实线:Thomas – Fermi 势;虚线:平方反比势;
点画线:电子阻止,$\kappa=0.15$ 和 $\kappa=1.5$。

图 3.6　核阻止和电子阻止本领

式(3.30)可以预期,在低能范围内,它们应是一些具有不同斜率的直线。图中给出了两种 κ
值的电子阻止本领曲线。至于中能范围以上(包括 Bethe – Block 公式所适用的高能范围)的
曲线部分,由于图中所给的能量轴线数值较小而没有在图上画出来,但已经在图 3.5 中表明。

电子阻止曲线和核阻止曲线(Thomas – Fermi 势)的交点相对应的数值 ε_{c} 是个特征能量。
在一般情况下(即 κ 值介于 $0.1\sim0.2$ 间),ε_{c} 值总是大于 1,只有 $Z_1 \ll Z_2$ 时,如图中 $1.5\varepsilon^{1/2}$ 所
给出的曲线,才会出现 $\varepsilon_{\mathrm{c}}<1$。当入射粒子的约化能量 $\varepsilon=\varepsilon_{\mathrm{c}}$ 时,两种类型的阻止本领相等。
当 $\varepsilon<\varepsilon_{\mathrm{c}}$ 时,核阻止作用占优势,而当 $\varepsilon>\varepsilon_{\mathrm{c}}$ 时,电子的阻止作用对运动原子慢化的贡献是主
要的。在上述分析下,在前面提到的 MeV 量级的质子在固体内慢化期间比电子阻止大 1 000
倍这一推测是正确的。

3.2　入射粒子在固体内的射程

3.2.1　入射粒子在固体内的射程

具有一定能量的粒子进入固体,由于同固体内的原子核和电子发生碰撞而逐渐损失其能
量。当入射粒子能量消耗殆尽,它将作为杂质原子停留在固体内。粒子从进入固体表面开始
直到它静止下来所走过的路程称为射程。粒子的射程可以由阻止本领的定义得到:

$$R(E) = \int_0^E \frac{\mathrm{d}E'}{(-\mathrm{d}E'/\mathrm{d}R)} \tag{3.33}$$

由于运动粒子在固体内受到原子核和核外电子的阻止,粒子在固体内穿行时的阻止本领应为
核阻止本领和电子阻止本领之和。于是,利用式(3.6),(3.8)和(3.9)可将上式改写为

$$R(E) = \int_0^E \frac{\mathrm{d}E'}{N[S_n(E') + S_e(E')]} \tag{3.33'}$$

式中,$S_n(E')$ 和 $S_e(E')$ 分别是核阻止截面和电子阻止截面,只要确定了 $S_n(E')$ 和 $S_e(E')$ 的具
体形式,原则上可以计算出运动原子在固体内的射程。为了表示出各种不同的入射粒子在各
种不同靶材料内的一般特征,通常是将式(3.33')写成约化射程的形式:

$$\rho(\varepsilon) = \int_0^\varepsilon \frac{\mathrm{d}\varepsilon'}{S_n(\varepsilon') + S_e(\varepsilon')} \tag{3.34}$$

式中,$S_n(\varepsilon')$ 和 $S_e(\varepsilon')$ 分别由式(3.14)和(3.30)给出。当 ε 值很大时,$S_e(\varepsilon')$ 则由与式(3.21″)相应的约化阻止截面给出。知道了约化射程 $\rho(\varepsilon)$ 后,我们再利用式(3.13)就可以求出运动粒子在某一固体介质内的射程 $R(E)$。

首先,从最简单的情况来讨论射程 $\rho(\varepsilon)$ 随 ε 的函数关系。假定约化能量 $\varepsilon \leqslant 1$,同时还假定 $\kappa \ll 1$,在这种情况下,由式(3.30)所表示的电子阻止对于运动粒子的能量损失的贡献是很小的。根据图3.6所示的阻止本领的相对关系,我们可以将 $S_e(\varepsilon)$ 忽略不计。因此,如果选用幂函数形式的作用势,将式(3.15)代入式(3.34)中,则可得到

$$\rho(\varepsilon) \approx \int_0^\varepsilon \frac{\mathrm{d}\varepsilon'}{S_n(\varepsilon')} = \frac{S-1}{\lambda_S} \cdot \varepsilon^{1/S} \tag{3.35}$$

式中,λ_S 是常数,其数值已由式(3.15′)给出。例如,取反比平方势($S=2,\lambda_2 = 0.327$),于是得到 $\rho(\varepsilon) = 3.06\varepsilon$。如果将约化射程转为通常所用的射程,则有

$$R(E) = \frac{E}{1.308\pi a^2 N Z_1 Z_2 e^2} \cdot \frac{M_1 + M_2}{M_1} \tag{3.35'}$$

该式表明,在不考虑电子阻止作用并采用反比平方势的条件下,粒子在固体内的射程正比于运动粒子能量。

然而,当 $\varepsilon > 1$ 时,特别是 κ 值较大时,电子阻止作用变得越来越重要,在这种情况下,必须利用式(3.34)计算运动粒子射程。由图3.6可知,$S_e(\varepsilon)$ 是一些具有不同斜率(即不同的 κ 值)的直线,而 $S_n(\varepsilon') \propto \varepsilon^{1/2}$ 的函数关系,各种运动粒子入射到不同种类的固体靶材内,它们都是由同一条曲线表示。因此可以预期由式(3.34)计算得到的 $\rho(\varepsilon) \propto \varepsilon$ 的函数关系也一定是一些仅由不同数值的 κ 作标志的曲线。Lindhard 等人利用 Thomas – Fermi 势和式(3.30)所给出的电子阻止本领计算了 $0 < \varepsilon < 1\,000$ 范围内的 $\rho(\varepsilon) \propto \varepsilon$ 曲线。如图3.7所示。关于图中的这一组曲线的特征,我们可利用图3.6所表示的 $\dfrac{\mathrm{d}\varepsilon}{\mathrm{d}\rho} \propto \varepsilon^{1/2}$ 曲线做一个简要的解释。

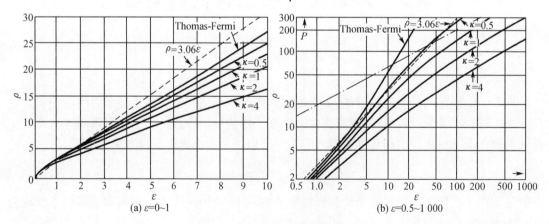

(a) $\varepsilon = 0 \sim 1$　　　　(b) $\varepsilon = 0.5 \sim 1\,000$

虚线:$\rho = 3.06\varepsilon, S = 2$ 时的射程关系

图 3.7　路程长度与能量的关系

当 ε 值很小时,如 $\varepsilon < 0.2$,由于在一般情况下,κ 值介于 $0.1 \sim 0.2$ 之间,因此 $S_n(\varepsilon) \gg S_e(\varepsilon)$。在这个能量范围内,根据图3.2可知,$S_n(\varepsilon)$ 正比于 $\varepsilon^{1/3}$。于是,我们将 $S_e(\varepsilon)$ 忽略不计,由式

(3.34)积分可以得到 ρ 正比于 $\varepsilon^{2/3}$。

在中等能量范围内($\varepsilon \approx 1$)可以发现，$S_n(\varepsilon) + S_e(\varepsilon)$ 近似地等于一个常数。于是，由式(3.34)积分得到 ρ 正比于 ε。

在高能范围内($\varepsilon \gg 1$)，则有 $S_e(\varepsilon) \gg S_n(\varepsilon)$。这表明运动粒子的慢化主要由电子阻止导致，粒子的射程主要取决于电子阻止本领。在这种情况下可以将核阻止本领略去不计，于是由式(3.34)积分可得 ρ 正比于 $\varepsilon^{1/2}$。至于在更高的能量范围内，预期粒子慢化也主要是电子阻止引起的。但是在这种情况下，电子阻止用公式表征(如式(3.21′))。图3.7中没有给出这个能量范围内的射程曲线。

通过上述分析得到了简单射程的一般概念，并给出了射程与入射粒子能量间的一般关系。但是这种射程的概念是一个平均值的概念，这种平均的概念只是反映在式(3.34)中阻止本领为一种平均的能量损失上，它并没有反映出导致能量损失的碰撞特征。实际上，入射粒子进入固体所发生的碰撞是一随机过程，如果跟踪每个入射粒子在固体内经受的全部历史不难看出，不同粒子在固体内最终静止下来的位置是不同的，即粒子最后停留在固体内的终点位置呈统计分布。平均射程应当是粒子入射点至这些终点位置的路程的统计平均值。Lindhard，Scharff 和 Schiott 利用随机碰撞模型导出了射程及射程标准偏差的理论计算方法，通常称作 LSS 理论。LSS 理论是公认的并被广泛采用的一种计算粒子射程和射程分布的理论方法。

用 R 表示运动粒子在固体内静止下来之前所穿行的总长度，即沿粒子的穿行路径而量度的射程。由于粒子在固体内的碰撞过程完全是随机的，大量粒子所穿行的各个 R 值应是呈统计分布的。设 $P(R,E)\mathrm{d}R$ 表示能量为 E 的入射粒子的射程处于 $R \to R + \mathrm{d}R$ 之间的概率，且满足

$$\int_0^\infty P(R,E)\mathrm{d}R = 1 \tag{3.36}$$

上式是归一化条件，它表示粒子全部停留在固体内，$P(R,E)$ 称作粒子射程的概率分布函数。假定一个初始能量为 E 的入射粒子进入固体并在固体内穿行了 ΔR 的长度，这个粒子在这一小段路上与固体组元发生碰撞。在 ΔR 内所发生的碰撞事件中，传递给靶粒子(固体的组元)的能量为 T 的概率应为 $N\Delta R\mathrm{d}\sigma_{n,e}$，其中 N 是固体物质的原子密度，$\mathrm{d}\sigma_{n,e}$ 为微分散射截面。在这里，碰撞中传递能量包括传给原子核的能量和核外电子能量，即 $T = T_n + \sum_i T_{e,i}$，下标 n，e 分别表示原子核和核外电子，而 i 表示核外电子标号。当该粒子离开 ΔR 之后，它所具有的能量不再是 E，而应是 $E - T_n - \sum_i T_{e,i}$。如果发生了这种碰撞，这个粒子在以后的随机碰撞中的射程概率分布函数相应地变成 $P(R - \Delta R, E - T_n - \sum_i T_{e,i})$。为书写方便，用 T_e 表示 $\sum_i T_{e,i}$。

现在从基本概念出发，推导射程概率分布函数所满足的积分方程。如果将射程的概率分布函数乘以发生某种特定碰撞事件的概率，就可以得到这种特定碰撞事件对于射程 R 的总概率的贡献。这个贡献可写为 $N\Delta R\mathrm{d}\sigma_{n,e}P(R - \Delta R, E - T_n - \sum_i T_{e,i})$，式中，利用 $R - \Delta R$ 代替了 R，这是因为从粒子离开小薄层 ΔR 后计算该粒子的射程。考虑到粒子在穿过 ΔR 时可能发生各种不同的碰撞状态，如果对所有可能发生的碰撞状态进行积分(即对碰撞中传递能量 $T = T_n + T_e$ 所在的整个范围内积分)，即得到粒子通过 ΔR 时所发生的各种碰撞事件对于射程

R 的总概率的贡献。这个贡献可表示为

$$N \cdot \Delta R \cdot \int \mathrm{d}\sigma_{\mathrm{n,e}} \cdot P(R - \Delta R, E - T_{\mathrm{n}} - T_{\mathrm{e}})$$

当一个运动粒子穿过 ΔR 时,既可能发生碰撞,也可能不发生碰撞。$N\Delta R\mathrm{d}\sigma_{\mathrm{n,e}}$ 表示粒子穿过 ΔR 时发生碰撞(包括各种可能的碰撞状态)的概率,而粒子穿过 ΔR 时不发生碰撞的概率应为 $1 - N\Delta R\int \mathrm{d}\sigma_{\mathrm{n,e}}$。这种不发生碰撞的事件对射程 R 的总概率的贡献是

$$(1 - N \cdot \Delta R\int \mathrm{d}\sigma_{\mathrm{n,e}}) \cdot P(R - \Delta R, E)$$

需要指出,无论从 $R = 0$ 开始计算,还是从穿过 ΔR 以后开始计算,最后所得到的结果应是相同的,因为本质上是一件事,只不过是从不同阶段开始计算而已。利用物理量守恒这一概念,有下述关系:

$$P(R,E) = N \cdot \Delta R \cdot \int \mathrm{d}\sigma_{\mathrm{n,e}} \cdot P(R - \Delta R, E - T_{\mathrm{n}} - T_{\mathrm{e}}) +$$

$$(1 - N \cdot \Delta R\int \mathrm{d}\sigma_{\mathrm{n,e}}) \cdot P(R - \Delta R, E)$$

将上式整理后,得到

$$\frac{P(R,E) - P(R - \Delta R, E)}{\Delta R} = N\int \mathrm{d}\sigma_{\mathrm{n,e}}[P(R - \Delta R, E - T_{\mathrm{n}} - T_{\mathrm{e}}) - P(R - \Delta R, E)]$$

当 $\Delta R \to 0$ 时,有

$$\frac{\partial P(R,E)}{\partial R} = N \cdot \int \mathrm{d}\sigma_{\mathrm{n,e}}[P(R, E - T_{\mathrm{n}} - T_{\mathrm{e}}) - P(R,E)] \tag{3.37}$$

该式就是支配粒子沿路径量度的射程 R 的概率分布函数的积分方程。

如果电子阻止和核阻止是互相独立的,则可将它们分开处理。在这种情况下,式(3.37)改写成

$$\frac{\partial P(R,E)}{\partial R} = N \cdot \left\{ \int \mathrm{d}\sigma_{\mathrm{n}}[P(R, E - T_{\mathrm{n}}) - P(R,E)] + \right.$$

$$\left. \int \mathrm{d}\sigma_{\mathrm{e}}[P(R, E - T_{\mathrm{e}}) - P(R,E)] \right\} \tag{3.37'}$$

式中,$\mathrm{d}\sigma_{\mathrm{n}}$ 和 $\mathrm{d}\sigma_{\mathrm{e}}$ 分别表示入射粒子同原子核和电子碰撞的微分散射截面。假定在碰撞过程中电子阻止所造成的能量损失较小(即 ε 值较小时的情况),则可将 $P(R, E - T_{\mathrm{e}})$ 在 E 附近展成泰勒级数

$$P(R, E - T_{\mathrm{e}}) = P(R,E) - \frac{\partial P(R,E)}{\partial E} \cdot T_{\mathrm{e}} + \frac{1}{2} \frac{\partial^2 P(R,E)}{\partial E^2}(T_{\mathrm{e}})^2 + \cdots$$

若只取到含 T_{e} 的一次项,并代入式(3.37'),则积分方程变为

$$\frac{\partial P(R,E)}{\partial R} = N \cdot \left\{ \int \mathrm{d}\sigma_{\mathrm{n}}[P(R, E - T_{\mathrm{n}}) - P(R,E)] - \int \mathrm{d}\sigma_{\mathrm{e}} \cdot \frac{\partial P(R,E)}{\partial E} \cdot T_{\mathrm{e}} \right\}$$

式中的 $\int T_{\mathrm{e}}\mathrm{d}\sigma_{\mathrm{e}}$ 正是由式(3.7)表示的电子阻止截面 S_{e},积分后化简成

$$\frac{\partial P(R,E)}{\partial R} = N \cdot \int \mathrm{d}\sigma_{\mathrm{n}}[P(R, E - T_{\mathrm{n}}) - P(R,E)] - N \cdot S_{\mathrm{e}} \cdot \frac{\partial P(R,E)}{\partial E} \tag{3.38}$$

原则上由式(3.38)和归一化条件式(3.36)可以解出粒子射程概率分布函数 $P(R,E)$。但是,严格地给出 $P(R,E)$ 的解析表达式是很困难的。一般认为入射到固体介质内的粒子射程概

率分布是高斯型的函数。在这里并不试图讨论积分方程的解,而只是通过讨论式(3.37),
(3.37′)和(3.38)的各次矩来得到一些平均值的方法,从而导出粒子平均射程的一般表示式。

根据平均值的定义,可将有关射程 R 的 m 次矩相应地写成

$$\langle R^m(E)\rangle = \int_0^\infty R^m P(R,E)\,\mathrm{d}R$$

$$\langle R^m(E-T_\mathrm{n})\rangle = \int_0^\infty R^m P(R,E-T_\mathrm{n})\,\mathrm{d}R \tag{3.39}$$

$$\langle R^m(E-T_\mathrm{n}-T_\mathrm{e})\rangle = \int_0^\infty R^m P(R,E-T_\mathrm{n}-T_\mathrm{e})\,\mathrm{d}R$$

式中, $m=1,2,\cdots$ 利用上式可以有

$$\langle R^m(E)\rangle - \langle R^m(E-T_\mathrm{n}-T_\mathrm{e})\rangle = \int_0^\infty R^m \cdot [P(R,E) - P(R,E-T_\mathrm{n}-T_\mathrm{e})]\,\mathrm{d}R$$

将上式的两边乘以 $N\mathrm{d}\sigma_\mathrm{n,e}$,然后在所有可能的范围内进行积分,即

$$\int N[\langle R^m(E)\rangle - \langle R^m(E-T_\mathrm{n}-T_\mathrm{e})\rangle]\mathrm{d}\sigma_\mathrm{n,e} = N\int_0^\infty \mathrm{d}R\int\mathrm{d}\sigma_\mathrm{n,e}[R^m \cdot P(R,E) - R^m \cdot P(R,E-T_\mathrm{n}-T_\mathrm{e})]$$

为了简化上式,把方程的右边部分重新改写一下,以便利用式(3.37),于是上式变成

$$\int N[\langle R^m(E)\rangle - \langle R^m(E-T_\mathrm{m}-T_\mathrm{e})\rangle]\mathrm{d}\sigma_\mathrm{n,e} = N\int_0^\infty R^m\left[-\frac{\partial}{\partial R}P(R,E)\right]\mathrm{d}R \tag{3.40}$$

考虑到 $R\to\infty$ 时概率分布函数 $P(R,E)$ 非常迅速地趋向于零,可以利用分部积分将式(3.40)的右侧进一步化简。最后,我们得到

$$\int N[\langle R^m(E)\rangle - \langle R^m(E-T_\mathrm{n}-T_\mathrm{e})\rangle]\mathrm{d}\sigma_\mathrm{n,e} = m\langle R^{m-1}(E)\rangle \tag{3.41}$$

式(3.40)是 LSS 理论的基本方程。该式给出了射程 R 的各次矩的递推关系,利用这个基本方程,可以求出射程一次矩、二次矩……

为了简化书写,以下用 $\bar{R}^m(E)$ 来代表 $\langle R^m(E)\rangle$。现在,利用式(3.41)来求大量粒子入射到固体时的平均射程 $\bar{R}(E)$。当 $m=1$ 时,由于 $\bar{R}^0(E)=\int_0^\infty P(R,E)\,\mathrm{d}\sigma$,根据式(3.36)所示的归一化条件可知, $\bar{R}^0(E)=1$。于是由式(3.41)得到

$$1 = N\int\mathrm{d}\sigma_\mathrm{n,e}[\bar{R}(E) - \bar{R}(E-T)] \tag{3.42}$$

在该式中已令 $T=T_\mathrm{n}+T_\mathrm{e}$。在下面的处理中,假定 T 相对于 E 是个小量。这样的假定只有当入射粒子的能量 E 相当高才是合理的。反之,如果入射粒子本身的能量 E 较低,那么发生大角度散射,即传递能量 T_n 值的概率增加,因而不能再认为 T 是小量了。现在,将 $\bar{R}(E-T)$ 在 E 附近展成泰勒级数

$$\bar{R}(E-T) = \bar{R}(E) - \frac{\partial \bar{R}}{\partial E}\cdot T + \frac{1}{2}\frac{\partial^2 \bar{R}(E)}{\partial E^2}\cdot T^2 - \cdots$$

考虑到 T 是个小量,如果在上式中只取 T 的一次项之前的项,并代入式(3.42)中,得到

$$1 = S(E)\cdot N\cdot\left(-\frac{\mathrm{d}\bar{R}(E)}{\mathrm{d}E}\right) \tag{3.43}$$

式中, $S(E)=\int T\mathrm{d}\sigma_\mathrm{n,e}$ 是包括核阻止和电子阻止在内的总阻止截面,并由式(3.9)给出。如果将利用级数展开式中取到 T 的一次项所得到的 $\bar{R}(E)$ 以 $\bar{R}_1(E)$ 表示,则由式(3.43)积分得到

$$\bar{R}_1(E) = \int_0^E \frac{\mathrm{d}E'}{S(E') \cdot N} \tag{3.44}$$

将该式同式(3.33′)相比较,二者是完全相同的。由此可见,本节一开始所引入的简单的计算公式,仅是粒子随机碰撞过程所描述的射程的一级近似值。

如前所述,式(3.44)只有在碰撞中所传递的能量 T 值较小时才是可取的。在 $M_1 \gg M_2$ 或 $M_2 \gg M_1$ 的情况下,上述条件是比较容易满足的。至于入射粒子与靶粒子的质量相近时,可以对式(3.44)的可用性作如下分析:当 $M_1 \approx M_2$ 时,每次碰撞传给靶粒子的能量 T 可为 $0 \sim E$ 之间的任一数值,因而不能把每次碰撞所发生的传递 T 都视为小量(同 E 相比)。式(3.44)计算射程会带来相当大的误差。然而,当入射粒子的能量不太低时,由正确选用作用势函数计算出的弹性散射的能量传递微分截面通常不是各向同性的,而是向前散射(小角散射)的概率很大。这表明低能传递的碰撞事件是主要的。因此,虽然有些碰撞事件传递的能量可能很大,但就统计平均来说,仍可认为 T_n 是个小量。至于非弹性散射所传递的能量 T_e 同 E 相比,它总是个小量。因此,即使在 $M_1 \approx M_2$ 的情况下,式(3.44)仍然是可取的。如果入射粒子的能量本身较低时,弹性散射的各向异性效应减小,特别是入射粒子的能量很低,以致应选用等效刚球势来近似时,在质心系内散射变成各向同性,在这种极端情况下,利用一级近似所得到的式(3.44)就不再适用。

如果把级数展开的高次项也包括进去,则可以得到更精确的结果,类似地由式(3.42)给出

$$1 = N \int \mathrm{d}\sigma_{n,e} \left\{ \bar{R}(E) - \bar{R}(E) + \frac{\partial \bar{R}(E)}{\partial E} \cdot T - \frac{1}{2} \frac{\partial^2 \bar{R}(E)}{\partial E^2} \cdot T^2 + \cdots \right\}$$

$$= N \cdot S(E) \cdot \frac{\mathrm{d}\bar{R}(E)}{\mathrm{d}E} - \frac{1}{2} N \cdot \Omega^2(E) \frac{\mathrm{d}^2 \bar{R}(E)}{\mathrm{d}E^2} + \cdots$$

其中

$$\Omega^2(E) = \int T^2 \mathrm{d}\sigma_{n,e} \tag{3.45}$$

当只取到级数展开式中含 T 的二次项前的各项时,可以得到一个二阶微分方程

$$1 = N \cdot S(E) \frac{\mathrm{d}\bar{R}(E)}{\mathrm{d}E} - \frac{1}{2} N \Omega^2(E) \frac{\mathrm{d}^2 \bar{R}(E)}{\mathrm{d}E^2}$$

进而将上式改写成

$$\mathrm{d}\bar{R}(E) = \frac{\mathrm{d}E}{N \cdot S(E)} \left[1 + \frac{1}{2} N \cdot \Omega^2(E) \frac{\mathrm{d}^2 \bar{R}(E)}{\mathrm{d}E^2} \right]$$

将取到 T 的二次项所得到的 $\bar{R}(E)$ 用 $\bar{R}_2(E)$ 表示,并对上式在 $0 \sim E$ 范围内积分,得到

$$\bar{R}_2(E) = \int_0^E \frac{\mathrm{d}E'}{N \cdot S(E')} \left[1 + \frac{\Omega^2(E')}{2} \cdot \frac{\mathrm{d}}{\mathrm{d}E'} \frac{1}{S(E')} \right] \tag{3.46}$$

在推导上式的过程中,已利用式(3.43)得

$$\frac{\mathrm{d}^2}{\mathrm{d}E'^2} \bar{R}(E') = \frac{\mathrm{d}}{\mathrm{d}E'} \frac{\mathrm{d}}{\mathrm{d}E'} R(E') = \frac{\mathrm{d}}{\mathrm{d}E} \left(\frac{1}{N \cdot S(E')} \right)$$

$\bar{R}_2(E)$ 应比 $\bar{R}_1(E)$ 精确些,但计算 $\bar{R}_2(E)$ 也要比计算 $\bar{R}_1(E)$ 更复杂一些。可以预期,如果公式推导时将级数展开中的更高次项包括进去,所得到的结果更精确,然而计算过程就更繁杂。

入射粒子进入到固体后,由于每个粒子经受的碰撞历史不同,具有不同的射程,借助一个射程概率分布函数导出了射程统计平均值的计算公式。考虑到随机碰撞过程的概率分布通

常为高斯型的函数,对大量入射粒子在固体内穿行距离的分布状况应满足

$$N(R) = N_0 \exp\left(-\frac{X^2}{2}\right) \tag{3.47}$$

式中,N_0 为一常数,$N(R)$ 表示射程为 R 的粒子数,X 由下式表示

$$X = (R - \bar{R})/\Delta R \tag{3.48}$$

其中,$\bar{R}$ 为平均射程,它由式(3.44)或(3.46)给出。ΔR 称作射程分布的"标准偏差",它的数值表征高斯分布曲线的形状,因而决定了粒子射程的分布特征。ΔR 定义为射程 R 相对于射程统计平均值 $\bar{R}$ 的偏离值的均方根,用下式表示:

$$\Delta R = \left[\langle(R - \bar{R})^2\rangle\right]^{1/2} = \left[\langle\Delta R^2\rangle\right]^{1/2} \tag{3.49}$$

根据上述定义,可以得到

$$\langle\Delta R^2\rangle = \langle(R - \bar{R})^2\rangle = \langle(R^2 - 2R\bar{R} + \bar{R}^2)\rangle$$

如果利用概率分布函数计算统计平均值,则可将上式的右边部分化简,得

$$\langle(R^2 - 2R\bar{R} + \bar{R}^2)\rangle = \int(R^2 - 2R \cdot \bar{R} + \bar{R}^2) \cdot P(R,E)\,dR = \langle R^2\rangle - \bar{R}^2$$

由此得到

$$\langle\Delta R^2\rangle = \langle R^2\rangle - \bar{R}^2 = \overline{R^2} - \bar{R}^2 \tag{3.50}$$

当 $m = 2$ 时,则由式(3.41)得到

$$2\bar{R}(E) = N \cdot \int\left[\overline{R^2(E)} - \overline{R^2(E-T)}\right]d\sigma_{n,e} \tag{3.51}$$

如同式(3.42)一样,式中的 $T_n + T_e$ 用 T 表示。将方程(3.42)的两边乘以 $2\bar{R}(E)$,得到

$$2\bar{R}(E) = N\int d\sigma_{n,e}\left[2\bar{R}^2(E) - 2\bar{R}(E-T) \cdot \bar{R}(E)\right] \tag{3.52}$$

将式(3.51)减去式(3.52),并将结果加以改写,得到

$$N \cdot \int d\sigma_{n,e}\left\{\left[\overline{R^2(E)} - \bar{R}^2(E)\right] - \left[\overline{R^2(E-T)} - \bar{R}^2(E-T)\right]\right\}$$

$$= N\int d\sigma_{n,e}\left[\bar{R}^2(E) - 2\bar{R}(E)\bar{R}(E-T) + \bar{R}^2(E-T)\right]$$

如果将式(3.50)代入到上式中,可以得到

$$N\int d\sigma_{n,e}\left[\overline{\Delta R^2(E)} - \overline{\Delta R^2(E-T)}\right] = N\int d\sigma_{n,e}\left[\bar{R}(E) - \bar{R}(E-T)\right]^2 \tag{3.53}$$

将 $\overline{\Delta R^2(E-T)}$ 和 $\bar{R}(E-T)$ 在 E 附近展成泰勒级数,为

$$\overline{\Delta R^2(E-T)} = \overline{\Delta R^2(E)} - \frac{d\overline{\Delta R^2(E)}}{dE} \cdot T + \cdots$$

$$\bar{R}(E-T) = \bar{R}(E) - \frac{d\bar{R}(E)}{dE} \cdot T + \cdots$$

考虑到 T 同 E 相比是个小量,如果只取到含有 T 的一次项,将其代入式(3.53)中,化简后得到

$$\frac{d\overline{\Delta R^2}}{dE} = \frac{\Omega^2(E)}{N^2 \cdot [S(E)]^3}$$

如果把含 T 的一次项所得到的 $\overline{\Delta R^2}$ 用 $\overline{\Delta R_1^2}$ 表示,并将上式在 $0 \sim E$ 范围内积分,则可得到一级近似条件下的射程均方偏差值:

$$\overline{\Delta R_1^2} = \frac{1}{N^2}\int\frac{\Omega^2(E')}{[S(E')]^3}dE' \tag{3.54}$$

式中,N 为单位体积内的靶原子数,$S(E')$ 是阻止截面,$\Omega^2(E')$ 由式(3.45)给出。同样如果在 $\overline{\Delta R^2}(E-T)$ 和 $\overline{R}(E-T)$ 的级数展开式中,取到含 T^2 的项代入式(3.53),也可以求出二级近似条件下的射程均方偏差。

3.2.2 射程矢量和基本方程

上一节分析沿入射粒子路程而量度的总射程,它是运动粒子在固体内的能量消散过程,而并没有描述对粒子的初始运动方向以及散射过程中粒子运动方向与初始方向的关系。虽然总射程是一个很有意义的物理量,但从实用的观点,人们更关心的是入射粒子的投影射程,它是总射程在粒子进入固体时初始方向上的投影,特别是在样品表面法线上的投影。因为它不但给出了入射粒子终点位置的平均深度,而且可以给出掺杂在固体的粒子沿深度的分布。在半导体掺杂和金属离子注入表面改性的领域内,对离子深度分布的理论计算和实验测量都十分引人关注。理论计算入射粒子的浓度分布可以通过两条途径。一是利用 Monte Carlo 法进行计算机模拟,它是通过跟踪每个粒子从进入固体一直到最后停留下来之前所经受的连续碰撞的历史,这样可以给出粒子的纵向(深度)分布。近年来,计算机模拟广泛地应用于离子注入的理论计算方面。另一条途径是试图导出粒子的投影射程和射程离散的解析表达式。Lindhard 等人基于随机碰撞的理论,在处理粒子沿其路径量度的基础上完成了投影射程解析公式的推导。与总射程不同,建立投影射程所服从的基本方程时,需要考虑粒子在固体内的运动方向以及它同粒子初始方向的相对关系,因此,需要引入矢量射程的概念,Sigmund 对矢量射程的基本关系作了简明扼要的描述。以下从建立矢量射程的基本方程出发,分析投影射程和射程离散。

1. 矢量射程

为了导出投影射程所服从的基本方程,可以对总射程 R 的分析推广到矢量射程 $\boldsymbol{r}$ 的计算上来。为此,定义一个矢量射程的概率分布函数 $P(\boldsymbol{r},\boldsymbol{v})$,它表示一个初始速度为 $\boldsymbol{v}$ 的粒子进入固体后经受随机碰撞,最终停留在距初始入射点($\boldsymbol{r}=0$)的矢量距离为 $\boldsymbol{r}$ 处的概率。在以下的分析中,仍采用入射粒子的能量而不用粒子的速度来描述这个分布函数。但是,为了描述粒子的运动方向,需要引入一个单位矢量 $\boldsymbol{b}$,且 $\boldsymbol{b}=\boldsymbol{v}/|\boldsymbol{v}|$。这样,可将矢量射程的概率分布函数改写为 $P(\boldsymbol{r},\boldsymbol{b},E)$。根据在上一节中建立概率分布函数积分方程所做的分析,可以直接写出与式(3.37)相类似的积分方程:

$$\boldsymbol{b} \cdot \nabla P(\boldsymbol{r},\boldsymbol{b},E) = N\int\mathrm{d}\sigma_{\mathrm{n,e}}\left[P(\boldsymbol{r},\boldsymbol{b}',E-T_{\mathrm{n}}-T_{\mathrm{e}}) - P(\boldsymbol{r},\boldsymbol{b},E)\right] \tag{3.55}$$

假定粒子都停留在所讨论的固体内,分布概率是归一化的函数。因此分布函数应满足

$$\int\mathrm{d}^3\boldsymbol{r} \cdot P(\boldsymbol{r},\boldsymbol{b},E) = 1 \tag{3.56}$$

当粒子在固体内穿行过 ΔR 时,有可能发生散射。式中的 $\boldsymbol{b}'$ 是沿着散射方向上的单位矢量,且 $\boldsymbol{b}'=\boldsymbol{v}'/|\boldsymbol{v}|$。$\boldsymbol{v}'$ 是散射后粒子的速度,其数值由 $E-T_{\mathrm{n}}-T_{\mathrm{e}}$ 所确定,$\boldsymbol{b}'$ 与粒子的初始入射方向 $\boldsymbol{b}$ 有下述关系:

$$\boldsymbol{b} \cdot \boldsymbol{b}' = \cos\theta \tag{3.57}$$

式中,θ 是实验室系内的散射角。

图 3.8 表示矢量射程的定义。图中表示运动粒子从 S 点以 $\boldsymbol{b}$ 方向入射,沿粗直线所示的运动轨迹运动,最后停留在 A 点处。矢量射程 $\boldsymbol{r}$ 在粒子初始入射方向 $\boldsymbol{b}$ 的分量称作投影射程,用 R_{p} 表示;在垂直于 $\boldsymbol{b}$ 方向上的分量称作横向射程,亦称作射程歧离,用 $R_{\perp}$ 表示;距离入射点的距离称作弦射程,用 R_{c} 表示。至于粒子的入射方向,我们并没有做出明确的规定。当然,在三维的直角坐标系内,它可能与三轴都有一定的夹角。但是,人们通常所关心的只是与样品表面法线(用 x

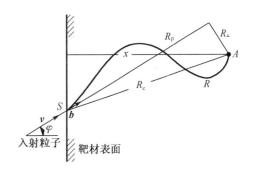

图 3.8　矢量射程图

轴表示)相关的量,因此我们将把注意力集中于讨论粒子与 x 轴成一定角度的入射问题。假定入射粒子的初始方向与 x 轴的夹角为 φ,并把粒子的终点位置至固体表面的垂直距离称作穿透深度,用 R_x 表示。当粒子垂直入射时($\varphi=0$),穿透深度就是前面所定义的矢量射程在粒子入射方向上的投影射程。为了不使分析的结果失去普遍意义,以下从入射角为 φ 的一般情况着手讨论。根据入射方向的几何条件,可得下述关系:

$$\boldsymbol{n} \cdot \boldsymbol{b} = \cos \varphi \tag{3.58}$$

式中,$\boldsymbol{n}$ 是表面法线(x 轴)方向上的单位矢量。

能量为 E 的粒子从表面处 S 点以 φ 角射入固体,最后停留在 A 点。矢量射程在入射方向 $\boldsymbol{b}$ 上的投影分量为 $R_{\mathrm{p}}(\boldsymbol{b},E)$,在 x 轴上的投影分量为 $R_x(\cos \varphi,E)$。相应地,矢量射程在与入射方向相垂直方向上的(横向)分量为 $R_{x\perp}(\boldsymbol{b},E)$。图 3.9 画出了这几种射程的相互关系。根据图中所示的几何条件,可以得到

$$R_x(\cos \varphi,E) = R_{\mathrm{p}}(\boldsymbol{b},E)\cos \varphi + R_{\perp}(\boldsymbol{b},E)\sin \varphi \cos \beta \tag{3.59}$$

$$R_{x\perp}(\cos \varphi,E) = \left\{\left[R_{\mathrm{p}}(\boldsymbol{b},E)\sin \varphi - R_{\perp}(\boldsymbol{b},E)\cos \varphi \cos \beta\right]^2 + \left[R_{\perp}(\boldsymbol{b},E)\sin \beta\right]^2\right\}^{1/2} \tag{3.60}$$

由于粒子在固体内经受随机碰撞,粒子的矢量射程服从由概率分布函数 $P(\boldsymbol{r},\boldsymbol{b},E)$ 决定的统计分布。显然,与矢量射程 $\boldsymbol{r}(\boldsymbol{b},E)$ 相应的上述几种射程也应呈统计分布。因此,可以利用相应的概率分布函数求出上述各种射程的统计平均值。于是,由式(3.59)可得

$$\langle R_x(\cos \varphi,E)\rangle = \langle R_{\mathrm{p}}(\boldsymbol{b},E)\cos \varphi\rangle + \langle R_{\perp}(\boldsymbol{b},E)\sin \varphi \cos \beta\rangle$$

或简写成

$$\bar{R}_x(\cos \varphi,E) = \bar{R}_{\mathrm{p}}(E)\cos \varphi + \langle R_{\perp}(E)\sin \varphi \cos \varphi\rangle \tag{3.61}$$

当粒子沿 $\boldsymbol{b}$ 方向进入固体表面并在固体内走过 ΔR 时,可能发生散射,散射后粒子将沿 $\boldsymbol{b}'$ 方向运动,$\boldsymbol{b}$ 和 $\boldsymbol{b}'$ 的相互关系由散射角 θ 决定,并由式(3.57)给出。现在从离开距表面为 ΔR 的界面开始来确定几种射程的关系,与以前做的分析不同,当前要分析矢量射程与方向 $\boldsymbol{b}$ 和 $\boldsymbol{b}'$(它们的夹角为 θ)有关的量。同样,也可以利用一个与图 3.9 完全相似的图像来表示矢量射程在方向 $\boldsymbol{b}$ 和 $\boldsymbol{b}'$ 上的分量关系。所不同的只是表示入射方向与样品表面法线方向(x 轴)关系的夹角 φ 变成了描述散射方向与入射方向关系的夹角 θ,而且与图 3.9 中角 β 相应的角用 γ 表示。由此可以推断,分析矢量射程与初始入射方向和表面法线方向上各量关系时所作的讨论对分析矢量射程与散射方向和入射方向各量关系同样也是正确的。因此,可以直接写出与式(3.61)相类似的公式

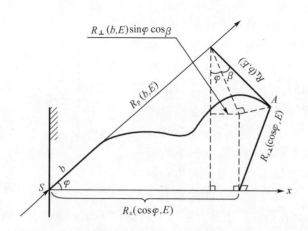

图 3.9　各种投影射程的关系

$$\bar{R}_p(\cos\theta, E - T_n - T_e) = \bar{R}_p(\boldsymbol{b}', E - T_n - T_e)\cos\theta + \langle R_\perp(\boldsymbol{b}', E)\sin\theta\cos\gamma\rangle$$

$$(3.62)$$

2. 矢量射程所服从的基本方程

通常所关心的是与 x 轴有关的量,因此下面讨论方程(3.55)中沿 x 轴方向上的分量,由式(3.55)得到

$$\cos\varphi\frac{\mathrm{d}}{\mathrm{d}x}[P(x,\cos\varphi,E)] = N\!\int\!\mathrm{d}\sigma_{n,e}[P(x,\cos\varphi\cos\theta,E - T_n - T_e) - P(x,\cos\varphi,E)]$$

$$(3.63)$$

式中,已经应用式(3.57)和(3.58)将单位矢量 $\boldsymbol{b}$ 和 $\boldsymbol{b}'$ 在 x 轴上的分量分别用 $\cos\varphi$ 和 $\cos\varphi\cos\theta$ 表示。在这种情况下,相应的概率分布函数用 $P(x,\cos\varphi,E)$ 表示。它也满足归一化的条件

$$\int_0^\infty P(x,\cos\varphi,E)\mathrm{d}x = 1 \tag{3.64}$$

这个归一化条件表示入射到固体内的粒子全部停留在固体内。实际上,在有些情况下,入射粒子有可能由于一次散射或多次散射而离开固体表面又回到自由空间中去。如果将入射粒子在固体表面附近与靶原子发生背散射而引起的粒子损失($M_1 < M_2$ 时,很可能出现这种情况)考虑进去,上式的积分范围应为 $-\infty \sim +\infty$。

如同在上节中分析粒子沿其路径量度的射程一样,这里并不试图给出方程(3.64)的解,而只是通过讨论该方程的各次矩来导出矢量射程所服从的基本方程。考虑到概率分布函数是归一的,可以求出 x 的 m 次矩为

$$\langle x^m(\cos\varphi,E)\rangle = \int x^m \cdot P(x,\cos\varphi,E)\mathrm{d}x$$

$$\langle x^m(\cos\varphi\cos\theta,E - T_n - T_e)\rangle = \int x^m \cdot P(x,\cos\varphi\cos\theta,E - T_n - T_e)\mathrm{d}x \tag{3.65}$$

式中,$m = 1,2,\cdots$,利用上述公式,可以得到

$$\langle x^m(\cos\varphi,E)\rangle - \langle x^m(\cos\varphi\cos\theta,E - T_n - T_e)\rangle$$

$$= \int x^m [P(x, \cos \varphi, E) - P(x, \cos \varphi \cos \theta, E - T_n - T_e) \mathrm{d}x]$$

如果将上式的两边乘以 $N \mathrm{d}\sigma_{n,e}$，并在所有可能的范围内进行积分，则

$$N \int \mathrm{d}\sigma_{n,e} [\langle x^m (\cos \varphi, E) \rangle - \langle x^m (\cos \varphi \cos \theta, E - T_n - T_e) \rangle]$$

$$= \int_0^\infty \mathrm{d}x \int \mathrm{d}\sigma_{n,e} \{ x^m [P(x, \cos \varphi, E) - P(x, \cos \varphi \cos \theta, E - T_n - T_e)] \}$$

将该式加以整理并将式(3.63)代入，可以得到

$$N \int \mathrm{d}\sigma_{n,e} [\langle x^m (\cos \varphi, E) \rangle - \langle x^m (\cos \varphi \cos \theta, E - T_n - T_e) \rangle]$$

$$= \int_0^\infty \mathrm{d}x \cdot x^m \left[\cos \varphi \frac{\mathrm{d}}{\mathrm{d}x} P(x, \cos \varphi, E) \right]$$

利用分部积分，可将上式进一步简化。由于概率分布函数 $P(x, \cos \varphi, E)$ 随 x 增大而迅速地趋向于零，积分后的公式中有一项为零，于是得到

$$N \int \mathrm{d}\sigma_{n,e} [\langle R_x^m (\cos \varphi, E) \rangle - \langle R_x^m (\cos \varphi \cos \theta, E - T_n - T_e) \rangle] = m \cos \varphi \langle R_x^{m-1} (\cos \varphi, E) \rangle$$

$$(3.66)$$

式中已利用矢量射程在 x 轴方向上的分量的 m 次矩 $\langle R_x^m \rangle$ 来表示 $\langle x^m \rangle$。式(3.66)是矢量射程服从的一个基本方程。

当粒子垂直于固体表面入射时($\varphi = 0$)，式(3.66)中的各项应做相应的变化。由于在这种特殊情况下，矢量射程沿 x 轴方向上的分量就是沿粒子入射方向上的分量。因此，这些变化是 $\langle R_x^{m-1} (\cos \varphi, E) \rangle \rightarrow \langle R_p^{m-1} (E) \rangle$；$\langle R_x^m (\cos \varphi \cos \theta, E - T_n - T_e) \rangle \rightarrow \langle R_p^m (\cos \theta, E - T_n - T_e) \rangle$；$\langle R_x^m (\cos \varphi, E) \rangle \rightarrow \langle R_p^m (E) \rangle$。于是，与式(3.66)相应的公式为

$$N \int \mathrm{d}\sigma_{n,e} [\langle R_p^m (E) \rangle - \langle R_p^m (\cos \theta, E - T_n - T_e) \rangle] = m \langle R_p^{m-1} (E) \rangle \qquad (3.67)$$

这是在垂直入射条件下粒子矢量射程所服从的一个基本方程。如同利用式(3.41)求解平均射程和射程的标准偏差一样，可以利用式(3.66)或(3.67)解出平均投影射程和投影射程的标准偏差。但是，这项工作比以前更复杂，因为要解出射程的投影分量，必须同时解出射程的横向分量。因此，在对式(3.66)或(3.67)做进一步分析之前，先确定矢量射程的横向分量所服从的方程。

假定一个能量为 E 的粒子以 φ 角入射到固体介质内，这个粒子的横向射程处在 $R_\perp \sim R_\perp + \mathrm{d}R_\perp$ 范围内时，粒子将停留在以 $R_\perp$ 为内径，以 $R_\perp + \mathrm{d}R_\perp$ 为外径的两个柱面所包围的体积内。显然，粒子停留在 $R_\perp \sim R_\perp + \mathrm{d}R_\perp$ 范围内的概率应正比于这个体积的截面面积 $2\pi R_\perp \mathrm{d}R_\perp$。因此，能量为 E，入射角为 φ 的粒子，其横向射程分布在 $R_\perp \sim R_\perp + \mathrm{d}R_\perp$ 之间的概率为

$$2\pi R_\perp \mathrm{d}R_\perp \cdot P(R_\perp, \boldsymbol{b}, E) \qquad (3.68)$$

如果分析横向射程相对于垂直于 x 轴方向上的分量，并用 $R_{x\perp}$ 表示这个量，其相应的概率分布是

$$2\pi R_\perp \mathrm{d}R_\perp \cdot \cos \varphi \cdot P(R_{x\perp}, \cos \varphi, E) \qquad (3.69)$$

当能量为 E 的粒子沿着 $\boldsymbol{b}$ 方向穿行 ΔR 时，有可能与固体的组元发生碰撞。如果在这段路程上发生散射，粒子离开薄层 ΔR 之后将沿 $\boldsymbol{b}'$ 方向运动，而且散射后的能量变为 $E - T_n - T_e$。发生了这种特定的散射事件后，粒子最终停留在 $R_\perp \sim R_\perp + \mathrm{d}R_\perp$ 范围内的概率也正比于 $2\pi R_\perp \mathrm{d}R_\perp$。在这里，用 $P(R_\perp, \cos \varphi, E - T_n - T_e) 2\pi R_\perp \mathrm{d}R_\perp$ 表示这个粒子的横向射程处在 $R_\perp$

$\sim R_\perp + \mathrm{d}R_\perp$ 范围内的概率。上述分析是对某一特定的碰撞事件做出的,然而,当粒子在 ΔR 内穿行时,可能发生各种能量传递的碰撞事件,而发生碰撞的总概率为 $N \cdot \Delta R \int \mathrm{d}\sigma_{n,e}$。因此,对于在 ΔR 薄层内发生了散射后的粒子,其横向射程处在 $R_\perp \sim R_\perp + \mathrm{d}R_\perp$ 间的概率是

$$2\pi R_\perp \, \mathrm{d}R_\perp \cdot N\Delta R \int \mathrm{d}\sigma_{n,e} \cdot P(R_\perp, \cos\theta, E - T_n - T_e) \tag{3.70}$$

同理,当考虑 $R_\perp$ 在垂直于 x 方向上的分量时,上式相应地变成

$$2\pi \cos\varphi R_\perp \, \mathrm{d}R_\perp \cdot N\Delta R \int \mathrm{d}\sigma_{n,e} \cdot P(R_{x\perp}, \cos\varphi\cos\theta, E - T_n - T_e) \tag{3.71}$$

当粒子在 ΔR 内穿行时,既可能发生碰撞,也可能不发生碰撞。由于发生碰撞的总概率为 $N \cdot \Delta R \int \mathrm{d}\sigma_{n,e}$,不发生碰撞的概率为 $1 - N \cdot \Delta R \int \mathrm{d}\sigma_{n,e}$。因此,通过 ΔR 时未发生碰撞的粒子的横向射程处在 $R_\perp \sim R_\perp + \mathrm{d}R_\perp$ 间的概率为

$$2\pi R_\perp \, \mathrm{d}R_\perp \left(1 - N\Delta R \int \mathrm{d}\sigma_{n,e}\right) \cdot P(R_\perp, \boldsymbol{b}, E) \tag{3.72}$$

同理,当考虑 $R_\perp$ 在垂直于 x 方向上的分量时,上式相应地变成

$$2\pi \cos\varphi R_\perp \, \mathrm{d}R_\perp \left(1 - N\Delta R \int \mathrm{d}\sigma_{n,e}\right) \cdot P(R_{x\perp}, \cos\varphi, E) \tag{3.73}$$

根据物理量守恒原则,无论从样品表面开始分析,还是从穿过 ΔR 之后分析,最终的结果应该是等价的。因此,式(3.69)应等于式(3.71)和式(3.73)之和。将上述关系式整理后,可以得到

$$N\int \mathrm{d}\sigma_{n,e} \cdot \left[P(R_{x\perp}, \cos\varphi\cos\theta, E - T_n - T_e) - P(R_{x\perp}, \cos\varphi, E)\right] = 0 \tag{3.74}$$

另一方面,如果认为入射粒子全部停留在固体介质内,而且分布函数 $P(R_{x\perp}, \cos\varphi, E)$ 是归一化的,应有

$$\int_0^\infty P(R_{x\perp}, \cos\varphi, E) 2\pi \cos\varphi R_\perp \, \mathrm{d}R_\perp = 1 \tag{3.75}$$

式(3.74)和(3.75)是 $R_{x\perp}$ 的概率分布函数所满足的方程。现在并不试图解出这个概率分布函数,而只是通过上述两方程导出矢量射程所满足的方程。

首先,利用 $R_{x\perp}$ 的概率分布函数求 $R_{x\perp}$ 的各次矩。根据矩的定义应有

$$\langle R_{x\perp}^m(\cos\varphi, E) \rangle = \int_0^\infty R_{x\perp}^m P(R_{x\perp}, \cos\varphi, E) 2\pi \cos\varphi R_\perp \, \mathrm{d}R_\perp \tag{3.76a}$$

$$\langle R_{x\perp}^m(\cos\varphi\cos\theta, E - T_n - T_e) \rangle = \int_0^\infty R_{x\perp}^m P(R_{x\perp}, \cos\varphi\cos\theta, E - T_n - T_e) 2\pi \cos\varphi R_\perp \, \mathrm{d}R_\perp$$
$$\tag{3.76b}$$

式中,$m = 1, 2, \cdots$。式(3.76a)减去(3.76b),并将所得到的等式两边都乘以 $N\mathrm{d}\sigma_{n,e}$ 然后积分,则有

$$N\int \mathrm{d}\sigma_{n,e}\left[\langle R_{x\perp}^m(\cos\varphi, E)\rangle - \langle R_{x\perp}^m(\cos\varphi\cos\theta, E - T_n - T_e)\rangle\right]$$

$$= N\int 2\pi\cos\varphi R_\perp \, \mathrm{d}R_\perp \cdot R_{x\perp}^m \int \mathrm{d}\sigma_{n,e}\left[P(R_{x\perp}, \cos\varphi, E) - P(R_{x\perp}, \cos\varphi\cos\theta, E - T_n - T_e)\right]$$

如果将式(3.74)代入上式,最后可以得到

$$N\int \mathrm{d}\sigma_{n,e}\left[\langle R_{x\perp}^m(\cos\varphi, E)\rangle - \langle R_{x\perp}^m(\cos\varphi\cos\theta, E - T_n - T_e)\rangle\right] = 0 \tag{3.77a}$$

这就是计算矢量射程所需要的另一个基本方程。如果粒子垂直($\varphi = 0$)入射到固体内,矢量射程在垂直于入射方向上的分量,也就是在垂直于 x 轴方向上的分量,即 $R_{x\perp} \sim R_{\perp}$,于是上式变成

$$N \int d\sigma_{n,e} [\langle R_{\perp}^m (E) \rangle - \langle R_{\perp}^m (\cos\theta, E - T_n - T_e) \rangle] = 0 \tag{3.77b}$$

该式是方程(3.77a)的一种特殊情况。它是粒子垂直入射时计算矢量射程所需要的另一个基本方程。

3.2.3 平均投影射程和射程歧离

现在由矢量射程的两个基本方程(3.66)和(3.77a)推导投影射程所满足的方程,并由此导出入射粒子在固体内的平均穿透深度或平均投影射程。令 $m = 1$,由式(3.66)得到

$$N \int d\sigma_{n,e} [\langle R_x (\cos\varphi, E) \rangle - \langle R_x (\cos\varphi\cos\theta, E - T_n - T_e) \rangle] = \cos\varphi \tag{3.78}$$

该方程给出了粒子入射的平均深度所满足的基本关系,但是它还不能直接用来解出粒子的平均穿透深度或平均投影射程。欲得到能用于计算平均射程的方程,必须对上式左侧方括弧中的两个平均值项进一步简化。首先分析方括弧中的第一项。方程(3.61)给出了 $\langle R_x (\cos\varphi, E) \rangle$ 的表示式,该式的左侧是粒子的平均穿透深度,右侧的第一项是平均射程在 x 轴方向上的分量。至于右侧第二项,则是 $R_{\perp} (\boldsymbol{b}, E) \sin\varphi\cos\varphi$ 的统计平均值,也就是矢量射程在垂直于粒子入射方向上的分量(即横向射程)在 x 轴方向上的分量。就某一个入射粒子,$R_{\perp} (\boldsymbol{b}, E) \sin\varphi\cos\beta$ 对于 $R_x (\cos\varphi, E)$ 是有贡献的,如图 3.9 所示。为了得到大量的入射粒子情况下这项贡献的一些信息,需利用前面引入的横向射程概率分布函数求平均值。式(3.68)给出横向射程落在 $R_{\perp} \sim R_{\perp} + dR_{\perp}$ 间的概率,这个概率也可写作 $\int_0^\infty \int_0^{2\pi} P(R_{\perp}, \boldsymbol{b}, E) \cdot R_{\perp} dR_{\perp} d\beta$,因此横向射程概率分布函数所满足的归一化条件应是

$$\int_0^\infty \int_0^{2\pi} P(R_{\perp}, \boldsymbol{b}, E) \cdot R_{\perp} dR_{\perp} d\beta = 1 \tag{3.79}$$

利用这个归一化的横向射程概率分布函数可以求出 $R_{\perp} (\boldsymbol{b}, E) \sin\varphi\cos\beta$ 的统计平均值,所得到的结果是

$$\langle R_{\perp} (\boldsymbol{b}, E) \cos\beta \rangle \cdot \sin\varphi = \int_0^\infty R_{\perp}^2 \cdot \sin\varphi \cdot P(R_{\perp}, \boldsymbol{b}, E) dR_{\perp} \int_0^{2\pi} \cos\beta d\beta = 0 \tag{3.80}$$

这表明,虽然每一个粒子 $R_{\perp} (\boldsymbol{b}, E) \sin\varphi\cos\beta$ 对 $R_x (\cos\varphi, E)$ 有贡献,但是大量粒子的统计平均贡献为零。关于这一结论也可直观地根据图 3.9 所表示的 β 角变化范围而观测出来。这样,将式(3.80)代入式(3.61)中,有

$$\langle R_x (\cos\varphi, E) \rangle = \langle R_p (\boldsymbol{b}, E) \rangle \cos\varphi = \bar{R}_p (\boldsymbol{b}, E) \cdot \cos\varphi \tag{3.81}$$

现在分析式(3.78)方括弧中的第二项。对于在 ΔR 内发生了散射的粒子,它的能量变成了 $E - T_n - T_e$,并沿着 $\boldsymbol{b}'$ 的方向运动。式(3.62)已给出了 $\langle R_p (\cos\theta, E - T_n - T_e) \rangle$ 的表示式,由此可给出这个量在 x 轴方向上的分量,其结果是

$$\langle R_x (\cos\varphi\cos\theta, E - T_n - T_e) \rangle = \langle R_p (\boldsymbol{b}', E - T_n - T_e) \rangle \cos\varphi\cos\theta +$$
$$\langle R_{\perp} (\boldsymbol{b}', E - T_n - T_e) \cos\gamma \rangle \cos\varphi\cos\theta \tag{3.82}$$

根据前面所做的分析可以推论,式(3.82)右侧的第二项一定也等于零,因此应有

$$\langle R_x (\cos\varphi\cos\theta, E - T_n - T_e) \rangle = \langle R_p (\boldsymbol{b}', E - T_n - T_e) \rangle \cos\varphi\cos\theta \tag{3.83}$$

将式(3.81)和(3.83)代入式(3.78)中,可以得到

$$N\int d\sigma_{n,e}\left[\bar{R}_p(\boldsymbol{b},E) - \bar{R}_p(\boldsymbol{b},E - T_n - T_e)\cos\theta\right] = 1 \tag{3.84}$$

这就是平均射程所应满足的方程。

当粒子垂直于样品表面入射时,由于 $\boldsymbol{n}\cdot\boldsymbol{b}=1$,粒子沿入射方向上的平均投影射程就是粒子沿固体表面法线上的平均投影射程。因此可以将式(3.84)直接改写成

$$N\int d\sigma_{n,e}\left[\bar{R}_p(E) - \bar{R}_p(E - T_n - T_e)\cos\theta\right] = 1 \tag{3.85}$$

如果将式(3.85)与(3.42)相比较,可以看到,除了多出一个因子 $\cos\theta$ 之外,二者是完全相同的。应该指出,严格解出方程(3.84)是困难的,这里讨论该方程的近似解。

首先,假定粒子与核的碰撞和与电子碰撞是彼此独立的。这意味着核阻止过程和电子阻止过程是完全无关的。因而可将它们分开处理。Lindhard 指出,只有碰撞参数值很小时,核碰撞和电子碰撞才是相关的。电子参与阻止的作用主要发生在碰撞参数较大的条件下,但是发生这种碰撞行为的碰撞截面与碰撞总截面相比是很小的。因此,忽略这些微量的重叠效应是一个合理的近似。式(3.84)中的散射角 θ 应包括核碰撞和电子碰撞所做的贡献,即 $\theta = \theta_n + \theta_e$。由于电子碰撞发生在大的碰撞参数,且电子质量远小于核子质量,这种碰撞过程所引起的入射粒子偏转是很小的,因此可以忽略不计,可令 $\theta = \theta_n$。在上述近似条件下,可将式(3.84)改写成

$$1 = N\int d\sigma_n\left[\bar{R}_p(\boldsymbol{b},E) - \bar{R}_p(\boldsymbol{b}',E - T_n)\cdot\cos\theta\right] + N\int d\sigma_e\left[\bar{R}_p(\boldsymbol{b},E) - \bar{R}_p(\boldsymbol{b}',E - T_e)\right] \tag{3.86}$$

将式中两个方括弧中的第二项都在 $R_p(\boldsymbol{b},E)$ 附近展成级数,即

$$\bar{R}_p(\boldsymbol{b},E - T_n) = \bar{R}_p(\boldsymbol{b},E) - \frac{\partial}{\partial E}\bar{R}_p(\boldsymbol{b},E)\cdot T_n + \frac{1}{2}\frac{\partial^2}{\partial E^2}\bar{R}_p(\boldsymbol{b},E)\cdot T_n^2 - \cdots$$

$$\bar{R}_p(\boldsymbol{b},E - T_e) = \bar{R}_p(\boldsymbol{b},E) - \frac{\partial}{\partial E}\bar{R}_p(\boldsymbol{b},E)\cdot T_e + \frac{1}{2}\frac{\partial^2}{\partial E^2}\bar{R}_p(\boldsymbol{b},E)\cdot T_e^2 - \cdots$$

其次,假定 T_n,T_e 与 E 相比都是小量。在这种条件下,只取级数展开式中的前两项即可得到相当精确的结果,即取至 T_n 和 T_e 的一次项代入方程(3.86),化简后得到

$$1 = \frac{N\cdot\bar{R}_p(\boldsymbol{b},E)}{\lambda_{tr}(E)} + \frac{d\bar{R}_p(\boldsymbol{b},E)}{dE}\cdot N\cdot S_{tr}(E) \tag{3.87}$$

式中

$$\frac{1}{\lambda_{tr}} = N\int d\sigma_n(1 - \cos\theta) \tag{3.88}$$

$$S_{tr} = \int d\sigma_n\cdot T_n\cdot\cos\theta + S_e(E) \tag{3.89}$$

由于式(3.88)的右侧具有宏观截面意义,而式(3.89)与阻止截面有关,因此 λ_{tr} 和 S_{tr} 分别称作输运平均自由程和输运阻止截面。

式(3.87)是一个一阶微分方程,利用 $R_p(\boldsymbol{b},0)=0$ 这个初始条件,得到

$$R_{p1}(\boldsymbol{b},E) = \int_0^E \frac{dE'}{N\cdot S_{tr}(E)}\cdot\exp\left[\int_E^{E'}\frac{dE'}{\lambda_{tr}(E'')\cdot NS_{tr}(E'')}\right] \tag{3.90}$$

这是一级近似的平均投影射程计算公式。在一般情况下,利用一级近似足够了。但是,如果入射粒子的能量较低,前面所做的第二个假定则不能充分满足。一般来说,$E\gg T_e$ 这个条件是容易满足的,因此只将 T_e 一次项包括进去就可以了。然而,$E\gg T_n$ 这个条件不能成立。这

时,应将级数展开式中 T_n 的高次项考虑在内以便得到更好的近似结果。

式(3.90)给出了粒子沿入射方向上的平均投影射程 $\bar{R}_{pl}(\boldsymbol{b}, E)$。通常,人们感兴趣的是要了解粒子沿固体表面法线方向上的平均投影过程(即平均穿透深度)。如果粒子垂直于样品表面入射,二者是等价的,即

$$\bar{R}_x(E) = \bar{R}_p(\boldsymbol{b}, E) = \bar{R}_p(E) \tag{3.91a}$$

当粒子以 φ 角入射时,由式(3.61)和(3.80)可得到粒子在法线方向上的平均穿透深度

$$\bar{R}_x(\cos\varphi, E) = \bar{R}_p(\boldsymbol{b}, E)\cos\varphi \tag{3.91b}$$

3.3 射程、射程投影的标准偏差

3.3.1 标准偏差

如同总射程一样,粒子在非晶态物质内经受随机碰撞过程。因此,一束具有单一初始能量的粒子在固体内的投影射程也是呈高斯分布的。为了确定高斯分布曲线的形状,在这里引入一个决定着投影分布特征的标准偏差值 ΔR_p。ΔR_p 是投影射程 R_p 对于平均值 $\bar{R}_p$ 的偏离值的均方根。与式(3.49)类似,投影射程的标准偏差定义为

$$\Delta R_p = \left[\langle(R_p - \bar{R}_p)^2\rangle\right]^{1/2} = \left[\langle\Delta R_p^2\rangle\right]^{1/2} \tag{3.92}$$

由该式可知

$$\langle\Delta R_p^2\rangle = \langle(R_p - \bar{R}_p)^2\rangle = \langle(R_p^2 - 2R_p\bar{R}_p + \overline{R_p^2})\rangle$$

如果利用投影射程概率分布函数求平均值,则有

$$\langle(R_p^2 - 2R_p\bar{R}_p + \overline{R_p^2})\rangle = \int(R_p^2 - 2R_p \cdot \bar{R}_p + \overline{R_p^2}) \cdot P(R_p, E)\mathrm{d}R = \langle R_p^2\rangle - \overline{R_p^2}$$

由此得到

$$\langle\Delta R_p^2\rangle = \langle R_p^2\rangle - \overline{R_p^2} = \overline{R_p^2} - \overline{R_p^2} \tag{3.93}$$

这样就把求 $\langle\Delta R_p^2\rangle$ 的问题变为如何确定 $\langle R_p^2\rangle$。

现在仅限于讨论粒子垂直于样品表面($\varphi = 0$)入射的情况。从矢量射程所服从的基本方程出发,当 $m = 2$ 时(二次矩),由方程(3.67)有

$$2\langle R_p(E)\rangle = N\int\mathrm{d}\sigma_{n,e}\left[\langle R_p^2(E)\rangle - \langle R_p^2(\cos\theta, E - T_n - T_e)\rangle\right] \tag{3.94}$$

如图3.9所示,现在 $\boldsymbol{b}$ 与 x 轴是一致的,只需将原图形的 φ, β 相应地变成 θ, γ。根据式(3.59)应有下述关系:

$$R_p(\cos\theta, E - T_n - T_e) = R_p(\boldsymbol{b}', E - T_n - T_e)\cos\theta + R_\perp(\boldsymbol{b}', E - T_n - T_e)\sin\theta \cdot \cos\gamma$$

将上式的两边平方,然后取其平均值。做了上述运算后,等号右侧包括三项。由于 $\cos\gamma$ 在 $0 \to 2\pi$ 范围内积分值为零,$\cos^2\gamma$ 在 $0 \to 2\pi$ 范围内积分值为1,因此得到

$$\langle R_p^2(\cos\theta, E - T_n - T_e)\rangle = \langle R_p^2(\boldsymbol{b}', E - T_n - T_e)\rangle\cos^2\theta +$$
$$\frac{1}{2}\langle R_\perp^2(\boldsymbol{b}', E - T_n - T_e)\rangle\sin^2\theta \tag{3.95}$$

将该式代入(3.94)中,有

$$2\bar{R}_{\mathrm{p}}(E) = N\int\mathrm{d}\sigma_{\mathrm{n,e}}\left[\overline{R_{\mathrm{p}}^2}(E) - \overline{R_{\mathrm{p}}^2}(E - T_{\mathrm{n}} - T_{\mathrm{e}})\cos^2\theta - \frac{1}{2}\overline{R_{\perp}^2}(E - T_{\mathrm{n}} - T_{\mathrm{e}})\sin^2\theta\right]$$

$$(3.96)$$

式中,平均值符号写成了简写的形式,同时省略了表示散射方向的单位矢量 $\boldsymbol{b}'$。由方程 (3.96)可知,欲解出 $\bar{R}_{\mathrm{p}}(E)$,必须同时解出 $\overline{R_{\perp}^2}$ 的方程。为此,还需要用矢量射程所服从的另一个基本方程并求其二次矩。由式(3.77b)并令 $m=2$,则可得到

$$N\int\mathrm{d}\sigma_{\mathrm{n,e}}\left[\langle R_{\perp}^2(\cos\theta, E - T_{\mathrm{n}} - T_{\mathrm{e}})\rangle - \langle R_{\perp}^2(E)\rangle\right] = 0 \qquad (3.97)$$

根据式(3.60)并考虑到现在是垂直入射的情况,类似地可直接写出

$$R_{\perp}^2(\cos\theta, E - T_{\mathrm{n}} - T_{\mathrm{e}}) = \left[R_{\mathrm{p}}(\boldsymbol{b}', E - T_{\mathrm{n}} - T_{\mathrm{e}})\sin\theta - R_{\perp}(\boldsymbol{b}', E - T_{\mathrm{n}} - T_{\mathrm{e}})\cos\theta\cos\gamma\right]^2 +$$
$$R_{\perp}^2(\boldsymbol{b}', E - T_{\mathrm{n}} - T_{\mathrm{e}})\sin^2\gamma$$

如果将上式各项取平均值,化简后给出

$$\langle R_{\perp}^2(\cos\theta, E - T_{\mathrm{n}} - T_{\mathrm{e}})\rangle = \langle R_{\mathrm{p}}^2(\boldsymbol{b}', E - T_{\mathrm{n}} - T_{\mathrm{e}})\rangle\sin^2\theta +$$
$$\frac{1}{2}\langle R_{\perp}^2(\boldsymbol{b}', E - T_{\mathrm{n}} - T_{\mathrm{e}})\rangle(1 + \cos^2\theta) \qquad (3.98)$$

将式(3.98)代入式(3.97)中,可得到

$$N\int\mathrm{d}\sigma_{\mathrm{n,e}}\left[\overline{R_{\perp}^2}(E) - \overline{R_{\mathrm{p}}^2}(E - T_{\mathrm{n}} - T_{\mathrm{e}})\cdot\sin^2\theta - \frac{1}{2}\overline{R_{\perp}^2}(E - T_{\mathrm{n}} - T_{\mathrm{e}})(1 + \cos^2\theta)\right] = 0$$

$$(3.99)$$

在这里已将平均值符号写成了简写形式,同时也略去了表示散射方向的单位矢量。

式(3.96)和(3.99)给出了 $\overline{R_{\mathrm{p}}^2}$ 和 $\overline{R_{\perp}^2}$ 所服从的两个方程。为了解出 $\overline{R_{\mathrm{p}}^2}$,由图 3.8 所示的几个射程之间的关系及图形的几何关系应有

$$\overline{R_{\mathrm{c}}^2} = \overline{R_{\mathrm{p}}^2} + \overline{R_{\perp}^2} \qquad (3.100)$$

如果定义一个量 R_{t},并令

$$\overline{R_{\mathrm{t}}^2} = \overline{R_{\mathrm{p}}^2} - \frac{1}{2}\overline{R_{\perp}^2} \qquad (3.101)$$

利用式(3.100)和(3.101)将式(3.96)和(3.99)化简。将式(3.96)和(3.99)相加并将式(3.100)代入,得到

$$2\bar{R}_{\mathrm{p}} = N\int\mathrm{d}\sigma_{\mathrm{n,e}}\left[\overline{R_{\mathrm{c}}^2}(E) - \overline{R_{\mathrm{c}}^2}(E - T_{\mathrm{n}} - T_{\mathrm{e}})\right] \qquad (3.102)$$

由方程(3.96)减去 1/2 倍的方程(3.99),并将式(3.101)代入,得到:

$$2\bar{R}_{\mathrm{p}} = N\int\mathrm{d}\sigma_{\mathrm{n,e}}\left[\overline{R_{\mathrm{t}}^2}(E) - \left(1 - \frac{3}{2}\sin^2\theta\right)\cdot\overline{R_{\mathrm{t}}^2}(E - T_{\mathrm{n}} - T_{\mathrm{e}})\right]$$

经过这样的变化后,将解 $\overline{R_{\mathrm{p}}^2}$ 的问题变成解 $\overline{R_{\mathrm{t}}^2}$ 和 $\overline{R_{\mathrm{c}}^2}$。假定 $E \gg T_{\mathrm{n}} + T_{\mathrm{e}}$,并令 $T = T_{\mathrm{n}} + T_{\mathrm{e}}$,将 $\overline{R_{\mathrm{c}}^2}(E - T)$ 在 E 附近展成级数,取到含 T 的一次项,则由式(3.102)得到

$$2\bar{R}_{\mathrm{p}} = \frac{\partial\overline{R_{\mathrm{c}}^2}(E)}{\partial E}\cdot N\cdot S(E)$$

对上式积分可得

$$\overline{R_{\mathrm{c}}^2}(E) = 2\int_0^E \frac{\bar{R}_{\mathrm{p}}(E')}{N\cdot S(E')}\mathrm{d}E' \qquad (3.103)$$

式中,$S(E)$是总阻止截面。如果假定核阻止和电子阻止是独立的,则有$S(E) = S_e(E) + S_n(E)$,其数值分别可利用式(3.10b)和(3.30)计算出来,$\bar{R}_p(E)$可由式(3.90)所给出的一级近似值表示。

同理,将$\overline{R_t^2}(E - T)$在E附近展开成级数,也只取到含T的一次项,得到

$$2\bar{R}_p(E) = \frac{3}{2}\overline{R_t^2}(E) \cdot N\int d\sigma_{n,e}\sin^2\theta + \frac{\partial \overline{R_t^2}(E)}{\partial E} \cdot N\int d\sigma_{n,e}\left(1 - \frac{3}{2}\sin^2\theta\right) \cdot T \quad (3.104)$$

该式给出了$\overline{R_t^2}(E)$所满足的微分方程。原则上可以由该方程解出$\overline{R_t^2}(E)$,这里仍假定核碰撞和电子碰撞是彼此无关的,并由此给出方程近似解。在$E \gg T$的情况下,预期散射角θ是一个很小的角度。同时,$\theta = \theta_n + \theta_e$,而且假定电子与粒子碰撞时,运动粒子不改变方向,$\theta_e$可以忽略不计。不考虑核碰撞和电子碰撞的微量重叠效应,将它们分开处理来简化式(3.104),式(3.104)右侧第一项中的有关部分可做如下变换。

由于$\theta_n \approx \theta, \theta_e = 0$,因此

$$\int d\sigma_{n,e}\sin^2\theta = \int d\sigma_n \cdot \sin^2\theta_n + \int d\sigma_e\sin^2\theta_e \approx \int d\sigma_n \cdot 2(1 - \cos\theta)$$

利用式(3.88)和上式所给出的关系,得到

$$\frac{3}{2}N\int d\sigma_{n,e} \cdot \sin^2\theta \approx \frac{3}{\lambda_{tr}(E)} \quad (3.105)$$

式(3.104)右侧第二项中的有关部分可做如下变换:

$$\int d\sigma_{n,e}\sin^2\theta \cdot T = \int d\sigma_n\sin^2\theta_n T_n + \int d\sigma_e\sin^2\theta_e \cdot T_e \approx \int d\sigma_n \cdot 2(1 - \cos\theta) \cdot T_n$$

利用式(2.15c)所给出的关系,但式中的T现在用T_n表示,同时考虑到$\frac{T_n}{E} \ll 1$,则有

$$\int d\sigma_{n,e}\sin^2\theta \approx \frac{1}{E}\left(1 + \frac{M_2}{M_1}\right)\Omega^2(E) \quad (3.106)$$

式中

$$\Omega^2(E) = \int T_n^2 d\sigma_n \quad (3.107)$$

将式(3.105)和(3.106)代回到式(3.104)中,化简后得到

$$2\bar{R}_p(E) = \frac{3}{\lambda_{tr}(E)}\overline{R_t^2}(E) + \left[N \cdot S(E) - \frac{3}{2} \cdot \frac{N}{E}\left(1 + \frac{M_2}{M_1}\right) \cdot \Omega^2(E)\right]\frac{d\overline{R_t^2}(E)}{dE}$$

$$\quad (3.108)$$

解上述微分方程,得到

$$\overline{R_t^2}(E) = \int_0^E \frac{2\bar{R}_p(E')dE'}{N\left[S(E') - \frac{3}{2}\left(1 + \frac{M_2}{M_1}\right)\frac{\Omega^2(E')}{E'}\right]} \cdot$$

$$\exp\int_E^{E'} \frac{dE''}{\frac{\lambda_{tr}(E'')}{3}N\left[S(E'') - \frac{3}{2}\left(1 + \frac{M_2}{M_1}\right) \cdot \frac{\Omega^2(E'')}{E''}\right]} \quad (3.109)$$

式中,$S(E)$是总阻止截面,由式(3.9)给出。$\lambda_{tr}, \bar{R}_p(E)$和$\Omega^2(E)$分别由式(3.88),(3.90)和(3.107)表示。

以上,我们得到了$\overline{R_t^2}$和$\overline{R_c^2}$的计算公式,利用式(3.100)和(3.101)可以得到

$$\overline{R_p^2} = \frac{1}{3}\left[\overline{R_c^2}(E) + 2\,\overline{R_t^2}(E)\right]$$

将该式代入式(3.93)中,可以得到标准偏差的计算公式,其结果是

$$\overline{\Delta R_p^2} = \frac{1}{3}\left[\overline{R_c^2}(E) + 2\,\overline{R_t^2}(E)\right] - \overline{R_p^2}(E) \tag{3.110}$$

如果将式(3.90),(3.103)和(3.109)代入式(3.110)中,可以得到$\overline{\Delta R_p^2}$的计算公式。如果再将$\overline{\Delta R_p^2}$的计算式代入式(3.92)中,得到投影射程标准偏差的解析表达式。只要选定了入射粒子与靶原子的作用势函数,可以计算出具有一定能量的粒子在某种固体内的平均投影射程和射程的标准偏差。然而由式(3.90)和(3.110)可以看出,计算工作是相当繁杂的。目前,有些作者已经对投影射程和标准偏差利用计算机进行了系统的计算,并列出了一系列的数据和图表。这些计算利用了 LSS 理论,在程序中都做了一定的近似和简化。虽然所给出的结果与实验测量值存在一定的误差,而且不同作者所做的结果由于采用的程序差异而得到的数据不完全一致,但是这些结果却为实际工作提供了很大方便。Smith B J 系统地计算了各种不同离子在各种不同物质中的投影射程和投影射程标准偏差值。文献中更详细地介绍了 LSS 理论并列出了有关电子阻止本领,投影射程标准偏差的计算程序。

3.3.2 粒子沿深度的浓度分布

现在,利用式(3.90)和(3.110)所给出的结果,或用已给出的投影射程和标准偏差的数据来确定离子在固体样品中深度的分布,是很有实际意义的物理量。由于入射粒子在固体内经受随机碰撞过程,式(3.90)给出了大量入射粒子的投影射程的统计平均值,即离子终点的平均深度。就单个入射粒子而言,它的终点深度是随机的。对大量入射粒子进行统计,可以预期,具有相同初始能量的入射粒子在固体内投影射程应按射程概率分布函数的特征分布。在以前讨论中,虽然并没有给出概率分布函数的解,但已经指出,这个概率分布是高斯型的函数。因此,我们认为入射粒子的投影射程将服从高斯分布函数。下面将根据入射粒子的平均投影射程$R_p(E)$,标准偏差ΔR_p以及入射粒子的总通量(通过单位面积的总粒子数,或称粒子剂量)C_B,并根据高斯分布函数来确定入射粒子终点位置沿固体深度的浓度分布。

典型的高斯函数曲线如图 3.10 所示,平均投影射程$\overline{R_p}(E)$和标准偏差ΔR_p决定了高斯曲线的位置和形状。根据高斯函数可以确定出距表面为x处的粒子浓度,且由下式给出:

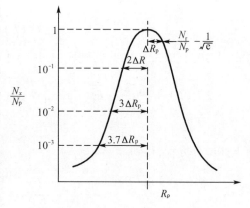

图 3.10 粒子沿深度的高斯分布

$$N_x = N_{\max}e^{-\frac{1}{2}x^2} \tag{3.111}$$

式中

$$X = \frac{(x - \bar{R}_p)}{\Delta R_p} \tag{3.112}$$

式中，N_{max} 是相应于 $x = R_p$ 处的峰值浓度，其数值可以通过入射粒子的剂量数（即总通量，粒子数/cm^2）来确定。根据粒子数守恒，应有

$$C_B = \int_{-\infty}^{\infty} N(x)\,\mathrm{d}x = N_{max} \cdot \int_{-\infty}^{\infty} \mathrm{e}^{-\frac{1}{2}x^2}\,\mathrm{d}x \tag{3.113}$$

考虑到在某些情况下，入射到固体内的粒子经过多次散射有可能又从固体表面逸出，为了保证粒子守恒，将积分下限取作 $-\infty$，而不是零。但是，参数 x 的零点位置并不在固体表面处，由式(3.112)可知，x 的零点位置应在 $x = \bar{R}_p$ 处。高斯分布曲线在 $x = R_p$ 的两侧呈对称分布，因此

$$C_B = N_{max} \cdot \Delta R_p \cdot 2\int_0^{\infty} \mathrm{e}^{-\frac{1}{2}x^2}\,\mathrm{d}x$$

式中，概率积分 $\int_0^{\infty} \mathrm{e}^{-\frac{1}{2}x^2}\,\mathrm{d}x = \sqrt{\pi/2}$，将该值代入上式，则得到

$$N_{max} = \frac{C_B}{\sqrt{2\pi} \cdot \Delta R_p} \tag{3.114}$$

粒子的峰值浓度唯一地由入射粒子的总通量数和投影射程的标准偏差所确定。将式(3.114)代回到式(3.111)中，得到粒子沿固体深度的浓度分布为

$$N(x) = \frac{C_B}{\sqrt{2\pi} \cdot \Delta R_p} \cdot \mathrm{e}^{-\frac{1}{2}\left(\frac{x-R_p}{\Delta R_p}\right)^2} \tag{3.115}$$

当选定入射粒子的能量后，就可以根据入射粒子的质量、靶材料的原子密度、原子质量等数据，利用式(3.90)和(3.110)计算出粒子的平均投影射程 $\bar{R}_p$ 和标准偏差 ΔR_p，或利用人们已给出 $\bar{R}_p$ 和 ΔR_p 的数据表格，代入式(3.115)，计算出 $N(x)$ 与 x 的关系，给出粒子沿固体深度的浓度分布曲线，一般，当入射粒子的剂量较小时，利用高斯曲线所给出的浓度分布与实验测量的浓度分布符合得比较好。但入射剂量很大时，粒子的实际分布与高斯曲线将有较大的误差。

单一能量的入射粒子在固体内的浓度分布呈高斯分布，如果改变入射粒子的能量，可以得到峰值浓度处于另一位置处的高斯分布。因此，可以调整入射粒子的能量，得到一个预期的粒子沿深度分布的浓度曲线。图 3.11 中给出了几种能量下的粒子浓度分布曲线，图中三个用虚线表示的高斯分布曲线是能量分别为 130,200 和 300 keV 的 N$^+$ 注入 Si 中的浓度分布。三者的入射剂量比是 61∶85∶99。图中由实线所表示的包络线是总的浓度分布。根据这样的注入条件，计算结果表明在 3 000 Å ~ 6 000 Å 的深度范围内，将有一个浓度大体上均匀分布的区域。

实际上，由微分积分方程直接求解射程分布函数是很困难的。通常是用分布函数的矩来确定分布函数，并由此估算离子的射程分布。在前面用一、二次矩描述入射离子的浓度分布只是一

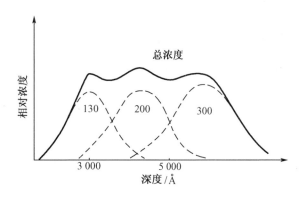

图 3.11 N$^+$ 注入 Si 内的浓度分布（理论计算曲线）

种合理的近似。然而,更精确的确定很可能需要引入更高阶的矩。有关这方面的知识,读者可参阅相关文献。

复习思考题

3.1 核阻止本领为

$$-\left(\frac{\mathrm{d}E}{\mathrm{d}R}\right)_n = N\int_0^{T_m} T \cdot K(E,T)\mathrm{d}T$$

令 $t = \varepsilon^2 \sin\frac{\phi}{2} = \varepsilon^2\left(\frac{T}{T_m}\right)$, $\varepsilon = \frac{aE_r}{Z_1Z_2e^2}$, $E_r = \frac{M_1}{M_1+M_2}E_1$ 为质心系内的动能,a 为屏蔽半径,M_1, M_2, Z_1, Z_2 是入射粒子和被撞原子的质量和原子序数,e 是电子电荷,E_1 和 T 是入射粒子的能量和传递给被撞原子的能量,T_m 是最大的传递能量,ϕ 是质心系内的散射角。

(1)引入一个无量纲的约化路程长度 ρ,$\rho = \pi N a^2 R \cdot \frac{4M_1M_2}{(M_1+M_2)^2}$,试导出

$$\left(\frac{\mathrm{d}\varepsilon}{\mathrm{d}\rho}\right)_n = -\frac{1}{\varepsilon}\int_0^\varepsilon f(t^{1/2})\mathrm{d}(t^{1/2})$$

(2)对于负幂函数的屏蔽库仑势

$$K(E_1,T) = CE_1^{-1/S}T^{-1-1/S}$$

其中,C 为常数,$C = -\pi a^2 \frac{\gamma_S^{2/S}K_S^{2/S}}{S}\left(\frac{Z_1Z_2e^2}{a}\right)^{2/S} \cdot \left(\frac{M_1}{M_2}\right)^{1/S}$,$K_S$ 是数值常数,γ_S 是 $\int_0^{\pi/2}\cos^S\alpha\,\mathrm{d}\alpha = \frac{\Gamma\left(\frac{1}{2}\right)\Gamma\left(\frac{S+1}{2}\right)}{2\Gamma\left(\frac{S}{2}+1\right)} \approx \frac{1}{S}\sqrt{\frac{3S-1}{2}}$,导出 $f(t^{1/2}) = \frac{2}{S}\left(\frac{\gamma_S K_S}{2}\right)^{2/S}(t^{1/2})^{1-2/S}$ 和 $\left(\frac{\mathrm{d}\varepsilon}{\mathrm{d}\rho}\right)_n = \frac{\lambda_S}{2(1-1/S)} \cdot \varepsilon^{1-2/S}$,其中 $\lambda_S = \frac{2}{S}\left(\frac{\gamma_S K_S}{2}\right)^{2/S}$。

(3)用反比平方势($S=2$),导出

$$\left(\frac{\mathrm{d}E}{\mathrm{d}R}\right)_n = 1.308\pi N a Z_1Z_2e^2\frac{M_2}{M_1+M_2}$$

3.2 裂变碎片在 UO_2 中的径迹上某一点,径迹的方向稍有变化,这表明碎片在这一点与一点阵原子发生了一次卢瑟福碰撞。假定这个碎片的初生能量为 100 MeV,原子序数为 42,质量数为 100。在发生这次碰撞前,该碎片已穿行了 2 μm。

(1)裂变碎片初始时的有效电荷是多少?

(2)发生卢瑟福碰撞前,裂变碎片通过电子激发并根据 Bethe 公式而损失其能量。试计算在卢瑟福碰撞那一点处碎片所有能量。假定 Bethe 公式中的平均激发能 $\bar{I} = 8.8Z$(eV)。

(3)如果散射角是 5°,试计算传递给被击原子的能量:(a)如果点阵原子是氧;(b)如果点阵原子是铀。

第4章　辐照缺陷的产生过程

载能粒子在固体内慢化过程中将部分能量以弹性碰撞方式传递给被击的点阵原子,这些被击点阵原子称为初级碰撞原子,而被入射粒子击出的点阵原子称为初级离位原子。有些初级离位原子带有相当大的能量,在固体中继续撞击其他点阵原子,产生更多的运动原子,它们又将撞击其他点阵原子形成一个碰撞级联。这些相继运动的原子静止下来时,在固体内形成同等数目的点阵空位和离位原子并导致固体的点阵损伤。一个能量为 E 的初级离位原子在级联中能击出多少个离位原子,这将是本章在原子离位概念的基础上所处理的问题。分析将从最简单的 Kinchin – Pease 模型开始,逐步将理论处理深化和展开,以便较精确估算级联中的离位原子数。同时介绍相关碰撞列和沟道效应,它们将影响级联中离位原子数,并有助于理解辐照使合金在有序化和无序化之间发生转变以及原子长程传输的现象。在此基础上,介绍离位峰和热峰的概念,特别是初级离位原子的能量低于 E_{neut} 时,将出现晶格中多体碰撞和大量能量瞬时注入局部区域的现象,产生辐照中特有的离位峰和热峰现象。这将有利于对辐照损伤的微观形态,特别是辐照相变和非晶化等现象的理解。

4.1　基　本　概　念

4.1.1　离位原子和初级离位原子

晶体内原子都是有规律的、周期性重复排列的,由此构成了各种不同的点阵。任何这种周期性排列发生破坏的晶体,称之为晶体内存在缺陷,或说它是有缺陷的晶体。缺陷类型包括零维缺陷——点缺陷,如空位、间隙原子、杂质原子;一维缺陷——线缺陷,如位错;二维缺陷——面缺陷,如晶粒间界;三维缺陷——体缺陷,如晶体内的空洞,气泡等。在这些不同类型的缺陷中,点缺陷是最基本的,它是构成其他缺陷的基础。对于单元素晶体,点缺陷的基本形式是空位和间隙原子,在任一实际的晶体内,总是或多或少地存在着空位和间隙原子,它的数量可由平衡热力学计算得到。在温度 T 时,热平衡条件下空位和间隙原子的份额浓度分别如下:

$$C_{v} = \exp\left(\frac{S_{v}^{F}}{k}\right) \cdot \exp\left(-\frac{E_{v}^{F}}{kT}\right) \tag{4.1}$$

$$C_{i} = \exp\left(\frac{S_{i}^{F}}{k}\right) \cdot \exp\left(-\frac{E_{i}^{F}}{kT}\right) \tag{4.2}$$

式中,k 是玻尔兹曼常数;S_{v}^{F} 和 S_{i}^{F} 分别是形成空位和间隙原子的附加熵;E_{v}^{F} 和 E_{i}^{F} 是空位和间隙原子的形成能。理论上精确计算这些量都是比较烦琐的,特别是间隙原子可能有多种间隙位置,它既可处于八面体间隙位置,也可处于四面体间隙位置;单质晶体中的间隙原子既可能处在正常的间隙位置,也可能是以哑铃式的间隙原子形式出现,所有这些问题,无论从理论上,还是从实验上确定都是很困难的,基本采用计算机模拟实验来确定。然而,一个基本事实是间隙原子在其周围产生的点阵畸变大于空位所引起的点阵畸变,因而 $E_{i}^{F} > E_{v}^{F}$。如果对空位和间隙原子的平衡浓度做一简单估计，假定 $E_i^F = 4$ eV，$E_v^F = 1$ eV，$T = 1\,000$ K，且令 $S_v^F = S_i^F = 0$，则由式(4.1)和(4.2)分别得到 $C_v \approx 10^{-5}$，$C_i \approx 10^{-20}$，这表明间隙原子浓度远小于空位的热平衡浓度。

晶体内还有一类点缺陷是非热平衡的。冷加工、高温激冷、载能粒子辐照都可在晶体内产生点缺陷，这类缺陷的浓度和数量并不完全取决于温度。这里主要涉及辐射粒子轰击所产生的点缺陷问题。当载能粒子与固体内点阵原子发生碰撞时，将一部分能量传给被击的原子。被击原子获得能量后，有可能被迫离开自己的初始点阵位置并停留在某一个适当的间隙位置，形成间隙原子，而在其原始的位置留下一个空位。与前面所讨论的热平衡缺陷不同，这一过程所产生的间隙原子和空位总是成对出现的，称作 Frenkel 缺陷对。

辐射粒子进入固体与点阵原子发生碰撞，将形成一系列碰撞过程，可以大致分为如下两个基本过程。

(1)初级过程。由外部入射粒子直接与固体内的点阵原子发生碰撞，并将部分能量传给被撞击的原子。这类被入射粒子直接击中而受到反冲的原子称作初级碰撞原子，简称 PKA(Primary Knock-on Atom)，那些带有相当能量并出射，离开自己点阵位置的初级碰撞原子，称作初级离位原子。

(2)次级过程。入射粒子在固体内的慢化过程中可能产生若干个具有不同能量的初级碰撞原子。由于这些初级碰撞原子可能具有相当大的动能，它们又作为"炮弹"，撞击其他点阵原子并使之发生离位而形成二级碰撞原子。同理，具有相当能量的二级碰撞原子又能击出三级离位的碰撞原子……这样一代一代地延续下去，构成一个"级联碰撞"过程。对二级以下各个级次的碰撞原子，统称次级碰撞原子。

4.1.2　离位阈能和离位概率

当原子接受的能量 E 小于某一数值时，由于它受到周围原子的阻力而不能离开自己的初始点阵位置，其能量最后以无规律的热振动方式消散，在这种情况下不能形成点缺陷。当能量稍大于某一特定数值时，它有可能克服周围原子的阻碍作用，离开自己的初始点阵位置留下一个空位。由于它所带的能量较低，不可能走至距其初始位置较远的地方，而只能停留在离空位较近的间隙位置，形成近距的 Frenkel 缺陷对，如图4.1(b)所示。如果其能量 E 值较大，它可以在固体内穿行较大距离而停留在某一间隙位置，形成远距的 Frenkel 缺陷对，如图4.1(c)所示。当被击原子所获得的能量 E 相当大时，它不但自己发生离位，还能激起其他的点阵原子离位，产生一个碰撞级联，最后在所有的运动原子静止下来后，形成若干 Frenkel 缺陷对，如图4.1(d)所示。这种处于正常位置的点阵原子被撞击，并接受某一数值的能量而离开自己的初始点阵位置，这一现象称作原子离位，而这个离开了自己的点阵位置的原子叫作离位原子。但是，并不是原子接受任何能量时都能发生离位，只有当被击原子接受的能量等于或大于某一数值的最低能量时，它才可变成离位原子。原子离位所需的这个最低能量值定义为原子的离位阈能值，或简称离位阈值。

离位阈能值的理论计算和实验测量都表明，离位阈值的大小不但与材料有关，而且与碰撞中传递能量的方向有关，也就是与被击原子(亦称反冲原子)出射方向有关，如图4.2所示。离位阈值是各向异性的，由它与晶格方向绘成离位阈能面。其最小和最大的离位阈能分别标为 $E_{d,min}$ 和 $E_{d,max}$。同样，反冲原子形成两个离位原子所需的最低能量称作二级离位阈能 $E_d^{(2)}$，它亦是各向异性的,与晶格方向绘成二级离位阈能面。实验和理论表明,二级离位阈能面与离位阈能面完全不同,最大离位阈能的方向恰是二级离位阈能最小的方向,反之亦然。这是由反冲原子能量不高时,出射碰撞中晶格原子多体碰撞所引起的。反冲原子形成三个离位原子所需的最低能量称作三级离位阈能。它所组成的三级离位阈能面与二级离位阈能面相似。

由于离位阈能的各向异性,反冲原子的能量小于 $E_{d,min}$,一定不能离位;反冲原子的能量大于 $E_{d,max}$,一定发生离位;而反冲原子的能量介于 $E_{d,min}$ 和 $E_{d,max}$ 之间,是否发生离位取决于反冲原子的出射方向。考虑到在晶体中反冲原子的方向是随机的,可以用概率分布函数 $P_1(E)$ 表示反冲原子能量在 $E_{d,min}$ 和 $E_{d,max}$ 之间发生离位的概率,$P_1(E)$ 的函数是由离位阈能面所确定的,$P_1(E)$

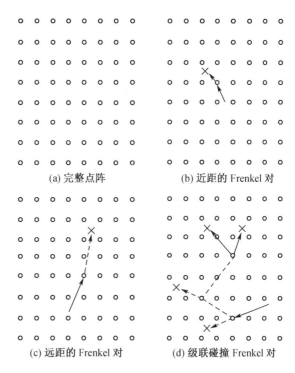

(a) 完整点阵　　　　(b) 近距的 Frenkel 对

(c) 远距的 Frenkel 对　　(d) 级联碰撞 Frenkel 对

图 4.1　点阵损伤示意图

的值是能量 E 的球面与离位阈能面相割所形成的低于 E 区域的面积与 E 球面面积之比。同样,可以从二级离位阈能面、三级离位阈能面得到产生两个、三个离位原子的概率分布函数 $P_2(E)$,$P_3(E)$,由于三级离位阈能面与二级离位阈能面相似,$P_2(E)$,$P_3(E)$ 函数具有相同形式,而与 $P_1(E)$ 的函数形式大不相同。

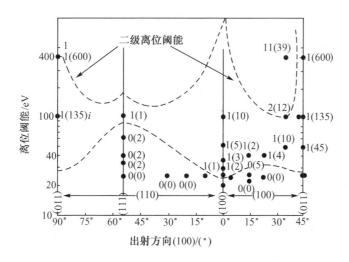

图 4.2　离位阈能与出射方向的关系(Cu 和 fcc 结构)

正常点阵位置的原子处在一个稳定的势阱内,在碰撞中获得能量的原子要想离开自己的势阱,就需要越过周围原子所构成的势垒,这个势垒的最高点称为鞍点。鞍点与势阱最低点的高度差为势垒高度,这个势垒高度就是离位阈能。由于固体的晶体构造具有确定的方向性和对称性,因而环绕平衡位置的各个方向上原子势垒高度并不完全一样。在某些方向上势垒低,而在另外一些方向上势垒高。如果点阵原子间的作用势函数是已知的,原则上是能够计算出沿各个结晶学方向上的势垒高度,即各个方向的离位阈能值。图4.3画出了计算离位阈能的示意图。假定(a)图中左下角的那个原子受到碰撞后接受了能量并沿〈111〉方向运动,在沿着被击原子运动轨迹线上的每一点,都将这个运动原子和它的全部最近邻原子间的作用叠加起来,即图中虚线连接相邻三个面心上的原子的作用能之和。在由虚线构成的三角形中心处,总势能达最大值,即势垒鞍点,其能量为 ε^*,如图4.3(b)所示。鞍点处的能量 ε^* 和原子平衡位置势阱能量 ε_{eq} 之差代表这个方向的离位阈能。

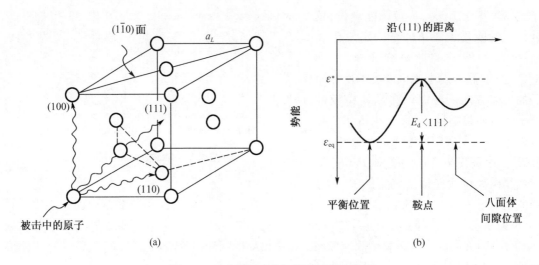

图4.3 反冲原子离位阈能的计算示意图

Olander D R 利用一个较简单的抛物线形的斥力势函数对离位阈能做了计算,并得到了量级约为 15 eV 的阈能值。然而,这种计算只是示意性地阐明理论计算的基本要点,正确的计算必须选用合理的势函数。鉴于阈值计算所涉及的作用能量范围只是几十电子伏特,在这种情况下选用 Born – Mayer 势是合适的。这种计算通常借助于计算机来完成。一个有代表性的计算结果表示在图4.4中。该计算是对 *bcc* 结构的 α – Fe 进行的,计算中通过数值积分解一组大量原子的运动方程来模拟碰撞过程。这些原子初始时刻都静止地处在完整的点阵上。假想其中一个原子受射来的粒子冲击而获得能量,紧接着这个原子又与其他的点阵原子相互作用从而导致大量原子处在运动中,通过解这组运动方程来计算原子离位阈能值。另一个典型的面心立方结构(*fcc*)Cu 中离位阈能值的计算机模拟实验结果表示在图4.2中,图中每一个黑点代表一个动力学事件,在其旁的数字表明离位原子数目,括号内的数字是置换原子数目,虚线是建立一个(或两个)稳定的离位原子的阈能值。计算机模拟实验结果表明,在离位阈能值低的方向〈011〉和〈100〉要建立两个离位原子是非常困难的,其能量高于离位阈能值20倍不能形成两个离位原子,而在离位阈能值高的方向〈111〉附近很容易建立两个离位原子,这充分表明二级离位阈能值与出射方向的关系与离位阈能值与出射方向的关系完全不同,甚至是相反,也就是说,二级离位阈能面的形状与离位阈能面的形状完全不同,其形成两个离位

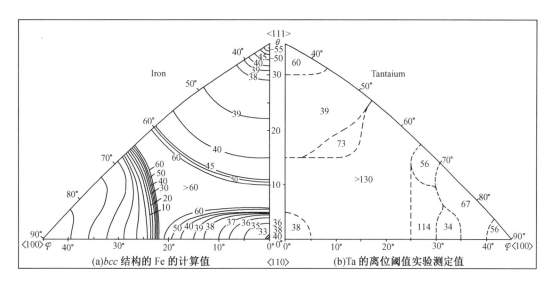

图 4.4　原子阈值的反冲方向的关系

原子的概率函数 $P_2(E)$ 完全不同于离位原子(一级)的概率函数 $P_1(E)$,同样可以推断出形成三个离位原子的概率函数 $P_3(E)$ 与形成两个离位原子的概率函数 $P_2(E)$ 相似。电子辐照实验证实了上述结果。

在实验上,采用电子束辐照可以用来测定固体原子的离位阈能和它与晶轴方向的关系(即与原子出射方向的关系)。第一,因为电子能量在 0.1~1.8 MeV 范围内产生初级反冲原子的能量在 10~70 eV 之间,是在可能的离位阈能范围内;第二,电子射程较大,电子能量在 0.1~1.8 MeV 范围内,其在固体内的射程可达毫米量级,容易实现测量;第三,电子辐照所产生的点缺陷基本上都是由电子直接击出的,它与固体原子相互作用的弹性碰撞能量传递微分截面粗略地正比于 $1/T^2$,T 是传给被击原子的能量。

当电子能量为 E_k 时,它与靶原子发生碰撞时传递给靶原子的最大能量由下式给出:

$$T_m = 2\frac{m_e}{M_2}\frac{E_k}{m_e c^2}(E_k + 2m_e c^2) \tag{4.3}$$

式中,c 是光速,m_e 是电子的静止质量。令 $T_m = E_d$,则可估算出电子辐照质量为 M_2 的物质时使其原子发生离位所必须具有的最低能量。电子一般是在加速器或高压透射电镜上加速而获得能量,因而所需要的能量易于控制且可获得单能电子。实验方法是进行低温电子辐照,它所产生的空位和离位原子可以保存下来,测量样品电阻率的变化。逐步改变入射粒子的能量 E,电阻率的变化值随 E 增加而增加。由实际曲线反推到近于零的电阻率变化值,相应的电子束能量 E_k 是刚能产生离位原子的阈值。例如,将待测的 Ge 样品置于实验靶室内,用恒定的电子流密度轰击样品,逐渐升高加速电压以增大电子的动能并同时监测 Ge 样品的电阻率的变化。实验测定的电子能量同 Ge 的电阻率的关系曲线如图 4.5 所示。当电子的能量由 0 变化到 0.6 MeV 时,电导率未发生任何变化,这表明辐照并未产生任何附加的点缺陷。继续升高加速电压,电导率开始降低并随电压升高迅速地到达某一个稳定的饱和数值。在曲线急剧变化处作切线,外推到与初始部分的水平延长线相交。交点处对应的电子能量为 0.63 MeV,利用式(4.3′)计算得到 Ge 的离位阈能值 $E_d = 30$ eV。对于单晶样品,可以改变晶

轴方向与入射粒子方向的夹角,得出所选
择方向的离位阈能值。

研究离位阈能与出射方向的关系,可
以得到离位阈能面和多级离位阈能面的概
念。例如电子束照射处于 4.2 K 温度下的
单晶 Cu 片,测量电阻变化。对于不同的电
子束与晶片夹角,改变电子束能量测量电
阻变化,获得电阻变化的临界能量 E_k,按
式(4.3′)得出 E_d 与晶片方向的关系,如图
4.3 所示形成离位阈能面,实验和 MDS 计
算都表明,E_d 最小值沿着晶格密排方向,
且有

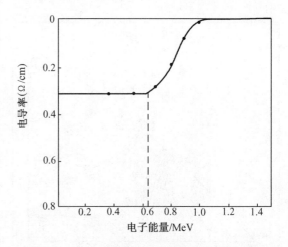

图 4.5　电子辐照测定 Ge 的离位阈能的实验

$$E_d = 2\frac{m_e}{M_2}\frac{E_k}{m_e c^2}(E_k + 2m_e c^2) \quad (4.3')$$

Jung P 等人用电子束辐照单晶铂,各个方向的损伤速率与 ⟨110⟩ 方向的损伤速率相比的
数值与晶体方向绘成曲线,表示在图 4.6(a)中。在电子束能量为 1.45 MeV 时,传递给原子
的能量是在一级离位阈能面的范围之内,⟨110⟩ 方向离位阈能最低,损伤速率最大,⟨111⟩ 方
向离位阈能最高,损伤速率最小。随着电子束能量增加,传递给原子的能量增加到一级离位
阈能面与二级离位阈能面之间,曲线形状发生改变。当电子束能量达到 1.7 MeV,传递给原
子的能量进入二级离位阈能面范围,损伤速率与方向的关系与 1.45 MeV 时的情况完全相反,
⟨110⟩ 方向损伤速率最小,⟨111⟩ 方向附近损伤速率最大,也就是说,⟨111⟩ 方向附近二级离位
阈能值最低,而 ⟨110⟩ 方向二级离位阈能值很高,仍只能产生一个离位原子。直到电子束能量
达到 2.45 MeV,依然是典型的二级离位阈能面的范围。对于体心立方晶格的情况亦是如此,

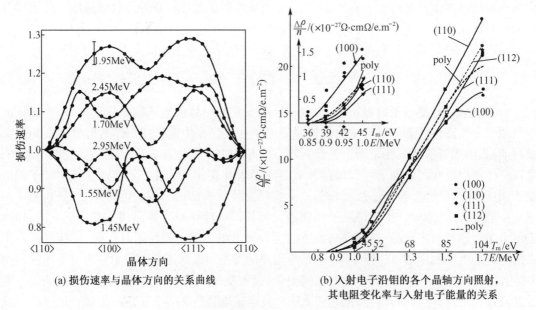

(a) 损伤速率与晶体方向的关系曲线　　　(b) 入射电子沿钼的各个晶轴方向照射,
　　　　　　　　　　　　　　　　　　　　　其电阻变化率与入射电子能量的关系

图 4.6　各个方向的损伤速率与 ⟨110⟩ 方向损伤速率的比值与方向的关系

Maury F 等人采用电子束辐照钼单晶,沿着不同的晶轴方向进行辐照,测量电阻变化,电子束能量范围为 0.8~1.7 MeV。最低的离位阈能是在 $\langle 100 \rangle$ 方向($E_d^{\langle 100 \rangle} = 36 \pm 1$ eV),但是在这方向电阻变化的曲线斜率随着电子能量增加而降低。离位阈能在 $\langle 110 \rangle$ 方向是 72 eV($E_d^{\langle 110 \rangle} > 2E_d^{\langle 100 \rangle}$),可是在 $\langle 110 \rangle$ 方向随着电子能量增加电阻呈直线变化,在电子束能量 1.2 MeV 以上,$\langle 110 \rangle$ 方向电阻的变化值超过了 $\langle 100 \rangle$ 方向电阻值的变化,如图 4.6(b)所示。这意味着,在 $\langle 110 \rangle$ 方向很难形成离位原子,但是当获得能量较高时,就很容易形成两个或两个以上的离位原子。反之,在 $\langle 100 \rangle$ 方向,很容易形成一个离位原子,但是获得很高能量在这个方向出射,仍很难去形成两个以上的离位原子。在电子辐照中,离位原子总数可以用概率函数 $P_1(E)$ 去计算,但是,很高能量的电子束、质子束和中子辐照,二级离位阈能面在级联过程和离位损伤速率的计算中将起着重要作用,反冲原子能量较高时将服从 $P_2(E)$ 出射概率规律。但是,目前依然采用通常的离位阈能计算损伤剂量的方法,并由美国金属材料试验协会颁布推荐的离位阈能数值,一般是离位阈能的平均值,包含在表 4.1 中。

表 4.1　产生单个离位的阈能最小值($E_{d,min}$)和平均值($E_{d,av}$)的实验值

Metal	$E_{d,min}(E_{d,av})$/eV	$E_d^{①}$ /eV	ξ_{fn}^0	$m/$ [Å²/(eV·at.)]	$(\Delta\rho_{FD}/U.C.)$ /$\mu\Omega\cdot$m
Ag	25	40	0.43	4.5	2.1
Al	16	25	0.36	1.0	4.0
Cu	19(36)	30	0.25	2.0	2.5
Fe	17	40	0.28	0.4	20.0
Mo	33	60	0.35	0.4	13.0
Ni	23	40	0.29	0.6	7.1
Pt	34(43)	70	0.50	1.3	9.5
W	41	90	0.62	0.7	27
SS②	18	40	—		

①ASTM/E521—89 推荐的离位阈能。

②不锈钢。

注:表中快中子辐照产生缺陷的效率(ξ_{fn}^0);DC 中原子混合效率(m);单位 FD 浓度的电阻率($\Delta\rho_{FD}/U.C.$)。所列的实验值取自 Jung(1991)和 Kim 等(1998)。典型的不确定度:$E_{d,min}$ 为 $\pm 5\%$,ξ_{fn}^0 和 $\Delta\rho_{FD}$ 为 $\pm 15\%$;$E_{d,av}$ 和 m 为 $\pm 30\%$。

4.2　初级离位原子在级联中产生的离位原子数

衡量入射粒子产生的辐照损伤大小常常采用入射粒子产生的离位原子总数作度量。根据入射粒子的总通量、能谱和粒子与点阵原子碰撞时的能量传递截面,就可以计算出微分能区内的初级离位原子(PKA)数目和能谱,只有建立起具有能量 E 的 PKA 所产生的离位原子数目 $\nu(E)$ 关系,就可以计算出离位原子的总数。本节将讨论能量为 E 的 PKA 所产生的离位原子数目 $\nu(E)$ 的理论依据。

具有能量 E 的初级碰撞原子有相当大的动能,去撞击其他点阵原子并使之发生离位而形

成二级碰撞原子。同理,具有相当能量的二级碰撞原子又能击出三级离位的碰撞原子……这样一代一代地延续下去,构成级联碰撞过程。离位级联最简单的理论是由 Kinchin – Pease 给出的。

4.2.1　Kinchin – Pease 模型

Kinchin – Pease 的分析基于下列假定:

(1)级联碰撞是由原子间一系列的二体弹性碰撞所构成的。

(2)离位概率为阶跃函数的单值离位阈能概念,其中 $E_{d,min} = E_{d,max} = E_d$,且有

$$P_d(T) = 0 \qquad (T < E_d)$$
$$P_d(T) = 1 \qquad (T > E_d) \tag{4.4}$$

用这种模型时,E_d 是 25 ~ 50 eV 之间的一个定值,最常用的是较低的数值。

(3)在计算二体碰撞能量收支平衡时,对向被击原子传递动能时消耗在使原子离位的能量 E_d 忽略不计。

(4)电子阻止产生的能量损失按式(3.23)的截止能(运动原子保持中性的能量)来处理。如果 PKA 的能量大于 E_{neut},只有当电子能量损失将 PKA 的能量减至 E_{neut} 时,才考虑产生离位原子,在这以前没有离位产生。对小于 E_{neut} 的所有能量,不考虑电子阻止,而是只发生原子碰撞。

(5)能量传递截面由刚性球模型给出。

(6)固体内原子的排列是无规律的,忽略晶体结构的影响。

在介绍 Kinchin – Pease 模型以后,我们将放松第(3),(4),(5)条的限制,在下一节里将把第(6)条假定去掉,第(1)条假定在所有的由各个点缺陷构成的离位级联中都是基本的。如果将这一限制也去掉,离位级联就类似一个离位峰,将在以后几节中讨论。

级联碰撞是由能量为 E 的 PKA 所引发,最后产生出 $\nu(E)$ 个离位原子。在级联碰撞发展过程中的某一时刻,载能的运动原子数将大于 1 但小于 $\nu(E)$,运动原子的平均动能将小于 E 但仍未到零。但是在任何的中间阶段,运动原子的总体还是像原来的 PKA 一样最后产生同样多的离位原子数 $\nu(E)$。所以 $\nu(E)$ 这个量是守恒的,守恒的含义就是可以从 PKA 诞生到形成,最后离位组态之间的任一时刻所具有的运动原子的能量分布出发都能得到这个量。特别是可以考虑当 PKA 第一次打中一个静止点阵原子后出现两个运动原子时,也能够计算出 $\nu(E)$(见图4.7)。这样,如果能量为 E 的 PKA

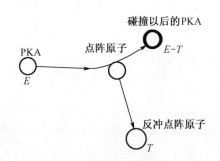

图 4.7　级联碰撞内第一次碰撞前后过程的示意图

将能量 T 传递给被撞击原子,它自身碰撞后留下的能量是 $E - T$,根据 $\nu(E)$ 守恒定则应有

$$\nu(E) = \nu(E - T) + \nu(T) \tag{4.5}$$

在这里并没有从反冲能量中减去被击原子离开原位所需的能量 E_d。如果要把这个能量损失也包括进去,方程(4.5)的最后一项就会写成 $\nu(T - E_d)$。

仅有方程(4.5)还不足以确定出 $\nu(E)$,因为并没有规定传递能量 T。由于 PKA 和点阵原子是等同的,T 可以是 0 到 E 之间的任一数值。如果确定了在碰撞中传递能量位于 T 到 $T + $

$\mathrm{d}T$ 时的概率,可以将方程(4.5)乘以这个概率,然后就所有的 T 的允许值进行积分。根据刚性球假设(5),能量传递截面由方程(2.69)给出。能量 E 的 PKA 传递给被击原子的能量为 T 到 $T+\mathrm{d}T$ 范围内的截面是 $K(E,T)\mathrm{d}T$,在方程(4.5)两边乘以这个微分截面,并从 0 到 E 积分得到

$$\bar{\nu}(E) = \int_0^E \left[\,\bar{\nu}(E-T) + \bar{\nu}(T)\,\right] \frac{K(E,T)}{\sigma(E)}\mathrm{d}T \tag{4.6}$$

式中,$\sigma(E)$ 是总截面,$\dfrac{K(E,T)\mathrm{d}T}{\sigma(E)}$ 是发生碰撞传递给被击原子的能量为 T 到 $T+\mathrm{d}T$ 范围内的概率,$\bar{\nu}(E)$ 为能量 E 的 PKA 产生的平均离位原子数目。对于刚性球碰撞 $\dfrac{K(E,T)}{\sigma(E)} = \dfrac{1}{E}$,即方程(2.69)中 $\Lambda = 1$,方程(4.6)可写为

$$\bar{\nu}(E) = \frac{1}{E}\int_0^E \left[\,\bar{\nu}(E-T) + \bar{\nu}(T)\,\right]\mathrm{d}T \tag{4.6'}$$

如果将右边的第一个积分的变量转换成 T',$T' = E - T$,$\mathrm{d}T = -\mathrm{d}T'$。改变变数后,有

$$\int_0^E \bar{\nu}(E-T)\mathrm{d}T = \int_E^0 \bar{\nu}(T')(-\mathrm{d}T') = \int_0^E \nu(T')\mathrm{d}T$$

它是与(4.6′)式中第二积分相同的。因此方程(4.6′)变为

$$\bar{\nu}(E) = \frac{2}{E}\int_0^E \bar{\nu}(T)\mathrm{d}T \tag{4.7}$$

在解这一方程之前,先考查一下 $\bar{\nu}(E)$ 在阈能 E_d 附近的行为。很显然,当 $E < E_\mathrm{d}$ 时,连 PKA 本身都不能离位,所以

$$\bar{\nu}(E) = 0 \quad (0 < E < E_\mathrm{d}) \tag{4.8a}$$

当 PKA 的能量介于 E_d 和 $2E_\mathrm{d}$ 之间时,它和点阵原子发生第一次碰撞可得以下两种可能的结果:如果传递给点阵原子的能量大于 E_d(当然必定小于 $2E_\mathrm{d}$),点阵原子将离位,但原来的 PKA 所留下的能量则小于 E_d,于是被击原子从它的点阵位置上被击出去,而 PKA 掉进空出来的位置处,并将它剩余的动能以热的方式散发出去;相反,如果原来的 PKA 传递出去的能量小于 E_d,那么被击原子就不会发生离位。不论是以上哪一种可能,PKA 的第一次碰撞只产生一个运动原子,它的能量小于原来的 PKA。上述的论证同样可以应用到第二代的运动原子,结论是它也不能产生任何新的离位原子。所以,动能介于 E_d 和 $2E_\mathrm{d}$ 之间的 PKA 只能产生一个离位原子,即

$$\bar{\nu}(E) = 1 \quad (E_\mathrm{d} < E < 2E_\mathrm{d}) \tag{4.8b}$$

现在可以把方程(4.7)中的积分分成三个区段:$0 \sim E_\mathrm{d}$,$E_\mathrm{d} \sim 2E_\mathrm{d}$ 和 $2E_\mathrm{d} \sim E$,并根据式(4.8a)和(4.8b)求出前两个区段,可得到

$$\bar{\nu}(E) = \frac{2E_\mathrm{d}}{E} + \frac{2}{E}\int_{2E_\mathrm{d}}^E \bar{\nu}(T)\mathrm{d}T \tag{4.9}$$

解这个方程式可以先将它乘以 E,再以 E 为变量微分[①],得出一个微分方程:

$$\bar{\nu}(E) + E\frac{\mathrm{d}\bar{\nu}(E)}{\mathrm{d}E} = 2\bar{\nu}(E)$$

转换为

----

①　对积分方程的参量微分为:$\dfrac{\mathrm{d}}{\mathrm{d}t}\int_{a(t)}^{b(t)} f(x,t)\mathrm{d}x = \int_a^b f'_t(x,t)\mathrm{d}x + f(b,t)\dfrac{\mathrm{d}b}{\mathrm{d}t} - f(a,t)\dfrac{\mathrm{d}a}{\mathrm{d}t}$

$$\frac{\mathrm{d}\bar{\nu}(E)}{\bar{\nu}(E)} = \frac{\mathrm{d}E}{E}$$

它的解为

$$\bar{\nu}(E) = CE \qquad (4.10a)$$

将方程(4.10a)代入(4.9)便可得到常数 C，结果是 $C = (2E_d)^{-1}$。因此，能量 E 的 PKA 产生的平均离位原子数目为

$$\begin{cases} \bar{\nu}(E) = 1, E_d < E \leqslant 2E_d \\ \bar{\nu}(E) = \dfrac{E}{2E_d}, 2E_d < E < E_{neut} \end{cases} \qquad (4.10)$$

因为条件(4)，方程(4.10)的有效上限已取为 E_{neut}，在这能量以上时只有电子阻止的能量损失。如果一个 PKA 在它诞生时的能量高于 E_{neut}，则平均离位原子数目为

$$\bar{\nu}(E) = \frac{E_{neut}}{2E_d}E \geqslant E_{neut} \qquad (4.10b)$$

图 4.8 表示由式(4.8a)，(4.8b)，(4.10)和(4.10b)所组成的 Kinchin-Pease 离位函数。为了表示这个模型所预期的四个阶段，在作图时已将比例加以调整。如果按正常比例画出，则截止能 E_{neut} 要比图 4.8 中所画出的向远处拉开 10 到 20 倍。

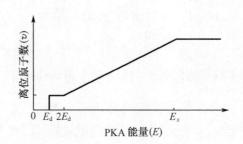

图 4.8　根据 Kinchin-Pease 模型，级联的离位原子数和 PKA 能量的关系

如果在分析中直接采用方程(4.6)，就能将假设(5)去除掉。考虑到以前导出的方程(4.8a)和(4.8b)的论证仍然适用(因为这些式子只和能量守恒有关，和能量传递截面本身无关)，相应的积分方程是

$$\bar{\nu}(E) = \frac{2}{\sigma(E)}\int_{E_d}^{2E_d}K(E,T)\mathrm{d}T + \int_{2E_d}^{E}\left[\bar{\nu}(E-T) + \bar{\nu}(T)\right]\frac{K(E,T)}{\sigma(E)}\mathrm{d}T$$

Sanders 曾采用由负幂势[式(2.30)]得到的能量传递截面对这一方程求解，结果是

$$\bar{\nu}(E) = S[2^{1/(1+S)} - 1]\left(\frac{E}{2E_d}\right) \quad (E_d < E < E_{neut}) \qquad (4.11)$$

按照这个式子，当 $S = 2$ 时，结果要比 Kinchin-Pease 的结果小，大约只有它的 1/2。为了在碰撞级联分析中去掉刚性球模型假设，人们曾作了不少努力，Robinson 对此做了总结。

4.2.2　Snyder 模型

Snyder 模型与 Kinchin-Pease 模型有相同的基本假定，所不同的是被撞原子得到能量 T 以后，为克服晶格势的作用，损失了 E_d 的能量，才能成为离位原子，做进一步的运动，即去掉 Kinchin-Pease 模型中的第三条假定。所以式(4.6′)可改写为

$$\bar{\nu}(E) = \frac{1}{E}\int_0^E\left[\bar{\nu}(E-T) + \bar{\nu}(T-E_d)\right]\mathrm{d}T \qquad (4.12)$$

方程(4.12)右边第一个积分改变变数 $T' = E - T$，其结果为

$$E\bar{\nu}(E) = \int_0^E\bar{\nu}(T)\mathrm{d}T + \int_{E_d}^E\bar{\nu}(T-E_d)\mathrm{d}T \quad (E_d < E < E_{neut})$$

令 $\dfrac{E}{E_d} = x_1, \dfrac{T}{E_d} = x$, 上式改写为

$$x_1 \bar{\nu}(x_1) = \int_0^{x_1} \bar{\nu}(x)\,\mathrm{d}x + \int_1^{x_1} \bar{\nu}(x-1)\,\mathrm{d}x \tag{4.12'}$$

对 x_1 微分, 有

$$\bar{\nu}(x_1) + x_1 \frac{\mathrm{d}\bar{\nu}(x_1)}{\mathrm{d}x_1} = \bar{\nu}(x_1) + \bar{\nu}(x_1 - 1)$$

$$x_1 \frac{\mathrm{d}\bar{\nu}(x_1)}{\mathrm{d}x_1} = \bar{\nu}(x_1 - 1)$$

当 $0 < x_1 \leqslant 1, \bar{\nu}(x_1 - 1) = 0$, 有

$$\bar{\nu}(x_1) = 常数 = 1$$

当 $1 < x_1 \leqslant 2, x_1 \dfrac{\mathrm{d}\bar{\nu}(x_1)}{\mathrm{d}x_1} = 1$, 有

$$\nu(x_1) = 1 + \ln x_1$$

当 $x_1 \geqslant 2$, 对方程 (4.12') 进行改写, 令第二积分中 $x_1 - 1 = y$, 则有

$$x_1 \bar{\nu}(x_1) = \int_0^{x_1} \bar{\nu}(x)\,\mathrm{d}x + \int_0^{x_1 - 1} \bar{\nu}(y)\,\mathrm{d}y = 1 + \int_1^2 (1 + \ln x)\,\mathrm{d}x + \int_2^{x_1} \bar{\nu}(x)\,\mathrm{d}x + \int_1^{x_1} (1 + \ln x)\,\mathrm{d}x$$

$$x_1 \bar{\nu}(x_1) = 3 + \ln 2 x_1 + \int_2^{x_1} \bar{\nu}(x)\,\mathrm{d}x$$

如此逐级进行数值解, 最后得出

$$\bar{\nu}(x_1) = 0.561(1 + x_1) \tag{4.13}$$

这表明与 Kinchin‑Pease 模型的结果相似, 差别不大。

4.2.3　出射概率模型

该模型与 Kinchin‑Pease 模型相似, 只是去掉 Kinchin‑Pease 模型中第二条假定, 保留其余的基本假定。

对于单元素的金属而言, 初级移位原子与被撞击原子是无法区别的, 碰撞后都有其出射概率, 设出射概率函数为 $P(E')$。令入射原子为 A, 被撞原子为 B, 发生碰撞后, A 原子留下, B 原子出射的概率为

$$[1 - P(T)]P(E')\omega_1(T)$$

式中, $\omega_1(T)$ 是 B 原子出射形成一个离位原子的概率, E' 和 T 分别是碰撞后 A 和 B 原子所具有的能量。B 原子留下, A 原子出射形成一个离位原子的概率为

$$[1 - P(T)]P(E')\omega_1(E')$$

A, B 原子都留下的概率是

$$[1 - P(E')][1 - P(T)]$$

因此, 形成一个离位原子的概率总和为 $W_1(E', T)$, 即

$$W_1(E', T) = [1 - P(E')]P(T)\omega_1(T) + [1 - P(T)]P(E')\omega_1(E') + [1 - P(E')][1 - P(T)]$$

同理, 形成两个移位原子的概率总和为 $W_2(E', T)$, 即

$$W_2(E', T) = [1 - P(E')]P(T)\omega_2(T) + [1 - P(T)]P(E')\omega_2(E') +$$

$$P(E')\omega_1(E')P(T)\omega_1(T)$$

其中,ω_2 是 B 原子出射形成两个离位原子的概率。同理

$$W_n(E',T) = p(E')p(T)\sum_{\mu=1}^{n-1}\omega_\mu(E')\omega_{n-\mu}(T) + [1 - P(E')]P(T)\omega_n(T) +$$
$$[1 - P(T)]P(E')\omega_n(E') + \delta_{n1}[1 - P(E')][1 - P(T)]$$

在 A,B 原子碰撞中,A 原子的能量在 $[E',E'+\mathrm{d}E']$ 范围内,B 原子的能量在 $[T,T+\mathrm{d}T]$ 的概率 $G(E,E',T)\mathrm{d}T\mathrm{d}E'$ 是

$$\frac{K(E,T)}{\sigma(E)}\mathrm{d}T\delta(E-E'-T)\mathrm{d}E'$$

令 $\dfrac{K(E,T)}{\sigma(E)}=g_B(E,T)$,表示 B 原子碰撞后能量为 T 的碰撞截面,Delta 函数 $\delta(E-E'-T)$ 表明能量守恒,因此 A,B 原子碰撞产生 n 个离位原子的概率是

$$\omega_n(E) = \int_0^E W_n(E',T)G(E,E',T)\mathrm{d}E'\mathrm{d}T$$

$$= \int_0^E W_n(E',T)g_B(E,T)\delta(E-E'-T)\mathrm{d}E'\mathrm{d}T$$

$$= \int_0^E P(T)P(E-T)\sum_{\mu=1}^{n-1}\omega_\mu(T)\omega_{n-\mu}(E-T)g_B(E,T)\mathrm{d}T +$$

$$\int_0^E [1 - P(T)]P(E-T)\omega_n(E-T)g_B(E,T)\mathrm{d}T +$$

$$\int_0^E [1 - P(E-T)]P(T)\omega_n(T)g_B(E,T)\mathrm{d}T +$$

$$\delta_{n1}\int_0^E [1 - P(E-T)][1 - P(T)]g_B(E,T)\mathrm{d}T \tag{4.14}$$

对方程式右边第三个积分改变变数并与第二积分合并成为

$$\int_0^E [1 - P(T)]P(E-T)\omega_n(E-T)[g_B(E,T) + g_B(E,E-T)]\mathrm{d}T$$

$g_B(E,E-T)\mathrm{d}T$ 是 A,B 原子碰撞后,B 原子的能量在 $[(E-T),(E-T-\mathrm{d}T)]$ 范围内的概率,也就是 A 原子的能量在 $[T,T+\mathrm{d}T]$ 范围内的概率 $g_A(E,T)\mathrm{d}T$,即 $g_B(E,E-T)=g_A(E,T)$,令

$$g_B(E,T) + g_A(E,T) = g_{AB}(E,T) \tag{4.15}$$

式中,$g_{AB}(E,T)$ 是对 $T=\dfrac{E}{2}$ 的对称函数。同样,积分核

$$P(T)P(E-T)\sum_{\mu=1}^{n-1}\omega_\mu(T)\omega_{n-\mu}(E-T)[1 - P(E-T)][1 - P(T)]$$

也是对称函数,所以

$$\int_0^E g_B(E,T)P(T)P(E-T)\sum_{\mu=1}^{n-1}\omega_\mu(T)\omega_{n-\mu}(E-T)\mathrm{d}T$$

$$= \int_0^E g_B(E,E-T)P(T)P(E-T)\sum_{\mu=1}^{n-1}\omega_\mu(T)\omega_{n-\mu}(E-T)\mathrm{d}T$$

对上式乘以 2,然后进行变换整理如下:

$$2\int_0^E g_B(E,T)P(T)P(E-T)\sum_{\mu=1}^{n-1}\omega_\mu(T)\omega_{n-\mu}(E-T)\mathrm{d}T$$

$$=\int_0^E \left[g_B(E,T)+g_B(E,E-T)\right]P(T)P(E-T)\sum_{\mu=1}^{n-1}\omega_\mu(T)\omega_{n-\mu}(E-T)\mathrm{d}T$$

$$=\int_0^E g_{AB}(E,T)P(T)P(E-T)\sum_{\mu=1}^{n-1}\omega_\mu(T)\omega_{n-\mu}(E-T)\mathrm{d}T$$

因此方程(4.14)式变为

$$\omega_n(E)=\frac{1}{2}\int_0^E P(T)P(E-T)g_{AB}\sum_{\mu=1}^{n-1}\omega_\mu(T)\omega_{n-\mu}(E-T)\mathrm{d}T+$$

$$\int_0^E\left[1-P(T)\right]P(E-T)g_{AB}\sum_{\mu=1}^{n-1}\omega_n(E-T)\mathrm{d}T+$$

$$\frac{1}{2}\delta_{n1}\int_0^E\left[1-P(E-T)\right]\left[1-P(T)\right]g_{AB}(E,T)\mathrm{d}T \tag{4.16}$$

产生的平均离位原子数目 $\bar{\nu}$ 为

$$\bar{\nu}(E)=\sum_n n\omega_n(E) \tag{4.17}$$

$$\bar{\nu}(E)=\frac{1}{2}\int_0^E P(T)P(E-T)g_{AB}\sum_n\sum_{\mu=1}^{n-1}n\omega_\mu(T)\omega_{n-\mu}(E-T)\mathrm{d}T+$$

$$\int_0^E\left[1-P(T)\right]P(E-T)g_{AB}(E,T)\bar{\nu}(E-T)+$$

$$\frac{1}{2}\sum_n\delta_{n1}n\int_0^E\left[1-P(E-T)\right]\left[1-P(T)\right]g_{AB}(E,T)\mathrm{d}T \tag{4.17'}$$

其中等号右边第一个积分核可以化简为

$$\sum_n\sum_{\mu=1}^{n-1}n\omega_\mu(T)\omega_{n-\mu}(E-T)=\sum_\mu\sum_{\mu'}(\mu+\mu')\omega_\mu(T)\omega_{\mu'}(E-T)$$

$$=\sum_\mu\mu\omega_\mu(T)\sum_{\mu'}\omega_{\mu'}(E-T)+\sum_\mu\omega_\mu(T)\sum_{\mu'}\mu'\omega_{\mu'}(E-T)$$

$$=\bar{\nu}(T)+\bar{\nu}(E-T) \tag{4.18}$$

将(4.18)式代入方程(4.17')中,其前两项积分中的核函数相加并化简为

$$\frac{1}{2}P(T)P(E-T)\left[\bar{\nu}(T)+\bar{\nu}(E-T)\right]+\left[1-P(T)\right]P(E-T)\bar{\nu}(E-T) \tag{4.19}$$

$$=P(E-T)\bar{\nu}(E-T)-\frac{1}{2}P(T)P(E-T)\left[\bar{\nu}(T)-\bar{\nu}(E-T)\right]$$

由于

$$\int P(T)P(E-T)\bar{\nu}(T)g_{AB}(E,T)\mathrm{d}T=\int P(T)P(E-T)\bar{\nu}(E-T)g_{AB}\mathrm{d}T$$

方程(4.19)右边第二项为

$$\frac{1}{2}\int P(T)P(E-T)\left[\bar{\nu}(T)-\bar{\nu}(E-T)\right]g_{AB}(E,T)\mathrm{d}T=0$$

将(4.18)式代入方程(4.17'),通过归并整理后得出

$$\bar{\nu}(E)=\int_0^E P(T)g_{AB}(E,T)\bar{\nu}(T)\mathrm{d}T+$$

$$\frac{1}{2}\int_0^E\left[1-P(T)\right]\left[1-P(E-T)\right]g_{AB}(E,T)\mathrm{d}T \tag{4.20}$$

同样,离位原子数目平方的平均值为 $\overline{\nu^2(E)} = \sum_n n^2 \omega_n(E)$,以及

$$\sum_n \sum_\mu n^2 \omega_n(T) \omega_{n-\mu}(E-T) = \overline{\nu^2(T)} + \overline{\nu^2(E-T)} + 2\bar{\nu}(T)\bar{\nu}(E-T)$$

因此

$$
\begin{aligned}
\overline{\nu^2(E)} = & \int_0^E P(T) g_{AB}(E,T) \nu \overline{\nu^2(T)} \mathrm{d}T + \\
& \frac{1}{2} \int_0^E [1 - P(T)][1 - P(E-T)] g_{AB}(E,T) \mathrm{d}T + \\
& \int_0^E P(T) P(E-T) g_{AB}(E,T) \bar{\nu}(T) \bar{\nu}(E-T) \mathrm{d}T
\end{aligned}
\tag{4.21}
$$

方程式(4.20)和(4.21)满足下述条件:

$$\bar{\nu}(E) = \bar{\nu}^2(E) = 1 \qquad (E_d \leqslant E \leqslant 2E_d)$$

对于刚性球碰撞 $g_{AB}(E,T) = \dfrac{2}{E}$,方程(4.20)和(4.21)化简为

$$
\begin{cases}
\bar{\nu}(E) = \dfrac{2}{E} \displaystyle\int_0^E P(T) \bar{\nu}(T) + \dfrac{1}{E} \int_0^E [1 - P(T)][1 - P(E-T)] \mathrm{d}T \\[2mm]
\overline{\nu^2(E)} = \dfrac{2}{E} \displaystyle\int_0^E P(T) \overline{\nu^2(T)} \mathrm{d}T + \dfrac{1}{E} \int_0^E [1 - P(T)][1 - P(E-T)] \mathrm{d}T + \\[2mm]
\qquad\qquad \dfrac{2}{E} \displaystyle\int_0^E P(T) P(E-T) \bar{\nu}(T) \bar{\nu}(E-T) \mathrm{d}T
\end{cases}
\tag{4.22}
$$

(4.22)式对 E 进行微分,得到 $\bar{\nu}(E)$ 的微分方程为

$$\frac{\mathrm{d}\bar{\nu}(E)}{\mathrm{d}E} = \frac{1}{E}[2P(E) - 1]\bar{\nu}(E) + \frac{\mathrm{d}I(E)}{\mathrm{d}E} \frac{1}{E} \tag{4.23}$$

其中 $I(E) = \displaystyle\int_0^E [1 - P(T)][1 - P(E-T)]\mathrm{d}T$,解微分方程(4.23)[1],得到

$$\bar{\nu}(E) = \frac{1}{E}\left(\exp \int_0^E 2P(E') \frac{\mathrm{d}E'}{E'}\right) \int_0^E \left(\exp - \int_0^{E'} 2P(E'') \frac{\mathrm{d}E''}{E''}\right) \frac{\mathrm{d}I(E')}{\mathrm{d}E'} \mathrm{d}E' \tag{4.24}$$

同样

$$\overline{\nu^2(E)} = \frac{1}{E}\left(\exp \int_0^E 2P(E') \frac{\mathrm{d}E'}{E'}\right) \cdot \int_0^E \left(\exp - \int_0^{E'} 2P(E'') \frac{\mathrm{d}E''}{E''}\right) \frac{\mathrm{d}H(E')}{\mathrm{d}E'} \mathrm{d}E' \tag{4.25}$$

其中, $H(E') = I(E') + \displaystyle\int_0^{E'} 2P(E'') P(E'-E'') \bar{\nu}(E'') \bar{\nu}(E'-E'') \mathrm{d}E''$ 。

对于不同的出射概率函数,可以得不同的 $\bar{\nu}(E)$ 和标差偏差 $[\overline{\nu^2(E)} - \bar{\nu}^2(E)]^{1/2}$ 与 E 的关系。但从计算结果来看,改变 $P(T)$ 函数形式,对 $\bar{\nu}(E)$ 有一些影响,但变化不大。

4.2.4 改进性模型

以上模型没有考虑电离激发的能量损失,也没有考虑晶格效应,各种概率函数都很难缝合电子、质子、中子辐照的离位原子数目理论值与实验值的差别。如果用概率函数使电子辐

---

① 微分方程 $y' + P(x)y = Q(x)$ 的通解为 $y = \mathrm{e}^{-\int P(x)\mathrm{d}x}\left(\int Q(x)\mathrm{e}^{\int P(x')\mathrm{d}x'}\mathrm{d}x + C\right)$

照的离位原子数目理论值与实验值一致,用这样的概率函数去计算质子辐照的离位原子数目,则理论值要高出实验值 5 倍。而高能的沟道效应只有 25% 的影响,其根本问题是低能碰撞的晶格效应。计算机模拟试验的结果来看,产生两个离位原子所需要的最低能量(称作二级离位阈能)与出射方向的关系和离位阈能与出射方向的关系截然相反,所以基于离位阈能的概率函数只能适应电子辐照的情况,而不能适用于质子辐照和中子辐照的情况。计算机模拟实验和高能电子辐照实验都表明,二级和多级移位阈能与出射方向的关系是相似的,而和离位阈能与出射方向的关系截然相反。所以平均离位原子数目表示为

$$\bar{\nu}(E) = \begin{cases} P_1(E), & 0 \leqslant E \leqslant \hat{E}_d \\ 1 + P_2(E), & \hat{E}_d < E < \hat{E}_{2d} \\ [2 + P_3(\hat{E}_{2d}) + P_4(\hat{E}_{2d})] \cdot q(E, \hat{E}_{2d}), & E \geqslant \hat{E}_{2d} \end{cases} \tag{4.26}$$

式中,$P_1(E)$ 是产生一个离位原子的概率函数;$P_2(E)$ 是产生两个离位原子的概率函数;$P_3(E)$ 和 $P_4(E)$ 是产生三个离位原子和四个离位原子的概率函数,表示在图 4.9 中。$\hat{E}_d$ 是离位阈能的上限值;$\hat{E}_{2d}$ 是产生两个离位原子的阈能上限值。$q(E, \hat{E}_{2d})$ 是能量 E 的 PKA 经过级联碰撞所产生的能量为 $\hat{E}_{2d}$ 的反冲原子数。下面

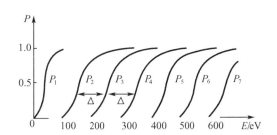

图 4.9　产生一个、两个、三个…
离位原子的概率与能量的关系

求 $q(E, \hat{E}_{2d})$ 慢化函数。与过去一样,需要建立 $q(E, \hat{E}_{2d})$ 的守恒原则。这种情况下,PKA 和电子碰撞与 PKA 和点阵原子的碰撞互相竞争,在第 3 章中曾讨论过,这两个过程可以独立地处理,各有各的能量传递截面。按照 Lindhard 等原来提出的方式,考虑一个 PKA 在穿过固体中一小段距离 dx 时能够发生些什么事件(见图 4.10),从而建立基本的积分方程。根据微分能量传递截面的基本定义,当初级离位原子行进 dx 距离,与电子发生碰撞并向电子传递能量为 T_e 到 $T_e + dT_e$ 范围内的概率 $p_e dT_e$ 是

$$p_e dT_e = NK_e(E, T_e) dT_e dx \tag{4.27}$$

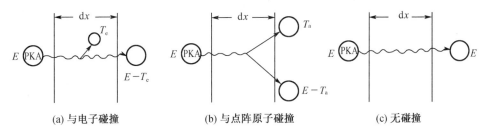

(a) 与电子碰撞　　　　　(b) 与点阵原子碰撞　　　　　(c) 无碰撞

图 4.10　一个 PKA 穿过厚度为 dx 的固体时可能的命运

式中,$K_e(E, T_e) dT_e$ 是 PKA 与电子碰撞传递给电子能量为 $[T_e, T_e + dT_e]$ 范围内的碰撞截面。同理,初级离位原子行进 dx 距离与原子发生碰撞并向它传递能量 $[T_a, T_a + dT_a]$ 的概率 $p_a dT_a$ 是

$$p_a dT_a = NK_a(E, T_a) dT_a dx \tag{4.28}$$

在这些方程中,N 是固体的原子密度。在 $\mathrm{d}x$ 距离中,没有发生碰撞的概率 p_0 是

$$p_0 = 1 - \int_0^{T_{em}} p_e \mathrm{d}T_e - \int_0^E p_a \mathrm{d}T_a = 1 - N\mathrm{d}x[\sigma_e(E) + \sigma_a(E)] \qquad (4.29)$$

式中,T_{em} 是一个能量为 E 的 PKA 能够传递给电子的最大能量,σ_e 和 σ_a 分别是 PKA 与电子和点阵原子相碰撞的总截面。

现在我们应用守恒原则,守恒要求:不论是从带初始能量的原始 PKA 来计算,或是从在 $\mathrm{d}x$ 中可能碰撞的产物来计算,所得能量 E 的 PKA 平均产生能量为 $\underset{E}{}$ 的运动原子数目 $q(E,\underset{E}{})$ 都应该是一样的。图 4.10 内每一个反冲原子的 q 都用产生这个反冲过程的适当概率加权,然后在传递能量的容许范围内积分。因而有

$$q(E,\underset{E}{}) = \int_0^E [P_1(E - T_a)q(E - T_a,\underset{E}{}) + P_1(T_a)q(T_a,\underset{E}{})]p_a \mathrm{d}T_a +$$
$$\int_0^{T_{em}} q(E - T_e,\underset{E}{})p_e \mathrm{d}T_e + p_0 q(E,\underset{E}{}) \qquad (4.30)$$

式子右边第一项积分是发生原子碰撞所能产生的具有能量 $\underset{E}{}$ 的运动原子数目,第二项是与电子碰撞后,能量为 $E - T_e$ 所能产生的具有能量 $\underset{E}{}$ 的运动原子数目,第三项是经过 $\mathrm{d}x$ 后并没有发生碰撞而能产生的具有能量 $\underset{E}{}$ 的运动原子数目。把式(4.29)代入式(4.30),得到

$$[\sigma_e(E) + \sigma_a(E)]q(E,\underset{E}{}) = \int_0^E [P_1(E - T_a)q(E - T_a,\underset{E}{}) + P_1(T_a)q(T_a,\underset{E}{})]p_a \mathrm{d}T_a +$$
$$\int_0^{T_{em}} q(E - T_e,\underset{E}{})p_e \mathrm{d}T_e \qquad (4.31)$$

由于传给电子的最大能量和 E 相比是很小的,因此 $q(E - T_e,\underset{E}{})$ 可以按泰勒级数展开并略去第二项以后的各项,即

$$q(E - T_e,\underset{E}{}) = q(E,\underset{E}{}) - \frac{\mathrm{d}q(E,\underset{E}{})}{\mathrm{d}E}T_e$$

这样,方程(4.31)的最后一项可写成

$$\int_0^{T_{em}} q(E - T_e,\underset{E}{})\sigma_e(E,T_e)\mathrm{d}T_e = \sigma_e(E)q(E,\underset{E}{}) - \frac{\mathrm{d}q(E,\underset{E}{})}{\mathrm{d}E}\int_0^{T_{em}} T_{em}K_e(E,T_e)\mathrm{d}T_e$$
$$(4.32)$$

方程(4.32)右边的第一项将与方程(4.31)左边的相应项相互抵消。方程(4.32)右边的第二积分,根据方程(3.6)和(3.7),是介质的电子阻止本领除以原子密度,也就是 $(\mathrm{d}E/\mathrm{d}x)_e/N$,式(4.32)成为

$$\sigma_e(E)q(E,\underset{E}{}) - \int_0^{T_{em}} q(E - T_e,\underset{E}{})\sigma_e(E,T_e)\mathrm{d}T_e = \frac{\left(\dfrac{\mathrm{d}E}{\mathrm{d}x}\right)_e}{N}\frac{\mathrm{d}q(E,\underset{E}{})}{\mathrm{d}E} \qquad (4.32')$$

将方程(4.32′)代入(4.31)后,将 $(\mathrm{d}E/\mathrm{d}x)_e$ 用平方根定律(3.28)表示,得出

$$q(E,\underset{E}{}) = \int_0^E [P_1(T)q(T,\underset{E}{}) + P_1(E - T)q(E - T,\underset{E}{})]\frac{K(E,T)}{\sigma}\mathrm{d}T - \frac{kE^{1/2}}{N\sigma}\frac{\mathrm{d}q(E,\underset{E}{})}{\mathrm{d}E}$$
$$(4.33)$$

式中,T,K 和 σ 的下标"a"都已去掉,但要理解这三个量都是原子碰撞相应的量。为了考查电子阻止对于运动原子(或离位原子)数目的影响,对于原子碰撞采用刚性球模型 $\dfrac{K(E,T)}{\sigma}\mathrm{d}T =$

$\dfrac{\mathrm{d}T}{E}$。在这样简化的情况下,方程(4.33)右边第一项积分化为

$$\int_0^{2\underset{\smile}{E}}\left[P_1(T)q(T,\underset{\smile}{E})+P_1(E-T)q(E-T,\underset{\smile}{E})\right]\frac{\mathrm{d}T}{E}+$$

$$\int_{2\underset{\smile}{E}}^{E}\left[P_1(T)q(T,\underset{\smile}{E})+P_1(E-T)q(E-T,\underset{\smile}{E})\right]\frac{\mathrm{d}T}{E}$$

$$=\frac{2\underset{\smile}{E}}{E}+\frac{2}{E}\int_{2\underset{\smile}{E}}^{E}q(T,\underset{\smile}{E})\mathrm{d}T$$

这样式(4.33)化为

$$q(E,\underset{\smile}{E})=\frac{2\underset{\smile}{E}}{E}+\frac{2}{E}\int_{2\underset{\smile}{E}}^{E}q(T,\underset{\smile}{E})\mathrm{d}T-\frac{kE^{1/2}}{N\sigma}\frac{\mathrm{d}q(E,\underset{\smile}{E})}{\mathrm{d}E} \tag{4.34}$$

上式中还假定刚性球碰撞截面 σ 与能量无关,因而 $k/\sigma N$ 为一常数,为了简化分析,引入一个无量纲的能量变量,令 $y=\dfrac{E}{2\underset{\smile}{E}}$,$A=\dfrac{k}{(2\underset{\smile}{E})^{\frac{1}{2}}\sigma N}$,式(4.34)改写为

$$q=\frac{1}{y}+\frac{2}{y}\int_1^y q(y')\mathrm{d}y'-Ay^{1/2}\frac{\mathrm{d}q}{\mathrm{d}y} \tag{4.34'}$$

如果 A 和 1 相比是小的,则电子阻止只是对基本方程结果的微扰。在这种情况下,具有能量 $\underset{\smile}{E}$ 的运动原子数目可以写成微扰参数 A 的幂级数:

$$q=y+f(y)A+\cdots \tag{4.35}$$

其中等号右边的第一项就是 $A=0$ 的解,函数 $f(y)$ 可以将式(4.35)插入式(4.34′)中求得,结果是

$$f(y)=\frac{2}{y}\int_1^y f(y')\mathrm{d}y'-y^{1/2} \tag{4.36}$$

在解这一方程时可以先进行微分,解微分方程,并代入到式(4.35)求出积分常数,可得

$$f(y)=-4y+3y^{1/2} \tag{4.36'}$$

如果只限于考虑到高 PKA 能量的情况($E\gg\underset{\smile}{E}$),即 $y\gg1$,则式(4.36′)的右边第二项可以略去,将方程(4.35)中的 $f(y)$ 用 $-4y$ 取代,得到

$$q=y(1-A) \tag{4.37}$$

或

$$q(E,\underset{\smile}{E})=\left[1-4\left(\frac{k}{\sigma N}\right)\bigg/(2\underset{\smile}{E})^{1/2}\right]\left(\frac{E}{2\underset{\smile}{E}}\right)\quad(E\gg\underset{\smile}{E}) \tag{4.37a}$$

更详细的解如下式所示:

$$q(E,\underset{\smile}{E})=\frac{1}{1+4\left(\dfrac{k}{\sigma N}\right)\bigg/(2\underset{\smile}{E})^{1/2}+3\left(\dfrac{k}{\sigma N}\right)^2\bigg/2\underset{\smile}{E}}\cdot\frac{1}{2\underset{\smile}{E}}\left[E+\frac{3}{2}\left(\frac{k}{\sigma N}\right)^2+3E^{1/2}\left(\frac{k}{\sigma N}\right)\right]\quad(E\gg\underset{\smile}{E})$$

$$\tag{4.37'}$$

当 $E\gg\underset{\smile}{E}$ 时,有

$$\begin{cases}q(E,\underset{\smile}{E})=\dfrac{\eta E}{2\underset{\smile}{E}}\\[3mm]\eta=\left(1+\dfrac{4(k/\sigma N)}{(2\underset{\smile}{E})^{1/2}}+\dfrac{3(k/\sigma N)}{2\underset{\smile}{E}}\right)^{-1}\end{cases} \tag{4.37a'}$$

这个模型由两部分组成,一是考虑了电离激发碰撞损失的因素,计算平均产生具有能量 $\underset{\smile}{E}$

的反冲原子数目，E 值是反冲原子出射时必须考虑晶格结构效应的阈值能量，低于这阈值能量必须应用多级离位阈能面的概念；二是分析了反冲原子出射的晶格效应，表明二级和二级以上离位阈能面形状相似，一般二级离位阈能的上限值已相当高（约 500 eV），可以作为运动原子的阈值能量 E，在低于 E 时采用（4.26）式的概率函数来处理，由此模型得出电子、质子、中子辐照的离位原子数目理论值与实验值的一致性。

4.2.5 能量配分理论

根据物理量守恒原则并利用图 4.10 所述的三种反应概率来导出辐照效应所遵循的积分方程，用 $\bar{\varphi}(E)$ 表示从初始时刻开始计算而最终得到的某物理量的平均值；而从粒子穿过 $\mathrm{d}x$ 后开始计算时，将非弹性碰撞的反应后物理量 $\bar{\varphi}(E - T_e)$ 和 $\bar{\varphi}(T_e - U_e)$ 乘以式（4.27）并在传给电子的能量范围内积分，将弹性碰撞反应后物理量 $\bar{\varphi}(E - T_a)$ 和 $\bar{\varphi}(T_a - U)$ 乘以反应概率式（4.28）并在传给反冲原子的能量范围内积分，将未发生反应的物理量 $\bar{\varphi}(E)$ 乘以式（4.29）可分别得到三种情况对最终得到的物理量的贡献。于是，由物理量守恒有

$$\bar{\varphi}(E) = N\mathrm{d}x\Big\{\int\mathrm{d}\sigma_e\Big[\bar{\varphi}\Big(E - \sum_i T_{ei}\Big) + \sum_i \bar{\varphi}(T_{ei} - U_{ei})\Big] +$$
$$\int\mathrm{d}\sigma_a\Big[\bar{\varphi}(E - T_a) + \bar{\varphi}(T_a - U_a)\Big]\Big\}\{1 - N\mathrm{d}x[\sigma_a(E) + \sigma_e(E)]\}\bar{\varphi}(E)$$

整理后得到

$$\Big\{\int\mathrm{d}\sigma_a\Big[\bar{\varphi}(E - U_a) + \bar{\varphi}(T_a - U_a) - \bar{\varphi}(E)\Big] + \int\mathrm{d}\sigma_e\Big[\bar{\varphi}\Big(E - \sum_i T_{ei}\Big) + \tag{4.38}$$
$$\sum_i \bar{\varphi}(T_{ei} - U_{ei})\Big] - [\sigma_a(E) + \sigma_e(E)]\bar{\varphi}(E)\Big\} = 0$$

这就是支配着辐照效应的基本方程，其中 $\sum_i T_{ei}$ 是粒子与固体中原子核外电子发生碰撞传给被击原子的核外诸电子的能量；T_{ei} 是第 i 个电子被击后获得的能量，而被击电子所带的动能为 $T_{ei} - U_{ei}$。在这里，角标 i 表示核外的第 i 个电子的物理量，U_i 表示标号为 i 的电子的电离能；U_a 是为打破原子键所消耗的能量，$T_a - U_a$ 是获得能量 T_a 的反冲原子在固体内运动的动能；粒子在碰撞后所留下的能量是 $E - T_a$。

$\bar{\varphi}$ 是与辐照效应有关的物理量，Lindhard 把积分方程（4.38）中的物理量 $\bar{\varphi}(E)$ 具体化为原子在慢化过程中沉积于弹性碰撞的那部分能量 $\gamma(E)$。利用类似于前面导出方程（4.33）时所做的各项假设将方程（4.38）简化，但采用式（2.96）所给出的约化形式的普适能量传递微分截面，可以得到与方程（4.33）相类似的公式

$$S_e(\varepsilon)\frac{\mathrm{d}\gamma}{\mathrm{d}\varepsilon} = \int_0^\varepsilon \frac{\mathrm{d}t}{2t^{3/2}} \cdot f(t^{1/2}) \cdot [\gamma(\varepsilon - t/\varepsilon) + \gamma(t/\varepsilon) - \gamma(\varepsilon)] \tag{4.39}$$

式中，约化能量 ε 和参数 t 分别由式（2.72）和式（2.94）给出。$\gamma(\varepsilon)$ 是能量为 ε 的 PKA 在级联碰撞中沉积在弹性碰撞中的能量。Lindhard 采用 $S_e(\varepsilon) = \kappa\varepsilon^{1/2}$ 形式的电子阻止公式，并利用 Thomas - Fermi 势函数对方程（4.39）进行数值解。计算结果表明：当约化能量很大时，沉积于弹性碰撞中的能量 $\gamma(\varepsilon)$ 近似地反比于 κ；而在 $\varepsilon < 1$ 时，则有 $\eta = \varepsilon - \gamma$ 正比于 κ。在这里，η 是 PKA 沉积于电子阻止的能量。上述结果可写成

$$\begin{cases} \gamma = \kappa^{-1}g_1(\varepsilon), & \varepsilon \gg 1 \\ \gamma = \varepsilon - \kappa g_2(\varepsilon), & \varepsilon < 1 \end{cases} \tag{4.40}$$

连接这两个极端情况结果的近似表达式是

$$\gamma(\varepsilon) = \frac{\varepsilon}{1 + \kappa g(\varepsilon)} \qquad (4.40')$$

式中,κ 是 Lindhard 电子阻止理论中阻止本领公式中的数值常数,并由式(3.31)给出。$g(\varepsilon)$ 是一个与约化能量有关的函数,其表示式近似为

$$g(\varepsilon) = 3.400\,8\varepsilon^{1/6} + 0.402\,4\varepsilon^{3/4} + \varepsilon \qquad (4.41)$$

Lindhard 能量配分理论的结果可以用来推算 PKA 所产生的离位原子数,令 $\xi(E)$ 表示能量为 PKA 沉积于弹性碰撞的份额能量,即 $\xi(E) = \gamma/\varepsilon$,由式(4.40')可得到

$$\xi(E) = 1/[1 + \kappa g(\varepsilon)]$$

将沉积于弹性碰撞(对原子离位有贡献)的能量同 Kinchin – Pease 模型结合起来,可以得到 PKA 所产生的离位原子数是

$$\nu(E) = \xi(E)(E/2E_{\mathrm{d}}) \qquad (4.42)$$

该式表明,$\xi(E)$ 是 Kinchin – Pease 理论的一项修正因子。可将 $\xi(E)$ 定义为 Lindhard 能量配分理论的损伤效率函数。Lindhard 采用式(3.28)的 $(\mathrm{d}E/\mathrm{d}x)_e$,并采用 Thomas – Fermi 势得到 $K(E,T)$,对方程(4.33)作了数字解,其解可用以下解析式表示

$$\xi(E) = \frac{1}{1 + 0.13(3.4\varepsilon^{1/6} + 0.4\varepsilon^{3/4} + \varepsilon)}$$

式中,ε 是 PKA 的约化能量,$\varepsilon = \dfrac{E}{(2Z^2 e^2/a)}$,$a$ 是式(2.29)中的屏蔽半径,取 $Z_1 = Z_2$。图 4.11 表示了不同元素的损伤效率函数 $\xi(E)$ 随 PKA 的能量变化关系。虚线代表 Kinchin – Pease 理论中所用的电离阈截止能量的轨迹。

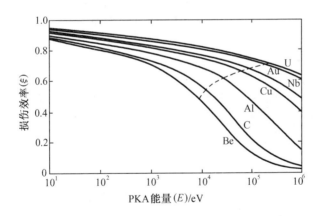

图 4.11　PKA 能量以与点阵原子碰撞形式传递给固体的份额
(也用来作为 PKA 的损伤效率)

4.2.6　Sigmund 的离位处理

Lindhard 的损伤理论较精确地考虑了电子阻止和较为实际的势函数影响。然而,在处理中引入实际的势函数是为了反映弹性碰撞的能量传递特征,从而较好地处理 PKA 在碰撞中消耗于弹性碰撞和电子阻止间的能量分配问题。而式(4.42)只是把沉积于弹性碰撞的能量

再借助于 Kinchin - Pease 的刚性球碰撞模型计算出来。这种计算离位原子数的方法本质上仍是刚性球模型,因为它没有充分反映势函数对原子离位的影响。Sigmund 在 Lindhard 的能量分配理论基础上利用负幂势处理了一个能量 E 的 PKA 所产生的离位原子数,也是由支配辐照效应的基本积分方程出发,但采用稍微不同的方式进行理论分析。在处理中,并不是一开始就从离位原子数这个概念来讨论,而是引入一个反冲密度函数,即讨论在级联碰撞的任一阶段上有多少个原子处于运动之中。他定义了一个反冲密度函数 $F(E,E_0)$,其物理意义是 $F(E,E_0)dE_0$ 为初始能量为 E 的 PKA 在级联中引起的能量处在 (E_0,dE_0) 之间的平均运动原子数。如同过去一样,现在考查一个初始能量为 E 的 PKA 在固体内穿行 Δx 距离的情况。利用物理守恒原则,可得到反冲密度所满足的方程是

$$F(E,E_0) = N\Delta x K(E,E_0) + N \cdot \Delta x \int [F(E-T,E_0) + F(T,E_0)]K(E,T)dT +$$

$$(1 - N\Delta x \int K(E,E_0)dE_0) \cdot F(E - NS_e\Delta x, E_0) \tag{4.43}$$

式中,右边第一项表示在 Δx 内具有反冲能量 (E_0,dE_0) 的碰撞概率,第二项表示在 Δx 内发生碰撞后生成了能量 $E-T$ 和 T 的两个运动原子,这两个运动原子是对于反冲能量在 (E_0,dE_0) 范围内的运动原子数的贡献,第三项表示在 Δx 内未发生弹性碰撞但由于电子阻止而损失了能量(能量由 E 降低到 $E-NS_e\Delta x$)的 PKA 对反冲能量在 (E_0,dE_0) 范围内平均运动原子数的贡献。如果将 $F(E-NS_e\Delta x, E_0)$ 在 E 附近展成级数,并略去高次项,则上式可化简为

$$\int K(E,T)[F(E,E_0) - F(E-T,E_0) - F(T,E_0)]dT + S_e\frac{d}{dE}F(E,E_0) = K(E,E_0) \tag{4.44}$$

Sigmund 由方程(4.44)出发,分两步讨论了反冲密度函数的解。

(1)先不考虑电子阻止的作用,并将负幂势的能量传递微分截面代入式(4.44),得到

$$\int_0^E [F(E,E_0) - F(E-T,E_0) - F(T,E_0)]\frac{dT}{T^{1+1/S}} = \frac{1}{E_0^{1+1/S}} \tag{4.45}$$

由该方程解出 $F(E,E_0)$ 的计算公式。

(2)将所得到的 $F(E,E_0)$ 计算公式中的 E 用 Lindhard 能量分配理论的 $\gamma(E)$ 代替,以考虑电子阻止对反冲密度函数的影响。

方程(4.45)可用拉氏变换解出 $F(E,E_0)$。在这里不讨论解方程的细节,只引证 Sigmund 的处理结果。当 $E \gg E_0$ 时,近似地有

$$F(E,E_0) \approx \frac{1/S}{\psi(1) - \psi(1-1/S)}\frac{\gamma(E)}{E_0^2} \tag{4.46a}$$

式中,$\psi(x) = \frac{d}{dx}\ln\Gamma(x)$,$\Gamma(x)$ 为伽马函数。

在一次碰撞中,反冲原子的能量为 E_0,而被散射的原子还保留一定的能量并用 E_1 表示。如果在某次碰撞中,反冲原子的能量 $E_0 > E_d$,而被散射原子的能量 $E_1 < E_d$,将出现换位碰撞,即被散射的原子停留在反冲原子的初始点阵位置。一旦发生换位碰撞,将损失掉一个离位原子。为了在后面估计换位碰撞在计算离位数的重要性,引入了另一个反冲密度函数 $F(E,E_0,E_1)$。利用类似的方法,Sigmund 的结果是

$$F(E,E_0,E_1) = \frac{1/S(1-1/S)}{\psi(1) - \psi(1-1/S)}\frac{\gamma(E)}{E_0^{-1-1/S}(E_0+E_1)^{-2-1/S}} \tag{4.46b}$$

当 PKA 的能量不太高时,特别是对于重元素材料中的 PKA 而言,可近似取 $S \to \infty$。在这种情况下,式(4.46a)和(4.46b)变为

$$F(E, E_0) \approx \frac{6}{\pi^2} \frac{\gamma(E)}{E_0^2} \quad (E \gg E_0) \tag{4.46c}$$

$$F(E, E_0, E_1) \approx \frac{6}{\pi^2} \frac{\gamma(E)}{E_0(E_0 + E_1)^2} \quad (E \gg E_0, E_1) \tag{4.46d}$$

一个能量为 E 的 PKA 在离位级联碰撞中所产生的离位原子数可以从式(4.46c)和(4.46d)出发求得。具体方法如下:首先,利用阶跃型原子离位模型并将式(4.46c)所示的反冲密度函数 $F(E, E_0)$ 对 E_0 在其能量变化范围 $E_d \to E$ 内积分,由此得到在不考虑换位碰撞情况下的平均离位原子数;然后,将式(4.46d)对 E_0 和 E_1 在其相应的能量变化范围($E_d \to E$, $E \to E_d$)内积分,由此得到平均换位碰撞数。将前面得到的平均离位原子数扣除平均换位碰撞,即可得到 PKA 所产生的离位原子 $\nu(E)$。当 $S \to \infty$ 时,Sigmund 给出的结果是

$$\nu(E) \approx \frac{6\ln 2}{\pi^2} \frac{\gamma(E)}{E_d} = 0.42 \frac{\gamma(E)}{E_d} \quad (E \gg E_d) \tag{4.47a}$$

这个结果同式(4.42)所示刚性球模型的结果略有差别。在一般情况下有

$$\nu(E) \approx \frac{2^{1/S} - 1}{\psi(1) - \psi(1 - 1/S)} \frac{\gamma(E)}{E_d} \tag{4.47b}$$

4.3　相关碰撞列

当级联碰撞发生在原子有序排列的晶体内,将出现两种现象:聚焦碰撞序列和沟道效应。本节将描述聚焦和沟道的基本物理过程,并在此基础上讨论对 PKA 在离位级联中产生离位原子数 $\nu(E)$ 计算的影响。

4.3.1　聚焦碰撞和辅助聚焦

聚焦碰撞是指运动原子沿着某一特定的原子列逐次近于正碰撞的方式发生的能量长程传输或原子质量长程传输的过程。一些专著对聚焦碰撞序列已做了描述。考虑一个 PKA 沿某一个原子列启动了一个碰撞序列,由于碰撞都是在同等质量的原子间发生,根据式(2.4),质量数因子 $\Lambda = 1$。假定在这个碰撞序列中相继发生的都是严格的正碰撞,那么在每次碰撞中碰撞原子的能量将全部传给被击原子。获得能量的那个被击原子又以同样的方式同原子列上下一个点阵原子发生正碰撞,又将全部能量传给了这次碰撞中的被击原子。如此重复,最开始启动碰撞序列的那个领先的原子能够把它具有的能量一代一代地传到同一原子列的最后一个原子,而且最后一个原子离开它初始位置时的能量基本上同那个领先的原子的能量是一样的。显然,这样的碰撞事件沿密排原子列最容易发生,这是由于这样的原子列同周围的原子相距较远,在列内原子间的碰撞受到列外原子的干扰小。

因为沿原子列发生正碰撞的概率很小,预期对离位级联中产生的离位原子数影响不大。然而,当初始的那个碰撞原子的运动方向与原子列有一个相当大的夹角,在一定条件下随着碰撞序列的向前推进,反冲原子的方向与原子列的夹角可以逐次变小并最终演化成正碰撞。这种反冲角逐次变小并演化成正碰撞的碰撞序列叫作聚焦碰撞。聚焦现象首先是由 Silsbee

指出的。

1. 聚焦判据

现在讨论为什么会出现聚焦碰撞,在什么样的条件下才会发生聚焦。首先考虑一个刚性球碰撞序列,刚球半径为 R,原子列上原子间距为 D,且这个碰撞序列由左向右推进,如图4.12所示。A_{n-1},A_n 和 A_{n+1} 是原子列上相邻三个原子中心。受到左侧原子 A_{n-1} 碰撞的原子 A_n 将以

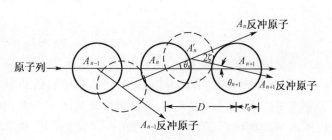

图 4.12 聚焦碰撞列

同原子列轴成 θ_n 角的方向向外运动,那么当原子运动到虚线圆的圆心 A'_n 点时,A_n 原子和右侧的 A_{n+1} 原子开始碰撞。碰撞将沿两原子接触时刻圆心连线方向传给原子 A_{n+1} 以动量,其动量方向与原子列轴成 θ_{n+1} 角。现在分析由 A_n,A'_n 和 A_{n+1} 三点所构成的三角形上,根据正弦定理应有

$$\frac{\sin(\pi - \theta_n + \theta_{n+1})}{\sin \theta_n} = \frac{D}{2R}$$

当角 θ_n 和 θ_{n+1} 都很小时,近似地有

$$\frac{\theta_n + \theta_{n+1}}{\theta_n} = \frac{D}{2R}$$

或写成

$$\theta_{n+1} = \left(\frac{D}{2R} - 1\right)\theta_n$$

类似地

$$\theta_n = \left(\frac{D}{2R} - 1\right)\theta_{n-1}$$
$$\vdots$$
$$\theta_1 = \left(\frac{D}{2R} - 1\right)\theta_0$$

由此可得到一个均匀的有限差分方程

$$\theta_n = \left(\frac{D}{2R} - 1\right)^n \theta_0 \tag{4.48}$$

式中,θ_0 是最初启动这个碰撞序列的那个原子的反冲角。该式表明,碰撞序列上的角度关系取决于 $[(D/2R) - 1]$ 的数值。我们定义 $[(D/2R) - 1]$ 为聚焦参数并用 f 表示。显然,当 $f > 1$ 时,应有

$$\theta_0 < \theta_1 < \cdots < \theta_n$$

即随着碰撞序列的推进,反冲角 θ 越来越大,是散焦。当 $f < 1$ 时,应有

$$\theta_0 > \theta_1 > \cdots > \theta_n$$

即随着碰撞序列的推进,反冲角 θ 越来越小,最后演化成正碰撞(反冲角 $\theta = 0$),是聚焦。由此可见,$f = 1$ 应是碰撞序列聚焦和散焦的分界条件。在这种情况下可得

$$D = 4R \tag{4.49}$$

这是聚焦的判据条件。它表明,当原子列上两原子间距 $D < 4R(f < 1)$ 时出现聚焦,而当 $D > 4R(f > 1)$ 时,则出现散焦。

2. 临界聚焦能

式(4.49)所给出的聚焦判据完全是从几何学导出的。对于特定的 $[hkl]$ 原子列,原子间距 D 具有确定的数值,在沿这个原子列传播的碰撞事件是否聚焦唯一地取决于原子半径大小,问题是如何确定碰撞原子的原子半径?我们曾在第 2 章指出,利用等效刚球半径的概念可把运动原子的动能同原子的半径联系起来,并由此确定原子的等效刚球半径。原子的动能越低,所呈现出的等效半径越大,聚焦条件越容易满足。因此聚焦应是低能运动原子的现象。

在低能范围内,原子势采用 Born – Mayer 势是较为合理的。在这种情况下,原子的等效半径由式(2.57)给出。将式(4.49)代入式(2.57)中可得到

$$E_f = 2A \cdot \exp(-D/2\rho) \tag{4.50a}$$

式中,A 和 ρ 是 Born – Mayer 势的两个常数,在这里已将能量 E 改写成 E_f 以表示临界聚焦能。D 为原子列上的原子间距,其数值同材料和结晶学方向有关。如果用 h, k, l 表示原子列的晶向指数,则可将沿 $\langle hkl \rangle$ 晶向上原子的原子间距用 D^{hkl} 表示。于是,可将式(4.50a)写成

$$E_f^{hkl} = 2A \cdot \exp(-D^{hkl}/2\rho) \tag{4.50b}$$

式中,E_f^{hkl} 表示沿 $\langle hkl \rangle$ 方向上的临界聚焦能,它是结晶学方向的函数。只有当运动原子的能量 E 小于 E_f^{hkl} 时,沿该方向发生的碰撞序列才有可能出现聚焦。

3. 临界聚焦角

式(4.49)所给出的几何判据和由它导出的临界聚焦能式(4.50a)只是给出了发生聚焦碰撞的必要条件。即使满足了上述条件,也未必一定聚焦。同聚焦效应密切相关的另一个重要条件是启动碰撞序列的那个初始反冲角的大小。从图 4.12 中再考查一下聚焦判据,如果保持其他条件(D, R)不变,而改变原子 A_n 的运动方向,使反冲角 θ_n 增大,则有可能根本与原子 A_{n+1} 碰不上,在这种情况下也不可能有聚焦碰撞。如果调整原子 A_n 的反冲角 θ_n 的大小,使图 4.12 中表示碰撞时刻原子位置的那个虚线圆刚好同代表两相邻原子原始位置的两个实线圆同时相切,那么由 A_n, A_n', A_{n+1} 三点构成的三角形应是等腰的。当出现这种特殊的碰撞序列时,整个碰撞序列的反冲角应满足 $\theta_0 = \theta_1 = \cdots = \theta_n = \theta_{n+1} = \cdots$ 我们将此时的初始反冲角 θ_0 定义为临界聚焦角,并用 θ_0^f 表示。由等腰三角形的角边关系得到 $\cos \theta_0^f = D/[4R(E)]$。将 $\cos \theta_0^f$ 展成级数并只取前两项,有

$$1 - \frac{1}{2}(\theta_0^f)^2 = \frac{D}{4R(E)}$$

对于 Born – Mayer 势,利用式(2.57)所给出的等效刚球半径和式(4.50a)所给出的临界聚焦能,可以得到

$$\theta_0^f = \left[2\left(1 - \frac{\ln 2A/E_f}{\ln 2A/E} \right) \right]^{1/2} \tag{4.51}$$

该式表明,临界聚焦角同运动原子的能量有关,且随着启动碰撞序列的初始运动原子的能量增大而减小。当原子初始能量等于临界聚焦能 E_f 时,$\theta_0^f = 0$。

根据上述的分析和计算,可把聚焦问题分为两类,即完全不聚焦和条件聚焦,图 4.13 画出了聚焦序列分类情况。图 4.13(a)是完全不聚焦的情况,因为原子列上的原子间距太大以致不能

满足式(4.49)所示的聚焦判据。在这种情况下,随着碰撞序列的向前推进,反冲角越来越大,是散焦。当启动碰撞序列的碰撞原子所带有的初始动能 E 大于该原子列的临界聚焦能 E_f 时,即属于这种完全不聚焦的情况。图 4.13(b),(c)和(d)是属于条件聚焦的范畴。对条件聚焦而言,聚焦判据以及与之相应的临界聚焦能判据是满足的,然而是否能发展成聚焦碰撞序列,尚受到初始反冲角的限制。当初始反冲角小于临界聚焦角时,如图 4.13(b)所示,则一定发生聚焦,即随着碰撞序列推进,反冲角越来越小,最终演化成正碰撞。当初始反冲角刚好等于该原子列的临界聚焦角时,则只有初始反冲角为 0° 时才是聚焦的。这意味着,只有一开始就是正碰撞序列,才是聚焦的(即发展成正碰撞)。在一般情况下(即 θ_0 不等于 0°),不可能演化成正碰撞,如图 4.13(c)所示。至于初始反冲角大于临界聚焦时的情况,则不可能出现聚焦,如图 4.13(d)所示。

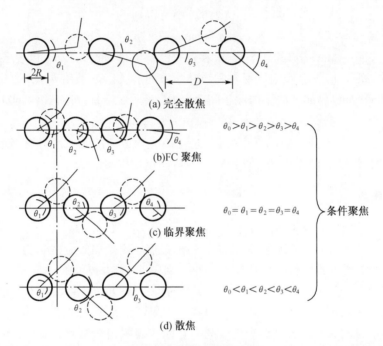

图 4.13 聚焦序列的分类

4. 辅助聚焦

上述聚焦序列的讨论没有考虑原子列周围原子对该列原子运动轨道的影响。在有些情况下,这种影响是不可忽略的。以 fcc 结构的晶体内沿 ⟨100⟩ 原子列发生碰撞为例,分析周围原子对碰撞序列的影响。图 4.14 画出了周围原子对聚焦过程影响的示意图。图 4.14(a)中的 A_1-A_2 代表 ⟨100⟩ 原子列两相邻的原子根据 fcc 晶体的原子排列情况,可知在 A_1-A_2 轴线中点以对称的方式排列着四个 B 类原子,其中在纸面前方和背方的两个 B 类原子未在图上画出来。假定一个碰撞序列沿 A_1 和 A_2 所在的原子列行进时,且原子 A_1 以 θ_1 开始运动,在图中所示的角度 θ_1 的情况下,θ_1 已大于临界聚焦角,因而不可能发生聚焦碰撞。然而,由于 B 原子的存在,原子间的斥力作用将使原子 A_1 的运动方向逐渐偏离其初始运动方向,即原子 A_1 沿实线所示的轨迹运动。图中的虚线圆表示原子 A_1 运动至与原子 A_2 相接触时刻的位置,并由此时的几何位置可以确定原子 A_2 的反冲角 θ_2,如图 4.14(b)所示。由此可见,本来不满足聚焦条件碰撞序列因周围 B 类原子的存在而使得反冲角逐级变小,即 $\theta_1 > \theta_2 > \cdots > \theta_n > \cdots$,并最终演化成正碰撞。这种由于原子列周围的原子存在而增强了聚焦的效应称作辅助聚焦。辅助聚焦对于临界聚焦能有较大的影响,表4.2引证了 fcc 和 bcc 晶体结构的临界聚焦能 E_f^{hkl} 的有关计算公式。由表中公式可看出,带星号($*$)的公式是考虑了辅助聚焦所导出的。为了考查辅助聚焦对 E_f^{hkl} 的影响,让我们计算 Cu 的 E_f^{hkl} 数值。对 Cu 而言,取 $D^{110} = 2.55$ Å,$A = 2 \times 10^4$ eV, $\rho = 0.2$ Å。利用式(4.50b)计算得到 $E_f^{110} = 68$ eV 和 $E_f^{111} \approx 0$。如果利用表中所列的计算公式,得到 $E_f^{111} = 600$ eV。显然,对于 Cu 的〈111〉方向,辅助聚焦起着非常重要的作用。

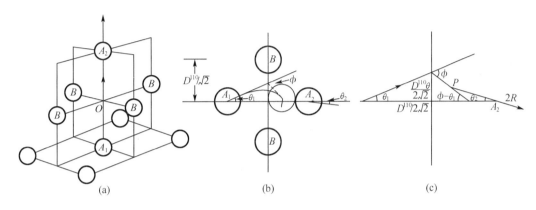

图 4.14　辅助聚焦示意图

表 4.2　临界聚焦能 E_f^{hkl} 的计算式

〈hkl〉	fcc	bcc
〈100〉	$\dfrac{A(D^{110})^2}{3\rho^2}\exp\left[-\dfrac{3D^{110}}{4\rho}\right]^*$	$2A\exp\left[-\dfrac{D^{111}}{\rho\sqrt{3}}\right]$
〈110〉	$2A\exp\left[-\dfrac{D^{110}}{2\rho}\right]$	$\dfrac{4\sqrt{2}(D^{111})^2A}{15\rho^2}\exp\left[-\dfrac{D^{111}\sqrt{5}}{2\rho\sqrt{3}}\right]^*$
〈111〉	$\left(\dfrac{6}{19}\right)^{1/2}\dfrac{A(D^{110})^2}{\rho^2}\exp\left[-\dfrac{D^{110}}{2\rho}\left(\dfrac{19}{12}\right)^{1/2}\right]^*$	$2A\exp\left[-\dfrac{D^{111}}{2\rho}\right]$

5. 聚焦序列的能量长程传输和消散

从上述的聚焦理论可以看到,当启动碰撞序列的初始反冲角 θ_0 小于临界聚焦角 θ_0^f 时,这个碰撞序列将演化成正碰撞。一旦发生了这样的聚焦碰撞,运动原子所带的能量将几乎无损失地沿着原子列一代一代传播下去,从而实现一能量的长程传输。然而,聚焦碰撞序列能否将能量无止境地传播下去呢? 实际结果并非如此,因为在实际晶体内存在着几种使聚焦序列能量消散的机制。首先,在讨论辅助聚焦时,环绕着聚焦原子列的诸原子起到了辅助聚焦的作用,作为辅助聚焦的结果,提高了临界聚焦能。但是,在这样的碰撞过程中,聚焦碰撞列的一部分能量传给了参与辅助聚焦的原子列的原子。这是因为当聚焦列上的原子偏离它在聚焦轴上的平衡位置时,同横向最近邻原子间的距离缩小了,并由此导致势能增加。在弛豫过程中,一部分能量将不再转变成聚焦序列的动能。这部分能量很可能转化成原子绕其平衡位置振动的动能,最后以热的形式消散。其次,如果在晶体内存在着杂质原子或是二元合金元素,也提供以使聚焦列能量消散的一种机制。根据正碰撞时能量传递式(2.3)可知,当参与碰撞的两原子的质量不同时,不可能把碰撞原子的全部能量传递给被击原子。以聚焦原子列上的 Au 和 Cu 两原子为例,当能量为 E 的 Au 原子撞击静止的 Cu 原子时,由式(2.4)计算出质量数因子 $\Lambda = 0.75$。由于铜原子的质量比金要小得多,铜原子获得 75% 金原子的能量后将快速运动与前方的另一个金原子发生碰撞。还是由于铜原子的质量数小,在这次碰撞中这个铜原子被反弹回来。此时它又与继续向前运动着的第一个金原子碰撞,接着又被第一个金原子反弹向前运动。这样的碰撞过程可能在两个重的金原子之间重复多次,破坏了聚焦序列的能量传输的单向性,其结果是有相当部分的能量消耗在两个金原子的间隔内。像这样的能量消耗机制,在不锈钢中可能是重要的。不锈钢中除了含有原子质量相差不大的铁、镍、铬原子外,还含有相当数量的轻元素碳、硼等。此外,晶体内有缺陷,如空位、间隙原子、位错和层错都为聚焦序列的能量消散提供了机会。当一个聚焦列与这些破坏了点阵周期性排列的缺陷相遇时,有可能使聚焦碰撞序列终止或去聚焦。

综上所述,一旦聚焦碰撞序列形成,可以把原子所带有的能量传递到远离启动聚焦序列的位置,即实现了原子能量的长程传输。然而,又由于存在若干种消耗聚焦能的途径,聚焦序列不可能无限地传播下去。

4.3.2 聚焦换位碰撞——原子质量的长程传输

由以上分析的聚焦碰撞理论可以清楚地看到,通过聚焦碰撞序列可将能量传输到相当远的地方。那么在这样的聚焦序列中,原子的质量能否像能量那样沿着聚焦原子列传输到远方? 为分析这一问题,下面先考查正碰撞的某些特征。当一个动能为 E 的刚性球与同等质量的静止的刚性球发生正碰撞时,初始运动的刚性球根据式(2.3)将全部能量传给初始为静止的那个原子,而它本身则停留在被击刚性球的初始位置,这种行为称作换位碰撞。这样的换位碰撞可以一代一代地传下去,构成一个换位碰撞序列,从而实现了刚性球质量长程传输。由此可以推想,在晶体内聚焦序列演化成正碰撞并能一代一代地发生换位碰撞,则可同时实现原子的能量和质量的长程传输。然而根据等效刚性球模型导出的聚焦判据将会发现,同时实现原子的能量和质量的长程传输是不可能的。因为要实现聚焦,就必须满足 $D < 4R(E)$,在这种限制条件下,两原子发生正碰撞时碰撞原子的中心总是距它的初始中心位置比被击原子的中心位置更近一些。因此在碰撞之后,碰撞原子又退回到自己的初始平衡位置。另一方面,换位碰撞则要求碰撞时刻碰撞原子中心应处在距被击原子中心更近些。要满足这个条件,必然应有 $D > 4R(E)$。然而,在这种条件下不可能发生聚焦换位。这意味着,如果依据前面分析的聚焦碰撞,那就不可能发生换位碰撞,因此必须修正前面关于聚焦讨论中的刚性球模型。

聚焦判据式(4.49)完全是从几何上导出的,只是到了最后才把真实的原子势函数引入,并由运动原子的动能确定刚性球的等效半径。因此,在本质上它仍然是刚性球碰撞模型。现在将从根本上放弃刚性球模型,从一开始就引入原子作用势,这样在原子列上两相邻原子 A_n 和 A_{n+1} 的碰撞将呈现下述特征。当原子 A_n 一开始运动或远未到达刚性球模型中的两原子接触碰撞之前,原子 A_{n+1} 就感觉到它们之间的相互作用了,于是原子 A_{n+1} 就随之向前运动了。其结果是,当两原子间的势能达到最大时,即相当于刚性球模型中发生碰撞的时刻,由于 A_{n+1} 已离开原来的位置而使得 A_n 有可能更接近于 A_{n+1} 的初始点阵位置。在碰撞完成之后,A_n 占

据了 A_{n+1} 的原来位置——发生了聚焦换位碰撞。Chadderton 分析了聚焦换位的过程,现在重新考虑碰撞几何,并以正碰撞为例分析聚焦换位碰撞过程。图 4.15 画出了原子间相互作用的不同时刻原子的相对位置。在碰撞期间,A_n 和 A_{n+1} 的距离由初始的原子间距 D 逐渐减小并达到一个最小值,然后开始又逐渐增大直至恢复到平衡态时的间距 D。当这一过程结束时,如果 A_n 的所在位置越过了 A_n 和 A_{n+1} 两原子初始位置的中点,原子 A_n 将进入 A_{n+1} 所留下的空位里而不再返回到它自己的原始位置上,于是出现了换位碰撞。

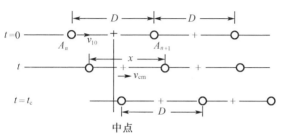

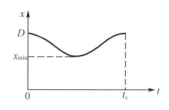

(a) 由左方原子引起碰撞的过程中各原子的位置　　(b) 碰撞过程中 A_n 和 A_{n+1} 原子间的距离

图 4.15　在一个聚焦链中当作用势于碰撞期间连续起作用时的正碰撞

假定原子 A_n 和 A_{n+1} 间的距离是 x,在碰撞过程中,x 由平衡位置的 D 变化到 $x_{\min}$,再由 $x_{\min}$ 回复到 D。在平衡位置时两原子间的势能 $V(D)$ 同原子 A_n 由前一次碰撞中所获得的动能相比是很小的,因此系统的能量(在质心系内)由式(2.10)给出。而碰撞中的任一时刻,系统的能量应包括两部分:一项是此时系统的势能 $V(x)$,另一项是两原子在质心系内的动能 $\frac{1}{2}\mu x^2$。

μ 是质心系的约化质量,等于 $M_1 M_2 / (M_1 + M_2)$。当考虑的碰撞原子是等同的,约化质量等于 $M/2$,初始相对速度 g_0 等于 A_n 原子的初速度 v_{10},这里还假定在原始的原子间距时相互作用能 $V(D)$ 和初始的相对动能 $\frac{1}{2}\mu g_0^2$ 相比是很小的。原子间距的变化速率就等于相对速度,即

$$\frac{\mathrm{d}x}{\mathrm{d}t} = -g$$

根据质心系内的能量守恒应有

$$\frac{1}{2}E = V(x) + \frac{1}{2}\mu x^2 = V(x) + \frac{1}{2}\mu g^2 \tag{4.52}$$

式中,$\mu = M/2$,$\mu g_0^2/2 = E/2$,E 是 A_n 原子在前一次碰撞时所接收的动能,x 是两原子的相对速度,即 $-g$。两原子由平衡间距 D 减小到 $x_{\min}$,再由 $x_{\min}$ 回复到 D 所用的时间为 t_c,即

$$t_c = 2\int \mathrm{d}t = -2\int_D^{x_{\min}} \frac{\mathrm{d}x}{g} = -2\int_{V(D)}^{V(x_{\min})} \frac{\mathrm{d}V}{g(\mathrm{d}V/\mathrm{d}x)}$$

在上面的积分中我们并没有将 $V(D)$ 取作零。如果根据 Born–Mayer 势函数计算 $\mathrm{d}V/\mathrm{d}x$,并从方程(4.52)求出 g 和 V 的关系,则 t_c 变成

$$t_c = \rho\left(\frac{2M}{E}\right)^{1/2}\int_{V(D)}^{E/2} \frac{\mathrm{d}V}{V(1-2V/E)^{1/2}} = 2\rho\left(\frac{2M}{E}\right)^{1/2} \tanh^{-1}\left[1 - \frac{2V(D)}{E}\right]^{1/2}$$

其中积分上限 $V(x_{\min}) = E/2$,这是按照方程(4.52)的结果,当 $x = x_{\min}$,相对速度 g 等于零,这时的 $V(x_{\min}) = E/2$。对于 $V(D)/E \ll 1$ 的情况,先将上式改写为

$$\tanh\left[\left(\frac{E}{2M}\right)^{1/2}\frac{t_c}{2\rho}\right] = \left[1 - \frac{2V(D)}{E}\right]^{1/2}$$

利用 $[1 - 2V(D)/E]^{1/2} \approx 1 - V(D)/E$，和 $y \gg 1$ 时，$\tanh y \approx 1 - 2\exp(-2y)$ 这些近似，以上式子可以简化为

$$t_c = \rho\left(\frac{2M}{E}\right)^{1/2}\ln\left[\frac{2E}{V(D)}\right] \tag{4.53}$$

两粒子的质心在实验室系统内的速度由式(2.7)可得到 $v_{10}/2 = (E/2M)^{1/2}$，在碰撞时间 t_c 内，质心所走过的距离为 $t_c(E/2M)^{1/2}$。如果这个距离大于 $D/2$，如图 4.14(c)所示的情况，就可能出现换位碰撞。因此，聚焦换位碰撞必须满足的条件是

$$t_c(E/2M)^{1/2} > D/2$$

令 $t_c(E/2M)^{1/2} = D/2$，并将此时的能量记作 E_r^{hkl}，则可得到临界聚焦换位能为

$$E_r^{hkl} = (A/2)\exp(-D^{hkl}/2\rho) \tag{4.54}$$

将该式与(4.50b)式相比较，有

$$E_r = (1/4)E_f \tag{4.55}$$

由式(4.50b)可知，当 $E > E_f$ 时，不能发生聚焦碰撞，因而更不可能发生聚焦换位碰撞；而当 $E < E_r$，聚焦是可以发生的，但不满足临界聚焦换位条件。因此，聚焦换位碰撞的能量范围为

$$E_f > E > (1/4)E_f$$

例如，在 Cu 的 $\langle 110 \rangle$ 方向，临界聚焦能为 68 eV，它在这个方向能发生聚焦换位碰撞的能量范围是 17~68 eV。

同辅助聚焦一样，原子列周围的原子对聚焦换位碰撞也有辅助作用，即辅助聚焦换位碰撞。表 4.3 列出了 fcc 和 bcc 结构晶体的辅助聚焦换位碰撞临界能的计算公式，其中带星号(*)的项考虑了辅助聚焦换位的影响。

表 4.3 临界聚焦换位能公式

$\langle hkl \rangle$	fcc	bcc
$\langle 100 \rangle$	$5A\exp\left[-\dfrac{D^{110}}{\rho\sqrt{2}}\right]^*$	$\dfrac{A}{2}\exp\left[-\dfrac{D^{100}}{2\rho}\right]$
$\langle 110 \rangle$	$\dfrac{A}{2}\exp\left[-\dfrac{D^{110}}{2\rho}\right]$	$3A\exp\left[-\dfrac{D^{110}}{2\rho}\right]^*$
$\langle 111 \rangle$	$4A\exp\left[-\dfrac{D^{110}}{\sqrt{3}\rho}\right]^*$	$\dfrac{A}{2}\exp\left[-\dfrac{D^{111}}{2\rho}\right]$

作为聚焦换位碰撞的结果，在启动聚焦碰撞的位置，由于换位碰撞出现了一个空位，而在原子列上各原子依次发生位移并使原子的质量长程传输。然而，这种碰撞导致的质量长距离输运也不是无限地延续下去。由于某种原因可能使最后运动的那个原子不再能置换被它撞击的前方原子，也不能再回到它自己的初始位置，而挤在原子列上两相邻点阵原子之间，称作动力挤塞子(Dynamic Crowdin)。至于挤塞子停留在距初始空位多远的地方，或聚焦换位碰撞能传播多大距离，这与导致聚焦换位序列中断的原因有关。晶体内的位错或层错这样的延伸性点阵缺陷可能使聚焦换位序列中断，但更可能是由于聚焦序列因同周围原子的相互作用而能量消耗所终止。图 4.16 表示室温下铜内一个初始能量为 E 的聚焦序列所发生的碰撞次

数。当聚焦序列中剩余能减至 $E_f/4$ 时,聚焦换位序列停止,而当启动聚焦序列的初始能量全部消耗于同周围原子的相互作用后,沿聚焦轴的能量传递就停止了。动力挤塞子的长程应等于 $E/E_f=1$ 和 $E/E_f=1/4$ 相对应的纵坐标之差,其数值只有几个原子间距。当基体的位错密度为 $10^{12}/cm$,形变量较大时,位错的平均间距约为 100 Å,相当于 Cu 的 $\langle 110 \rangle$ 晶向上 40 个原子间距。这个长度几倍于图 4.16 中所示的动力挤塞子的长度。因此,限制动力挤塞子长

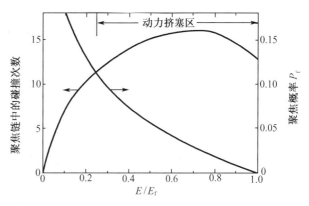

图 4.16　铜在室温时 $\langle 110 \rangle$ 碰撞序列的碰撞链长度和概率

度的因素应是原子列周围的原子对挤塞子传播的阻碍作用,而不像是位错的作用。

4.3.3　碰撞列和贫原子区的空位份额

一个带有相当大能量的初级离位原子,在固体中形成一个碰撞级联,在这个碰撞级联中,有部分是聚焦碰撞列,其中聚焦换位碰撞将导致质量长距离的输运,在远离这一碰撞级联区形成间隙原子,相应地在启动这碰撞列的初始位置形成一个空位。因此,在级联碰撞中产生相当数量的聚焦换位碰撞列,这部分聚焦换位碰撞列将在远离这个碰撞级联区形成相应数量的间隙原子,在碰撞级联区中留下相同数量的空位。加上在碰撞级联区中自身形成的稳定的空位,而其对应的间隙原子迁移出碰撞级联区。这两部分在碰撞级联中形成的空位导致碰撞级联区是一个贫原子区,现在分析这个贫原子区的空位份额。首先分析产生聚焦碰撞列的概率,如前所述,被击原子初始运动方向与原子列的夹角小于 θ_0^f 时,则形成聚焦碰撞列。利用球面几何可计算初始方向位于绕一列原子的顶角为 θ_0^f 的锥体内的概率,也就是这部分的立体角为

$$P_f^{hkl}(E) = \frac{1}{4\pi}\int_0^{\theta_0^f(hkl)} 2\pi\sin\theta d\theta = \frac{1}{2}\int_0^{\theta_0^f(hkl)} 4\sin\frac{\theta}{2}\cos\frac{\theta}{2}d\left(\frac{\theta}{2}\right) = \sin^2\frac{\theta_0^f(hkl)}{2}$$

当聚焦临界角 $\theta_0^f(hkl)$ 较小时,这个概率 $P_f^{hkl}(E)$ 近似地为 $[\theta_0^f(hkl)]^2/4$。于是,能量为 E 的碰撞原子引起聚焦碰撞序列的概率为

$$P_f(E) = \sum_{hkl} P_f^{hkl}(E) \qquad (4.F-1)$$

$P_f(E)$ 称作聚焦概率函数,由式(4.51)得到:

$$P_f^{hkl}(E) = \frac{1}{2}\frac{\ln(E/E_f^{hkl})}{\ln(E_f^{hkl}/2A) + \ln(E/E_f^{hkl})} = \frac{1}{2}\frac{\ln(E_f^{hkl}/E)}{\ln(2A/E_f^{hkl}) + \ln(E_f^{hkl}/E)} \qquad (4.F-2)$$

对于钨的 Born – Mayer 势 $V(r) = Ae^{-r/\rho}$,$A = 4.9 \times 10^5$ eV,$\rho = a/17$(在4.3.3小节里,令 a 是晶格常数),相应地有

$$E_f^{\langle 111 \rangle} = 2A\exp\left\{-\frac{\sqrt{3}}{4}\frac{a}{\rho}\right\} = 623 \text{ eV}$$

$$E_f^{\langle 100 \rangle} = 2A\exp\left\{-\frac{a}{2\rho}\right\} = 199 \text{ eV}$$

而对于 $E_f^{\langle 110 \rangle}$ 需要考虑体心原子的作用,其修正后的关系式是

$$E_f^{\langle 110 \rangle} = \frac{\sqrt{2}a^2}{5\rho^2} A\exp\left(-\frac{\sqrt{5}}{4}\frac{a}{\rho} \right) = 2\ 988 \text{ eV}$$

如果一个反冲原子具有能量 T,以任意方向出射,其发生聚焦碰撞的概率 P_f 是

$$P_f(T) = 6\frac{\rho\ln E_f^{\langle 100 \rangle}/T}{a + 2\rho\ln E_f^{\langle 100 \rangle}/T} + 8\frac{2\rho\ln E_f^{\langle 111 \rangle}/T}{\sqrt{3} + 4\rho\ln E_f^{\langle 111 \rangle}/T} + 12\frac{\rho\ln E_f^{\langle 110 \rangle}/T}{\sqrt{2} + 2\rho\ln E_f^{\langle 110 \rangle}/T}$$

$$(4.\text{F}-3)$$

具有能量 E 的初级移位原子(PKA)发生一连串的碰撞,其中有些反冲原子通过聚集碰撞而远离该区域,而使级联碰撞区成为贫原子区。贫原子区的空位数目等于发生聚焦碰撞的数目和存活在级联碰撞区内的稳定的空位数目,在级联碰撞过程中,反冲原子具有能量 $[T, T+dT]$ 的数目 $N(E,T)dT$ 为

$$N(E,T)dT = \nu(E,T) \sqrt{\frac{E}{T}} \frac{\int_{E_r}^{E} \left(\frac{d\sigma}{dT'} \right)dT'}{\int_{E_r}^{T} T' \frac{d\sigma}{dT'}dT'}$$

$$(4.\text{F}-4)$$

由此得出发生聚焦换位碰撞的数目是

$$N_{1\nu}(E) = \int_{E_r}^{E_f^{\max}} N(E,T)P_f(T)dT$$

$$= 3\xi\eta'E \sqrt{E/E_r} \left\{ \left[\frac{1}{E_f^{\langle 111 \rangle}}\left(\frac{E_f^{\langle 110 \rangle}}{E_r} - 1 \right) - \frac{a_1\exp(-a_1)}{E_f^{\langle 111 \rangle}} \cdot \right.\right.$$

$$\left[\text{Ei}\left(a_3 + \ln\frac{E_f^{\langle 110 \rangle}}{E_r} \right) - \text{Ei}(a_3) \right] - \text{Ei}(a_3) \right] + \frac{2}{3}\left[\frac{1}{E_f^{\langle 111 \rangle}}\left(\frac{E_f^{\langle 111 \rangle}}{E_r} - 1 \right) - \right.$$

$$\frac{a_1\exp(-a_1)}{E_f^{\langle 111 \rangle}}\left[\text{Ei}\left(a_1 + \ln\frac{E_f^{\langle 111 \rangle}}{E_r} \right) - \text{Ei}(a_1) \right] + \frac{1}{2}\left[\frac{1}{E_f^{\langle 100 \rangle}}\left(\frac{E_f^{\langle 100 \rangle}}{E_r} - 1 \right) - \right.$$

$$\left.\left.\frac{a_2\exp(-a_2)}{E_f^{\langle 100 \rangle}}\left[\text{Ei}\left(a_2 + \ln\frac{E_f^{\langle 100 \rangle}}{E_r} \right) - \text{Ei}(a_2) \right] \right] \right\}$$

$$(4.\text{F}-5)$$

式中,$a_1 = \frac{\sqrt{3}a}{4\rho}(=7.361\ 2)$,$a_2 = \frac{a}{2\rho}(=8.5)$,$a_3 = \frac{a}{\sqrt{3}\rho}(=12.020\ 8)$,Ei 是指数积分函数,$\xi = 0.52$,$\eta' = \left(1 + 4\left(\frac{k}{\sigma N} \right)/(2E_0)^{1/2} + 3\left(\frac{k}{\sigma N} \right)^2/(2E_0) \right)^{-1}$,其中 E_0 的值是反冲原子出射时必须考虑晶格结构效应的阈值能量,低于这个阈值能量,必须应用多级离位阈能面的概念。k 是低能电子阻止本领与能量 $E^{1/2}$ 关系式中的常数,由式(3.29a)确定;σ 是碰撞原子的弹性碰撞总截面;N 是固体的原子密度。将式(4.54)和(4.55)代入方程(4.F–5)得出:

$$N_{1\nu}(E) = 3\xi\eta'E \sqrt{E/E_r} \left\{ \frac{3}{E_f^{\langle 111 \rangle}} - \frac{a_1\exp(-a_1)}{E_f^{\langle 111 \rangle}}\left[\text{Ei}(a_3 + \ln4) - \text{Ei}(a_3) \right] + \right.$$

$$\frac{2}{3}\left[\frac{3}{E_f^{\langle 111 \rangle}} - \frac{a_1\exp(-a_1)}{E_f^{\langle 111 \rangle}}\left[\text{Ei}(a_1 + \ln4) - \text{Ei}(a_1) \right] \right] +$$

$$\left.\frac{1}{2}\left[\frac{3}{E_f^{\langle 100 \rangle}} - \frac{a_2\exp(-a_2)}{E_f^{\langle 100 \rangle}}\left[\text{Ei}(a_2 + \ln4) - \text{Ei}(a_2) \right] \right] \right\}$$

$$(4.\text{F}-5')$$

方程式(4.F–4)中所用的微分截面是

$$\frac{\mathrm{d}\sigma}{\mathrm{d}T'} = \frac{\pi^2 a'^2 E_a \Lambda^{1/2}}{8 E^{1/2} T^{3/2}} \qquad \left[E \leqslant E_a , (E)_{\rho'=5a'} < T < \Lambda E_2 \right] \qquad (4.\mathrm{F}-6)$$

式中，$E_a = 2 E_R (Z_1 Z_2)^{7/6} (M_1 + M_2)/(M_2 eC)$，$E_R = e^2/(2 a_0)$，$a' = \dfrac{C\alpha_0}{(Z_1 Z_2)^{1/6}}(C = 1, 0.7)$。

在级联碰撞区中存活的稳定的空位数目 $N_{2v}(E)$ 是

$$N_{2v}(E) = \xi \eta' \frac{E}{2 E_d^{\mathrm{eff}}} P_s$$

式中，P_s 是级联碰撞区内稳定的空位 – 间隙原子对在热扩散后空位存活的概率，E_d^{eff} 是产生稳定的空位 – 间隙原子对所需要的能量。

由此贫原子区的空位数目是 $N_v = N_{1v} + N_{2v}$，空位所占的份额 p 是

$$\begin{cases} p = N_v / \left(\dfrac{4}{3} \pi R_Z^3 N \right) & (R_p < 26.4 \ \mathrm{nm} \ \text{或} \ E < 400 \ \mathrm{keV}) \\[3mm] p = N_v / \left(\dfrac{1}{6} \pi R_p^3 N \right) & (R_p > 26.4 \ \mathrm{nm} \ \text{或} \ E > 400 \ \mathrm{keV}) \end{cases}$$

式中，R_p 是 PKA 的射程投影；R_Z 是 PKA 的射程歧离，由此计算出 p 与贫原子区直径的关系，当贫原子区直径大于 10 nm 时，p 是 10%，这与实验结果相一致。

4.3.4　沟道效应

当离位级联中某些具有一定能量的运动原子进入由几个密排原子列围成的较开阔的中心沟道内时，它们将同构成沟道壁的原子发生掠角碰撞，并被一系列的小角散射事件所导向。这些进入沟道的原子由于不像随机碰撞那样经受大角度散射，因而能在开阔的沟道内穿行相当长的距离以实现原子能量和质量的长程传输，人们将这种现象称为沟道效应。虽然运动原子的聚焦效应和沟道效应都容易发生在点阵密排方向上，但由聚焦引起的动力挤塞子是在密排的原子列上行进，而沟道原子则是约束在由密排原子所围成的中心通道内行进的。图 4.17 表示 fcc 结构中的 $\langle 110 \rangle$ 沟道，它是由四个密排的 $\langle 110 \rangle$ 原子列包围而成。沟道的等效半径可令图中四个原子中心作顶点构成的四边形面积等于一个圆求出。在现在这种情况下，$\langle 110 \rangle$ 沟道的等效半径 $R_{\mathrm{ch}} = a_0 / \sqrt{8\pi}$。

1. 沟道势函数

沟道化原子在沟道内的导向运动涉及这个运动原子同沟道壁上的许多原子的掠角碰撞，而且运动原子在沟道内任一处所受的作用是原子列上所有原子对它的作用之和。对于密排原子列，人们采用一个"连续化模型"，即把原子列各个分立的原子核的电荷沿原子列均匀分布，这样引起沟道作用的间断的原子间排斥力被抹平了。一个沟道原子与一原子列的相互作用可用简单的连续势函数 $U_a(P)$ 来描述。在这里，P 是沟道原子至原子列的垂直距离。这个与原子列相距为 P 的沟道原子与位于横坐标 x 处的原子的势函数为 $V(r)$，且有 $r^2 = P^2 + x^2$。在 $x \to x + \mathrm{d}x/D$ 长度间隔内所含原子数为 $\mathrm{d}x/D$。因此，在 x 处 $\mathrm{d}x$ 范围内的原子对沟道原子的势函数为 $V(\sqrt{(P^2+x^2)}\,\mathrm{d}x/D)$。在这里，$D$ 是原子列上原子的间距。当运动原子处在沟道内的某一位置时，如图 4.17 所示，它所受到的作用应是沟道壁的原子列上所有原子的作用之和。对原子列的整个长度范围 x 积分，则有

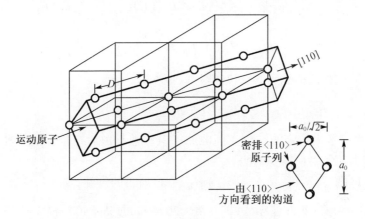

图 4.17 *fcc* 点阵的 ⟨110⟩ 沟道

$$U_a(P) = \frac{1}{D} \int_{-\infty}^{\infty} V(\sqrt{P^2 + x^2})\, dx \tag{4.56}$$

考虑到进入沟道的原子具有相当高的能量,我们采用 Lindhard 给出的标准势而不用 Born – Mayer 势来表示原子间的势函数,将式(2.32)代入式(4.56),并且用单元素材料,$Z_1 = Z_2 = Z$,可得到

$$U_a(P) = \frac{Z^2 e^2}{D} \ln\left[\left(\frac{ca}{P} \right)^2 + 1 \right] \tag{4.56a}$$

式中,c^2 通常取作 3,a 是屏蔽半径并由式(2.32)给出。式(4.56a)表明,沟道势函数与沟道轴 x 无关,它由一些近似于圆柱筒状的等势面构成。为了对沟道势有一个定量的理解,可以估计一下 Si 原子在 Si⟨110⟩沟道内的二维势函数势能同距离 y 的图像。对于 Si⟨110⟩方向,原子间距 $D = 0.384$ nm,$a = 0.013\,8$ nm,由式(4.56a)计算得到的势能曲线已标在图 4.18 中。y 为沟道原子位置到沟道轴的垂直距离,且有 $y = R - P$,其中 R 为原子列至沟道轴线的垂直距离,即有

$$U_a(P) = \frac{Z^2 e^2}{D} \ln\left[\left(\frac{ca}{R - y} \right)^2 + 1 \right] \tag{4.56b}$$

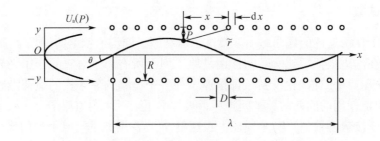

图 4.18 沟道势函数及原子在沟道内运动轨迹示意图

2. 原子在沟道内的运动

由式(4.56a)和图 4.18 所示的势能曲线表明,沟道势沿 x 轴方向保持常数;它只与碰撞

参数有关。当一个能量为 E 的原子进入沟道后,沿 x 轴方向不受力,因而在 x 轴方向上为匀速运动。原子沿 y 方向即横向运动,将受到沟道势的影响。横向运动的特征:当运动原子接近原子列时(P 逐渐减小),势能增大,动能减小,即横向速度逐渐降低直至为零。而后,在原子斥力作用下,沟道原子又折向沟道轴运动,到达轴线时横向速度达到最大。然后,运动原子穿过轴线向沟道的另一侧原子列方向运动,速度逐渐减至零……如此这样,沟道原子沿横向的运动是以沟道轴为中心对称的横向往返振动。因此可以预期,沟道原子是在轴向速度和横向速度的合成速度沿着沟道轴以波动的方式向前推进。至于轴向速度、横向速度以及波动曲线的特征等问题,应与进入沟道时原子能量、动量以及进入沟道时的入射角有关。为了对原子在沟道内的运动有一个形象化的理解,作为一个示例性的描述,我们将沟道壁所造成的势阱近似地简化成抛物线函数:

$$U_a(y) = ky^2 \tag{4.57}$$

式中,系数 k 原则上可由式(4.56b)在 $y=0$ 附近展成级数,取 y 的二次方项并令 $y=0$ 求出。

原子在势能作用下所受的力为

$$M\ddot{y} = -\frac{\mathrm{d}U_a(y)}{\mathrm{d}y} \tag{4.58}$$

由方程(4.57)和(4.58)可得到:

$$\ddot{y} = -\frac{2k}{M}y \tag{4.59}$$

该方程的解是

$$y = y_{max}\sin \omega t \tag{4.60}$$

式中,ω 是简谐振动的圆频率,且由下式给出:

$$\omega = \sqrt{\frac{2k}{M}} \tag{4.61}$$

假定能量为 E 的运动原子以与沟道轴线成 θ_0 角进入沟道,将初始的入射能量和速度分解为平行和垂直于轴线的两个分量,它们分别是

$$E_{11} = E \cdot (\cos \theta_0)^2 \approx E$$
$$V_{11} = (2E/M)^{1/2} \cdot \cos \theta_0 \approx (2E/M)^{1/2} \tag{4.62}$$

和

$$E_\perp = E\theta_0^2$$
$$v_\perp = (2E/M)^{1/2} \cdot \theta_0 \tag{4.63}$$

由于能形成沟道化的原子进入沟道时入射角 θ_0 通常是很小的,式(4.63)已利用 $\sin \theta_0 \approx \theta_0$,$\cos \theta_0 \approx 1$ 这些近似。

沟道原子沿 x 轴方向做匀速运动,而且在时间 t 内所走过的距离 $x = v_{11}t$,利用式(3.65)可以得到:

$$t = \frac{x}{\left(\frac{2E}{M}\right)^{1/2}} \tag{4.64}$$

当横向振幅达最大时,应有

$$U_a(y_{max}) = E_\perp = E\theta_0^2 \tag{4.65}$$

将式(4.57)与式(4.65)结合起来,可得到振幅的最大值为

$$y_{\max} = (E/k)^{1/2} \cdot \theta_0 \tag{4.66}$$

将式(4.61),(4.64)和(4.66)代入式(4.60)中,最后得到:

$$y = \left(\frac{E}{k}\right)^{1/2} \theta_0 \sin\left[\left(\frac{k}{E}\right)^{1/2} \cdot x\right] \tag{4.67}$$

该式给出了沟道原子在沟道内运动所服从的方程,其运动的轨迹如图4.18所示。波动的周期为

$$\tau = 2\pi(M/2k)^{1/2} \tag{4.68}$$

正弦波的初始波长等于$v_{11}\tau$,于是由式(4.62)和(4.68)给出($\theta \approx 0°$)

$$\lambda = 2\pi(E/k)^{1/2} \tag{4.69}$$

上述正弦波型方程和原子在沟道内的运动图像是简化的结果,实际的波形要更复杂些。

3. 沟道效应的临界角和临界能

原子进入沟道内将在沟道壁的约束下以波动方式在沟道内运动。那么,在级联中什么样的运动原子可以进入沟道并一直保持在沟道内运动呢? 让我们考虑一个能量为E的运动原子以初始入射角θ进入沟道的情况,该原子进入沟道内以后,根据能量守恒有

$$E = I_{//}^2/2M + I_{\perp}^2/2M + U_a(P) \tag{4.70}$$

式中,$I_{//} = I \cdot \cos\theta$ 和 $I_{\perp} = I \cdot \sin\theta$ 分别为运动原子在任一时刻的动量在沟道轴方向的平行分量和垂直分量,如图4.18所示,于是,式(4.70)可改写成

$$E = (I^2\cos^2\theta)/2M + (I^2\sin^2\theta)/2M + U_a(P)$$

利用小角近似,并令上式中的后两项等于横向能量,有

$$E_{\perp} = I^2\theta^2/2M + U_a(P) \tag{4.71}$$

由于平行于轴方向的能量是恒定不变的,因此在这种处理中,根据式(4.70)所给出的总能量守恒可导致横向能量也必然是守恒的。当运动原子到达轨迹折返点时,横向能量全部转化为势能,而当原子运动到轴线上时,横向能量全部转化为动能。令横向运动折返点的横向能量($E_{\perp} = U_a(P_{\min})$)等于沟道中心轴时横向能量($E_{\perp} = E\theta^2$)来定义出沟道临界角,并用$\theta_c$表示,则有

$$\theta_c = [U_a(P_{\min})/E]^{1/2}$$

将式(4.56a)代入上式,得到

$$\theta_c = \left\{\frac{Z^2 e^2}{DE}\ln\left[\left(\frac{ca}{P_{\min}}\right)^2 + 1\right]\right\}^{1/2} \tag{4.72}$$

式中,$P_{\min}$是运动原子距原子列的最近距离。通常将$(P_{\min})^2$取为原子热振动振幅均方值的$2/3$。以Si原子在Si⟨110⟩沟道内能形成沟道原子的临界角为例,对于Si–Si而言,$a = 0.0137$ nm,$D^{110} = 0.384$ nm,且取$P_{\min} = 0.015$ nm,将上述数值代入式(4.72)中,并令$E = 5$ keV,得到临界角$\theta_c \approx 25°$。即能量为5 keV的Si以与轴线成25°角或更低的角度入射时,可以保持在沟道内运动,而当入射角大于25°时,则不能形成沟道原子。当Si原子的能量为50 keV时,计算得到的临界角$\theta_c \approx 7.8°$。这表明,临界角是入射原子能量的函数。同聚焦碰撞不同,沟道效应没有一个上限能量。随着入射原子能量的提高,临界沟道角减小。然而,沟道效应却存在一个下限能量,即当入射到沟道的原子能量低于某一特定值时,不可能保持在沟道内运动。式(4.69)表明,当沟道原子的能量降低时波长就要减小。如果λ值是周围原子列上几个原子间距的量级时,大角度碰撞事件容易发生。可以将式(4.69)的λ取作$2D$来估算沟道效应的最

低能量,由该式得到沟道效应下限能量 E_{ch}:

$$E_{ch} = 0.1kD^2 \tag{4.73}$$

对于 Cu, E_{ch} 的估计值约为 300 eV。

4.3.5　聚焦和沟道对离位原子数的影响

聚焦和沟道都提供了级联碰撞中原子能量的长程传输机制,其结果是降低了级联内所产生的离位原子数。

对于一个尚具有一定能量的运动原子,例如能量为 200 eV,利用简单的 Kinchin – Pease 模型,它在能量消散之前还能够产生 4~5 个离位原子($E_d = 25$ eV)。然而,这个运动原子一旦启动了一个聚焦碰撞列,其能量都将消耗于小角散射事件和电子阻止,因而不再能产生附加的离位原子。聚焦碰撞序列使级联中产生的离位原子数减少的程度,可利用式(4.51)来估计。如前所述,被击原子初始运动方向与原子列的夹角小于 θ_0^f 时,则形成聚焦碰撞列。利用球面几何可计算初始方向位于绕一列原子的顶角为 θ_0^f 的锥体内的概率。当角度小时,这个概率 $P_f(E)$ 近似地由 $(\theta_0^f)^2/4$ 给出。于是,能量为 E 的碰撞原子引起聚焦碰撞序列的概率由式(4.51)得到:

$$P_f(E) = \frac{1}{2}\left[1 - \frac{\ln(2A/E_f)}{\ln(2A/E)}\right] = \frac{1}{2}\frac{\ln(E_f/E)}{\ln(2A/E_f) + \ln(E_f/E)} \tag{4.74}$$

通常,$2A/E_f \gg 1$,而 E_f/E 大约为 1,所以分母中的第二项可略去不计,于是得到

$$P_f(E) = \begin{cases} \dfrac{1}{2}\dfrac{\ln(E_f/E)}{\ln(2A/E_f)}, & E < E_f \\ 0, & E \geq E_f \end{cases} \tag{4.75}$$

至于沟道效应对离位原子数的影响,则是更明显的。例如,一个几十千电子伏特能量的碰撞原子一旦进入沟道,将在沟道内长距离的波浪式向前运动。沟道原子的能量通过与沟道壁原子列上的原子掠射和原子列上原子的电子阻止而损失。通常,沿沟道运动期间不可能产生附加的离位原子,只是到了原子的能量降低到临界沟道能(约几百电子伏特)而使沟道运动破坏之后,才能与原子列上的原子发生大角度碰撞而产生若干个附加离位原子。然而,以这种形式产生的离位原子数同直接用 Kinchin – Pease 理论由沟道原子初始能量计算出的离位原子数相比就小得多了。虽然同聚焦一样,也存在着一个临界角,如式(4.72)所给出的,然而不能像利用式(4.51)导出聚焦概率那样来由式(4.72)直接导出发生沟道效应的概率 P_{ch}。在沟道效应的有关公式的推导中,必须有一个碰撞原子从沟道口的正面被驱赶到沟道所提供的开放空间。然而,正因为沟道内是空着的(否则就不再能构成沟道),在沟道轴附近没有正常的点阵原子可以作为沟道原子。在级联中的沟道效应很可能是从沟道壁的原子列中某一个原子撞击而以与轴线成很小的角度离开它的点阵位置而引起的。式(4.72)是在 $y = 0$ 处原子进入沟道所导出的,它不适用于原子由原子列上进入沟道这种情况。通常,沟道化概率 $P_{ch}(E)$ 是由计算机模拟辐照损伤给出的,其数值在 1%~10% 之间。

现在,根据发生聚焦和沟道的概率来估算级联中 PKA 所能产生的离位原子数。用 $P(E)$ 表示聚焦和沟道概率之和,即 $P(E) = P_f(E) + P_{ch}(E)$,其中 $P_f(E)$ 由式(4.74)表示。考虑到聚焦碰撞的上限能量一般只有 100 eV 的量级,可以预期聚焦对 PKA 所产生的离位原子数影响较小。因此,可以认为沟道效应是减小离位原子数的主要因素。如果在级联碰撞理论中将

聚焦和沟道的概率包括进去,对方程(4.9)加以修正,则应有

$$\nu(E) = P(E) + [1 - P(E)] \cdot \left[\frac{2E_d}{E} + \frac{2}{E} \int_{2E_d}^{E} \nu(E) \, dT \right] \qquad (4.76)$$

式中,第一项是能量为 E 的 PKA 做第一碰撞就发生聚焦和进入沟道后对所产生的离位原子数的贡献。如果不考虑沟道末的随机碰撞尚能产生一些离位原子,那么它所产生的孤立的离位原子就是 PKA 本身。第二项是在一般情况下所产生的离位原子数所服从的积分方程,用 $[1 - P(E)]$ 加以权重,其中 $[1 - P(E)]$ 表示第一次碰撞 PKA 没有进入沟道和引起聚焦序列的概率。假定 $P(E)$ 不随能量而变化,并利用刚性球模型可解出 $\nu(E)$ 的计算公式,将方程 (4.76) 对 E 微分,得到

$$E \frac{d\nu}{dE} = (1 - 2P)\nu + P$$

积分后有

$$\nu = \frac{CE^{(1-2P)} - P}{1 - 2P}$$

将这个解代入原方程,可得积分常数:

$$C = (1 - P) / (2E_d)^{(1-2P)}$$

于是方程(4.76)的完全解为

$$\nu(E) = \frac{1 - P}{1 - 2P} \left(\frac{E}{2E_d} \right)^{(1-2P)} - \frac{P}{1 - 2P} \qquad (4.77)$$

这个计算公式首先是由 Oen 和 Robinson 求出的。

为了估计有序排列对于 PKA 所产生的离位原子数的影响,这里引证一个示范性的例子。假定 $P = 7\%$,那么一个能量 E 为 10 keV 的 PKA 由式(4.77)计算得到 100 个离位原子($E_d = 25$ eV)。如果忽略晶体效应的影响,即令 $P = 0$,它所产生的离位原子数应为 200。这是 Kinchin - Pease 模型所得到的结果。由此可见,在上述情况下,晶体学效应比简单的 Kinchin - Pease 理论所得的 $\nu(E)$ 降低了一半。

4.4　辐照损伤峰

以前的讨论都是研究 PKA 在级联碰撞中所能击出的离位原子数,这些离位原子同与之对应的同等数量的空位构成了彼此孤立的 Frenkel 缺陷对,然而还需要考虑这些点缺陷的空间分布。实际上,运动原子在固体内穿行期间引起的损伤并非都是以单个分立的点缺陷形式存在。如果两次能产生离位的弹性碰撞的平均间距接近固体的点阵常数量级时,相继形成的点缺陷可能连接成片。此外,运动原子慢化过程中用于产生离位原子的能量只是运动原子初始能量的一部分,其余的能量将消耗于电子激发和某些小角散射事件上。虽然电子阻止和某些小角散射不能直接产生离位原子和空位,但这部分能量与热能(0.025 eV)相比要高二至三个量级,可能引起固体内部局域温度升高进而导致某种形式的点阵损伤。这些不同于简单的 Frenkel 缺陷对的局部损伤集中区,将用"峰"这个概念来描述。

4.4.1　离位峰

级联碰撞可以计算出能量为 E 的 PKA 所击出的离位原子数,而尚未涉及这些离位原子

的空间分布。如果碰撞过程中离位碰撞平均自由程逐渐变小,将会发生什么现象? Brinkman
在大型计算机用于描述级联碰撞之前,就以解析的方式研究了级联碰撞内离位原子和空位的
空间分布问题。运动原子在固体内的碰撞平均自由程 L 为

$$L = 1/(N\sigma) \tag{4.78}$$

式中,N 是固体中的原子密度,σ 是每个靶原子的碰撞截面,由式(2.64)确定。对于任何类型
的碰撞,式(2.64)都是正确的。相应地,离位(即产生点缺陷)碰撞截面 $\sigma_d(E)$ 是

$$\sigma_d(E) = \int_{E_d}^{T_m} K(E, T) \, dT \tag{4.79}$$

式中,$\sigma_d(E)$ 表示能量为 E 的 PKA(或一运动原子)与固体的原子能发生离位碰撞的截面。
$K(E, T) dT$ 是能量传输微分截面,它的具体形式取决于运动原子的能量以及计算能量传输时应
采用的原子势函数。现在所处理的是初级离位原子(PKA)引起的级联,即使对于平均能量为
0.5 MeV 的中子轰击中等质量的元素原子,所击出 PKA 的平均能量也只有 10 ~ 15 keV,而一般
能量的重带电粒子所击出的 PKA 的平均能量更低。在处理这样的能量范围内的原子碰撞问题,
采用 Born - Mayer 势是恰当的。如果利用刚性球碰撞模型并由 Born - Mayer 势确定刚性球的等
效半径,可以求出刚性球散射截面。现在讨论的是在同类原子间的碰撞,于是由式(2.57)得到:

$$\sigma(E) = \pi R_0^2(E) = \pi\rho^2 \left[\ln(2A/E) \right]^2 \tag{4.80}$$

式中,$R_0(E)$ 是 PKA 与同类原子发生正碰撞时能够接近的最小距离。根据刚性球散射模型,
离位碰撞截面与散射截面间有以下关系:

$$\sigma_d(E) = \sigma(E) \left[1 - (E_d/E) \right] = \pi\rho^2 \left[\ln(2A/E) \right]^2 \left[1 - (E_d/E) \right] \tag{4.81}$$

于是由式(4.81)可得到与式(4.79)相应的公式,代入(4.78)式得到:

$$L_d = \frac{1}{N\sigma_d(E)} = \frac{1}{N\pi\rho^2 \left[\ln\left(\dfrac{2A}{E} \right) \right]^2 \left(1 - \dfrac{E_d}{E} \right)} \tag{4.82}$$

式中,L_d 为能发生离位碰撞的平均自由程,它同 PKA 的能量 E 有关。图 4.19 给出了铜的离
位碰撞平均自由程 $L_d(E)$ 和离位截面 $\sigma_d(E)$ 同 PKA 的能量 E 之间的关系曲线。计算中对于
ρ 和 A 分别取值为 0.02 nm 和 2×10^4 eV。由图中曲线可以看出,当 PKA 的能量在几百电子
伏特到几千电子伏特之间时,离位碰撞自由程大约处在 0.3 ~ 1.0 nm 的范围内,这意味着连
续两次离位碰撞的间距已接近铜的点阵常数的量级。在这种情况下,PKA 沿其路径所遇到的
每个点阵原子几乎都将被击离位,而且高级次的离位运动原子也相继与它们所遇到的所有点
阵原子发生碰撞并使之离位。在这种情况下,用孤立的 Frenkel 对来描述损伤图像就不再是
正确的。Brinkman 指出在这样的级联碰撞中,初级离位原子沿途的高密度碰撞驱使原子向外
运动。离位原子停留下来后形成一个间隙原子壳并包围着由大量空位构成的中心空心,如图
4.20 所示。Brinkman 将这种级联碰撞称为离位峰。

对于能量为 15 keV 的 PKA,按简单的 Kinchin - Pease 模型由式(4.10)计算得到的离位
原子和空位对数约为 300($E_d = 25$ eV)。如果将一个 PKA 形成的级联碰撞看作是一个离位
峰,那么它所产生的 Frenkel 对数是多少尚难以定量地估计出来。然而,由于在离位峰形成过
程中,几乎在 PKA 径迹周围小体积内的每一个原子相继都被击出,当后继原子离位时它的周
围环境已经不是按完整的点阵排列了。可以推测,在这种周围已有部分空位的点阵原子要发
生离位要比在完整点阵内发生离位容易些,即很可能被击原子接收的能量远小于正常点阵原子
的离位阈能 E_d 时就出现离位。因此可以预期,如果不考虑离位峰区的离位原子与近距空

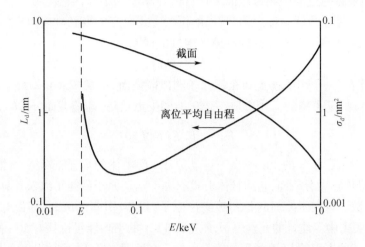

图 4.19   铜原子在铜中运动时的离位自由程和离位碰撞的总截面

位自行复合湮灭(Kinchin - Pease 模型也未考虑这种复合湮灭),根据离位峰的概念由 PKA 产生的离位原子数很可能超出按简单离位理论所得到的结果。此外,由于 L_d 是随 PKA 的能量降低而逐渐减少的,要规定出形成离位峰的特定能量是不可能的,我们也难以断定能形成离位峰的离位碰撞平均自由程到底应取一个、两个还是三个原子间距。

　　Brinkman 是在聚焦现象被揭示之前提出离位峰概念的,Seeger 考虑到级联碰撞中聚焦碰撞和聚焦换位碰撞序列的能量和质量长程传输,对 Brinkman 离位峰提出了修正和补充。他所给出的级联离位图像如图 4.21 所示。Seeger 的离位图像同 Brinkman 离位峰的主要差别是由于聚焦碰撞等作用使得间隙原子壳距空腔芯更远一些,他将这样的高密度级联形成的孔洞叫作贫原子区。无论是离位峰还是贫原子区都是不稳定的结构。一般认为,它们既可能坍塌成位错环,也可能吸收周围的空位而长大成微观空洞。由此导致的扩展型缺陷使材料的宏观性质发生变化。

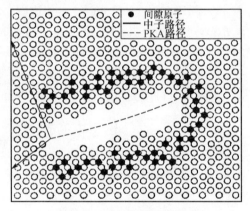

图 4.20   离位峰的原始形式

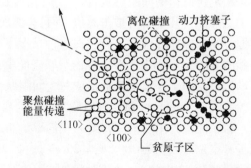

图 4.21   修正的离位峰的定性描绘

4.4.2　热峰

前面已经指出,PKA 在级联碰撞中除了产生离位原子和空位外,还有一部分能量将以另外的方式消散。在这里,暂且不管 PKA 慢化过程中消耗于使电子激发的那部分能量的命运,仅就弹性碰撞而言,也存在一些传输能量小于离位阈能 E_d 的小角掠射事件,这部分能量不可能作为点缺陷的势能而储存下来,而一定以另一种方式消散。可以预期,这些未能离位的受击原子将以其平衡位置为中心左右摆动,而摆动的振幅大小取决于碰撞中传输给该原子的能量。在振动过程中,还会激起周围原子同时振动并将它所具有的能量在周围原子中间散布开来。所有这些振动最终变成无规则的热振动并以热的形式在受击原子周围的一个有限小体积内突然释放出来,从而使局部升到一个相当高的温度,然后按照宏观热力学的传导方式将热量散开,这种过程被称为热峰。热峰这一概念是非常有用的,因为它可以使人们对原子范围内这样一个复杂的问题粗略地进行定量处理,并使人们对某些辐照所产生的现象给以合理的解释。

现在讨论在某一局部有一数值为 Q 的能量以热的形式突然释放出来的情况。假定固体是各向同性的均匀介质并运用经典的热传导定律,热峰起始之后的温度 T 随时间 t 的变化应满足热传导方程:

$$\nabla^2 T = \frac{1}{D} \cdot \frac{\partial T}{\partial t} \tag{4.83}$$

式中,D 是介质的热扩散系数,它同介质的热导率 λ、比定容热容 c 和密度 ρ 的关系是

$$D = \lambda/c\rho$$

在金属材料中,热导应为电子和点阵原子所给予的贡献之和,但通常可以不考虑电子的贡献。对于大多数材料,D 大约为 $0.001\ \text{cm}^2/\text{s}$ 的量级。假定介质的环境温度为 T_0,相应于 $t = 0$ 时刻在介质内某一点处有一热源 Q 出现时方程(4.83)的解是

$$T(r,t) = T_0 + \frac{Q}{(4\pi)^{3/2}c\rho} \cdot \frac{1}{(Dt)^{3/2}}\exp\left(-\frac{r^2}{4Dt}\right) \tag{4.84}$$

式中,r 是距热峰原点的距离。为了避免 $t = 0$ 时在数学上的困难,通常只考虑在起始时间 $t_0 = r_s^2/D$ 之后的热峰内温度变化行为。在这里,r_s 为原子的半径,且由下式给出:

$$r_s = (3/4\pi N)^{1/2} \tag{4.85}$$

式中,N 是介质材料的原子密度。

Dienes 和 Vineyard 讨论了一个能量为 300 eV 的铜原子在铜内的热峰效应。这个 300 eV 的铜原子在铜基体内静止下来之前,可能产生几个离位原子,它的射程只有 1 ~ 2 nm 的量级。如果不考虑离位碰撞并假定全部能量在运动原子所涉及的范围内以热的形式释放出来,那么可粗略地把它看成是以热释放区的中心为球心的球形热峰。这个球对称的热峰随时间的延续沿径向向四周扩散,并由方程(4.84)可得到在不同时刻热峰区的温度分布关系,如图 4.22 所示。由图可见,300 eV 的能量足以使直径为 3 nm 的球体范围内温度升高到超过铜的熔点,1 086 ℃。这个热峰球体内大约含有 1 000 个原子。如果取 $D = 0.001\ \text{cm}^2/\text{s}$,由式(4.84)可预期这样高温区所持续的时间大约为 $t = r^2/4D \approx 5 \times 10^{-12}$ s。这个时间长度约为原子振动周期的 30 倍,因此热平衡的概念大体上可以接受。尽管在这个区域内温度超过熔点,然而考虑到这个球区温度升高迅速,持续时间又短,加之周围介质的约束作用,这个区域很可能处于过热的

固体状态而并不一定是真正的熔化。当然,在中心的部位也可能出现某种程度的熔化。随着时间的延续,中心温度迅速下降,而热峰影响范围扩展。大约当 $t = 2 \times 10^{-11}$ s 时,热峰区的直径扩展至 6 nm,该区域的平均温度已降至 150 ℃。最后热峰消失,影响区的温度接近环境温度。

现在分析热峰的形成和消失过程对固体材料能否造成某种程度的损伤。首先,固体内每个原子都可能经受诸如向点阵的间隙位置跳跃或与相邻的点阵原子交换位置的速率过程,这样的速率过程与热峰区的温度 T 有关,其平均交换(或跳动)速率是

$$v = \nu_0 \exp(-E'/kT) \qquad (4.86)$$

式中,E' 是过程的激活能;k 是玻尔兹曼常数;ν_0 是有效频率。假定单位体积内有 N 个原子,将上式对时间和空间积分可给出热峰所导致的原子交换(或跳跃)数的增量 ΔN:

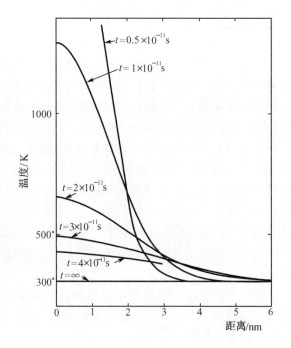

图 4.22 热峰内不同时刻的温度分布(Cu)
($D = 0.001$, $Q = 300$ eV)

$$\Delta N = N\nu_0 \int_0^\infty \mathrm{d}r \cdot 4\pi r^2 \int_0^\infty \mathrm{d}t \left\{ \exp\left[-\frac{E'}{kT(r,t)} \right] - \exp\left[-\frac{E'}{kT_0} \right] \right\} \qquad (4.87)$$

积分中的第二项表示在环境温度下原子的固有交换(或跳跃)数。$T(r,t)$ 由式(4.84)给出。如果在单位时间、单位体积内有 n 个球形热峰,那么单位时间、单位体积的原子交换(或跳跃)增量为 $n \cdot \Delta N$。实际上方程(4.87)是难以积分的。Seitz 和 Koehler 进行了简化处理,令 $T_0 = 0$,并取

$$\begin{cases} T(r,t) = \dfrac{Q}{(4\pi)^{3/2}c\rho} \cdot \dfrac{1}{(Dt)^{3/2}}, & 2(Dt)^{-1/2} > r \\ T(r,t) = 0, & 2(Dt)^{-1/2} \leqslant r \end{cases} \qquad (4.88)$$

他们得到:

$$\Delta N = 0.016(\nu_0 r_s^2/D)(Q/E')^{5/3} \qquad (4.89)$$

式中,比值 $\nu_0 r_s^2/D$ 在大多数情况下近似于 1。如果将上述的量 ΔN 看成是热峰引起离位原子 – 空位数,可以预期,这个数值同级联碰撞所产生的缺陷相比完全可以忽略不计。然而,对于化合物的情况则有所不同,因为原子间换位将导致热峰区的有序化合物的原子无序化。在 4.3.2 节中曾指出换位碰撞所需要的能量 E_r 要小于原子离位阈能值 E_d。对于原子质量差别较大的有序化合物,如 Cu_3Au,换位现象更易发生。因此,虽然热峰不能使 Frenkel 缺陷对数增加很多,但可能使有序合金产生明显的无序化。

其次,在热峰区内还可能由于塑性流动导致形成扩展性缺陷。前面已指出,离位峰内由于离位峰坍塌或级联内所产生的点缺陷的聚集而形成像位错环这样的扩展缺陷。在热峰区内由于点缺陷甚少,不可能通过上述方式形成位错环,然而由于热膨胀而使热峰区周围的固

体产生相当大的压力。Dienes 等假定介质是各向同性的,并根据弹性理论导出了由一个球对称的热峰产生的径向压应力公式:

$$\begin{cases} P_r = P_0, & r \leqslant r_0 \\ P_r = P_0 r_0^3/r^3, & r > r_0 \end{cases} \tag{4.90}$$

式中,r_0 是热峰的半径;r 是距热峰中心的距离;P_0 是受热球体对周围介质所施加的压力,并由下式算出:

$$P_0 = \frac{4(1+\sigma)}{3(1-\sigma)}\mu \cdot \frac{\Delta l}{l} \tag{4.91}$$

在这里,μ 为剪切模量;σ 是泊松比;$\Delta l/l$ 是线膨胀份额。对于前面所讨论的铜内 300 eV 的球形热峰,假定半径为 1.5 nm 的中心区处于熔化状态,取 $(\Delta l/l) = 0.05$,$\mu = 10^{12}$ dyn/cm²[①] 和 $\sigma = 1/4$ 这样一些典型数值时,由上式计算得到 $P_0 \approx 10^{11}$ dyn/cm²,这样大的压力足以使完整的晶体出现塑性变形。随着距热峰中心的距离增大,压应力减小。因此,热峰中心区外不大可能形成新的位错,但这样的压应力可促使晶体内已存在的位错运动。由于位错线要么终止在晶体的自由表面,要么终止于自身,可以预期,热峰在晶体内部导致的局部应力情况下,一定形成位错环。上述的热峰导致的位错环直径约为 2 ~ 3 nm。如果热峰冷却时同热峰加热时的过程是不可逆的,或热峰所形成的位错环是互相缠绕的,那么这些新形成的位错环可能作为永久性缺陷保留下来。

4.4.3 裂变峰

以上讨论的是运动原子在其慢化过程的末梢那些低于离位碰撞事件将其能量以热的形式释放出来时形成孤立的球形热峰的情况。如果这样的讨论扩展到高能 PKA 或者高能入射的带电重粒子的整个慢化过程时,将会出现什么现象?

现在,分析一个高能重离子在固体内运动时的情况,在慢化过程中它将以弹性碰撞和电子激发或电离的方式消散能量。然而,对非常高速的离子在固体内运动,它与固体内的电子的库仑作用是最主要的能量传输机制。传给电子的能量最终也将以热的形式释放出来。如果将离子沿途的能量释放想象为形成一个柱状热峰,这个柱状热峰的温度分布应满足:

$$T(r,t) = \frac{Q}{4\pi c\rho} \cdot \frac{1}{Dt} \cdot \exp[-r^2/Dt] \tag{4.92}$$

式中,Q 是重离子沿其径迹的单位长度上释放的能量。核裂变反应生成的高能裂变碎片在固体内穿行时形成热峰是柱状热峰的一个例子。Chadderton 利用式(4.92)计算了释热强度 Q 为 30 000 eV/nm 的裂变碎片在碘化铅中热峰区内的温度分布随时间变化情况,如图 4.23 所示。可以看到,如果假定所有传给电子的能量立即释放在晶体内,热峰区的中心部分的温度可能达到 10^5℃。Dinenes 和 Vineyard 指出,能量为 100 MeV 的裂变碎片在金属铀中运动时,如果所有的电子激发都转变成晶格的热能,则可形成一个半径为 10 nm,长度为 4 μm 的柱状热峰区。峰的温度可高达4 000 ℃。但是,裂变碎片只是在它初始生成时(速度达 10^9 cm/s)才具有很高的电荷态(有效电荷数)。随着裂变碎片的慢化,有效电荷数迅速下降,并可由式(3.22)粗略地给出。这意味着碎片与固体内电子的库仑作用随之逐渐减弱,或者说热源强度减小。

---

① 1 dyn = 10^{-5} N

因此,与其说裂变碎片在慢化期间形成柱状对称的热峰,倒不如把它想象成一个以裂片最后终止处为顶点的圆锥形的热峰更加合理。图 4.23(a)是起始于 x 并终止于 y 点的圆锥形热峰的图示。此外,除了与电子碰撞,裂变碎片沿路径还将与原子发生弹性碰撞。发生某一给定能量传输的弹性碰撞平均自由程同裂变碎片的能量有关。图 4.24 表示了轻、重裂变碎片在轴内碰撞平均自由程同碎片能量间的关系。随着碎片慢化减速,平均自由程降低,击出 PKA 的弹性碰撞频率增加。因此,沿着碎片起始点 x 至终点 y 的路径上 PKA 的密度逐渐增大。PKA 在级联碰撞中,其离位碰撞平均自由程也随着它的能量降低而逐渐减小,并最终减小到原子间距的量级时,引起一个离位峰,如图 4.23(b)所示,可以预期,沿 x 至 y 的径迹上,离位峰逐渐变密。在接近径迹终点附近,离位峰互相重叠,如图 4.23(c)所示。由此可见,裂变峰是热峰[图 4.23(a)]和离位峰[图 4.23(c)]的

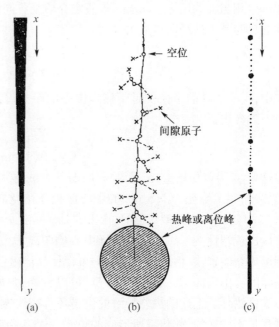

图 4.23 裂变峰

(a)裂变碎片形成热峰示意图。碎片由 x 点进入固体而终止于 y 点。热峰强度由径迹上相应位置处的正圆锥半径表示。
(b)碎片击出的 PKA 引起的离位峰示意图。当离位碰撞平均自由程低于原子间距时,形成离位峰。
(c)离位峰形成的频度同裂变碎片能量的变化关系。图中没有考虑碰撞事件的统计特征

复合体,并可归纳如下:在裂变碎片径迹的初始端,主要是由于与电子相互作用形成很强的热峰;随着碎片减速,由于获得电子而使有效电荷降低,因而热峰强度逐渐减弱;然而,离位效应却随碎片减速逐渐变得重要起来,其结果是形成大量的 PKA 以及随之而形成的越来越密集的离位峰。

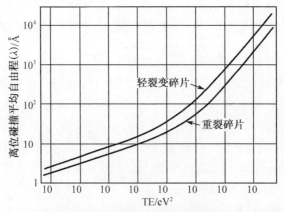

图 4.24 轻、重裂变碎片在轴内的离位碰撞平均自由程
(传输能量为 T) 同碎片能量间的函数关系

虽然裂变峰这个术语来源于核反应裂变碎片在固体内穿行时的行为,它亦可以应用于高速运动的重离子在固体内穿行时的行为。对裂变碎片在固体内的径迹实验观察,也支持了裂

变峰这一概念。如图4.25所示是裂变碎片径迹的电镜照片。径迹特征同粒子能量有关。在高能段,径迹是连续的;在低能段时,即靠近径迹的终端处,径迹变得不连续了,且不连续的间隔逐渐减小。Chadderton认为高能时的连续特征相应于热峰引导的损伤,低能段的不连续线段相应于PKA产生的离位级联或离位峰。

　　关于峰的理论讨论,通过计算机模拟实验开始从定性的描述进入较为明晰的图像,不同的作者对峰的描述也不尽相同。例如,Chadderton将峰分类为热峰、离位峰和裂变峰;而Dienes和Vineyard把热峰和离位峰看作一类并称之为温度峰。实际上,热峰是可以单独发生的,因为入射粒子将产生一系列的PKA,其中有一些是低能的PKA,能量在离位阈能附近,可以形成热峰;而离位峰常常是与热峰结合在一起的,因为离位峰内包含了大量的能量在离位阈能附近的反冲原子,存在着不少的能量不一的热峰,因此离位峰本身就含有热峰。裂变峰有着它自身的特性。这些峰的概念对于研究辐照损伤和辐照效应是很有意义的。

图4.25　裂变碎片径迹的电镜照片

(在线段xy上径迹不连续性表示离位峰形成,
而在连续的径迹可想象是由热峰导致的损伤)

4.5　MD计算机模拟

　　本章的4.1和4.2节讨论了预测碰撞级联基本特征的解析方法,即能量为E的PKA所产生的平均离位原子(因而也是空位)的数目$\nu(E)$。人们对最简单的Kinchin-Pease模型作了修正以便考虑:

　　①实际的能量传递截面;

　　②级联形成期间连续的电离(或激发)能量损失;

　　③反冲原子的晶格效应,包括碰撞列、沟道效应、多级离位阈能面等。

　　每个因素都使预计的$\nu(E)$数值减小,其减小的量取决于PKA的能量。然而,所有解析的级联理论都是讨论有关载能原子产生孤立的Frenkel缺陷对的机理的,并不考虑空位和间隙原子之间或同类点缺陷之间的相互作用。可是,空位与间隙原子相互作用将导致湮没;而同类点缺陷的作用将形成缺陷团,这些缺陷团是间隙原子环的前身或空洞胚胎。这两种实体都对被辐照金属的力学行为产生巨大影响。本章的4.3和4.4节分析了碰撞级联中反冲原子的晶格效应和空位、间隙原子的空间分布,其中碰撞列和沟道导致碰撞级联区中一些原子和能量做长距离的传输,使碰撞级联区成为贫原子区,直接成为空洞胚胎,而外围晶体内超平衡的间隙原子浓度将聚集成间隙原子环的胚胎。另外,热峰在晶体内局部区域产生很大的压力,足以使完整的晶体出现塑性形变而形成位错,导致位错环的形成。离位峰常常与热峰相伴,将直接产生空洞胚胎、堆垛层错四面体、位错。

实际上,对于高能中子和带电粒子的辐照,将产生一系列的初级离位原子 PKA。在固体中离位损伤的演化各阶段表示在表 4.4 中。特别是对于高能量 PKA 事件,在 PKA 慢化过程中将产生级联碰撞过程,不仅产生空位和低能反冲原子,还能分叉为几个子级连碰撞,如 500 keV Cu 离子在其路程上分叉十多个子级连碰撞。对具有 $1 \sim 10^3$ keV 能量的 PKA,飞行距离远超过点阵常数,建立离位级联,这是一串二级、三级等的逐级离位过程。在一些原子重新排列后演化为稳定的缺陷分布,这整个过程发生在 10^{-3} fs(10^{-15} s) 到 0.3 ps 时间内,不可能用现在的实验技术去演示,只能借助于计算机模拟实验来阐明缺陷产生过程的详情,而后从计算机模拟实验导出的结果与实验上高能离位事件产生的缺陷数目、缺陷的排列、原子的混合和相变相比较,得出正确的物理图像。由高能 PKA 产生缺陷的过程可以分为两个阶段,第一是级联碰撞,而后是离位峰。在级联碰撞中,PKA 在点阵中产生二次、三次和更高次的反冲原子,持续大约 $0.1 \sim 0.3$ ps,即小于典型的原子振动时间。在反冲原子和点阵原子之间的碰撞近于两体碰撞,这个阶段称作弹道相,弹道相的终端使所有反冲原子慢化到能量低于离位阈能,不能进一步撞击出点阵原子。级联碰撞的结果是产生许多反冲原子,它们是离开它起始点阵位置一个原子间距以上的离位原子,并留下的空位。在级联碰撞区中大多数原子都在剧烈地运动,运动的强度在 10 ps 期间随着离位峰的冷却而减小。新生的离位峰发生在 PKA 出现后的 0.3 ps,包含着级联碰撞的中心区,这时级联碰撞的动能和势能被随机分散并转化为热能,它类似中心区发生了剧烈的爆炸,在其边缘建立了密度极高的密度冲击前锋,在 $0.3 \sim 3$ ps 内,以置换碰撞、位错环的滑移或其他机制,把边缘附近的离位原子逐出周围点阵区域。同时在中心区域形成类液体的液滴,大约在 3 ps 内冷却到低于熔点温度,相当于过冷的液态核区快速再结晶,而后冷却到环境温度。再结晶过程中,把空位的中心区称作贫原子区,上述两个过程统称为离位级联,它包括了开始的级联碰撞和其后的离位峰相。在 10 ps 以后,这些离位峰产生的缺陷与固体内已存在的缺陷相互作用发生复合和聚集过程,导致微观结构的演化。

表 4.4 固体中离位损伤演化的各个阶段

时间/ps	事件	结果	特征参数
10^{-6}	入射粒子传递反冲能量	初级离位原子(PKA)	T:PKA 能量 T_{dam}:损伤能量 $d\sigma(E,T)$:截面
$10^{-6} \sim 0.2$	PKA 慢化过程生成级联碰撞	空位,低能反冲原子,子级联	E_d:离位阈能 $N_d(I)$:离位原子数目 N_{sc}:子级联的平均数目
$0.2 \sim 0.3$	离位峰的形成	低密度、热熔化液滴、冲击波峰	T_{sp}:离位峰最高温度 $U_{sp,m}$:最大熔化区 $\Delta\rho_{sp}$:峰核中原子密度亏损
$0.3 \sim 3$	离位峰弛豫,间隙原子的逐出,从热液核转变为过冷液核	稳定的间隙原子(SIAS),原子混合	$\tau_{sp,m}$:位移峰熔化寿命 m:原子混合效率

表 **4.4**(续)

时间/ps	事件	结果	特征参数
3~10	离位峰固化,并冷却到环境温度	贫原子区(DZ),无序区,非晶区,空位盘坍塌	$\nu(T)$:0 K 下稳定的 Frenkel 对数目 $\xi(T)$:0 K 下损伤效率 η_{diso}:无序化效率 η_{amo}:非晶化效率
10~无穷大	从级联碰撞区中稳定的间隙原子和空位在级联区内部热运动复合和逸出,逸出缺陷间相互反应	存活的缺陷(SD) 逸出的间隙原子(EI) 逸出的空位(EV) 间隙原子和空位到尾闾的稳态流量,稳定的间隙原子团或空位团的生长/收缩,溶质偏析	T:照射温度 $\zeta(T)$:在温度 T 时的损伤效率(每 dpa 的存活缺陷量) η_{EI}:逸出间隙原子产生效率 η_{EV}:逸出空位产生效率 $P_s^{I,V}$:间隙原子、空位为尾闾吸收的效率

在最近二三十年内,由于计算机技术的飞速发展,已经可以直接解含有足够多原子的集合体(晶体)的运动方程,以便精确地模拟晶体内 25 keV 以下能量的 PKA 碰撞级联的全过程。但是对于不同的目标,可以采用不同的模拟方式。对于辐照损伤,通常采用三类模拟计算。一类是分子动力学全模拟(MDS 模拟方法),包括低能反冲原子的离位阈能计算模拟和相应的碰撞列过程;高能 PKA(<25 keV)碰撞级联的全过程,描述离位峰的全过程。这类模拟计算可以统一处理起始的级联碰撞和其后的离位峰相,克服了以往的两个缺点,一是考虑了原子间的多体效应的作用势,采用埋置原子的 MDS 方法;二是采用近代超级计算机处理 10^6 原子的晶体,因而可以模拟 Cu 中 PKA 的能量高达 25 keV。但是这类计算仅展示到 10 ps,描述离位峰相的过程。第二类计算机模拟是采用晶体结构,但是级联碰撞是用二体碰撞近似的计算,对记录的所有信息进行分析。这类方法可以对级联碰撞与 PKA 能量的关系,进行系统的计算机研究,得出一些规律性的结果,如高能 PKA 将产生几个子级联和子级联的阈值能量,子级联的数目与 PKA 能量的关系,子级联的能量密度等。这类计算对 PKA 的能量没有多大限制,可以对高能 PKA 整个碰撞有一个概貌的了解,以便对一些典型事件和区域做更详细的 MDS 模拟实验。第三类是各种缺陷的形成能和迁移能的计算。考虑到点缺陷的相互作用,它们将迁移和聚集,那就必然要研究辐照产生的缺陷稳定形态,特别是间隙原子,它是处在什么位置,是间隙式的还是哑铃式的。在缺陷退火过程中,必须分析缺陷复合的形式、双空位、双间隙原子的结合能、迁移能,特别是氦原子与空位、间隙原子的结合能和集合体的迁移能等。有了这些分析才能研究辐照下微观结构的演化。

4.5.1　级联碰撞与子级联

为了对级联碰撞有一个概貌性的分析,对起始的级联碰撞用二体碰撞近似的计算机模拟来获取信息。在这些计算中,运动原子 PKA 与点阵原子碰撞对于碰撞点和反冲角都是随机抽样的,当抽到某个碰撞时,计算起始位置至碰撞点的行程及其能量损失(包括电离、激发的路程能量损失和弹性碰撞的路程能量损失),将初始能量 T 减去路程能量损失 ΔE 去撞击点阵原子。当反冲原子能量低于E_d(离位阈能),记录下运动轨迹,继续随机抽样去撞下一个点阵原子。如果反冲原子能量高于E_d则变为运动原子R_1,记录下 PKA 的轨迹后,先计算R_1的运动原子与点阵原子的碰撞,也是采用随机抽样法,计算R_1与点阵原子的碰撞位置,其能量扣除路程能量损失作为碰撞的撞击能量。如果点阵原子获得的能量高于E_d,它又变成运动原子R_2,记录下R_1运动原子的轨迹,计算R_2的碰撞和运动轨迹,直至R_i反冲原子能量低于E_d,则返回继续计算R_{i-1}反冲原子的碰撞和运动轨迹,计算完反冲原子R_{i-1}的级联碰撞和运动轨迹后,再返回计算反冲原子R_{i-2}的碰撞和运动轨迹,逐次返回到 PKA 撞出反冲原子R_1的位置,继续计算 PKA 的下次碰撞。逐级进行,直至能量低于E_d才完成计算。当$T \leqslant T'_{sc}$(子级联阈值能量),级联碰撞是密集的,空位都留在 PKA 的射程区域内;然而$T > T'_{sc}$,级联碰撞趋向于分支或分裂成几个独立的子级联,在 Cu 中 100 keV 的 PKA 所产生级联碰撞的三维图如图 4.26 所示,黑点代表空位,轻点代表自间隙原子,所有空位与间隙原子间距离小于 0.8 nm 的 Frenkel 缺陷对,由于其立即复合而被消去,图 4.26 很清楚地表明了三个子级联碰撞区。这是因为高能量的 PKA 在穿行一定距离后产生高能量的次级反冲原子,PKA 能量越高,高能量次级反冲原子之间的平均距离越大,各个高能量的次级反冲原子各自组成级联碰撞而且分开一定距离,这称作子级联碰撞。这些计算是统计过程,子级联的发生存在涨落现象;另一个影响级联碰撞图形的因素来自两维的隧道效应,对于 Cu 的模拟计算,晶态材料中级联碰撞在体积和纵横比上都稍大于在无定型材料中的级联碰撞,由于级联碰撞的不规则形状,很难做出级联碰撞中的能量密度θ_{cc}和空位浓度C_V的有意义估计。如果仅按碰撞原子所包容的体积来估算,则$\theta_{cc} = 2$ eV/at,$C_V = 3\%$(原子系数)。

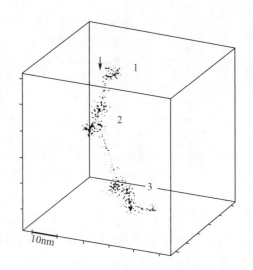

图 4.26 用 MARLOWE 计算程序得到的铜中 100 keV 碰撞级联的三维图
(Heinish,1990)

(粗点代表空位,细点代表 SIAs,所有空位 – SIA 间距小于 0.8 nm 的 FD 未绘在此图上(自发复合了),可以看出有三个离得较开的次级级联(1 到 3),次级级联 2 和 3 分别含有三个片区)

级联碰撞具有随机性质,需要进行系统的统计计算机研究。对于一些金属用 MARLOWE 程序计算了10^4个级联碰撞,提取出局部的空位分布的统计平均值,并且以此对子级联作出规定。子级联的空位浓度必须高于平均空位浓度,一个子级联区与另一个子级联区的距离必须大于子级联区的直径,由此得出子级联区间的距离很宽地分布在 50 个原子直径的平均值周围,而且与原子序数和 PKA 能量无关。更仔细地观察图 4.26 还可以看出,子级联区内的空位分布不是球形的,而是次级级联本身含有分支或片区,可以看作毗连的较小级联单元。由图 4.26 可以计算出每个 PKA 产生的子级联区的平均数目n_{sc}与损伤能量T_{dam}之间呈现出线性关系:

$$n_{sc}(T) = T_{dam}/T_{sc} \quad (T_{dam} > T_{sc}) \tag{4.93}$$

式中,T_{sc}是每个子级联的平均损伤能量,研究表明T_{sc}也是产生子级联碰撞的阈值能量,这意味着,当反冲能量很高时,次级级联可以看作新的独立的损伤单元。Merkle(1976)引进这个概念,还用 TEM 透射电镜首次观察到次级级联。平均而言,每个这样的单元不但含有相等的反冲损伤能 T_{sc},而且含有相等数量的缺陷、原子体积等。Heinisch 和 Singh 也指出,T_{sc} 约等于这样的 PKA 能量,高于 T_{sc} 就会发生分叉,出现子级联碰撞区,低于 T_{sc},级联碰撞是一个整体,如图 4.27 所示。由于 PKA 穿行中路程能量损失随原子序数 Z 而增加,平均自由程减少,因此 T_{sc} 随原子序数 Z 而增加,对于 Cu,T_{sc} 是 25 keV,而对于金,T_{sc} 高达 170 keV。

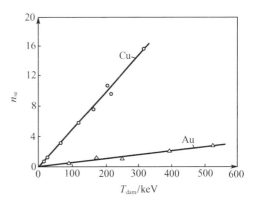

图 4.27　每个 PKA 产生的次级级联平均数与 T_{dam} 的关系

［以实线连接的数据点是用 MARLOWE 程序计算模拟得到的值(Heinish 和 Singh,1992)］

4.5.2　离位峰 – MD 计算机模拟

在计算机实验中,以一种立方结构(fcc 或 bcc)方式排列和相互作用的 5×10^5 到 1×10^6 个原子的组合体,在其周界设定固定束缚,亦可以在晶格原子上设定点阵振动模式。当晶格原子受到撞击,沿一定方向出射,形成周围一系列原子的碰撞,按时间步长解所有原子的运动方程式,得出各自位置与时间的关系。一般初级被撞原子设立在中心区域的某一个原子上,并在某特定方向上受到一个初始动能脉冲,用这种初始状态模拟被快中子碰撞而变成了 PKA 的一个点阵原子。这个 PKA 继续打击一个近邻原子,如果传递能量足够使其发生离位,该原子就处于运动中,随着时间推移,接着在晶体内的原子间发生一系列的碰撞,即级联碰撞,在此期间晶体内所有原子的位置受 1.5×10^6 到 3×10^6 个的运动方程组所支配,以很短时间间隔解经典运动方程,从而跟踪每一个原子的位置和动能与时间的关系。这个运动方程组如下:

$$M \frac{\mathrm{d}^2 \boldsymbol{x}_i}{\mathrm{d}t^2} = \boldsymbol{F}_i(\boldsymbol{x}_1, \boldsymbol{x}_2, \cdots, \boldsymbol{x}_n) \qquad (i = 1, 2, \cdots, n) \qquad (4.94)$$

式中,$\boldsymbol{F}_i$ 是由于近邻原子的作用而引起的作用在第 i 个原子上的力。这些力可用第 i 个原子和它周围的每个原子的相互作用势之和来表示:

$$\boldsymbol{F}_i = \sum_{j \neq i} \frac{\partial V}{\partial r_{ij}} \qquad (4.95)$$

式中,$r_{ij} = |\boldsymbol{x}_i - \boldsymbol{x}_j|$ 是 t 时刻第 i 个原子和第 j 个原子之间的距离。由于作用势梯度所表征的斥力是短程的,因此在上述求和中只需包括第 i 个原子的直接近邻原子(最近邻原子和次近邻原子)。势能函数可以采用镶嵌原子势(埋置势),其表示式为式(2.55)或式(2.39)的 Biersack 和 Ziegler 的普适势函数。所选择的势能(二体的或多体的)应该能正确地再现晶体的稳态性质,例如结构、凝聚能、弹性常数、表面能、空位形成能等。

我们首先考查能量接近于离位阈值的 PKA 所做的计算机模拟的结果。图 4.28 表示一个 40 eV 的碰撞体在铜的小晶体内(约 500 个原子)所造成的原子径迹。根据式(4.28b)计算,40 eV 的 PKA 只能产生一个 Frenkel 对。图中用 A 标志的那个原子是 PKA。图形表示沿(100)面切开的断面。在这个平面内,原子的位置用大圆圈表示,小点表示原子的中心。图 4.28(a)中 PKA 的初始方向在(100)面内并与[010]方向成 15°。A 原子打击 B 原子,并传递足够的能量而使 B 原子离位。碰撞后,A 原子落在 B 原子离开后而空出来的位置处,这叫作

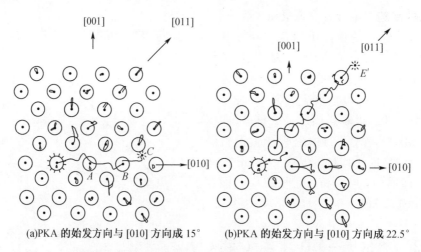

(a)PKA 的始发方向与 [010] 方向成 15°　　　(b)PKA 的始发方向与 [010] 方向成 22.5°

**图 4.28　0.04 keV(40 eV)PKA 在铜的(100)面所
导致的离位和原子的弹道 PKA 产生于 A 处**

［引自 Gibson *et al.*,*Phys. Rev.*,120:1229(1960)］

换位碰撞。然后,B 原子继续将 C 原子驱逐离位,然而 C 原子已没有足够的能量使 D 原子离位。沿[010]方向上的这些原子的最终位置用"☼"作标志;在 PKA 的初始位置处留下一个空位,A,B 原子分别占据 B,C 原子先前所占的位置,而 C 原子变为间隙原子,这些运动构成了 4.3 节中所描述过的小型的聚焦换位序列。晶体内其余原子接收的能量低于阈值能量,因而它们只是环绕其平衡位置振动。图形中相对于原子初始中心的蠕动曲线表示了级联期间这些原子的运动情况。正如预料,在[011]方向上聚焦能的传播是显然的,而沿着由 A 原子起始的[001]方向则要差一些。图 4.28(b)表示同样事件,但 PKA 的初始出发方向有些变化,初始方向与[010]方向的夹角为 22.5°。在这种情况下,[011]聚焦换位链被激发,而且动力挤塞子沿这个方向传播。在级联形成期间的末梢,在 E′处出现一个离位原子,在[010]方向上仅仅出现聚焦能传播,而在前一种情况下在这个方向上还出现了一个离位原子,在 A 处产生空位。图 4.29 表示 50 eV 的 PKA 沿[110]方向偏差 10°角出射的情况,开始时把动能传递给与 PKA 位置最靠近的一些原子,这好像是某种局部爆炸。从这个区域开始发生换位碰撞序列(RCS),每个原子相继把相邻原子推出,好像某种冲击波沿一列原子以超音速(约 2 马赫)传播。在撞击过程中,原子先是到达约与相邻原子原来距离的一半处,随后当动量被传递后,进一步向它的被撞击原子位置弛豫。连续地发生这种换位,直到如此多的能量耗散给周围晶格,以至序列的最后一个原子不能使相邻原子离位并最后占有它的位置,因此这个原子不得不向它的原来位置返回,然而这个位置已被 RCS 的前一个原子占有,所以这时有两个原子共享一个晶格位置,即在该处形成一个间隙原子。在已研究过的大多数材料中,稳定的自间隙原子(SIA)的确具有哑铃形结构,两个原子共享一个晶格位置。在 *fcc* 和 *bcc* 金属中,哑铃的轴分别沿⟨100⟩和⟨110⟩方向。从 PKA 的起始位置到自间隙位置是复置碰撞列区域。

以上三个例子都再现了聚焦换位碰撞序列和聚焦碰撞列,一般聚焦碰撞列最容易发生在小原子间距的方向,如在 *fcc* 结构中的⟨110⟩和⟨100⟩方向;对于 *bcc* 结构较易发生在⟨111⟩和⟨100⟩方向。这种聚焦碰撞列只有动量迁移而无质量迁移。以上发生的 PKA 事件类似于局部定性爆炸,以一种冲击波按超声速沿着原子列方向传播,冲击波的质量压缩前沿将形成自间隙原子(SIA),其后是其全波以动量传播。

在分子动力学计算(MDS)中,PKA 起始能量为 20 eV,沿着⟨110⟩方向出射,在 Cu 中并不形成永久缺陷,仅仅发生聚焦列。在碰撞列的最后所有的原子都回到它原来的位置,包括 PKA。因此有一个阈值能量去产生一个稳定的 Frenkel 缺陷对,即离位阈能 E_d。E_d 的数值随着在晶格中的反冲方向而变化。因此,可以用计算机实验来确定离位阈能和它与出射方向的关系,MDS 计算表明对于 Cu 单晶 E_d 在 SIA 接近⟨111⟩方向时最高,达 50 eV,但是在这些方向,增加 PKA 的能量很容易产生双空位和两个分开的自间隙原子 SIA;而在⟨110⟩方向,E_d 值最小,却很难形成两个空位和两个间隙原子,一般需要大于 400 eV。这表明二级离位阈能面不同于离位阈能面,并且为实验所证实,如图 4.29 所示。这对于计算电子、质子和低能离子辐照的损伤剂量有重要影响。离位阈能是随着样品的温度增加而减少。无论是离位阈能面还是二级离位阈能面随着温度增加而变化,变得平滑一些,亦就是说,晶格效应随着温度增加而变弱,$P_1(E)$ 和 $P_2(E)$ 的概率函数也可以由高能电子和质子辐照实验直接决定。

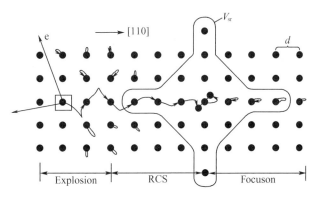

图 4.29　在 Cu 中单个离位事件的分子动力学模拟

(示出面心立方晶格(100)晶面的原子运动,从 $T=50$ eV 的 PKA 开始,它的反冲方向与此晶面上的[110]方向偏差 10°。PKA(它的初始位置已打上阴线)停止在产生的空位旁。另一个打阴线的原子是产生的间隙原子,置换碰撞串在该处终止;RCS 是换位碰撞序列;V_{sr} 是间隙原子稳定性的区域,如果在这区域内有一个空位,间隙原子立即与之复合;d 是正常原子间距)

MDS 计算亦表明,沿着晶格密排方向,置换碰撞列 RCS 可最有效地将间隙原子与空位分开一段距离,而避免已形成的 Frenkel 缺陷对自发复合。这种不稳定区域的体积称作自发复合体积 V_{sr},定义为自间隙原子 SIA 周围 V_{sr} 体积内的点阵位置为空位所占有,必定导致不稳定的 Frenkel 缺陷对自发复合,计算机模拟表明,在 fcc 金属中 V_{sr} 是 50~100 个原子体积(V_a),这与在液氦温度下辐照实验观察的缺陷饱和浓度(CFD)推断值相一致,即 CFD = $V_a/(2V_{sr})$。

现在将 PKA 的能量设置到 10 keV,MD 分子动力学模拟可以清晰地再现碰撞过程和其后的演变,如果把这一过程简单地划分为 10^{-6}~0.3 ps 时间内的弹道相和 0.3 ps 时刻呈现出离位峰的话,这就相当于 10^{-6}~0.3 ps 时间内中心区发生了剧烈的爆炸,并在其中心区形成炽热的核心"热离位峰"和其边缘建立了密度极高的密度冲击前锋,即其周围的冲击波("塑性离位峰")。在 0.3~3 ps 内,以置换碰撞、位错圈的滑移或其他机制,把边缘附近的离位原子逐出周围点阵区域,同时级联碰撞的动能和势能被随机分散并转化为热能。之所以把分界线设立在 0.3 ps,一是因为连续的逐级碰撞已使所有反冲原子能量都低于离位阈能,不能进一步撞击出点阵原子,二是 0.3 ps 内尚处在剧烈的轨道运动,并将进入振动状态的阶段。

在发生级联碰撞 0.3 ps 以后,就进入离位峰阶段,这时 MD 模拟描述 PKA 能量向离位峰内原子耗散过程和所产生的原子运动的集体性质。模拟计算表明所产生的离位峰中心很快就达到动能和势能间的均匀分配,一般在 1~2 次晶格振动内完成,典型的为 0.25 ps。随后,在离位峰核心内,可以用原子的平均动能等于 $(3/2)K_B T_{sp}$(K_B 是玻尔兹曼常数)的方法来定

义离位峰温度 T_{sp}。从图 4.30(b)可以看出,铜的离位峰中心最高温度达到 4 倍熔化温度,如此高的局部温度必定会在离位峰内存在热熔化区。Wolf 等(1990)曾指出,处在比热力学熔化温度高约 30%的过热状态时,晶体内存在机械切变(声子)不稳定性,能在一或几个晶格振动周期内发生固相到液相的转变。图 4.31 是 Au 中 10 keV 的 PKA 事件发生后 1 ps 时刻的中心横截面的原子图案,显示出这种类似液体的无序区,其周围为保存良好的晶格,并且密度冲击波的前锋以及沿着置换碰撞列 RCS 的痕迹清晰可见。在离位峰峰核内,可以用径向分布函数 $g(r)$,定量地描述局部原子排列;$g(r)$ 是在某一个原子体积内出现距离该原子 r 处的另一个原子的概率。图 4.32 是离位峰内原子的 $g(r)$ 与液态铜(实线)的 $g(r)$ 比较。这两个函数之间惊人的相似性清楚地证明离位峰的类似液体结构。在 $r = 0.36$ nm 处(200)峰消失,这充分证明晶体结构完全被摧毁;而在随后离位峰内溶体固化时,这个峰又在 MD 计算得到的 $g(r)$ 中出现。

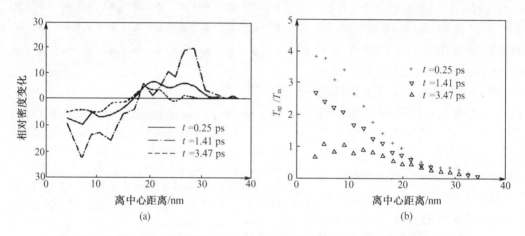

图 4.30   在铜中 5 keV 离位峰在三个时刻的原子密度(a)和温度(b)的径向分布
(MDS,Diaz de la Rubia 等,1989)

分子动力学模拟计算 MDS 也表明,初生离位峰核芯内原子局部密度降低,例如对于 Cu 离位峰的核心区的局部原子密度降低 10% ~ 15% [见图 4.30(a)],为了平衡芯内原子稀释,在离位峰的边缘建立起被压缩的高密度垒,从图 4.30(a)和图 4.31 也可明显看出这个高密度环是级联碰撞径向传播过程中产生的密度冲击波的前锋。这个冲击波前沿的机械应力在瞬间达到理论临界切应力的量级 $\mu/2\pi$,其中 μ 是切变模量。

以上表明离位峰的核芯区是类液相的密度稀释超热区,在其周围生成密度冲击波,并将附近的离位

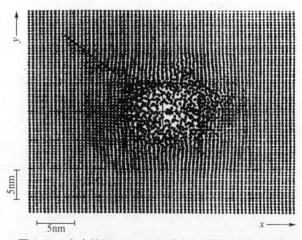

图 4.31   金中接近 10 keV 级联中心的横切片内 3 层平面原子在 PKA 事件后 1 ps 的瞬间原子排列结构在 {100} 面的投影

(MDS,作者 Averback,私人通信。注意,原子位置的 x 和 y 方向标尺略有不同,斜看这幅图可清晰地看出冲击波前沿和沿 RCS 的扰动)

原子以交换碰撞列 RCS 方式逐出该区域，其后是冷却过程，即离位峰弛豫过程，持续 3 ps。稳定的间隙原子被沉积在熔化区以外，这个核芯区自身冷却到熔点以下，然后保持过冷的液态，由于熔化区有宽余的自由空间，在这区域间隙原子不能存活，只有那些被密度冲击波逐出的那些间隙原子才远离该区域不被复合，因此这逐出过程决定了稳定的 Frenkel 缺陷的形成，相应的空位最后必须保持在离位峰核芯区。关于间隙原子被逐出的过程，在 Cu 中 5 keV 的 PKA 事件的分子动力学模拟实验表明，大多数都是由置换碰撞列 RCS 将间隙原子逐出级联碰撞区，不仅有 ⟨110⟩ 和 ⟨100⟩ 方

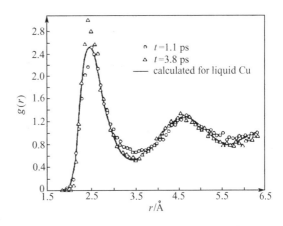

图 4 – 32　铜中的 5 keV 离位峰内两个选定时刻的径向分布函数

向置换碰撞列 RCS，也有 ⟨111⟩ 方向的置换碰撞列将间隙原子逐出级联碰撞区。

间隙原子离开的距离依赖于环境温度和原子间作用势。典型的事件置换碰撞列的平均长度是 1.5 ~ 2.3 nm，相应于沿着 ⟨110⟩ 方向置换 6 ~ 10 个原子的距离。最近 MDS 观察到间隙原子以间隙原子片的方式产生在离位峰的周界。在这种机制中，自发地或通过单个自间隙原子快速聚集，在密度冲击波前沿，形成片状间隙原子团或间隙原子瞬时聚集成片，间隙原子片具有完整 {111} 位错环的形状，是高度能沿着 1/2⟨110⟩ 柏氏矢量方向滑动的位错；并且快速滑动离开熔化的离位峰芯而避免复合，它们必须与正在收缩的熔化芯保持足够的距离，以避免被正在收缩的熔化芯吞并。在离位峰弛豫后期，冲击前锋的压力波松弛返回，并再一次压缩膨胀了的离位峰芯区，这些位错环又能部分返回。由于它们保持了足够的距离而不被合并到收缩的熔化区，周围间隙原子团与空位芯间弹性相互作用导致具有与离位级联区相切的柏氏矢量的环片择优形核和保存下来，因此幸存的位错环的柏氏矢量与离位级联区成切向。分子动力学模拟 MDS 实验表明，幸存的自间隙原子 SIA 中有 50% 以上是以小的间隙原子团形式存在，它们或者是协同过程所形成的，或者是由邻近的复置碰撞列逐出的自间隙原子 SIA 聚集而成的。这些幸存的稳定的自间隙原子以及互相间隔开的间隙原子团的数目不仅与损伤能量 T_{dam} 有关，而且还与所考虑的材料的化学性质和结构有关。

对于离位峰核心区的热量，主要由热碰撞，即声子消散在周围的点阵原子中，在离位峰中的电子也被加热。在金属中，由于电子在热导中居主要地位，初看便会预计它将对离位峰冷却作出很大贡献，即电声子相互作用消散大量热量；然而，根据 Flynn 和 Averback（1988）的分析，决定性的参数是电子在溶体内的平均自由程 λ，对于液态 Cu，$\lambda = 4.5$ nm，而对于液态 Ni 和 Fe，分别是 0.8 nm 和 0.55 nm，λ 值必须和离位峰的尺寸 R_{sp} 相比较才能说明问题。如果 $R_{sp} < \lambda$，电声子耦合对离位峰冷却没有影响，Cu 就属于这种情况。但是如果 $R_{sp} > \lambda$，电子在离位峰内做无规则运动，每次碰撞获得 $k_B\Theta_D$ 的能量，其中 Θ_D 是德拜温度。如果 $R_{sp}/\lambda > 5 \sim 10$，电子将以这种方式加热到离位峰的温度 T_{sp}。如果这种加热也使电子系统的简并能级提高（即不再是费米能 $\gg k_B T_{sp}$），那么，特别是对于 d 带金属，电子系统的热容将急剧升高，并且大部分的损伤能量 T_{dam} 被热电子迅速耗散，使离位峰内原子的温度相对较低。然而，除了这些定性的考虑，几乎没有电子 – 声子耦合对离位峰冷却起作用的量化信息。虽然电子的作用

可能是极重要的,但目前没有实验证据支持或反对它的作用。对于离位峰的冷却过程,人们作了 MDS 实验,例如对 Cu,从图4.30(b)能够看到大约3.5 ps 后,5 keV 离位峰的中心温度已经降到熔点温度以下。Alurralde 等人建立了不同 PKA 能量、不同金属的离位峰冷却模型,他们采用二体碰撞程序确定级联碰撞区的反冲能量分布,然后把它转换成初始温度分布,再用经典的均匀介质热传导方程计算进一步冷却过程,即熔融区的体积和温度随时间的函数关系。计算中用 $C/a\kappa$ 表示时间步长,从而避免需要直接知道每个原子的比热容 C,平均晶格常数 a 和热导系数 κ 随温度变化的复杂关系。然而,由于碰撞级联中相变温度与热力学熔化温度相差很大,所以定义合适的熔化判据是困难的。例如,必须确定熔化区迅速扩展(声速 v_s 量级)所需要的最小过热;另外,碰撞级联的部分能量用于加热电子,因此能量扩散比离子热迁移迅速得多。尽管有这些问题,这些计算表明按 $T_{sp} > T_m$ 区域定义的熔化区,首先进行少量扩张,一般约在2 ps 后开始收缩。图4.33 示出 Cu 中计算得到的熔融离位峰最大体积 $V_{sp,m}$ 和时间 $\tau_{sp,m}$ 与 PKA 能量的函数关系。在这里,熔化区定义为 $T_{sp} > T_m$ 的容积 $V_{sp,m}$;熔化区的寿命 $\tau_{sp,m}$ 定义为在 $V_{sp,m}$ 中的温度 T_{sp} 到处都降到熔点温度以下的时刻,由 $V_{sp,m}$ 和 $\tau_{sp,m}$ 以及它们与 PKA 能量的关系都与分子动力学模拟计算 MDS 相一致。对于其他金属,如果忽略电声子耦合项,对于 Cu,Ni,Ag,Fe 和 Pd 都有以下的近似关系:

$$V_{sp,m}/V_a \approx T_{dam}/(14k_B T_m) \tag{4.96}$$

$V_{sp,m}$ 与 T_{dam} 呈线性关系。根据方程(4.93),当 $T_{dam} \gg T_{sc}$ 时出现这种线性关系并不出人意料,因为形成了各个独立的子级联区。对于较小的紧密级联,线性关系表示沉积在级联碰撞区的能量密度 Θ_{cc} 与 PKA 的能量 T 无关,这是线性级联的典型结果。$V_{sp,m}$ 与熔化温度 T_m 似乎也有一定关系。取每个原子的总能量(动能和势能)等于 $3k_B T_{sp}$,根据方程(4.96),离位峰核芯最初可加热至 $T_{sp} \approx 4.7 T_m$,但是这是上限,因为忽略了 T_{dam} 中有一部分能量(20% ~ 30%)已被消散于熔化区以外区域,即已被耗散进入熔体周围晶格,并且还假设传导电子未被加热。

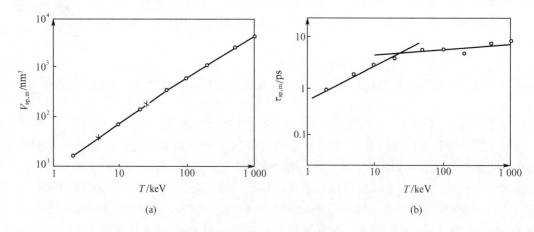

图 4.33   Cu 中不同 PKA 能量(T)的计算结果(Alurrale 等,1991)

从图4.33(b)可看出,当 Cu 中 PKA 能量大于 20 keV 时,计算出的存活时间 $\tau_{sp,m}$ 几乎是常数,这是由于级联分裂成次级级联(子级联),次级级联独立地进行冷却。图4.33(b)中,当能量高于 T(约 20 keV)时,$\tau_{sp,m}$ 少量增加,这反映出次级级联冷却的近邻效应。当 $T < 20$ keV,即紧密级联时,近似地有 $\tau_{sp,m} \propto T^{0.5}$ 的关系,这冷却速度的增加来自级联区的表面积与体积比的

增加,即散热面积增加加快了冷却速度。$\tau_{sp,m}$ 的精确含义和绝对值不容易确定,例如 4.33(b) 引用的数值是通过把 Alurrale 等人给出的任意单元结果调整到 Diaz de la Rubia 和 Guinan (1991)给出的分子动力学模拟结果获得的。$\tau_{sp,m}$ 也不是表示全部熔体已经完全再结晶的实际时间。当淬火速度达 10^{15} K/s,而且离位峰周围的温度梯度为 1 000 K/nm 时,熔体中预期会出现很大的过冷度。从分子动力学模拟来看,显然存在这种过冷。在离位峰冷却期间,温度已降到 T_m 以下,仍然观察到液相具有的径向概率分布函数 $g(r)$[见图 4.30(b)和图(4.32)]仍然是典型的液态分布函数。虽然如此,$\tau_{sp,m}$ 仍然可作为描述熔融离位峰体积特征的平均存活时间的近似值。

另一个问题是,熔融离位峰核这个概念的最小离位峰尺寸为多少? 定义熔融区所需的一个准则是,熔融区内的原子数量至少应当与熔融区与晶体环境的过渡的原子数可比较。设液相和固相过渡区的厚度为一个原子层,则可以得出与 PKA 能量 T(约 0.5 keV)对应的 $V_{sp,m}$ 最小值大约为 $100V_a$。如果要求平均熔化寿命 $\tau_{sp,m}$ 必须大于或等于液相芯以声速固化的最小时间,相应 PKA 的能量是 0.5 keV;同时平均的熔化区寿命不能小于液核以声速 V_s 量级固化所经历的最短时间,则也能求得相似的最小值。

关于离位峰冷却过程的最后阶段——液态熔融芯的凝固,所有的分子动力学模拟 MDS 实验表明,由于热量迅速耗散进入周围晶格,凝固过程进行得相当迅速。一般在 10 ps 以后,离位峰中心温度已经降至环境温度。凝固期间熔融区前沿的凝固速度接近极限值 V_s——熔融区的声速。熔融区-固相界面发生重排的频率与晶格振动频率在同一数量级。驱动如此快速凝固所需的过冷度估计为 $\Delta T/T_m \approx 0.3$,与 Diaz de la Rubia 和 Guinan(1991 年)用分子动力学模拟得出的结果吻合。仅对纯金属或无序固溶体而言,界面原子在上述的短时间内重建初始晶体结构才是可能的;对于较复杂结构,例如有序合金、非平衡相,可能是被淬火。

对于离位峰内的空位情况,在离位峰弛豫阶段初期,空位以自由体积的方式分布在液相中。从观察到的核芯密度降低值可以估计这些自由体积所对应的空位的浓度,它超过 10%。然而,在离位峰弛豫阶段,大部分自由体积被冲击波压缩的晶格回弹填充了。在离位峰区弛豫阶段末期,由于稳定的自间隙原子已经沉积在熔化区外,近似地有相同数量的空位存留在熔化区。离位峰核芯固化时,这些空位被淬火,从而形成贫原子区(DZ)。然而这些空位不是任意分布的。冲击波前沿向离位峰填充过程和结晶前沿的区域精炼过程,驱使空位向离位峰中心迁移;条件适当的情况下,在那里空位聚集成不可迁移的空位团或位错环。

4.6 离位峰中的原子混合

在离位峰的寿期内存在大量的原子运动,它们最终的位置常常偏离其原来的位置 δ_r,导致级联混合的现象。在技术上的应用,称作离子束混合。离子束对材料改性的成功,促进了人们在离子束混合方面的研究兴趣。在离位碰撞中弹道和混合过程产生的原子位移本质上是随机的,离子束混合可以用所包含原子的均方位移的总和 $\sum \delta_r^2$ 来表示,$\sum \delta_r^2$ 随着 PKA 能量或级联的大小增加而增加。为此定义一个归一化的量,即混合效率 m,有

$$m = \frac{\sum \delta_r^2}{6T_{dam}} = \frac{\langle Dt \rangle}{V_a \Phi t F_d} \tag{4.97}$$

式中,$\langle Dt \rangle$ 是每个原子的均方位移,可用标记扩散实验测得;$V_a F_d \Phi t$ 是单位时间一个原子接

受的损伤能。其中,Φt 是粒子剂量;F_d 是粒子在与表面垂直的单位长度上积累的损伤能(单位射程能量沉积);V_a 是原子体积。

对于纯碰撞混合,$m \approx \eta_{repl} d^2 / (15 E_d)$,其中 d 是平均跃迁距离,η_{repl} 是每 dpa 的原子被置换的次数。取 $d \approx 0.5$ nm,$E_d \approx 40$ eV,$\eta_{repl} \approx 2$,可以得出 $m \approx 0.008$ nm/(eV·at),这个值比实验值小得多。从这个差异可以看出,碰撞级联中撞击反冲过程在离子束混合中是不重要的,主要的贡献来自离位级联中离位峰相期间的离位峰阶段,这也为分子动力学模拟实验所证实(Diaz de la Rubia 和 Guinan,1991 年)。分子动力学表明,在单个级联中,在 0.3~4 ps 范围内混合效应增加,而后保持常数,这说明混合主要发生在离位峰熔化阶段。用分子动力学模拟得到,铜中 25 keV 离位级联的 $m \approx 0.1$ nm²/(eV·at),仅仅是实验值的一半。按照离位级联具有子级联的物理模型,m 值应与损伤能量 T_{dam} 无关。另一方面,对于 $T_{dam} < T_{sc}$,分子动力学模拟 MDS 实验表明 $m \propto T^{0.5}$。很明显,在较小的离位峰核芯中,较短的平均熔融时间限制了离位级联内原子扩散。曾观察到 m 和 $\tau_{sp,m}$ 具有相同的正比于 $T^{0.5}$ 的关系,这有力地支持了上述结论。

用假设在离位峰内与温度有关的特定扩散过程方法(例如液态扩散或辐照加速扩散),进行过几次建立离子束混合模型的尝试,离位峰内径向温度分布随时间变化作合理的假设后,用对整个离位峰的体积和寿命求平均的方法求得相应的扩散系数,计算混合效率。虽然这种计算的定量可靠性较差,但是至少能够定性地解释,离子束混合随着轰击离子的质量增加而增加,或者随着熔化温度降低而增加。

对于离子束混合的实验研究,采用两层、多层和标记样品,大多数情况下采用在基体上蒸发沉积(包括气相沉积)一薄层另一种材料的方法。标记样品是在基体上包含了原子尺度的埋层,而后样品用穿透的快离子辐照,测量不同材料之间的互相扩散,可以用 Rutherford 背散射方法,或二次离子谱仪、俄歇谱仪,以及放射性示踪分析法测定,同时对于扩散区进行溅射侵蚀。通过植层的样品,在有利的情况下(如果混合不受界面控制)可以获得化学的内部扩散系数。一般标记的实验较容易解释,如果标记原子稀释得很快,并且它们之间化学反应可以忽略,则标记原子的分布函数可以用简单的高斯函数来描述。高斯变量应该随辐照时间线性地增加,并且直接给出 $2\langle DT \rangle$ 值,由此能够计算出式(4.97)定义的混合效率 m。曾进行过大量的离子束混合实验,Kim 等人(1988 年)和 Averback(1986 年)对实验结果作过总结。在自离子诱发的离位级联中,基体原子的非热扩散的典型值列于表 4.1 中。其 m 值如果转换到 η_{repl},则每个离位原子发生 30~300 次的置换碰撞,这一数值显然太大,不能代表碰撞换位,例如碰撞级联中的换位碰撞序列。这种情况被下面的观察所证实。

(1)对于无长程置换碰撞的非晶态薄膜,观察到和晶态薄膜相似的 m 值。

(2)对于给定基体,例如 Cu,但用不同的标记元素,混合效率 m 值杂质的热扩散系数增大,而与标记层的原子质量没有关系。这表明碰撞效应是不重要的,而热扩散跃迁可能是重要的。

(3)观察到的 m 值随标记元素附近的沉积能量密度减少而减少。分别用 300 keV 的 Ni⁺ 和 O⁺ 离子束辐照,Ni 中的 ^{63}Ni 的离子束混合系数分别为 $m = 0.1$ nm²/(eV·at) 和 $m = 0.0025$ nm²/(eV·at)。因为较轻的 O⁺ 离子束主要产生 $T < T_{sc}$ 的初级碰撞原子,这种降低和前面讨论的建立在熔融扩散基础上的理论预测的 m 值一致。用相同的能量密度沉积在标记层上,比较融化温度差别较大的基体的 m 值(例如 Mo 和 Ag 分别为 0.004 nm²/eV 和 0.04 nm²/eV),可以看出式(4.96)定义的熔融体积对 m 值有很大影响。

总之,离子混合实验与分子动力学 MDS 模拟计算结果都表明,液态芯中扩散跳跃对离子束混合起主要作用。由此可以看出离位级联中离位峰概念的重要性。

4.7 离位峰中的相变

照射产生亚稳态相是非常活跃的研究课题,特别是在与离子掺杂有关方面。下面我们主要讨论有序合金在辐照时转变为无序相或非晶态相。在元素和化合物半导体中也观察到辐照诱发非晶态化。

辐照诱发无序(RID)和辐照非晶态(RIA)是复杂的现象,目前只是定性的理解。它们的复杂性归因于以下两个事实。

(1)首先,有两种不同途径产生 RID 和 RIA。

第一条途径是用快离子或用快中子辐照,这时 RID 和 RIA 是液态似的离位峰核芯快速冷却的结果,无序或非晶态区被局部淬火,类似于宏观的薄片激冷。随着辐射剂量增加,样品体积内逐渐地由这样的区域所填充,直到整个样品成为无序和非晶态。第二条途径是高速电子辐照,这是常用的方法,其特点是在辐照期间点缺陷,特别是离位原子不断地积累。首先引起无序化,在达到无序化临界值后,整个样品均匀地转变成非晶态。第一途径也能够用局部超过离位级联内引发非晶化所需的临界无序量来描述,其净结果和上述的熔体淬火过程相似。目前还没有确切的证据支持或反对较大离位级联中熔体淬火或临界无序化模型。

(2)其次,大多数实验是在较高的温度下进行的,这时辐照产生的点缺陷能够热迁移,因此它们能够回复到初始的平衡相,并与(1)所描述的机制相竞争。以这种方式,可能建立部分无序或非晶化的稳定状态。另外,可能存在不同的动力学途径,它也可能导致具有辐照诱发的亚稳态相的性能变化。

有几种实验技术可用于鉴定辐照样品的无序化或非晶化程度:电子、X 射线或中子散射的超点阵反射或漫散环的强度测量;磁化强度测量(例如对 Ni_3Mn);在出现隧道效应的条件下卢瑟福背散射测量和间接的电阻或宏观密度测量。此外,在透射电镜下的超晶格反射暗场照片中,无序区域能够以黑点的形式直接成像。典型图例示于图 4.34 中。

辐照无序化和辐照非晶化实验得出的结果综述如下。

(1)低温离子损伤情况下存在两类有序合金:一类表现为辐照无序化 RID;另一类表现为辐照非晶态化 RIA。在任何情形下都没有观察到有序合金中仍保持长程有序。辐照无序化合金的例子有 Cu_3Ag,Ni_3Mn,Ni_3Al 和 Cu_3Pd;辐照非晶态化 RIA 的合金例子有 NiTi,NiAl,FeTi,CuTi,$NiAl_3$,$AuIn_2$,$TaSi_2$,$MoSi_2$,IuSi,IuTi 和 IuZr。辐照无序化合金一般是有序固溶体(Ni_3Al 除外),在低于它们各自熔点 T_m 的无

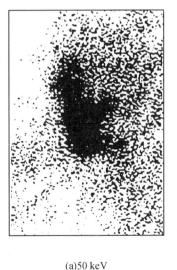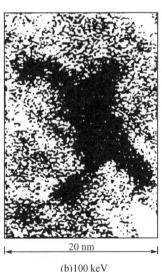

| (a)50 keV | (b)100 keV |

图 4.34 在 300 K 的有序 Cu_3Au 中注入 Cu^+ 产生的无序区域的 TEM 图像

序化温度 $T_{\mathrm{ord}\to\mathrm{diso}}$ 时发生热无序转变。而辐照非晶化(RIA)合金是典型的金属键化合物,它们一直到熔点都保持有序化。很明显,在辐照无序化合金(RID 合金)中,熔融的离位峰核芯外延结晶,总的晶格结构与它周围的相同,但不同组分没有分离成不同的亚晶粒。在随后的冷却过程中,这种化学上无序的晶格结构被淬火固定下来。然而,如果在能量上不利于形成这种无序结构,则液态结构被保持并且冷冻为非晶液态相。

1986 年 Johnson 论证了只要无序和有序态之间的焓差大于非晶态和有序相之间的焓差,则发生辐照非晶态化是可能的。近似地可用熔化潜热估计后一个焓差值,并用平均场描述有序—无序转变。非晶化的临界条件可表示为 $T_{\mathrm{ord}\to\mathrm{diso}} > T_m$,这就是上述的 RID/RIA 合金分类的经验规律。能量差别的考虑仅仅是近似的,它还没有考虑无序或非晶态区与周围有序晶格的界面能。

还有界于 RID 和 RIA 之间的情况,例如 Zr_3Al 和 NiAl 在低温离子轰击下,首先发生无序化,而后高于临界剂量(分别为 0.2 和 0.5 dpa)时开始变成非晶态。这种现象能够用离位级联区重叠,使无序化区域失稳来解释。例如从附近另一个离位级联注入间隙原子,使已存在的无序区能够转变为非晶态。如果在新产生的离位峰芯与已存在的无序区相交叠,并且在重叠区不同的再生长动力学或不同的界面能有利于形成非晶态,而不是形成无序结构,那么另一种可能是新产生的离位峰核芯能保持非晶态。

(2)通过引进无序和非晶化效率因子方法可以把低温下 RID 和 RIA 与离子剂量的关系(以 dpa 作单位)定量地用下式表达:

$$\eta_{\mathrm{diso}} = \frac{-\,\mathrm{d}S}{S\mathrm{d}(\mathrm{dpa})}$$

$$\eta_{\mathrm{amo}} = \frac{-\,\mathrm{d}\chi_{\mathrm{amo}}}{(1-\chi_{\mathrm{amo}})\mathrm{d}(\mathrm{dpa})} \tag{4.98}$$

其中,S 是长程有序参数,在 $0\sim1$ 之间变化,完全有序化 $S=1$,完全无序化 $S=0$。χ_{amo} 是非晶态相体积份额。图 4.35 中曲线(1)和曲线(2)举例说明了 χ_{amo} 和 S 与剂量之间的关系,初始斜率为 η_{diso} 或 η_{amo}。当整个样品被无序或非晶区覆盖时得到它们的饱和值。观察到的典型值(单位为 dpa^{-1})为:Cu_3Au 的 $\eta_{\mathrm{diso}} \approx 40$;$Ni_3Mn$ 为 13;Zr_3Al 为 10 和 NiAl 约为 7。相似地,$TaSi_2$ 和 $MoSi_2$ 的 $\eta_{\mathrm{amo}} \approx 10$;CuTi 为 9;$AuIn_2$ 为 30。假定每个离位峰的无序化或非晶化的体积为 V_{spm},即熔融离位峰的最大体积,则这些实验值能够和方程(4.98)估算的效率相比较。在这种

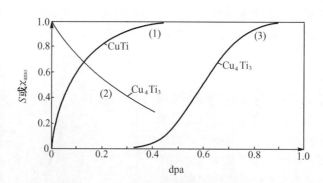

图 4.35 由实验数据得出的低温时 RIA 和 RID 与剂量关系的例子

[曲线(1):有序 CuTi 在 $T<150$ K,1 MeV Kr^+ 辐照,非晶体积份额 χ_{amo} 与 dpa 的关系(Koike 等,1989),$\eta_{\mathrm{amo}} = 11\ \mathrm{dpa}^{-1}$。曲线(2)和(3):$Cu_3Ti_4$ 在 175 K,2 MeV 电子辐照期间长程有序参数 S(虚线)和非晶态体积份额 χ_{amo} 与 dpa 的关系(Luzzi 等,1986),$\eta_{\mathrm{diso}} \approx 3\ \mathrm{dpa}^{-1}$。在临界无序点 $S\approx0.25$ 样品开始转变成非晶相]

情况下可以预料,当 $E_d \approx 25$ eV 并且 $T_m \approx 2\,000$ K 时,$\eta_{\mathrm{diso}} \approx \eta_{\mathrm{amo}} \approx 0.18E_d/(k_B T_m) \approx 25\ \mathrm{dpa}^{-1}$。如果考虑到模型比较粗糙,并且计算不同合金 dpa 的不确定度较大,则计算的效率与实验结

果是相当一致的。

（3）用透射电镜技术可以研究厚度不超过 30 nm 的薄层中单个离位级联 DC 产生的无序区或非晶区的结构。对于大的离位级联 DC，观察到分支状结构（见图 4.34），因此证实了计算机模拟的预期。如果适当考虑由于级联尺寸大于实验样品的厚度而引起的截止效应，则无序区域最大直径随轰击离子能量增加而增大是与理论预测一致的。然而，截止效应和观察到的区域形状不规则性，严重地限制了从 TEM 图像中确定 η_{diso} 或 η_{amo} 值。

（4）在较高的照射温度时，辐照产生的点缺陷是可迁移的，并且力图回复原始的有序结构。从新产生的离位级联的无序化效应与运动点缺陷再序化的效应互相竞争，将演化为中间态，$0 < S < 1$。在辐照诱发非晶化合金中，可迁移的点缺陷能够使初始非晶化区转变成晶体。当回复的原子结构有足够高的有序程度，以致在能量上比非晶态更有利时，就会发生这种情况。从非晶区演变而成的晶体相，可能与初始的有序合金相不同。

例如，Ni_2Al_3 在 300 K 下离子轰击，从开始的三相平衡相演变成亚稳态的 *bcc* 结构，它是约含 20% Ni 空位的欠化学计量的 NiAl 相。随着辐照温度的升高，在相当窄的温度区域内辐照非晶化 RIA 现象消失（见图 4.36）。因此，能够定义一个临界温度 T_{amo}，高于 T_{amo} 辐照，合金不能发生辐照非晶化。作为一般的规则，具有复杂晶格结构或被称为线化合物（由相图中垂直线所代表的化合物）的合金有较高的临界温度 T_{amo}。因为在复杂的结构中单位晶胞有较多的原子，要有许多再序化阶段或者照射引起的点缺陷要有高的迁移率才能去重建所有原子在不同子点阵中的正确位置。在线化合物的情况下，平衡结构不能容纳可测量的化学计量偏离，这等同于合金中离位缺陷的形成能很高。因此，晶体相高

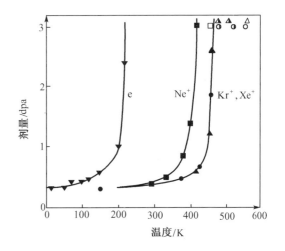

图 4.36　有序 CuTi 完全非晶化所需要小剂量与温度的关系

［1 MeV 电子，Ne^+，Kr^+ 和 Xe^+ 离子辐照（Koite 等，1989）。涂黑和半涂黑的符号分别代表全部、部分和未非晶态化。临界温度分别是 $T_{amo} \approx 220$ K，420 K 和 480 K］

度化必须在能量上与非晶态相竞争。这种良好的有序化同样也需要许多步扩散。

（5）在只产生低能碰撞原子（如电子辐照或热中子俘获）的条件下，并不形成炽热的离位峰，有序合金仅发生无序化转变，例如只发生产生 Frenkel 缺陷对所需的置换碰撞或在低于阈能事件产生的不稳定 Frenkel 缺陷对自发复合期间的原子交换过程。在电子辐照情况下测得的无序化效率 η_{diso} 值比离位峰无序化的值小一个数量级。

然而，最近用连续的电子辐照，在无序化达到某临界程度后（如对于 Cu_4Ti_3 的 $S > 0.25$），观察到几种有序合金变成非晶态（见图 4.35）。Okamoto 和 Meshii 认为，这个过程可看作由于临界无序程度的积累晶格机械剪切不稳定性，使局部发生一级相变。Wolf 等人已经指出，无序化的临界程度与临界体积膨胀有关，而与这种膨胀是如何引起的无关，可以是热膨胀、离位缺陷、Frenkel 缺陷、充氢或它们的组合。

当然，在前述离子损伤（类似图 4.35 曲线（1）的与剂量关系曲线）的单个非晶态区域累积和高于临界 dpa 值时较均匀地转变为非晶态（例如见图 4.35 曲线（3））之间还存在中间状

态。在这种中间状态时,可以预料有 S 形的剂量与 χ_{amo} 曲线。在 15 K,NiAl(Jaouen 等)和 Ni_3B(Thome)的质子辐照中的确观察到这种现象。

复习思考题

4.1 围绕着聚焦方向的原子环使运动原子损失其能量,这样的能量损失提供了聚焦碰撞序列终止的一种机制。讨论 fcc 点阵内的 $\langle 110 \rangle$ 聚焦序列。如图所示,原子 A_1 被撞击并向原子 A_2 的方向运动过去。沿着这个路径,它必须通过由 B 标志的原子环。

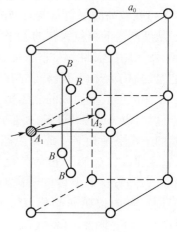

题 4.1 图

(1)试计算与原子 A_1 和 A_2 发生碰撞时 B—A_1 的距离。注意 A_1,A_2 和一个 B 原子位于密排的(111)面上。假定 Born–Mayer 势所计算的等效刚球直径($2r_0$)比链上的原子间距(D)小。且 r_0 用 A_1 的能量(E)表示,D 用聚焦能 E_f 表示。

(2)试计算当 A_1 从它的初始位置向碰撞点运动时四个 A_1—B 作用能的增加量。

(3)在(2)中所计算的总的 A_1—B 作用能都损失于聚焦碰撞列(当四个 B 原子和 A_1 松弛,然后它们绕其平衡位置振动时,这个能量呈现为点阵内的热能)。一个初始能量 $E_1 \leqslant E_f$ 的动力挤塞子,在它停留下来之前,沿 $\langle 110 \rangle$ 方向能发生多少次碰撞?

4.2 一个 30 keV 的离子进入固体点阵内的沟道且仅以电子激发的方式损失其能量。试利用低速度运动粒子的阻止本领公式和 Lindhard 导出的 k 值来确定离子在沟道效应停止之前所穿行的距离。最低的沟道能量等于 300 eV。

4.3 在原子碰撞列中,A_n 原子在前一次碰撞时所接收的动能是 E,x 是两原子的相对速度,即 $-g$。两原子由平衡间距 D 减小到 x_{min},再由 x_{min} 回复到 D 所用的时间为 t_c,且有

$$t_c = 2\int dt = -2\int_D^{x_{min}} \frac{dx}{g} = -2\int_{V(D)}^{V(x_{min})} \frac{dV}{g(dV/dx)}$$

根据 Born–Mayer 势函数计算 dV/dx,求出 g 和 V 的关系,得出 t_c 为

$$t_c = \rho\left(\frac{2M}{E}\right)^{1/2}\int_{V(D)}^{E/2} \frac{dV}{V(1-2V/E)^{1/2}} = 2\rho\left(\frac{2M}{E}\right)^{1/2}\tanh^{-1}\left[1 - \frac{2V(D)}{E}\right]^{1/2}$$

对于 $V(D)/E \ll 1$ 的情况,试导出 t_c 的近似表达式

$$t_c = \rho\left(\frac{2M}{E}\right)^{1/2}\ln\left[\frac{2E}{V(D)}\right]$$

(提示:先将 t_c 表达式改写为 $\tanh\left[\left(\frac{E}{2M}\right)^{1/2}\frac{t_c}{2\rho}\right] = \left[1 - \frac{2V(D)}{E}\right]^{1/2}$,再利用 $[1-2V(D)/E]^{1/2} \approx 1 - V(D)/E$,和 $y \gg 1$ 时,$\tanh y \approx 1 - 2\exp(-2y)$ 这些近似,可以得出简化公式。)

第 5 章　辐照损伤计算

辐照粒子在固体内慢化过程中,由于点阵原子受到直接反冲而形成许多初级离位原子,每一个初级反冲原子又引起一个碰撞级联,有关级联内所产生的次级离位原子数 $\nu(E)$ 已在第 4 章详细地进行了讨论和计算。这些初级反冲原子连同它们击出的各级次的反冲原子使固体内呈现出大量的 Frenkel 缺陷对,从而导致固体材料严重损伤。本章将在前面各章内讨论的基础上试图对辐照粒子引起的损伤程度和分布特征进行定量或半定量的计算描述。首先介绍辐照损伤速率和损伤量的一些基本概念和一般计算方法,然后分别讨论中子、γ 光子、带电重粒子和电子辐照引起的损伤和损伤分布特征。在本章最后,还将介绍表面损伤 – 溅射效应。

5.1　损伤速率和损伤剂量

5.1.1　初级离位原子(PKA)的能量分布函数

前一章讨论了特定能量 E 的 PKA 在整个离位级联碰撞中形成次级离位原子数目的理论模型和计算方法。初级离位原子是指从外部入射到固体内的载能粒子直接击出的反冲原子。初始的辐射粒子可能是中子、电子和 γ 光子等。应当指出:①由这些辐射粒子击出的初级离位原子的能量 E 及其能谱分布特征与入射粒子的能量和类型有关;②入射粒子本身并不一定是单能的,而可能是具有某种形式的分布能谱,例如不同类型反应堆的中子能谱具有不同的分布特征;③即使初始具有单一能量的入射粒子,从它们进入到固体表面开始直到最后在固体内静止下来,经历了一个复杂的慢化历史,在慢化过程的不同阶段上可能产生一系列的初级离位原子,它们是在固体表面以下不同深度处产生的,因此这些初级离位原子的能量和能谱分布同辐照粒子的类型和慢化特征密切相关。这里将集中讨论具有初始能量的入射粒子在固体表面附近所击出的第一代(即不考虑慢化过程中的影响)的初级离位原子的能量分布。为了不失去普遍意义,我们从一开始就不局限于只讨论单能粒子问题。

假定一束通量分布函数为 $\varphi(E_{in})$ 的入射粒子打到原子密度为 N 的固体材料上并与固体的原子发生作用。为了讨论在这种情况下所产生的初级离位原子的数量和能量分布,定义一个函数 $F(E_{in}, E)$,且

$$F(E_{in}, E)\mathrm{d}E_{in}\mathrm{d}E = N\varphi(E_{in})K(E_{in}, E)\mathrm{d}E_{in}\mathrm{d}E \tag{5.1}$$

式中, E_{in} 是入射粒子的能量, $K(E_{in}, E)$ 是能量为 E_{in} 的入射粒子与靶原子碰撞的能量传输微分截面, $F(E_{in}, E)$ 是入射粒子的微分通量谱为 $\varphi(E_{in})$ 条件下初级离位原子的能量分布函数。于是, $F(E_{in}, E)\mathrm{d}E_{in}\mathrm{d}E$ 表示入射能量处在 $(E_{in}, \mathrm{d}E_{in})$ 范围内的入射粒子在单位时间内与单位体积内的靶原子发生碰撞,且传输能量在 $(E, \mathrm{d}E)$ 范围内的碰撞数。在这里,碰撞数将能使之发生原子离位以及不能发生离位的碰撞事件都包括在内。

如果在入射粒子的能量范围积分,则得到

$$F(E) = N\int_{E_{in}>E/\Lambda} \varphi(E_{in})K(K_{in},E)dE_{in} \tag{5.2}$$

式中,积分下限取作 E/Λ 是因为要使被击的反冲原子获得能量 E 时入射粒子必须具备的最低能量等于 $E/\Lambda,\Lambda$ 是由式(2.4)表示的质量因子。如果辐照时间为 t 时,定义初级反冲原子能量分布函数 $n(E)$ 为

$$n(E) = F(E)t = Nt\int_{E_{in}>E/\Lambda} \varphi(E_{in})K(E_{in},E)dE_{in} \tag{5.3}$$

其物理意义为具有一定能谱分布的入射粒子辐照到一定剂量时在表面附近的单位体积内所产生的能量处在 $E \rightarrow E+dE$ 范围内的初级原子数。它表示了这些初级反冲原子的能量分布特征。上式也可写成

$$n(E) = \phi_d tN\bar{K}(E_{in},E) \tag{5.4}$$

其中,ϕ_d 为能使原子发生离位的入射粒子的通量,并由下式给出:

$$\phi_d = \int_{E_d/\Lambda}^{E_{in}^{max}} \varphi(E_{in})dE_{in} \tag{5.5}$$

而 $\bar{K}(E_{in},E)$ 由下式给出:

$$\bar{K}(E_{in},E) = \frac{\int_{E_d/\Lambda}^{E_{in}^{max}} \varphi(E_{in})K(E_{in},E)dE_{in}}{\int_{E_d/\Lambda}^{E_{in}^{max}} \varphi(E_{in})dE_{in}} \tag{5.6}$$

如果将初级离位原子的分布函数在所有可能的能量范围内积分,并用 N_p 表示,则得到

$$N_p = \int_{E_d}^{E_{in}^{max}} n(E)dE = Nt\int_{E_d}^{\Lambda E_{in}^{max}}\int_{E/\Lambda}^{E_{in}^{max}} \varphi(E_{in})K(E_{in},E)dE_{in}dE \tag{5.7}$$

在这里,N_p 是单位时间内在单位体积固体内所生成的初级离位原子数。这些初级离位原子的平均能量是

$$\bar{E} = \frac{\int n(E)EdE}{\int n(E)dE} = \frac{\int_{E_d}^{\Lambda E_{in}^{max}}\int_{E/\Lambda}^{E_{in}^{max}} \varphi(E_{in})K(E_{in},E)EdE_{in}dE}{\int_{E_d}^{\Lambda E_{in}^{max}}\int_{E/\Lambda}^{E_{in}^{max}} \varphi(E_{in})K(E_{in},E)dE_{in}dE} \tag{5.8}$$

5.1.2　离位原子密度和损伤剂量(DPA)

式(5.3)给出了初级离位原子(PKA)的数目和这些离位原子的能量分布。这些具有不同能量的 PKA 在其能量消散过程中都将激起尺寸大小不同的离位级联碰撞,而每个离位级联内所产生的离位原子数(包括二级和更高级次的碰撞原子)为 $\nu(E)$。有关 $\nu(E)$ 值的理论计算已在第 4 章中作了详细的描述和讨论,下面直接引用结果。

如果将每个 PKA 在级联碰撞中所产生的离位原子数 $\nu(E)$ 考虑在内,则在单位面积上射入一定剂量的某种载能粒子时,在样品表面附近的单位体积固体中所形成的离位原子总数 N_d,应由下式给出:

$$N_d = \int_{E_d}^{\Lambda E_{in}^{max}} n(E)\nu(E)dE = Nt\int_{E_d}^{\Lambda E_{in}^{max}}\int_{E/\Lambda}^{E_{in}^{max}} \varphi(E_{in})K(E_{in},E)\nu(E)dE_{in}dE$$

$$= Nt\int_{E/\Lambda}^{E_{in}^{max}} \varphi(E_{in})\sigma_d^{tot}(E_{in})dE_{in} \tag{5.9}$$

在辐照损伤的研究中,通常用 N_d/N 来表示辐照损伤程度或损伤量。这个物理量表示辐照到一定剂量时在被辐照的固体内,平均地说,每个点阵原子被击而发生离位的次数,并用 dpa(displacements per atom)表示。于是由式(5.9)得到

$$\mathrm{dpa} = t \cdot \int_{E_d}^{\Lambda E_{in}^{max}} \int_{E/\Lambda}^{E_{in}^{max}} \varphi(E_{in}) K(E_{in}, E) \nu(E) \mathrm{d}E_{in}\mathrm{d}E = t \int_{E/\Lambda}^{E_{in}^{max}} \varphi(E_{in}) \sigma_d^{tot}(E_{in}) \mathrm{d}E_{in} \quad (5.10)$$

为了阐述 dpa 的物理含意,例如当 dpa = 1 时,这表示辐照期间固体内的所有点阵原子都从它的点阵位置处被击而离位一次;dpa = 2 则表示每个点阵原子都曾被击而离位两次。这里需要指出,虽然 dpa 是表明损伤程度的物理量,但并不意味着在辐照结束时在固体的点阵内真正存在那么多的离位原子。绝大多数的离位原子由于与空位复合而消失,而真正保留下来的孤立的 Frenkel 缺陷对数是很少的。然而,它作为辐照损伤计算的一种规范和衡量辐照效应的评价标准而被普遍地采用。

损伤程度或损伤量是在一定的辐照时间内产生的缺陷数量。有时人们还常利用损伤速率这个概念,用来比较不同类型的载能粒子辐照时的损伤效能,更由于最近很多辐照实验表明在相同的损伤剂量下辐照效应与损伤速率有关。由式(5.9)和(5.10)可分别得到损伤速率的计算公式:

$$R_d = N \int_{E_d}^{\Lambda E_{in}^{max}} \int_{E/\Lambda}^{E_{in}^{max}} \varphi(E_{in}) K(E_{in}, E) \nu(E) \mathrm{d}E_{in}\mathrm{d}E \quad (5.11)$$

和

$$\mathrm{dpa/s} = \int_{E_d}^{\Lambda E_{in}^{max}} \int_{E/\Lambda}^{E_{in}^{max}} \varphi(E_{in}) K(E_{in}, E) \nu(E) \mathrm{d}E_{in}\mathrm{d}E \quad (5.12)$$

损伤速率是表示单位时间内在单位体积的固体内所产生的离位原子数或在单位时间内所产生的 dpa 数。

上述式(5.9)~(5.12)给出了损伤量和损伤速率的一般计算公式。但是,需要强调指出:这些公式都是对入射粒子的初始能量而言。式中的入射粒子能量 E_{in} 作为一个变量表示初始入射粒子本身可能是能量 E_{in} 的函数,即可能具有某一种能谱分布。例如,在核反应堆内进行材料辐照时,入射到样品上的中子能量都是具有某种形式的能谱分布的。还须强调指出:一个初级能量 E_{in} 的入射粒子本身在固体内的慢化过程中,将经受若干次碰撞,而每次碰撞都将一部分能量传输给被击的点阵原子。因此,入射粒子在固体内穿行时其能量在不断地变化着。可以预期,由于入射粒子在固体内多次散射而能量随在样品内穿行的深度而变化,它在固体内不同深度处导致的损伤也是变化着的。有关辐照损伤沿样品的深度分布的特征,将在后面章节中讨论。

5.2　中性粒子的辐照损伤

涉及辐照损伤的中性粒子包括中子和 γ 光子。中子具有相当宽广的能量变化范围,其能量分布特征同获得中子的途径有关。在热核聚变反应中,中子的最高能量可达 14 MeV,而裂变反应堆内,中子能量有一个介于热中子(0.025 eV)和裂变中子(约 2 MeV)之间的广阔能谱分布,且能谱分布特征同反应堆的类型有关。就辐照产生点缺陷而言,快中子和热中子都是有意义的。热中子(约 0.25 eV)不可能由于前面所讨论的弹性碰撞过程而使原子离位。然而,裂变材料吸收热中子可引起裂变反应并由此导致裂变损伤。此外,某些材料吸收热中子发生核反应,核反应过程中放出 γ 射线并使原子核受到反冲。无论是反冲核还是 γ 射线都可

能在材料中生成离位原子而造成点阵损伤。关于裂变损伤问题将在 5.3 节中讨论。本节主要涉及快中子导致的原子离位问题,并在最后简要地描述 γ 光子引起固体材料损伤的机制。

5.2.1 中子散射微分截面

快中子与原子核既可能发生弹性碰撞,也可能发生非弹性碰撞。在核反应堆材料所处的辐照场内,这两类散射事件都会导致材料的损伤。现在,首先讨论中子与固体内原子的弹性散射。

中子是不带电的粒子。通常它只与原子核作用而受到散射,而与原子核外的电子发生碰撞的概率甚小。因而,用刚球碰撞模型来描述中子与原子核间的相互作用是一种相当好的近似,即

$$\begin{cases} V(r) = \infty , & r < R \\ V(r) = 0 , & r \geq R \end{cases} \tag{5.13}$$

式中,$R = R_n + R_N$,R_n 是中子的半径,R_N 是原子核的半径。原子核的半径 R_N 正比于元素的原子量 A 的立方根,其量级大约为

$$R_N \approx A^{1/3} \times 10^{-13} \text{ cm}$$

作为刚球势的结果,由式(2.69)可得到中子与原子核散射的能量传递微分截面为

$$K(E_n, E) = \frac{\pi(R_n + R_N)^2}{\Lambda E_n} \approx \frac{\pi R_N^2}{\Lambda E_n} = \frac{\sigma_s}{\Lambda E_n} \tag{5.14}$$

式中,E_n 表示中子的能量。Λ 由式(5.15)求出:

$$\Lambda = \frac{4A}{(1+A)^2} \tag{5.15}$$

在一般情况下,$R_n \ll R_N$,因此,中子与原子核散射的总截面 σ 近似地用 πR_N^2 表示,由刚球碰撞模型得到的角微分截面为

$$K(E_n, \phi) = \frac{\sigma}{4\pi} \approx \frac{R_N^2}{4} \tag{5.16}$$

该式表明中子在质心系的弹性散射是各向同性的。然而,一般来说,用经典力学处理中子散射问题并不合适。用量子力学计算得到的结论是:当中子的能量较低时,在质心系内是各向同性散射的,所得到的微分截面与刚球模型的结果相同。对于 MeV 量级的中子,散射具有明显的各向异性效应。图 5.1 示意性地画出了 1 MeV 中子微分截面同散射角的关系。由曲线可以看出,中子向前散射($\cos \phi = 1$)概率很大。这些曲线也可看作是 $K(E_n, E) \frown E$ 的关系,在这里 ϕ 是质心系内的散射角。即 $\cos \phi = 1$ 相当于 $E = 0$,$\cos \phi = -1$ 相当于 $E = \Lambda E_n$。这说明中子散射的低能传输事件占有明显的优势。

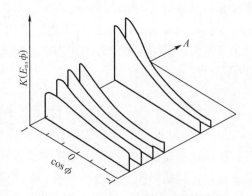

图 5.1　1 MeV 中子的微分截面同散射角关系的示意图

(图中 A 坐标表示元素的质量)

中子弹性散射的角微分截面可写成勒让德多项式的级数形式:

$$K = (E_n, \phi) = \frac{\sigma(E_n)}{4\pi} \sum_{l=1}^{\infty} a_l(E_n) P_l(\cos\phi) \tag{5.17}$$

式中,$\sigma(E_n)$是能量为E_n的中子弹性散射总截面,P_l是l项勒让德多项式,a_l是同中子的能量E_n有关的系数。在快中子堆内的中子能量条件下,可取到$l = 0$和$l = 1$两项。于是可将式(5.17)近似地写成

$$K(E_n, \phi) = \frac{\sigma(E_n)}{4\pi} [1 + a_l(E_n)\cos\phi] \tag{5.18}$$

式中,$a_l(E_n)$表示中子散射的各向异性的程度,它是中子能量的函数。当中子能量较低时,令$a_l(E_n) \approx 0$,这就又回到了各向同性的散射。因此可以预期,中子应有一个各向异性散射的上限能量。这个上限能量值同被击核的原子量有关,且随元素原子量A的增大而降低。对于中等质量的元素而言($A \approx 100$),各向同性的上限能量约为 0.1 MeV。

利用式(2.63)所示的能量微分截面和角微分截面的转换关系,可由式(2.15)和式(5.18)得到中子各向异性散射的能量传输微分截面:

$$K(E_n, E) = \frac{\sigma_s}{\Lambda E_n} \left[1 + a_l \left(1 - \frac{2E}{\Lambda E_n} \right) \cos\phi \right] \tag{5.19}$$

下面讨论快中子非弹性散射问题。在非弹性散射中,被击核由于碰撞反冲而处于激发态。激发能是靠消耗散射中子和反冲核的动能为代价的。因而在非弹性散射中,应满足的是总能量守恒而不是动能守恒。在这种情况下,每吸收一个中子,将有另一个中子从核中放出来,即发生(n,n)反应。当用更高能量的中子轰击时,复合核的衰变过程中也可能发出两个中子,即(n,2n)反应。不过,在反应堆的中子能谱中具有能发生(n,2n)反应的中子通量很低,因而对材料的辐照损伤贡献甚微。鉴于非弹性散射过程中,入射中子首先是被核吸收,而散射中子是在复合核形成后的一个很短的时间内才由核内发射出来,因此可以认为在质心系内非弹性散射中散射中子的角分布近似于各向同性。于是角微分截面为

$$K_{in}(E_n, \phi) = \frac{\sigma_{in}(E_n)}{4\pi} \tag{5.20}$$

式中,$\sigma_{in}(E_n)$是能量为E_n的中子非弹性散射的总截面。为了同弹性散射加以区别,我们用下角标"in"表示中子非弹性散射的有关物理量。

由于反冲核在碰撞中吸收了能量,用方程(2.15)来表示传输能量同散射角的关系就不再是正确的了。在讨论非弹性碰撞时,在处理能量传递问题时应考虑的是总能量守恒。

为了讨论简单起见,假定在非弹性碰撞中只产生一个激发能为Q的不连续态。那么在碰撞的能量守恒关系中应用

$$\frac{1}{2}M_1 W_1'^2 + \frac{1}{2}M_2 W_2'^2 + Q = \frac{1}{2}M_1 \left(\frac{M_2}{M_1 + M_2} V_1 \right)^2 + \frac{1}{2}M_2 \left(\frac{M_1}{M_1 + M_2} V_1 \right)^2 \tag{5.21}$$

代替方程(2.11)。由该式以及式(2.6′)和(2.6″)所给出的动量守恒并利用图 2.3 所表示的质心系与实验室的转换关系,得到碰撞过程中传给靶原子的能量为

$$E = \frac{1}{2}\Lambda E_n \left[1 - \frac{1 + A}{2A} \cdot \frac{Q}{E_n} - \left(1 - \frac{1 + A}{A} \cdot \frac{Q}{E_n} \right)^{1/2} \cos\phi \right] \tag{5.22}$$

在这里,已令$M_1 = 1$以表示中子的质量数,并用靶原子的原子量A表示M_2。如果$Q = 0$,就回到了式(2.15)所表示的弹性碰撞的结果。

令$\cos\phi$分别等于-1和$+1$时,即可得到碰撞中传输能量的最大值和最小值,它们分

别是

$$\begin{cases} E_{\max} = \dfrac{1}{2}\varLambda E_{n}\Big[1 - \dfrac{1+A}{2A}\cdot\dfrac{Q}{E_{n}} + \Big(1 - \dfrac{1+A}{A}\cdot\dfrac{Q}{E_{n}} \Big)^{1/2} \Big] \\ E_{\min} = \dfrac{1}{2}\varLambda E_{n}\Big[1 - \dfrac{1+A}{2A}\cdot\dfrac{Q}{E_{n}} - \Big(1 - \dfrac{1+A}{A}\cdot\dfrac{Q}{E_{n}} \Big)^{1/2} \Big] \end{cases} \tag{5.23}$$

注意到,只有上式右侧的含平方根项大于零或等于零时才有意义。我们令平方根等于零,则可得到产生激发态的中子阈值能,即

$$(E_{n})_{\min} = \frac{1+A}{A}Q \tag{5.24}$$

当中子能量 $E_{n} < (E_{n})_{\min}$ 时,非弹性散射总截面 $\sigma_{in}(E_{n}) = 0$。

由方程(5.22)和(5.20)以及散射角向传递能量的转换关系得到非弹性散射中的能量传输微分截面是

$$K_{in}(E_{n},E) = \frac{\sigma_{in}}{\varLambda E_{n}}\Big(1 - \frac{1+A}{A}\cdot\frac{Q}{E_{n}} \Big)^{-1/2} \tag{5.25}$$

应当指出,非弹性散射能使被击核激发到能量比基态高出一系列分立能级,即 Q_{i} 水平。每个激发态都有自己的 σ_{in},Q,$E_{\max}$ 和 $E_{\min}$ 值。

5.2.2　初级离位原子的能量分布

当某一靶材料受到中子轰击时,在固体内所产生的初级离位原子的数量和能量分布特征,可利用式(5.3)计算出来。下面我们分两种情况进行讨论。

首先分析单能中子辐照的情况。

由式(5.3)可给出单一能量的中子辐照时所产生的初级离位原子的能量分布函数是

$$n(E) = Nt\varPhi\frac{\sigma_{s}}{\varLambda E_{n}} \tag{5.26}$$

鉴于所讨论的是单能中子,在这里已将式(5.3)中的 $\int\varphi(E_{n})\mathrm{d}E_{n}$ 用 $\varPhi$ 代替,在这里 $\varPhi$ 是中子通量。σ_{s} 是中子的弹性散射截面。如果对上式在 $E_{d} \to \varLambda E_{n}$ 积分,即得到在单位体积内所产生的初级离位原子数:

$$N_{p} = Nt\varPhi\sigma_{s}\Big[1 - \frac{E_{d}}{\varLambda E_{n}} \Big] \tag{5.27}$$

而这些初级离位原子的平均能量为

$$\overline{E} = \frac{\displaystyle\int_{E_{d}}^{\varLambda E_{n}} EK(E_{n},E)\mathrm{d}E}{\displaystyle\int_{E_{d}}^{\varLambda E_{n}} K(E_{n},E)\mathrm{d}E} = \frac{1}{2}(\varLambda E_{n} + E_{c}) \approx \frac{\varLambda E_{n}}{2} \tag{5.28}$$

当中子能量较高时,必须考虑中子弹性散射中的各向异性效应。在这种情况下,将各向异性散射效应包括在内的能量传输微分截面的表示式(5.19)代入到式(5.3)中,即可以得到初级离位原子的能量分布函数为

$$n(E) = Nt\varPhi\frac{\sigma_{s}}{\varLambda E_{n}}\Big[1 + a_{1}\Big(1 - \frac{2E}{\varLambda E_{n}} \Big) \Big] \tag{5.29}$$

将该式在初级离位原子的能量变化范围 $E_d \rightarrow \Lambda E_n$ 内积分,得到单位体积的初级离位原子数为

$$N_p = Nt\Lambda \frac{\sigma_s}{\Lambda E_n}(\Lambda E_n - E_d)\left[1 + a_1 - \frac{a_1}{\Lambda E_n}(\Lambda E_n + E_d)\right] \tag{5.30}$$

当 $\Lambda E_n \gg E_d$ 时,式(5.26)可化简到式(5.23)的形式。这表明,虽然各向异性散射效应使得初级离位原子的能量分布函数有较大的变化,但初级离位原子的密度 N_p 却大体相同。

初级离位原子的平均能量为

$$\overline{E} = \frac{\int_{E_d}^{\Lambda E_n}\left(1 + a_1 - a_1\dfrac{2E}{\Lambda E_n}\right)EdE}{\int_{E_d}^{\Lambda E_n}\left(1 + a_1 - a_1\dfrac{2E}{\Lambda E_n}\right)dE} \approx \frac{1}{2}\left[1 - \frac{1}{3}a_1(E_n)\right]\Lambda E_n \tag{5.31}$$

该式表明,如果考虑各向异性散射效应,PKA 的平均能量降低了。降低的程度由因子 $f = \left[1 + \dfrac{1}{3}a_1(E_n)\right]$ 的数值决定。对 MeV 量级的中子而言,f 值在 $\dfrac{1}{2} \sim \dfrac{2}{3}$ 范围内,且同靶材料有关。

研究中子辐照损伤通常并不是在单能中子场内进行的。在核反应堆内,中子有一定的能谱分布,且其能谱分布特征因反应堆型不同而异。在处理具有能谱分布的中子损伤时,可采用两种途径:一是先根据中子的能谱分布确定一个平均能量,这样就可把具有分布能谱的中子当作具有相应的平均能量的单能中子来处理;另一种方法是直接将已知的中子能谱代入有关公式进行理论计算。显然,后一种处理是合理的,但比较复杂。现在,我们按 $\dfrac{1}{E_n}$ 规律分布的堆中子能谱作为一个例子来讨论 PKA 的能量分布函数。堆内的微分通量谱可写作:

$$\varphi(E_n) = \frac{A}{E_n} \tag{5.32}$$

式中,A 是一个常数。将该式和式(5.14)代入到式(5.3),并在 E_n 的能量变化范围内积分,得到微分通量谱 A/E_n 情况下的初级离位原子的能量分布函数为

$$N(E) = NtA\sigma_s\left[\frac{1}{E} - \frac{1}{\Lambda E_n^f}\right] \tag{5.33}$$

式中,E_n^f 是裂变中子的能量并代表堆中子的上限能量。在单位体积的固体内所产生 PKA 的数量为

$$N_p = \int_{E_d}^{\Lambda E_n^f} n(E)dE = NtA\sigma_s\left[\ln\frac{\Lambda E_n^f}{E_d} - 1 + \frac{E_d}{\Lambda E_n^f}\right] \tag{5.34}$$

将式(5.33)代入到式(5.8)中,可得到按 $\dfrac{A}{E_n}$ 分布的中子辐照材料时所击出的初级离位原子的平均能量:

$$\overline{E} = \frac{\Lambda E_n^f}{2}\frac{1}{\ln\dfrac{\Lambda E_n^f}{E_d} - 1 + \dfrac{E_d}{\Lambda E_n^f}} \approx \frac{\dfrac{\Lambda E_n^f}{2}}{\ln\dfrac{\Lambda E_n^f}{E_d}} \tag{5.35}$$

如果单能中子的能量为 E_n^f,那么将式(5.35)同(5.28)相比较,可以发现具有 $\dfrac{1}{E_n}$ 分布谱的堆中子所产生的 PKA 的平均能量同单能裂变中子所产生的 PKA 的平均能量相差一个因子

$\ln \dfrac{\Lambda E_{n}^{f}}{E_{d}}$。

作为一个计算的例子,下面估算微分通量谱为 $\varphi(E_{n}) = 5 \times 10^{12} \cdot \dfrac{1}{E_{n}}$ cm$^{-2} \cdot$ s^{-1} 的中子辐照 Fe 时所产生的 PKA 的数量和能量分布特征。假定 $E_{d} = 25$ eV,$E_{n}^{f} = 1$ MeV,取 Fe 的原子密度 $N = 8.5 \times 10^{22}$ 原子/厘米^{3},中子散射截面 $\sigma_{s} = 3 \times 10^{-24}$ 厘米^{2}。在上述条件下利用式 (5.34) 得到 $N_{p} \approx 10^{13}$ 初级离位原子/(厘米$^{3} \cdot$ 秒)。这个 PKA 的平均能量为 4.35 keV;而其他条件相同的情况下,单能裂变中子所产生的 PKA 的平均能量 $\bar{E} = 34.5$ keV。由此可见,每一种材料在具有不同能谱的中子辐照下所产生的 PKA 的平均能量相差甚大。原则上,对于任何堆型内辐照所产生的 PKA 的数量和能量分布特征都可进行定量计算。图 5.2 给出了两个快堆和一个热堆的中子的能谱分布。只要能知道中子通量分布函数的解析表示式,都可以用解析方法得到 PKA 的数量和能量分布。对于高能中子的非弹性散射,由于是各向同性散射,因此由非弹性散射所导致的 PKA(即反冲核)的能量介于 $E_{\min}$ 和 $E_{\max}$ 之间,且平均能量为 $(E_{\min} + E_{\max})/2$。在这种情况下,PKA 的数量取决于非弹性散射的截面。在一般的反应堆中子能谱下,非弹性散射截面很小,因而相对说来对辐照损伤的贡献不大。

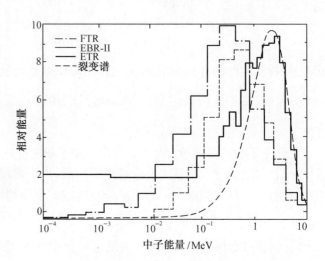

FTR—快实验堆;EBR-Ⅱ—实验增殖堆Ⅱ;
ETR—工程实验堆;FTR 和 EBR-Ⅱ—快堆;ETR—热堆;
为了比较,图中也画出了裂变中子能谱。

图 5.2 三个堆的中子通量能谱的比较

5.2.3 中子辐照下的离位原子密度和损伤分布

由前面所做的计算表明,中子辐照所击出的 PKA 具有相当大的动能,其量级大约为几十 keV 的范围。这样能量的 PKA 在固体内将激起一个离位级联碰撞,而每个 PKA 在级联内所产生的次级离位原子数 $\nu(E)$ 已在第 4 章讨论过。由式(5.9)可知,载能粒子所引起的离位原子的数目 N_{d} 正比于

$$\sigma_{d}^{tot}(E_{in}) = \int_{E_{d}}^{\Lambda E_{in}} K(E_{in}, E)\nu(E)\mathrm{d}E \tag{5.36}$$

式中,$\sigma_{d}^{tot}(E_{in})$ 定义为入射能量为 E_{in} 的载能粒子在固体中引起离位碰撞的总截面。对于能量为 E_{n} 的中子而言,总离位截面为

$$\sigma_{d}^{tot}(E_{n}) = \int_{E_{d}}^{\Lambda E_{n}} K(E_{n}, E)\nu(E)\mathrm{d}E + \int_{E_{\min}}^{E_{\max}} K_{in}(E_{n}, E)\nu(E)\mathrm{d}E \tag{5.37}$$

式中,$K(E_{n}, E)$ 和 $K_{in}(E_{n}, E)$ 分别是中子的弹性散射和非弹性散射的能量传输微分截面。将式(5.19)和(5.25)代入到式(5.37)中,得到

$$\sigma_{d}^{tot}(E_{n}) = \frac{1}{\Lambda E_{n}}\left\{\sigma_{s}(E_{n})\int_{E_{d}}^{\Lambda E_{n}}\left[1 + a_{1}(E_{n})\left(1 - \frac{2E}{\Lambda E_{n}}\right)\right]\cdot\nu(E)\,dE + \right.$$

$$\left. \frac{\sigma_{in}(E_{n})}{\left(1 - \frac{1+A}{A}\cdot\frac{Q}{E_{n}}\right)^{1/2}}\int_{E_{min}}^{E_{max}}\nu(E)\,dE\right\} \tag{5.38}$$

如果采用 Kinchin – Pease 级联模型,将式(4.10)所给出的 $\nu(E)$ 代入到上式中,积分后得到

$$\sigma_{d}^{tot}(E_{n}) = \frac{\Lambda E_{n}}{4E_{d}}\left\{\sigma_{s}(E_{n})\left[1 - \frac{1}{3}a_{1}(E_{n})\right] + \sigma_{in}(E_{n})\left[1 - \frac{1+A}{2A}\cdot\frac{Q}{E_{n}}\right]\right\} \tag{5.39}$$

如果将非弹性散射和弹性散射中的各向异性效应都忽略掉,则可得到一个非常简单的计算公式:

$$\sigma_{d}^{tot}(E_{n}) = \frac{\Lambda E_{n}}{4E_{d}}\sigma_{s}(E_{n}) \tag{5.40}$$

由此可见,中子的离位总截面 $\sigma_{d}^{tot}(E_{n})$ 为中子弹性散射截面 $\sigma_{s}(E_{n})$ 的 $\frac{\Lambda E_{n}}{4E_{d}}$ 倍。鉴于 $\Lambda E_{n}/2$ 为能量为 E_{n} 的中子在弹性碰撞中传给点阵原子的平均能量,因此系数 $\Lambda E_{n}/4E_{d}$ 就是一个能量为 E_{n} 的中子所产生的平均离位原子数。

将式(5.40)代入到式(5.10)中,则可得到中子辐照产生的损伤程度 dpa 的计算公式:

$$dpa = t\cdot\frac{\sigma_{s}}{4E_{d}}\int_{E_{d}/\Lambda}^{E_{n}^{max}}\Lambda E_{n}\varphi(E_{n})\,dE_{n} \tag{5.41}$$

类似地,将式(5.40)代入到式(5.12)中,则可得到中子辐照时的损伤速率:

$$dpa/s = \frac{\sigma_{s}}{4E_{d}}\int_{E_{d}/\Lambda}^{E_{n}^{max}}\Lambda E_{n}\varphi(E_{n})\,dE_{n} \tag{5.42}$$

在上述两式中, E_{n}^{max} 是中子的最高能量。σ_{s} 是中子的弹性散射截面并假定与中子能量无关。

如果将具有分布能谱的中子简化成具有某平均能量 $\bar{E}_{n}$ 的单能中子,则可将式(5.41)和(5.42)写成:

$$dpa = \Phi t\sigma_{s}\frac{\Lambda\bar{E}_{n}}{4E_{d}} \tag{5.43}$$

和

$$dpa/s = \Phi\sigma_{s}\frac{\Lambda\bar{E}_{n}}{4E_{d}} \tag{5.44}$$

式中,Φ 是能量大于 E_{d}/Λ 的中子的通量。

作为辐照损伤计算的例子,下面估计快堆燃料元件包壳材料的不锈钢在堆内运行期间受到损伤的情况。假定中子通量 $\Phi = 10^{15}\,cm^{-2}\cdot s^{-1}$,且中子的平均能量 $\bar{E}_{n} = 0.5\,MeV$。不锈钢的主要成分是 Fe,其中子散射截面 $\sigma_{s} = 3\,b$,Fe 原子的离位阈能 $E_{d} = 25\,eV$。将有关数据代入到式(5.44)中,得到损伤速率大约为 $1\times10^{-6}\,dpa/s$。如果在堆内照射一年,则损伤程度 dpa ≈ 31。

应当指出,上述计算是比较粗略的,更精确的计算应当考虑电子阻止和原子势函数对 PKA 在级联碰撞中所产生的离位原子数的影响。同时,中子能谱、各向异性效应以及高能中子的非弹性散射等因素对损伤数量的影响也应考虑进去。Doran 根据 Lindhard 的能量配分理论并利用同中子能量有关的弹性、非弹性散射截面以及各向异性因子 $a_{1}(E_{n})$ 的数据计算了不锈钢的离位总截面,结果由图 5.3 画出。图中曲线的锯齿外貌是弹性散射截面的共振峰所

引起的。由图还可以看出,中子能量小于 1 MeV 时,基本上不出现非弹性散射,而对于能量高达 10 MeV 的中子来说,非弹性散射对离位总截面的贡献已经有明显的优势。这些结果表明,在一般的热中子反应堆内,非弹性散射可忽略不计,但对快中子堆,特别是对 D－T 反应的聚变中子(E_n^{max} = 14.1 MeV),必须考虑非弹性散射导致的辐照损伤。为了较为准确地估计中子辐照引起的损伤,可利用式(5.38)或图 5.3 所给出的曲线乘以如图 4.2 中所给出的中子能谱,并根据方程(5.10)和

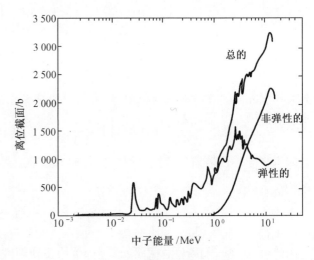

图 5.3　不锈钢的离位截面

(5.12)将这个乘积在 $E_d/\Lambda \to E_n^{max}$ 范围内积分求出不锈钢的损伤量 dpa 值或损伤率dpa/s 值。

　　以上对中子辐照引起的辐照损伤的理论处理做了定量的描述,然而上述讨论尚未涉及中子辐照损伤沿深度的分布特征。一个能量为 E_n 的中子在固体内经过多次碰撞才能逐渐慢化下来,到它的能量完全消耗之前,要在固体内穿行相当长的距离。那么,如何处理和计算中子在不同深度处引起的损伤呢?为了回答这个问题,先估计一下中子在固体内碰撞的平均自由程。根据碰撞截面的概念,碰撞平均自由程为

$$\bar{\lambda} = \frac{1}{\sigma_s N} \tag{5.45}$$

对于 Fe 而言,σ_s = 3 × 10^{-24} cm²,N = 8.5 × 10²² 原子/cm²。将这些数据代入到上式,得出 $\bar{\lambda} \approx 4$ cm。这意味着当中子在固体内与靶原子发生第二次碰撞时平均来说已在靶材料内穿行了 4 cm。在辐照实验研究中,样品的厚度通常要小于这个尺度,因此二次散射所产生的 PKA 已不在实验样品内而不必考虑。由于中子不带电,它与核外电子的碰撞概率完全可以忽略不计,即可以不考虑电子阻止对中子能量损失的影响。因此,在由样品表面至深度为平均自由程量级的厚度内,不论在何处发生散射,中子的能量仍为初始时的能量,所产生的 PKA 的平均能量以及由 PKA 形成的 $\nu(E)$ 值都是一样的。PKA 本身在这个深度范围内由于随机碰撞所致也应是均匀分布的。可以预期,中子辐照损伤沿样品深度的分布是均匀的。

5.2.4　损伤函数

　　作为中子辐照的直接结果是在被轰击物质内产生了大量的离位(间隙)原子和空位。这些微观上的点阵缺陷将会影响到材料的宏观性能。理论计算损伤量和损伤速率的最终目的是为了能够预测材料在中子照射下宏观性能的变化规律和程度。然而,仅仅根据离位计算并不能预期大多数宏观性能在辐照下的变化规律,其原因如下。

　　(1)有些性能,诸如点阵常数、电阻率、导热系数、弹性模量等物理性能在辐照下的变化行为以及辐照生长和空洞肿胀等尺寸变化程度主要取决于辐照所产生的空位－间隙原子对的数目。然而对于像钢铁材料的屈服强度,塑性－脆性转变温度等这类力学性能的变化则不宜

用离位原子的数量来量度。一般认为像屈服强度这样一些性质是由初始级联的退火以及孤立的空位和间隙原子消失于各种吸收这些点缺陷的尾间之后而保留下来的空位团和间隙原子环所决定的。因此,为了正确预期这类性能的变化不是计算辐照所产生的总的离位原子数,而是应计算一个能量为 E 的 PKA 所产生的缺陷团的数目。

（2）仅用纯理论的方法计算原子离位速率或缺陷团的生成速率尚不能预测某些宏观性质的变化。例如辐照温度对缺陷迁移、扩散以及它们对缺陷团长大或消失的影响,杂质原子以及辐照过程中由金属与中子发生核反应 (n,α) 而形成的 He 气对材料某种性能的影响等都难以用原子离位理论作出预期。

（3）材料进行辐照的条件往往同材料使用的环境条件有较大的差别,即使用离位计算确定出不同通量谱下离位速率的换算关系,也难以把在某一通量谱的堆内实验结果直接推广到其他堆型上。总之,离位计算理论相对来说比较单纯,而材料宏观性能在辐照场下的变化行为受到的制约因素很多,因而仅用离位计算不能适应于宏观辐照效应的复杂性。为了克服这种矛盾,人们发展了一种称为"损伤函数法"的半经验方法。

损伤函数法的基本点是找出辐照时间 t 内某一宏观性质的变化量同待定损伤函数的关系。

假定某一种宏观性质 P_i 在中子辐照 t 时间内的变化量为

$$\Delta P_i = f_i C_d \tag{5.46}$$

式中, C_d 为辐照损伤的程度（dpa）,将该式与方程（5.10）联系起来,则有

$$\Delta P_i = t\int_0^{E_n^{\max}} \varphi(E_n)f_i\int_{E_d}^{\Lambda E_n^{\max}} K(E_n,E)\nu(E)\mathrm{d}E\mathrm{d}E_n = t\int_0^{E_n^{\max}} f_i\sigma_d^{\mathrm{tot}}\varphi(E_n)\mathrm{d}E_n \tag{5.47}$$

令 $G_i(E_n) = f_i\sigma_d^{\mathrm{tot}}(E_n)$,于是得到

$$\Delta P_i = t\int_0^{E_n^{\max}} G_i(E_n)\cdot\varphi(E_n)\mathrm{d}E_n \tag{5.48}$$

式中, $\varphi(E_n)$ 是辐照装置所在处的中子通量谱,且有:

$$\Phi = \int_0^{E_n^{\max}} \varphi(E_n)\mathrm{d}E_n \tag{5.49}$$

在这里, Φ 表示中子通量。利用该式将方程（5.48）写成:

$$\Delta P_i = \Phi t\frac{\int_0^{E_n^{\max}} G_i(E_n)\varphi(E_n)\mathrm{d}E_n}{\int_0^{E_n^{\max}} \varphi(E_n)\mathrm{d}E_n} \tag{5.50}$$

注意,在上述的诸方程中,积分下限用 0 代替了方程（5.10）中的 E/Λ ,这是由于在这里不仅考虑快中子的弹性散射和非弹性散射等对辐照损伤的贡献,同时也考虑了热中子核反应对辐照损伤的贡献。

$G_i(E_n)$ 是能量为 E_n 的中子对于由 i 标注的某种性质的损伤函数。损伤函数不仅同中子的条件有关,而且还同辐照时其他条件有关。因此,辐照后测量性质 P_i 的条件和辐照期间的其他条件必须仔细地规定。例如必须知道辐照温度和辐照后进行测量的温度,否则所导出的损伤函数就可能发生变化。

问题是如何求出损伤函数 $G_i(E_n)$ 这个物理量。首先,在尽可能多的具有各种不同中子能谱已知的反应堆内测量 ΔP_i 的数值,然后根据每一种辐照所得到的数据,利用方程（5.50）试图导出一个单一的损伤函数,这个过程叫作损伤显示法。损伤函数通过由式（5.50）所给出的方程迭代求解得到:将第一个 $G_i(E_n)$ 的假定值代入到这组积分中,将计算出的性质变化

ΔP_{i} 同实验测定值加以比较,根据比较结果将假定的 $G_{\mathrm{i}}(E_{\mathrm{n}})$ 值加以调整,再代入积分进行迭代计算,直到所测得的性质变化 ΔP_{i} 与方程(5.50)右边的积分值尽量相符为止。显然,所需的迭代次数以及最终所得到的损伤函数的精确度同初始假定的推测值有关。根据辐照效应粗略地应正比于离位总截面这一假定来推测,最好的初始推测值 $G_{\mathrm{i}}(E_{\mathrm{n}})$ 是离位总截面 $\sigma_{\sigma}^{\mathrm{tot}}(E_{\mathrm{n}})$ 。

图 5.4 是用上述方法求得的不锈钢的屈服强度和肿胀问题的损伤函数。每一种损伤函数都是根据几种不同通量谱的反应堆内所进行的实验确定出来的。图 5.4(a)是屈服强度的损伤函数。可以看出,利用离位截面作为初始输入的推测值所得到的结果同损伤函数吻合,这表明屈服强度的增加正比于离位原子数。在这个图中还给出了用 $G_{\mathrm{i}}(E_{\mathrm{n}})$ 等于常数作为初始推测输入所得到的结果。显然,这个初始推测值是不好的。因此,欲迭代收敛到正确的损伤函数,需要有一个好的初始猜测值。图 5.4(b)是对应于空洞形成而引起不锈钢肿胀的损伤函数。

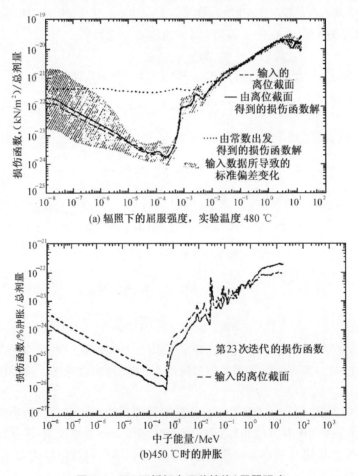

(a) 辐照下的屈服强度,实验温度 480 ℃

(b)450 ℃时的肿胀

图 5.4　304 不锈钢内两种性能(屈服强度和肿胀)辐照效应损伤函数

5.2.5　γ射线引起的辐照损伤

γ射线在固体内引起电离是最主要的效应。一些材料,如绝缘体等,电离效应将使材料的性质发生较大变化。但对金属材料来说,辐射所产生的电离会被金属中的传导电子迅速中和,因而将不会引起金属的结构变化。然而,γ射线也可以在固体内产生离位原子,尽管它产生离位的效能很低。有关γ射线导致原子离位的基本理论描述可在一些专著中找到。

γ射线与物质的相互作用有三种效应:光电效应、康普顿效应和电子对效应。图5.5给出了三种效应所处的范围。对于给定能量,发生上述三种效应的截面与被辐照物质的原子序数有关。在能量尺度上,低能时光电效应是主要的,中等能量范围内康普顿效应占优势,而电子对效应只有当γ射线能量很高且照射原子序数高的物质时才有较大的反应截面。图中的区界线表示两相邻的反应具有同等的反应截面。三种过程都能够击出带有相当能量的

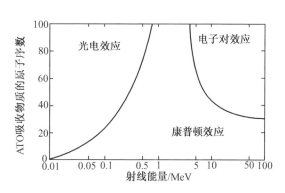

图 5.5　γ射线与物质作用的三种效应所处的范围

电子。在反应堆由于裂变放出的瞬发和缓发γ射线以及热中子引起的(n,γ)反应所发出的γ射线的能量范围内,主要是康普顿效应。

γ粒子传给靶粒子的最大能量为

$$T_m = \frac{2E_\gamma^2}{M_2 c^2 + 2E_\gamma} \tag{5.51}$$

当一个 1 MeV 的γ粒子与原子核碰撞传给靶原子的最大能量也只有数十电子伏特,此外由于γ粒子与原子核发生碰撞的截面是很小的,因此γ粒子直接碰撞靶原子而使之发生离位事件可以忽略不计。然而,如果式(5.51)中的 M_2 是电子,那么γ粒子传给电子的最大能量大约是γ粒子本身的能量 E_γ 的量级,这意味着,尽管γ粒子不能直接有效地使原子离位,但它可通过康普顿效应产生高能电子再由电子使原子离位。关于电子与原子核作用并使原子发生离位的理论和机制在下节讨论。还应指出,γ射线与物质发生康普顿效应的能量传输特征是高能传输事件占优势,这既不同于带电粒子的传能特征,也不同于中子散射的传能特征。

γ粒子辐照损伤不能直接用以上章节内所给出的公式计算。为了处理γ粒子辐照所导致的损伤速率,需要确定康普顿散射的微分截面和由γ粒子通过康普顿效应所形成的电子流密度。关于一个原子的康普顿散射的微分截面由下式给出:

$$K_c(E_\gamma, E_e) = \pi \left(\frac{e^4}{m_e c^2} \right) \cdot \frac{1}{(E_\gamma - E_e)^2} \left\{ \left[\frac{m_e c^2 E_e}{E_\gamma} \right]^2 + 2 \left[\frac{E_\gamma - E_e}{E_\gamma} \right]^2 + \right.$$
$$\left. \frac{E_\gamma - E_e}{E_\gamma^3} \left[(E_e - m_e c^2)^2 - m_e^2 c^4 \right] \right\} \tag{5.52}$$

式中,E_γ 是γ粒子的能量,E_e 是康普顿效应中传给电子的能量,m_e 是电子的静止质量,c 是光速。由γ粒子所产生的电子流密度为

$$\Phi_e(E_e) = \Phi_\gamma N(-\mathrm{d}E_e/\mathrm{d}x)_e^{-1} \int_{E_e}^{E_e^{\max}} K_e(E_\gamma, E_e') \mathrm{d}E_e', \quad 0 < E_e < E_e^{\max} \tag{5.53}$$

式中，Φ_γ 是 γ 粒子的通量，N 是靶物质的原子密度。$(-\mathrm{d}E_e/\mathrm{d}x)$ 是电子的路程能量损失率，并由下式表示：

$$(-\mathrm{d}E_e/\mathrm{d}x) = 2\pi e^4 N Z_2 L\Big(1 + \frac{E_e}{m_e c^2}\Big)/E_e \tag{5.54}$$

式中，Z_2 是靶物质的原子序数，L 是一个约为 10 的系数。

由式(5.52)和(5.53)可得到 γ 粒子辐照物质时所引起的原子离位速率：

$$
\begin{aligned}
R_d^\gamma &= N \int_0^{E_e^{\max}} \sigma_d(E_e) \phi_e(E_e) \mathrm{d}E_e \\
&= \Phi_\gamma N^2 \int_0^{E_e^{\max}} \Big(-\frac{\mathrm{d}E_e}{\mathrm{d}x}\Big)^{-1} \int_{E_e}^{E_e^{\max}} K_e(E_\gamma, E_e') \mathrm{d}E_e' \cdot \int_{E_d}^{E_{\max}} K(E_e, E) \mathrm{d}E
\end{aligned} \tag{5.55}
$$

式中，Φ_γ 是单能 γ 粒子的入射通量；$E_e^{\max}$ 是 γ 粒子在康普顿效应传给电子的最大能量，并令 $M_2 = m_e$ 给出了 m_e 的电子与靶原子碰撞的离位截面为

$$\sigma_d(E_e) = \int_{E_d}^{E_{\max}} K(E_e, E) \mathrm{d}E \tag{5.56}$$

图 5.6 给出了 Be，Cu 和 U 元素的康普顿效应原子离位截面同 γ 光子能量的函数关系。为了对 γ 射线的康普顿效应所产生的辐照损伤有一个量级的理解，利用图中的曲线数据对 γ 射线在铜中造成的损伤作个粗略地估计。2 MeV γ 光子对铜的离位截面 $R_d^e(\Phi_\gamma N)$ 值大约为 1 b。假定反应堆内平均能量为 2 MeV 的 γ 光子通量为 $5 \times 10^{15}\ \mathrm{cm}^{-2} \cdot \mathrm{s}^{-1}$，那么由此得到的损伤速率约为 $5 \times 10^{-9}\ \mathrm{dpa/s}$。如果该样品在堆内照射一年，损伤量可达 0.15 dpa。这个数值同快中子引起的损伤相比，大约小 $2 \sim 3$ 个数量级，因而就反应堆材料而言，γ 射线通过康普顿效应而引起的损伤是不重要的。然而，对于处在 γ 辐射场的绝缘材料(可能还存在其他的损伤机制)或对点缺陷非常敏感的半导体材料，由 γ 射线所导致的损伤很可能是个不可忽视的问题。

γ 射线除了通过高能电子能引起材料损伤外，还有一种反冲损伤机制。在某些核反应事件中，由于复合核释放出 γ 光子时核辐射将受到反冲。γ 光子的动能为

$$I = \frac{h}{\lambda} = \frac{E_\gamma}{c} \tag{5.57}$$

由于动量守恒，反应后反冲核动量数值也为 I，于是质量为 M_2 的反冲核所具有的反冲能 E_p 应为

$$E_p = \frac{I^2}{2M_2} = \frac{E_\gamma^2}{2M_2 c^2} \tag{5.58}$$

这个反冲核将作为初级离位原子在固体内引起一个级联，从而产生若干个次级离位原子。例如，$^{56}\mathrm{Fe}$ 吸收热中子后 (n, γ) 反应将放出能量为 $E_\gamma = 7$ MeV 的瞬发 γ 射线。由式(5.58)计算得到反冲核 $^{57}\mathrm{Fe}$ 带有的能量约为 460 eV。如果铁的离位阈能 $E_d = 25$ eV，

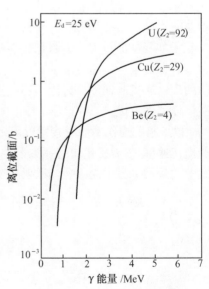

图 5.6　Be，Cu 和 U 的康普顿效应引起的原子离位截面

那么反冲核在级联中大约产生 9 个离位原子。如果堆内热中子通量 $\Phi_h = 10^{14}\ cm^{-2}\cdot s^{-1}$，且 ^{56}Fe 的 (n,γ) 反应截面为 2.5 b，那么由反冲核引起的损伤速率大约为 2.25×10^{-9} dpa/s。这个数值也比堆内快中子引起的损伤速率约小 2～3 个量级。

5.3　带电粒子的辐照损伤

用带电粒子轰击材料导致损伤的研究近年来得到了相当的重视。重要原因之一是它能够在相当短的时间内即可达到相当于中子辐照几年甚至几十年内所产生的损伤量。这对于用带电粒子模拟中子辐照损伤来说是很有吸引力的。例如，目前正在发展中的现代快中子增殖堆，从核动力的经济性来考虑，要求核燃料和堆芯结构材料运行到中子剂量超过 $10^{23}\ cm^{-2}$，所选用材料在堆内实际使用之前，必须有可靠的辐照效应的实验数据。然而，用现有的高中子通量实验堆来考验所选用的材料，即使有中子通量高达 $10^{15}\ cm^{-2}\cdot s^{-1}$ 的实验装置可供利用，欲达到所要求的中子剂量值，辐照实验将持续三年，如果在一般的中子通量为 $10^{14}\ cm^{-2}\cdot s^{-1}$ 实验，则需要花费 30 年，这实际上是很难做到的。对于未来的裂变 - 聚变混合堆而言，结构材料受到能量高达 14 MeV 的中子辐照，目前很难找到能满足要求的实验装置提供聚变中子进行实地辐照实验。而重离子的高损伤速率和电子辐照能达到的高通量，使其能够用来对堆材料进行辐照模拟研究，并已被证明是一种从辐照时间尺度上考虑能缩短几个量级的有效手段。对于诸如像半导体材料因离子注入引起的辐照损伤以及近年来突起的离子束材料表面改性技术所采用的离子注入、离子束混合等过程的辐照损伤，本身就是由重离子轰击引起的，因此研究带电粒子轰击引起的材料辐照损伤更具有直接的理论指导意义。上一节所谈及的 γ 射线辐照在固体内导致的损伤，其损伤机制主要是先由 γ 射线击出康普顿电子，而后再由电子与固体的点阵原子相作用引起点阵损伤。

5.3.1　带电粒子产生的 PKA 的能量分布和损伤

一般说来，处理带电粒子的辐照损伤应选用实际的原子作用势。这样一来，理论计算相当繁杂。为了简化分析，这里先讨论两种极端情况，然后再对更一般的情况加以说明。

当带电粒子的能量足够高时，它可以穿过原子的电子屏蔽势垒而进入到 K 壳层之内。在这种情况下，采用纯库仑势是相当合理的近似。此时，将式(2.68)所给出的卢瑟福散射的能量传输微分截面代入到式(5.3)中，得到 PKA 的能量分布函数为

$$n(E) = Nt\Phi\frac{\pi Z_i^2 Z_2^2 e^4}{E_i}\frac{M_i}{M_2}\frac{1}{E^2} \tag{5.59}$$

式中，Φ 是单能离子的入射通量；E_i 是入射离子的能量。由该式可以看出，由单一能量的离子轰击所产生的 PKA 的能量分布函数同传输能量 E 的平方成反比。这表明辐照所产生的为数众多的初级离位原子中，低能量的 PKA 占绝对优势。PKA 的平均能量为

$$\bar{E} = \frac{\int_{E_d}^{\Lambda E_i} En(E)\,dE}{\int_{E_d}^{\Lambda E_i} n(E)\,dE} = \frac{\Lambda E_i E_d}{\Lambda E_i - E_d}\ln\frac{\Lambda E_i}{E_d} \approx \frac{\Lambda E_i}{E_d} \tag{5.60}$$

将式(5.59)在 PKA 所在的能量范围 $E_d\to\Lambda E_i$ 内积分，得到 PKA 的密度是

$$N_{\rm p} = Nt\Phi \frac{\pi Z_{\rm i}^2 Z_2^2 e^4}{E_{\rm i} E_{\rm d}} \frac{M_{\rm i}}{M_2} Nt\phi\sigma_{\rm d} \tag{5.61}$$

式中，$\sigma_{\rm d} = \dfrac{\pi Z_{\rm i}^2 Z_2^2 e^4}{E_{\rm i} E_{\rm d}} \cdot \dfrac{M_{\rm i}}{M_2}$ 是能量为 $E_{\rm i}$ 的重离子与靶原子发生离位碰撞的截面。其中，$Z_{\rm i}$，Z_2 和 $M_{\rm i}$，M_2 分别为入射离子和靶原子的原子序数和原子量。在式(5.60)和式(5.61)的推导中，利用了 $E_{\rm i} \gg E_{\rm d}$ 这个条件。

用 0.5 MeV 的质子辐照 Fe 时，由式(5.60)计算所击出的 PKA 的平均能量约为 180 eV，这与 0.5 MeV 的中子辐射 Fe 时所产生的 PKA 的平均能量 34.5 keV 形成了鲜明的对比。尽管质子和中子的能量和质量都是一样的，但质子击出的初级离位原子的平均能量却低得多。进而让我们再考查一下它们所击出的 PKA 数量。假定质子的通量为 10^{13} cm$^{-2}\cdot$s^{-1}，由式(5.61)计算得到 PKA 的生成速率为 5.4×10^{16} 原子/(cm$^3\cdot$s)；而同样通量的中子辐照时，由 $Nt\Phi\sigma_{\rm s}$ 算出的 PKA 的生成速率只有 2.5×10^{12} 原子/(cm$^3\cdot$s)。此处，中子的散射截面 $\sigma_{\rm s} = 3$ b。显然，带电粒子辐照时产生初级离位原子的碰撞截面要比中子的散射截面大得多。

对于低能入射离子，可以利用等效刚球势，在这个极端情况下，PKA 的能量分布函数是

$$n(E) = Nt\Phi\sigma/(\Lambda E_{\rm i}) \tag{5.62}$$

式中，σ 是刚球散射截面。如果利用 Born – Mayer 势，由式(2.22)和(2.23)得到入射离子和靶原子的刚球半径之和，并用 $R_0(E_{\rm i})$ 表示：

$$R_0(E_{\rm i}) = \rho\ln\left[\frac{A(M_{\rm i} + M_2)}{M_2 M_{\rm i} E_{\rm i}}\right] \tag{5.63}$$

令 $\sigma = \pi[R_0(E_{\rm i})]^2$，并利用式(5.63)的结果，得到 PKA 的能量分布函数：

$$n(E) = Nt\Phi\pi\rho^2\left\{\ln\frac{A(M_{\rm i} + M_2)}{M_2 E_{\rm i}}\right\}^2/(\Lambda E_{\rm i}) \tag{5.64}$$

该式表明，PKA 的能量分布是一个与其能量无关的常数，即初级离位原子的能量在 $E_{\rm d}\rightarrow\Lambda E_{\rm i}$ 之间均匀分布，这正是刚球模型的特征。如果将式(5.64)在 $E_{\rm d}\rightarrow\Lambda E_{\rm i}$ 范围内积分，则得到初级离位原子的密度为

$$N_{\rm p} = N\Phi t\pi\rho^2\left\{\ln\frac{A(M_{\rm i} + M_2)}{M_2 E_{\rm i}}\right\}^2\left[1 - \frac{E_{\rm d}}{\Lambda E_{\rm i}}\right] \tag{5.65}$$

这里自然产生了一个问题，即如何确定到底是用库仑散射还是用刚球散射呢？一个粗略的方法是在上述两种极端情况之间确定一个分界能。通常可以采用 Bohr 给出的库仑势并令 $r = a$ 来确定这个分界能。于是由式(2.22)和(2.25)得到分界能 $E_{\rm A}$ 为

$$E_{\rm A} = Z_{\rm i} Z_{\rm s} e^2 \frac{M_{\rm i} + M_2}{aM_2}\exp(-1) \tag{5.66}$$

式中，a 由式(2.25b)给出，当用 Cu 离子轰击 Cu 材料时，由上式计算出的 $E_{\rm A}\approx52$ keV。这可理解为当 Cu 离子的能量超过 52 keV 时，可用式(5.59)和(5.61)计算在 Cu 内产生的 PKA 的能量分布和 PKA 的密度；当能量低于 52 keV 时，则可用式(5.64)和(5.65)计算 PKA 的能量分布和密度。

显然，采用分界能的办法来处理可能过分简化了，特别是在相当高的能量时，库仑散射才是正确的，而入射能量远低于上述的分界能量，等效刚球势才是合理的。为了较为精确地处理带电粒子引起的损伤问题，应采用在一个相当宽的能量范围都适用的 Thomas – Fermi 势。处理方法是利用 Lindhard 导出的普适约化微分截面和 Winterbon 所给出的近似解析表示式

(2.104),根据入射离子的能量求出相应的能量传输微分截面 $K(E_i, E)$ 的具体形式,并代入到式(5.3)和(5.7)分别求出 N_p 的数值。毫无疑问,这样的处理是相当繁杂的。因此,在计算要求不太高的场合下,利用分界能的办法还是可以接受的。虽然计算准确度有所下降,但采用库仑散射和刚球散射却是非常简便的。

通常,带电粒子辐照研究中所用的入射离子能量远高于 E_A 值,因此可以采用卢瑟福散射处理损伤问题。虽然在这种情况下有些 PKA 的能量可能很高,但就其平均能量来说是相当低的[见式(5.60)]。如果采用简单的 Kinchin-Pease 模型计算 $\nu(E)$ 是可以接受的。这样重离子辐照固体材料时离位总截面可由式(2.69)和(4.10)求出:

$$\sigma_d^{tot}(E_i) = \frac{\pi Z_i^2 Z_2^2 e^4}{2E_i E_d} \cdot \frac{M_i}{M_2} \ln\left(\frac{\Lambda E_i}{E_d}\right) \tag{5.67}$$

在单能离子入射情况下,相应的损伤速率 C_d(dpa/s)由式(5.12)给出:

$$C_d = \Phi \frac{\pi Z_i^2 Z_2^2 e^4}{2E_i E_d} \frac{M_i}{M_2} \ln\left(\frac{\Lambda E_i}{E_d}\right) \tag{5.68}$$

例如,计算 5 MeV 的 Ni^+ 辐照 Ni 靶时的损伤速率。在这种情况下,$Z_i = Z_2$,$M_i = M_2$。假定入射 Ni^+ 的通量为 $10^{12} Ni^+/(cm^2 \cdot s)$,$E_d = 25$ eV。将这些数据代入到方程(5.68)中得到 $C_d \approx 1.96 \times 10^{-3}$ dpa/s。如果辐照 3 个小时,损伤程度可达 20 dpa。

5.3.2　重离子辐照损伤的分布

以上关于带电粒子引起的辐照损伤的计算公式可以应用于高能的质子、氘和氦离子,它们的射程较长。但对于重离子,射程很短,上述辐照损伤的计算公式仅对表面层(即深度 $x = 0$)处才是适用的。当人们分析具有确定能量的入射粒子在样品内某一深度处的损伤时,有两个基本事实是必须要考虑到的。

首先,同中子在固体穿行时的情况不同,重离子进入到固体内将经受两种能量损失过程,即弹性碰撞和非弹性碰撞(电子激发),图 3.5 中已给出了核阻止本领同离子能量的函数关系。特别是当离子能量很高时(辐照研究通常属于这种情况),电子阻止导致的能量损失占了相当大的份额。当一束初始能量相同的离子在固体内不同深度处发生弹性碰撞而产生 PKA 时,由于是电子阻止而使离子的能量已不同于初始入射时的能量。因此,当利用式(5.67)计算离位总截面时,应特别注意式中的能量是样品深度 x 的函数。假定在我们所讨论的能量范围内,Lindhard 的电子阻止公式是适用的,那么可以对式(3.28)进行积分,得到在深度 x 处的离子能量为

$$E_x = \left[(E_i)^{1/2} - \frac{1}{2}Kx\right]^2 \tag{5.69}$$

于是在 x 处产生损伤的效能为

$$\sigma_d^{tot}(E_x) = \frac{\pi Z_i^2 Z_2^2 e^4}{2E_x \cdot E_d} \cdot \frac{M_i}{M_2} \ln\left(\frac{\Lambda E_x}{E_d}\right) \tag{5.70}$$

由该式可以看出,随着深度增大,E_x 值减小,因而损伤效能增大。

其次,中子在固体内的碰撞平均自由程大约为几个厘米的量级,因此可以不考虑多次散射问题。但是,重离子在固体内的运动情况有所不同。为此我们估计一下重离子的碰撞平均自由程为

$$\lambda = \frac{1}{N\sigma_d} \tag{5.71}$$

式中, σ_d 是发生离位碰撞的截面, 由式(2.69)在 $E_d \rightarrow \Lambda E_i$ 范围内积分, 得到

$$\sigma_d(E_i) = \frac{\pi Z_i^2 Z_2^2 e^4}{E_i} \frac{M_i}{M_2} \cdot \frac{1}{E^2} \tag{5.72}$$

当 5 MeV Ni$^+$ 辐射 Ni 靶材时, $\sigma_d \approx 3 \times 10^{-18}$ cm^2, $N = 9.15 \times 10^{22}$ 原子/cm^2, 将这些数据代入到式(5.71)中得到碰撞平均自由程大约只有 400 nm。几个 MeV 能量的 Ni 离子在固体内将能量消耗完时, 也只能走过 $1 \sim 2$ μm 的深度。因此, 在讨论样品的辐照损伤时, 多次散射对损伤深度分布的影响是不可忽视的。同时还应看到, 随着离子能量的降低, 碰撞平均自由程也减小, 初级离位原子随深度 x 增大而越来越密集。

综上所述, 重离子与中子辐照在固体内产生的损伤分布特征是不同的。

重离子在固体内引起的损伤分布可用同射程分布的 L.S.S 理论相类似的方法来处理, 其思路仍然是根据载能粒子在固体内的碰撞过程列出能量沉积的基本积分方程, 并利用矩法解输运方程以获得同辐照损伤分布有关的信息。

同讨论射程分布相类似, 定义一个离子能量沉积分布函数 $F(r,E,b)$, $F(r,E,b)d^3r$ 表示能量为 E 的粒子沿 b 方向入射且入射粒子本身以及它引起的碰撞过程中所有反冲原子的能量都慢化到某一个下限能量时沉积在径向 r 处体积元 d^3r 内的能量。b 是表示粒子运动方向的单位矢量, 且 $b = v/|v|$, v 是入射粒子的初始速度。入射粒子走过一个小线段 δR 期间, 它可能同固体的组元发生了碰撞。在这种情况下, 将出现两个运动原子: 散射粒子的能量为 $E-T$, 运动方向用 $b' = v'/|v'|$ 这个单位矢量表示, 而反冲粒子的能量为 T 且运动方向用 $b'' = v''/|v''|$ 这个单位矢量表示。在这里, v' 和 v'' 分别表示散射粒子和反冲粒子的速度。T 是碰撞中传给原子和电子的能量。在 δR 范围内发生上述碰撞事件的概率为 $N\delta R d\sigma_{n,e}$。如果对所有可能的碰撞状态积分, 即可得到通过 δR 时所发生的碰撞事件对能量沉积函数的贡献为

$$N|\delta R| \cdot \int \sigma_{n,e}[F(r,E-T,b') + F(r,T,b'')]$$

如果在 δR 内不发生任何碰撞, 则相应的分布函数为 $F(r-\delta R,E,b)$, 这种事件的概率为 $1 - N|\delta R|\int d\sigma_{n,e}$, 对沉积能量分布函数的贡献为

$$\left(1 - N|\delta R|\int d\sigma_{n,e}\right)F(r-\delta R,E,b)$$

根据物理量守恒, 应有

$$F(r,E,b) = N|\delta R|\int d\sigma_{n,e}[F(r,E-T,b') + F(r,T,b'')] +$$
$$\left(1 - N|\delta R|\int d\sigma_{n,e}\right)F(r-\delta R,E,b) \tag{5.73}$$

将 $F(r-\delta R,E,b)$ 在 r 附近展开, 并只取前两项, 有

$$F(r-\delta R,E,b) = F(r,E,b) - \frac{\partial F(r,E,b)}{\partial r}\delta R$$

代入方程(5.73), 经整理并略去 δR 的平方项:

$$-\frac{\delta R}{|\delta R|} \cdot \frac{\partial F(r,E,b)}{\partial r} = N\int d\sigma_{n,e}[F(r,E,b) - F(r,E-T,b') - F(r,T,b'')] \tag{5.74}$$

式中, $\frac{\delta R}{|\delta R|} = b$ 表示粒子的初始入射方向。假定粒子都沿同一方向入射, 且当我们讨论粒子

在垂直于样品表面的方向上的能量沉积时,则应有

$$-\cos\theta\frac{\partial}{\partial x}F(x,E,\boldsymbol{b})=N\int \mathrm{d}\sigma_{\mathrm{n,e}}[F(x,E,\boldsymbol{b})-F(x,E-T,\boldsymbol{b}')-F(x,T,\boldsymbol{b}'')]\quad(5.75)$$

式中,$\cos\theta$ 是粒子入射方向相对于 x 轴的方向余弦。上述积分方程是由 Winterbon 等人导出的。他们利用式(2.89)给出的负幂势散射微分截面并忽略掉电子的阻止作用,对能量沉积进行了处理,得到能量沉积函数的 n 次矩是

$$\langle x\rangle^n=A_n\Big(\frac{E^{2m}}{NC}\Big)^n\qquad(5.76)$$

式中,A_n 是一个同 m 以及入射粒子和靶原子的质量比有关的常数,C 由式(2.89a)表示,m 是负幂势幂次的倒数。一次矩 $\langle x\rangle$ 是能量沉积的平均深度。利用各次矩可以做出沉积能量沿深度的分布。一般说来,为了更精确地给出沉积能量深度分布特征,要求计算到较高的矩次,因为沉积能量分布比射程分布更偏离高斯型的曲线形状,这可由图 5.7 所画出的两个曲线清楚地看出来。如果假定核碰撞和电子阻止彼此独立的话,则可将它们分开处理。于是,方程(5.75)可改写成:

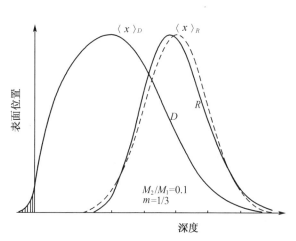

图 5.7　离子的损伤和射程分布

[利用幂函数势($s=3$),忽略掉电子阻止作用]

$$-\cos\theta\frac{\partial}{\partial\boldsymbol{X}}F(x,E,\boldsymbol{b})=N\int \mathrm{d}\sigma_{\mathrm{n}}[F(x,E,\boldsymbol{b})-F(x,E-T_{\mathrm{n}},\boldsymbol{b}')-F(x,T_{\mathrm{n}},\boldsymbol{b}'')]+$$

$$NS_{\mathrm{e}}(E)\frac{\partial}{\partial E}F(x,E,\boldsymbol{b})\qquad(5.77)$$

当由方程(5.77)出发,采用 Thomas – Fermi 势散射微分截面并将电子阻止也包括进去来处理,则可得到更精确的结果。显然,这就更增加了处理能量沉积深度分布的复杂性。Sigmund 等对于 $M_1=M_2$ 的情况用数值解的方法计算了 Thomas – Fermi 势散射的损伤积分方程的前两次($n=1$,和 $n=2$)矩。图 5.8 是不同电子阻止 K 值条件下得到的平均损伤深度和投影射程[图(a)],以及损伤的纵向和横向离散值[图(b)]同入射粒子能量的关系曲线。图中,$m=1/2$ 和 $m=1/3$ 时的曲线表示同负幂势($s=2$ 和 $s=3$)处理散射事件所得到的相应值。前面讨论的是入射粒子在固体内能量沉积的深度分布问题。就辐射损伤的概念而言,它是指在固体内由于碰撞能量传递而产生离位原子。如果入射粒子的能量 $E\gg E_{\mathrm{d}}$,那么沉积于弹性碰撞的那部分能量应同它产生的离位原子数成正比。因此,辐照损伤沿样品的深度分布同能量沉积沿样品的深度分布是一致的。

5.3.3　电子辐射损伤

电子在固体内运动时也经受两种能量损失的过程,即电子阻止和核阻止。对于绝缘材料以及其他一些由于电子激发或电离而使性能发生变化的材料,电子通过与原子核外的电子相互作用而导致材料的辐照损伤;而对于金属或其他的良导体,电子主要通过与靶材料的原子核发生弹性碰撞而引起离位损伤。

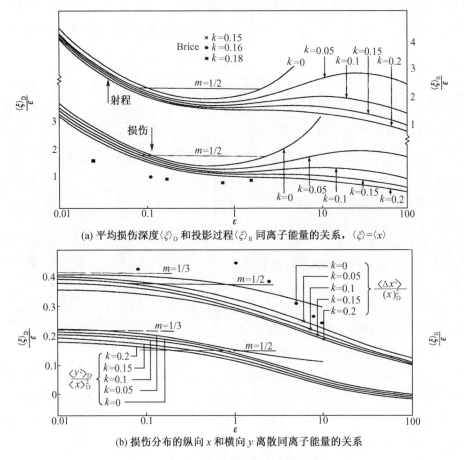

(a) 平均损伤深度$\langle\xi\rangle_D$和投影过程$\langle\xi\rangle_R$同离子能量的关系，$\langle\xi\rangle=\langle x\rangle$

(b) 损伤分布的纵向x和横向y离散同离子能量的关系

k 是电子阻止常数;实线是 Sigmund 的计算值;"点"是 Brice 理论值

图 5.8

电子辐照无论是在损伤理论的基础性研究,还是在核动力发展所要求的核材料研究方面都有着重要的意义,这是由电子辐照所具有的某些独特优点所决定的。电子辐照所产生的缺陷基本上都是彼此孤立的间隙原子 – 空位对,特别是在高压透射电子显微镜所提供的高能电子辐照,同时可以进行现场观察,这对于了解缺陷的形成、缺陷的迁移和聚集等重要的基本过程有着用其他粒子辐照所难以比拟的优越性。另一方面,辐照损伤通常是在反应堆所提供的中子或加速器所产生的重离子来进行的。同电子辐照一样,中子和重离子轰击引起的损伤也主要是由原子离位导致的。然而中子辐照时所伴随的核嬗变和离子辐照所掺入的外来离子均可能在被辐照物质内引入杂质原子,从而增加了理论研究的难度。电子辐照相对来说比较单纯,因而成为研究离位损伤基本问题的有效手段。此外,电子辐照虽然不像中子和离子辐照那样能产生级联碰撞和高的离位截面,但由于能获得较高的电子束流密度,因而也可以达到相当高的损伤速率。同重离子一样,电子辐照在核材料辐照损伤和效应的加速性模拟研究方面受到了重视,并在利用高压透射电子显微镜对不锈钢的辐照肿胀行为研究上取得了重要的进展。

电子通过与靶核的弹性碰撞而将部分能量传给靶原子。由于电子质量甚小,当它与原子发生碰撞时,根据参与碰撞间质量关系可认为电子在碰撞后的速度在数值上不变。假定在质心系内的散射角为ϕ,碰撞几何如图5.9所示。由于碰撞前后速度数值不变,因而x方向上碰

撞中的动量变化等于零,而在 x 方向上的动量变化为

$$\Delta I = 2I\sin\frac{\phi}{2} \tag{5.78}$$

式中,$I = m_e v_e$ 为电子的初始动量,m_e 是电子的质量,v_e 是电子的初始速度。由碰撞前后的动量变化量可求出传给被击靶原子的能量为

$$E = \frac{(\Delta I)^2}{2M} = \frac{2I^2\sin^2\dfrac{\phi}{2}}{M} \tag{5.79}$$

式中,M 是靶原子的质量。鉴于电子的质量很小,欲通过弹性碰撞使原子离位,电子能量需要达到 MeV 的量级。在这种情况下,电子的速度接近于光速,需要考虑相对论效应。

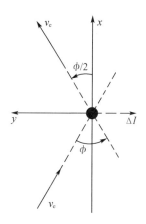

图 5.9　电子与原子碰撞示意图
(v_e 是电子在碰撞前后的速度)

　　相对论条件下电子的动量是

$$I = \frac{m_e v_e}{(1 - \beta^2)^{1/2}} \tag{5.80}$$

而电子的总能量为

$$E_e^{\text{tot}} = \frac{m_e C^2}{(1 - \beta^2)^{1/2}} \tag{5.81}$$

式中,m_e 是电子的静止质量,$\beta = v_e / C$,由上述两式可得到:

$$\frac{(E_e^{\text{tot}})^2}{C^2} = I^2 + m_e^2 C^2 \tag{5.82}$$

如果将运动电子的总能量写成:

$$E_e^{\text{tot}} = m_e C^2 + E_e \tag{5.83}$$

式中,$m_e C^2$ 是电子的静止能量,E_e 是电子的动能。将该式代入到式(5.82)中,得到:

$$I^2 = \frac{E_e(E_e + 2m_e C^2)}{C^2} \tag{5.84}$$

　　把式(5.84)代入到式(5.29)中,得到相对论情况下电子轰击靶原子时传给原子的能量为

$$E = \frac{2I^2}{M}\sin^2\frac{\phi}{2} = \frac{2E_e(E_e + 2m_e C^2)}{MC^2}\sin^2\frac{\phi}{2} \tag{5.85}$$

　　在发生正碰撞的情况下,即 $\phi = \pi$,电子传递给被击原子的最大能量是

$$E_m = \frac{2E_e(E_e + 2m_e C^2)}{MC^2} \tag{5.86}$$

如果令 $E_m = E_d$,此时电子的动能就是使质量为 M 的靶原子离位所必须具有的最低能量。

　　由于电子辐照使固体内点阵原子发生离位时所需的电子能量足够高,以致它能够穿到原子的 K 壳层内,因此可用库仑势来处理电子与原子间的散射问题。Dorwin 在 1913 年讨论了相对论情况下电子与原子的散射问题。相对论的卢瑟福散射的能量传输微分截面同非相对论的微分截面之间的关系是

$$\mathrm{d}\sigma_{\text{DR}} = (1 - \beta^2)\mathrm{d}\sigma_{\text{R}} \tag{5.87}$$

式中，$d\sigma_R$ 是卢瑟福散射微分截面，由该式可得到相对论电子的能量传输微分截面：

$$K_{DR}(E_e, E) = 4\pi\left(\frac{Z_2 e^2}{2m_e C^2}\right)^2 (1 - \beta^2) \frac{E_m}{E^2} \tag{5.88}$$

式中，E_m 是电子传给靶原子的最大能量，并由式(5.86)给出。

然而，电子与原子的散射通常须用量子力学处理。Mott 计算了电子的量子散射截面。Mckeinly 和 Feshbach 给出了量子散射微分截面 $d\sigma_{MCF}$ 的解析结果，且同经典散射的微分截面 $d\sigma_{MCF}$ 有下述关系：

$$\frac{d\sigma_{MCF}}{d\sigma_{DR}} = 1 - \beta^2 \sin^2\frac{\theta}{2} + \pi\alpha\beta\sin\frac{\theta}{2}\left(1 - \sin\frac{\theta}{2}\right) \tag{5.89}$$

由该式并利用式(1.21)，同时注意到由于 $m_e \ll M$，质心系散射角 ϕ 同实验室系的散射角是等价的，于是可得到电子散射的能量传输微分截面为

$$K(E_e, E) = \frac{\pi b'^2}{4} E_m \left\{1 - \beta^2\frac{E}{E_m} + \pi\alpha\beta\left[\left(\frac{E}{E_m}\right)^{1/2} - \frac{E}{E_m}\right]\right\}\frac{1}{E^2} \tag{5.90}$$

式中，$b' = b\sqrt{1 - \beta^2}$，$\beta = v/C$，$\alpha = \frac{Z_2}{137}$ 和 $b = \frac{2Z_2 e^2}{m_e v^2}$。式(5.90)表明，电子散射能量传输微分截面，粗略地说，正比于 $\frac{1}{E^2}$，这和卢瑟福散射的规律相类似。将方程(5.90)在 $E_m \to E_d$ 范围内积分，得到发生离位的碰撞截面为

$$\sigma_d(E_e) = \frac{\pi b'^2}{4}\left[\left(\frac{E_m}{E_d} - 1\right) - \beta^2\ln\frac{E_m}{E_d} + \pi\alpha\beta\left\{2\left[\left(\frac{E_m}{E_d}\right)^{1/2} - 1\right] - \ln\frac{E_m}{E_d}\right\}\right] \tag{5.91}$$

当电子能量很大时，应有 $\frac{E_m}{E_d} \gg \ln\frac{E_m}{E_d}$。在这种情况下，离位碰撞截面简化为

$$\sigma_d(E_e) = \frac{\pi Z_2^2}{\beta^4}(1 - \beta^2)\left(\frac{e^2}{m_e C^2}\right)^2\left[\frac{E_m}{E_d} - 1\right] \tag{5.92}$$

应当指出，对于轻元素，上述两式所给出的碰撞截面大体上是正确的。但当元素较重时，它们可能较为严重地低估了离位截面值。

电子辐照时所产生的 PKA 的平均能量为

$$E = \frac{\int E K(E_e, E)\,dE}{\int K(E_e, E)\,dE} = E_m \frac{\ln\left(\frac{E_m}{E_d}\right) - \beta^2\left(1 - \frac{E_d}{E_m}\right) + \pi\alpha\beta\left[2\left(1 - \sqrt{\frac{E_d}{E_m}}\right) - \left(1 - \frac{E_d}{E_m}\right)\right]}{\frac{E_d}{E_m} - 1 - \beta^2\ln\left(\frac{E_m}{E_d}\right) + \pi\alpha\beta\left[2\left(\sqrt{\frac{E_m}{E_d}} - 1\right) - \ln\left(\frac{E_m}{E_d}\right)\right]} \tag{5.93}$$

当 $E_e/m_e C^2 \gg 1$ 时，近似地有

$$\bar{E} = E_d\left[\ln\left(\frac{E_m}{E_d}\right) - 1 + \pi\alpha\right] \tag{5.94}$$

图5.10是根据式(5.86)计算得到的 PKA 的最大能量 E_m 随入射电子能量的变化关系。同相同的中子和重离子相比，电子辐照击出的 PKA 的最大能量值是很低的，图5.11中给出了电子辐照 Cu 时的离位截面同入射电子能量的关系曲线。右侧纵坐标是计算时所取的离位阈能值，虚线是将 PKA 所产生的 $\nu(E)$ 也包括在内的离位总截面。这些曲线表明，能量为 1 MeV 的电子辐照时，PKA 不大可能击出附加的离位原子(对 Cu 而言，通常 $E_d = 25$ eV)。图5.12

是几种物质的离位碰撞截面(离位阈值均取 25 eV)同入射电子能量的关系。同重离子相比,电子辐照产生缺陷的碰撞平均自由程要大得多。Cu 的离位截面 σ_d 约为 50 b,由此得到 $\lambda_d = 1/N\sigma_d \approx 2$ mm。因此,在讨论损伤时,不必考虑电子在实验样品内的多次碰撞离位问题。粗略地说,可把电子辐照产生的损伤分布看成是沿样品深度均匀分布。然而,电子在固体内穿行时,除了弹性碰撞外还受到核外电子的阻止;随机碰撞的行为也可能对缺陷分布有重要影响,关于电子损伤沿深度的分布特征,将在本节最后部分有关计算机模拟研究中加以讨论。

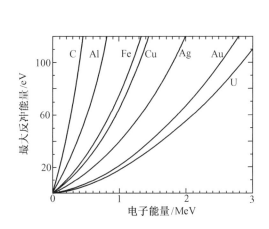

图 5.10 初级反冲原子的最大能量
同入射电子能量的关系

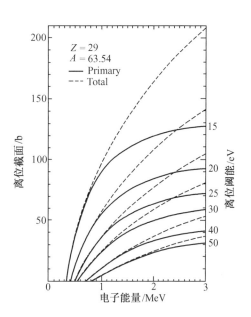

图 5.11 铜的离位总截面同
入射电子能量的关系

5.3.4 裂变损伤

作为核反应堆堆芯的燃料,除了经受快中子辐照引起损伤外,燃料的可裂变物质由于吸收热中子而发生的裂变反应将在燃料中导致更严重的损伤。对于裂变物质,^{235}U,吸收热中子发生裂变反应的过程如下:

$$^{1}_{0}n + ^{235}_{92}U \longrightarrow ^{A_1}_{z_1}X_1 + ^{A_2}_{z_2}X_2 + (2 \text{ 或 } 3)^{1}_{0}n$$

式中,反应式左侧的 $^{1}_{0}n$ 代表吸收的热中子;右侧的 $^{1}_{0}n$ 代表反应中发射出的快(裂变)中子;X_1 和 X_2 分别表示裂变核分裂成

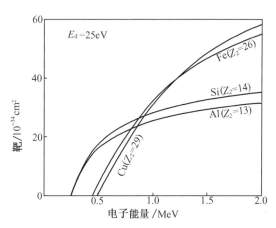

图 5.12 几种材料的离位截面同
入射电子能量的关系

两个具有不同质量和能量的裂变碎片。每个 U 核裂变所释放出来的能量大约为 200 MeV。这些能量是由裂变过程的质量亏损并根据爱因斯坦的质能转换关系得到的。裂变释放能量分配如表 5.1 所示。

可以看出，两个碎片所带的动能构成了裂变释放能量的绝大部分。每次裂变所产生的碎片质量和能量都是随机的，但大量裂变事件统计表明，裂变碎片有一个质量分布－质量谱，如图 5.13 所示。粗略地说，裂变碎片按其质量数可分为两组：①轻元素碎片，其最可几的质量数和能量为 95（Br 和 Kr）和 100 MeV；②重元素碎片，其最可几的质量数和能量数为 135（I 或 Xe）和 70 MeV。这些具有高能量的裂变碎片在核燃料材料中引起的损伤是：①裂变碎片在固体内穿行时沿途通过与材料内的点阵原子的弹性碰撞激起离位级联损伤，从而生成大量的孤立的点缺陷和密集的缺陷团；②固体裂变碎片经电子阻止和核阻止将能量消耗完了时，将以杂质原子的形式存在于基体材料中并导致基体点阵的扭曲；③惰性气体裂变碎片在其能量消耗完了时，将以气态的形式存在于固体内。需要强调指出，裂变碎片中大约有三分之一为惰性气体 Kr，Xe 等，惰性气体原子在一定的条件下聚集成气泡并导致材料的肿胀。本节内，我们将集中讨论裂变碎片在慢化过程中产生的点缺陷数量问题，即每次裂变所产生的 Frenkel 缺陷对产额。

表 5.1　裂变能量分配

能量名称	MeV
碎片动能	167
中子能量	5
缓发 γ 射线能	6
瞬发 γ 射线能	6
瞬发 β 射线能	8
中微子能量	12
总计	204

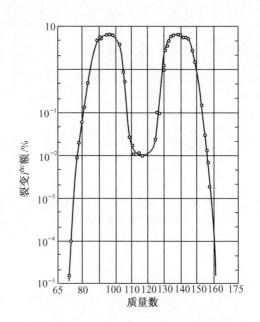

图 5.13　^{235}U 裂变产额的质谱分布

为了简化讨论，假定所有的裂变碎片都具有相同的初始能量 E_{ff}^{max}，且令裂变事件在材料内均匀分布。这些碎片产生后将沿随机的方向运动并通过电子阻止和核阻止而慢化。根据上述假定来讨论在燃料内某一点处的一个单位截面的球，令 $\phi(E_{ff})dE_{ff}$ 表示单位时间内穿过该单位球的能量处在 E_{ff} 和 $E_{ff}+dE_{ff}$ 之间的裂变碎片数。对阻止本领积分可给出裂变碎片产生后的某一时刻的能量 E_{ff} 同它在固体内穿行过的距离之间的关系：

$$R(E_{ff}^{max},E_{ff}) = \int_{E_{ff}}^{E_{ff}^{max}} \frac{dE}{(dE/dR)} \tag{5.95}$$

式中，$R(E_{ff}^{max},E_{ff})$ 表示初生裂变碎片由 E_{ff}^{max} 慢化至 E_{ff} 时所走过的距离。为了简便，下面用 R 表示 $R(E_{ff}^{max},E_{ff})$。于是，穿过单位球且能量处在 (E_{ff}^{max},E_{ff}) 范围内的裂变碎片一定是来自距单位球的径向距离为 R，厚度为 dR 的球壳内，如图 5.14 所示，这个球壳的体积元是 $4\pi R^2 dR$。

在单位体积的燃料体内裂变碎片的产生速率为 $2\dot{F}$ ，这里 $\dot{F}$ 是裂变数/（$\mathrm{cm}^3 \cdot \mathrm{s}$），且由下式给出：

$$\dot{F} = N_\mathrm{u} \Phi_\mathrm{th} \sigma_\mathrm{f} C^5 \tag{5.96}$$

式中，N_u 是单位体积内铀原子数，C^5 是铀原子中可裂变核 $^{235}\mathrm{U}$ 所占的份额；Φ_th 是热中子的通量；σ_t 是 $^{235}\mathrm{U}$ 的裂变截面。

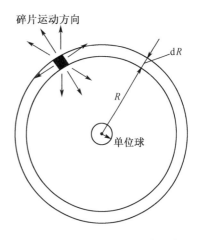

图 5.14　裂变碎片通量谱导出示意图

鉴于裂变碎片产生时运动方向的角分布是各向同性的，在距单位球 R 处所产生的裂变碎片中，向单位球方向运动并穿过单位球的碎片份额是 $1/(4\pi R^2)$。因此，裂变碎片通量能谱是

$$\Phi(E_\mathrm{H}) \mathrm{d}E_\mathrm{ff} = 2\dot{F}(4\pi R^2 \mathrm{d}R) \frac{1}{4\pi R^2} = 2\dot{F}\mathrm{d}R \tag{5.97}$$

由阻止本领的定义可找出距离间距 $\mathrm{d}R$ 与能量范围 $\mathrm{d}E_\mathrm{ff}$ 的关系：

$$\mathrm{d}R = \frac{\mathrm{d}E_\mathrm{ff}}{(\mathrm{d}E_\mathrm{ff}/\mathrm{d}R)_\mathrm{n,e}} \tag{5.98}$$

将式（5.98）代入到式（5.97）中，得到

$$\Phi(E_\mathrm{ff}) = \frac{2\dot{F}}{(\mathrm{d}E_\mathrm{ff}/\mathrm{d}R)_\mathrm{n,e}} \tag{5.99}$$

如第 3 章所述，阻止本领是能量的函数。如果我们引入阻止本领与能量无关这一假定，将会使理论处理大为简化。在这种近似情况下，可将 $(\mathrm{d}E_\mathrm{ff}/\mathrm{d}R)_\mathrm{n,e}$ 用 $E_\mathrm{ff}^\mathrm{max}/\mu_\mathrm{ff}$ 来代替，μ_ff 是裂变碎片在燃料内的射程。于是，式（5.99）可改写成

$$\Phi(E_\mathrm{ff}) = \frac{2\dot{F}}{E_\mathrm{ff}^\mathrm{max}} \mu_\mathrm{ff} \tag{5.100}$$

现在讨论通量能谱为 $\Phi(E_\mathrm{ff})$ 的裂变碎片在金属铀燃料体内产生点缺陷（离位原子）的速率。利用式（4.11），有

$$R_\mathrm{d} = N_\mathrm{U} \int_{E_\mathrm{d}/\Lambda}^{E_\mathrm{ff}^\mathrm{max}} \mathrm{d}E_\mathrm{ff} \cdot \Phi(E_\mathrm{ff}) \int_{E_\mathrm{d}}^{\Lambda E_\mathrm{ff}^\mathrm{max}} K_\mathrm{ff-U}(E_\mathrm{ff},E) \cdot \nu(E)\mathrm{d}E \tag{5.101}$$

式中，Λ 为裂变碎片与铀原子碰撞时能量传输关系的质量数因子。假定裂变碎片的质量数为 U 原子的一半，由式（2.4）得到 $\Lambda \approx 8/9$。采用 Kinchin-Pease 离位模型，令 $\nu(E) = \dfrac{E}{2E_\mathrm{d}}$。由于裂变碎片的能量相当高，因此能量传输微分截面 $K_\mathrm{ff-U}(E_\mathrm{ff},E)$ 可用卢瑟福散射公式，于是由式（1.74）得到：

$$K_\mathrm{U-ff}(E_\mathrm{ff},E) = \frac{\pi Z_\mathrm{ff}^2 Z_\mathrm{u}^2 e^4}{E_\mathrm{ff}} \cdot \frac{M_\mathrm{ff}}{M_\mathrm{U}} \cdot \frac{1}{E^2} \tag{5.102}$$

将式（5.100），式（5.102）以及 $\nu(E) = \dfrac{E}{2E_\mathrm{d}}$ 代入到方程（5.101），并除以单位体积内的裂变率 $\dot{F}$，即可得到每次裂变所产生的离位原子数或 Frenkel 对产额：

$$Y = \frac{\pi Z_{ff}^2 Z_u^2 e^4 N_U \mu_{ff}}{4 E_d E_{ff}^{max}} \cdot \frac{M_{ff}}{M_U} \left[\ln\left(\frac{\Lambda E_{ff}^{max}}{E_d}\right) \right]^2 \tag{5.103}$$

对金属铀而言，$N_U = 4.8 \times 10^{22}$ 原子/cm^3，$\mu_{ff} = 4$ μm，$M_U = 238$ 且 $E_d = 25$ eV。现在分别估计轻、重裂变碎片所产生的离位原子数。

对于轻裂变碎片，$Z_{ff} = 36$，$M_U = 95$，$E_{ff}^{max} = 100$ MeV。将上述数值代入到式(5.103)中，得到 $Y = 1.54 \times 10^5$。

对于重裂变碎片，$Z_{ff} = 54$，$M_U = 135$，$E_{ff}^{max} = 70$ MeV。将有关数据代入到式(5.103)中，得到 $Y = 6.82 \times 10^5$。

将轻、重两种裂变碎片所产生的离位原子数产额相加，最后得到每次裂变所击出的平均离位原子数 8.32×10^5。

除了金属铀外，还可采用铀的化合物或合金作为核燃料材料，如 U－Al 合金，UC，UO_2 等。其中，UO_2 是最常用的堆芯核燃料。裂变碎片在 UO_2 中所产生的离位原子产额可遵循前面讨论的计算方法求出。但是，同单质的金属铀相比，在计算诸如 UO_2 这样的多元素材料的离位原子产额时需要考虑两点：①在式(5.99)中所用的阻止本领 $(dE/dR)_{n,e}$ 应包括 UO_2 点阵内 U 原子和 O 原子的电子和原子核对阻止本领的贡献；②裂变碎片在 UO_2 中既可能引起铀原子离位，也可能引起氧原子离位，计算时可以先分别处理裂变碎片单独在铀的亚点阵内造成的损伤，然后再根据铀原子的散射截面和氧原子的散射截面加权重来求得每次裂变在 UO_2 中产生的离位原子数。为了简化处理，我们假定裂变碎片具有单一的质量数和能量，并令 $E_{ff}^{max} = 80$ MeV，$Z_{ff} = \frac{1}{2} Z_U$ 和 $M_{ff} = \frac{1}{2} M_U$；假定这样的裂变碎片在 UO_2 中的射程大约为 7 μm，并取 UO_2 中铀的原子密度 $N_{UO_2}^U = 2.45 \times 10^{22}$ cm^{-3}，$E_d = 25$ eV。将上述有关数据代入到式(5.103)中，计算得到只考虑铀的亚点阵时所产生的离位原子数产额 $Y_{UO_2}^U = 5.6 \times 10^5$ cm^{-3}。而在同样的条件下，只考虑氧的亚点阵时（UO_2 中，氧的原子密度 $N_{UO_2}^O = 4.9 \times 10^{22}$ cm^{-3}），将有关数据代入到式(5.103)式中得到离位原子数产额 $Y_{UO_2}^U = 5.6 \times 10^4$。利用裂变碎片与铀原子的碰撞概率对这些产额加权重，权重系数如下：

$$裂变碎片与铀原子的碰撞概率 = \frac{\sigma_{ff-U} N_{UO_2}^U}{\sigma_{ff-U} N_{UO_2}^U + \sigma_{ff-O} N_{UO_2}^O} = \frac{Z_U^2/M_U}{Z_U^2/M_U + Z_O^2/M_O} = 0.82$$

$$裂变碎片与氧原子的碰撞概率 = \frac{\sigma_{ff-O} N_{UO_2}^O}{\sigma_{ff-U} N_{UO_2}^U + \sigma_{ff-O} N_{UO_2}^O} = \frac{Z_O^2/M_O}{Z_U^2/M_U + Z_O^2/M_O} = 0.18$$

式中，Z_O 和 Z_U 分别是氧和铀的原子序数；M_O 和 M_U 分别是氧和铀的原子质量数。

将 $Y_{UO_2}^U$ 的值乘以铀的权重系数加上 $Y_{UO_2}^O$ 的值乘以氧的权值系数，得到每次裂变在 UO_2 中击出的平均离位原子产额是 2.41×10^5。

在本节的最后，将本节连同第 2 节内所讨论的主要辐射粒子辐照时几个重要的特征物理量综合在表 5.2 中。表中 σ_d 为入射粒子与靶原子碰撞时的离位截面，$\bar{E}$ 为初级离位原子的平均能量，$\bar{\nu}$ 是初级离位原子在离位级联中所击出的平均次级离位原子数。σ_d^{tot} 是指将离位级联碰撞包括在内的离位总截面，且有：

$$\sigma_d^{tot} = \frac{dpa}{(粒子/cm^2)}(在 x 处)$$

$$= \int_{E_d}^{\Lambda E_{in}^{max}} K(E_{in}, E) \nu(E) \mathrm{d}E \qquad (5.104)$$

表 5.2　不同粒子辐照时的比较

粒子类型	σ_d	$\bar{E}$	$\bar{\nu}$	σ_d^{tot}
单能中子	$\sigma_s(1 \sim 10 \text{ b})$	$\dfrac{\Lambda E_n}{2}$	$\dfrac{\Lambda E_n}{4E_d}$	$\dfrac{\Lambda E_n}{4E_d} \cdot \sigma_s$
重离子	$\dfrac{\pi Z_i^2 Z_2^2}{E_i E_d} \dfrac{M_i}{M_2}$	$E_d \ln\left(\dfrac{\Lambda E_i}{E_d}\right)$	$\dfrac{1}{2}\ln\left(\dfrac{\Lambda E_i}{E_d}\right)$	$\dfrac{\pi Z_i^2 Z_2^2}{2E_i E_d} \dfrac{M_i}{M_2} \ln\dfrac{\Lambda E_i}{E_d}$
低能离子①	$\sigma_c\left(1 - \dfrac{E_d}{E_i}\right)$	$\dfrac{\Lambda E_i}{2}$	$\dfrac{\Lambda E_i}{4E_d}$	$\sigma_c \dfrac{\Lambda E_i}{4E_d}\left(1 - \dfrac{E_d}{\Lambda E_i}\right)$
高能电子②	$A(1-\beta^2)\left(\dfrac{E_m}{E_d} - 1\right)$	$E_d\left[\ln\left(\dfrac{E_m}{E_d}\right) - 1 + \pi\alpha\right]$	$1 \sim 2$	σ_d

注：①σ_c 是刚球势的散射截面，当利用 Born - Mayer 势确定等效刚球半径时，$\sigma_c = \pi\rho^2\left\{\ln\left[\dfrac{A(M_1 + M_2)}{E_i M_2}\right]\right\}^2$，$\rho$ 和 A 为 Born - Mayer 势中两个常数。

②表中给出的高能电子辐照时 $\dfrac{E_m}{E_d} \gg \ln\dfrac{E_m}{E_d}$ 条件下的近似表示式，且式中的 $A = \dfrac{\pi Z_2^2}{\beta^4}\left(\dfrac{e^2}{m_e C^2}\right)^2$。

式中，σ_d^{tot} 称为离位效能。它表示在单位面积有一个入射粒子打入固体时在 x 深处所产生的 dpa 数，图 5.15 给出了几种不同类型和能量的辐射粒子在 Ni 固体内导致的离位效能的比较。图中的曲线（除电子辐照外）是 Kulcinskl 等利用式(5.104)确定，而电子的离位效能是最近提出的 Monte carlo 法模拟电子在 Ni 中的辐照损伤程序所得到的结果。

根据图 5.15 中所给出的曲线，人们可对各种辐射粒子所产生的损伤效果做出估价。在给定时间内产生的损伤量取决于粒子束的强度。对于 H^+，C^+ 这样较轻的重离子而言，加速器上可获得 10^{14} 离子/($cm^2 \cdot s$)的束流强度，而对诸如 Ni^+，Ta^+ 这样的重离子，所能获得的流强大约低一个量级。下面利用图中的数据和一般可获得的粒子流强对损伤速率做个比较。假定 20 MeV C^+ 的流强为 10^{14} 离子/($cm^2 \cdot s$)，将这个数值乘以图中 20 MeV C^+ 的损伤效能最大值可得到它的损伤速率大约是 4×10^{-3} dpa/s。如果用

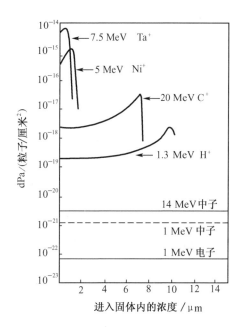

图 5.15　各种粒子轰击 Ni 离位损伤效能与穿入深度的函数关系

平均能量 $\bar{E}_n = 0.5$ MeV 的中子辐照 Ni，并假定中子通量为 10^{15} $cm^{-2} \cdot s^{-1}$，那么由式(5.44) 计算得到的损伤速率约为 10^{-6} dpa/s。二者相比，离子轰击是中子轰击损伤率的 4 000 倍；6 小时离子轰击产生的离位原子数同三年中子辐照产生离位的原子数一样多。然而，正如过去所

提到的,离子辐照损伤发生紧靠样品表面的一薄层内且损伤随深度变化可达一个数量级。另一方面,快中子在金属的整个体积内所产生的损伤是较均匀的。当讨论和计算离子产生的损伤时,需要特别指明所计算的深度位置。至于电子辐照损伤,由图 5.15 中的曲线位置可知,它的离位效能比中子还要低两个数量级。但是,电子容易获得较大的流强,特别是作为重要辐照手段的高压电子显微镜,在其辐照束的中心部位,电子的流强密度可高达 $10^{19} \sim 10^{20}$ cm^{-2}·s^{-1}。假定电子束流强度为 5×10^{19} cm^2·s,根据图中所给出的 1 MeV 电子的离位效能计算,损伤速率可达 4×10^{-3} dpa/s。在这种条件下,损伤速率大体相当于 20 MeV C$^+$ 的损伤速率。电子损伤沿样品的深度分布也是不均匀的,然而对 1 MeV 的电子轰击 Ni 而言,在图 5.15 所画出的深度范围内,损伤基本上是均匀的。

5.4　表面损伤

5.4.1　离子溅射和溅射机制

当固体材料的表面经受载能粒子辐照时,处于表面或近表面的原子被轰击,它们可能从固体表面逸出,导致表面蚀刻,我们把这种表面损伤的现象称作溅射(Sputtering)。溅射可分为物理溅射和化学溅射。物理溅射主要涉及入射粒子与靶原子的碰撞和能量传递,如果碰撞中处于表面附近的靶原子得到足够的能量以克服固体的表面键能,这些原子将从表面逃逸出去。化学溅射是指打到靶材表面的粒子由于在表面形成一种不稳定的化合物而发生的化学反应所导致的原子逸离固体表面。物理溅射效应所呈现的粒子能量范围从几十电子伏特到MeV 的量级。在更低的能量时,物理溅射将难以发生,而化学溅射可在很低的能量下出现。当然,物理溅射和化学溅射所涉及的能量范围没有一个明显的分界线。

溅射效应有着广泛的应用背景,是一个相当活跃的研究领域。在现代材料研究中,薄膜是一个重要的分支。它在现代高科技领域内,诸如大规模集成电路,光电器件等电子材料以及各种材料表面技术,包括功能材料和结构材料中都有应用。各种溅射技术,诸如离子束溅射、磁控溅射等是薄膜制备的最重要的手段之一。溅射也是现代材料表面分析技术的重要物理基础,例如俄歇电子能谱(AES),X 光电子谱(XPS)以及二次离子质谱(SIMS)都是通过离子溅射蚀刻对材料的组分和价态进行定性和定量分析的。此外,溅射还在微细加工技术方面有着重要的应用。然而,作为溅射效应的结果,材料本身受到蚀刻、损伤。聚变核反应装置的第一壁材料由于受到从等离子体逃逸出来的 He$^+$,H$^+$ 等轰击而使壁面材料溅射,这些被溅射而离开壁面材料的原子作为杂质原子而进入等离子体内,导致等离子体沾污,这将严重影响聚变反应的正常进行,甚至使核聚变反应中止。因此,研究第一壁材料的溅射和表面损伤已是发展未来能源的核聚变装置的一个重要课题。

载能粒子与固体靶原子的碰撞是导致固体表面原子溅射的基础,这一过程通常称作撞击溅射(Knock-on Sputtering)。入射粒子撞击处于点阵平衡位置的靶材原子,激起碰撞级联,使一部分原子穿过固体表面而逸出。尽管还可能存在着其他的溅射机制,但这种撞击溅射是一种被普遍承认和接受的主要机制。碰撞溅射的物理图像如图 5.16 所示。从其碰撞特征来看,可分为三种情况。①第一种情况是简单碰撞溅射,在这种情况下,入射粒子将能量传给某一表面靶原子使它发生离位。如果靶原子接收到足够的能量以克服表面键合力,这个反冲原子将逃逸出固体表面。②第二种情况是线性级联碰撞。由于入射粒子能量足够高,被击出的 PKA 具有较高的能量以击出高级次的反冲原子。在这些众多的反冲原子中,有一部分到达固体表面并能克服表面势垒而逸出。在线性级联区内,由于反冲原子的密度不高,级联碰撞发生在运动原子与静止的靶原子之间。③第三种情况是出现"峰"效应。峰与线性级联的主要差别在于反冲原子密度非常高,以致在某一小体积内的所有原子都处于运动之中,即形成离位峰。如果离位峰出现在固体表面附近,一部分运动原子将克服表面势垒而逸出到自由空间内。上述三种情况没有明显的分界线,就所涉及的能量而言,简单碰撞溅射机制大约出现在几十～几百 eV 之间。如果粒子的质量不太重,线性级联溅射机制所涉及的入射粒子能量在 keV～MeV 的量级。当入射粒子的质量非常大时,由于核阻止本领很大,离位碰撞平均自由程降低到点阵常数的量级,将出现峰区,发生的表面附近的峰区内的一部分原子从表面逸出。至于峰效应引起的溅射问题,除了前面提及的离位峰处,热峰也被视为一种可能的溅射机制。这种溅射机制很可能是由于热峰使表面附近的局部小体积内高温蒸发所致。

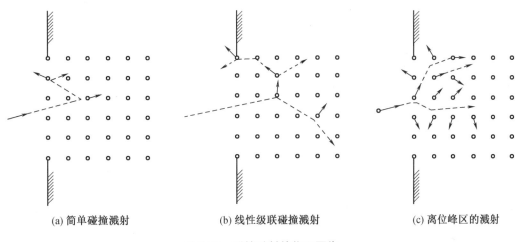

(a) 简单碰撞溅射　　　(b) 线性级联碰撞溅射　　　(c) 离位峰区的溅射

图 5.16　碰撞溅射的物理图像

5.4.2　溅射产额

前面已经提到,具有一定能量的粒子轰击靶材料时,可使处于表面附近的靶原子获得足够的能量而被溅射离开固体表面。图 5.17 是 5 keV 的 Ar^+ 轰击铜时的 Monte Carlo 法模拟的溅射图像。图 5.17(a)是入射 Ar^+ 所产生的各个级次原子的运动轨迹。由于轰击离子的能量较高,足以形成级联碰撞过程。这些入射 Ar^+ 所产生的各个次级原子的运动轨迹如图 5.17(b)所示。当那些离位原子在表面附近运动并冲出表面束缚而飞离固体表面时,如图 5.17(c)所示,将出现表面损伤或溅射蚀刻。逃逸固体表面而被溅射的速率可用溅射产额 Y 表示。Y 的定义式是

$$Y = \frac{\text{平均溅射出去的原子数}}{\text{入射粒子数}} \tag{5.105}$$

溅射产额取决于靶材的结构、组分、入射粒子的参数以及实验布局等因素。归纳起来,影响溅射产额的因素如下。

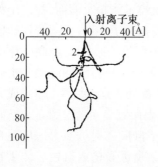

(a) 入射离子在靶样品内的轨迹　　(b) 被击出的离位铜原子　　(c) 被溅射的铜原子在样品内的轨迹
在联级碰撞内的轨迹

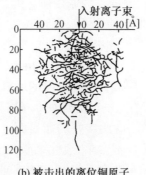

图 5.17　Monte Carlo 模拟的溅射图像

1. 溅射产额与入射粒子的能量关系

图 5.18 给出了入射粒子能量同溅射产额的关系示意图。由图可知,固体材料有一个溅射阈值,当入射粒子的能量低于这个阈值时,不能发生溅射。阈值的大小因入射粒子的质量和固体靶材而异。就大多数金属而言,溅射阈值在 20～40 eV 之间。入射根据图中所给出的曲线,可对各种辐射粒子所产生的损伤效果做出估价。在给定时间内产生的损伤量取决于粒子束的强度。对于 H^+,C^+ 这样较轻的重离子

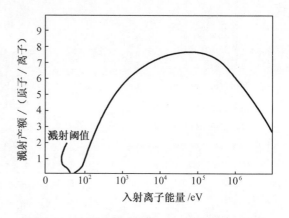

图 5.18　原子溅射产额同入射离子能量的关系

而言,加速器上可获得 10^{14} 离子/(cm^2·s)的束流强度,而对诸如 Ni^+,Ta^+ 这样的重离子,离子能量高于溅射阈值时,溅射产额随入射能量而增加,然后出现一个产额变化平缓的饱和区。当入射粒子能量很高时,产额反而下降。

2. 溅射产额同入射粒子质量的关系

入射粒子的质量以及靶原子与入射粒子的质量比都对溅射产额有重要影响,图 5.19 给出了 M_2/M_1 同 α 的关系。M_1 是入射粒子的质量,M_2 是靶原子的质量,α 是一个正比于溅射产额的因子,其意义将在后面讨论,实际是只考虑弹性散射的理论值,未作任何表面校正。虚线是由 45 eV Ar^+ 离子入射 Si,Cu,Ag 和 Au 上的实验溅射产额内插得出的。二者差别主要在于忽略了大质量比的表面校正。

图 5.20 给出了理论计算溅射产额同入射粒子能量和质量的依赖关系,靶材为铝,表 5.3 是能量为 100,200,300 和 600 eV 的 Ne^+ 和 Ar^+ 轰击各种不同金属靶材时的典型溅射产额值。

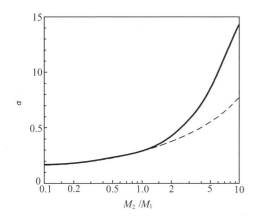

图 5.19　α 同 M_2/M_1 的关系

（实线为理论值,未考虑表面校正,虚线是
45 keV Ar$^+$→Si,Cu,Ag 和 Au 时
所得到的内插曲线）

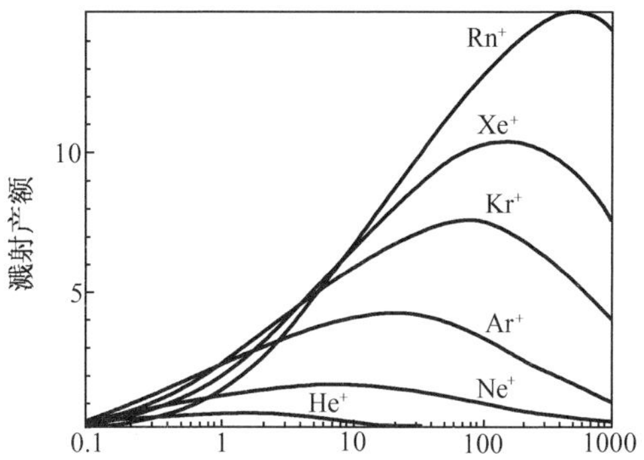

图 5.20　溅射产额同粒子能量和
质量的关系（靶材为 Al）

表 5.3　各种元素的溅射产额

靶	Ne$^+$				Ar$^+$			
	100 eV	200 eV	300 eV	600 eV	100 eV	200 eV	300 eV	600 eV
Be	0.012	0.10	0.26	0.56	0.074	0.18	0.29	0.80
Al	0.031	0.24	0.43	0.83	0.11	0.35	0.65	1.24
Si	0.034	0.13	0.25	0.54	0.07	0.18	0.31	0.53
Ti	0.08	0.22	0.30	0.45	0.081	0.22	0.33	0.58
V	0.06	0.17	0.36	0.55	0.11	0.31	0.41	0.70
Cr	0.18	0.49	0.73	1.05	0.30	0.67	0.87	1.30
Fe	0.18	0.38	0.62	0.97	0.20	0.53	0.76	1.26
Co	0.084	0.41	0.64	0.99	0.15	0.57	0.81	1.36
Ni	0.22	0.46	0.65	1.34	0.28	0.66	0.95	1.52
Cu	0.26	0.84	1.20	2.00	0.48	1.10	1.59	2.30
Ge	0.12	0.32	0.48	0.82	0.22	0.50	0.74	1.22
Zr	0.054	0.17	0.27	0.42	0.12	0.28	0.41	0.75
Nb	0.051	0.16	0.23	0.42	0.068	0.25	0.40	0.65
Mo	0.10	0.24	0.34	0.54	0.13	0.40	0.58	0.93
Ru	0.078	0.26	0.38	0.67	0.14	0.41	0.68	1.30
Rh	0.081	0.36	0.52	0.77	0.19	0.55	0.86	1.46
Pd	0.14	0.59	0.82	1.32	0.42	1.00	1.41	2.39
Ag	0.27	1.00	1.30	1.98	0.63	1.58	2.20	3.40
Hf	0.057	0.15	0.22	0.39	0.16	0.35	0.48	0.83
Ta	0.056	0.13	0.18	0.30	0.10	0.28	0.41	0.62
W	0.038	0.13	0.18	0.32	0.068	0.29	0.40	0.62

表 5.3(续)

靶	Ne⁺				Ar⁺			
	100 eV	200 eV	300 eV	600 eV	100 eV	200 eV	300 eV	600 eV
Re	0.01	0.15	0.24	0.42	0.10	0.37	0.56	0.91
Os	0.032	0.16	0.24	0.41	0.057	0.36	0.56	0.95
Ir	0.069	0.21	0.30	0.46	0.12	0.43	0.70	1.17
Pt	0.12	0.31	0.44	0.70	0.20	0.63	0.95	1.56
Au	0.20	0.56	0.84	1.18	0.32	1.07	1.65	2.43(500)
Th	0.028	0.11	0.17	0.36	0.097	0.27	0.42	0.66
U	0.063	0.20	0.30	0.52	0.14	0.35	0.59	0.97

3. 溅射产额同入射角的关系

溅射产额同轰击粒子相对于靶材表面法线的入射角密切相关。一般说来,斜入射比垂直入射的溅射产额大一些。入射角从 0° (垂直入射)增加到大约 60° 左右,溅射产额单调增大,入射角 θ 为 70°～80° 时达最高值,大于 80° 后,产额急剧下降,而 $\theta = 90°$ 时,产额变为零。图 5.21 给出了 $Y \sim \theta$ 的代表性曲线。Sigmund 根据计算辐照损伤的分布,给出了入射角与溅射产额的函数关系,并由下式表示:

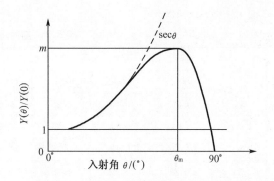

图 5.21 产额 Y 同粒子入射角的关系示意图

$$\frac{Y(\theta)}{Y(0)} = (\cos\theta)^{-f} \qquad (5.106)$$

式中,$Y(0)$ 是垂直入射时的溅射产额,f 是一个介于 1～2 之间的因子。图 5.21 中的虚线是服从 $\sec\theta(f=1)$ 函数的产额曲线。

以上讨论的对象是单质元素固体材料。如果靶材是多元素系统,由于元素的溅射产额不同将会出现择优溅射。假定靶材是由 A 和 B 两种元素组成的均匀介质,溅射前该靶材的表面浓度 C^S 和体浓度 C^b 相等。根据溅射产额的定义,A 和 B 的分产额为

$$Y_{A,B} = \frac{溅射击出的 A, B 数}{入射粒子数} \qquad (5.107)$$

显然,分溅射产额 Y_A 正比于 A 元素的表面浓度 C^S。同理,分溅射产额 Y_B 正比于 B 元素的表面浓度 C_B^S。两类产额之比由下式给出:

$$\frac{Y_A}{Y_B} = f_{AB} \frac{C_A^S}{C_B^S} \qquad (5.108)$$

式中,f_{AB} 是一常数,实验测量表明 f_{AB} 一般在 0.5～2 之间,且同两类原子的表面结合能、溅射逃逸深度以及级联碰撞的能量传递等方面的差异有关。当 $f_{AB} = 1$ 时,$Y_A/Y_B = C_A^S/C_B^S$,因而溅射产额就是体浓度的直接量度。如果 $f_{AB} \neq 1$ 时,表明存在着择优溅射。让我们假定 $f_{AB} > 1$,这表明 A 的溅射产额大于 B 的溅射产额,因而溅射过程开始后表面 B 原子开始富集,A 原子贫化。

表面富 B(即 C_B^S 大于 C_B^b)贫 A(即 C_A^S 小于 C_A^b),又使 B 的溅射产额增加,A 的溅射产额下降。这样,随着这一过程的延续,增多的 B 浓度刚好同 A 的择优溅射相抵。因此,到达稳态时,两种元素的表面浓度比与体浓度比不同且应有下述关系:

$$\frac{C_A^S(\infty)}{C_B^S(\infty)} = f_{AB}^{-1}\frac{C_A^b}{C_B^b} \tag{5.109}$$

式中,$C_A^S(\infty)$,$C_B^S(\infty)$ 分别表示溅射到达稳态时的 A,B 两元素的表面浓度。由此可见,如果 $f_{AB}\neq 1$,作为择优溅射的结果,溅射蚀刻后的表面出现成分偏析。

5.4.3　Sigmund 溅射理论

理论计算溅射产额是非常复杂的问题,然而对溅射产额做出定量的理论计算是人们所希望的。在本章的前面部分讨论损伤分布时,已利用级联碰撞理论计算了离子在固体内的能量沉积沿深度的分布。由图 5.7 所给出的损伤(能量沉积)分布可以看到入射离子的一部分能量沉积于靶材表面以外,即图中阴影面积所代表的那部分沉积能量。这部分能量所占的份额为

$$E = \frac{1}{E}\int_{-\infty}^{0} F_D(x)\,\mathrm{d}x \tag{5.110}$$

式中,$F_D(x)$ 是能量沉积(损伤)分布函数,这部分能量包括入射粒子背散射和溅射原子所带的能量。

Sigmund 利用输运理论讨论了入射粒子在级联中的能量沉积。令 $F(E,E_0,t)\mathrm{d}E_0$ 表示在时刻 t 固体的任一处任一方向上带有能量为 $(E_0,\mathrm{d}E_0)$ 的平均运动原子数。当粒子流为 ϕ(入射粒子数/秒)轰击靶材时,运动原子的时间平均能量分布函数用 $G(E,E_0)$ 表示,且有:

$$G(E,E_0)\mathrm{d}E_0 = \phi\mathrm{d}E_0\int_{0}^{\infty} F(E,E_0,t)\,\mathrm{d}t \tag{5.111}$$

Sigmund 利用类似于第 4 章内所描述的方法[式(4.43)~(4.46a)]并用负幂势代入解输运方程得到级联内的能量分布:

$$G(E,E_0) \approx \frac{1/S(1-1/S)}{\phi(1)-\phi(1-1/S)}\frac{E}{E_0^2}\frac{\phi}{v_0}\frac{E_0^{2/S}}{NC} \quad (E\gg E_0) \tag{5.112}$$

当 $S\to\infty$ 时,且忽略掉电子阻止,则有

$$G(E,E_0) \approx \frac{6}{\pi^2}\frac{\gamma(E)}{E_0^2}\frac{\phi}{v_0}\frac{1}{NC_\infty} \quad (E\gg E_0) \tag{5.113}$$

式中,$\gamma(E)$ 是消耗于核阻止(弹性碰撞)的能量,v_0 是反冲原子的速度,C_∞ 是 $S\to\infty$ 微分截面常数。

为了计算溅射产额,需计算穿过靶材表面的原子流量。为此假定:①运动原子的角分布各向同性,因此只需在式(5.113)中乘以一个 $\frac{1}{4\pi}$ 的因子;②运动原子的方向和能量分布同深度无关,这样式(5.113)中的 $\gamma(E)$ 可用 $F_D\mathrm{d}x$ 代替,F_D 是能量沉积函数,于是有

$$G(E,\theta,E_0,\Omega_0,x)\mathrm{d}x\mathrm{d}E_0\mathrm{d}\Omega_0 = \frac{\mathrm{d}\Omega_0}{4\pi}\mathrm{d}E_0\frac{6}{\pi^2}\frac{F_D(E,\Omega,x)\mathrm{d}x}{E_0^2}\frac{\phi}{v_0}\frac{1}{NC_\infty} \tag{5.114}$$

该式给出了在 $(x,\mathrm{d}x)$ 厚度,立体角 $(\Omega_0,\mathrm{d}\Omega_0)$ 内的能量为 $(E_0,\mathrm{d}E_0)$ 之间的平均运动原子数。因此,穿过表面 $(x=0)$ 的原子数可将式(5.114)乘以 $v_0|\cos\theta_0|$ 得到,即

$$H(E,\theta,E_0,\Omega_0)\,\mathrm{d}E_0\mathrm{d}\Omega_0 = \frac{\mathrm{d}\Omega_0}{4\pi}\mathrm{d}E_0\,\frac{6}{\pi^2}\cdot\frac{F_\mathrm{D}(E,\theta,0)}{E_0^2}\phi\,|\cos\theta_0|\frac{1}{NC_\infty} \tag{5.115}$$

如果不考虑表面结合能的话,上式就给出了溅射原子的能量分布和方向分布。

Sigmund 假定平面靶和平面势垒,势垒高度为 U_0,因此原子逃逸固体表面所必须满足的条件是

$$E_0^2\cos{}^2\theta_0 > U_0 \tag{5.116}$$

当 $E\gg U_0$ 时,将式(5.115)积分并考虑到式(5.116)这个限定条件,得到溅射产额为

$$Y = \frac{1}{\phi}\int H\mathrm{d}E_0\mathrm{d}\Omega_0 = \frac{3}{4\pi^2}\cdot\frac{F_\mathrm{D}(E,\theta,0)}{NC_\infty U_0} = \Lambda_\mathrm{D}F_\mathrm{D}(E,\theta,0) \tag{5.117}$$

由此可见,溅射产额 Y 等于 Λ_D 和 $F_\mathrm{D}(E,\theta,0)$ 这两个因子的乘积,其中

$$\Lambda_\mathrm{D} = \frac{3}{4\pi^2}\cdot\frac{1}{NC_\infty U_0} \tag{5.118}$$

这是一个包含材料参数的因子,当 $S\to\infty$(由于溅射主要是低能粒子的行为,这个近似是合理的)时,式(5.118)近似地为

$$\Lambda_\mathrm{D} = \frac{0.042}{NU_0} \quad (\mathrm{A/eV}) \tag{5.119}$$

式中,N 是靶材的原子密度,U_0 是靶材的表面结合能。$F_\mathrm{D}(E,\theta,0)$ 是一个正比于单位长度上沉积能量的因子,因此可以写成:

$$F_\mathrm{D}(E,\theta,0) = \alpha NS_\mathrm{n}(E) \tag{5.120}$$

式中,α 是一个同入射粒子的能量 E 和入射角 θ 有关的无量纲因子。

当入射粒子能量较高时,应采用 $S=2,3$,等幂次势函数,并应从式(5.112)开始来推导溅射产额。

前面已经指出,溅射产额因入射粒子相对于表面法线的入射角 θ 密切相关,这种关系体现在因子 α 之中。由式(5.117)和(5.120)可得到

$$\frac{\alpha(\cos\theta)}{\alpha(1)} = \frac{Y(\cos\theta)}{Y(1)} \tag{5.121}$$

式中,$\alpha(1)$ 和 $Y(1)$ 分别表示垂直入射时 α 因子值和溅射产额。理论计算同 $\mathrm{Ar}^+\to\mathrm{Cu}$ 的溅射测量结果,在入射角 $0\sim70°$ 范围内符合得相当不错且服从 $(\cos\theta)^{5/3}$ 关系。当 $M_2/M_1\gg1$ 时,$(\cos\theta)^{-1}$ 表示入射角依赖关系更适当。至于入射角 $\theta>70°$ 时,理论计算值明显偏离实验值,如图 5.21 所示。一种可能的解释是掠角入射碰撞时,级联发生在非常近表面的地方,以致背散射事件出现使得级联碰撞不能充分展开,其结果是低能反冲原子的形成数量降低,因此溅射产额激剧下降。

Sigmund 的溅射理论和模型是比较成功的,并得到 Monte Carlo 模拟计算的确认。当然,这个理论还有一些不足。由于 Sigmund 模型是建立在 LSS 输运理论基础上,而 LSS 理论在处理带有表面和界面的输运问题时并不是完美的。罗正明利用双群(Bipartion)模型处理了溅射问题。在这种模型中,较好地处理了表面对溅射产额的影响,特别是轻离子(H,D,T,He)入射到固体靶时得到了相当好的结果。

复习思考题

5.1　在 ^{56}Fe中的(n,γ)反应释放出能量为 $E_\gamma = 7$ MeV 的瞬发 γ 射线。

(1) ^{57}Fe产物核的反冲能是多少?

(2) 利用 Lindhard 模型求出每个 ^{57}Fe反冲原子所能产生的离位原子数,并将这个结果与由 Kinchin – Pease 公式所得结果做以比较。假定 $E_d = 25$ eV。

(3) 如果在快中子堆内的热中子通量是 10^{13}($cm^{-2} \cdot s^{-1}$),那么,由 ^{56}Fe的(n,γ)反应而导致的损伤速率(即离位数/$(cm^3 \cdot s)$)是多大?

(4) 如果快中子通量由

$$\Phi_f(E_n) = 10^{15}\delta(E_n - 0.5) \quad (E_n \text{ 以 MeV 为单位})$$

给出,那么在铁内由快中子通量下所产生的损伤速率多大? 假定铁对 0.5 MeV 的中子是弹性散射且在质心系内是各向同性的散射。

在(3)和(4)中都利用 Kinchin – Pease 模型的离位公式并查阅所需要的中子截面数据。

5.2　试计算快中子剂量为 10^{22} cm^{-2} 时在铁内每个原子发生离位的次数(dpa),快中子为 0.5 MeV 的单能中子。

5.3　试计算在下述裂变中子谱条件下铁原子 PKA 的平均能量:

$$\phi(E_n) = 常数 \times \exp(-E_n)\sinh(2E_n)^{1/2}$$

式中,E_n 是以 MeV 为单位的中子能量。并将这种计算的数值同用具有平均能量的中子碰撞而近似计算出来的 PKA 的平均能量做以比较。假定散射是弹性的,各向同性的,且散射截面同能量无关。

5.4　试计算射向聚变堆第一层壁材料不锈钢上的 14 MeV 的中子所产生的离位原子数。将这个计算结果同 0.5 MeV 的中子所产生的离位原子数加以比较。其中 0.5 MeV 是 LMFBR 内的平均中子能量,离位截面由式(5.37)计算。

5.5　只有相当高能量的电子才有可能引起金属中的原子离位。对能量在兆电子伏特范围的电子而言,必须采用相对论运动学的碰撞过程。能量为 E_e 的电子传递给质量为 M、原子序数为 Z 的静止原子的能量是

$$T = \frac{1}{2}\left(\frac{4m_e}{M}\right)E_e(1 + E_e)(1 - \cos\theta)$$

式中,m_e 是电子的质量,θ 是质心系内的散射角,能量都是用兆电子伏特表示的。

导致离位的作用是电子和未屏蔽的原子核之间的卢瑟福核散射。这种过程的微分能量传递截面由下式给出:

$$\sigma(E_e, T) = 4\pi Z^2 e^4 \frac{1 - \beta^2}{\beta^4} \cdot \frac{T_m}{T^2}\left\{1 - \beta^2\left(\frac{T}{T_m}\right) + \pi\left(\frac{Z}{137}\right)\beta\left[\left(\frac{T}{T_m}\right)^{1/2} - \left(\frac{T}{T_m}\right)\right]\right\}$$

式中,β 是电子速度与光速之比值,且电子能量是

$$E_e = \frac{1}{2}\left[\frac{1}{(1 - \beta^2)^{1/2}} - 1\right] \text{ MeV}$$

(在上述所有公式中,电子的静止质量都取为 0.5 MeV 而不采用 0.51 MeV 这个精确值)

(1) 试求离位阈值为 E_d 的金属中为产生离位原子所需要的电子最低能量 E_e^{min}。

(2) 如果注入金属或在金属内产生出的电子能量 $E_e^0 > E_e^{min}$,而且电子的所有能量都消散

在金属内,试确定每个电子所产生的离位原子总数 $n(E_e)$。把这种过程看作是电子 – 原子发生偶然的碰撞,而在这些碰撞之间,电子通过辐射、韧致辐射或通过与介质中的其他电子作用而损失其能量。当能量为 $0.2 \leqslant E_e \leqslant 3$ MeV 时,由这种过程所导致的总阻止本领 $(dE_e/dx)_e$ 几乎与能量无关。为了确定离位原子数,以写出一个概率 $p_d(E_e, T) =$ 产生能量在 (T, dT) 内的 PKA 的每单位能量损失的离位碰撞平均数作为开始。

(3)在 E_e^0 刚好稍大于 E_e^{min} 的极限情况下,试求(2)的解析解。

5.6　希望计算受已知 γ 射线通量谱照射的介质内离位原子的产生速率。可以假定所有损伤都是通过 γ 射线与固体中的电子交互作用而产生的康普顿电子所引起的。所产生的康普顿电子具有分布能谱,假定由一个能量为 E_e 的康普顿电子所产生的离位原子数是已知的。

下列各量可认为已知:

$N =$ 固体的总原子密度;

$M =$ 固体中原子的质量;

$E_d =$ 原子发生离位所必须接受的最低能量,MeV;

$\phi(E_\gamma) =$ 介质内 γ 射线的通量能谱,能谱中光子的最大能量是 E_γ^0;

$\sigma_e(E_\gamma, E_e) dE_e =$ 由能量为 E_γ 的光子而产生能量在 E_e 到 $E_e + dE_e$ 之间的康普顿电子的微分截面,(即 Klein – Nishina 公式)。

(1)试导出 R_d,即离位原子数/$(cm^3 \cdot s)$ 的积分表达式。要特别注意积分限。

(2)能够发生损伤时的最小能量值 E_γ 是多大?

第6章 辐照缺陷的退火聚集和肿胀

第4章重点讨论了初级损伤态,即在典型的低温情形下离位级联产生的缺陷在 10 ps 内被冻结。较高的环境温度对离位级联中缺陷的产生和分布的影响可分解为几个阶段。

在最先的 10 ~ 20 ps 动力学阶段,较高的环境温度使炽热的离位峰核芯冷却速率减缓,使间隙原子发射条件恶化。这些效应只能通过分子动力学模拟了解。根据这种模拟,熔融离位峰核芯的最大尺寸和存活时间将增加,这是由较高的温度使周围晶格的热导率降低所致,图 6.1 举例说明了这种情形。另一方面,间隙原子的产生基本上取决于置换碰撞的射程,根据 Foreman 等的分子动力学模拟,随温度升高换位碰撞序列 RCS 的射程剧烈降低。单从这些考虑,可以预料在较高温度时,经 10 ~ 20 ps 后存活的间隙原子和空位量很少。然而,还有与此相反的效应,例如热涨落使离位阈能 $E_{d,min}$ 降低,有利于产生间隙原子。持续较长时间的热搅动也可以促进在离位峰外围形成间隙原子团,因此增大了它们的存活概率。而且在较慢的熔体凝固过程中,更有效的"区域精炼"将压缩贫原子区,使贫原子区

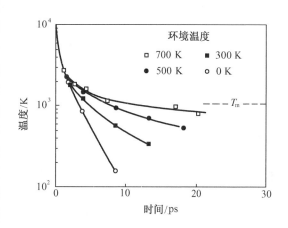

图 6.1 在不同环境温度下,Cu 中 3 keV 级联中心温度与时间的函数关系

(熔融峰核芯的平均最大半径从 0 K 时的 1.6 nm 增至 700 K 时的 2.9 nm)

内空位和间隙原子的平均距离增大,减少级联内缺陷复合,使缺陷的存活概率增大。

第二阶段包括在 10 ps ~ 10^3 s 期间离位级联内部或周围发生的所有过程。在这期间所产生的间隙原子和空位不断地热迁移,使离位级联内缺陷复合或进一步形成团簇。另外,间隙原子或空位可能逸出并且最终到达远处的阱,例如位错、晶界、空洞、沉淀物等。在 6.1 节将详细讨论单个孤立的离位级联的这些热过程,把存留的缺陷分成离位级联内稳定缺陷团和逸出到远处阱的缺陷。为了定量研究在长时间高温辐照下缺陷的相互作用和与之相关的显微组织变化,必须获得这些稳定和逃逸缺陷份额的知识。

6.1　高温下离位级联缺陷的存活和逸出

首先讨论晶体中单个离位级联的行为,它所处的温度是在离位峰冷却后的温度,至少部分缺陷是可迁移的。这些可迁移缺陷既能够与其母体级联的其他缺陷相互作用,也能够逸出至有一段距离的阱。根据它们的最终命运,我们将离位级联中的缺陷分成以下几类。

(1)间隙原子和空位类缺陷。它们在离位级联中相互复合,这个过程也叫作相关复合或级联内复合。级联内复合后残存的缺陷叫作存活缺陷(SD)。每个 dpa 的存活间隙原子数与空位数是相等的,用 ξ 表示(低温时 ξ 等于损伤效率 ξ^0)。

(2)从母体离位级联逸出的间隙原子和空位类缺陷。这些逸出缺陷有时被称为"可迁移

的"或"自由的"缺陷,表示它们能够在晶体中自由地迁移。但是必须强调,从离位级联中逸出的原子和空位可能是单个缺陷,也可能是复合缺陷,包括滑动位错环的形式运动。这些缺陷既能够在级联淬火时形成,也可以在离位级联中从较大缺陷团的热离解或局部单个缺陷聚合而成。为了更确切地表达,下面我们不用"可迁移的"或"自由的"这些术语,而分别称这些缺陷为"逸出间隙原子"和"逸出空位"。每个 dpa 产生的缺陷数量用 η_{EI} 和 η_{EV} 表示。

(3)没有进行相关复合或没有从母体离位级联逸出的缺陷。根据定义,这些缺陷是不能迁移和稳定的,保留在它们的原来位置或附近。每个 dpa 产生这样缺陷的数量分别用 $\xi - \eta_{EI}$ 和 $\xi - \eta_{EV}$ 表示。

稳定和逸出缺陷的有效定义需要粗略地确定时间 τ_{ED}。在 τ_{ED} 期间,这些缺陷已逸出到达阱或稳定地保留在离位级联内。为了确定 τ_{ED},要求辐照过程中在另一个离位级联击中该区域之前,EIs 和 EVs 缺陷应该已离开它的母体离位级联。在低温辐照时,因为离位级联重叠,可以观察到缺陷饱和,由此估计得 $\tau_{ED} P \approx 10^{-3}$,其中 P 是离位速率,单位为 dpa/s,取典型值 $P \approx 10^{-6}$ dpa/s,因此得到 $\tau_{ED} \approx 10^{-3}$ s。

ξ, η_{EI} 和 η_{EV} 与温度的关系主要取决于相关缺陷的热稳定性或热迁移性,通常通过低温辐照后缺陷回复实验求得迁移率和稳定性。图 6.2 表示电子、中子辐照后铜的等时退火曲线。这些曲线给出了温度逐步升高时,退火 10 分钟后样品中存留的辐照产生的 Frenkel 缺陷份额。退火温度对 Cu 的熔化温度归一化。带 r. d. 标记的虚线给出辐照掺杂(高剂量辐照加阶段Ⅳ退火)对低剂量快中子辐照后回复阶段 I 的影响。其他虚线表示剂量增加至 10^{-3} dpa 对退火阶段 I 和Ⅲ的影响(在快中子辐照样品中,未观察到剂量对阶段 I 的影响)。框中的罗马数字示

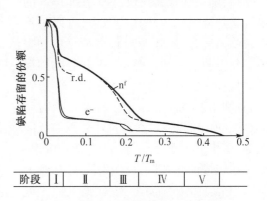

图 6.2　纯 Cu 在快中子和电子辐照时典型的等时退火曲线

出主要回复阶段的宽度和常用标记。阶段Ⅱ和Ⅳ不是典型的回复阶段,它是回复阶段间的过渡阶段。回复阶段 I 归因于可迁移的间隙原子在空位处复合;回复阶段Ⅲ归因于可迁移的空位在间隙原子团处的复合。最后阶段 V 是由于空位团热衰减成为单空位,这些空位与更加稳定的间隙原子团复合。回复阶段 I 和Ⅲ的不完全退火是由于可迁移缺陷一方面进行复合,同时可形成在较高温度仍稳定的缺陷团。这些回复曲线不仅反映了同一离位事件产生的间隙原子与空位的相互复合,也反映了逸出间隙原子(EIs)与其他离位级联的空位发生不相关复合而湮没。反之亦然。

根据 Cu 的退火研究和损伤率测量结果,在图 6.3 中示出了预期的 ξ, η_{EI} 和 η_{EV} 随温度变化曲线的轮廓,ξ, η_{EI} 和 η_{EV} 分别代表存活缺陷(SD)、逸出间隙原子(EI)和逸出空位(EV)的生存效率。图(a)和(b)的效率分别归一化至 0 K 时的 $\xi^0 = 1$ 和 $\xi_{in}^0 = 0.25$。T_m 是 Cu 的熔化温度(1 356 K)。数据点代表电阻损伤率测量结果,并外推至零剂量(($\square$)Backer 等,1972;($+$)Theiss 和 Wollenberger,1980;($\circ$)Zinkle,1988)。斜杠阴影表示产生"自由缺陷"的效率范围,从辐照诱发的示踪扩散(Naundorf 等,1992)和杂质偏析(Rehn 和 Okamoto,1987)获得。实线、点线和短划线分别是 ξ, η_{EI} 和 η_{EV} 的变化曲线,根据 4.2 K 辐照后的回复行为估计得到。$T > 0.25 T_m$ 以上的 ξ 值可以认为仅仅是粗糙的猜测;然而定性而言,ξ, η_{EI} 和 η_{EV} 之间的关系应当是正确的。低温时,间隙原子和空位不能迁移,$\xi = \xi^0$;在 0 K 时,损伤效率 $\xi = 1$,而"逸出间

隙原子"和"逸出空位"效率 $\eta_{EI} = \eta_{EV} = 0$。在第一阶段退火温度范围内（$T/T_m \approx 0.025$ 附近），开始只有相关复合，与之相关的 ξ 下降反映了紧密 Frenkel 对塌陷。如图 6.4 指出的那样，在热激活作用下这些紧密 Frenkel 对的互相吸引作用，使间隙原子直接跳向空位。

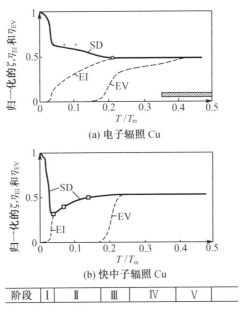

(a) 电子辐照 Cu

(b) 快中子辐照 Cu

阶段	I	II	III	IV	V	

图 6.3　预期的 ξ, η_{EI} 和 η_{EV} 与归一化
辐照温度 T/T_m 的函数关系

R_{sr} 是自发复合半径，R_{cp} 是紧密 Frenkel 对的最大 $I - V$ 距离。$R_{cp} < R_i < R_{sr}$ 的 Frenkel 缺陷称为紧密 Frenkel 对。在电子辐照样品中，紧密缺陷对的复合显著；在快中子辐照产生的较大离位级联中也存在。电子和快中子辐照时，紧密缺陷对复合分别占总回复的 35% 和 15%。阶段 I 的后部分，间隙原子开始自由地迁移。无规运动使它们也可能返回母体离位级联的空位中，从而有助于相关复合。因此，在电子辐照样品中，ξ 值进一步降低到约 0.30；在中子辐照样品中降到约 0.65。扩散理论预测，参与相关复合的可迁移自由间隙原子的总份额主要依赖于间隙原子与空位的初始距离。

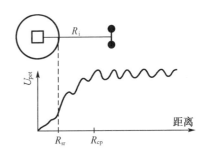

图 6.4　Frenkel 对势能 U_{pot} 与间隙原子 –
空位距离的函数关系示意图

单个 Frenkel 对的这个份额为 R_v/R_i，其中 $R_v \approx R_{cp}$，是在空位位置 – 间隙原子的反应半径；R_i 是初始间隙原子 – 空位的距离（见图 6.4）。同样，对大的离位级联，自由间隙原子返回母体级联空位的份额可以近似地用 $(\langle R_v \rangle + \langle R_{dz} \rangle/\langle R_i \rangle)$ 表示，其中 $\langle R_i \rangle$ 是间隙原子壳层的平均半径；$\langle R_{dz} \rangle$ 是离位级联的空位芯的平均半径（见图 6.5）。缺陷热迁移的可能效果是级联间复合（R）、成团反应（C）和小间隙原子环向贫原区（G）滑移，导致级联间复合或绕过离位级联产生逸出间隙原子。EI 和 EV 分别表示逸出间隙原子和空位。

在第 I 阶段末期，可迁移间隙原子开始从它们的空位逸出，因此 η_{EI} 增加。电子辐照样品

的 η_{EI} 迅速达到 ξ。从微观角度讲，由于一个离位事件产生的间隙原子不足以形成一个不能迁移的原子团，所以所有存活的间隙原子都成为逸出间隙原子。因此，第Ⅰ阶段的 $\xi = \eta_{EI}$。在回复的第Ⅲ阶段，$T/T_m \approx 0.2$，空位变得可迁移，出现类似的情形，η_{EV} 从 0 增加到 ξ。在回复阶段Ⅱ的温度范围内，Becker 等人(1972)用测量电阻率方法测定损伤速率，并由此直接确定 ξ 值。在此温度范围内，只有逸出的间隙原子，而没有逸出的空位。用杂质作为捕获逸出间隙原子的阱，并且适当地把测得的损伤率外推至零剂量，则可直接获得 ξ 值(见图 6.3(a))。在阶段Ⅱ观察到的 ξ/ξ^0 从 0.3 增加到 0.5，可归因于迁移间隙原子逸出相关复合的概率增大，例如由热搅动增强引起的。这也反映出由于随温度升高，离位阈能降低，产生 Frenkel 对的效率增大。目前还不清楚在阶段Ⅱ以外，ξ 是否随温度升高而逐渐增加。$E_{d,min}$ 不断降低(见图6.6)可能暗示 ξ 值增大。另一方面，分子动力学模拟表明置换碰撞序列长度急剧减少，因此在较高温度时，R_i 也急剧下降。从这个结果看，可以预料 ξ 值会有一个相当大的降低。

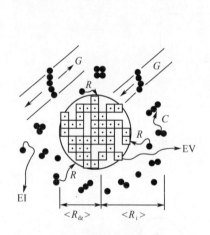

图 6.5　离位级联中缺陷排列示意图

[示出富空位芯(贫原子区, DZ)和间隙原子壳层；后者包含单个间隙原子、双间隙原子、三间隙原子等，直至小间隙原子环]

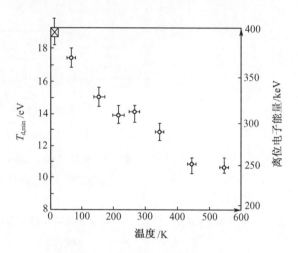

图 6.6　用位错环长大方法测得的铜的 $T_{d,min}$ 与温度的关系(Urban 等,1982)

(4.2 K 的数据点用电阻法测得)

中子辐照的铜，在第Ⅰ阶段，ξ,η_{EI} 和 η_{EV} 随温度变化很复杂，这是由于离位级联内的间隙原子和空位高度偏聚，不但有单个缺陷，也有小缺陷团，图 6.5 概略地描述了这种情形。为了进一步讨论 η_{EI} 和 η_{EV}，需要更多的关于间隙原子和空位团可迁移性和稳定性的知识。

退火动力学(综述见 Ehrhart 等)和分子动力学模拟的详细研究已得出关于缺陷团稳定性和移动性的一般规律，少于 3 或 4 个空位的空位团是可迁移的。这些复合空位的迁移率可以与单个空位的迁移率相比较。由结合能较小可以预测它们的稳定性很差，这些复合空位在经过 $10^3 \sim 10^4$ 次扩散跳跃后一般会解离。由于逸出空位到达阱所需的平均跳跃次数一般很大，所以大多数空位将以单个空位形式到达那里。另一方面，通常认为较大的空位团是不可迁移的。在很大的空位团中，每个空位的结合能接近空位的形成能。在中子辐照金属中，出现回复阶段Ⅴ的温度可以认为就是贫原子区内使空位团离解所需的温度 T_{diss}，因此 $T_{diss} \leq 0.4 T_m$。

关于间隙原子团，含有少于 3 或 4 个间隙原子的小间隙原子团的迁移性很强，在接近回复阶段Ⅰ的低温下可作三维无规运动。然而与空位团相反，所有类型的间隙原子团比空位团稳定得多,很大间隙原子团的结合能接近间隙原子形成能。因此,间隙原子团一旦形成,在低于 $0.6T_m$ 时不会离解,并且输送到阱的逸出间隙原子既有单个间隙原子,亦有可迁移的间隙原子团。由 Cu 和 Ni 的回复数据可以看出,在整个阶段 II 较大的间隙原子团也存在热激活运动。此外,在电子辐照样品的阶段 II 间隙原子团快速生长期间,观察到少量空位损失,这强烈地表明存在一维热激活滑移引起间隙原子环聚合。用分子动力学方法研究包含多达 20 个间隙原子,并且在 {111} 面有环形结构的间隙原子团,观察到沿晶格密排方向出现这样的滑移。

从图 6.5 所示的缺陷排列和前述的原子团稳定性和迁移信息可以得出,中子辐照 Cu 样品的 ξ,η_{EI} 和 η_{EV} 随温度变化有如下关系(见图 6.3(b)):与单个 Frenkel 缺陷相似,在回复阶段 I,ξ/ξ^0 值存在一个陡降(1~0.65)。在此阶段,间隙原子(单个或复合的)是可迁移的,并且可能与母体离位级联的空位复合。同时,它们中的一部分开始逸出。因此,阶段 I 末期,η_{EI} 迅速增加。然而和电子辐照情况不同,在阶段 I 末期,η_{EI} 值达不到 ξ 值,这是由于部分间隙原子已沉积在离位级联的还不可迁移原子团中。从中子辐照的阶段 II,观测到随剂量增加损伤率降低,可得出在阶段 I 末期铜的 η_{EI}/ξ^0 值约等于 0.15,如图 6.3(b)所示。这种降低反映出,在缺陷聚集处间隙原子的非相关复合加强。在样品中掺杂空位团,然后在 4.5 K 辐照 $\eta_{EI}/\xi^0 \approx 0.15$,这与观测到的在阶段 I 回复提高 15% 相一致(见图 6.2,标记 r.d. 的曲线)。这些掺杂空位使阶段 I 逸出的间隙原子湮没,因此不发生间隙原子成团或被杂质捕获,这些是没有掺杂过剩空位样品的主要相互作用机制。从其他掺杂实验,例如预先淬火的中子辐照铂,也能推断出阶段 I 末期相似的 η_{EI}/ξ^0 值约为 0.15~0.2。

关于辐照温度在回复阶段 II 的情况,这时间隙原子环变得可滑移。如图 6.5,滑移环或者能够返回到它们的母体空位芯中;或者如果它们的滑移柱面绕过贫原子区,使它们逸出。在第一种情形,滑移环有助于级联内复合,因而使 ξ 值进一步降低,绕过的滑移环使 η_{EI} 值进一步增大[见图 6.3(b)]。离位级联 DC 周围的环与附近的空位芯相互作用,有利于环片的径向排列,并且导致绕行环占主导地位。在阶段 III 的某点,η_{EI} 最终达到 ξ。如果来自单个离位级联的间隙原子不形成固定环,那么 η_{EI} 有望等于 ξ。考虑到离位级联中紧靠富空位芯旁的间隙原子长大成不能迁移团簇的可能性较小,同时考虑到这种原子团随后将被附近贫原子区释放的空位优先吸收而收缩,因此直接形成固定间隙原子团的概率可以忽略不计,至少快中子辐照产生的典型离位级联是如此。

关于逸出空位,空位在阶段 III 以下温度是不可迁移的,所以 $\eta_{EV}=0$。在阶段 III,单个和复合空位变得可迁移,并且 ξ_{EV} 快速增加。然而,可迁移空位的级联内复合不会引起 ξ 值较大幅度降低,这个过程要求在离位级联内或附近存在大量固定的间隙原子。根据前面的讨论,这是不大可能的。然而,在阶段 III 末期,η_{EV} 仍然没有接近 ξ 值。这是由于在离位级联内,部分空位凝聚成不可迁移的稳定空位团。但是在较高温度下,这些空位团逐渐加快发射单个空位,直至在阶段 V 或 $T/T_m \approx 0.4$ 附近,所有存留空位在时间 τ_{ED} 范围内逸出;此后,$\eta_{EV}=\xi=\eta_{EI}$。从阶段 III 回复曲线可以估计出即时逸出空位份额,见图 6.2。由图可以看出,辐照剂量使曲线发生明显的移动,并且只影响逸出空位的曲线。这是由于在较高剂量下,与逸出空位相互作用的粒子数增加,使复合前跃迁次数减少。从回复与剂量的相互关系能够估计出大约 50% 的存活空位以可迁移的单个或复合空位形式逸出。由于余下的空位结合成不同尺寸的不可迁移空位团,因此它们的逸出被推迟。

在阶段 III 以上温度,从电阻损伤率求得存活缺陷份额 ξ 值,逸出间隙原子和逸出空位必须被捕获(例如在合适的杂质处),以避免非相关复合造成的损失。虽然实现上这些比较困难,但测量结果是 $\xi \approx 0.12$ dpa^{-1} 或 $\xi/\xi_{in}^0 = 0.48$（300 K,14 MeV 中子辐照 Cu,Zinkle 报告），与回复曲线[图 6.3(b)]估计得到的值很吻合。

在温度 $T > 0.4T_m$，我们预期 $\eta_{EI} = \eta_{EV} = \xi$。曾经试图从辐照期间示踪原子或杂质的加速扩散推算 η_{EV}（在这些实验中称为自由迁移缺陷份额）。Muler 等人用 4.6 节描述的实验技术,测量示踪原子每单位 dpa 的均方位移 $\langle \delta r^2 \rangle$,实验条件是 $T/T_m > 0.4$,自离子辐照纯 Ni 和 Cu。

进行非热的级联混合作用修正后（见 4.6 节）,预计 $\langle \delta r^2 \rangle = \xi(d_V^2 F_V Z_V + d_I^2 F_I Z_I)$,其中 $d_{V,I}$,$F_{V,I}$ 和 $Z_{V,I}$ 分别是逸出空位和逸出间隙原子的跳跃距离、相关因子（联系示踪原子与缺陷跳跃）和平均跳跃次数（介于它们在离位级联中产生和在陷阱或相反符号缺陷处湮没之间的）。因为对跳跃距离和相关因子了解得多,如果 Z_V 和 Z_I 已知,那么 ξ 能够从测得的 $\langle \delta r^2 \rangle$ 值算出。Muller 等人利用简化速率公式,在主要是稳态情况下求出 $Z_{V,I}$ 的数值,还观察到 $\langle \delta r^2 \rangle$ 与剂量率为非线性关系（这是由于在 EVs 处,EIs 复合随剂量率增大而增加）。观察到 ξ 值与辐照温度无关,并且 $Z_{V,I}$ 值与根据相似样品中 TEM 观察得到的辐照引起显微组织变化估算的值数量级一致,这些被认为证实了计算 $\langle \delta r^2 \rangle$ 时所作假设是合适的。

Rehn 和 Okamoto 用可迁移的辐照缺陷拖曳杂质效应,根据观察到的辐照诱发杂质向试样表面偏聚的现象,确定 Ni 和 Cu 稀有合金的 ξ 值。如果把测得的离子辐照偏聚效率与电子和质子辐照相比较,他们发现自离子辐照大约仅是电子辐照效率的 4%（电子是质子辐照效率的 2 倍多）。前面已讨论过,电子辐照的 $\xi \approx 0.5$ dpa^{-1},用这个数据可求得 Ni 和 Cu 的自离子辐照 ξ 值为 0.02 dpa^{-1} 量级。必须再一次强调的是,为了能得到这些值,需要作几个苛刻的假设：首先重离子产生的 EVs 和 EIs 拖曳杂质的能力必须和拖曳电子辐照产生的单个自由间隙原子和空位的拖曳杂质能力相同；其次,必须假设不同辐照条件（离子、电子、质子）产生的 EIs 和 EVs 在湮没前有相等的跃迁次数。

如图 6.3 所示,从 $T/T_m \geqslant 0.4$ 温度下重离子辐照时测量示踪原子或杂质加速扩散得到的 ξ 值,几乎比从损伤率和回复数据外推得出的 ξ 值小一个数量级。为了真实地评价这个差异,首先必须认识到,可迁移复合缺陷或位错环对示踪原子或杂质扩散起的作用很小,然而它们可能有效地把缺陷输运到阱,因此我们定义 ξ 时要充分考虑这点。其次,评价扩散数据需要关于 EIs 和 EVs 湮没前绝对跃迁次数方面的知识。但是借助简化速率公式估算这些跃迁次数有值得注意的地方,例如阱密度与离位速率无关的假设是有疑问的。由包含缺陷成团和在成团位置可迁移缺陷可能的相互作用较真实模型计算的跃迁次数少得多,因此 ξ 值较大。另一方面,采用回复数据,并把它们外推到较高温度方法估计 ξ 值也值得怀疑。它是建立在残留缺陷数量相等的假设基础上,即它不区分先在 4 K 产生离位级联 DC,然后加热到温度 T,还是在温度 T 直接产生离位级联 DC。但是直接从 $T/T_m \approx 0.2$ 时的损伤效率 ξ 值与从回复过程求得的值相吻合,似乎支持了这种假设。

总之,在工艺最感兴趣的温度范围（$T/T_m \geqslant 0.4$）内,金属中,如 Cu 或 Ni,缺陷产生的经验规律如下：

①产生存留缺陷的效率 $\xi \approx 0.5$,$\xi_{in}^0 \approx 0.13$ dpa^{-1};

②所有存留缺陷从它们的离位级联 DC 逸出,因此 $\eta_{EI} = \eta_{EV} = \xi$;

③大部分（约 50%）逸出间隙原子形成滑移环,能一维滑移较长距离;

④实际上所有逸出空位是单个空位,由于逸出空位是从级联芯的空位团热蒸发出来的,所以 30% ~50% 逸出空位的逸出被延迟。

6.2　缺陷的相互作用导致辐照诱发的显微组织变化

大多数金属核材料的运行温度在室温(例如停堆后的压力容器)至 650 ℃(液态金属快中子增殖堆堆芯部件的热点温度或聚变堆的第一壁部件)范围内,相应的 T/T_m 界于铁基材料的 0.15~0.55。如 6.1 节中所表明的,在这个温度范围内,一个离位级联产生的许多缺陷会逸出,并且最终由于各种各样的相互作用而消失。可能与逸出间隙原子 EIs 和逸出空位 EVs 发生相互作用的缺陷如下。

(1)辐照前材料中存在的缺陷,如杂质原子、网状位错、沉淀粒子、晶界等。

(2)级联内复合后存留的辐照诱发的缺陷,可分为以下三类(见 6.1 节和表 6.1):

①逸出缺陷(EIs,EVs),如单空位 V_1,间隙原子(I_1),可迁移的复合间隙原子(I_m)和复合空位(V_m),可滑移 I 型位错环(I_g)和热不稳定性空位团(V_i)。

②稳定缺陷,如空位团和固定 I 型位错环(I_1)。这些稳定缺陷团,既能在低温的离位级联中以存留缺陷的形式直接产生,亦能在辐照过程中经成核、长大而形成。

③核嬗变产物,如氦原子(He)。

从参与反应的缺陷清单中可以明显地看出这些缺陷之间可能发生的反应数目确实很大,这里罗列一些最重要的过程和它们的结果,见表 6.1 和 6.2。表 6.1 的第 1 和 2 栏列出缺陷反应的类型,第 3 栏示出温度范围,最后一栏列出由表中所列反应引起的技术上重要的辐照损伤,这样便与表 6.2 建立了联系。这并不意味着其他反应不影响所考虑的现象,例如核材料高温氦脆的最终原因是氦气泡在晶界长大,最后连在一起,从而形成晶界裂纹。在最后阶段之前,发生过许多其他过程,例如氦气作为杂质 A,经可迁移复合缺陷(辐照诱发或热缺陷形成的)迁移至阱。He 的迁移速率和阱的类型及密度都影响基体和晶界的气泡成核速率;反过来它们又决定气泡的最终密度和它们的长大速率。表 6.2 列出的其他效应也有相似的复杂性和相互关联性。

缺陷相互作用引起显微组织和材料宏观性能变化的理论模型涉及非常复杂的动力学方程体系。虽然缺陷的产生和复合,以及它们与阱的相互作用,在时间和空间上是不连续的,但大多数理论工作用化学速率方程把它们当成连续的来处理。因此,真实体系被一种等效介质替代,在这种介质中每一个点具有源和阱的特征,并且缺陷的产生和消失是以无限小增量方式进行的,通常这种近似是好的。但是方程中含有许多缺陷形状因子,一般求解缺陷浓度的一阶联立微分方程组是困难的。然而,纯数值方法通常无助于理解涉及的物理现象。为了阐明主要现象和随剂量率、温度等变化的趋势,通常把讨论限制在几种有代表性的缺陷(例如 V_1,I_1,I_g,V_i)和它们的可能相互作用。

表 6.1　辐照引起的缺陷间的反应

		缺陷反应		温度范围	辐照损伤效应
复合	I_1	$+ V_1$	$\to 0$	$T/T_m > 0.05$	无
	I_m	$+ V_i$	$\to V_{i-m}$		
	I_g	$+ V_i$	$\to V_{i-g}$	$T/T_m > 0.1$	
	V_m	I_i	$\to I_{i-m}$	$T/T_m > 0.2$	
间隙原子和空位的聚集	I_m	$+ I_{m'}$	$\to I_{m+m'}$	$T/T_m > 0.05$	B
	I_m	$I_{i'}$	$\to I_{m+i'}$		
	I_g	$+ I_{g'}$	$\to I_i = I_{g+g'}$	$T/T_m > 0.01$	
	I_g	$+ I_{i'}$	$\to I_i = I_{g+i'}$		
	V_m	$+ V_{m'}$	$\to V_{m+m'}$	$T/T_m > 0.2$	D
	V_m	$+ V_{i'}$	$\to V_i = V_{m=i'}$		
空间发射湮没在尾闾上	V_1	$+ S$	$\to V_{i-1} + V_i$		E
	V_m	$+ S$	$\to S$		C,D
	I_m	$+ S$	$\to S$	$T/T_m > 0.3$	C,D
	I_g	$+ A$	$\to S$	$T/T_m > 0.2$	
与异原子的相互作用	V_m	$+ S$	$\Leftrightarrow (AV_m)$	$T/T_m > 0.1$	A,F
	$n(AV_m)$	$+ A$	$\to S + A_n$	$T_m > 0.2$	
	$I_m N$	$+ S$	$\Leftrightarrow (AI_m)$		
	(AI_m)		$\to S + A_n$		

注：I_1，V_1 分别指单间隙原子、单空位；I_m，V_m 分别指 $m = 1,2,3$ 可运动的多间隙原子、多空位；I_g 指 g 个间隙原子的滑动位错圈；I_i，V_i 指不可运动的间隙原子团和空位团；S 指尾闾，如位错网络、晶粒边界、表面；A，A_n 分别指单个外来原子和 n 个外来原子沉淀；(AV_m)，(AI_m) 分别指单个外来原子与 V_m 和 I_m 的复合体，这些复合体是可运动的。

表 6.2　宏观辐照损伤效应

	效应	过程	温度范围	重要性
A	辐照引起偏析和在沉积结构中的变化	A 原子耦合间隙原子和空位流向尾闾，由微化学变化引起非平衡相	$T > 0.2T_m$	腐蚀，可焊性及所有伴随的 B－F 效应的间接影响
B	低温脆性，延性－脆性转变温度的升高	位错圈和照射引起的沉淀物的硬化	$0.1T_m < T < 0.3T_m$	压力容器体心立方钢和难熔合金
C	机械负载下的辐照蠕变	应力在有利方向的位错上引起间隙原子和空位吸收的择优性	$0.2T_m < T < 0.4T_m$	在辐照和力学应力下大多数核材料将出现这类损伤
D	辐照生长	位错圈的各向异性的形核和生长	$0.1T_m < T < 0.3T_m$	非立方晶系列材料（Zr 和 Zr 合金，U，石墨）
E	空洞肿胀	间隙原子在位错上的择优吸收，相应的过多的空位流进空洞	$0.3T_m < T < 0.5T_m$	在液态金属冷却的快中子增殖堆（LMFBR）中堆芯部件和聚变堆第一壁部件的奥氏体不锈钢
F	在蠕变和疲劳负载下高温氦脆	在晶界氦脆的形核、生长导致过早晶界断裂	$T > 0.45T_m$	聚变堆第一壁材料 LMR 堆芯部件高温气冷堆的控制棒

辐照期间,缺陷浓度和相关的显微组织通常可分为初始瞬态和随后的准稳态两个阶段。在瞬态阶段,辐照开始后辐照诱发的缺陷浓度开始升高,然后趋近某一常数。在这个阶段的末期,逸出空位 EVs 和逸出间隙原子 EIs 经相互复合或在稳定阱处(位错、晶界、空洞、气泡等)湮没,存留的缺陷达到平衡。要达到稳态,辐照温度需要足够高,使 $\xi = \eta_{EI} = \eta_{EV}$(见图 6.3),即在母体离位级联被另一个离位级联击中之前,所有存留缺陷能够从它们的母体离位级联处逸出(在较低温度时,辐照诱发的缺陷也不能无限地增多;由于级联重叠引起的自发复合使缺陷浓度饱和,Frenkel 缺陷浓度可达 10^{-3} 量级,比这里讨论的稳态浓度高得多)。如果阱吸收逸出间隙原子 EIs 比逸出空位 EVs 更有效,则达到准稳态的条件 $\eta_{EI} = \xi$ 有一定程度的放宽。在这种情况下,可迁移空位比可迁移间隙原子更频繁地出现在离位级联保留下来的稳态间隙原子团 I_i 周围的复合位置,而且即使在没有热产生 I_1 的情况下,间隙原子团也会收缩。可迁移间隙原子和空位建立稳态浓度所需时间和它们迁移至阱 S 的时间同一数量级。对空位团 V_i,该时间等于它们的热衰减时间加自由 V_1 迁移至 S 的时间。因为间隙原子比空位迁移快得多,EVs 的稳态浓度总是比 EIs 的稳态浓度高得多。

在下列两种情形下能够辨明缺陷处于准稳态,即复合起主要作用或阱起主要作用。在阱起主要作用的情况下,EVs 的稳态浓度比阱浓度小得多;复合起主要作用下,则相反。

准稳态建立后,单位时间内到达所有阱的间隙原子和空位的总量必须相等。这是同时发生的产生和复合过程的全部间隙原子和空位的数量必须总体平衡的结果。如果只有一种阱,例如只有位错或只有空洞,由于平均而言在缺陷流中,间隙原子与空位是平衡的,因此将不会发生位错攀移或空洞长大,这就是给定样品的缺陷结构发生任何变化所需时间比建立 EVs 和 EIs 准稳态浓度所需时间长得多的原因。阱结构的缓慢变化可能是原子从一个阱迁移到另一个阱重新分布造成的(或在同类阱之间)。一些辐照产生的不可迁移空位团(V_i)的暂时稳定化也可能有助于阱浓度的缓慢变化。稳定化是尺寸和空位净到达率涨落的结果,使空位团在 Oswald ripening 机制作用下进一步长大,而不发生热衰减。

辐照期间,在稳定地提供相等数量间隙原子和空位的条件下,不同阱之间原子重新分布的原因是这些阱之间的所谓"差异",即阱捕获间隙原子的数量比捕获空位的多。阱的捕获效率(或强度)$p_S^{I,V}$ 可以用每个阱捕获遇到的三维迁移的间隙原子和空位的原子体积表示,位错的捕获效率 $p_S^{I,V}$ 是指厚度等于垂直于位错线 Burgers 矢量的带条内吸收的原子体积数。捕获单个间隙原子的 $p_S^{I_1}$ 值可能比 $p_S^{V_1}$ 值大,因为间隙原子与阱的弹性相互作用大于空位与阱的弹性相互作用。p_S 出现不同值的其他原因可能是杂质或应力的作用使阱中毒。应力场引起极化效应或缺陷迁移的各向异性,缺陷向与应力方向不同的方向迁移。如果间隙原子(I_S)经滑移环(I_g)一维迁移,预计流向位错的间隙原子流和流向空洞的空位流会出现较大的差异效应或不平衡。最近,Trinkaus 等人研究过这种差异,他们认为出现差异的根本原因是在位错的长程应力场中捕获间隙原子的距离比捕获空洞的大得多。

最近,文献中出现"产量差异"和"级联位置引起的差异"(CLIB)等术语。"产量差异"是根据由离位级联进入缺陷团的间隙原子和空位的数量不相等提出的。在上述稳态情况下,这种现象本身并不直接引起流入不同阱的逸出间隙原子 EI/EV(逸出空位)流不平衡。CLIB 机理假设:平均而言,来自空洞重叠的离位级联并终止于空洞的空位数量比间隙原子多。然而,这个假设建立在过分简化的离位级联 DC 模型基础上,在它被认为是解释辐照诱发空泡生长的有效机理之前,须经分子动力学模拟严格验证。

在辐照条件下,流向不同类型阱的间隙原子和空位的不平衡引起核材料的几种重要辐照损伤现象（见表 6.2）。空泡长大引起肿胀现象是 Cawthorne 和 Fulton 无意中发现的。Bullough 和 Perrin，Harkness 和 Lie 和其他人员还将这种现象与位错择优吸收间隙原子联系在一起。建立在此概念基础上的理论模型给出了肿胀率随温度、剂量率和显微组织变化的半定量关系，但是没有建立肿胀阶段之前孕育期的合适理论。孕育期与显微组织、气体含量、辐照类型等因素的关系是敏感和复杂的。辐照蠕变（或堆内蠕变）被认为是与应力方向不同的位错应力诱发择优吸收间隙原子引起的（SIPA），但存在不能单独由 SIPA 机制解释的实验观察值，因此提出了有助于解释辐照蠕变的其他机理。辐照生长的情况也相似，辐照时非立方晶系材料尺寸变化各向异性称为辐照生长。

Mansur 综合论述了建立辐照损伤模型的方法、成就和问题。Wiedersich 和 Trinkaus 采用级联损伤的最新成果分析显微组织变化。在 1987ASTM International Symposium on Effects of Radiation on Materials International Conference on Fusion Reactor Materials 的会议论文集中可以找到关于特种合金系统的辐照诱发显微组织变化的实验结果和模拟计算工作。

综合以上分析，入射粒子在固体中穿行，产生一系列不同能量的 PKA。当 PKA 的能量 $T < T_c$（T_c 是刚能产生级联碰撞的能量），将产生一些零星的缺陷，由于置换碰撞列的作用，存活率较高。当 PKA 的能量在 $T_c < T < T_{sc}$ 范围内，则产生单个级联区；在 $T > T_{sc}$ 时则分叉成几个子级联区，每个级联区有贫原子区的核和与周围的间隙原子（包括单间隙原子、双间隙原子、三间隙原子等）。在贫原子区内，空位数目远大于间隙原子数目。间隙原子极易迁移，当迁移到空位邻近的位置，就不稳定地跃迁到空位位置，形成空位－间隙原子的复合。也有小部分间隙原子可以逸出贫原子区。空位通过周围原子跃迁到其他位置而迁移，也可以聚集成空位团。小空位团中空位间的结合能很低，稳定性很差。因为空位团最近邻的原子不稳定，可以跃迁到空位位置逸出空位。只有大的空位团，每个空位的结合能达到空位的形成能才是稳定的。因此贫原子区可以是空位团和空位的复合体。对于周围的间隙原子和间隙原子团也可迁移进贫原子区，与空位复合。但一般是沿着周界切向迁移，进入贫原子区的概率较小。间隙原子团是比较稳定的，它们之间的结合能接近间隙原子的形成能，在低于 $0.6T_m$ 温度下是不分解的。虽然级联碰撞区的缺陷的产生、复合和聚集存在其复杂性，但整个 PKA 的能谱下，在温度 $\geq 0.4T_m$ 的情况下，各种实验和 MDS 模拟计算结果表明：

①缺陷的存活率 $\xi \approx 0.5\xi_{fn}^0 \approx 0.13 \text{ dpa}^{-1}$，$\xi_{fn}^0$ 是在液氦温度下快中子辐照的损伤效率；

②所有存活的缺陷可以逸出它们的级联碰撞区，$\eta_{EI} = \eta_{EV} = \xi$，$\eta_{EI}$ 和 η_{EV} 是每 dpa 逸出的间隙原子数和空位数；

③大约有 50% 间隙原子聚集成可运动的位错环；

④实际上大多数的空位是单空位，原来的贫原子区中形成的空位团中的 30% 到 50% 的空位将逸出空位团。

当入射粒子在固体中产生核反应，引进了杂质原子和相应的级联碰撞区。例如中子与 Ni 产生 (n,α) 核反应：

$$^{58}_{28}\text{Ni} + ^1_0\text{n} \longrightarrow ^{59}_{28}\text{Ni} + \gamma$$

$$^{59}_{28}\text{Ni} + ^1_0\text{n} \longrightarrow ^{56}_{26}\text{Fe} + ^4_2\text{He}(4.76 \text{ MeV})$$

其截面约为 0.7 b 和 10 b。α 粒子可以继续产生 PKA，并且有 50% 概率留在其自身级联碰撞区中去稳定空位团，有 50% 概率逸出成 He 原子在晶格中迁移去稳定其他空位团或进入其他气泡核使其生长。杂质原子 Fe 可以与间隙原子团结合成稳定的间隙原子团或位错环，这些核反应加入了上述辐照过程形成更严重的损伤。

因此,可以限制在几种有代表性的缺陷(贫原子区、间隙原子、空位、嬗变 He 和嬗变杂质原子),在原有的位错网络和沉淀颗粒中,形成贫原子区和间隙原子富集区浸泡在空位、间隙原子、嬗变的和残留的气体、杂质等平均浓度场中的非平衡热力学体系,以期分析和阐明主要现象和随剂量率、温度等变化的趋势,特别是对于合金系统,级联碰撞直接产生一维运动的间隙原子团的可能性很小,绝大多数是贫原子区、间隙原子、空位、嬗变 He 和嬗变杂质原子,上述的描述是合理的。

从辐照对固体产生缺陷的整个过程来观察,首先是辐照在固体中产生的碰撞过程,包括 PKA、级联碰撞、离位峰及产生各类缺陷。在这些缺陷不断产生的过程中,存活的缺陷之间以及存活缺陷与固体中先有缺陷相互作用形成微观结构演化过程。如果组合全部过程来研究,系统过于庞大和复杂。因此分阶段分析,可以更清晰、更详细地了解缺陷的产生过程和演化过程。例如研究碰撞过程,分析缺陷产生的机制、种类及其存活率。在此基础上,根据不同对象建立相应的物理机制,研究辐照下微观结构演化过程,以期与实验结果相对照,如金属在高能粒子辐照下的行为,按照辐照和金属的特性描绘其物理现象,即辐照时不断产生贫原子区、间隙原子、空位、嬗变 He 和嬗变杂质原子。在原有的位错网络和沉淀颗粒中,形成贫原子区和间隙原子富集区浸泡在空位、间隙原子、嬗变的和残留的气体、杂质等平均浓度场中的非平衡热力学体系。嬗变 He 和气体原子能稳定贫原子区和空位团形成气泡核,杂质原子能俘获间隙原子形成位错环核,因此运动的间隙原子、空位和氦原子通过复合、迁移与各种缺陷相互作用,导致气泡和间隙原子位错环的形核和生长过程,演化中各因素间的内部联系如图 6.7 所示。气泡核长大与间隙原子团长大是相互对应的,有多少净空位进入气泡核,必定有相应数量的间隙原子到达间隙原子团和位错网络,这是空位和间隙原子的平均浓度场起着媒介作用,联系着气泡和间隙原子团的长大。对应地,空位、间隙原子浓度亦取决于微观结构形态(位错网络密度、气泡和间隙原子团的浓度和分布等)。在此基础上,由朗之万方程和速率方程描述该物理系统,获得与实验结果相一致的气泡和间隙原子团的浓度和分布,并且预测力学性能的变化主要是由间隙原子团引起的。该物理模型定量地说明了辐照肿胀的孕育期、转

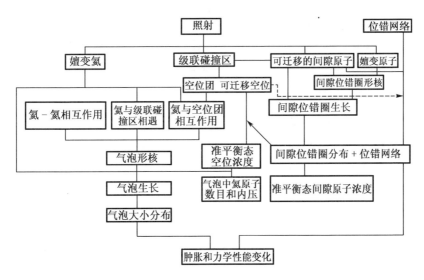

图 6.7　照射下微观结构演化各因素之间内部联系和流程图

变期和线性肿胀期。在辐照初期,是气泡核和间隙原子团的形核阶段,气泡核与间隙原子团很小,辐照产生的间隙原子和空位在扩散迁移过程中与气泡核和间隙原子团相遇概率小,间隙原子与空位的复合过程占主要地位,气泡和间隙原子团生长较慢,反映了辐照肿胀的孕育期。在经过相当长的准稳态过程中,虽然气泡和间隙原子团的浓度达到饱和,间隙原子团长大成间隙原子位错环,气泡生长到足够大小,并经过迁移合并使其增大到源强度与位错密度相比拟的程度,气泡和间隙原子位错环在晶体中占有重要份额。辐照产生的空位和间隙原子有相当部分进入气泡和间隙原子团,由于间隙原子位错环对间隙原子的俘获效率 p_S^i 远高于对空位的俘获效率 p_S^v,由此间隙原子位错环的生长呈加速趋势,而过剩的空位进入气泡。在间隙原子位错环生长过程中,各个间隙原子位错环为了减低其自由能,竞相争夺间隙原子,加速了原子重新分布的过程,呈现肿胀转变期。最后达到气泡与间隙原子位错环以及其他缺陷尾闾占统治地位,辐照产生的空位和间隙原子很快为它们所俘获,形成线形肿胀期。

为了能定量地分析上述过程,需要了解点缺陷相互复合率、点缺陷对球面阱的扩散方程和混合率、点缺陷与位错的相互作用,以建立点缺陷的速率方程组,进而分析缺陷的动力学过程和建立速率方程组;最后分析空位团、间隙原子团的形核和生长过程,导出辐照肿胀的三个阶段。

6.3 缺陷的复合、扩散

晶体中点缺陷具有相当的迁移速率,这类缺陷的运动可以用无规则行走的过程来描述。当其中一种无规则漂动的缺陷碰到晶体内的某一种客体而又被它紧紧束缚住时,在这种碰撞中可以认为两者之一或两者在晶体内消失了。本节将根据同化学反应速率理论的类比来描述这种过程的速率。由于反应速率正比于相互作用的反应物质的浓度,可以写成

$$\text{A 和 B 物质的反应速率} = k_{AB}C_A C_B \quad (\text{s}^{-1}\text{cm}^{-3}) \qquad (6.1)$$

式中,C_A 和 C_B 是 A 和 B 两种物质在固体内的体积浓度(粒子数/cm³),k_{AB} 是反应速率常数,其单位是 cm³/s。反应可以在两种都是可动的粒子之间发生(例如,两个间隙原子或两个氦原子之间的结合)。或者在一定的温度范围内,一种粒子是可动的,而另一种粒子是静止的,这种近似常用于空位和间隙原子复合;间隙原子的迁移率远大于空位的迁移率,所以空位相对于间隙原子而言可认为是静止不动的。可动的点缺陷和静止的线缺陷(位错)之间的反应也可以用反应速率的方式来处理。

为了确定速率常数,现假定相互作用的两种粒子都没有宏观上的浓度梯度。如果反应物中的一个比原子尺寸大得多(例如,聚集氦原子或空位的氦气泡或空洞),或者反应物之一是个强有力的尾闾,那么在静止的缺陷周围可能建立起点缺陷的浓度梯度。在这种情况下,整个过程的速率由可动的缺陷向静止尾闾的扩散速率来控制,这种扩散控制的动力学将在6.3.3 小节中讨论。在没有扩散控制的情况下所进行的反应,叫作受反应速率控制的反应。描述受反应速率控制的过程也称为"速率控制跳跃"过程。

6.3.1 空位和间隙原子的复合

间隙原子与空位相遇形成复合反应可写成

$$\text{i} + \text{v} \longrightarrow 0 \qquad (6.2)$$

此处,"0"表示完整的点阵位置。如果假定空位是静止的,间隙原子是可动的,而且假定只有当间隙原子跳跃到距空位最近的间隙位置时,才会出现复合。发生间隙原子与空位复合的速率可写成

$$\text{间隙原子 – 空位复合速率}/cm^3 = P_{iv}C_v \tag{6.3}$$

式中,C_v 是单空位的浓度。因为当间隙原子占据着与空位相距最近的点阵位置时,就可以与空位复合,因此这个系数

P_{iv} = 每秒内一个间隙原子跳跃到距某一特定空位最近邻位置处的概率

概率 P_{iv} 和晶体结构有关,对 fcc 点阵,计算 P_{iv} 的方法表示在图 6.8 上。在这里把注意力集中在位于图左边的上下两个晶胞之间的那个特定的空位上。我们用"⊗"表示那些近邻位置,如果它们被另一个间隙原子所占据,就形成复合。由于面心立方中有 12 个等价的最近邻位置,我们只需要计算概率

P_i = 每秒内一个间隙原子跳跃到特定空位周围的一个最近邻位置处的概率

由此可得

$$P_{iv} = 12P_i \tag{6.4}$$

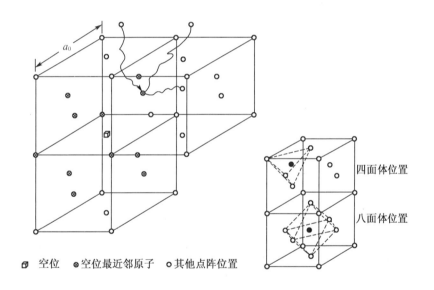

图 6.8 计算面心立方点阵内间隙原子与空位复合的图形

式中,P_i 是每秒钟间隙原子跃迁到距空位最近邻位置之一的概率,它正比于:①在选定的最近邻位置周围,间隙原子可以出发的点阵位置数目(在这里,对 fcc 的八面体位置);②一个这样的点阵位置被间隙原子所占据的概率 x_i;③间隙原子在一特定方向上的跳跃频率。图 6.8 表明,对所选定的空位,它的 12 个最近邻点阵位置周围共有 48 个能够发生跳跃的最近邻的八面体间隙位置,平均到每一个最近邻点阵位置都有 4 个能够发生跳跃的最近邻的八面体间隙位置,譬如在图 6.8 所示的箭头方向表示的 4 个可能出现的跳跃。这 4 个中任一个间隙位置实际呈现为间隙原子的概率等于点阵内间隙原子所占的份额 x_i,这间隙位置的份额可借助于间隙原子体浓度而写成,即

$$x_i = C_i\Omega \tag{6.5}$$

式中,$1/\Omega$ 是单位体积内间隙位置的数目(是与单位体积内点阵位置的数目相一致的)。最后,间隙原子跳跃到特定的相邻位置上的速率由量 w 给出,w 由绝对速率理论计算。在 fcc 晶体中原子扩散系数与跃迁频率 w 和跳跃距离的关系是

$$D_i = a_0^2 w \tag{6.6}$$

式中,D_i 是间隙原子扩散系数,a_0 是点阵常数。结合上述方程 P_i 为

$$P_i = 4C_i\Omega \frac{D_i}{a_0^2}$$

因此

$$P_{iv} = \frac{48\Omega D_i}{a_0^2}C_i \tag{6.7}$$

结合了式(6.3),并与式(6.1)相比较,得出间隙原子与空位的相互复合率为

$$\text{间隙原子与空位的复合率} = k_{iv}C_iC_v \tag{6.8}$$

对 fcc 的八面体间隙的复合速率常数 k_{iv} 是

$$k_{iv} = \frac{48\Omega D_i}{a_0^2} \tag{6.9}$$

然而,这样的计算是有误差的,其理由有二。第一,稳定的间隙原子可能是既不出现在 fcc 点阵的八面体间隙位置,也不出现在四面体的间隙位置(见图6.8),而是更容易形成哑铃式的间隙原子。在铜中,〈100〉方向的哑铃式间隙原子是最稳定的结构。第二,即使分裂式间隙原子距空位的距离大于最近邻距离时,也能自发地发生复合。围绕着每一个空位有一个相当大的影响区,一旦间隙原子进入到这个影响区内,必将导致自发地复合。图6.9表示铜的(100)面的一个区域的中心,有一个〈100〉方向的哑铃式间隙原子。Gibson 等已指出,如果一个空位处于任一个用十字叉标志的点阵位置,它将自发地与分裂式间隙原子发生复合。图6.9内的虚线勾画出(100)面上一个间隙原子周围的面积,处于这个面积内的是不稳定的位置。如果将这个二维图扩展到三维,显然能与间隙

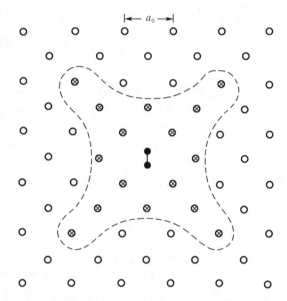

● 分裂式间隙原子 ⊗ 不稳定位置 ○ 稳定位置

图6.9 在铜的(100)面上 Frenkel 对的稳定性虚线将稳定位置同不稳定位置分开

原子(或空位)发生复合的位置数目要比恰好为12个最近邻位置这一数目多得多。这种大影响区的最终结果是要用一个大得多的数字代替方程(6.9)中的组合数48。所得到的速率常数是

$$k_{iv} = \frac{z_{iv}\Omega D_i}{a_0^2} \tag{6.9'}$$

式中,发生复合组合数 z_{iv} 大约是500的量级。

6.3.2　点缺陷之间以及与其他缺陷的反应

根据方程式(6.1),对于空位 - 空位,间隙原子 - 间隙原子,氦 - 氦,空位 - 空洞等的反应可以分别写为以下公式。对于空位 - 空位形成双空位的反应可写为

$$v + v \longrightarrow v_2 \tag{6.10}$$
$$双空位形成速率 / cm^3 = k_{vv}C_v^2 \tag{6.10'}$$

式中,C_v 是空位浓度,k_{vv} 是其反应速率常数,如同上述方法可以得到

$$k_{vv} = \frac{z_{vv}\Omega D_v}{a_0^2} \tag{6.11}$$

式中,z_{vv} 是空位互相复合的组合数,它等于 84;D_v 是空位的扩散系数。对于间隙原子与间隙原子反应成双间隙原子的方程为

$$i + i \longrightarrow i_2 \tag{6.12}$$
$$双间隙原子形成速率 / cm^3 = k_{ii}C_i^2 \tag{6.12'}$$

其中,C_i 是间隙原子浓度,k_{ii} 是其反应速率常数,可以写为

$$k_{ii} = \frac{z_{ii}\Omega D_i}{a_0^2} \tag{6.13}$$

式中,z_{ii} 是间隙原子互相复合的组合数。

固体中氦原子无规则的走动互相碰在一起的速率对于分析氦气体的行为是重要的。一般一对相邻的氦原子是个稳定的实体,可以将它们看作是氦泡的核心,随后长大成氦泡。所以能够计算出下述反应的速率常数是很重要的:

$$g + g \longrightarrow g_2 \tag{6.14}$$

式中,g 表示固体中一个可动的氦气体原子,g_2 是个双气体原子团。以原子形式弥散的 He 可以有两种情况:一种是以含有一个 He 原子和几个空位的一种复合体而迁移,这是在高温下氦浓度不高的情况;另一种是 He 原子与点阵原子构成的哑铃式的间隙原子而迁移,这是在常温下离子注入 He 或强流高能质子束辐照材料产生的大量(n,α)反应的情况。正如空位 - 间隙原子复合的情况一样,围绕点阵中 He 原子周围的影响球区(在这个影响区内可以形成稳定的双原子团)很可能比最近邻间的距离大得多,无论是上述的哪一种情况都能用粒子反应的速率方程的形式表示,但是有一个更大的组合数,于是

$$双氦原子团形成速率 / cm^3 = k_{11}C_{He}^2 \tag{6.14'}$$

式中,C_{He} 是氦原子浓度,k_{11} 是其反应速率常数,可以写为

$$k_{11} = \frac{z_{11}\Omega D_{He}}{a_0^2} \tag{6.15}$$

式中,D_{He} 是氦原子在固体内的扩散系数,z_{11} 是氦 - 氦反应的组合数,都可能比 84 大得多。

对于空位无规跃迁与具有 m 个空位的空位团 C_m 相遇,其反应可写为

$$v + C_m \longrightarrow C_{m+1} \tag{6.16}$$
$$空位与空位团的复合率 = k_{vm}C_vC_m \tag{6.16'}$$

式中,C_m 是含有 m 个空位的空位团浓度,k_{vm} 是其反应速率常数,可以写为

$$k_{vm} = \frac{z_{vm}\Omega D_v}{a_0^2} \tag{6.17}$$

式中，z_{vm}是空位与空洞相遇的配位数，即空洞表面的晶格位置数 $=\dfrac{4\pi R^2}{a_0^2}$，R 是空洞半径。

6.3.3 He 原子和原子尺寸的陷阱的反应

嬗变氦原子(包括嬗变氢原子)的可动性受到捕陷作用的影响，需要考虑气体原子与原子尺寸的缺陷遭遇时可动性受影响的效应。这些原子尺寸的缺陷可能是杂质原子、辐照产生的空位和间隙原子浓集的小损伤区或者其他嬗变气体原子。陷阱捕获气体原子的速率可表示为

$$\text{捕陷嬗变气体原子的速率}/cm^3 = k_{gtr}C_tC \tag{6.18}$$

式中，C_t是点陷阱的浓度，C 是以原子形式弥散的嬗变气体的浓度，k_{gtr}是气体原子－陷阱之间反应的速率常数。利用同式(6.15)相似的形式，常数可表示为

$$k_{gtr} = \frac{z_{gtr}\Omega D_{He}}{a_0^2} \tag{6.19}$$

式中，z_{gtr}是组合数，它表示每个捕陷中心周围的捕陷位置的数目。

捕陷速率也可用下式表示：

$$\text{捕陷气体原子的速率}/cm^3 = D_{He}C/L^2 \tag{6.20}$$

我们把量 L 叫作扩散捕陷长度，其理由如下：如果单位体积的固体内有 C_t 个捕陷中心，每个捕陷中心提供 z_{gtr} 个捕陷气体原子的位置，于是单位体积中有 $z_{gtr}C_t$ 个捕陷位置，因而所有能够发生捕陷的点阵位置所占的份额是 $z_{gtr}C_t\Omega$。由于气体原子在点阵内的跳跃是无规行走的过程，在任一特定的跳跃中，原子到达捕陷中心的概率也是 $z_{gtr}C_t\Omega$。对于一个新产生的气体原子来说，它要到达陷阱处所需要的跳跃次数刚好是这个概率的倒数，或

$$j = (z_{gtr}C_t\Omega)^{-1} \tag{6.21}$$

根据无规行走理论，一扩散原子在 j 次跳跃中通过均方距离之间的关系是

$$L^2 = ja_0^2 \tag{6.22}$$

在这里，扩散跳跃的长度已取作点阵常数。联结方程(6.21)和(6.22)，得到

$$L^2 = a_0^2/(z_{gtr}C_t\Omega) \tag{6.23}$$

如果令组合数分别等于 6 和 3，那么这个公式就与 Kelly 和 Matzke 及 Ong 和 Elleman 所导出的公式是相同的。方程(6.20)和(6.23)给出与方程(6.18)和(6.19)相同的反应速率。

6.3.4 运动着的点缺陷与位错的反应

由于位错线附近的应力场的独有特性，对于许多原子形式的缺陷来说，这种类型的晶体缺陷是它们有效的尾闾。例如，刃形位错使图6.10中的额外原子面下边的固体受拉，而在滑移面上面产生一受压区域。空位受压应力场吸引，间隙原子受张应力吸引。在无规行走过程中，运动到位错线上的空位或间隙原子能够永久地被位错线所俘获。当发生俘获时，位错发生攀移，俘获空位和间隙原子使位错攀移的方向相反。类似地，在晶体内任一种表现为应力

点心的杂质物质都能够紧紧地束缚在位错线上。因此,对于空位和间隙原子来说[1],位错线是一个近于理想的尾间,而且它也是氦气体原子的有效陷阱。下面按照 Bullough 和 Perrin 的模型来推导位错与空位反应的速率,这种方法可应用于所有的点缺陷。

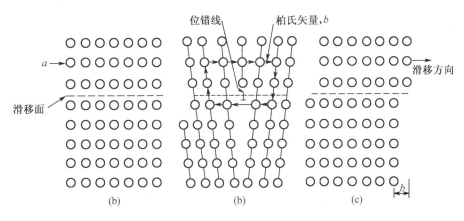

图 6.10　刃形位错

同在复合过程中空位或间隙原子周围的影响球相类似,我们推想每根位错线周围存在着一个受影响的圆柱体。如果空位跳到这个体积内的点阵位置上的话,它将一定被俘获。这个圆柱体被认为是由与位错线相交截的许多平行晶面所组成的,而且每个晶面上有 z_{vd} 个原子位置(见图 6.11)。这个受影响区的尺度通常叫作位错线的俘获半径。如果点阵内原子面间距用点阵常数 a_0 近似,则单位长度的位错线上存在着 z_{vd}/a_0 个俘获位置[2]。设 ρ_d 是晶体内的位错密度(单位是厘米位错线/ cm^3 固体),那么单位体积内存在 $z_{vd}\rho_d/a_0$ 个俘获位置。现在,我们可以利用氦气体原子与点陷阱反应时所建立的分析方法,用位错周围的俘获位置密度代替单位体积内捕陷位置的数目 $z_{gtr}C_t$。在方程(6.23)中进行这种代换并用 a_0^3 近似 Ω 之后,得到位错俘获空位的扩散长度是

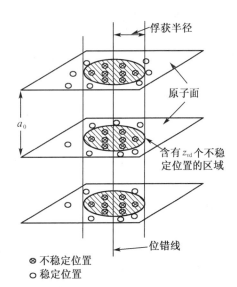

图 6.11　位错线周围的俘获位置图

$$L^2 = 1/(z_{vd}\rho_d) \tag{6.24}$$

或者,俘获速率是

$$\text{位错俘获空位的速率} / \text{cm}^3 = D_v z_{vd} \rho_d C_v \tag{6.25}$$

---

① 就位错绝不将空位和间隙原子释放到基体晶体这种意义上讲,位错并不是空位和间隙原子的理想尾间。如果是的话,空位和间隙原子的平衡浓度为零。这些点缺陷得以在晶体内保持住热力学平衡浓度的一种机理是位错网络俘获和发射这些点缺陷的速率之间相平衡。

② 这种表达不适用于由固体内过量的间隙原子浓集所导致的位错环。在这里,捕获位置只限于环上的割阶部分,这些位置可能比直线的刃形位错的俘获位置排列的松得多。

类似地,俘获间隙原子的表达式是

$$位错俘获间隙原子的速率 /cm^3 = D_i z_{id} \rho_d C_i \tag{6.26}$$

在金属中,z_{vd} 和 z_{id} 是非常相近的,但并不完全相等。位错对间隙原子的亲和力比对空位的亲和力稍大一些,大约大百分之几。在完全是量级估计的计算中,乍看上去,这样小的差别是不重要的,但是在金属中使空洞得以长大的正是由于俘获速率的这种微小差别。然而,在处理由燃料中的位错消除 Frenkel 对时,通常假定 z_{id} 和 z_{vd} 是相等的。

对于位错捕获氦气体原子而言,其速率是

$$位错俘获气体原子的速率 /cm^3 = D_{He} z_{gd} \rho_d C \tag{6.27}$$

式中,z_{gd} 是气体原子 – 位错反应时相应的组合数。

6.3.5　扩散 – 限制的反应

从 6.3.1 到 6.3.4 几小节描述了晶体内缺陷的几种基本的速率计算方法。在那些计算中,假定两种反应物的浓度是均匀分布的,这种反应速率控制的动力学处理和分析与一般的均匀化学反应速率所用的方法相类似。然而,粒子云与彼此相距较远的有效捕陷尾闾之间的反应同在非均质化学动力学领域内的液体 – 固体系统之间的反应更相似。尤其是如果点状粒子和彼此分立的尾闾之间的反应非常迅速的话,由于反应动力学将受到粒子由体内向表面输送速率的限制,尾闾的表面可能呈现出反应粒子供应不足的现象。因此,整个过程应当认为由两个连续的阶段所构成:第一是粒子由体内向尾闾表面输送的扩散过程,第二是粒子与彼此分立的尾闾起反应。

如果两反应物的每次碰撞都发生反应,那么动力学究竟是扩散限制还是反应速率限制?这主要和两种反应物的相对尺寸的大小有关。如果二者都是可动的原子尺寸的粒子,扩散限制是不重要的。如果一种粒子很小并且是可动的,而另一种粒子大且是静止的,那么动力学易于受扩散过程的限制。在这两种极端状态之间,可能存在一个扩散速率和反应速率都起作用的过渡区,裂变气体气泡长大就是受这种混合动力学控制的例子。气泡首先借助于两个无规走动的气体原子相遇而形成双原子气体原子团。很显然,这种过程的速率同长程范围的浓度梯度无关。或者说,根据已述的扩散含义而言,不存在扩散限制问题。然而,双原子复合体终究要与另外的气体原子起反应而形成三原子复合体。当这种复合体长大到一定尺寸时,在其附近开始建立起气体原子的浓度梯度。随着气泡的长大,气泡表面处气体原子的浓度变得越来越小。最后,气泡的长大完全听命于气体原子沿气体表面(浓度接近于零)和固体体内(浓度由裂变过程而得以维持)之间的浓度梯度的扩散过程。气泡由成核到长大的整个过程中,气体原子团吸收气体原子的动力学相继经过三个阶段:即反应速率控制、过渡区域(混合速率控制)和扩散控制。同样的讨论也适用于金属中由嬗变氦气体原子聚集而引起的氦泡,空位聚集而引起的空洞长大,间隙原子聚集而引起的间隙原子团等。

位错线俘获空位或间隙原子的速率,可以是反应速率控制,也可以是扩散控制。然而,同气泡或空洞(它们都随聚集点缺陷而长大)不同,当位错俘获空位或间隙原子时,它的尺寸大小并不改变,但将通过攀移而运动。位错俘获动力学是反应速率限制还是扩散限制,主要取决于位错的间距而不是它们的尺寸大小。对于位错环俘获空位或间隙原子与位错相同,但是反映出来的是位错环的收缩和长大。

1. 向球形尾间的扩散

首先讨论单位体积内有 C_t 个半径为 R 的球形尾间,它们吸收处于这些球形尾间之间的固体体积内的点缺陷。点缺陷通过扩散向这些尾间的输运速率可以很容易地通过只考虑一个球来处理。我们把与每个球形尾间相关部分定义为尾间周围的单胞(或叫作俘获体积)。同处理金属中电子的情况相类似,整个体积可以分成 C_t 个形状相同,并且其中心含有一个小球的多面体,这样就能构成(平均来说)原来的固体加球形尾间的系统。为了计算上的方便,将这个多面体用一个球体来近似,球的半径选取能满足 C_t 个单胞占据整个体积的要求。因此,每个球形尾间周围的俘获体积的半径用下式来定义:

$$(4\pi \mathscr{R}^3/3)C_t = 1 \tag{6.28}$$

图 6.12 给出了理想化的几何图像。现在要解的是在 $R \leqslant r \leqslant \mathscr{R}$ 的球形壳体内点缺陷的扩散方程。我们用 $C(r,t)$ 表示俘获体积内半径为 r 处 t 时刻的点状粒子的浓度。俘获体积的选择方法意味着在 $r = \mathscr{R}$ 处的边界上没有净通量穿过。这就为扩散方程提供了下述的边界条件:

$$\left(\frac{\partial C}{\partial r}\right)_{\mathscr{R}} = 0 \tag{6.29a}$$

在小球面处,点缺陷浓度规定为

$$C(R,t) = C_R \tag{6.29b}$$

C_R 的数值与特定的过程有关。如果球是空洞(或气泡),点缺陷是空位或间隙原子,C_R 为这些

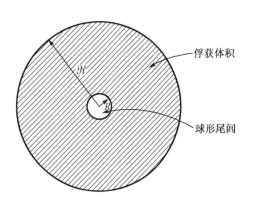

图 6.12　计算球形尾间俘获点缺陷的扩散控制速率单胞

点缺陷在空洞(或气泡) – 固体交界面处于特定应力条件下的热力学平衡浓度;对于氦气体原子,由它在固体内的完全不溶性知 $C_R = 0$。在现在的分析中,C_R 可看作是一个与时间无关的量。

在各向同性介质中,一个特定组元的迁移率只决定于一个参数,这个参数就是扩散系数。各向异性的扩散过程,发生在所有非立方晶体中,需要用三个扩散系数来表征系统的扩散运动。扩散系数是用两个可以测量的量来定义的,即扩散组元的净流量和浓度梯度。定义扩散系数的方程式就是费克第一定律:

$$\boldsymbol{J} = -D\,\nabla C \tag{6.30a}$$

式中,$\boldsymbol{J}$ 是扩散组元的通量矢量,它表示在垂直于通量矢量的单位面积上扩散组元通过的速率,以单位时间内通过单位面积的原子(或克原子)数来度量。扩散组元的浓度记作 C,它是以单位体积内的原子(或克原子)数来度量的,∇C 表示浓度的空间梯度。当计算一个特定情况下的通量或浓度分布时,需要把方程(6.30a)与一个描述扩散组元质量守恒的数学表达式联立起来求解。图 6.13 绘出了固体介质中的一个区域,在这个区域里扩散组元的分布是有一定浓度梯度的,因此就存在一个扩散组元的通量矢量。考虑表面上的一个小面积元 dS,在这一点处表面的法线用矢量 $\boldsymbol{n}$ 表示。扩散组元通过面积元 dS 而离开这个区域的速率等于 dS 与通量矢量在法线上的分量 $\boldsymbol{n} \cdot \boldsymbol{J}$ 的乘积。将这个乘积对整个表面 S 积分就得到扩散组元离开图 6.13 中绘出的这个区域的速率,即

$$R_t = -\int_S \boldsymbol{n} \cdot \boldsymbol{J} dS \qquad (6.30b)$$

式中,R_t 是扩散组元通过表面 S 的迁移速率。

图 6.13 中绘出的这个区域里的一个微分体积元 dV 中包含 CdV 个扩散组元的原子(或克原子)。扩散组元在这个微分体积元中的累积速率为 $\frac{\partial}{\partial t}(CdV)$,将它对整个体积 V 积分得到

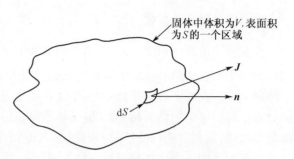

图 6.13 在包含扩散组元的固体介质中的一个体积单元

$$R_a = \int_V \frac{\partial C}{\partial t} dV \qquad (6.30c)$$

式中,R_a 表示扩散组元在体积 V 中的累积速率。如果在这一区域里存在扩散组元的一些源或尾闾,令单位时间在单位体积内产生扩散组元的净速率为 Q 个原子(或克原子),因此

$$R_c = \int_V Q dV \qquad (6.30d)$$

就表示扩散组元在体积 V 中的产生速率。联立方程(6.30b)到(6.30d)就得到扩散组元质量守恒的数学表达式:

$$\int_V \frac{\partial C}{\partial t} dV = -\int_S \boldsymbol{n} \cdot \boldsymbol{J} dS + \int_V Q dV \qquad (6.30e)$$

利用散度定理,上式右边第一项就等于 $\boldsymbol{J}$ 的散度的体积积分。因此方程(6.30e)就成为

$$\int_V \left(\frac{\partial C}{\partial t} + \boldsymbol{\nabla} \cdot \boldsymbol{J} - Q \right) dV = 0$$

为了使积分恒等于零,被积函数必须等于零,即

$$\frac{\partial C}{\partial t} = -\boldsymbol{\nabla} \cdot \boldsymbol{J} + Q \qquad (6.30f)$$

上式是一个普遍的物质守恒条件,它与产生通量 $\boldsymbol{J}$ 的物理现象是无关的。如果通量纯粹是由分子扩散所产生的,可以将方程(6.30a)代入方程(6.30f),假设扩散系数与空间坐标是无关的,D 可以从散度算符中提出来,这样就得到

$$\frac{\partial C}{\partial t} = D \boldsymbol{\nabla}^2 C + Q$$

假定粒子在俘获体积内是均匀产生的,并进一步假定除了中心的球形尾闾以外,对于这种粒子,没有其他的尾闾,通过带有体源项(它表示在俘获体积内点缺陷的生成项)的球坐标下的扩散方程

$$\frac{\partial C}{\partial t} = \frac{D}{r^2} \frac{\partial}{\partial r} \left(r^2 \cdot \frac{\partial C}{\partial r} \right) + Y\dot{F} \qquad (6.30g)$$

求出 $C(r, t)$。其中,D 是粒子的扩散系数,$Y\dot{F}$ 是单位体积内粒子的产生率。在空位和间隙原子的情况下,方程(6.30g)的右边还应包括表示它们复合的附加项。方程(6.30g)有两种情况是很有意义的,下面分别加以讨论。

(1)辐照下的行为

当固体在温度高到足以使点缺陷有相当的可动性的情况下进行辐照时,损失于球形尾闾

的粒子至少部分可由俘获体积内产生的粒子补偿,因而俘获体积内任一点处的浓度变化是较为缓慢的。在这种情况下,一级近似可将方程(6.30g)左边的 $\dfrac{\partial C}{\partial t}$ 略去,这种简化叫作"准稳态近似", $\dfrac{\partial C}{\partial t}\approx 0$。利用准稳态近似,扩散方程变成

$$\frac{D}{r^2}\frac{\mathrm{d}}{\mathrm{d}r}\Big(r^2\frac{\mathrm{d}C}{\mathrm{d}r}\Big) = -Y\dot{F} \tag{6.31}$$

如果边界条件由(6.29a)和(6.29b)给出,方程(6.31)的解是

$$C(r) = C(R) + \frac{Y\dot{F}}{6D}\Big[\frac{2\mathscr{R}^3(r-R)}{rR} - (r^2 - R^2)\Big] \tag{6.32}$$

在许多实际的情况下,俘获体积的半径比尾闾的半径大得多,且方程(6.32)呈现为图 6.14 所示的形状。曲线的这种形状暗示了一个附加的近似。浓度仅在紧靠球面的区域内迅速地变化,而且在达到俘获体积的外径之前很早就接近到一个常数值。这种行为表明,可以将俘获体积分成两个区域,如图 6.14 所示。在区域 1 内,扩散是方程(6.31)中最重要的因素,因而可以将源项略去不计。在区域 2,两项的相对大小倒过来。对于 1 区,我们可写成

$$\frac{1}{r^2}\cdot\frac{\mathrm{d}}{\mathrm{d}r}\Big(r^2\frac{\mathrm{d}C}{\mathrm{d}r}\Big) = 0 \tag{6.31'}$$

对于这个方程,式(6.29b)这个边界条件仍可应用,但式(6.29a)由

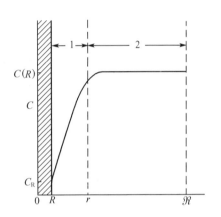

图 6.14　在具有均匀体积源的
球壳内扩散的解

$$C(\infty) = C(\mathscr{R}) \tag{6.33}$$

所代替。其中,$C(R)$ 是通过拟合 1 区和 2 区的解所确定的浓度。由于距球面很近的地方,浓度已接近到这个数值,因此就 1 区内的扩散过程而论,俘获体积可以认为是一无限介质。方程(6.31')带有相应边界条件的解是

$$C(r) = C(R) + \big[C(\mathscr{R}) - C(R)\big]\Big(1 - \frac{R}{r}\Big) \tag{6.34}$$

在球面处的粒子通量 J 是

$$J = -\frac{D\big[C(\mathscr{R}) - C(R)\big]}{R} \tag{6.35}$$

由于假定在 $+r$ 方向上的通量为正,因而在式(6.35)中有一负号出现。点缺陷被球吸收的速率是

$$球吸收点缺陷的速率 = -(4\pi R^2)J = 4\pi R D\big[C(\mathscr{R}) - C(R)\big] \tag{6.36}$$

式中,$C(R)$ 是小球面处的点缺陷浓度,而浓度 $C(\mathscr{R})$ 可根据俘获体积内点缺陷的产生率以及在 $r=\mathscr{R}$ 处净流量等于零这些条件求出,后一条件要求在这个俘获体积内所产生的点缺陷都被这个球形尾闾所吸收,或

$$\frac{4\pi}{3}(\mathscr{R}^3 - R^3)Y\dot{F} = 4\pi R D\big[C(\mathscr{R}) - C(R)\big] \tag{6.37a}$$

如果相对于 $\mathscr{R}^3$ 来说,R^3 可以略去的话,上述的平衡条件给出

$$C(\mathcal{R}) = C(R) + \frac{Y\dot{F}\mathcal{R}^3}{3DR} \tag{6.37b}$$

在方程(6.32)中,令 $r = \mathcal{R}$ 且 $R/\mathcal{R} \ll 1$,这就简化成方程(6.37b),因此可看出双区近似和完全解(二者都是准稳态近似)之间是一致的。

在上述情况下,双区近似并不是一个特别有价值的近似方法,因为方程(6.31)可以毫无困难地解出来。然而,当固体中包含点缺陷的多种尾间时以及当出现像复合那样的非线性过程时,能把尾间附近所出现的扩散现象同固体内均匀分布的源项分开处理,这可使问题大为简化。

把方程(6.36)写成速率常数的形式,以便能使扩散控制的动力学与前面导出的反应速率控制的表示式进行比较,并可以导出混合率的方程。为了简化,在方程(6.36)中 $C(\mathcal{R}) \gg C_R$,并且用 C 代表 $C(\mathcal{R})$,表示介质点缺陷的平均浓度。为得到球形尾间的扩散控制吸收点缺陷的总速率,我们将(6.36)乘以单位体积内的尾间数目 C_t,得到

$$\text{球形尾间吸收的速率}/cm^3 = 4\pi RDC_t C \tag{6.38}$$

或者,点缺陷和半径 R 的理想球形尾间的扩散控制反应的速率常数是

$$k = 4\pi RD \tag{6.39}$$

式(6.39)是根据两个主要的简化而得到的。第一个简化是准稳态近似,就是允许将方程(6.30)中的时间微分略去。第二个简化是球形尾间的半径远小于球形尾间彼此之间的距离,这就使得有可能在扩散方程中将源-尾间项从浓度梯度项分开来。如果条件 $R/\mathcal{R} \ll 1$ 不满足,则必须用 Ham 所给出的完全解。应当看到,双区近似和流体力学的边界层近似是类似的。

(2)辐照后退火

在方程(6.30)的这种应用中,点缺陷(包括氦气体原子)的初始浓度是通过低温辐照而在固体内产生的。在这样的温度下,由于点缺陷的可动性太低,尾间不大可能大量地吸收它们。然后将温度提高到某一数值,以使点缺陷和气体原子具有足够的可动性。小空洞(或小气泡)成核,这些空洞核和气泡核以及位错将作为尾间而吸收其余的弥散在基体中的点缺陷和气体原子。为简单起见,以裂变气体气泡形核长大为例,退火期间,在每个气泡周围俘获体积内气体原子的浓度按下式变化:

$$\frac{\partial C}{\partial t} = \frac{D_{Xe}}{r^2}\frac{\partial}{\partial r}\left(r^2\frac{\partial C}{\partial r}\right) \tag{6.40}$$

边界条件由式(6.29a)和(6.29b)给出。初始时低温辐照所产生的气体原子是均匀分布的,这就为方程(6.40)提供以下初始条件:

$$C(r,0) = C_0 = Y_{Xe}\dot{F}t_{irr} \tag{6.41}$$

式中, $Y_{Xe}\dot{F}$ 是 Xe 的产生率, $\dot{F}$ 是裂变率, t_{irr} 是辐照时间。这组方程不是那么容易解的,因为气泡的半径 R 是时间的函数。半径 R 同气泡内所含的气体原子数有关,因此 R 随时间的变化率必然与表面处的粒子通量 J 有关。

为了用解析的方式解决这个问题,我们可引用双区近似。假定在靠近球形尾间表面区域扩散过程占优势,但是由于这区域非常薄,可以采用准稳态近似。在区域2内,仍保持其辐照后退火的固有时间依赖关系,然而在这里将扩散现象忽略掉。设 m 为退火期间任一时刻气泡内的气体原子数,为了简化分析,我们假定:①气泡与固体处于平衡状态,②基体固体内没有应力,③气泡内气体的行为服从理想气体定律。前两个条件表明气泡内压力(P)与气泡表面张力($2\gamma/R$)相平衡, $P = 2\gamma/R$;第三个条件表明 $P(4\pi R^3/3) = mkT$,其中 k 是玻尔兹曼常数, T

是样品温度,由此得到

$$m = \left(\frac{4\pi R^2}{3}\right)\frac{2\gamma}{kT} \tag{6.42}$$

气泡内气体原子数的变化等于球吸收的速率,在准稳态双区近似中,由方程(6.36)给出

$$\frac{dm}{dt} = 4\pi R D_{Xe} C \tag{6.43}$$

其中,已令气泡表面处的气体浓度等于零,并且 C 是在 t 时刻的基体内气体原子的平均浓度。由于原来处于俘获体积内的气体,或者保持在这个俘获体积内,或者进入到气泡之中,因而气体原子的整个平衡为

$$\frac{4\pi\mathscr{R}^3}{3}(C_0 - C) = m \tag{6.44}$$

在这里,气泡半径与 $\mathscr{R}$ 相比很小,已略去不计。

当所有的气体都沉积到气泡中而且一个也不留在点阵内的时候,气泡停止长大。最终的气泡半径可以借助于式(6.42)和(6.44)相等,且使 $C = 0$,$R = R_f$ 而求出,得到

$$R_f^2 = \mathscr{R}^3 C_0\left(\frac{kT}{2\gamma}\right) \tag{6.45}$$

联立解方程(6.42),(6.43)和(6.44),就可求出气泡半径的时间变化率。Speigt 和 Markworth 都已经进行了处理。Markworth 首先将方程(6.42)对 t 进行微分并使其等于(6.43),得到

$$\frac{dR}{dt} = \frac{3D_{Xe}C}{2}\left(\frac{kT}{2\gamma}\right) \tag{6.46}$$

然后将方程(6.42)和(6.46)代入到(6.44)中,并通过方程(6.45)消去 C_0。于是,气泡的长大速率由下式给出:

$$\frac{dR}{dt} = \frac{3D_{Xe}}{2\mathscr{R}^3}(R_f^2 - R^2) \tag{6.47}$$

这个式子可利用 $t = 0$ 时 $R = 0$ 这样的边界条件进行积分得到

$$\ln\left(\frac{R_f + R}{R_f - R}\right) = \frac{3D_{Xe}R_f t}{\mathscr{R}^3} \tag{6.48}$$

在这个式子中,误差的主要来源是假定气体是理想气体的行为。方程(6.42)仅对于大气泡才正确。然而,在退火开始时,气泡是非常小的,必须考虑它的非理想气体行为。在计算中可以利用方程 $m = \dfrac{4\pi R^3/3}{B + (kT/2\gamma)R}$($B$ 表示原子所占据的固有体积)代替(6.42)而使这一缺点得以补偿。虽然严格解是不可能得到的,但 Speight 已给出了范德瓦尔斯状态方程情况下的近似解。Cornell 已将方程(6.48)的修正形式(由非理想气体定律修正而得)用于测定裂变气体在 UO_2 中的扩散系数。图 6.15 给出了辐照过的 UO_2 薄膜在 1 300 ℃时退火期间的照片。利用由这些图片所得到的半径 – 时间的资料并结合方程(6.48)的修正形式,求出了以下扩散系数的表达式:

$$D_{Xe} = 2.1 \times 10^{-4}\exp\left[-\frac{380}{R(T/10^3)}\right] \quad (cm^2/s) \tag{6.49}$$

激活能的单位是 kJ/mol,温度单位是 K。

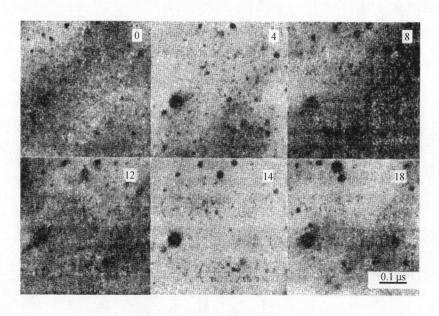

图 6.15　退火后气泡的长大

(退火时间已标在图右上角(h),退火温度 1 300 ℃)

2. 向位错上的扩散

当晶体内形变所产生的位错相距很宽(即位错密度低)时,可将它们看作是晶体内空位和间隙原子的线状尾间。支配位错网络俘获点缺陷的速率的扩散问题,可以用前面对于球形尾间所采用的准稳态双区问题来解决,但是计算必须是以柱对称而不以球对称的方式来进行。如果图 6.11 从平行于位错线的方向去观察,所看到的图像同图 6.12 所示的图像相类似。但在位错的情况下,尾间的半径应取位错的俘获半径 R_d,而且球形俘获体积的半径由柱状俘获体积的半径所代替。如果位错密度是 ρ_d(cm/cm^3),且我们假想位错线是按简单的方形排列成平行线,因而与垂直于位错线排列方向上的单位面积相交叉的位错有 ρ_d 根。对于这种情况,与方程(6.28)相应的形式是

$$(\pi \mathcal{R})^2 \rho_d = 1 \qquad (6.50)$$

该式定义了每根位错线周围的俘获体积的半径。如同对点缺陷向球形尾间扩散所做的分析一样,我们首先讨论在俘获体积内具有均匀源的准稳态扩散问题。下面的计算是对于空位来加以阐述的,其扩散方程是

$$\frac{D_v}{r} \frac{d}{dr} \left(r \frac{dC_v}{dr} \right) = - Y_{vi} \dot{F} + k_{vi} C_i C_v \qquad (6.51)$$

方程(6.51)的右边有表示空位和间隙原子相复合的项,这就要求同时来解空位扩散和间隙原子扩散问题。由于存在着复合项,联立方程是非线性的。就现在所讨论的问题,由复合引起的复杂性可通过下述方式来克服,即用 $k_{iv} C_v C_i$ 对于体积的平均值代替它的局部值。这就使方程(6.51)的右边成为一常数

$$(Y\dot{F})_{eff} = Y_{vi} \dot{F} - \overline{k_{iv} C_i C_v} \qquad (6.52)$$

在这里,最后一项上边的横线表示其在整个体积内的平均值。利用 $(Y\dot{F})_{eff}$ 作为方程(6.51)

的源项,且边界条件为

$$C_v(R_d) = C_{Rd} \tag{6.53a}$$

和

$$\left(\frac{dC_v}{dr}\right)_{\mathscr{R}} = 0 \tag{6.53b}$$

位错周围的空位浓度分布由下式给出:

$$C_v(r) = C_v(R_d) + \frac{(Y\dot{F})_{\text{eff}}\mathscr{R}^2}{2D_v}\left[\ln(r/R_d) - \frac{1}{2}\left(\frac{r^2 - R_d^2}{\mathscr{R}^2}\right)\right] \tag{6.54}$$

关于无源项的扩散方程为

$$\frac{1}{r}\frac{d}{dr}\left(r\frac{dC_v}{dr}\right) = 0 \tag{6.55}$$

它的边界条件仍然是(6.53a),但是同球形尾闾的情况[方程(6.33)]不同,俘获体积的外边界不能用无限大来近似。由于球形和柱形的几何形状不同,这种差别是固有的。对于由非零半径的线性尾闾至无限介质的扩散方程,稳态解(即在距尾闾很远的地方具有规定的浓度值)是不存在的。然而在球对称的类似问题中,有一种解是存在的,就是式(6.34)所给出的解。对位错而言,在 $r = \mathscr{R}$ 的边界条件取为

$$C_v = C_v(\mathscr{R}) \tag{6.56}$$

方程(6.55)附有(6.53a)和(6.56)所给出的边界条件的解是

$$C_v(r) = C_v(R_d) + \left[C_v(\mathscr{R}) - C_v(R_d)\right]\frac{\ln(r/R_d)}{\ln(\mathscr{R}/R_d)} \tag{6.57}$$

空位流向位错线通量是

$$J = -D_v\left(\frac{dC_v}{dr}\right)_{R_d} = -\frac{D_v\left[C_v(\mathscr{R}) - C_v(R_d)\right]}{R_d\ln(\mathscr{R}/R_d)} \tag{6.58}$$

单位长度位错吸收空位的速率是

$$-2\pi R_d J = \frac{2\pi D_v\left[C_v(\mathscr{R}) - C_v(R_d)\right]}{\ln(\mathscr{R}/R_d)} = Z_{vd}D_v\left[C_v(\mathscr{R}) - C_v(R_d)\right] \tag{6.59}$$

其中 Z_{vd} 为

$$Z_{vd} = \frac{2\pi}{\ln(\mathscr{R}/R_d)} \tag{6.60}$$

在单位长度位错的俘获体积中,空位产生的速率(除去复合后)是

$$\text{空位的产生速率}/cm = \pi(\mathscr{R}^2 - R_d^2)(Y\dot{F})_{\text{eff}} \tag{6.61}$$

由于位错俘获体积所产生的所有空位假定都被位错所俘获,则式(6.59)和(6.61)可以相等,从而解出 $C_v(\mathscr{R})$。当 $R_d/\mathscr{R} \ll 1$ 时,得到

$$C_v(\mathscr{R}) = C_v(R_d) + \frac{(Y\dot{F})_{\text{eff}}\mathscr{R}^2}{2D_v}(\ln\mathscr{R}/R_d) \tag{6.62}$$

但是,从浓度严格解的方程(6.54)在俘获体积的外边界上 $r = \mathscr{R}$ 的 $C_v(\mathscr{R})$ 值为

$$C_v(\mathscr{R}) = C_v(R_d) + \frac{(Y\dot{F})_{\text{eff}}\mathscr{R}^2}{2D_v}\left[\ln(\mathscr{R}/R_d) - \frac{1}{2}\right] \tag{6.62'}$$

在求方程(6.62′)时,已经假定了 $\mathscr{R}/R_d \gg 1$,但是我们看到,为了使双区近似的解同严格解相

一致，$\ln(\mathscr{R}/R_d)\gg 1$ 也必须成立。这是一种比 $\mathscr{R}/R_d\gg 1$ 更加严格的要求。所以对位错而言，双区近似不像对球形尾闾那么精确。但在分析含有复杂的显微组织问题时，利用方程(6.59)所给予的简化使得在数学处理中精确度稍受损失还是值得的。

在扩散控制的条件下，单位体积内的所有位错俘获空位的总速率是将式(6.59)乘以位错密度。如果令 $C_v(\mathscr{R})=C_v$（C_v 是基体内的平均空位浓度），且考虑到 C_{Rd} 与 C_v 相比较可以略去，得到

$$位错俘获空位的速率/cm^3 = 2\pi D_v\rho_d C_v/\ln(\mathscr{R}/R_d) \tag{6.63}$$

对于位错俘获间隙原子，也可导出相类似的公式。但是，以上的 R_d（位错核半径）对空位而言，表示为 R_{dv}。对于间隙原子，由于有长程相互作用，其位错核半径对间隙原子而言会大一些，表示为 R_{di}，因此

$$Z_{id} = \frac{2\pi}{\ln(\mathscr{R}/R_{di})} \tag{6.64}$$

会大一些。

3. 混合速率控制

当式(6.63)同根据反应速率控制所导出的俘获速率(6.25)式相比较，支配俘获速率的机理取决于 z_{vd} 和 $2\pi/\ln(\mathscr{R}/R_d)$ 的相对大小，其总速率应该是二者的结合。根据反应速率控制的俘获速率(6.25)式的定义，1 s 内空位漫步为位错俘获的概率是

$$\frac{1}{D_v z_{vd}\rho_d C_v}$$

同样由扩散控制的俘获速率(6.63)式，可以得到 1 s 内空位通过扩散到位错上被俘获的概率是

$$\frac{1}{D_v\rho_d C_v \dfrac{2\pi}{\ln(\mathscr{R}/R_{dv})}}$$

式中，R_{dv} 是位错对空位的俘获半径，由此空位被位错俘获的总概率为

$$\frac{1}{D_v z_{vd}\rho_d C_v} + \frac{1}{D_v\rho_d C_v \dfrac{2\pi}{\ln(\mathscr{R}/R_{dv})}}$$

则位错总的俘获空位速率/cm^3 等于

$$1/\left(\frac{1}{D_v z_{vd}\rho_d C_v} + \frac{1}{D_v\rho_d C_v \dfrac{2\pi}{\ln(\mathscr{R}/R_{dv})}}\right) = \frac{D_v\rho_d C_v}{(1/z_{vd}) + [\ln(\mathscr{R}/R_{dv})/2\pi]} \tag{6.65}$$

令 Z_{vd}（亦可简写成 Z_v）为

$$Z_{vd} = \frac{1}{(1/z_{vd}) + [\ln(\mathscr{R}/R_{dv})/2\pi]}$$

对式(6.65)分母中两项做一下估算：将 z_{vd} 认为是半径为 R_{dv} 的圆形面积乘以图6.10所示的单位面积上的原子数。例如，对于 fcc 的(100)面，每平方厘米上的原子数为 $2/a_0^2$，其中 a_0 是点阵常数。因此

$$z_{vd} \approx 2\pi R_{dv}^2/a_0^2$$

如果我们取 $R_d\approx 0.6$ nm 和 $a_0\approx 0.3$ nm，得到

$$z_{vd}\approx 24$$

当位错线密度为 $10^{10}/cm^2$ 时，有

$$2\pi/\ln(R/R_{dv}) \approx 1.4$$

可见式(6.65)中的反应速率项 z_{vd} 比扩散项小一个数量级,因而位错俘获空位的速率几乎完全是扩散控制的。由于位错密度仅以对数的形式出现在式(6.65)的分母中,因此合理的 ρ_d 值将不会使俘获过程成为反应速率控制的。

虽然有上述的论述,然而也有人用位错线俘获空位和间隙原子的反应速率控制去描述金属中的空腔长大。对于这样的应用,有两个令人信服的理由:第一,实际晶体中的位错并不是像在扩散模型中所假定的那样整齐地平行排列,相反,有缺陷的晶体所含的是由应力引起的位错缠绕并混杂由辐照缺陷(主要是间隙原子)浓聚成的位错环[①];第二,俘获过程本身会引起位错运动(通过攀移),因此在分析中所假定的线尾间甚至也不是停留在一个地方的。位错在恒定尺寸下运动同球形尾间俘获气体原子的结果进行比较,在球形尾间俘获气体原子情况下,球保持静止但尺寸增大。位错线攀移运动意味着它们俘获的点缺陷比假定位错线静止时所俘获的点缺陷(缺陷是通过扩散迁移而被俘获的)更多。在这样的条件下,将位错捕陷点缺陷看作是均匀分布的捕陷位置所致可能是合理的,这是反应速率控制的俘获模型的基础。

对于位错总的俘获间隙原子速率亦可以如上述过程进行,所不同的是位错对间隙原子的俘获半径 R_{di} 大于 R_{dv},这是因为在间隙原子周围有应力场,与位错应力场比空位有更强的相互作用。因此,Z_{id}(亦可简写成 Z_i)为

$$Z_{id} = \frac{1}{(1/z_{id}) + \left[\ln(\mathscr{R}/R_{di})/2\pi\right]}$$

结果是 $Z_i > Z_v$,其特征如下:

①位错对间隙原子和空位的俘获效率 Z_i 和 Z_v,由于在间隙原子周围有应力场,增强了与位错应力场的相互作用,使 $Z_i > Z_v$;

②空位易于在位错的应力边被吸收,而间隙原子易于在位错的张应力边被吸收,杂质如同应力点芯很强地束缚住位错;

③假设位错是空位和间隙原子的完全吸收源,在每个原子面上包含 Z_{vd}(或 Z_{id})的影响区的圆柱面上空位和间隙原子被吸收。

对于球形尾间,当俘获动力学是由点缺陷进入到尾间周围的捕获位置的速率来控制的时候,反应速率常数由方程(6.17)表示,组合数可用球面上点阵的数目来近似。一个点阵位置所占据的面积近似地等于点阵常数的平方,因此半径为 R 的球形尾间的球面上捕陷位置数目是 $4\pi R^2/a_0^2$,即 $z_{vm} = 4\pi R^2/a_0^2$。因此速率常数为

$$k_{vm} = \frac{z_{vm}\Omega D_v}{a_0^2} = \frac{4\pi R^2 D_v}{a_0} \tag{6.66}$$

式中,原子体积 Ω 已用 a_0^3 近似。由此

$$每秒钟空位与空洞相遇的速率 = k_{vm}C_v = \frac{4\pi R^2 D_v C_v}{a_0}$$

因而 1 s 内空位遇到空洞的概率是

$$\frac{a_0}{4\pi R^2 D_v C_v}$$

①　Brailsford 和 Bullough 已分析了封闭的间隙原子环的俘获速率,并且建立类似于式(6.65)(适用于直线位错)那样的过渡机制的速率表达式。

根据式(6.38),空位通过扩散进入空洞的速率是

$$4\pi R D_v C_v$$

所以,1 s 内空位扩进空洞的概率是

$$\frac{1}{4\pi R D_v C_v}$$

因此 1 s 内空位进入空洞的总概率是

$$\frac{a_0}{4\pi R^2 D_v C_v} + \frac{1}{4\pi R D_v C_v}$$

由此得到

$$每秒钟进入空洞的空位数 = \frac{1}{\dfrac{a_0}{4\pi R^2 D_v C_v} + \dfrac{1}{4\pi R D_v C_v}} = \frac{4\pi R D_v C_v}{1 + \dfrac{a_0}{R}}$$

整个速率常数是

$$k_{vm} = \frac{4\pi R D_v}{1 + \dfrac{a_0}{R}} \tag{6.67}$$

上式就是空位迁移与气孔尾间相互作用的混合率。对大气泡而言,$a_0/R \to 0$。因此,速率常数简化成只考虑扩散时所给出的那种速率常数值。式(6.67)表明,只有当球的半径接近于点阵常数时,对理想的球形尾间俘获动力学来说,反应速率控制才是值得重视的。

6.4　缺陷的动力学过程、速率方程组

如6.2节所述,金属在高能粒子辐照下,不断产生贫原子区、间隙原子、空位、嬗变 He 和嬗变杂质原子,在原有的位错网络和沉淀颗粒中,形成贫原子区和间隙原子富集区浸泡在空位、间隙原子、嬗变的和残留的气体、杂质等平均浓度场中的非平衡热力学体系。嬗变 He 和气体原子能稳定贫原子区和空位团形成气泡核,杂质原子能俘获间隙原子形成位错环核,因此运动的间隙原子、空位和氦原子通过复合、迁移与各种缺陷相互作用,导致气泡和间隙原子位错环的形核和生长过程。气泡核长大与空隙原子团长大是相互对应的,有多少净空位进入气泡核,必定有相应数量的间隙原子到达间隙原子团和位错网络,这时空位和间隙原子的平均浓度场起着媒介作用,联系着气泡和间隙原子团的长大。对应地,空位、间隙原子浓度亦取决于微观结构形态(位错网络密度、气泡和间隙原子团的浓度和分布等)。下面在6.3节的基础上研究辐照下空位和间隙原子浓度随时间的变化,以及它们与微观结构的关系。

辐照下点缺陷不断地产生,其单位体积中空位和间隙原子的产生率为 $\dot{N}_p$,同时又有互相复合(它等于 $k_{iv} C_v C_i$);但亦有一部分点缺陷为空洞(或气泡、气孔)所吸收,使其长大或收缩;还有一部分点缺陷为位错网络和位错环所俘获;另有一部分点缺陷为沉淀颗粒(如 $M_{23}C_6$)所俘获。在这些综合平衡中形成一个超饱和的空位浓度 C_v 和间隙原子浓度 C_i,它们对微观结构的演化(空洞、气泡、间隙原子环的形核长大)起着重要作用。下面从空位和间隙原子的速率方程组导出空位和间隙原子浓度。

假设在辐照时刻 t,晶体中网络位错的密度为 ρ_N,位错环半径为 $[r, r+dr]$ 范围的位错密度为 $2\pi r N_1(r,t)dr$,$N_1(r,t)dr$ 是单位体积中半径为 $[r, r+dr]$ 范围的位错环数目,气孔半径在

$[r, r+dr]$ 范围的浓度为 $N(r,t)\mathrm{d}r$，辐照时单位体积中空位和间隙原子的产生率为 $\dot{N}_p$，热平衡态空位、间隙原子的产生率为 $\dot{n}_{pv}^{th}$，沉淀颗粒半径和浓度分别是 R_P 和 N_P。点缺陷扩散、复合、迁移至位错、气孔和沉淀颗粒，在时间 t 至 $t+\mathrm{d}t$ 间隔中空位和间隙原子浓度的变化率如下：

$$
\begin{cases}
\dfrac{\mathrm{d}C_v}{\mathrm{d}t} = \dot{N}_p + \dot{n}_{pv}^{th} - k_{iv}C_vC_i - 4\pi D_v \displaystyle\int_{r_0}^{r_{max}} rN(r,t)\left\{C_v - C_v^{eq}\exp\left[-\left(p - \dfrac{2\gamma}{r}\right)\dfrac{\Omega}{kT}\right]\right\}\mathrm{d}r - \\[4mm]
\quad Z_v\rho_N D_v C_v - Z_v D_v \displaystyle\int 2\pi r N_1(r,t)\left[C_v - C_v^{eq}\exp-\left(\dfrac{\sqrt{3}G\Omega b_2^2}{ra_0 kT}\right)\right]\mathrm{d}r - \\[4mm]
\quad 4\pi R_P N_P D_v (C_v - C_v^*) \\[4mm]
\dfrac{\mathrm{d}C_i}{\mathrm{d}t} = \dot{N}_{pt} + \dot{n}_{pv}^{th} - k_{iv}C_vC_i - 4\pi D_i \displaystyle\int_{r_0}^{r_{max}} rN(r,t)\left[C_i - C_i^{eq}\exp\left(p - \dfrac{2\gamma}{r}\right)\dfrac{\Omega}{kT}\right]\mathrm{d}r - \\[4mm]
\quad Z_i\rho_N D_i C_i - Z_i D_i \displaystyle\int 2\pi r N_1(r,t)\left[C_i - C_i^{eq}\exp\dfrac{\sqrt{3}G\Omega b_2^2}{ra_0 kT}\right]\mathrm{d}r - \\[4mm]
\quad 4\pi R_P N_P D_i (C_i - C_i^*)
\end{cases}
$$

$$(6.68)$$

式中，C_v^{eq} 和 C_i^{eq} 是在没有辐照情况下空位和间隙原子的热平衡浓度；p 和 γ 是空洞（或气泡）内的压力和表面张量；G 是材料的切变模量；b_2 是位错环的柏氏矢量。设想该体系在 $t \sim (t+\mathrm{d}t)$ 时间间隔内停止辐照，其热平衡态下的速率方程组应为

$$
\begin{cases}
\dfrac{\mathrm{d}C_v^{eq}}{\mathrm{d}t} = 0 = \dot{n}_{pv}^{th} - k_{iv}C_v^{eq}C_i^{eq} - 4\pi D_v C_v^{eq} \displaystyle\int_{r_0}^{r_{max}} rN(r,t)\left\{1 - \exp\left[-\left(p - \dfrac{2\gamma}{r}\right)\dfrac{\Omega}{kT}\right]\right\}\mathrm{d}r - \\[4mm]
\quad Z_v\rho_N D_v C_v^{eq} - Z_v D_v \displaystyle\int 2\pi r N_1(r,t)\left[C_v^{eq} - C_v^{eq}\exp\left(-\dfrac{\sqrt{3}G\Omega b_2^2}{ra_0 kT}\right)\right]\mathrm{d}r - \\[4mm]
\quad 4\pi R_P N_P D_v (C_v^{eg} - C_v^*) \\[4mm]
\dfrac{\mathrm{d}C_i^{eq}}{\mathrm{d}t} = 0 = \dot{n}_{pv}^{th} - k_{iv}C_v^{eq}C_i^{eq} - 4\pi D_i C_i^{eq} \displaystyle\int_{r_0}^{r_{max}} rN(r,t)\left[1 - \exp\left(p - \dfrac{2\gamma}{r}\right)\dfrac{\Omega}{kT}\right]\mathrm{d}r - \\[4mm]
\quad Z_i\rho_N D_i C_i^{eq} - Z_i D_i \displaystyle\int 2\pi r N_1(r,t)\left[C_i^{eq} - C_i^{eq}\exp\dfrac{\sqrt{3}G\Omega b_2^2}{ra_0 kT}\right]\mathrm{d}r - \\[4mm]
\quad 4\pi R_P N_P D_i (C_i^{eq} - C_i^*)
\end{cases}
$$

$$(6.69)$$

将上述 (6.68) 和 (6.69) 两组方程相减得出：

$$
\begin{cases}
\dfrac{\mathrm{d}C_v}{\mathrm{d}t} = N_p - k_{iv}(C_vC_i - C_v^{eq}C_i^{eq}) - 4\pi D_v(C_v - C_v^{eq})\displaystyle\int_{r_0}^{r_{max}} rN(r,t)\mathrm{d}r - \\[4mm]
\quad Z_v\rho_N D_v(C_v - C_v^{eq}) - Z_v D_v(C_v - C_v^{eq})\rho_1 - 4\pi R_P N_P D_v(C_v - C_v^{eq}) \\[4mm]
\dfrac{\mathrm{d}C_i}{\mathrm{d}t} = N_p - k_{iv}(C_vC_i - C_v^{eq}C_i^{eq}) - 4\pi D_i(C_i - C_i^{eq})\displaystyle\int_{r_0}^{r_{max}} rN(r,t)\mathrm{d}r - \\[4mm]
\quad Z_i\rho_N D_v(C_v - C_v^{eq}) - Z_i D_i(C_i - C_i^{eq})\rho_1 - 4\pi R_P N_P D_v(C_v - C_v^{eq})
\end{cases}
$$

$$(6.70)$$

式中，$\rho_1 = \displaystyle\int 2\pi r N_1(r,t)\mathrm{d}r$ 是 t 时刻的位错环的密度。由于在 $t \sim (t+\mathrm{d}t)$ 时间间隔内，微观结

构变化很小,即尾闾大小和分布的变化远慢于 t 时刻的点缺陷的产生率、复合率和迁移率,所以 C_v、C_i 处在准稳态情况下,即 $\dfrac{\mathrm{d}C_v}{\mathrm{d}t} \approx \dfrac{\mathrm{d}C_i}{\mathrm{d}t} \approx 0$。由此,将方程(6.70)的第一方程式减去(6.70)的第二方程式,并且共格沉淀相对于点缺陷的吸收具有下列特性:

$$4\pi R_p N_p D_i (C_i - C_i^{eq}) = 4\pi R_p N_p D_v (C_v - C_v^{eq}) \tag{6.71}$$

最后得到

$$4\pi \int_{r_0}^{r_{max}} rN(r,t)\,\mathrm{d}r [D_v(C_v - C_v^{eq}) - D_i(C_i - C_i^{eq})]$$

$$= (\rho_N + \rho_1)[Z_i D_i(C_i - C_i^{eq}) - D_v D_v(C_v C_v^{eq})] \tag{6.72}$$

这表明,有多少净空位为空洞所吸收,就必定有同样多的净间隙原子为位错所吸收。改写方程(6.72),有

$$\left[\int_{r_0}^{r_{max}} 4\pi D_v rN(r,t)\,\mathrm{d}r + D_v Z_v(\rho_N + \rho_1)\right](C_v - C_v^{eq})$$

$$= \left[\int_{r_0}^{r_{max}} 4\pi D_i rN(r,t)\,\mathrm{d}r + D_i Z_i(\rho_N + \rho_1)\right](C_i - C_i^{eq}) \tag{6.72'}$$

并且代入式(6.70),得

$$\dot{N}_P - k_{iv}(C_v C_i - C_v^{eq} C_i^{eq}) - \Delta C_v[4\pi D_v\langle r\rangle N(t) + Z_v D_v(\rho_N + \rho_1) + 4\pi R_p D_v] = 0$$

得到

$$(\Delta C_v)^2 + \Delta C_v\left[\frac{4\pi D_i N(t)\langle r\rangle + Z_i D_i(\rho_N + \rho_1)}{k_{iv}} + C_v^{eq} + \right.$$

$$\left. \frac{4\pi D_i N(t)\langle r\rangle + Z_i D_i(\rho_N + \rho_1)}{4\pi D_v N(t)\langle r\rangle + Z_v D_v(\rho_N + \rho_1)} C_i^{eq}\right] - \frac{\dot{N}_P}{k_{iv}}\frac{4\pi D_i N(t)\langle r\rangle + Z_i D_i(\rho_N + \rho_1)}{4\pi D_v N(t)\langle r\rangle + Z_v D_v(\rho_N + \rho_1)} = 0 \tag{6.73}$$

其中,$\Delta C_v = C_v - C_v^{eq}$, $\langle r\rangle = \dfrac{\displaystyle\int_{r_0}^{r_{max}} rN(r,t)\,\mathrm{d}r}{\displaystyle\int_{r_0}^{r_{max}} N(r,t)\,\mathrm{d}r}$, $N(t) = \displaystyle\int_{r_0}^{r_{max}} N(r,t)\,\mathrm{d}r$

令 $\quad C' = 1 + \dfrac{[4\pi D_i N(t)\langle r\rangle + Z_i D_i(\rho_N + \rho_1)]C_i^{eq}}{[4\pi D_v N(t)\langle r\rangle + Z_v D_v(\rho_N + \rho_1)]C_v^{eq}} + \dfrac{4\pi D_i N(t)\langle r\rangle + Z_i D_i(\rho_N + \rho_1)}{k_{iv} C_v^{eq}}$

$$H = 4\frac{4\pi D_i N(t)\langle r\rangle + Z_i D_i(\rho_N + \rho_1)}{k_{iv}[4\pi D_v N(t)\langle r\rangle + Z_v D_v(\rho_N + \rho_1)]}$$

方程(6.73)成为

$$(\Delta C_v)^2 + C_v^{eq} C' \Delta C_v - H\dot{N}_P = 0$$

$$\frac{\Delta C_v}{C_v^{eq}} = \frac{C'}{2}\left\{\left(1 + \frac{4\dot{N}_P H}{(C_v^{eq})^2 C'^2}\right)^{1/2} - 1\right\} \tag{6.74}$$

由此解出空位浓度,代入式(6.72)可以得到间隙原子浓度。式(6.74)获得的空位浓度是在间隙原子和空位都能迁移的情况下的结果。

现在,对上述的速率方程进行鉴定,然后才可以应用上述速率方程于微观结构演化,如辐照肿胀。我们采用两种情况对上述的速率方程进行鉴定:一是在室温下重离子轰击钨,并在常温下用场离子显微镜测量空位的浓度,因为在室温下钨中的空位迁移速率极低(约 10^{-40} cm²/s),空位都被保留了下来;二是采用 C⁺ 离子轰击钨,样品温度为 1 073 K,在这样的温度下空位和

间隙原子都是能迁移的,并且 $\dfrac{\dot{N}_\mathrm{p}H}{C'^2} \gg 1$,同样在室温下用场离子显微镜测量空位浓度,得到该情况下的空位浓度。比较这两种情况的空位浓度实验测量值与速率方程组的理论计算值,以鉴定上述的速率方程组的正确性。

对于第二种情况,并且 $\dfrac{\dot{N}_\mathrm{p}H}{C'^2} \gg 1$, 有

$$\Delta C_\mathrm{v} \approx (\dot{N}_\mathrm{p}H)^{1/2} = \left\{ \frac{\dot{N}_\mathrm{p}}{k_\mathrm{iv}} \frac{4\pi D_\mathrm{i} N(t)\langle r \rangle + Z_\mathrm{i} D_\mathrm{i}(\rho_\mathrm{N} + \rho_\mathrm{l})}{[4\pi D_\mathrm{v} N(t)\langle r \rangle + Z_\mathrm{v} D_\mathrm{v}(\rho_\mathrm{N} + \rho_\mathrm{l})]} \right\}^{1/2} \tag{6.75}$$

一般 $N(t)\langle r \rangle$ 和 $(\rho_\mathrm{N} + \rho_\mathrm{l})$ 正比于照射时间 t,因此上式可以改写为

$$\Delta C_\mathrm{v} = \left\{ \frac{\dot{N}_\mathrm{p}}{k_\mathrm{iv}} \frac{4\pi D_\mathrm{i} \dfrac{N(t)\langle r \rangle}{t} + Z_\mathrm{i} D_\mathrm{i} \dfrac{(\rho_\mathrm{N} + \rho_\mathrm{l})}{t}}{\left[4\pi D_\mathrm{v} \dfrac{N(t)\langle r \rangle}{t} + Z_\mathrm{v} D_\mathrm{v} \dfrac{(\rho_\mathrm{N} + \rho_\mathrm{l})}{t} \right]} \right\}^{1/2}$$

上式表明,对于恒定束流辐照,$C_\mathrm{v} - C_\mathrm{v}^\mathrm{eq}$ 与照射时间 t 无关。Igata 等人用 200 keV C$^+$ 轰击钨,样品温度 800 ℃,根据他们所用的束流强度、能量和钨的物理参数得出 $\dot{N}_\mathrm{p}$, H' 和 C',表明 $\dfrac{\dot{N}_\mathrm{p}H}{C'^2} \gg 1$,由式 (6.75) 得 $C_\mathrm{v} \approx (\dot{N}_\mathrm{p}H)^{1/2} = 2.097 \times 10^{18}$ 个数 $/\mathrm{cm}^3$, 并与辐照时间无关。式 (6.75) 的关系和数值都与 Igata 等人用场离子显微镜测量的空位浓度相一致。

对于第一种情况,室温下空位近于不能迁移,但间隙原子是可迁移的。在室温下对钨进行辐照,$\dfrac{\mathrm{d}C_\mathrm{v}}{\mathrm{d}t}$ 和 $\dfrac{\mathrm{d}C_\mathrm{i}}{\mathrm{d}t}$ 都不等于零,方程组 (6.70) 演化为

$$\frac{\mathrm{d}C_\mathrm{v}}{\mathrm{d}t} = \dot{N}_\mathrm{p} - k_\mathrm{iv} C_\mathrm{v} C_\mathrm{i} \tag{6.76a}$$

$$\frac{\mathrm{d}C_\mathrm{i}}{\mathrm{d}t} = \dot{N}_\mathrm{p} - k_\mathrm{iv} C_\mathrm{v} C_\mathrm{i} - 4\pi D_\mathrm{i} C_\mathrm{i} N(t)\langle r \rangle - Z_\mathrm{i} D_\mathrm{i} C_\mathrm{i}(\rho_\mathrm{N} + \rho_\mathrm{l}) - 4\pi N_\mathrm{p} D_\mathrm{i} C_\mathrm{i} \tag{6.76b}$$

由于尾间密度和分布变化很缓慢,可以假定 $N(t)\langle r \rangle$, $(\rho_\mathrm{N} + \rho_\mathrm{l})$ 和 $R_\mathrm{p} N_\mathrm{p}$ 正比于 t,令 S 为

$$S = [4\pi D_\mathrm{i} N(t)\langle r \rangle + Z_\mathrm{i} D_\mathrm{i}(\rho_\mathrm{N} + \rho_\mathrm{l}) + 4\pi R_\mathrm{p} N_\mathrm{p} D_\mathrm{i}]/t$$

式 (6.76b) 结合了 (6.76a) 和 S 值就演化为

$$\frac{\mathrm{d}C_\mathrm{i}}{\mathrm{d}t} = \frac{\mathrm{d}C_\mathrm{v}}{\mathrm{d}t} - St C_\mathrm{i} \tag{6.77}$$

对式 (6.76a) 和 (6.77) 的解法如下:先拟定一个解,如 C_v 正比于 t,如果得出的结果确实是 C_v 正比于 t,那么设定的解是正确的;如果解出的结果不是正比于 t,也就是与假设的解不一致,则需要修改设定的解,再进行求解,直至设定的解与由此得出的解相一致为止。现在设定 C_v 正比于 t,则微分方程 (6.77) 的解为

$$C_\mathrm{i} = \left(\frac{2}{S} \right)^{1/2} \frac{\mathrm{d}C_\mathrm{v}}{\mathrm{d}t} \mathrm{erfi}\left(\sqrt{\frac{S}{2}}\, t \right) \exp\left(-\frac{t^2}{2}S \right) \tag{6.78}$$

其中, $\mathrm{erfi}\left(\sqrt{\dfrac{S}{2}}\, t \right) = \left(\dfrac{S}{2} \right)^{1/2} \displaystyle\int_0^t \mathrm{e}^{\frac{S}{2}t^2}\mathrm{d}t$,将式 (6.78) 代入式 (6.76a),由于

$$4k_{iv}\left(\frac{2}{S}\right)^{1/2}\frac{dC_v}{dt}\left[\operatorname{erfi}\left(\sqrt{\frac{S}{2}}t\right)\right]\exp\left(-\frac{t^2}{2}S\right)\dot{N}_pt\gg1$$

C_v 的解为

$$C_v=\sqrt{\frac{\dot{N}_pt}{k_{iv}\left(\frac{S}{2}\right)^{1/2}\operatorname{erfi}\left(\sqrt{\frac{S}{2}}t\right)\exp\left(-\frac{t^2}{2}S\right)}} \tag{6.79}$$

当 $\sqrt{\frac{S}{2}}t\gg1$，函数 $\operatorname{erfi}\left(\sqrt{\frac{S}{2}}t\right)\exp\left(-\frac{t^2}{2}S\right)$ 的近似式为 $\sqrt{\frac{1}{2S}}\frac{1}{t}$，将此值代入式(6.79)得到 C_v 的解为

$$C_v=t\left(\frac{\dot{N}_pS}{k_{iv}}\right)^{1/2} \tag{6.79'}$$

这个解与假设的 C_v 正比于 t 的猜想解是一致的，因此(6.79′)的解是正确的。C_v 随剂量增加而线性地增长。为鉴定该模型，用 750 MeV 质子对室温下的钨进行照射，并用场离子显微镜测量空位浓度，其结果表示在表 6.3 中。它们表明：①计算的贫原子区的浓度和平均尺寸与实验结果一致；②空位浓度与辐照剂量的关系和数值都与实验结果一致。这都表明上述的速率方程是正确的，可以进行下一步的计算。

表 6.3 贫原子区浓度、平均直径和空位浓度的理论计算值和观察值

质子束流强/($\text{cm}^{-2}\cdot\text{s}^{-1}$)	3.9×10^{13}	2.5×10^{13}	1.1×10^{13}
总剂量/cm^{-2}	9.9×10^{19}	6.2×10^{19}	8.9×10^{18}
贫原子区浓度观察值/cm^{-3}	4.1×10^{17}	2.5×10^{17}	5.0×10^{16}
贫原子区浓度计算值/cm^{-3}①	9.825×10^{17}	5.731×10^{17}	6.022×10^{16}
贫原子区平均直径观察值/nm	26	34	36
贫原子区平均直径计算值/Å①	26.6	30.4	32
空位浓度观察值	7.9×10^{-3}	3.5×10^{-3}	0.9×10^{-3}
空位浓度计算值	2.8×10^{-3}	1.9×10^{-3}	0.3×10^{-3}

注：①高能质子与点阵原子发生碰撞属于卢瑟福散射，能量在 $[E_2,E_2+dE_2]$ 的初级离位原子浓度 dN_p 为

$$dN_p=N\phi_p\cdot\frac{4\pi a_B^2Z_1^2Z_2^2E_R^2M_1}{M_2E_1}\frac{dE_2}{E_2^2}$$

式中，a_B 是点阵原子，E_R 是雷德堡能量 (e^2/a_B，13.6 eV)，Z_1，Z_2 和 M_1，M_2 分别是入射粒子和点阵原子的原子序数和质量，E_1 和 E_2 分别是入射粒子能量和传递给点阵原子的能量，N 是点阵原子密度，ϕ_p 是粒子束流。当假定级联碰撞区的大小正比于投影射程 R_p，初级离位原子的能量在 $[10\text{ keV},10\text{ MeV}]$ 范围内，投影射程服从能量的幂次方的关系，$R_p=A_pE^\mu$，A_p 是射程深度的比例系数，μ 是 0.5 左右的参数。将 E_2 改写为投影射程 R_p 的关系，代入到上式，得出

$$dN_p=N\phi_p\cdot\frac{4\pi a_B^2Z_1^2Z_2^2E_R^2M_1}{M_2E_1}\cdot\frac{1}{\mu}\cdot\left(\frac{R_p}{A_p}\right)^{-\left(\frac{1}{\mu}+1\right)}\frac{dR_p}{A_p}$$

6.5　空位团、间隙原子团的形核和生长过程

6.3 节的内容致力于确立辐照材料中所呈现的各种基本过程动力学的速率常数,这些单步骤的基本过程可以同时出现在固体中产生更复杂的过程。这种复杂过程表现为可观察的空洞(气泡)、间隙位错环和肿胀,其中最主要的复杂过程是空洞(或气泡)、间隙原子团的成核和长大。事实上,成核和长大并不是截然不同的现象,而是属于辐照期间空洞(或气泡)、间隙原子位错环分布函数演变中的两个不同阶段。在许多情况下,将成核和长大当作两个互相分开的阶段来看待是可能的,虽然它们之间并没有明显的界限。利用这种方法可使分析大大简化,因为某一基本过程在成核阶段中是重要的,但在空洞(或气泡)长大阶段它并不重要,反之亦然。

成核是指形成足以稳定生存下来并能最终长大成可观察到的空洞(或气泡)和间隙原子位错环。由于嬗变氦在热力学上不能溶解于固体内,并且在固体内这种小气体原子团的结合能很大,稳定的气体原子团很可能是不大于 2~4 个气体原子构成的。特别是贫原子区(或其他缺陷)对于单个气体原子束缚力较强(或者由于其他原因,这些缺陷特别有利于形成气泡),捕获气体而成气泡(或气孔)核,这类成核称作非均匀成核。而气体在固体内自由迁移并与其他气体原子相遇形成稳定的气体原子团,这种过程称作均匀成核。间隙原子可以通过均匀成核的过程均匀形核,亦可以被杂质原子捕获而形成非均匀成核。以下我们以 14 MeV中子辐照为例,它具有足够的贫原子区和相当数量的嬗变氦原子和嬗变杂质原子来描述成核过程。

6.5.1　空位团、间隙原子团的形核

嬗变氦原子能稳定贫原子区和空位团演化为气孔(或气泡)核。假定两个氦原子与空位团构成气孔(或气泡)核,随后的空位和氦原子迁移到这些气孔(或气泡)核都称为长大过程。嬗变氦原子与贫原子区、空位团相互作用成核有以下四种情况。

(1)级联碰撞区与点阵中氦原子相遇,氦原子直接稳定贫原子区形成亚气泡核,设其浓度为 $N_{cl}(t)$,当另一个氦原子迁移到亚气泡核就形成气泡核,应用混合律速率常数(见式(6.67)),其形核率为 $q_1(t)$,有

$$q_1(t) = \frac{4\pi R_1 D_g}{1 + a_0/R_1} N_{cl}(t) C_g^m(t) \tag{6.80}$$

式中,R_1 是亚气泡核的半径;D_g 是氦原子的扩散系数;a_0 是晶格常数;$C_g^m(t)$ 是 t 时刻在晶格中的氦原子浓度,由单位体积中可迁移的氦原子总额减去气泡内包含的可迁移的氦原子数,即

$$C_g^m(t) = \theta \dot{N}_{He} t - \int_{r_0}^{r_{max}} N(r,t)\,dr\left[n(r) - \frac{q_4(t)}{q_1(t) + q_2(t) + q_3(t) + q_4(t)} \right] \tag{6.81}$$

式中,$\dot{N}_{He}$ 是嬗变氦的产生率;θ 是嬗变氦成为晶格中可移动的氦原子份额。$(1 - \theta)\dot{N}_{He}t$ 是嬗变氦为自身级联区所俘获成为不可移动的氦气泡浓度。$N(r,t)dr$ 是气泡在 $(r, r + dr)$ 范围内的浓度,r_0 是气泡核的半径,r_{max} 是最大气泡的半径。q_2, q_3, q_4 是将在下面叙述的三种形核率。$n(r)$ 是半径 r 的气泡所包含的氦原子数,且有

$$n(r) = (4\pi/3) r^3 N_A / [f_1(T) p^{-1/3} + f_2(T) p^{-2/3} + f_3(T) p^{-1}]$$

$$f_1(T) = 22.575 + 0.006\ 465\ 5T - 7.264\ 5T^{-1/2}$$

$$f_2(T) = -12.483 - 0.024\ 549T \tag{6.82}$$

$$f_3(T) = 1.059\ 6 + 0.106\ 04T - 19.641T^{-1/2} + 189.84T^{-1}$$

式中，$p(r)$ 是气泡中气体的压力，当气泡内的压力与表面张力相平衡时，$p(r) = 2\gamma/r$，γ 是材料的表面张量；T 是材料的温度（K）；N_A 是阿伏伽德罗常数。$N_{c1}(t)$ 由以下方程所确定：

$$\frac{dN_{c1}(t)}{dt} = v_B(t)(1 - \beta)\frac{4}{3}\pi R_d^3 C_g^m(t)\dot{N}_d - \frac{4\pi R_1 D_g}{1 + a_0/R_1} N_{c1}(t) C_g^m(t) \tag{6.83}$$

即在 $(t, t + dt)$ 时间内单位体积亚气泡核 $N_{c1}(t)$ 的变化率等于氦原子与 $(t, t + dt)$ 时间内产生的级联碰撞区相遇形成亚气泡核的产生率减去氦原子迁移到亚气泡核的气泡成核率。式中 $\dot{N}_d$ 和 R_d 分别是单位体积级联碰撞区的产生率和级联碰撞区的平均半径，$\frac{4}{3}\pi R_d^3 \dot{N}_d C_g^m(t)$ 是单位体积中氦原子与级联碰撞区的相遇率；β 是氦原子在级联碰撞中被逐出的概率，$(1 - \beta)$ 是氦原子留在级联碰撞区内的概率；v_B 是单位体积中除气泡及其影响区之外的区域体积。假如氦原子和已经存在的气泡及其影响区相遇，仅影响这气泡，不形成新核，所以有

$$v_B = 1 - \int_{r_0}^{r_{max}} N(r, t) \cdot \frac{4}{3}\pi(r + i_f)^3 dr \tag{6.84}$$

式中，i_f 是影响区的尺度。

（2）当级联碰撞区未与氦原子相遇，平均地演化为 α 个空位团，空位团浓度 $N_c(t)$ 的变化率等于产生率减去氦原子扩散进空位团形成亚气泡核的产生率；亚气泡核的浓度 $N_{c2}(t)$ 变化率等于亚气泡的产生率减去氦原子扩散到亚气泡核 $N_{c2}(t)$ 形成气泡的成核率 q_2，有

$$q_2(t) = \frac{4\pi R_1 D_g}{1 + a_0/R_1} N_{c2}(t) C_g^m(t) \tag{6.85a}$$

$$\frac{dN_{c2}(t)}{dt} = \frac{4\pi R_1 D_g}{1 + a_0/R_1} N_c(t) C_g^m(t) - \frac{4\pi R_1 D_g}{1 + a_0/R_1} N_{c2}(t) C_g^m(t) \tag{6.85b}$$

$$\frac{dN_c(t)}{dt} = \alpha \dot{N}_d \left[1 - v_B(t)(1 - \beta)\frac{4}{3}\pi R_d^3 C_g^m(t) \right] - \frac{4\pi R_1 D_g}{1 + a_0/R_1} N_c(t) C_g^m(t) \tag{6.85c}$$

（3）点阵中氦原子迁移与氦原子相遇的均匀形核率 $q_3(t)$ 是 [类似于式（6.14′）和（6.15）]：

$$q_3(t) = \frac{z_{li}\Omega D_g}{a_0^2} [C_g^m(t)]^2 \tag{6.86}$$

式中，z_{li} 是 He – He 原子对的配位数；Ω 是点阵原子体积。

（4）嬗变的氦具有相当的能量，可以形成级联碰撞，如果氦原子被它自身的级联碰撞区所俘获，形成亚气泡核，为区别于第一种成核过程中的亚气泡核，我们称它为不动的氦原子。当点阵中氦原子迁移与不动的氦原子相遇，形成气泡核，其成核率 $q_4(t)$ 为

$$q_4(t) = \frac{4\pi R_1 D_g}{1 + a_0/R_1} N_{c4}(t) C_g^m(t) \tag{6.87a}$$

式中，$N_{c4}(t)$ 是单位时间内嬗变氦产生的级联碰撞区并被其自身的贫原子区俘获形成的亚气泡核的产生速率，且有

$$\frac{dN_{c4}(t)}{dt} = (1 - \theta)\dot{N}_{He} v_B - \frac{4\pi R_1 D_g}{1 + a_0/R_1} N_{c4}(t) C_g^m(t) \tag{6.87b}$$

式中，$N_{c4}(t)$ 亦称作是在 t 时刻不能迁移的氦原子浓度；θ 是嬗变氦逃逸出其自身的级联碰撞区的概率；$\dot{N}_{He}$ 是嬗变氦的产生率。

由于以上四种成核过程都是互相独立的，所以总的气泡形核率 $q(t)$ 就等于上面四个成核率之和，即

$$q(t) = q_1(t) + q_2(t) + q_3(t) + q_4(t) \tag{6.88}$$

间隙原子团的形核，我们有一个基本假定：对于 fcc 晶格结构，在(111)面上聚集三个间隙原子，密排成一个平面三角形的间隙原子团，称之为间隙原子团的核。这种间隙原子团核的结构，原子间的结合力强，对周围的弹性能低，是比较稳定的。当其他间隙原子进入这原子团核，都归结为间隙原子团的长大。实际上，从统计热力学的角度来说，辐照中过饱和的间隙原子浓度，在 fcc 点阵中优先在(111)面上形成密排的间隙原子团，亦可以看成间隙原子位错环。虽然间隙原子团的成核长大没有明显的界线，为了分析上的简便，在此基础上可以用非平衡态演化方程式来描述间隙原子团的形核长大过程，比较符合实际情况。

但有两种情况，一是有丰富的嬗变原子(杂质)，间隙原子很容易被嬗变原子(杂质)所俘获，形成杂质原子 – 间隙原子对，其浓度标为 N_{lc1}。当间隙原子迁移到与杂质 – 间隙原子对相遇，形成亚间隙原子团，其浓度标为 N_{lc2}。在间隙原子迁移到与亚间隙原子团相遇，则形成间隙原子团核。因此，形核率 $q_1(t)$ 为

$$q_1(t) = \frac{4\pi R_{im2} D_i}{1 + a_0/R_{im2}} N_{lc2}(t) C_i(t) \tag{6.89a}$$

其中亚间隙原子团的浓度 $N_{lc2}(t)$ 由下式确定：

$$\frac{dN_{lc2}(t)}{dt} = \frac{4\pi R_{im1} D_i}{1 + a_0/R_{im1}} N_{lc1}(t) C_i - \frac{4\pi R_{im2} D_i}{1 + a_0/R_{im2}} N_{lc2}(t) C_i \tag{6.89b}$$

杂质原子 – 间隙原子对浓度 N_{lc1} 的产生率是间隙原子与杂质相遇的反应速率减去亚间隙原子团的产生率：

$$\frac{dN_{lc1}(t)}{dt} = \frac{4\pi R_{im} D_i}{1 + a_0/R_{im}} N_{im}(t) C_i - \frac{4\pi R_{im1} D_i}{1 + a_0/R_{im1}} N_{lc1}(t) C_i \tag{6.89c}$$

嬗变杂质浓度 C_{im} 的变化率是嬗变元素的产生率 $\dot{N}_{Mg}$ 减去间隙原子迁移被杂质原子俘获的速率：

$$\frac{dC_{im}}{dt} = \dot{N}_{Mg} - \frac{4\pi R_{im} D_i}{1 + a_0/R_{im}} C_{im}(t) C_i \tag{6.89d}$$

式中，R_{im}，R_{im1}，R_{im2} 分别是杂质原子、杂质原子 – 间隙原子对和亚间隙原子团的作用区半径；D_i 是间隙原子扩散系数；C_i 是间隙原子浓度；$\dot{N}_{Mg}$ 是嬗变原子产生率。

第二种情况是没有杂质原子，间隙原子之间相遇形成间隙原子对，其浓度标为 C_{2i}。当间隙原子迁移与间隙原子对相遇就形成间隙原子团的核，其形核率 $q_1(t)$ 是

$$q_1(t) = \frac{4\pi R_{i2} D_i}{1 + a_0/R_{i2}} C_{2i}(t) C_i(t) \tag{6.90a}$$

间隙原子对浓度的变化率等于间隙原子对的生成速率减去间隙原子迁移与间隙原子对相互作用形成间隙原子团核的速率：

$$\frac{dC_{i2}(t)}{dt} = \frac{z_{ii}\Omega D_i}{a_0^2} C_i^2(t) - \frac{4\pi R_{i2} D_i}{1 + a_0/R_{i2}} C_{2i}(t) C_i \tag{6.90b}$$

其中 z_{ii} 是间隙原子对的配位数,见式(6.13)。

6.5.2 空洞(或气泡)和间隙原子位错环的长大方程式

空洞(或气泡)和间隙原子位错环的长大函数定义为空洞(或气泡)和间隙原子位错环准稳态的长大速率 $K(r,t)$ 和 $K_1(r,t)$(r 在 $N(r,t)$,$K(r,t)$ 中表示气泡半径;而在 $N_1(r,t)$,$K_1(r,t)$ 中表示间隙原子团或位错环半径)。气泡长大函数由两部分组成,一是空位流进气泡引起的长大,间隙原子流进气泡引起收缩;二是气体原子迁移进气泡引起的长大。对于恒定束流或中子通量辐照,在点阵中形成过饱和空位浓度 C_v 和间隙原子浓度 C_i,空位扩散到空洞(或气泡)并为空洞(或气泡)所吸收的吸收率为 $-4\pi R^2 J$,R 是空洞(或气泡)半径,J 是空位(或间隙原子)在空洞(或气泡)的表面流量,对于空位,$J = -D_v \left(\dfrac{\partial C_v}{\partial r} \right) \Big|_R$。根据方程式(6.36)有

$$-4\pi R^2 J = 4\pi R D_v [C_v - C_{vR}]$$

式中,C_{vR} 是空洞(或气泡)表面的空位浓度,同样间隙原子扩散到空洞(或气泡)的吸收率为

$$4\pi R D_i [C_i - C_{iR}]$$

空洞(或气泡)中空位净增加率为

$$4\pi R D_v [C_v - C_{vR}] - 4\pi R D_i [C_i - C_{iR}]$$

其体积净增率为

$$4\pi R \Omega [D_v (C_v - C_{vR}) - D_i (C_i - C_{iR})]$$

对于球形空洞(或气泡)体积增长率可以表达为使空洞(或气泡)半径长大的速率,即 $\dfrac{\mathrm{d}}{\mathrm{d}t} \left[\dfrac{4}{3} \pi R^3 \right] = 4\pi R^2 \dfrac{\mathrm{d}R}{\mathrm{d}t}$。这时的 R 是时间的函数,用变量 r 来代替,所以空洞(或气泡)长大速率为

$$\frac{\mathrm{d}r}{\mathrm{d}t} = \frac{\Omega}{r} [D_v (C_v - C_{vr}) - D_i (C_i - C_{ir})] \tag{6.91a}$$

根据(6.67)所表示的混合率的速率常数,空洞(或气泡)长大速率为

$$\frac{\mathrm{d}r}{\mathrm{d}t} = \frac{\Omega}{r \left(1 + \dfrac{a_0}{r} \right)} [D_v (C_v - C_{vr}) - D_i (C_i - C_{ir})] \tag{6.91b}$$

其中空洞(或气泡)表面的空位浓度和间隙原子浓度 C_{vr},C_{vi} 分别为

$$C_{vr} = C_v^{eq} \exp \left[- \left(p - \frac{2\gamma}{r} \right) \right] \frac{\Omega}{kT} \approx C_v^{eq} \left[1 - \left(p - \frac{2\gamma}{r} \right) \frac{\Omega}{RT} \right] \tag{6.92a}$$

$$C_{vi} = C_i^{eq} \exp \left(p - \frac{2\gamma}{r} \right) \frac{\Omega}{RT} \approx C_i^{eq} \left[1 + \left(p - \frac{2\gamma}{r} \right) \frac{\Omega}{kT} \right] \tag{6.92b}$$

将(6.92a)和(6.92b)代入(6.91b)得到

$$\frac{\mathrm{d}r}{\mathrm{d}t} = \frac{\Omega}{r + a_0} \left[D_v (C_v - C_v^{eq}) - D_i (C_i - C_i^{eq}) + \frac{\Omega}{kT} \left(p - \frac{2\gamma}{r} \right) (D_v C_v^{eq} + D_i C_i^{eq}) \right] \tag{6.92}$$

将式(6.72′)的 $(C_i - C_i^{eq})$ 与 $(C_v - C_i^{eq})$ 的关系式代进去,得到

$$\frac{\mathrm{d}r}{\mathrm{d}t} = \frac{\Omega}{r + a_0} \left\{ D_v \left[1 - \frac{4\pi \langle r \rangle N(t) + Z_v (P_N + P_1)}{4\pi \langle r \rangle N(t) + Z_i (P_N + P_1)} \right] (C_v - C_v^{eq}) + \frac{\Omega}{kT} \left(P - \frac{2\gamma}{r} \right) (D_v C_v^{eq} + D_i C_i^{eq}) \right\}$$

$$\tag{6.93}$$

式(6.93)右边的第一项是过饱和空位浓度引起的生长率;而第二项是应力不平衡引起的生长率。

实际上,在辐照的材料中没有纯粹的空洞,一是由于材料中有残留的气体,在辐照下残留的气体与贫原子区和过饱和空位浓度的相互作用,形成有气体的空洞;二是总有嬗变气体的存在,与空洞的相互作用亦是带有气体的空洞。因此空洞是带有气体的空洞,空洞与气泡的差别只是气孔内的气体多少的差别。对于聚变中子辐照,嬗变气体量很大,基本上属于气泡状态。对于晶格中有气体迁移,它们扩散到空洞(或气泡)中的速率类似于式(6.67),只是点缺陷由气体原子所代替,得到

$$4\pi r D_g C_g \frac{1}{1 + a_0/r}$$

式中,D_g 是气体扩散系数;C_g 是气体浓度。如果每个气体原子有 v 个空位,其体积变化率为

$$4\pi r D_g C_g \frac{v\Omega}{1 + a_0/r}$$

气体原子扩散引起空洞(或气泡)的生长率为

$$\left(\frac{dr}{dt}\right)_g = \frac{4\pi r D_g C_g}{4\pi r^2} \frac{v\Omega}{1 + a_0/r} = \frac{D_g C_g v\Omega}{r + a_0} \tag{6.94}$$

因此空洞(或气泡)的生长速率为

$$\frac{dr}{dt} = \frac{\Omega}{r + a_0} \left\{ D_v \left[1 - \frac{4\pi \langle r \rangle N(t) + Z_v(p_N + p_1)}{4\pi \langle r \rangle N(t) + Z_i(p_N + p_1)} \right] (C_v - C_v^{eq}) + \right.$$

$$\left. \frac{\Omega}{RT}\left(p - \frac{2\gamma}{r}\right)(D_v C_v^{eq} + D_i C_i^{eq}) + D_g C_g v\Omega \right\} \tag{6.95}$$

空洞不引起晶格畸变,并不直接引起体积变化。

在辐照情况下,产生的是 Frenkel 对,如果有过量的空位进入空洞(或气泡),就必定有相等量的间隙原子进入位错和位错环,因此进入空洞(或气泡)的空位净流量,必定有等量的间隙原子净流量进入位错网络和间隙原子位错环。位错环将引起晶格畸变,导致肿胀。因此空洞(或气泡)长大,相应地就有间隙原子位错环的长大,增长肿胀,亦就是空洞中的原子转移到间隙原子位错环上,导致肿胀。

相似于式(6.59),每秒流进单位长度位错环的间隙原子数目为

$$D_i Z_i (C_i - C_{id})$$

半径为 r 的位错环的位错密度为

$$2\pi r N_1(r,t)\,dr = \rho_1(r,t)$$

每秒流进位错环的间隙原子数目为

$$D_i Z_i \rho_1(r,t)(C_i - C_{id})$$

按照式(6.59),每秒流进位错圈的空位数目为

$$D_v Z_v \rho_1(r,t)(C_v - C_{vd})$$

对于半径为 $[r, r+dr]$ 位错环的间隙原子净增率为

$$\rho_1(r,t)\left[D_i Z_i (C_i - C_{id}) - D_v Z_v (C_v - C_{vd}) \right]$$

由于间隙原子的净增率引起位错环的生长率为

$$N_1(r,t)\,dr\,\frac{d}{dt}\left(\frac{\pi r^2}{A_0}\right)_1$$

式中,A_0 是位错环的原子面上每个间隙原子所占的面积,且有

$$\frac{2\pi r N_1(r,t)\mathrm{d}r}{A_0}\frac{\mathrm{d}r}{\mathrm{d}t} = \rho_1(r,t)\big[D_iZ_i(C_i - C_{id}) - D_vZ_v(C_v - C_{vd})\big]$$

位错环的生长率为

$$\begin{aligned}
\frac{\mathrm{d}r}{\mathrm{d}t}\Big|_1 &= A_0\big[D_iZ_i(C_i - C_i^{eq}) - D_vZ_v(C_v - C_v^{eq}) + D_iZ_i(C_i^{eq} - C_{id}) - D_vZ_v(C_v^{eq} - C_{vd})\big]\\
&= A_0\big[D_iZ_i(C_i - C_i^{eq}) - D_vZ_v(C_v - C_v^{eq}) + D_iZ_i(C_i^{eq} - C_{id}) - D_vZ_v(C_v^{eq} - C_{vd})\big]
\end{aligned}$$

$$(6.96\text{a})$$

令

$$A = A_0\big[D_iZ_i(C_i - C_i^{eq}) - D_vZ_v(C_v - C_v^{eq})\big]$$

$$B = A_0\big[D_iZ_i(C_i^{eq} - C_{id}) - D_vZ_v(C_v^{eq} - C_{vd})\big]$$

$$\left(\frac{\mathrm{d}r}{\mathrm{d}t}\right)_1 = A + B \tag{6.96b}$$

式中，A 是过饱和点缺陷所引起的位错环生长率；B 是非辐照的热平衡态下位错环生长率。一般 B 项较小，辐照肿胀主要是 A 项的作用。将式 $(6.72')$ 的 $(C_i - C_i^{eq})$ 与 $(C_v - C_i^{eq})$ 的关系式代入上式，得到

$$\begin{aligned}
A &= A_0\Big[D_iZ_i - D_vZ_v\frac{4\pi D_i\langle r\rangle N(t) + D_iZ_i(\rho_N + \rho_1)}{4\pi D_v\langle r\rangle N(t) + D_vZ_v(\rho_N + \rho_1)}\Big](C_i - C_i^{eq})\\
&= A_0\Big(\frac{Z_i}{Z_v} - 1\Big)\frac{4\pi\langle r\rangle N(t)/(\rho_N + \rho_1)}{1 + \dfrac{1}{Z_v}\dfrac{4\pi\langle r\rangle N(t)}{\rho_N + \rho_1}}D_i(C_i - C_i^{eq})
\end{aligned} \tag{6.97}$$

位错环的生长随位错对间隙原子和空位的俘获效率因子的比值 Z_i/Z_v 的增大而增加，原因如下，第一，在间隙原子周围有应力场，增强了与位错应力场的相互作用，使位错俘获间隙原子效能大于对空位俘获效率，$Z_i > Z_v$，亦就是位错俘获间隙原子数目大于对空位俘获数目，使间隙位错长大，产生肿胀。第二，由于位错（包括间隙位错环）对间隙原子有较强的俘获效率因子，所以间隙原子浓度越高，辐照肿胀越严重，如式 (6.97) 所示，正比于间隙原子浓度。第三，辐照肿胀随空洞（或气泡）的源强度与位错密度的比值增加而增加，其结果表示在图 6.16 中，即在式 (6.97) 中有一个重要因子：

$$\frac{4\pi\langle r\rangle N(t)}{(\rho_N + \rho_1)} \tag{6.98}$$

它对辐照肿胀起着关键作用。

①辐照初期，空洞（或气泡）尚处在形核和生长初期，空洞（或气泡）直径尺寸小，虽然间隙原子可以被位错所俘获，但是空位进入空洞（或气泡）的概率很小，它们只能与间隙原子复合和流向位错，使流入位错的间隙原子的净流量很小，位错长大速率很低，相应地空洞（或气泡）直径尺寸增长很慢，所以 $\dfrac{4\pi\langle r\rangle N(t)}{(\rho_N + \rho_1)} \ll 1$，$A$ 值很小，辐照肿胀很小，而且辐照肿胀速率小得难以测量，这就是辐照肿胀的孕育期。

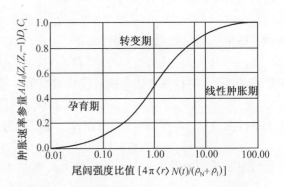

图 6.16　肿胀速率参量 $A/A_0(Z_i/Z_v - 1)D_iC_i$ 与尾间强度比值 $[4\pi\langle r\rangle N(t)/(\rho_N + \rho_1)]$ 间的关系

②当辐照到一定剂量后,空洞(或气泡)核和间隙原子团核很快达到饱和,而后它们逐步长大,当 $\dfrac{4\pi\langle r\rangle N(t)}{(\rho_N+\rho_1)}>0.01$,也就是说空洞(或气泡)长大到能使空位进入空洞(或气泡)的概率增加,亦就是空洞(或气泡)长大到对空位有相当的俘获能力,这时间隙原子被位错所俘获的数量亦相应地增加,辐照肿胀速率达到可被观察的程度,而且 A 值随 $\dfrac{4\pi\langle r\rangle N(t)}{(\rho_N+\rho_1)}$ 增加而增加,这是辐照肿胀的转变期,肿胀速率越来越大。但是按照式(6.98),增加 ρ_N,即增大位错网络密度,就可以推迟辐照肿胀转变期,亦就是说,增加材料的冷加工度,可以推迟辐照肿胀。这点为不锈钢辐照实验所证实,冷加工态不锈钢增长辐照肿胀孕育期。

③当 $\dfrac{4\pi\langle r\rangle N(t)}{(\rho_N+\rho_1)}>10$,$A$ 值维持在高水平的恒定值,肿胀速率是常数,这就是线性肿胀期,关键因素是空洞(或气泡)尾间强度与位错密度的比值。

同样肿胀速率与温度的关系亦决定了肿胀与温度的关系,它表明在图 6.17 中,并且由

$$\left(\frac{\mathrm{d}A}{\mathrm{d}T}\right)_{T=T_{em}}=0$$

的条件,可以导出最高辐照肿胀的温度 T_{em} 与其他物理量和参数的关系。对于不锈钢、铝和钼,代入相应的物理量和参数,得出相应的最高辐照肿胀的温度,它们分别是 550 ℃,116.5 ℃ 和 1 100 ℃,这些结果都与实验结果一致。这表明以上的速率方程和生长函数方程的结果都是正确的。

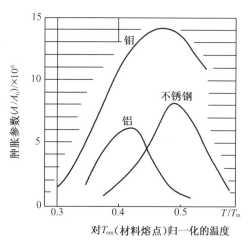

图 6.17　对铝、不锈钢和钼三种材料的辐照肿胀与辐照温度关系

6.6　气泡的重溶

在核燃料中,处于气泡中的裂变气体原子由于辐照而重新返回到基体内的现象叫作重溶。由于重溶使处于气泡中的气体原子的份额减少,而使以原子形式弥散在基体中的气体份额增加,因此重溶起着减轻肿胀的作用。但是重溶将使气体的释放量增加,这是因为气体原子通过由固体内扩散到固体表面的各种机理使它们有可能释放出去。由于辐照的阻碍作用使气体原子不能全部沉积于气泡内,所以在固体中呈现出不等于零的溶解度。这种类型的溶解度称为动力学溶解度,以便同裂变气体在燃料材料内的热力学平衡溶解度(其数值基本上为零)加以区别。如果在分析裂变气体行为时考虑重溶现象,那么需要定量地描述气泡内气体原子返回到基体中的速率。这个速率与所存在的裂变气体原子数和裂变率呈线性关系,也与高能粒子和气泡中的气体原子相互作用的物理状态有关。以下将推导重溶过程的速率公式,亦将讨论重溶与其他过程(诸如成核或气泡长大)的联系。

以往提出过几种表示重溶过程的物理图像。Ross 提出的模型将重溶归因于气泡周围所出现的热峰。热峰是裂变碎片慢化期间在其径迹上由于使局部固体剧烈的加热而产生一个高温区域,在这区域中基体原子与受到影响的气泡中的裂变气体原子完全混合,当高温区域

冷却和温度下降之后,认为气体原子以原子形式弥散的粒子凝结在固体中。Whapham 提出了一种机理:裂变碎片掠气泡之侧通过时,将气泡该侧处的一些材料打散,而被打散了的材料沉积在气泡的另一侧。气泡中的某些气体原子可能被捕陷在沉积材料的里面,这样就使气泡中的气体原子返回到基体中去。Blank 和 Matzke 研究了裂变碎片的热峰所产生的压力脉冲的特性,并导出了气泡被摧毁的条件。

Turnbull 认为,每当裂变碎片穿过气泡时,气泡将完全被摧毁(即气泡内的所有气体原子都被弥散到基体中)。这个模型可借助于图 6.18 以解析的形式表示出来。假定固体内含有 C_m 气泡/cm³,每个气泡由 m 个气体原子所组成,气泡的半径 R

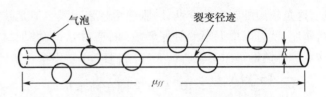

图 6.18　Turnbull 模型的重溶参数图形

与气体原子数 m 之间的关系采用范德瓦耳斯分子方程:

$$m = \frac{4\pi R^3/3}{B + (kT/2\gamma)R} \tag{6.99}$$

式中 B 是范德瓦耳斯参数,通常取作气体原子体积。式(6.99)有两种极限情况:

$$m = \frac{4\pi R^3/3}{B} \qquad (\text{对于 } R < 10 \text{ Å}) \tag{6.100a}$$

$$m = \left(\frac{4\pi R^2}{3}\right) \cdot \frac{2\gamma}{kT} \qquad (\text{对于 } R > 1\,000 \text{ Å}) \tag{6.100b}$$

对于小气泡半径,R 与气体原子数 m 的关系由式(6.100a)表示,裂变碎片从诞生时的能量起,在慢化过程中所穿过的距离用 μ_{ff} 表示,在多数核燃料中,其数值大约为 6 μm(60 000 nm)。Turnbull 认为被碎片碰着的所有气泡都将被摧毁,这样在 $\pi R^2 \mu_{ff}$ 体积中存在的所有的气泡都被碎片碰撞,从而使气体原子重新弥散开来。环绕着裂变碎片径迹的圆柱状碰撞体积内含有 $\pi R^2 \mu_{ff} C_m$ 个气泡,由于在单位时间单位体积内产生 $2\dot{F}$ 个裂变碎片,因此重溶速率由下式给出:

$$\text{被摧毁的气泡数目}/(\text{cm}^3 \cdot \text{s}) = b' C_m \tag{6.101}$$

式中

$$b' = 2\pi R^2 \mu_{ff} \dot{F} \tag{6.102}$$

是燃料内一个气泡在 1 s 内被摧毁的概率,b' 也叫作重溶参数。

Ross,Whapham,Turnbull 和 Blank 所提出的各种重溶机理具有下述共同特点:气泡将被一个裂变碎片部分地或全部地摧毁。这些机理是以宏观模型来描述的。另一方面,Nelson 和 Manley 提出了另一些模型,在这些模型中重溶是以气体原子被驱逐进固体,而不是整体地将气泡摧毁,这是重溶过程的微观模型。以下是 Nelson 关于由裂变碎片引起气泡重溶的推导。

在燃料内,裂变碎片的总通量是每秒内穿过截面为单位面积的球的裂变碎片的数目(这是任一种粒子总通量的定义)。讨论距单位球为 x 处的一个微分体积元 $\mathrm{d}V$(x 必须小于裂变碎片的射程)。在 $\mathrm{d}V$ 体积内裂变碎片的产生速率是 $2\dot{F}\mathrm{d}V$,它们的角分布是各向同性的,因此在 $\mathrm{d}V$ 内所产生的裂变碎片穿过该单位球的概率等于单位球相对于 $\mathrm{d}V$ 处所张的立体角,或等于 $1/4\pi x^2$。在整个半径为 μ_{ff} 且单位球在其中心的球范围内进行积分就可以得到总通量,

因此

$$\text{裂变碎片的总通量} = \int_{\text{半径为}\mu_{\text{ff}}\text{的球}} \frac{2\dot{F}\mathrm{d}V}{4\pi x^2}$$

或者取 $\mathrm{d}V = 4\pi x^2 \mathrm{d}x$，则裂变碎片的总通量是 $2\dot{F}\mu_{\text{ff}}$。

裂变碎片通量的能谱用 $\phi(E_{\text{ff}})$ 来表示，其中 E_{ff} 是裂变碎片在其慢化过程中某一点处的能量。这些裂变碎片的能量处于初始能量（$E_{\text{ff}}^{\max} = 67$ MeV，对重裂变碎片而言）到零之间且为均匀分布的。因此，裂变碎片的通量谱是

$$\phi(E_{\text{ff}})\mathrm{d}E_{\text{ff}} = 2\dot{F}\mu_{\text{ff}} \frac{\mathrm{d}E_{\text{ff}}}{E_{\max\text{ff}}} \tag{6.103}$$

假定裂变碎片 – 气体原子的相互作用是库仑碰撞，能量为 E_{ff} 的裂变碎片传递给具有等同质量、等同电荷数的静止气体原子的能量处于 T 到 $T + \mathrm{d}T$ 范围内的截面是

$$\sigma(E_{\text{ff}}, T)\mathrm{d}T = \frac{\pi Z^4 e^4 \mathrm{d}T}{E_{\text{ff}} T^2} \tag{6.104}$$

式中，Z 是气体原子（或裂变碎片）的原子序数；e 是电子电荷。由于假定裂变碎片和气泡中气体原子的质量是相等的，因此在碰撞中所能传递的最大能量等于裂变碎片的能量。设 $T_{\min}$ 是使被碰撞气体原子弥散所需要的最小能量，那么传递能量超过 $T_{\min}$ 的截面由下式给出：

$$\sigma(E_{\text{ff}}, T_{\min}) = \int_{T_{\min}}^{E_{\text{ff}}} \sigma(E_{\text{ff}}, T)\mathrm{d}T$$

或者利用方程（6.104），并且相对于 $1/T_{\min}$ 来说，可将 $1/E_{\text{ff}}$ 忽略不计，于是得到下述截面公式：

$$\sigma(E_{\text{ff}}, T_{\min}) = \frac{\pi Z^4 e^4}{E_{\text{ff}} T_{\min}} \tag{6.105}$$

在正碰撞中，为了使一个气体原子重新溶解，裂变碎片必须具有的最小能量是 $T_{\min}$。传输给气泡内气体原子的能量大于 $T_{\min}$ 的总碰撞速率是

$$\text{碰撞数}/(\text{秒} \cdot \text{气泡}) = m\int_{T_{\min}}^{E_{\text{ff}}^{\max}} \phi(E_{\text{ff}})\sigma(E_{\text{ff}}, T_{\min})\mathrm{d}E_{\text{ff}}$$

将该式除以 m 就给出 b，即气泡内气体原子在 1 s 内通过同裂变碎片发生库仑碰撞而接受能量大于 $T_{\min}$ 的概率。利用式（6.103）和（6.105）所分别给出的通量谱和截面，得出重溶参数为

$$b = \int_{T_{\min}}^{E_{\text{ff}}^{\max}} \phi E_{\text{ff}} \sigma(E_{\text{ff}}, T_{\min})\mathrm{d}E_{\text{ff}} = 2\sigma(E_{\text{ff}}^{\max}, T_{\min})\ln\left(\frac{E_{\text{ff}}^{\max}}{T_{\min}}\right)\mu_{\text{ff}}\dot{F} \tag{6.106a}$$

式中，$\sigma(E_{\text{ff}}^{\max}, T_{\min})$ 是具有初始能量的碎片的能量传递截面［它由方程（6.105）给出，其中 $E_{\text{ff}} = E_{\text{ff}}^{\max}$］。可以看出，除了没有对数项之外，Manly 所得到的结果和方程（6.106a）是一样的。这个差别之所以出现是由于 Manly 没有对整个裂变碎片通量能谱进行积分。

式（6.106a）所表示的重溶参数同气泡内的气体密度无关，但它的变化近似地与重溶所需要的最低能量 $T_{\min}$ 成反比。如果令 $Z = 54$（Xe），$E_{\text{ff}}^{\max} = 67$ MeV，且 $\mu_{\text{ff}} = 6$ μm，当 $T_{\min} = 1$ keV 时，式（6.106a）所给出的 $b = 1.1 \times 10^{-19}\dot{F}$。当 $T_{\min} = 300$ eV 时，给出的 $b = 4.1 \times 10^{-19}\dot{F}$。对于 $T_{\min}$ 所取的这些数值要比正常点阵原子为发生离位所需要接受的能量大得多（在多数固体中，$T_{\min} \approx 25$ eV）。从气泡中分解出气体原子所需要的能量值是较大的，其理由是：在这种情况下，驱使气体原子穿过气泡中的气体之后仍然必须具有足够的能量，以便使它们注入固体内足够深的位置，这样就使气体原子不大可能有机会迅速地迁移回气泡。

甚至当取 $T_{\min} = 300$ eV 时,所计算的重溶参数比 Whapham 的实验所给出的数值至少小一个数量级。因此,Nelson 除了考虑裂变碎片与气体原子的固有碰撞之外,还考虑了气泡中气体原子与级联碰撞的高能次级原子发生碰撞,并在此基础上估算了重溶参数。

高能碎片在含有气泡的燃料区域内所产生的碰撞级联建立起一反冲原子的通量谱 $\phi(E_r)$(根据 Nelson 的处理,反冲原子取为铀原子),E_r 是反冲原子的能量,它可以变化于零到 $\Lambda E_{ff}^{\max}$ 之间。分析一个含有 m 个气体原子的气泡,其中气体原子处在均匀分布的反冲谱内。假定燃料内反冲通量和气泡内的反冲通量是一样的,令 R_{dg} 是反冲原子和气泡内气体原子发生碰撞并导致传递能量超过重溶所需最低能量 $T_{\min}$ 的碰撞速率。设反冲铀原子与气体原子之间的微分能量传递截面是 $\sigma_{U-g}(E_r, T)$,此处 T 是能量为 E_r 的反冲原子与气体原子碰撞时传给气体原子的能量。重溶参数由 R_{dg}/m 给出,或者用与离位速率式(5.101)相类似的形式来表达 R_{dg},重溶参数为

$$b = \frac{R_{dg}}{m} = \int_{T_{\min}/\Lambda'}^{\Lambda' E_{ff}^{\max}} dE_r \phi(E_r) \int_{T_{\min}}^{\Lambda' E_r} \sigma_{U-g}(E_r, T) dT \qquad (6.106b)$$

在这里,Nelson 没有考虑气泡内碰撞级联的倍加作用,令 $\upsilon_g(T) = 1$。

为了计算 b,必须导出反冲通量谱的表达式 $\phi(E_r)$ 和气体原子被反冲原子散射的微分截面 $\sigma_{U-g}(E_r, T)$。由于反冲原子所具有的能量低于 100 keV,因此可用等效刚球近似来确定截面。这样就可以写出:

$$\sigma_{U-g}(E_r, T) = \frac{4\pi r_0^2}{\Lambda' E_r} \qquad (6.107)$$

式中,$2r_0$ 是能量 E_r 的反冲核与静止原子相互接近的最近距离。这个量可根据这两者之间的作用势 $V_{U-g}(r)$ 以及表示最小距离和碰撞相对动能关系的判据来求得。当碰撞体的质量相等时,$V(2r_0) = E/2$。对于现在这种情况,碰撞的相对动能是 $M_g E_r/(M_g + M_U)$。这里,反冲原子的质量就是铀原子的质量。如果假定气体原子的质量同裂变碎片的质量相同(气体原子原先是裂变碎片),那么与上式相类似的非等质量公式是

$$V_{U-g}(2r_0) = \left(\frac{M_{ff}}{M_U + M_{ff}}\right) E_r \qquad (6.108)$$

Nelson 采用平方反比作用势

$$V_{U-g}(r) = A/r^2 \qquad (6.109)$$

式中,常数 A 利用该势与屏蔽库仑势式(2.25)在 $r = a$ 处相等而确定出来,此处 a 是屏蔽半径并由(2.25b)给出,由此导出

$$A = Z_U Z_{ff} ae^2 \exp(-1) \qquad (6.110)$$

在式中已取 $Z_g = Z_{ff}$。

联合方程(6.108)至(6.110),给出等效球半径。根据等效球半径并由方程(6.107)求得所希望的截面:

$$\sigma_{U-g}(E_r, T) = \frac{K}{E_r^2} \qquad (6.111)$$

在这里,利用由式(2.25b)且取 $\lambda = 1$ 所给出的屏蔽半径,得到常数 K 是[①]

$$K = \frac{2^{1/2}\pi Z_{\mathrm{U}} Z_{\mathrm{ff}} a_{\mathrm{B}} e^2 \exp(-1)}{\Lambda'(Z_{\mathrm{U}}^{2/3} + Z_{\mathrm{ff}}^{2/3})^{1/2}}\left(\frac{M_{\mathrm{U}} + M_{\mathrm{ff}}}{M_{\mathrm{ff}}}\right) \tag{6.112}$$

将各量的数值代入式(6.112)中,得到 $K = 2.1 \times 10^{-12}$ eV $\cdot$ cm^2。

现在,需要导出反冲通量谱的表达式。如果采用刚球碰撞模型,略去与电子碰撞的路程能量损失,具有能量 E 的 PKA(初级离位原子)将产生 $q_1(E, E_r)$ 个能量为 E_r 的反冲原子,亦是反冲原子慢化密度,其定义为每秒立方厘米内的一个能量为 E 的 PKA 所引起的每秒立方厘米内慢化到 E_r 的反冲原子数。与 4.2 节推导相似,PKA 的第一次碰撞产生一个能量为 T 的二级原子,而 PKA 的能量降低到 $E - T$(见图6.19);如同 4.2 节中分析离位原子一样,这个 PKA 所导致的慢化密度等于第一次碰撞后产生的两个运动原子的慢化密度之和:

$$q_1(E, E_r) = q_1(T, E_r) + q_1(E - T, E_r) \tag{6.113}$$

利用刚球散射近似并且取能量传递在 $(T, \mathrm{d}T)$ 范围的概率为 $\mathrm{d}T/E$,方程(6.113)的右边用这个概率加权并对所有可能的反冲能量进行积分,然而需要分析图 6.19 所表示的能量传递的五个范围对于慢化密度的贡献。

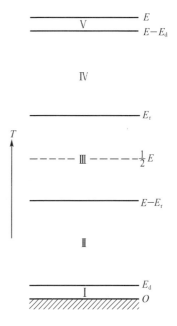

图 6.19　根据二级原子的五种能量范围的贡献来计算反冲慢化密度的图形

区域 Ⅰ:$0 < T < E_d$;$(E - E_d) < (E - T) < E$。当二级原子接受能量低于 E_d 时,它不离位,因此对慢化密度没有贡献。但是,被散射的 PKA 对 q_1 有贡献。区域 Ⅰ 对 q_1 的贡献是

$$q_1^{(\mathrm{I})} = 0 + \frac{1}{E}\int_{E-E_d}^{E} q(E - T, E_r)\mathrm{d}(E - T)$$

$$= \frac{1}{E}\int_{E-E_d}^{E} q_1(T, E_r)\mathrm{d}T$$

区域 Ⅱ:$E_d < T < (E - E_r)$;$E_r < (E - T) < (E - E_d)$。在这个区域内,二级原子仅对于 q_1 贡献一个原子(即它本身),因此

$$q_1^{(\mathrm{II})} = \frac{1}{E}\int_{E_r}^{E-E_d} q_1(E - T, E_r)\mathrm{d}(E - T) + \frac{1}{E}\int_{E_d}^{E-E_r}\mathrm{d}T$$

或者

$$q_1^{(\mathrm{II})} = \frac{E - E_r - E_d}{E} + \frac{1}{E}\int_{E_r}^{E} q_1(T, E)\mathrm{d}T - \frac{1}{E}\int_{E-E_d}^{E} q_1(T, E_r)\mathrm{d}T$$

区域 Ⅲ:$(E - E_r) < T < E_r$;$(E - E_r) < (E - T) < E_r$。在这类碰撞中被散射的 PKA 和二级原子的能量都减到 E_r 以下,因此,每一个都对 q_1 贡献一个原子。然而,它们不能对 q_1 贡献更

[①]　Nelson 的截面同由方程(6.111)和(2.6a-3)联合给出的数值相差一个 $2^{1/2}/(Z_{\mathrm{U}}^{2/3} + Z_{\mathrm{ff}}^{2/3})^{1/2} = 0.25$ 的因子。在 Nelson 的方程(10)中,有一个玻耳半径应是屏蔽半径。除了这个差错外,如果注意到里德伯能等于 $e^2/(2a_{\mathrm{B}})$,他的公式就化为现在这种形式。

多的离位原子。因此

$$q_1^{(\text{III})} = \frac{1}{E}\int_{E-E_r}^{E_r}(1)\mathrm{d}(E-T) + \frac{1}{E}\int_{E-E_r}^{E_r}(1)\mathrm{d}T = 2\left(\frac{2E_r - E}{E}\right)$$

区域 IV：$E_r < T < (E - E_d)$；$E_d < (E - T) < (E - E_r)$。区域 IV 和区域 II 是等同的（图 6.19 对称的），所以

$$q_1^{(\text{IV})} = \frac{E - E_r - E_d}{E} + \frac{1}{E}\int_{E_r}^{E}q_1(T,E_r)\mathrm{d}T - \frac{1}{E}\int_{E-E_d}^{E}q_1(T,E_r)\mathrm{d}(E-T)$$

区域 V：$(E - E_d) < T < E$；$0 < (E - T) < E_d$。这个区域和区域 I 是等价的，因此

$$q_1^{(\text{V})} = \frac{1}{E}\int_{E-E_d}^{E}q_1(T,E_r)\mathrm{d}T$$

将慢化密度的上述五个分量相加，得到

$$q_1(E,E_r) = \frac{2(E_r - E_d)}{E} + \frac{2}{E}\int_{E_r}^{E}q_1(T,E_r)\mathrm{d}T \tag{6.114}$$

对 $E_r < E/2$ 的情况作类似的分析，得到的结果相同。将积分方程变成微分方程，并用对方程 (4.9)所采用的同一方法（即对 E 微分）解此微分方程，得到方程的解：

$$q_1(E,E_r) = Ef(E_r)$$

将上述的解代入到积分方程中，可求出函数 $f(E_r)$，就得到

$$q_1(E,E_r) = 2\left(\frac{E_r - E_d}{E_r^2}\right)E \qquad (E_r < E) \tag{6.115}$$

当 E_r 为 $2E_d$ 时，$q_1(E,2E_d) = v(E) = E/(2E_d)$，这与 Kinchin-Pease 计算的离位原子数的结果相一致；离位原子数刚好就是慢化到能量低于 $2E_d$ 的反冲原子数。由于通常对远大于离位阈值 E_d 的反冲能量感兴趣，因此方程(6.115)可化简成

$$q_1(E,E_r) = \frac{2E}{E_r} \quad (E_r < E) \tag{6.116}$$

当 PKA 能量低于 E_r 时，慢化密度是

$$q_1(E,E_r) = 0 \quad (E_r > E) \tag{6.117}$$

式(6.117)对于所有 PKA 的能量为 E 的单位体源都是适用的。裂变碎片轰击点阵原子所产生的是具有分布能量的 PKA 源。设 $F(E_{ff},E)\mathrm{d}E\mathrm{d}E_{ff}$ 是 PKA 的生成速率，它表示由能量范围为 $(E_{ff},\mathrm{d}E_{ff})$ 的裂变碎片在单位时间单位体积内产生能量范围为 $(E,\mathrm{d}E)$ 的 PKA 数。分布源的慢化密度由下式给出：

$$q(E_r) = \int_0^{E_{ff}^{\max}}\mathrm{d}E_{ff}\int_0^{\Lambda' E_{ff}}q_1(E,E_r)F(E_{ff},E)\mathrm{d}E$$

式中，$\Lambda' E_{ff}$ 是能量为 E_{ff} 的裂变碎片碰撞点阵原子所能产生的 PKA 的最大能量。利用式 (6.116)和(6.117)所表示的 $q_1(E,E_r)$，得到慢化密度为

$$q(E_r) = \frac{2}{E_r}\int_{E_r/\Lambda'}^{E_{ff}^{\max}}\mathrm{d}E_{ff}\int_{E_r}^{\Lambda' E_{ff}}EF(E_{ff},E)\mathrm{d}E \tag{6.118}$$

利用通常在中子慢化中所采用的连续化模型可以把慢化密度转换到反冲通量谱。对于同类原子（其中一个原子是运动的，且能量为 E_r）之间的刚球碰撞而言，每次碰撞的平均能量损失为 $E_r/2$。因此，为了穿过 一个能量范围 $\mathrm{d}E_r$，每个原子需要 $\mathrm{d}E_r/(E_r/2)$ 次碰撞。如果 $q(E_r)$ 反冲原子$/(\mathrm{cm}^3\cdot\mathrm{s})$ 穿过 $\mathrm{d}E_r$，那么由能量范围为 $(E_r,\mathrm{d}E_r)$ 的反冲所导致的碰撞次数$/(\mathrm{cm}^3\cdot\mathrm{s})$ 是 $2q(E_r)\mathrm{d}E_r/E_r$。另一方面，总的碰撞密度也由 $\sigma_{U-U}(E_r)N_U\phi(E_r)\mathrm{d}E_r$ 给出，这里，

$\sigma_{U-U}(E_r)$ 为静止的点阵原子被能量为 E_r 的运动原子散射的总截面。使这两个碰撞密度的表达式相等,就得到

$$\phi(E_r) = \frac{2q(E_r)}{E_r \sigma_{U-U}(E_r) N_U} \tag{6.119}$$

方程(6.118)的源项为

$$F(E_{ff}, E) = N_U \phi(E_{ff}) \sigma_{ff-U}(E_{ff}, E) \tag{6.120}$$

式中,裂变碎片的通量由方程(5.100)给出,裂变碎片 – 铀原子的散射截面是卢瑟福散射截面,并由方程(5.102)给出。将方程(6.119)和(6.120)代入到方程(6.118)中,得到

$$\phi(E_r) = \frac{4}{E_r^2 \sigma_{U-U}(E_r)} \int_{E_r/\Lambda'}^{E_{ff}^{max}} dE_{ff} \phi(E_{ff}) \cdot \int_{E_r}^{\Lambda' E_{ff}} E \sigma_{ff-U}(E_{ff}, E) dE \tag{6.121}$$

将 $\phi(E_{ff})$ 和 $\sigma_{ff-U}(E_{ff}, E)$ 的相应表达式代入并积分,给出

$$\phi(E_r) = \frac{4\pi \dot{F} \mu_{ff} Z_{ff}^2 Z_U^2 e^4}{E_{ff}^{max} E_r^2 \sigma_{U-U}(E_r)} \left(\frac{M_{ff}}{M_U}\right) \left[\ln\left(\frac{\Lambda' E_{ff}^{max}}{E_r}\right)\right]^2 \tag{6.122}$$

Nelson 对截面 $\sigma_{U-U}(E_r)$ 作了一个粗略的近似,他假定它等于 UO_2 点阵参数($a_0 = 5.47$ nm)的平方:

$$\sigma_{U-U}(E_r) = a_0^2 = \frac{4}{N_U a_0} \tag{6.123}$$

上述公式中的后一个等式是由原子密度和 UO_2 中正离子亚点阵的 *fcc* 结构之间的关系(即 $N_U = 4/a_0^3$)推导出来的。将方程(6.123)用到(6.122)中,我们求得反冲通量为

$$\phi(E_r) = \frac{B' \dot{F}}{E_r^2} \left[\ln\left(\frac{\Lambda' E_{ff}^{max}}{E_r}\right)\right]^2 \tag{6.124}$$

式中,B' 是一常数,且有

$$B' = \frac{\pi \mu_{ff} N_U a_0 Z_{ff}^2 Z_U^2 e^4}{E_{ff}^{max}} \left(\frac{M_{ff}}{M_U}\right) \tag{6.125}$$

将各量的数值代入到式(6.125)中,我们得到 $B' = 0.73 \times 10^{-2}$ eV·cm。将方程(6.111)和(6.124)代入方程(6.106b),并且同 $\Lambda' E_r$ 相比较,可将 T_{min} 略去,于是得到微观重溶参数为

$$b = \frac{KB'(\Lambda')^3}{2T_{min}^2} \left\{\ln\left[\frac{(\Lambda')^2 E_{ff}^{max}}{T_{min}}\right]\right\}^2 \dot{F} \tag{6.126}$$

利用式(6.112)和(6.125)所求出的常数 K 和 B' 的数值,并且假定 $T_{min} = 300$ eV,上述公式给出 $b = 1.7 \times 10^{-17} \dot{F} s^{-1}$。这个值比根据裂变碎片和气泡内的气体原子之间直接碰撞所计算出的重溶参数大 40 倍。由式(6.126)给出的重溶参数对于 T_{min} 的数值是很敏感的,这正是 Nelson 所推测的。这里完全没有考虑 UO_2 中氧亚点阵的作用,对于级联中铀原子间的碰撞引入了看来相当大的截面,并且假定电子阻止本领为常数。但是,这样的计算得到的结果和实验定性地符合。

根据重溶微观模型,气体原子从含有 m 个气体原子的气泡中被击出的速率是

$$被分解出的气体原子数/(秒·气泡) = bm \tag{6.127}$$

Turnbull 的 b'[式(6.101)]和 Nelson 的 b[式(6.106a)]的区别仅在于截面项。在 Turnbull 的 b' 中,截面是气泡实际的几何投影面积 πR^2,而在 Nelson 的 b 中,它是真正的微观能量传递截面 $\sigma(E_{ff}^{max}, T_{min}) \ln(E_{ff}^{max}/T_{min})$。这种差异反映了 b' 和 b 所依据的重溶模型的不同。Turnbull

模型假定裂变碎片与气泡发生一次碰撞将气泡完全摧毁,但在 Nelson 的模型中,气泡是借助于气体原子一个一个地被击出而使气泡逐渐消失的。这两种模型之间的区别可以通过分析一组均匀尺寸的气泡在辐照过程中的命运来阐明。设想当气泡进行重溶时,我们能够观察到固体内部的状态。如果 Turnbull 模型是正确的话,将会发现气泡有突然消失的现象(以肥皂泡爆破的方式),但未消失的气泡,其尺寸大小不会改变。然而,根据 Nelson 模型,在辐照期间没有一个原始的气泡会完全消失掉,它们都是随着气体原子被击出而使气泡尺寸逐渐收缩的。因此,$1/b'$ 是气泡的平均寿命,而 $1/b$ 是气泡中的气体原子的平均寿命。

在燃料行为的估计中,应用重溶参数时必须很小心,因为在这种计算中,表示重溶项的形式同究竟采用宏观模型还是采用微观模型有关。然而,作为单位体积内所有气泡重溶的结果而使气体原子呈现在基体中的速率表示式,既可用参数 b',也可用参数 b。当讨论固体内含有 N 个气泡/cm³ 而且每个气泡内有 m 个气体原子的情况,利用 Turnbull 模型,总的重溶速率为式(6.101)给出的气泡毁坏速率和每个气泡中气体原子数之乘积,或

$$由气泡中返回到基体内的气体原子数 \cdot cm^{-3} \cdot s^{-1} = b'Nm \qquad (6.128)$$

利用微观模型,总的重溶速率为从每个气泡内击出原子的速率[式(6.127)]和单位体积内气泡的数目之乘积,或

$$由气泡中返回到基体内的气体原子数 \cdot cm^{-3} \cdot s^{-1} = bmN \qquad (6.129)$$

因此,假如不考虑重溶对气泡尺寸分布函数(即尺寸分布谱)的影响,那么重溶速率可表示为

$$重溶速率 = bM \ 或 \ b'M \ 被分解出的原子 \cdot cm^{-3} \cdot s^{-1} \qquad (6.130)$$

式中,$M = mN$,是单位体积内包含在气泡中的总的气体原子数。

两种重溶模型在物理上等同的另一种情况是双原子团毁坏。在这种情况下,击出一个原子就相当于使整个气体原子团完全摧毁。如果单位体积内有 C_2 个双原子团,在 Turnbull 模型中,摧毁的速率由下式给出:

$$双气体原子团摧毁速率/cm^3 = b'_2 C_2$$

其中,b'_2 是尺寸为双气原子团的气泡重溶参数。在 Nelson 模型中,摧毁的速率由下式给出:

$$双气体原子团摧毁速率/cm^3 = 2bC_2$$

因为单位体积内有 $2C_2$ 个气体原子处于双气体原子团形式的气泡中,所以在上式中出现了一个 2 的因子,单位时间内重新分解任一个这种形式的气泡的概率都是 b。由于一个原子离开就使双原子团解体,因此摧毁速率是上述两个量的乘积。我们可将 b'_2 和 $2b$ 的数值作以比较。如果在方程(6.100a)中使 $m = 2$ 且 $B = 85$ Å³,则双原子气团的半径是 3.4 Å,于是根据 $\frac{1}{\rho_g} = \left(\frac{kT}{2\gamma}\right)R \approx R \frac{Å^3}{原子}$($\rho_g$ 是气体密度),得到 Turnbull 的重溶参数 b'_2 是 $4.4 \times 10^{-18} \dot{F} \, s^{-1}$。利用 $T_{min} = 300$ eV,方程(6.106a)预计 $2b = 0.8 \times 10^{-18} \dot{F} \, s^{-1}$。然而,将 Nelson 的微观重溶理论应用碰撞级联而不仅仅应用裂变碎片本身,将使重溶参数的数值大约增加一个量级,见方程(6.126)。因此,$2b$ 和 b'_2 在数值上是差不多的。

上面的重溶参数表示式仅对小气泡才是正确的。在 Turnbull 模型中,预计一个裂变碎片将大气泡完全摧毁似乎是不合理的。在 Nelson 模型中,即使气体原子受裂变碎片或次级原子碰撞而接受了所规定的最小能量,它也可能没有被驱赶到大气泡之外。如果碰撞发生在大气泡中心附近,那么被击气体原子在逃出去之前,有可能与其他气体原子发生大角度的碰撞。这种大角度碰撞出现的概率是不可忽略的,因而会消耗一些能量以使它变得没有足够的能量

来注入气泡附近的固体中去。Nelson 估计,当气泡小到足以使气泡内的气体密度等于范德瓦尔斯常数[式(6.99)]的倒数时,只有那些距气泡表面为 15 Å 以内的气体原子才能够被高于阈值的碰撞事件重新分解出去。随着气泡尺寸增大,气体密度降低,泄漏距离将按下式规律变化:

$$d = 15 \frac{\dfrac{1}{B}}{\rho_g}$$

借助于固体中没有应力的情况下气泡内气体密度的关系式 $\dfrac{1}{\rho_g} = B + \left(\dfrac{kT}{2\gamma}\right)R$,则能够泄漏的距离占气泡半径的份额是

$$\frac{d}{R} = 15\left[\frac{1}{R} + \left(\frac{kT}{2\gamma}\right)\frac{1}{B}\right]$$

重溶效率定义为气泡内对重溶敏感的气体原子所占的份额是

$$\eta_{re} = \frac{R^3 - (R - d)^3}{R^3}$$

将上两式结合起来,给出

$$\eta_{re} = 1 - \left\{1 - 15\left[\frac{1}{R} + \frac{1}{B}\left(\frac{kT}{2\gamma}\right)\right]\right\}^3 \tag{6.131}$$

当 $R \to 1.5$ Å 时,重溶效率接近于 1,而且当 $R \to \infty$ 时,它也接近一个极限值。这个极限值可令式(6.131)中的 $B = 85$ Å³,$kT/2\gamma = 1$ Å² 而得到,极限值 $\eta_{re}(R \to \infty) = 0.44$。在 Nelson 模型中,重溶速率的一般形式由重溶效率和式(6.127)之积给出,或由下式给出:

$$\text{被分解的气体原子数}/(\text{气泡·秒}) = \eta_{re}(R)bm \tag{6.132}$$

其中,R 和 m 之间的关系由式(6.99)给出。

6.7　气泡(或气孔)的迁移和聚合

核燃料中裂变气体气泡之间会发生聚合,这种聚合将使燃料的体积增加。假定一块燃料初始时含有 N 个小气泡,每个气泡内有 m 个气体原子。这些气泡所导致的肿胀由下式给出:

$$\frac{\Delta V}{V} = \left(\frac{4\pi R^3}{3}\right)N \tag{6.133}$$

其中气泡半径 R 与 m 有关,可以采用范德瓦耳斯分子方程(6.99),它有两种极限情况,式(6.100a)和(6.100b)。且有

$$m = \frac{4\pi R^3/3}{B} \quad (R < 10 \text{ Å}); \quad m = \left(\frac{4\pi R^2}{3}\right) \cdot \frac{2\gamma}{kT} \quad (R > 1\,000 \text{ Å})$$

现在假定每个气泡都与另一个气泡相遇并聚合一次,这就使气泡的数目变为 $N/2$,而每个这样的气泡内含有 $2m$ 个气体原子。如果 R_0 和 R_f 分别表示气泡的初始和聚合后的半径,则聚合后的燃料的肿胀与初始的肿胀的比值为

$$\frac{(\Delta V/V)_f}{(\Delta V/V)_0} = \left(\frac{R_f}{R_0}\right)^3 \left(\frac{N/2}{N}\right)$$

采用方程(6.100b),初始和聚合后的半径之间的关系为

$$(R_f/R_0)^2 = 2m/m = 2$$

由这个关系可知,气泡聚合所引起肿胀的增加是

$$\frac{(\Delta V/V)_f}{(\Delta V/V)_0} = (2)^{\frac{3}{2}} \times \left(\frac{1}{2}\right) = 2^{\frac{1}{2}}$$

这表明,气泡 - 气泡发生一次碰撞并聚合所导致的肿胀的增加大约是40%。

在没有温度梯度和机械应力梯度的固体中,气泡以无规则的方式(如同胶体悬浮液中粒子一样)运动。如同任一无规则行走过程一样,这种运动可以用气泡的扩散系数 D_b 来表征。如果固体有应力和温度梯度,这种势梯度导致气泡择优方向的迁移,同这些择优方向的运动相比,气泡的无规运动是可以忽略掉的。在势梯度情况下,气泡都在梯度方向上但以不同的速度 v_b 迁移,其速度大小同气泡尺寸有关。现在,先处理气泡的迁移速率,然后再讨论气泡相遇和合并长大。气泡迁移有由气泡表面原子扩散引起的迁移和由原子体扩散引起的迁移,前者是表面扩散机制,它对于温度梯度下气泡迁移起着重要作用;后者是体扩散机制,在气泡运动中亦有一定作用,一般常常将这两种迁移加起来处理。

6.7.1　由表面扩散引起的气泡迁移

表面扩散是气泡在固体中以无规则方式和在驱动力影响下运动的一种重要机理。基体的分子在气泡的内侧表面上处于恒定的运动状态。大量数目的这种表面分子的净位移可表现为整个气泡发生了一个很小的位移。表面分子可以以无规则方式运动,或者沿着某一特定方向运动(其运动方向由作用于固体上的宏观势梯度的方向确定)。当表面分子做无规则运动时,所导致的气泡运动也是无规则的,实际上是布朗运动方式。当表面分子在特定方向上运动时,气泡也沿着作用于单个表面分子上的势梯度方向运动。

1. 气泡的无规则运动

在没有驱动力的情况下,基体材料的分子在气泡的内表面上无规则地跳动着,描述这种过程的宏观参数是表面自扩散系数 D_s。D_s 与表征分子运动的参数有关,其关系由爱因斯坦公式来表示

$$D_s = \frac{\lambda_s^2 \Gamma_s}{4} \tag{6.134}$$

式中,λ_s 是分子在固体表面上的跳跃距离;Γ_s 是分子在表面上跳跃的总频率。

另一方面,气泡做三维的无规则运动而不是二维运动,因此描述其平均运动的爱因斯坦公式是

$$D_b = \frac{\lambda_b^2 \Gamma_b}{6} \tag{6.135}$$

式中,λ_b 和 Γ_b 分别为气泡的跳跃距离和跳跃频率。

当气泡表面上的一个原子运动距离为 λ_s 时气泡所发生的位移称为气泡的跳跃距离。Nichols,Gruber 以及 Greenwood 和 Speight 已导出了在球形气泡情况下的这个量。图 6.20 表示借助于讨论一立方体气泡来得到相同的结果。在气泡的初始位置用虚线表示。如果右边斜线部分的所有基体原子都转移到左边斜线的地方,那么气泡将从左边向右边运动一个距离 Δx,因此气泡将占据实线所示的方形区域。在这个过程中,从右向左所运动的基体分子的数

目是 $l^2\Delta x/\Omega$,其中 Ω 是基体原子的体积。每个原子从立方体的左边面上运动到右边面上需要跳跃 l/λ_s 次。或者,为使气泡移动一个距离 Δx,必须在表面上发生 $l^3\Delta x/\Omega\lambda_s$ 次单个分子的跳跃。单个表面分子的每一次跳跃导致气泡运动的距离是

$$\lambda_b = \frac{\Delta x}{l^3\Delta x/\Omega\lambda_s} = \frac{\Omega\lambda_s}{l^3}$$

式中,l^3 是气泡体积,l^3 可用 $4\pi R^3/3$ 来代替,这样就使立方体气泡转换成球形气泡。原子体积可用点阵常数的立方来近似,即 $\Omega\approx a_0^3$。因此气泡的跳跃距离是

$$\lambda_b = \left(\frac{a_0^3}{4\pi R^3/3}\right)\lambda_s \qquad (6.136)$$

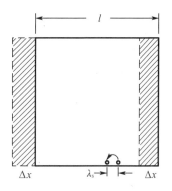

图 6.20　确定由于单个分子在球内表面上跳跃而导致气泡跳跃的距离

气泡的跳跃频率是气泡内表面上所有分子的跳跃频率。如果表面分子所占的面积用 a_0^2 来近似,则半径为 R 的气泡内表面上分子数目是 $4\pi R^2/a_0^2$。由于每个分子每秒内跳跃 Γ_s 次,所以气泡的跳跃频率是

$$\Gamma_b = \left(\frac{4\pi R^2}{a_0^2}\right)\Gamma_s \qquad (6.137)$$

将式(6.136)和(6.137)代入到(6.135),并利用式(6.134),得到

$$D_b = \frac{3a_0^4 D_s}{2\pi R^4} \qquad (6.138)$$

将表面扩散系数的方程式代入上式,得到

$$D_b = \frac{3a_0^4 D_{0s}\exp(-E_s/kT)}{2\pi R^4}$$

式中,D_{0s} 是基体固体的表面自扩散系数指数项前面的因子;E_s 是这种过程的激活能。Robertson 和 Maiya 评述了对 UO_2 表面自扩散的测定。Maiya 推荐的公式是

$$D_s = 4\times10^5\exp\left[-\frac{450}{R(T/10^3)}\right] \ (\text{cm}^2/\text{s}) \qquad (6.139)$$

激活能的数值为 450 kJ/mol,大约为 UO_2 蒸发能的 80%,这是可以预料的。因为表面迁移仅仅是原子沿着表面跳动,它正好尚未达到蒸发出来的程度(表面跳跃和蒸发的基本过程分别同原子外层电子的激发和电离相类似)。然而,指数项前面的因子大得异乎寻常。对于一般体扩散过程,指数项前面的因子应是 $a_0^2\nu\exp(s^*/k)$,同样的推理也可用于表面扩散。由于 $a_0\approx0.3$ nm,$\nu\approx10^{13}$ s^{-1},如果激活熵不是非常大,因子 D_{0s} 应约为 $0.01\sim0.1$ cm^2/s。对于 UO_2 的表面自扩散而言,D_{0s} 值相差了六个数量级,为此 Robertson 对这样的差异讨论了一些可能的原因。

　式(6.138)预期,小气泡应比大气泡的可动性大得多。两个关于 UO_2 等温退火期间气泡迁移问题的研究都不支持 D_b 正比于 R^{-4} 这样的关系。Cornell 和 Bannister 发现,D_b 正比于 R^2,或者说大气泡比小气泡具有更大的可动性。Gulden 指出,气泡的可动性正比于 R^{-3}。这些结果表明,或者是表面扩散不是决定 UO_2 内气泡运动的机理,或者是这两个研究中的小气泡(4 nm $< R < 14$ nm)由于与基体中缺陷交互作用而变成不可动的。实际上,位错线能够钉

扎住半径小于 50 nm 的气泡,而且晶体中其他尺寸大小而不能用电子显微镜观察的缺陷完全可以将尺寸为 10 nm 范围的气泡固定住。

2. 气泡在温度梯度下的定向迁移

气泡在温度梯度下由于内表面分子的热自扩散过程而沿着气泡的内表面在一特定的方向上运动,虽然能使气泡定向运动的可能作用力很多,但在燃料元件内陡峭的温度梯度下,气泡由于温度梯度场形成的迁移是最重要的。Shewmon 首先分析了这种方式的气泡定向运动,其他的研究者也给出了类似的处理,这里推导采用如图 6.21 所示的立方气泡的运动速度。

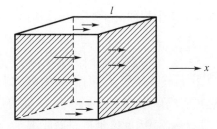

(a) 表面分子穿过平行于温度的面的流动

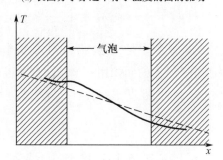

(b) 固体内的温度分布和穿过气泡的温度分布

—————— 未受干扰的温度分布
———— 实际的温度分布

图 6.21 气泡在温度梯度下的迁移

如果没有气泡存在的话,固体内该点处的温度梯度应为 $\mathrm{d}T/\mathrm{d}x$,由于气泡很小,$\mathrm{d}T/\mathrm{d}x$ 可以近似地看成是常数。气泡内气体的热导率低于固体的热导率。引入气泡后温度梯度发生了变化,其变化方式如图 6.21(b) 所示。令 $(\mathrm{d}T/\mathrm{d}x)_\mathrm{b}$ 表示气泡内温度梯度,并假定平行于 x 轴的四个立方面上均有这个温度梯度。根据扩散方程粒子流的通量为

$$\boldsymbol{J} = -D\,\boldsymbol{\nabla}C - D\frac{Q^* C}{KT^2}\boldsymbol{\nabla}T \qquad (6.140)$$

式中,D 是扩散系数;C 是分子浓度;Q^* 是输运热,它决定于在扩散路途上吸收扩散跳跃所需的能量。对于表面扩散,在不包含浓度梯度的情况下,沿 $(\mathrm{d}T/\mathrm{d}x)_\mathrm{b}$ 这些面的表面分子通量为

$$J_\mathrm{s} = -\frac{D_\mathrm{s}Q_\mathrm{s}^* C_\mathrm{s}}{kT^2}\Big(\frac{\mathrm{d}T}{\mathrm{d}x}\Big)_\mathrm{b} \qquad (6.141)$$

式中,D_s 是表面扩散系数;Q_s^* 是表面热自扩散的输运热;C_s 是表面内的分子密度;J_s 的单位是每厘米长度上的分子数·秒$^{-1}$,在这里厘米是指与流向相垂直方向上的单位长度。由于有四个宽度都为 l 的面,因此分子由热面向冷面输运的速率是 $4lJ_\mathrm{s}$ 分子数/秒。我们假定这些分子迅速地散布到两个垂直于 x 轴的面上,因此在迁移过程中保持着立方体的形状。在时间间隔 Δt 内,有 $4lJ_\mathrm{s}\Delta t$ 个分子从热面转移到冷面,或者说,在这个时间间隔内立方体的位移是

$$\Delta x = -\frac{(4lJ_\mathrm{s}\Delta t)\Omega}{l^2}$$

这个关系式中的负号是因为立方体的位移与表面分子的位移方向相反。将上面两个公式结合起来,得出气泡迁移速度为

$$v_\mathrm{b} = \frac{\Delta x}{\Delta t} = -\frac{4J_\mathrm{s}\Omega}{l} = \frac{4D_\mathrm{s}Q_\mathrm{s}^* C_\mathrm{s}\Omega}{lkT^2}\Big(\frac{\mathrm{d}T}{\mathrm{d}x}\Big)_\mathrm{b} \qquad (6.142)$$

基体分子的表面浓度可用 $C_\mathrm{s} \approx 1/a_0^2$ 近似,Ω 可用 a_0^3 近似。用球的直径代替立方体的边长就可以将立方体的几何形状转换为半径为 R 的球。最后,气泡内的温度梯度可借助于固体中未受干扰的温度梯度来表示,而后者等于多孔体材料的平均温度梯度。$(\mathrm{d}T/\mathrm{d}x)_\mathrm{b}$ 和 $\mathrm{d}T/\mathrm{d}x$

的关系通过解下述情况下的热传导问题来求出,即解位于一无限介质(具有不同的热导率)内夹杂物的热传导方程。内部所含物质的热导率远低于周围固体的热导率的球形气孔,图 6.21(b)中实线与虚线的斜率所描述的梯度关系是

$$\left(\frac{dT}{dx}\right)_b = \frac{3}{2}\left(\frac{dT}{dx}\right) \tag{6.143}$$

将 $C_s\Omega \approx a_0$, $l = 2R$ 和式(6.143)代入到式(6.142)中,得到气泡迁移速度

$$v_b = \frac{3D_sQ_s^*a_0}{kT^2R}\frac{dT}{dx} \tag{6.144}$$

没有测量过 UO$_2$ 的表面热自扩散输运热。然而,Q_s^* 必须是正的,因为正如式(6.144)所预期的那样,当 $Q_s^* > 0$ 时,气泡才沿温度梯度的方向迁移。对 Q_s^* 的估计包括假定它等于自扩散的激活能 450 kJ/mol,和假定它是蒸发热的 2/3($Q_s^* = 380$ kJ/mol)。

作为气泡迁移速度数值的一个例子,对于处于温度 2 000 K,温度梯度为 4 000 K/cm 条件下的一个直径为 20 nm 的气泡,根据式(6.144),表面扩散系数是 5 × 10^{-7} cm^2/s,取 $a_0 = 0.3$ nm,$Q_s^* = 415$ kJ/mol,由式(6.144)所计算的速度是 3 × 10^{-6} cm/s 或者 8 cm/月。以这样的速度运动,气泡可以在一天多一点的时间内横贯快堆燃料元件棒的半径。然而,将式(6.144)用于实际的燃料元件时,必须考虑温度随半径的变化。

Cornell 和 Williamson 已定性地证实了气泡迁移速度同气泡半径的反比关系。Michols,Poeppel 和 Niemark 测定了气泡和固体夹杂物在混合氧化物燃料中的迁移速度。他们所考察的气泡半径的变化范围在 1 ~ 5 μm 之间,所得到的迁移速度比式(6.144)所预期的速度大 2 至 5 倍,而且未观察到气泡半径和迁移速度之间的关系。对这样大的气泡而言,迁移过程的机理可能不是式(6.144)所依据的那种表面扩散机理。在燃料重结构效应中可以看到,当气泡半径大于 1 ~ 10 μm 时,一种根据基体分子由气体内通过分子从气泡热侧扩散到气泡冷侧的迁移机理所预计的迁移速度将超过根据表面扩散机理所计算的速度。Michels,Poeppel 和 Niemark 又发现固体夹杂物沿着温度梯度而迁移,其速度随夹杂物的尺寸增大而减小,这与表面扩散机理是一致的。夹杂物不能以蒸发 - 传输机理迁移,因为固体中的空腔里面的空间充满的是固体物质而不是气体。

6.7.2　气泡迁移率的一般处理

Nichols 建立了气泡迁移率的一般分析方法。这种分析可以应用于任一作用在气泡上的力,或应用于气泡借以运动的任一种微观机理。如果 v_b 是已知的,用这样的公式就能求出 D_b,反之亦然。因此就不需要以表面上独立的方法(就像在前面对于气泡以表面扩散机理而无规则迁移或在温度梯度下定向迁移中所做的那样)去计算每一个参数。

迁移率定义为施加单位作用力时所达到的速度。应用到一个气泡上时,有

$$v_b = M_bF_b \tag{6.145}$$

式中,M_b 是气泡的迁移率;F_b 是作用在气泡上的力。后者可直接与宏观的势梯度(如将在后面要讨论的应力梯度)联系起来。另一方面,作用在整个气泡上的力可以同实际上使气泡运动的作用在单个分子上的力联系起来。迁移率的重要性在于它可以通过能斯特 - 爱因斯坦公式

$$M_b = D_b/kT \tag{6.146}$$

同气泡的扩散系数联系起来。式(6.146)的推导如下:讨论一种按费克定律进行扩散的物质,其扩散系数为 D。当将它放到一个封闭系统内,而且作用在这些物质上的力为 F 时,一个稳态就建立起来了。在稳态中,外力导致在一个方向上的运动倾向刚好被扩散引起在相反方向上的运动平衡。这样的稳态可用净通量为零的条件来描述:

$$J = -D(dC/dx) + vC = 0$$

式中,v 是力 F 所导致的漂移速度;C 是该物质的浓度,它是距离 x 的函数。由于式(6.145)给出了 v 和 F 之间的关系,因此上述的条件可写成

$$\frac{dC}{dx} = \frac{MFC}{D} \tag{6.147}$$

以上所述的稳态也可看作是热力学上平衡的系统。在 x 方向上存在着力 F,这就意味着势能按照

$$F = -\frac{dE_p}{dx} \tag{6.148}$$

随 x 变化。因为系统处于热力学平衡,所以浓度 C 必须按玻尔兹曼定律[①]

$$C = 常数 \times \exp(-E_p/kT)$$

随位置的变化而变化。将该式对 x 微分,并利用式(6.148)得到

$$\frac{dC}{dx} = \frac{FC}{kT} \tag{6.149}$$

令式(6.147)和(6.149)的右边相等,并且加下标 b 表示应用到气泡运动的情况,就得到了式(6.146)。如果作用在气泡上的力已知,则由式(6.145)和(6.146)就可得到 v_b 和 D_b 之间的关系:

$$v_b = D_b F_b/kT \tag{6.150}$$

在有些情况下,微观模型所提供的是推算作用在单个原子性物质(归根到底,气泡的可动性来源于这些单个原子的运动)上的力 f,微观作用力 f 和宏观作用力 F_b 之间的关系可以借助于图6.20得到。当气泡在一方向运动 Δx 距离时,$l^2 \Delta x/\Omega$ 个原子就沿相反方向走过距离 l。如果作用在每个运动原子上的力是 f,那么为输送这些原子所需的功是 $(l^2 \Delta x/\Omega) \cdot (l) \cdot f = l^3 f \Delta x/\Omega$。如果将气泡看成一个整体,在 F_b 的作用下,将它运动一距离 Δx 所需要的功是 $-F_b \Delta x$(出现负号是由于气泡的运动方向与原子的运动方向相反)。无论借助于讨论原子运动来进行计算,还是借助于讨论气泡本身的运动来计算,它们所需要的功都是一样的。因此,可令上述两种功的表示式彼此相等。注意到 l^3 是气泡的体积,对于球形气泡,可写作 $4\pi R^3/3$,并用 a_0^3 来近似原子体积,由此得到关系式:

$$F_b = -\left(\frac{4\pi R^3/3}{a_0^3}\right) f \tag{6.151}$$

如果气泡迁移是由表面热自扩散导致的,则可利用不可逆热力学方法求得 f。力 f 通过二元混合物中的通量－推动力之间的关系式求得:

$$J_A = -L_{11}(\nabla \mu_A)_T - L_{12}\frac{\nabla T}{T} \tag{6.152}$$

改写成

---

① Reif 利用类似的论证确定空气密度随地球表面的海拔高度变化的函数关系。在这种情况下,力是 mg,势能是 mgz,其中 m 是空气分子的质量,g 是重力加速度,z 是海拔高度,密度按照大气定律而变化,即 $\rho(z) = \rho(0)\exp(-mgz/kT)$。

$$\boldsymbol{J} = - L_{11} \, \nabla\mu - L_{12} \, \frac{\nabla T}{T} = L_{11}\Big(- \nabla\mu - \frac{L_{12}}{L_{11}} \times \frac{\nabla T}{T}\Big) \tag{6.153}$$

在式(6.152)中 J_A 是 A 组元的质量通量，μ_A 是 A 组元的化学位，系数 L_{11} 与扩散系数和热导率有关，L_{12} 是 Soret 效应的系数。在式(6.153)的括号中的第一项是由于化学位的梯度所导致的力；第二项是由温度梯度所导致的力，比值 L_{12}/L_{11} 定义为输运热。根据上述关系，就有

$$f = - \frac{Q_s^*}{T}\Big(\frac{\mathrm{d}T}{\mathrm{d}x}\Big)_b \tag{6.154}$$

将式(6.151)和(6.154)结合起来，并利用式(6.143)将气泡内的温度梯度转换成固体基体的温度梯度，就得到在温度梯度下由表面扩散导致的作用在气泡上的力：

$$F_b = \Big(\frac{2\pi R^3}{a_0^3}\Big)\frac{Q_s^*}{T}\Big(\frac{\mathrm{d}T}{\mathrm{d}x}\Big) \tag{6.155}$$

如果将式(6.138)和(6.155)代入到式(6.150)中，就得到式(6.144)所表示的气泡迁移速度公式。

6.7.3　体扩散引起的气泡迁移

同周围固体处于力学平衡且不从基体中收集气体原子的气泡，不会有因得到或失去空位而改变大小的倾向。然而，处于气泡周围固体内的空位会不断地进入到气泡内，气泡也会经常地将空位发射到固体中来。在平衡时，气泡吸收和放出空位的速率相等。当固体与它的饱和蒸汽相接触时，会呈现出类似粒子通量的动力学平衡。在这种情况下，凝固和蒸发的速率相等，因而没有净通量穿过固体 – 蒸气的界面。

如同基体分子在气泡的内表面上无规则运动的情况一样，气泡和其附近的固体之间交换空位可以引起整个气泡做布朗运动，气泡的这种无规则迁移模式叫作体扩散机理。这是因为空位通过在周围的基体内扩散而从气泡表面的一个位置运动到另一位置而引起气泡迁移。同一切无规则行走过程一样，气泡的扩散系数用式(6.135)表示，而且同前面所讨论的表面扩散机理的情况一样，必须借助于分析造成气泡迁移的点缺陷的运动，即空位[①]的运动，来求出气泡的跳跃距离和跳跃频率。

现在首先确定在体扩散机理中的气泡跳跃频率 Γ_b。每当一个空位由基体内到达表面，或者相反，由表面跳回气泡附近的基体时，气泡发生一个小位移[②]。对于平衡气泡而言，这两种过程的速率相等，只需要计算其中之一就能够求出气泡的跳跃频率。空位进入气泡内的速率等于理想吸收球俘获点缺陷的速率常数乘以球表面附近固体内的空位浓度。由于气泡处于平衡状态，表面附近的空位没有浓度梯度，因此俘获空位过程的相应速率常数由式(6.66)给出，且空位浓度是热力学平衡时的浓度 C_v^{eq}，即

$$C_v^{eq} = \frac{\exp(s_v/k)\exp(-\varepsilon_v/kT)}{\Omega}$$

式中，s_v 和 ε_v 分别是空位的形成熵和形成能。因而，气泡的跳跃频率是

---

① 原则上，间隙原子同空位一样，也能造成气泡的无规则运动。然而，在大多数固体中，间隙原子浓度是很低的，因此它们的影响同空位相比可以忽略不计。

② 表面空位是指构成气泡表面的晶面中的一个空着的点阵位置，或者是使表面上出现弯折的位置。

$$\Gamma_{\mathrm{b}} = \left(\frac{4\pi R^2 D_{\mathrm{v}}}{a_0} \right) C_{\mathrm{v}}^{\mathrm{eq}}$$

式中，D_{v} 是空位的扩散系数，乘积 $D_{\mathrm{v}} C_{\mathrm{v}}^{\mathrm{eq}}$ 可表示成 $D_{\mathrm{v}} x_{\mathrm{v}}^{\mathrm{eq}}/\Omega \approx D_{\mathrm{v}} x_{\mathrm{v}}^{\mathrm{eq}}/a_0^3$。此处，$x_{\mathrm{v}}^{\mathrm{eq}}$ 是平衡时固体内空位位置占点阵位置的份额。联想起 $D_{\mathrm{v}}^{\mathrm{eq}} x_{\mathrm{v}}^{\mathrm{eq}}$ 是固体的原子体自扩散系数，乘积 $D_{\mathrm{v}} C_{\mathrm{v}}^{\mathrm{eq}}$ 可写成

$$D_{\mathrm{v}} C_{\mathrm{v}}^{\mathrm{eq}} = \frac{D_{\mathrm{vol}}}{a_0^3}$$

其中，D_{vol} 是组成固体物质的自扩散系数。将上述两式结合起来，给出

$$\Gamma_{\mathrm{b}} = \frac{4\pi R^2 D_{\mathrm{vol}}}{a_0^4} \tag{6.156}$$

对于体扩散机理而言，式（6.135）中所需要的气泡跳跃距离比在表面扩散模型中的相应量更难以求得。在这里遵循 Kelly 所做的推导。

推导方程（6.136）的理论在现在这种情况下也是正确的。因此，气泡的跳跃距离可表示为

$$\lambda_{\mathrm{b}} = \left(\frac{a_0^3}{4\pi R^3/3} \right) (\overline{\lambda_{\mathrm{v}}^2})^{1/2} \tag{6.157}$$

在体扩散机理的情况下，每当气泡出现一次位移时，空位运动的表征距离并不是空位在固体内一般的扩散过程中的那种跳跃距离，而是下述过程所给出的距离，即空位由表面跳回到基体中，然后借助于无规则行走过程在固体内跳动，直到它再一次被气泡所俘获为止。式（6.157）右边所需要的表征距离就是空位由表面跳入固体时的那个起点至空位再次被气泡俘获而回到气泡表面处的那个点之间的均方根距离。图 6.22 阐明了这个过程：第一次跳跃使空位到达离开气泡表面为一次跳跃距离的地方，空位由这点（P）开始发生无规则跳跃，且这种跳跃不受气泡存在的影响，直至它偶然地遇到气泡时为止。为了简化，假定：①空位离开表面那次初始跳跃以及随后所发生的所有跳跃都具有固体内正常的空位

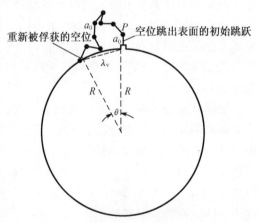

图 6.22　从气泡发出又回到气泡的空位的典型轨迹
（假定从点 P 开始做无规行走）

扩散特征，即跳跃距离近似地等于点阵常数 a_0；②到达气泡表面的每一个空位都被俘获住（即空位凝集系数为 1）。这种过程的净结果是空位由表面上的某一点运动到表面上的另一点所走过的弦长为 λ_{v}。

为了计算 λ_{v} 的均方根值，采用无规行走理论所描述的方法。然而，由于现在是处理粒子在理想吸收球表面附近点阵上的迁移问题，因而现在的这种无规则行走分析要比在无限介质的情况的分析复杂得多。幸好无规则行走同样也可描述为扩散过程，这样就可用扩散计算来代替无规则行走的统计分析。相应的扩散问题如下：距理想球形（半径为 R）吸收体的表面为 a_0 处的一个点源连续不断地，每单位时间内发射出一个空位，扩散方程是 $\nabla^2 C_{\mathrm{v}} = 0$，其中 ∇^2 表示球坐标 r 和 θ（系统是方位对称的）中的拉普拉斯算子，且 $C_{\mathrm{v}}(r,\theta)$ 是由连续的单位点源

所导致的位于 $r > R$ 的径向位置和极角为 θ 处的空位浓度（见图 6.22）。稳态扩散方程的解是基于边界条件 $C_v(R,\theta) = 0$（对于理想尾闾）得到的。得到球外的空位浓度分布后，就能用

$$J_v = -D_v\left(\frac{\partial C_v}{\partial r}\right)_R$$

这样的常用公式求出在极角 θ 处的空位流入气泡表面的通量。由于点源在每单位时间内发射出一个空位，因而 $J_v(\theta)$ 等价于这样的一个概率：即由点 P（如图 6.22 所示）处发射出去的空位被重新俘获到球面上一点（该点与源方向的夹角为 θ）周围的单位面积上的概率。根据图 6.22 的几何图形，空位沿表面的移动为

$$\lambda_v^2(\theta) = 2R^2(1 - \cos\theta)$$

均方表面位移由下式给出：

$$\overline{\lambda_v^2} = \int_{球} J_v(\theta)\lambda_v^2(\theta)\,\mathrm{d}A_s$$

式中，$\mathrm{d}A_s = 2\pi R^2\sin\theta\mathrm{d}\theta$，是在球面上处于 θ 到 $\theta + \mathrm{d}\theta$ 之间环形球带的面积。Kelly 已经计算了上述积分，但是仅在限制不太严格的条件 $R/a_0 \gg 1$ 的情况下，得到一个简单的有限的结果。在 Kelly 的极端形式中，修正一个因子为 2 的算术误差后，就得到表面空位的平均位移为

$$\overline{\lambda_v^2} = 2Ra_0 \tag{6.158}$$

将式（6.158）代入到式（6.157），就得出了气泡的迁移距离。当将 λ_b 以及式（6.156）给出的 Γ_b 的表示式用于式（6.135）时，就得到所需要的体扩散机理的扩散系数：

$$D_b = \frac{3a_0^3 D_{vol}}{4\pi R^3} \tag{6.159}$$

Nichols 也给出了相同的公式，他所用的 λ_b 和 Γ_b 的表达式不同。虽然就其意义，即将 λ_b 和 Γ_b 代入式（6.135）时得到的式（6.159）的这种意义上来说，Nichols 对于这两个量所给出的公式是一致的，但是既没有给出气泡跳跃距离的物理基础，亦没有给出跳跃频率的物理基础。

将式（6.159）同表面扩散机理所导出的式（6.138）进行比较表明：前者与气泡尺寸成 R^{-3} 的关系，而后者随 R^{-4} 的关系而变化。在表面扩散模型中，需要 UO_2（或者是其他燃料材料）的表面扩散系数；而体扩散机理同固体内某一种原子的点阵自扩散系数有关。在二元化合物中，如 UO_2，运动最慢的原子是 U^{4+} 离子，它的自扩散系数是

$$D_{vol}^{U^{4+}} = 4 \times 10^{-7}\exp\left(-\frac{290}{RT}\right) \tag{6.160}$$

确定了由于空位在周围的固体内运动而使气泡运动的 D_b 之后，就可根据能斯特－爱因斯坦方程得到在热梯度下的迁移速度。由于温度梯度而作用在每个空位上的力是

$$f = -\frac{Q_v^*}{T}\left(\frac{\mathrm{d}T}{\mathrm{d}x}\right)_b \tag{6.161}$$

式中，Q_v^* 是空位扩散的输运热。将上式代入式（6.151）给出作用在气泡上的力。然后根据力 F_b，气泡扩散系数［式（6.159）］以及这两个量之间的一般关系式［式（6.150）］求出气泡在温度梯度下的迁移速度。式（6.161）和气泡速度公式中所用到的温度梯度同宏观温度梯度之间的关系，并不像在表面扩散机理的气泡运动的情况下那么容易求出。Nichols 指出：对体扩散机理的迁移来说，倘若气泡的导热率可略去，则二者是相等的。当气泡的迁移率是由体扩散机理所导致的时候，在温度梯度的作用下，气泡运动速度的最终表示式是

$$v_b = \frac{D_{vol}Q_v^*}{kT^2}\left(\frac{\mathrm{d}T}{\mathrm{d}x}\right) \tag{6.162}$$

经常假定空位输运热等于 U^{4+} 离子的自扩散激活能。

6.7.4 应力梯度下的气泡迁移

气泡在固体中的无规则运动完全由气泡的扩散系数 D_b 来确定,扩散系数又同气泡的跳跃距离和跳跃频率有关,这两个量必须借助于讨论同气泡运动相关的跳跃距离和跳跃频率求出。在前面已经计算过表面扩散和体扩散机理的气泡扩散系数,给出了气泡扩散系数之后,就能够根据式(6.150)计算在外力 F_b 作用下的气泡运动速度。F_b 和 D_b 的计算是互相独立的。在前面已指出怎样将表面扩散和体扩散所得到的 D_b 与热梯度所导致的力结合起来,以求得气泡在这种特定的驱动力同两种原子扩散机理中任一机理的气泡扩散系数 D_b 联合作用下的迁移速度。现在,计算当固体中有应力梯度时施加于气泡上的力,并将这个力同温度梯度导致的力相比较。为了计算温度梯度导致的力,首先必须确定作用在单个原子性物质上的力,然后用式(6.151)得到 F_b。在应力梯度的情况下,计算作用在气泡上的力并不需要讨论外加势梯度对于各个原子的作用。Bullough 和 Perrin,Martin,Eyre 和 Bullough 以及 Leiden 和 Nichols 已经确定了应力梯度对气泡所产生的力。

考虑处于等温固体内的气泡,这种固体内在 x 方向上承受着静应力梯度。假定气泡与固体在局部静应力下处于力学平衡,并且假定气泡中的气体服从理想气体定律。当气泡由 x 处移动到 $x+dx$ 处时,应力环境由 σ 变化到 $\sigma+(d\sigma/dx)dx$。在这个移动过程中,气泡的半径由 R 变化到 $R+dR$,以使在所有时刻都保持力学平衡。气泡在移动 dx 的过程中所做的功等于吉布斯自由能相应减小的数值。由于功可表示为作用在气泡上的力和位移 dx 之积,因此 F_b 由下式给出

$$F_b = -\frac{dG_b}{dx} \quad (T = 常数) \tag{6.163}$$

式中,dG_b 是整个系统(固体+气泡)的吉布斯自由能的变化,它为下列三项之和:

①气泡内所含气体的自由能的变化,dG_g;

②由于表面积的变化而导致系统自由能的变化,dG_s;

③固体应变能的变化,dE_{solid}。

当含有一定数目气体原子的气泡等温地收缩和膨胀时,体积和压力都发生变化。气体自由能的变化是

$$dG_g = Vdp = d(pV) - pdV$$

式中,$V = 4\pi R^3/3$ 是气泡的体积。如果气体为理想气体,则 pV 是常数,因此

$$dG_g = -pdV = -p(4\pi R^2 dR) \tag{6.164}$$

气泡表面积 $A = 4\pi R^2$,由此它的增加或减小而引起的系统自由能的变化由下式给出:

$$dG_s = \gamma dA = \gamma(8\pi RdR) \tag{6.165}$$

式(6.165)就是表面张力的定义。将式(6.164)和(6.165)相加得出:

$$dG_g + dG_s = -4\pi R^2(p - 2\gamma/R)dR \tag{6.166}$$

对于处于力学平衡的气泡而言,局部应力、气体压力和气泡半径之间的关系由

$$p - 2\gamma/R = \sigma \tag{6.167}$$

表示。将这个方程与理想气体定律联合起来得到

$$\left(\sigma + \frac{2\gamma}{R} \right)\left(\frac{4\pi R^3}{3} \right) = mkT \tag{6.168}$$

在应力梯度下气泡迁移的过程中,式(6.168)的右边是常数,对该式取微分得到

$$\frac{\mathrm{d}R}{\mathrm{d}\sigma} = -\frac{R^2}{3\sigma R + 4\gamma} \tag{6.169}$$

微分 $\mathrm{d}R$ 可写成:

$$\mathrm{d}R = \left(\frac{\mathrm{d}R}{\mathrm{d}\sigma} \right)\left(\frac{\mathrm{d}\sigma}{\mathrm{d}x} \right)\mathrm{d}x$$

或者

$$\mathrm{d}R = -\frac{R^2}{3\sigma R + 4\gamma} \cdot \left(\frac{\mathrm{d}\sigma}{\mathrm{d}x} \right)\mathrm{d}x \tag{6.170}$$

将式(6.167)或(6.170)代入到式(6.166)中,得到

$$\frac{\mathrm{d}G_\mathrm{g}}{\mathrm{d}x} + \frac{\mathrm{d}G_\mathrm{s}}{\mathrm{d}x} = \frac{4\pi R^4 \sigma}{3\sigma R + 4\gamma} \cdot \frac{\mathrm{d}\sigma}{\mathrm{d}x} \tag{6.171}$$

下面分析气泡运动时固体应变能的变化对 G_b 的贡献。在承受流体静应力 σ 的固体内某一点处的弹性能密度为

$$E_\mathrm{el} = \sigma^2/(2K) \tag{6.172}$$

式中,K 是固体的体积模量。储存在固体中的总应变能是将 E_el 在整个体积内积分。假定平衡气泡是由于将气体所占据区域内的基体原子移动到无应力的固体的外表面后而产生的,现在球形空洞充满了足够的气体以产生使式(6.167)得以满足的压力。固体储能的变化仅是由第一个步骤所引起的。因为将材料从应力为 σ 的区域移动到无应力的表面,所以含有气泡的固体的弹性能为

$$E_\mathrm{solid} = E_\mathrm{solid}^0 - \left(\frac{\sigma^2}{2K} \right)\left(\frac{4\pi R^3}{3} \right) \tag{6.173}$$

式中,E_solid^0 是空洞引入之前固体的弹性能。通过对式(6.173)取微分而计算出弹性能变化 $\mathrm{d}E_\mathrm{solid}$,即

$$\mathrm{d}E_\mathrm{solid} = -\frac{2\pi\sigma R^3}{3K}\left(2R + 3\sigma \frac{\mathrm{d}R}{\mathrm{d}\sigma} \right)\mathrm{d}\sigma$$

或者将 $\mathrm{d}R/\mathrm{d}\sigma$ 用式(6.136)表示,则方程变成

$$\frac{\mathrm{d}E_\mathrm{solid}}{\mathrm{d}x} = -\frac{2\pi\sigma R^3}{3K}\left(\frac{3\sigma R + 8\gamma}{3\sigma R + 4\gamma} \right)\left(\frac{\mathrm{d}\sigma}{\mathrm{d}x} \right) \tag{6.174}$$

将式(6.171)和(6.174)相加,并取负号,就得到作用在气泡上的力为

$$F_\mathrm{b} = -\frac{4\pi\sigma R^4}{3\sigma R + 4\gamma}\left(1 - \frac{3\sigma R + 8\gamma}{6RK} \right)\frac{\mathrm{d}\sigma}{\mathrm{d}x} \tag{6.175}$$

由于多数固体的可缩性很低($K \approx 10^{12}\ \mathrm{dyn/cm^2}$),因此括弧中的最后一项即使对于非常小的气泡来说也比 1 小得多。

除了括弧中后一项的负号之外,式(6.175)首先是由 Bullough 和 Perrin 得到的。Martin 利用范德瓦尔斯状态方程代替理想气体定律,也完成了同前面描述的相同计算。然而,他把式(6.164)应用到非理想气体,并且用范德瓦尔斯方程去修正式(6.168)。当正确地计算时,非零项 $\mathrm{d}(pV)$ 应包括在 $\mathrm{d}G_\mathrm{g}$ 之中。

式(6.175)的两种极端情况是有意义的。在小气泡和低应力的情况下,$3\sigma R \ll 4\gamma$,于是

得到

$$F_b = -\frac{\pi R^4 \sigma}{\gamma}\frac{d\sigma}{dx} \tag{6.176}$$

相反,对于经受高应力的大气泡而言,$4\gamma \ll 3\sigma R$,因而式(6.175)变为

$$F_b = -\left(\frac{4\pi R^3}{3}\right)\frac{d\sigma}{dx} \tag{6.177}$$

式(6.175)到(6.177)表明,气泡总是沿应力梯度向下运动的,或者说向低应力区域运动。令 σ 等于负值,则式(6.175)可应用于拉应力场。拉应力的数值必须小于式(6.175)中的分母等于零时 σ 所具有的数值。当拉应力超过这一临界数值时,气泡将不能同固体处于平衡。

应力梯度和温度梯度导致的作用力之间的相对大小可以通过式(6.176)和(6.155)的比值来估算:

$$\frac{(F_b)_{stress}}{(F_b)_{temp}} = \frac{R\sigma^2 a_0^3}{2\gamma kT(Q_s^*/kT)}\frac{(1/\sigma)(d\sigma/dx)}{(1/T)(dT/dx)} \tag{6.178}$$

式中,k 是玻尔兹曼常数。对以下的参数数值估算式(6.178)的比值:

$$R = 100\text{ Å} = 10^{-6}\text{ cm}$$
$$a_0^3 = \Omega = 4\times 10^{-23}\text{ cm}^3$$
$$\sigma = 10^4\text{ kN/m}^2$$
$$d\sigma/dx = 10^9\text{ dyn/cm}^2$$
$$T = 2\,000\text{ K}$$
$$dT/dx = 4\,000\text{ K/cm}$$
$$Q_s^* = 4.5\text{ kJ/mol}(Q_s^*/kT = 25)$$
$$\gamma = 10^3\text{ dyn/cm}$$

将这些数值用于式(6.178)中就可看出:应力梯度对气泡所施加的力仅为温度梯度所施加的力的1%。应力梯度不是引起燃料材料体内气泡运动的重要原因,但是在局部的高应力梯度的区域内,这种力可能是重要的。例如,刃形位错的高应力梯度能有效地驱使气泡迁移到一些位错线上,并在那里被钉扎住。

6.7.5　气泡聚合的速率常数

两个气泡碰撞时,最后一定聚合成一个气泡,因为一个气泡比两个初始的气泡所具有的表面能更低。首先介绍碰撞的定义。如果两个邻近的气泡在它们的表面实际接触之前,相互之间有一个吸引力的话,那么碰撞截面将大于两气泡半径之和所给出的截面。Wills 和 Bullough 曾指出,倘若两个气泡中至少有一个处于非平衡态(即不满足式(6.167)),它们之间确实存在一个小的吸引力。相互作用力是具有压力过量(或不足)的气泡所建立起来的弹性应力场导致的。然而,两个处于力学平衡的气泡,直到它们发生物理接触的时候,相互之间才会觉察到另一个的存在。因此,当两个气泡的中心距等于它们的半径之和时,才认为发生了碰撞。

Nichols 分析了继初始碰撞后所发生的一系列事件。在第一阶段中,两个气泡烧结成一个气泡,它的体积等于两个初始气泡体积之和。在这个阶段结束时,聚合了的气泡的半径是

$$(R_f')^3 = R_1^3 + R_2^3$$

式中,R_1 和 R_2 是碰撞前两个气泡的半径。如果在碰撞前,两个气泡同固体处于力学平衡,可

以看到,半径 R'_f 将小于为使聚合了的气泡处于力学平衡所要求的半径值。其结果是在第一阶段结束时气泡呈现出压力过量,这种压力过量将借助于气泡从基体中吸收空位所造成的体积增加来消除。当力学平衡重新建立起来或当最后的半径满足式(6.100b)

$$m_1 + m_2 = \left(\frac{4\pi R_f^2}{3}\right)\frac{2\gamma}{kT}$$

时,这种体积调整的第二阶段停止。

由于初始气泡也处于力学平衡之中,m_1 和 m_2 同 R_1 和 R_2 的关系由方程(6.100b)给出。因此,调整后的气泡聚合体积的最终半径是

$$R_f^2 = R_1^2 + R_2^2 \tag{6.179}$$

这个公式表明,经受碰撞聚合但与固体总是处于力学平衡的气泡,其表面积保持为常数。对于包含具有分布尺寸的气泡的固体,为了定量描述在其中所发生聚合的速率,我们首先必须确定具有不同尺寸的气泡之间碰撞的速率常数。在非择优方向迁移的情况下(即气泡无规则运动),碰撞速率可以用 Chandresekhar 在分析胶体粒子碰撞中所建立起来的理论来描述。假定 C_m 是气泡的分布函数,即

$$C_m = 含有 m 个气体原子的气泡数目/cm^3$$

首先计算半径为 R 的粒子由于做布朗运动而碰撞的速率。我们选取一个气泡,假定它是处在一无限介质内且固定不动的,开始时在这种介质中以无规方式运动的同类气泡是均匀分布的。静止气泡处于球坐标的原点。假定半径为 $r = 2R$ 的球表面是一个理想的吸附体,由于存在着这个尾闾,在固定的气泡附近建立了运动气泡的浓度梯度。如果在 t 时刻、距固定气泡为 r 处的运动气泡的浓度用 $w(r,t)$ 来表示,那么必须满足的扩散方程是

$$\frac{\partial w}{\partial t} = \frac{D_b}{r^2}\frac{\partial}{\partial r}\left(r^2\frac{\partial w}{\partial r}\right) \tag{6.180}$$

该方程的初始条件是

$$w(r,0) = C_m \qquad (当 r > 2R 时) \tag{6.181}$$

且边界条件是

$$w(2R,t) = 0 \tag{6.182}$$

$$w(\infty,t) = C_m \tag{6.183}$$

方程(6.180)~(6.183)的解是

$$w(r,t) = C_m\left\{1 - \frac{2R}{r} + \left(\frac{2R}{r}\right)\mathrm{erf}\left[\frac{r - R}{2(D_b t)^{1/2}}\right]\right\} \tag{6.184}$$

气泡到达 $r = 2R$ 处表面时的速率(即运动气泡与静止气泡的碰撞速率)由下式给出:

$$运动气泡与静止气泡的碰撞速率 = 4\pi(2R)^2 D_b(\partial w/\partial r)_{2R}$$

$$= 4\pi(2R)^2 D_b C_m\left[1 + \frac{2R}{(\pi D_b t)^{1/2}}\right] \tag{6.185}$$

方程(6.185)和方程(6.36)是相似的,方程(6.36)给出了半径为 $2R$ 的球形尾闾对原子缺陷的吸收速率,它正好就是方程(6.185)在稳态时($t \to \infty$)相应的公式。

现在我们放宽对处于坐标原点的那个气泡为固定不动的这一限制,而允许它同其他气泡一样也做无规则运动。扩散理论和无规行走问题之间的基本关系是由下列方程所给出的概率分布,即无规行走问题中的概率分布 $p_t(r)$ 与扩散问题中的浓度分布 $C(r,t)$ 有如下关系:

$$p_t(\gamma) = \frac{C(r,t)}{N} = \frac{\exp(-r^2/(4Dt))}{(4\pi Dt)^{3/2}} \tag{6.186}$$

上式给出了粒子在 $t = 0$ 时从原点出发,经过时间 t 后,处于距初始位置为 r 的体积元 d^3r 内的概率。为了处理坐标原点本身处于无规则运动问题,我们考虑在零时刻一起开始运动的两粒子在 t 时刻的相对位移。相对位移的概率分布将由两个粒子各自的概率分布的乘积进行积分而给出:

$$p_t(\boldsymbol{r}) = \int_{r_1} p_t(\mid \boldsymbol{r}_1 \mid) p_t(\mid \boldsymbol{r}_2 \mid) \mathrm{d}^3 \boldsymbol{r}_1$$

式中,r 是 t 时刻的矢量相对位移;r_1 是第一粒子的矢量位移,因而 $r_2 = r_1 + r$ 是第二粒子的矢量位移。概率分布函数 p_t 由式(6.186)给出,因此上述积分变成

$$p_t(\boldsymbol{r}) = \frac{1}{(4\pi D_b t)^3} \int_{r_1} \exp\left(-\frac{\mid \boldsymbol{r}_1 \mid^2}{4 D_b t}\right) \exp\left(-\frac{\mid \boldsymbol{r}_1 + \boldsymbol{r} \mid^2}{4 D_b t}\right) \mathrm{d}^3 \boldsymbol{r}_1$$

式中的积分可用下述方法求出:将固定的矢量 r 规定为可变矢量 r_1 的方向在空间的参考方向,r 的一端作为球坐标系的原点,微分体积 $\mathrm{d}^3 r_1$ 是 $2\pi r_1^2 \mathrm{d} r_1 \mathrm{d}(\cos\theta_1)$,其中 θ_1 是 r 和 r_1 之间的极角。量 $\mid r_1 + r \mid^2$ 可借助于 r_1,r 和 θ_1 通过余弦定理来计算,并在 r_1 和 θ_1 的范围内进行积分。结果是

$$p_1(r) = \frac{\exp(-r^2/(8 D_b t))}{(8\pi D_b t)^{3/2}} \tag{6.187}$$

将相对位移的这个概率分布与单个粒子从静止原点位移的相应结果式(6.186)进行比较,可以看到,相对位移服从相同的分布定律,但其表现扩散系数是粒子扩散系数的 2 倍。因此,与方程(6.186)相对应,介质内某一个运动气泡与介质内其他运动气泡之间的碰撞关系是

$$运动气泡与一个运动气泡之间的碰撞速率 = 4\pi (2R)(2D_b) C_m \left\{ 1 + \frac{2R}{[\pi (2 D_b) t]^{1/2}} \right\}$$
$$\tag{6.188}$$

最后,单位体积内的碰撞速率由式(6.188)乘以尺寸为 m 的气泡密度 C_m 而得到,结果是

$$含有 m 个气体原子的气泡之间的碰撞速率/\mathrm{cm}^3 = 4\pi (2R)(2D_b) \left\{ 1 + \frac{2R}{[\pi (2 D_b) t]^{1/2}} \right\} C_m^2$$
$$\tag{6.189}$$

式(6.189)可推导出含有 i 和 j 个气体原子的气泡之间的碰撞速率。如果它们的浓度分别是 C_i 和 C_j,则碰撞速率是

$$尺寸为 i 和尺寸为 j 的气泡间的碰撞速率/\mathrm{cm}^3 = 4\pi (R_i + R_j)(D_{bi} + D_{bj}) \cdot$$
$$\left\{ 1 + \frac{R_i + R_j}{[\pi (D_{bi} + D_{bj}) t]^{1/2}} \right\} C_i C_j \tag{6.190}$$

对于核燃料内气泡聚合所做的所有分析都将大括弧中的第二项略去了。这是由于碰撞之间的迁移距离通常要比气泡的半径大得多,并利用

$$尺寸 i 和尺寸 j 气泡间的碰撞速率/\mathrm{cm}^3 = k_{ji} C_i C_j \tag{6.191}$$

由速率常数的定义来表示碰撞速率,则有

$$k_{ij} = 4\pi (R_i + R_j)(D_{bi} + D_{bj}) \tag{6.192}$$

为了导出当择优方向运动占优势时气泡的速率常数表示式,需要考虑在势梯度方向上气泡之间的相对运动。当一个气泡追上或被另一个不同尺寸的气泡(具有不同的速度)追上时,将发生聚合。考虑沿某一特定方向上以速度 v_{bj} 运动着的一个尺寸为 j 的气泡,在这个介质内包含 C_i 个尺寸为 i 的气泡,这些气泡也沿着 j 气泡运动方向运动,但速度为 v_{bi}。为了简化起

见,可以把 j 气泡看作是固定在某一位置,而把 i 种的气泡运动速度看作是 $v_{bi} - v_{bj}$(见图 6.23)。在时间间隔 Δt 内,中心位于半径为 $R_i + R_j$、长度为 $(v_{bi} - v_{bj})\Delta t$ 的圆柱内的所有尺寸为 i 的气泡都将与气泡 j 相碰撞。因此,尺寸为 i 的气泡与一个尺寸为 j 的气泡相聚合的速率是

$$\pi(R_i + R_j)^2(v_{bi} - v_{bj})C_i$$

或者,如果单位体积内有 C_j 个尺寸为 j 的气泡,则单位体积内 i, j 相碰撞的概率由式(6.191)给出,速率常数是

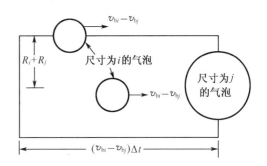

图 6.23 计算气泡定向运动聚合速率的图形

$$k_{ij} = \pi(R_i + R_j)^2(v_{bi} - v_{bj}) \tag{6.193}$$

式(6.191)同式(6.192)或(6.193)构成了无规或择优方向运动气泡分布函数演变(以时间为函数)所服从的基本公式。

6.7.6 聚合造成的气泡长大

在6.5节中,我们讨论了由空位和气体原子从基体向空洞(或气泡)内扩散使空洞(或气泡)生长的空洞(或气泡)长大模型。空洞(或气泡)长大的另一种机理是聚合。如果气泡在固体内是可动的,而且气泡或者以无规则的方式,或者在驱动力的作用下运动的话,将会发生聚合长大。由于聚合是小气泡长大成大气泡的有效方式,因此它对燃料的肿胀有很大影响。Greenwood 和 Speight 在1963年首先提出了聚合引起肿胀的理论,他们所做的计算包含着许多简化,这样能够得到平均气泡半径和气泡密度作为时间函数的解析表达式。Gruber 用计算机精确地解相关的守恒方程,从而扩展了 Greenwood – Speight 的工作。这两种开创性的研究都集中在聚合现象上。但是,随聚合过程必然同时出现的其他一些重要过程,如吸收单个气体原子和空位而导致的长大以及辐照重溶,被忽略了。上述两种计算也都做了下述假设:

(1)气泡中的气体服从理想气体定律;

(2)气泡同没有应力的固体处于力学平衡;

(3)气泡以表面扩散机理无规则地迁移,或择优方向迁移,其速度由表面扩散机理连同温度梯度所施加的外力来确定。

1. Greenwood – Speight 模型

Greenwood – Speight 只讨论气泡的无规则运动。他们的分析可应用于两种情况:①在气体原子数一定的情况下,由聚合导致的长大(辐照后的退火);②在气体原子产率恒定的情况下,聚合导致的长大(堆内行为)。

在辐照后退火的情况下,当 t 为零时每立方厘米固体内含有 N_0 个气泡,每个气泡的半径为 R_0,没有分散状态的气体原子存在。随着时间的延续,聚合将使 N 减少,而 R 增大。假定所有气泡都用一个平均半径来表征,而不试图确定气泡的分布函数,每个气泡内所含的气体原子数由式(6.100b)给出,即

$$m = \left(\frac{4\pi R^2}{3}\right)\frac{2\gamma}{kT}$$

由于气体的总量是固定不变的,而且没有分散状态的气体,因此 m 和 N 之间的关系由物质平衡关系来表示:

$$mN = m_0N_0 = M = 常数 \tag{6.194}$$

将方程(6.100b)和(6.194)结合起来,就得到气泡半径和气泡密度之间的关系:

$$N = \left(\frac{3MkT}{8\pi\gamma}\right)\frac{1}{R^2} \tag{6.195}$$

当聚合仅以无规运动的方式出现时,它的动力学用方程(6.191)描述,其中速率常数由式(6.192)给出。假定所有的气泡都具有相同的尺寸,因此可以令方程(6.191)中的 $C_i = C_j = N$,令式(6.192)中的 $R_i = R_j = R$ 以及 $D_{bi} = D_{bj} = D_b$。由于每一次碰撞消失两个气泡并产生一个较大的气泡,所以气泡密度的时间变化率等于碰撞速率,或

$$\frac{dN}{dt} = -4\pi(2R)(2D_b)N^2 = -16\pi RD_bN^2 \tag{6.196}$$

如果应用方程(6.138)消去 D_b,并通过式(6.195)用 N 来表示 R,那么动力学方程将变成

$$\frac{dN}{dt} = -24\pi a_0^2 D_s \left(\frac{8\pi\gamma}{3MkT}\right)^{3/2} N^{7/2}$$

利用初始条件 $N(0) = N_0$ 将该式积分便得到

$$\frac{1}{N^{5/2}} = \frac{1}{N_0^{5/2}} + 60a_0^2 D_s \left(\frac{8\pi\gamma}{3MkT}\right)^{3/2} t$$

发生了几级聚合后,$N \ll N_0$ 这一条件成立,因此方程右边的第一项可以忽略掉。如果通过方程(6.195)借助 R 来表示 N,则最终结果是

$$R = 1.48\left(\frac{a_0^4 D_s MkT}{\gamma}\right)^{1/5} t^{1/5} \tag{6.197}$$

为将这个分析应用于以恒定速率(裂变)产生气体的堆内情况,可以利用物质平衡

$$Y_{Xe}\dot{F}t = mN \tag{6.198}$$

代替式(6.194),这里已将分散状态的气体浓度略去了。当与式(6.100b)结合起来时,给出

$$N = \left(\frac{3Y_{Xe}\dot{F}kT}{8\pi\gamma}\right)\frac{t}{R^2} \tag{6.199}$$

式(6.199)是基于这样的假定:所有裂变气体都容纳在半径为 R 的气泡内。这样的限制显然是不正确的,因为新产生的裂变气体是以单个原子的形式进入点阵的,并且只有在被原有气泡吸收或聚合而长大的一段时间之后才变成气泡。如果采用均匀尺寸这种简化的话,气泡密度的动力学方程是

$$\frac{dN}{dt} = \frac{Y_{Xe}\dot{F}}{m} - 16\pi RD_bN^2 \tag{6.200}$$

其中,右边的第一项表示由裂变导致的新气泡的生成速率。根据式(6.198),这一项等于 N/t。按均匀尺寸的要求,新生成的气泡必须同其他所有的气泡一样,都具有相同数目的气体原子并具有相同的半径 R 值。右边的第二项被认为是由于聚合而使气泡减少的数目。对于辐照后所进行的退火状态,在动力学方程中就只有这一项。D_b 用式(6.138)代入并用式(6.199)消去 R,得到微分方程

$$\frac{dN}{dt} = \frac{N}{t} - \alpha\frac{N^{7/2}}{t^{3/2}} \tag{6.201}$$

式中，$\alpha = 24a_0^4 D_s\left(\dfrac{8\pi\gamma}{3Y_{Xe}\dot{F}kT}\right)^{3/2}$，是常数。

式(6.201)的初始条件是 $N(0) = 0$。这个微分方程可利用形式为 $N = At^n$ 的这样一个试解来解出。初始条件是自然满足的，而且常数 A 和 n 可以通过将试解代入微分方程来求得。代入后就简化成

$$nAt^{n-1} = At^{n-1} - \alpha A^{7/2}t^{(7n-3)/2}$$

为了使各项中的 t 的幂次都相同，n 必须等于 $1/5$。对于 t 项的系数来说，为使具有该 n 值的上述方程得以满足，A 必须等于 $(4/5\alpha)^{2/5}$。可以利用 $N = (4/5\alpha)^{2/5}t^{1/5}$ 和式(6.199)求出 $R(t)$ 的下述表达式：

$$R = 1.28\left(\frac{a_0^4 D_s Y_{Xe}\dot{F}kT}{\gamma}\right)^{1/2}t^{2/5} \tag{6.202}$$

这个公式同仅仅用 $Y_{Xe}\dot{F}t$ 代换式(6.197)中的 M 所得到的结果是非常接近的。Greenwood 和 Speight 采用与此不同的其他方法也导出了式(6.202)，但在 $R(t)$ 的表示式中，其差别仅在于式(6.202)右边的常数是 $(9Z/16\pi)^{1/5}$（其中，Z 是组合数，数值是12），而不是1.28。

在所有气泡具有均匀尺寸的模型中，体积肿胀等于 $(4\pi R^3/3)N$，或者利用式(6.199)给出的 N 和式(6.202)给出的 R，肿胀为

$$\frac{\Delta V}{V} = 1.48(a_0^4 D_s)^{1/5}\left[Y_{Xe}\dot{F}\left(\frac{kT}{2\gamma}\right)\right]^{6/5}t^{7/5} \tag{6.203a}$$

为了阐明聚合对燃料肿胀的巨大影响，我们用下列参数值来估算 $\Delta V/V$：$a_0 = 3$ Å，$D_s = 8\times10^{-7}$ cm²/s，$Y_{Xe}\dot{F} = 2\times10^{13}$ cm⁻³·s⁻¹，$(kT/2\gamma) = 1$ Å²，$t = 3\times10^7$ s（此时消耗的裂变密度相应于10%的燃耗）。由这些数值所预计的肿胀为165%。尽管由于裂变气体可以沿着互相连通起来的气泡释放出去，不可能达到这样高的肿胀值，但是计算表明聚合是影响辐照燃料肿胀的重要因素。比较一下，在同样燃耗值下，用静态气泡模型

$$\frac{\Delta V}{V} = \left(\frac{4\pi R^3}{3}\right)N = \left(\frac{3}{4\pi}\right)^{1/2}\frac{\left[(kT/2\gamma)Y_{Xe}\dot{F}t\right]^{3/2}}{N^{1/2}} \tag{6.203b}$$

计算的肿胀是2.3%。这个模型采用了式(6.203)所固有的所有假定，差别仅在于聚合现象。

2. Gruber 方法

Gruber 对气泡聚合进行计算机计算，其重要意义在于这种计算是精确的。同 Greenwood - Speight 所做的近似分析相反，Gruber 没有为了处理上的方便而简化守恒方程。他研究了两种情况：①气体原子数目一定的情况下，气泡以无规的方式迁移而发生聚合长大；②气体原子数目一定的情况下，气泡以择优方向迁移的方式而发生聚合长大。

由于第一种情况已用 Greenwood - Speight 法处理过，因此可以检验现在这种分析的精确度。在 Gruber 的工作中，情况①和②之间的唯一差别是：对于第一种情况，聚合速率常数由式(6.192)给出，而对第二种情况，聚合速率常数由式(6.193)给出。在这两种情况下，气泡的守恒方程都是一样的。含 m 个气体原子的气泡浓度的时间变化率可借助于计算产生或摧毁这种尺寸气泡的总碰撞数来得到。确定气泡损失速率的方法如下：尺寸为 m 的气泡同任一其他气泡之间所发生的一切碰撞，都将使其从 m 类消失。由这些碰撞导致的损失速率是

$$\text{摧毁尺寸为 } m \text{ 的气泡的速率 } /\text{cm}^3 = \sum_{j=1}^{\infty} (1 + \delta_{jm}) k_{mj} C_m C_j \tag{6.204}$$

式中，δ_{jm} 是 Kronecker δ 函数（如果 $j \neq m$，$\delta_{jm} = 0$；如果 $j = m$，$\delta_{jm} = 1$）。考虑到尺寸为 m 的气泡之间发生一次碰撞将除去两个这样的气泡，因此式（6.204）中 δ_{jm} 的存在是需要的。k_{mj} 是含有 m 个气体原子的气泡同含有 j 个气体原子的气泡之间发生聚合的速率常数。

尺寸为 m 的气泡的生成速率是由满足下述条件的小尺寸气泡之间碰撞所导致的，即碰撞聚合后的气泡内所含的原子数为 m，其速率可表示为

$$\text{尺寸为 } m \text{ 的气泡生成速率 } /\text{cm}^3 = \frac{1}{2} \sum_{i+j=m} (1 + \delta_{ij}) k_{ij} C_i C_j \tag{6.205}$$

为了避免将碰撞事件重复计算两次，在这个表示式中需要有因子 1/2 和 Kronecker δ 函数。如果 $m = 10$，产生这种碰撞是 $1 + 9, 2 + 8, 3 + 7, 4 + 6, 5 + 5$。然而当 $m = 10$ 时，式（6.205）中的求和包括 $1 + 9, 2 + 8, 3 + 7, 4 + 6, 5 + 5, 6 + 4, 7 + 3, 8 + 2, 9 + 1$，Kronecker δ 函数又加上一个 $5 + 5$。因子 1/2 就将其中一个 $5 + 5$ 和后四组数除掉了，这样所得到的结果才是正确的数值。另一方面，式（6.205）可写成

$$\text{尺寸为 } m \text{ 的气泡生成速率 } /\text{cm}^3 = \frac{1}{2} \sum_{j=1}^{m-1} (1 + \delta_{j,m/2}) k_{m-j,j} C_{m-j} C_j \tag{6.206}$$

式中，只有当 m 为偶数时，Kronecker δ 函数才能应用。将方程（6.204）和（6.206）结合在一起，得到尺寸为 m 的气泡的守恒方程：

$$\frac{\mathrm{d} C_m}{\mathrm{d} t} = \frac{1}{2} \sum_{j=1}^{m-1} (1 + \delta_{j,m/2}) k_{m-j,j} C_{m-j} C_j - \sum_{i=1}^{\infty} (1 + \delta_{j,m}) k_{mj} C_m C_j \tag{6.207}$$

式（6.207）实际上是一组数目很大的相关的非线性微分方程。然而，如果聚合时间很短，以致只有很少数的小气泡长大成很大尺寸的气泡，那么在这个微分方程中，计算可以在某一容易处理的尺寸处截止。Gruber 利用初始条件

$$C_m(0) = M \quad (\text{当 } m = 1 \text{ 时})$$
$$C_m(0) = 0 \quad (\text{当 } m > 1 \text{ 时}) \tag{6.208}$$

也就是说，所有的气体开始时都是作为单个原子存在于基体内的。式（6.207）和（6.208）（式中的 k_{ij} 是 i 和 j 的已知函数，指标 i, j 表示进行碰撞的气泡内的原子数目）的解决定了作为时间函数的 $C_m(t)$。由这些计算可以算出作为时间函数的分布函数的第 k 次矩：

$$\langle m^k \rangle = \frac{1}{M} \sum_{m=1}^{\infty} m^k C_m(t) \tag{6.209}$$

零次矩给出气泡的总密度：

$$N = \langle m^0 \rangle M = \sum_{m=1}^{\infty} C_m(t) \tag{6.210}$$

一次矩是燃料内气体原子的总数除以 M，且等于 1：

$$\langle m^1 \rangle = \frac{1}{M} \sum_{m=1}^{\infty} m C_m(t) = 1$$

由于已假定为理想气体且处于力学平衡状态，因此含有 m 个原子的气泡半径由方程（6.100b）给出。气泡分布函数的平均半径是

$$\bar{R} = \frac{\sum_{m=1}^{\infty} R C_m(t)}{\sum_{m=1}^{\infty} C_m(t)} = \left(\frac{3kT}{8\pi\gamma}\right)^{1/2} \frac{\sum_{m=1}^{\infty} m^{1/2} C_m(t)}{\sum_{m=1}^{\infty} C_m(t)} = \left(\frac{3kT}{8\pi\gamma}\right)^{1/2} \frac{\langle m^{1/2} \rangle}{\langle m^0 \rangle} \tag{6.211}$$

我们首先讨论 Gruber 对无规迁移导致的聚合所做的计算,对于这种情况,速率常数由式(6.192)给出。将式(6.138)给出的 D_b(是 R 的函数)和式(6.100b)所给出的 R(用 i 和 j 表示)代入到式(6.192)中,就给出式(6.207)中所用的速率常数:

$$k_{ij} = 6a_0^4 D_s \left(\frac{8\pi\gamma}{3kT}\right)^{3/2} (i^{1/2} + j^{1/2})(i^{-2} + j^{-2}) \tag{6.212}$$

该式右边的常数项可用由

$$\tau = 6Ma_0^4 D_s \left(\frac{8\pi\gamma}{3kT}\right)^{3/2} t \tag{6.213}$$

所定义的无量纲时间从守恒方程中消去。将气泡的总浓度 M 并入到 τ 的定义内,这意味着,出现在式(6.207)中的浓度与 M 联系起来了,而且这个解给出以无量纲时间 τ 为函数的无量纲气泡浓度 C_m/M。按照这样的处理,在数值解中便不出现参量了。图 6.24(a)表示无量纲时间取三种不同数值时的气泡分布函数(初始分布在 $m=1$ 时是 δ 函数)。Gruber 发现(经验地),如果分布函数由

$$\frac{C_m}{M} = \tau^{-4/5} C^* (m\tau^{-2/5}) \tag{6.214}$$

表示的话,对于所有的短时间的情况,图 6.24(a)的曲线都落到一条曲线上。式中 C^* 是一通用的分布曲线,它仅仅是变量 $m\tau^{-2/3}$ 的函数而不是分别地与 m 和 τ 有关。式(6.214)中所示的这组变量叫作相似变换,在热传导和流体力学问题中,有许多类似的变换。

Baroody 已经利用分布函数的这种自持特征推导了辐照后退火聚合问题中的精确解析计算方法。当气体原子连续不断产生的时候(堆内聚合)以及在除聚合之外还有其他过程也对分布函数有影响的时候,还不清楚能否得到类似的解。图 6.24(b)给出了在辐照后退火的情况下,气泡由无规则聚合所导致的通用分布函数。利用它可求出为计算某些性质(如气泡的平均半径)所需要的分布函数矩。将式(6.214)代入到式(6.209)得到

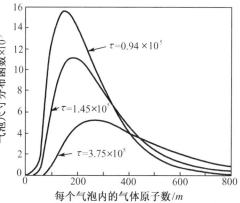

(a) 在各种无量纲时间下的无量纲尺寸分布

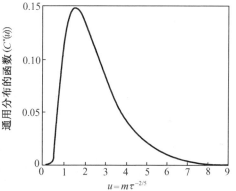

(b) 在无规则聚合下通用的气泡分布函数

图 6.24　辐照后退火期间气泡分布函数的演化

［引自 E. E. Gruber, J. Appl. phys. ,38:243(1967). ］

$$\langle m^k \rangle = \sum_{m=1}^{\infty} m^k \tau^{-4/5} C^* (m\tau^{-2/5}) = \tau^{-(4-2k)/5} \sum_{m=1}^{\infty} (m\tau^{-2/5})^k C^* (m\tau^{-2/5})$$

第二项求和计算可用积分近似,即

$$\sum_{m=1}^{\infty} (m\tau^{-2/5})^k C^* (m\tau^{-2/5}) \approx \int_0^{\infty} (m\tau^{-2/5})^k C^* (m\tau^{-2/5}) dm = \tau^{2/5} \int_0^{\infty} u^k C^* (u) du$$

式中,$u = m\tau^{-2/5}$。对于任一所希望的 k 值,积分都可以根据通用分布函数进行数值计算。例如:

$$\frac{\langle m^{1/2}\rangle}{\langle m^0\rangle} = \frac{\tau^{-3/5}\int_0^\infty u^{1/2}C^*(u)\,\mathrm{d}u}{\tau^{-4/5}\int_0^\infty C^*(u)\,\mathrm{d}u} = 1.53\tau^{1/5} \qquad (6.215)$$

如果把这个式子代入到式(6.211)中,并且 τ 用式(6.213)代替,就得到长大规律:

$$\bar{R} = 1.32\left(\frac{a_0^4 D_s M k T}{\gamma}\right)^{1/5} t^{1/5} \qquad (6.216)$$

用 Greenwood – Speight 的近似方法所得到的类似式[式(6.197)]同式(6.216)符合得非常好。

上述分析适用的物理状态同在 6.3.5 节中所分析的长大问题是相同的。二者都是辐照后退火的情况,而且初始时气体都是以原子的形式分散在基体中的。然而,这两种模型的长大机理很不相同:Speight 的分析中假定气泡是不动的,而且气泡仅仅是通过对存在于基体内的气体扩散控制吸收而长大的,这个模型所得到的长大规律由式(6.48)给出;另一方面,在刚才讨论的情况下,气泡的一切长大都归因于聚合,其长大规律由式(6.216)给出。图 6.25 表示由这两种模型计算得到的平均气泡半径与退火时间的函数关系。除了扩散系数和气泡密度之外,长大公式中所有参数完全相同。在单原子吸收模型中,相应的扩散系数是裂变气体原子在基体材料中的扩散系数 D_{Xe},而在聚合模型中,长大动力学是由 UO_2 的表面自扩散系数 D_s 控制的。在 2 000 K 时,已分别用式(6.49)和(6.139)计算出了这两种扩散系数。用式

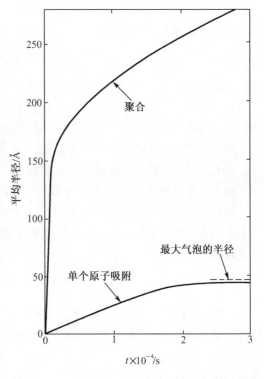

图 6.25　在 2 000 K 下辐照后退火期间由单个原子吸附和聚合所导致的气泡长大的比较
$(D_{Xe} = 2.1\times10^{-14}\ \mathrm{cm^2/s}; D_s = 5\times10^{-7}\ \mathrm{cm^2/s};$
$N = 10^{15}\ \mathrm{cm^{-3}}; C_0 = M = 10^{19}\ \text{原子/cm}^3;$
$kT/2\gamma = 10^{-16}\ \mathrm{cm^2}; a_0 = 4.1\times10^{-23}\ \mathrm{cm^3})$

(6.48)计算 $\bar{R}(t)$ 时所需要的气泡密度选取为 $10^{15}\ \mathrm{cm^{-3}}$。这个数值同成核模型计算出的数值相比是比较低的。然而,更大的气泡密度将使气泡的极限半径低于图上所示的数值,因而将使两种计算曲线之间的差别更大。另一方面,在聚合模型中,气泡的尺寸的上限是非常大的。原则上,聚合一直延续到整个燃料体内所有气体原子都进入到一个非常大的气泡内时为止。在两种计算中,都是取固体在退火前燃耗 0.1% 时所产生的气体作为初始气体含量的。

图 6.25 表明,可动气泡和不可动气泡的长大模型所计算出的结果之间差别非常大。在这两种理论中,不可动的模型可能更实际一些,因为由式(6.49)所给出的十分合理的裂变气体扩散系数的公式是根据吸收单原子的气泡长大模型得到的。聚合模型不能恰当地描述小气泡的长大过程,其原因可能是因为这个模型高估了气泡的可动性。由于小气泡会被固体内的各种缺陷固定住,因而它们并不像表面扩散机理所预期的那样容易迁移。然而,在外力作用下,大气泡能够从一般晶体缺陷的束缚下逃脱出来,因此在辐照燃料的寿命的某些阶段,固体内的聚合现象必须加以考虑。Gruber 的工作是有价值的,因为它给出了聚合现象的标准计算,在全面分析辐照燃料内气泡行为的计算中,所采用的其他近似处理方法都可与它相比较,

以保证计算的精确度。

Gruber 的计算给出理想物理状态下的严格解,但这种物理状态过于理想,以致不能恰当地反映实际的燃料行为。除了假定气体的总含量为常数(而不是认为气体原子以固定的速率产生)之外,诸如非理想气体的行为,重溶和气泡钉扎等现象被忽略掉了。此外,式(6.207)中的求和是从 $j = 1$ 开始,这意味着单个气体原子以及几个原子的原子团所表现的行为同气泡一样。然而,单个原子与气泡之间的反应应当用相应于这种反应的速率常数(6.3.2 节)来处理,而不应当用聚合的速率常数处理,况且双原子(气团)不是气泡。究竟气体原子组在什么样的尺寸下,由以原子性物质而迁移的原子团转变成以表面扩散机理迁移且能精确地给出扩散系数的真正气泡,这些尚不清楚。

Gruber 也讨论了在有外加驱动力的情况下辐照后退火期间的长大问题,他所考虑的驱动力是温度梯度。在这种情况下,同前面讨论的无规运动计算的唯一变化是速率常数用式(6.193)来代替(6.192)。式(6.193)所需要的迁移速度由式(6.144)给出。在择优方向迁移的情况下,具有一定尺寸分布谱的气泡作为开始是必须的。如果初始时气泡都一样大,这些气泡都将沿同一方向以相同速度迁移,因而不会出现追赶式的碰撞。图 6.24(a)给出的短时间退火(在此期间,无规迁移占优势)时的分布形状当作定向迁移问题中的初始条件。同无规迁移的情况一样,计算了气泡分布函数的演变,并已将它的矩用于确定平均参数,诸如平均半径和体积肿胀。用定向迁移模型所计算的体积肿胀比仅发生无规迁移时所计算的肿胀大一个数量级。如果将 Gruber 方法应用于堆内聚合的话,肿胀很可能比 Greenwood - Speight 的无规迁移分析(第二种情况)所计算的值更大。由于式(6.203)给出的肿胀值已高得不切实际了,因此择优方向迁移所计算的 $\Delta V/V$ 值将会大到不可信的程度。纯聚合模型失败的原因同位错的钉扎作用有关,也同忽略掉重溶效应有关。

3. 关于聚合的其他计算方法

对于核燃料内的物理状态来说,仅仅根据自由运动的气泡聚合而给出的模型是太简化了。一些研究已对这种过分简化的物理状态提出了修正。这种尝试涉及比方程(6.207)更加复杂的气泡守恒方程。例如,气泡吸收单个原子、宏观重溶以及聚合现象同时出现的话,气泡守恒方程为

$$\frac{\mathrm{d}C_m}{\mathrm{d}t} = k_{1,m-1}^{\mathrm{abs}} CC_{m-1} - k_{1m}^{\mathrm{abs}} CC_m - b'C_m +$$
$$\frac{1}{2}\sum_{j=2}^{m-1}(1+\delta_{j,m/2})k_{m-j,j}^{\mathrm{coal}}C_{m-j}C_j - \sum_{j=2}^{\infty}(1+\delta_{jm})k_{m,j}^{\mathrm{coal}}C_mC_j \tag{6.217}$$

式中,k_{1m}^{abs} 是尺寸为 m 的气泡吸收单个气体原子的速率常数[式(6.39)];k_{ij}^{coal} 是聚合速率常数[式(6.192)和(6.193)];b' 是辐照重溶参数(在燃料内一个气泡在 1 s 内被摧毁的概率)。方程(6.217)假定:双原子的气体原子团是作为一个气泡迁移的。

由于式(6.217)包含表示气体原子返回基体中的一项(重溶项),因此关于所有气体原子都包含在气泡中的这一假定,如 Greenwood - Speight 和 Gruber 在他们聚合分析中所做的那样,就不再允许了。相反,方程组必须同总的气体平衡联系起来:

$$Y_{\mathrm{Xe}}\dot{F}t = C + \sum_{m=2}^{\infty}mC_m \tag{6.218}$$

式(6.217)的右边第一项可以用 $k_{1m}C_m$ 对 m 的微分来表示,方程(6.217)和(6.218)中的求和

可以用对分布函数的积分来近似,因此守恒方程可简化成一对联立的积分微分方程。解这个方程是有困难的,其困难同在气体动力学理论或在中子输运理论中解玻耳兹曼方程所遇到的情况完全相同。

尽管式(6.217)和(6.218)包含长大(以吸收单个原子的方式)、重溶和聚合,但都忽略了两个重要现象:只有当单个气体原子和气泡的空间浓度梯度可忽略时,这些方程在这样的无限介质中才是正确的。如果气体能够由于气体原子和气泡输运到可能发生泄漏的表面而释放出来的话,方程(6.217)中就应包含下述两项:一项是表示无规迁移的气泡在浓度梯度下的扩散,$\nabla(D_{bm}\nabla C_m)$;一项是表示由择优方向迁移而引起气泡流入和流出一单位体积的对流 $\nabla(v_{bm}C_m)$。如果气体从单位体积的燃料内迁移出来的话,那么式(6.218)(仅适用于无限介质)所给出的总气体平衡必须用方程

$$\frac{\mathrm{d}C_2}{\mathrm{d}t} = k_{11}C^2 - k_{12}CC_2 - (2C_2)b + (3C_3)b$$

来代替,其中 C_2 和 C_3 分别是双原子团和三原子团的浓度,b 是单位时间内原子被重溶的概率。这个方程还必须增加 $D_{Xe}\nabla^2 C$ 的扩散项。

气泡守恒方程还必须包含表示位错、晶界俘获和释放气泡的项。晶界的影响可以用反映这些内表面行为(当作气泡的源和尾闾来处理)的边界条件来考虑。位错当作固体均匀的源和尾闾来处理可能最合适。位错、晶界俘获和释放气泡的复杂特征是:释放是以不连续的尺寸呈现出来的,因此在分布函数与 m 的关系中出现了奇异性。

Li 和 Poeppel 描述了试图考虑所有这些现象的 GRASS 程序(气体释放和肿胀子程序)。这些文章只是定量地处理了模型中的聚合问题。聚合动力学是基于 Chandresekhar 的速率常数,但是守恒方程没有采用方程(6.207),而是按气泡尺寸范围写出来的。这种方法的优点是大大减少了微分方程的数目,这就能够使聚合理论应用到可能有较大气泡的实际系统内。这种程序同在中子慢化理论中的多组方法相类似。然而,计算仍然是近似的。在 Greenwood - Speight 的理论中,对基本的气泡守恒方程做了近似。同 Greenwood - Speight 相反,Li 等人保持了准确的守恒原则,但是数学解是近似的。多组守恒方程不是通过对方程(6.207)在整个气泡尺寸分布范围内取平均得出的,而且这种做法看来是不能得到的。遗憾的是,计算程序没能得到精确数值结果体系上(像辐照后退火情况)的检验。在 GRASS 程序中,没有定量地解释处理其他过程的方法;因此不可能给出怎样处理气泡和单个原子守恒方程的复杂关系。

Dollis 和 Ocken 试图修正 Gruber 的结果,以便考虑辐照期间的重溶问题。为了做这个工作,他们是从气泡寿命历史的图像开始的,这个图像同 Turnbull 后来所做的定量分析图像,即由裂变碎片引起的成核、长大和被裂变碎片摧毁这样一个历史图像是非常类似的。Dollins 和 Ocken 假定气泡仅仅由于聚合而长大,以此来代替 Turnbull 模型中吸收单个原子的长大方式。基于重溶能使裂变碎片路径上的所有气泡都转化成分散在基体内的单个气体原子的这种推测,Dollins 和 Ocken 认为 Gruber 的辐照后退火结果(用单个气体原子作为初始条件)有可能加以利用。他们假定,在裂变碎片通过燃料区域之后,被打散了的气体原子又形成了气泡。这些气泡由于聚合而长大直到另一个裂变碎片经过同一区域并将它摧毁为止。裂变碎片连续两次通过燃料的某一特定区域的时间间隔取为重溶参数的倒数即 $1/b$,借助于用气泡的平均寿命 $1/b$ 代替 Gruber 结果[即在式(6.216)和 $\Delta V/V$ 的相应公式]中的退火时间 t,确定了在周期性长大阶段中的一个阶段结束时的气泡分布函数。

这个方法的几个特征需要讨论。第一,假定在裂变碎片刚通过后的燃料区域内,气体都

是以单个原子的形式存在的,这个假定忽略了 Turnbull 模型的成核特征。按照 Turbull 模型,在原有气泡被摧毁的同一时刻,每个裂变碎片大约非均匀地形成五个小气泡。因此,聚合问题的初始条件应当是由分散的单个气体原子和半径为 5 Å 的气泡核心所组成。第二,虽然 Dollins 和 Ocken 模型是建立在宏观重溶(即整个气泡被重溶事件所摧毁)基础上的,但他们采用了微观重溶模型的重溶参数(即认为每次使一个气体原子回到基体中)。尽管气泡寿命 $1/b$ 和 $1/b'$ 的数值没有很大差别(4.40 h),然而 b' 是气泡尺寸的函数而不是常数。这个宏观重溶的特征决定了气泡分布函数的演变。

最后,Dollin 和 Ocken 模型并未直接遇到控制这个过程的守恒方程。为了像 Gruber 处理纯聚合问题那样准确地来考虑聚合和重溶的综合效应,必须解方程(6.217)和(6.218)。还不知道能否将 Turnbull 模型的重溶部分用到 Gruber 的辐照后计算上,以便对实际发生的现象给以准确地描述。只有当精确的计算完成时,才有可能对 Dollins – Ocken 模型的正确性加以评价。

6.8 位错和晶界对气泡(或气孔)的钉扎

无规和择优方向迁移的各种气泡长大和肿胀模型都假定气泡是在完整的晶体内运动的。然而在材料和核燃料内存在着各种各样的晶体缺陷,如原有的位错、晶粒间界,辐照中级联碰撞产生的空位团、位错环,核嬗变杂质等,气泡(或气孔)将与它们相互作用而被钉扎住。以下讨论位错和晶粒间界与气泡(或气孔)的相互作用。

当自由运动的气泡被束缚在晶体缺陷上时,系统的能量总是有相当程度的降低。当气泡趋近缺陷时,它们之间的交互作用能增加,直到二者连在一起为止。它们相连接时刻的结合强度叫作气泡对缺陷的结合能。对于位错而言,气泡的存在将使位错线的应力场内所包含的弹性降低,这就是交互作用能的物理起源。Nelson 已定量地计算了气泡与沉积杂质粒子之间的交互作用能。Weeks 等已处理了位错 – 气泡的作用能。

当气泡与位错线相距某一距离时,作用能梯度是二者在那一点处的吸引力。这个力和上一节所讨论的基体内的应力场对气泡的作用力相类似。为了使气泡从位错线上解脱出来,必须给气泡一外加的驱动力,且这个外加力必须超过位错线对气泡所产生的最大抑制力。当温度一定时,温度梯度所导致的这种驱动力随气泡的半径增大而迅速增加。而气泡 – 缺陷交互作用所导致的抑制力通常对气泡尺寸并不敏感,因此固体内的缺陷只是起暂时性的捕陷自由迁移着的气泡的作用,而对于与缺陷相互作用着的小气泡而言,直到它长大到某一尺寸,即温度梯度作用力能使气泡从缺陷的束缚下解脱出来的那种尺寸之前,它保持受束缚的状态。当气泡束缚在缺陷上时,它本身也要长大,长大的方式,或者是吸收基体中的单个气体原子,或者是与沿缺陷而运动的其他气泡或与由基体内运动过来的其他气泡碰撞聚合。当长大到临界逃脱尺寸后,气泡又在基体内不受阻碍地继续运动,直到它遇到另一种具有更大的临界逃脱尺寸的缺陷时为止。直到固体内不再有强力的缺陷能束缚住气泡以阻碍它迁移到燃料体外(即迁移到燃料体内的开口孔、裂纹或中心空洞)之前,重复着捕陷—长大—逃脱—再捕陷这样的过程。

当温度梯度所导致的驱动力等于气泡 – 缺陷作用所产生的抑制力时,气泡的半径为逃脱该缺陷束缚的临界尺寸。应力梯度所产生的驱动力,一般来说,要比温度梯度所导致的力弱得多。因此,下面讨论在温度梯度下的情况。如前所述,如果交互作用能 – 距离的关系已知的话,那么就能够求出对气泡的抑制力。Nichols 给出更容易的方法,他认为当气泡在温度梯度的作用下要从晶界和位错上逃脱时,由于位错线和晶界的扩展而产生了抑制力。将位错线或晶界想象成分别用线张力 τ_d 和表面张力 γ_{gb} 表征的弹性弦或弹性薄膜。图 6.26 表示一个被拉在位错线上的气泡,气泡引起位错线变形以使位错线末端终止在气泡内,且其夹角(位错线与驱动力方向的夹角)为 ϕ。作用在气泡上的力的平衡是

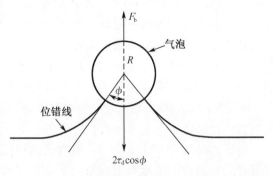

图 6.26 经受热梯度所导致的力的气泡引起位错线的扩展
(假定位错线垂直于作用在气泡上的力)

$$F_b = 2\tau_d \cos \phi \qquad (6.219)$$

当 $\phi = 0$,抑制力达到最大值,在此刻位错线就不再保持在气泡内。用式(6.155)代替 F_b 并在方程(6.219)中令 $\phi = 0$,求出气泡逃脱位错线时的临界尺寸。解所得的方程,有

$$R_d = \left[\frac{a_0^3 \tau_d}{\pi Q_s^* (1/T)(dT/dx)} \right]^{1/3} \qquad (6.220)$$

位错线张力是位错线单位长度的弹性能,对于螺旋位错周围介质中单位体积内的弹性应变能:

$$E_{el} = \sigma_{z\theta}\varepsilon_{z\theta} = \frac{Gb^2}{8\pi^2 r^2}$$

式中,G 是固体的剪切模量;b 是位错的柏氏矢量(b 近似地等于点阵常数)。所以位错线单位长度的弹性能是对上式从核心半径 r_d 积分到一个大半径 $\mathscr{R}$,$\mathscr{R}$ 表示这个位错所在晶粒的半径,因此 τ 等于

$$\tau_d = \int_{r_d}^{\mathscr{R}} 2\pi r E_{el} dr = \frac{Gb^2}{4\pi} \ln\left(\frac{\mathscr{R}}{r_d}\right)$$

对刃形位错作同样的计算也可以得到像上式的结果,但是在公式中还需要除以因子$(1 - \nu)$,其中 ν 是泊松比。因为对许多材料 $\nu \approx 1/3$,所以对任何一位错(刃形、螺旋形或混合形)的线张力 τ_d,可以用一个普遍的公式来表示

$$\tau_d = \alpha Gb^2$$

对于公式中的 α,有人取为 $1/2$,有人取为 1。所以位错线张力近似地为

$$\tau_d = Gb^2 \qquad (6.221)$$

对于大多数材料 τ_d 近似地为 10^{-4} dyn。Weeks 和 Scattergood 利用式(6.221)(对刃形和螺旋形位错)更详细地分析了位错扩展的模型。然而,由于临界半径与线张力成 1/3 次方关系,因此 τ_d 的变化对于计算临界半径没有显著的影响。利用 $\tau_d = 10^{-4}$ dyn,$a_0^3 = \Omega = 4.1 \times 10^{-23}$ cm^3,$Q_s^* = 415$ kJ/mol(7×10^{-12} 尔格/分子),$T = 2\,000$ K 以及 $dT/dx = 1\,000$ K/cm,根据式(6.220)计算出临界半径 700 Å。临界逃脱半径不仅同温度、温度梯度有关,而且也同位错线与温度梯度方向有关。式(6.220)假定位错线与温度梯度方向是互相垂直的。

晶界扩展对气泡所产生的抑制力可用图 6.27 确定。与 F_b 相反的力为晶界张力 γ_{gb}、晶界与气泡相交截的圆的周长 $2\pi R \sin \phi$,以及表示力沿温度梯度方向的因子 $\cos \phi$ 的乘积。平衡条件是

$$F_{\mathrm{b}} = 2\pi R\gamma_{\mathrm{gb}}\sin\phi\cos\phi = \pi R\gamma_{\mathrm{gb}}\sin 2\phi$$

$$(6.222)$$

当 $\phi = 45°$ 时，式（6.222）的右边达最大值。利用此时刻的 ϕ 值，并用方程（6.155）代替 F_{b}，求得气泡逃脱晶界时的临界半径为

$$R_{\mathrm{gb}} = \left[\frac{a_0^3\gamma_{\mathrm{gb}}}{2Q_{\mathrm{s}}^*(1/T)(\mathrm{d}T/\mathrm{d}x)}\right]^{1/2}$$

$$(6.223)$$

Bullington 和 Legget 已用实验表明，在辐照过的燃料晶界上所观察到的气泡平均半径近似地等于用式（6.223）计算的数值。

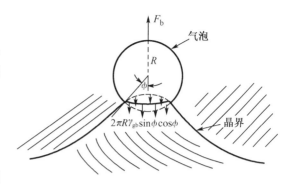

图 6.27　晶界同经受垂直于晶界面的力的气泡的交互作用

　　UO_2 和 UC 的晶界张力估计大约为 300 dyn/cm。利用 γ_{gb} 这个值，并且式（6.223）中的其他参数数值与前面示范性计算 R_{d} 时所用的数值相同，这样得到的气泡逃脱晶界的临界尺寸为 4 000 Å。上述的气泡逃脱位错和晶界的临界半径公式都是基于温度梯度驱动力同表面扩散机理所给出的气泡迁移率结合在一起得到的。我们也可以根据相同的驱动力（热梯度）但气泡以体扩散机理迁移来计算作用在气泡上的力。在这种情况下，把式（6.161）代入到（6.151）求得 F_{b}，所得到的关系式与式（6.155）相类似，所不同的是式（6.155）中的因子 2 由 4/3 代替，Q_{s}^* 由 Q_{v}^* 代替。

　　图 6.28 表示在典型的工作条件下，UO_2 和 UC 中的气泡临界逃脱半径同气泡迁移速度的关系曲线。气泡逃脱时所具有的半径分别由式（6.220）和（6.223）得到（当根据体扩散机理计算时，做相应的修正）。气泡在热梯度的作用下自由迁移的速度分别用式（6.144）（表面扩散机理）和（6.162）（体扩散机理）进行计算。当接近临界半径时曲线呈现出圆弧，这是由当气泡刚稍大于逃脱所必须具有的尺寸时作用在气泡上的残余抑制力所造成的。图 6.28 给出了钉扎在晶界和位错线上的气泡半径，因为位错和晶界是固体中最主要的缺陷。然而，在辐照过的燃料中所存在的其他缺陷也能暂时性地钉扎住小于 1 000 Å 的气泡。这种尺寸同逃离位错线的临界半径相类似，更小的气泡能被固体内的沉积杂质以及辐照所产生的缺陷团钉扎住。如果将这些类型的缺陷对气泡的作用也画在图上（文献中还没有对它们做过定量的分析），预计将会看到，在更小的气泡半径数值处自由迁移的速度曲线下面将有更多的垂直线。

　　图 6.28 的两张图中，UO_2 和 UC 之间的差别是最有意思的。对于这两种情况气泡从某一类缺陷逃脱时的尺寸大体上是相近的，但是气泡在 UO_2 中的自由迁移速度却比在 UC 中的相应值大九个量级。两种材料之所以有这样大的差别是由于 UC 比 UO_2 的热导率大，因而当燃料棒的线功率（W/cm）一定时，UC 内的最高温度以及温度梯度都低于 UO_2 中的相应数值。图形还表明，对于气泡在 UO_2 中的自由迁移而言，体扩散是不重要的，但对气泡在 UC 中的迁移来说，它却是一个重要的机理。

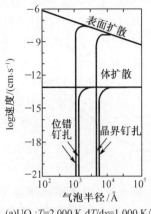 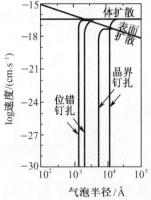

(a)UO₂:T=2 000 K,dT/dx=1 000 K/cm   (b)UC:T=2 000 K,dT/dx=200 K/cm

**图 6.28   在典型的温度和温度梯度下 UO₂ 和
UC 中气泡迁移速度与半径的关系**

复习思考题

6.1   当固体在温度高到足以使点缺陷可迁移的情况下进行辐照,产生的点缺陷在迁移的过程中互相复合,但亦有少量点缺陷损失于球形尾间,由于这些被俘获的点缺陷可由单元俘获体积内产生的点缺陷所补偿,因此在单元俘获体积内任一点处的浓度变化是较为缓慢的。在一级近似下,即"准稳态近似",$\frac{\partial C}{\partial t} \approx 0$,扩散方程为

$$\frac{D}{r^2} \frac{\mathrm{d}}{\mathrm{d}r}\left(r^2 \frac{\mathrm{d}C}{\mathrm{d}r}\right) = -y\dot{F}$$

其中 $C(r)$ 是点缺陷浓度,D 是粒子的扩散系数,$Y\dot{F}$ 是单位体积内粒子的产生率。

（1）在恒定辐照下,求解点缺陷浓度的分布为

$$C(r) = C_R + \frac{Y\dot{F}}{6D}\left[\frac{2\mathscr{R}^3(r-R)}{rR} - (r^2 - R^2)\right]$$

式中 R 是球形尾间的半径,$\mathscr{R}$ 是单元俘获体积的半径。

（2）求解点缺陷流进球形尾间的速率为

$$4\pi RD[C(\mathscr{R}) - C(R)]$$

式中,$C(R)$ 是球形尾间处的点缺陷浓度,而 $C(\mathscr{R})$ 是在 $r = \mathscr{R}$ 处的点缺陷浓度。根据俘获体积内点缺陷的产生率以及在 $r = \mathscr{R}$ 处的净流量得出：

$$C(\mathscr{R}) = C(R) + \frac{Y\dot{F}\mathscr{R}^3}{3DR}$$

6.2   在燃料中,快中子像裂变碎片和反冲原子一样也能引起裂变气泡重溶。在已知快中子通量谱 $\phi(E_n)$ 下,重溶参数 b 的表达式是什么?

试求在下述条件下的 b 值:单能快中子通量为 10^{15} cm$^{-2} \cdot$ s-1,能量 $E_n = 0.5$ MeV,散射是各向同性的,弹性散射截面等于 10 b。并在这样的快通量下,计算含有 15% Pu 的混合氧化

物燃料内的裂变密度。在 6.6 节内给出了裂变碎片反冲的 b 值是 $1.7 \times 10^{-17} \dot{F}$。将由快中子导致的重溶与裂变碎片反冲所导致的重溶作以比较。

6.3　沉积在不锈钢包壳内的氦气泡中的氦原子,可以通过被快中子或反冲金属原子碰撞而重溶。试对于由下述条件所导致的过程,计算重溶参数:

(1)快中子与 He 原子直接碰撞;

(2)碰撞级联内所产生的反冲原子(假定是铁)与气泡内的 He 原子碰撞。

利用下列特征数值:中子弹性散射截面 He,1 b,Fe,3 b;Fe – Fe 原子截面 5 Å^2;假定中子为单能且 $E_n = 0.5$ MeV,$\Phi = 10^{15} \text{cm}^{-2} \cdot \text{s}^{-1}$;为使 He 原子重溶所需的最低能量是 200 eV。

第7章 金属核燃料和氧化物核燃料的辐照行为

对于核燃料的辐照效应,由于裂变碎片能量很高,质量数重的一组动能为 61 MeV,而轻的一组动能为 93 MeV,将产生裂变峰(包括大量的级联碰撞、离位峰和热峰),造成严重的辐照损伤,并且有大量的原子重新分布,尤其是裂变产物中的氙和氪产额高,又完全不溶于固体,在辐照缺陷的协同作用下形成气泡,造成肿胀。固体裂变产物造成固体相的肿胀,而且具有很强侵蚀性的裂变产物(例如 Cd,I 等)将使元件包壳发生应力腐蚀开裂。所以它的辐照效应比结构材料严重得多。

不同类型的核燃料,核裂变表现出不同的辐照效应,产生不同类型的损伤,造成核燃料不同的辐照行为。第一类是金属型核燃料,如金属铀,出现辐照生长、辐照肿胀、硬度强度增加、延伸率迅速下降、辐照蠕变速率与未辐照的相比增加了二至三个数量级,显示出比中子辐照更为严重的辐照损伤。第二类是陶瓷型核燃料,如氧化铀、碳化铀、氮化铀等,由于它们熔点高,化学稳定性高,尺寸稳定性好,得到广泛的应用。但是辐照造成肿胀、核素迁移、裂变气体和强侵蚀性裂变产物的释放以及物理性能(热导率)、机械性能(强度、脆性)和蠕变速率严重变化,直接影响元件棒的运行性能。第三类是弥散型核燃料,燃料颗粒内部的辐照效应与燃料颗粒材料本身的辐照效应相同,而金属部分受到逸出燃料颗粒表面的裂变碎片的辐照损伤和裂变中子的辐照损伤以及相应的裂变产物(包括裂变气体)的影响,损伤比一般的中子辐照损伤严重,类似于金属辐照损伤的分析,只是增加具有一定能谱的裂变碎片通量的辐照和裂变气体、固体裂变产物的作用。金属核燃料在生产堆、研究堆、动力堆和快中子反应堆的发展中起过重要作用,并有一定的应用,它们的辐照行为也被广泛研究,金属核燃料在核燃料发展中起着重要作用,因此在本章第一节介绍它的辐照行为,它的辐照行为是核燃料的基本行为,有重要的应用价值和借鉴作用。陶瓷类核燃料熔点高、辐照稳定性好(与金属燃料相比)以及其他一些优良性能,已经获得广泛应用,因此着重分析 $(U,Pu)O_2$ 的辐照行为。

7.1 金属核燃料的辐照行为

金属核燃料的发展及其应用中的价值,除了核性能外,主要取决于它们制备工艺过程的复杂性、经济性、可靠性、成型材料的相稳定性,以及运行中的辐照行为,这三者是互相制约的。金属铀的基本辐照行为和一些有价值的合金体系的辐照行为是研究金属核燃料的基础,有必要进行介绍。

7.1.1 金属铀的辐照行为

铀的熔点为 1 130 ± 1 ℃,而沸点为 3 818 ℃。在熔点以下有三种同素异形体。α 铀具有斜方晶格,晶胞上有四个原子。25 ℃ 时,其晶格常数为 $a_0 = 0.285\ 41 \times 10^{-5}$ nm,$b_0 = 0.586\ 92 \times 10^{-5}$ nm,$c_0 = 0.495\ 63 \times 10^{-5}$ nm。图 7.1 表示了 α 铀的原子排列。它的晶格可看成是在 b 轴

方向上拉长了的变了形的六方晶系,而它的每一个顺序排列的原子层平行于底层晶面,但在[010]方向上或向前或向后错动一定距离。因此,α 铀的结构可以看作是由平行于(010)晶面的波形层构成的。α 铀晶格中的原子间隙按刚球模型计算可能有两种类型:一种是有四个最近邻原子;另一种有五个最近邻原子。大空隙的直径为 0.136 nm,而小空隙直径为 0.110 nm。这些间隙对裂变产物原子的行为起着极为重要的作用。β 铀是典型的四方晶格,每一个晶胞包含 3 个原子。在 720 ℃时晶格常数为 $a_0 = 1.057\ 9 \times 10^{-4}$ nm,$c_0 = 0.565\ 6 \times 10^{-4}$ nm。γ 铀是体心立方晶格,每个晶胞包含 2 个原子,805 ℃时,晶格常

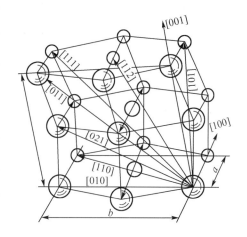

图 7.1 α 轴晶格中的原子位置

数 $a_0 = 0.352\ 4 \times 10^{-4}$ nm。$\alpha - \beta$ 相变温度为 667 ± 1.3 ℃,$\beta - \gamma$ 相变温度为 774 ± 1.6 ℃。相变具有扩散性。用定向结晶制得的高纯金属铀在 25 ℃时密度为 $(19.05 \pm 0.02) \times 10^3$ kg/m³。技术纯铀的密度取决于杂质含量和空隙度,从 18×10^3 kg/m³ 到 19×10^3 kg/m³。

α 铀的一些性质与晶体学的晶体结构关系密切。在温度为 25～250 ℃,α 铀沿[100],[010]和[001]方向,即相应于 a,b,c 方向的热膨胀系数的平均值为 $\alpha_a = 33.24 \times 10^{-6}$ ℃$^{-1}$;$\alpha_b = 6.49 \times 10^{-6}$ ℃$^{-1}$;$\alpha_c = 30.36 \times 10^{-6}$ ℃$^{-1}$。因此,加热时 α 铀的晶格将沿晶向[100]和[001]显著膨胀,而沿晶向[010]的膨胀却很小,在高温时,甚至发生收缩。由于这个缘故,加热时 a_c 平面,即晶面(010)的波形度会减小。多晶铀的线膨胀在很大程度上与晶粒的择优方向有关。温度变化时,各个晶粒的形状由于各向异性而发生变化,从而在多晶 α 铀中产生了极大的内应力。晶体无序排列的 α 铀的热膨胀系数在 20～100 ℃的温度区间内为 16.3×10^{-6} ℃$^{-1}$。β 相也有类似的性能差异,在[100]和[010]方向的热膨胀系数为 23.4×10^{-6} ℃$^{-1}$,而在[001]方向则为 6.0×10^{-6} ℃$^{-1}$。γ 相铀各向同性,其热膨胀系数为 22.5×10^{-6} ℃$^{-1}$。

铀的弹性性质表现出极明显的各向异性(见图 7.2)。α 铀在室温下各物理量的平均值为:杨氏模量 $E = 20\ 900$ MN/m²,剪切模量 $G = 85\ 000$ MN/m²,泊松比 $\nu = 0.23$。对 β 铀,在 727 ℃时,$E = 93\ 600$ MN/m²,$G = 31\ 600$ MN/m²。对 γ 铀,在 827 ℃时,$E = 23\ 000$ MN/m²。α 铀的热导率和电阻率同样有各向异性,并与金属的纯度有关。热导率与温度的关系见图 7.3。液态铀的表面张力在熔点时为 1.55 N/m(1 550 dyn/cm),理论计算固态铀在熔点的表面张力为 1.07 N/m(1 070 dyn/cm),表面张力在辐照肿胀和脆化过程中起着重要作用。铀的机械性能与其制造工艺、热处理制度和杂质含量有密切关系。室温下铸态铀的抗拉强度极限约为 300 MN/m²。随着温度提高,强度迅速减小;当转变到 β 相区时强度提高,而转变到 γ 相区时,强度减低到很小值。在 β 相,铀发脆,而在 γ 相,铀有很高的塑性。温度低于 400 ℃时,α 铀原子间作用着很强的共价键,其形变主要是由孪晶作用而发生的。晶面(010)沿晶向[100]滑移时,共价键并没有断裂,所以在 −100 ℃之前观察到沿波形层的滑移。低于此温度,发生变形时主要靠孪晶的作用。

在温度低于 450 ℃长时间辐照的情况下,α 铀会产生辐照长大,也就是说形状变化,但密度变化不大。铀的最大辐照长大发生在 300～350 ℃。在 400～450 ℃时,发生与辐照长大有

关的气体肿胀。在温度高于 500 ℃时进行辐照,可观察到铀的气体肿胀现象。肿胀表现为燃料体积增大,且伴随着铀密度的显著减小,肿胀与裂变气体气泡的聚集和长大有关。肿胀的大小与燃耗深度、燃料元件的温度及铀的成分、结构有关。对于无织构及无宏观尺寸变化的从 β 相淬火的材料来说,可能发生引起表面粗糙(特别是大晶粒金属)的表面晶粒变形。这种粗糙度,即起皱纹现象,是沿[010]晶向垂直于表面的单独晶粒辐照长大所造成的。为了减少起皱纹现象,燃料元件的铀芯应该有细晶粒结构,且晶粒尺寸不应超过 0.3 mm。

辐照产生的另一个效应是铀的蠕变速率比在同一应力下不辐照的蠕变速率要高 2～3 个数量级。在辐照的作用下,铀的机械性能和物理性能将发生变化。铀将变得更硬、更脆,其热导率减小,电阻率和腐蚀稳定性也都起了变化。

用低合金铀制造燃料元件时最好使其具有细晶粒、无序取向结构,没有辐照及热循环(由于温度循环变化)长大,抗辐照肿胀的稳定性,及与工作条件相适应的机械及抗腐蚀性能。

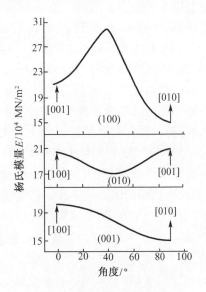

图 7.2　多晶铀的杨氏模量与晶向的关系(25 ℃时)

7.1.2　尺寸不稳定性

在辐照作用下铀的长大将引起燃料元件的尺寸不稳定性。燃料元件的尺寸稳定性是非均匀堆中一个最重要的条件,因为尺寸变化可能导致限制

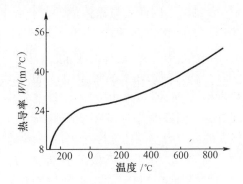

图 7.3　铀的热导率与温度的关系

或堵塞水流,引起燃料元件的过热和损伤。尺寸的变化可能破坏燃料元件的包壳,将沾污冷却剂。遗憾的是,铀是各向异性的金属,尺寸不稳定性表现得明显,特别是当它的晶粒有择优取向时。辐照长大的大小以其尺寸相对变化的对数表示,且与燃耗深度的关系为

$$\ln(L/L_0) = G_i(\Delta m/m) \tag{7.1}$$

式中,L_0 和 L 是样品的起始和终止长度;G_i 是辐照长大速度常数(辐照长大系数);Δm 是裂变原子数;m 是原子总数。G_i 与辐照温度及金属中的织构有关。

铀的最大增长发生在[010]晶向,最大缩短发生在[100]晶向,并且在数值上 $G_{[100]}$ 等于 $G_{[010]}$。晶向[001]尺寸变化很小。两种指数的取向,可能会促进或阻止长大或缩短,这取决于取向的种类和程度。在辐照下,铀单晶会变形,但在热循环下不变形。无序取向的多晶铀在辐照和热循环作用下比有织构的材料要稳定。辐照长大是注量的直接函数。对在 75 ℃辐照的个别晶体进行的早期研究给出的结果为:$G_{[100]} = -420, G_{[010]} = +420, G_{[001]} = 0$。稍后的研究表明,在一些场合 $G_{[010]}$ 的值达 1 600。有[010]织构的单晶和多晶 α 铀各向异性的增长速率一样,且在 -196 ℃时存在最大值,而且辐照前发生的塑性变形对长大速率没有影响。但是更为精确的数据表明,在温度 300～350 ℃时发生最大长大。

在研究晶粒尺寸和择优取向对 α 铀辐照长大的影响中发现:细晶粒(约 100 μm)在样品表面有一定粗糙度的情况下,能保持起始的形状,而标准颗粒的样品(约 250 μm)出现弯曲,粗晶粒样品(约 500 μm)几乎完全损坏。几乎与样品轴一致的[010]晶向的假单晶长度大约扩大了两倍。所有这些样品都是在 200 ℃ 辐照,其燃耗到 0.2%(原子),而假单晶燃耗到 0.35%(原子)。

由热循环引起的尺寸不稳定性,与辐照造成的尺寸不稳定性是不同的。单晶不发生热循环长大,但是在辐照下却出现长大。就辐照及热循环来说,长大与织构之间同样亦没有直接一致关系。在热循环时,长度相对变化的自然对数是循环次数的函数:

$$\ln(L_n/L_0) = f(n)$$

对于固定的 n 可以写成 $\ln(L_n/L_0) = G_t n$,式中 G_t 为瞬时长大系数(相当于该 n 时)。因此可写成关系式

$$G_t = \frac{\mathrm{d}\ln(L_n/L_0)}{\mathrm{d}n} = \frac{1}{L_n}\left(\frac{\mathrm{d}L_n}{\mathrm{d}n}\right)$$

如果 $\ln(L_n/L_0)$ 与很宽范围的 n 值呈线性关系,那么

$$G_t = (1/n)\ln(L_n/L_0)$$

材料晶粒择优取向的程度能够影响热循环长大。低温轧制后有[010]织构的铀,压下量愈大,长大愈迅速。轧制压下量对长大系数的影响示于图 7.4,图中轧制温度:对曲线 1 为 600 ℃,对其余曲线为 300 ℃。样品的预加工为轧制曲线 1 在 300 ℃ 下进行,其余曲线为在 600 ℃ 下进行,即使在织构表现明显的情况下,晶粒尺寸也影响铀的热循环长大。晶粒愈粗,长大愈不明显(此时表面较起伏,出皱纹)。热循环参数及加热和冷却制度对长大有很大影响。当热循环温差最大(一个循环的温度上限产生主要影响),加热速度最小且冷却最快时,铀的长大速率最大。

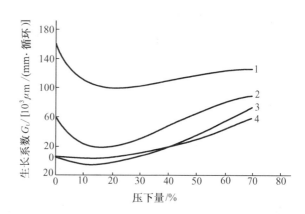

1—在 550 ℃ 下于 α 相区退火;2—压下量 80%,无随后退火;
3—在 β 相区随即退火;4—在 β 相区退火。

图 7.4　轧制压下量对长大系数 G_t 的影响

除热循环参数之外,样品尺寸也影响循环的结果。当样品直径非常小时,发生的尺寸变化最大。

当铀的热循环通过它的相变温度时,除了样品长大之外,还发生一些肿胀,也就是说,密度减低,表面变粗糙,甚至开裂。

对在 250 ℃ 堆中辐照的情况,经过温差幅度为 ±50 ℃ 的10 000次循环和未经热循环的小晶粒、标准晶粒和大晶粒铀样品的比较发现,经热循环和未经热循环样品在辐照后并未发现明显的尺寸不稳定性差异;对两种情况的样品均观察到体积长大从 2% 到 5%,大多数样品没产生裂纹。在热循环及辐照下夹杂并不产生变化。

7.1.3　铀的辐照长大机理

当分析铀在中子辐照作用下尺寸变化的机理时,必须要解释多晶和单晶金属的长大,以及辐照温度、材料纯度、中子注量、择优取向等对长大的影响。为了解释这些因素的影响,提出过若干机理模型:一种理论解释为在铀裂变产生的热峰引起膨胀时,α 铀的塑性各向异性造成铀的长大;另一种理论从 α 铀晶格的不同晶向缺陷扩散系数的差别出发,根据扩散机理,解释长大现象。

相关碰撞过程理论是根据以下概念建立起来的:长大是离位原子从晶格中逸出后的一种有方向性的运动,它并不是由热激发的扩散造成的,而是由于晶格中的碰撞过程与碰撞能量及其在晶格中的方向呈一种有规律的联系而产生的。

近年来,巴克利理论被广泛接受,这一理论认为,长大是 α 铀晶格中缺陷聚集和凝结的结果,正是由于这个原因,在一些方向上形成了一些附加原子层,而在另一些方向上形成了一些空位层。在没经受应力作用的晶格中,这些附加层及空位层力求沿平面形成,以保证限制这些附加层及空位层的螺旋位错能及层错能的总能量为最小值。在经受应力的晶格中,弹性力所做的功也应纳入能量的总平衡,这可能改变层的平衡取向。α 铀处于热峰区时会产生很大应力,所以螺旋位错的走向促使应力状态减小。此时热膨胀最小的晶向[010]受拉力的作用,而垂直方向受压力的作用,于是缺陷的凝结也就依据上述情况而发生。中间原子沿拉应力晶向[010]凝聚,也就是说,沿发生尺寸增加的原子面,而沿晶向[100]发生空位凝聚,也就是出现原子层的缺陷。

由于吸收周围缺陷形成的原子层可能局部消失,这个理论能解释长大与辐照温度的关系。由于缺陷向凝聚层运动是以扩散的形式进行的,所以长大效应应该随着温度提高而减小,这与实验一致。长大系数的计算值与实验测量值接近。根据这一理论,长大与辐照功率的关系,织构化的铀加速长大,退火后铀的长大速度减小,单晶和多晶 α 铀辐照长大之间的关系均能得到解释。上述理论还能解释受辐照元素的原子量与长大的关系。该理论的基本原理被铀薄膜的电子显微镜研究所证实。α 铀的辐照长大有两个阶段:第一阶段是在辐照作用下,金属整体内产生的单个的缺陷 - 空位和间隙原子积聚;第二阶段长大,在辐照缺陷积累到足够数目时即开始,且此阶段还与原子层(010)沿[110]与[110]呈 1/2 布氏矢量方向上的锥形剪切力有关,由于该力的作用形成围绕(010)平面附加部分的螺旋位错。

7.1.4　铀的肿胀

妨碍燃料达到深度燃耗的另一种尺寸不稳定性是燃料的肿胀,也就是伴随密度减小的体积扩大。在所有种类的燃料中,其中也包括陶瓷 UO_2 燃料,均发现肿胀现象。当俘获中子伴随生成惰性气体氦时,非裂变材料中也会发生肿胀。

发生肿胀一方面是由于裂变产物的总体积超过了裂变前裂变原子所占的体积(所谓的硬肿胀);另一方面是由于在金属中形成了大量的裂变气体气泡(或气孔)。一立方米经辐照到燃耗1%的铀在正常温度和压力下可以形成 4.73 m^3 惰性气体。惰性气体的原子在晶体铀的晶格中生成,但它们并不溶解于铀中。它们在晶格中迁移、扩散,直至被气泡、气孔、晶界和杂质边界等能够吸收气体的尾间所吸收。此外,一些气体原子与晶格中的空位联合可能形成稳定的气泡核。在铀中均匀形核的情况下,可能由两个惰性气体原子和一个空位形成一种稳定的综合体。通常硬肿胀不超过 2% ~ 3%,而气体肿胀可能达到百分之几十,甚至几百。

影响肿胀大小的因素有铀的组织、杂质含量、燃耗速率和深度、应力状态、热震、辐照过程中组织变化(相变、结晶)等。肿胀以肿胀参数 S 表征,它等于体积长大百分率 $\Delta V/V_1$ 与燃耗百分率 $\Delta m/m$ 之比,即

$$S = \frac{\Delta V/V_1}{\Delta m/m}$$

在 450 ~ 500 ℃ 的温度范围内,α 铀会产生特别明显的肿胀。燃耗的初级阶段(约 0.4% 以内),体积长大是逐步进行的,样品外形没有显著变化。在此阶段,辐照的金属中存在大量的直径约为 0.1 μm 的小气泡,而且分布是比较均匀的。在燃耗进一步增大的情况下,肿胀可能明显加速,体积长大可能达到百分之几十。这种加速肿胀与形成直径约达 2 mm 的大气孔有关。最大的气泡通常在样品的个别区域积聚,形成密度显著降低的疏松部位。此时,疏松较小部位观察到大量的晶间开裂。许多研究人员研究铀的肿胀都是从气泡的形成长大的观点出发,新形成的气泡对周围金属施加压力,该压力可被金属的表面张力平衡,建立的平衡方程式为

$$(p + \sigma + 2\gamma/r)V = nkT$$

式中,p 是气泡中的气体压力,等于金属基体给气体的压力(受限于金属的蠕变阻力);σ 是施加到样品上的外压力;γ 是金属的表面张力;r 是气泡半径;V,n,k,T 分别是气泡体积、气泡中气体原子数、玻耳兹曼常数和绝对温度。如果取 $\gamma = 1.0$ N/m,$\sigma = 7.0$ MN/m^2,则在气泡尺寸小于 0.5 μm 时,$2\gamma/r$ 项有决定意义。在一定的燃耗下,形成的气泡愈多,气泡尺寸愈小,其表面张量的压力 $2\gamma/r$ 就愈大,就需要更多的气体使气泡长大以减少表面张量的压力 $2\gamma/r$。当气泡达到一定半径 r_0 时,新产生的气体原子有更大概率与已存在的气泡相遇,而不是彼此相遇形成新气泡核,从而开始终止气泡均匀形核过程,这样就限制了气泡的数目。有数据表明,当温度为 420 ℃ 时,这个尺寸相当于 $r_0 = 2.5$ nm(25 Å)。

在气泡尺寸十分小的情况下,气泡能由空位的扩散流而长大,另外它们的迁移合并使气泡尺寸进一步长大。如前所述,使气泡迁移的最重要的驱动力是温度梯度,还有相变、再结晶及其他导致相界和晶界位移的过程。铀的肿胀会由于高温下长大所产生的裂纹和缺陷而发展。当气泡占总体积的相当显著部分或集中在晶界并彼此形成内部连通时,将沿晶界发生基体断裂,此时大部分气体将逸出金属之外。

基体材料表面张力在肿胀过程中起着极重要的作用。气泡内的压力与表面张力相抗衡,具有较高表面张力的材料可以压制更小的气泡。所以当气泡还十分小时,即肿胀的初级阶段,在其他条件相同的情况下,具有较高表面张力的材料应该表现出更大的抗肿胀稳定性。一些裂变产物,如 Cs,Sr,Ba,Ce,Nd,对铀而言,可能是表面活性元素,并能降低铀的表面张力。上述裂变产物也积聚在气体原子停留的地方,结果表明,仅裂变时产生的 Cs 原子的数量就足以在气泡内表面形成单层,就其影响而言,降低表面张力类似气体裂变产物的等温扩大。

在实际条件下,肿胀是几种机理同时起作用的结果。在分析铀的肿胀时,不应忽略各向异性长大的贡献,在 450 ~ 650 ℃ 的温度范围内是由于裂变行为和裂变产物共同造成的损伤。

在温度低于 350 ℃ 体积只发生微小的变化,变形的组织有所发展,这是由于铀的各向异性辐照长大。在 425 ℃ 下各向异性长大将导致晶粒和晶粒间的分离,导致体积的显著长大。在 500~600 ℃ 的范围内发生辐照损伤的局部恢复,而此时体积显著增大是由于晶体内形成的定向空洞和晶界分离。在 650 ℃ 下出现较小空洞,这是裂变峰和裂变气体协同作用产生的裂变气体气泡,它们将迁移到晶间,这是无包壳的正常纯铀的情况。而在包壳内的大样品的辐照行为是不同的,它们是在抑制其膨胀的条件下经受辐照,在低于 650 ℃ 时,肿胀与温度无关,这是由于存在包壳下的热循环及热梯度的影响,但仍可观察到体积的变化。铀的晶粒尺寸对肿胀的影响不大。比如细晶粒、标准晶粒及粗晶粒的样品在 550 ℃ 下经受辐照,均未发现任何外形的变化。在燃耗到 0.3% 时,样品平均体积长大约为 2.5%,其中约有 1% 的体积扩大应归于溶解的裂变产物。

7.1.5 辐照对铀的组织及机械性能的影响

在辐照过程中铀及铀合金的组织状态会发生显著的变化。这个变化与组织的原始状态有关,且对金属燃料的辐照稳定性有极大的影响。在低于 400 ℃ 辐照发生孪晶弯曲及孪晶数目增加。在温度 200 ℃ 以内,辐照到燃耗仅 0.005%,铀中就观察到孪晶作用的扩展;在大燃耗下,观察到空隙及形成的微裂纹。辐照中,只有在人工限制孪晶尺寸变化的条件下,孪晶的弯曲及其数目增加才会在单晶铀中发生。在多晶铀中单独晶粒由于受到从邻近增长晶粒的压力也遭受着那种限制长大。此时发生晶间应力,此应力可能在相邻晶粒向以滑移和孪晶作用导致塑性变形。研究发现,不超过屈服强度的应力,也就是 20 MN/m^2,不会导致在辐照时铀微观组织发生变化,而在更高的应力下,形成滑移痕迹,发生孪晶作用,并在施加抑制压应力的方向观察到样品的长大减小。在大燃耗之后,多晶铀具有类似冷变形材料的微观组织。

辐照长大产生的微应力为 X 射线相片的线条宽度变化所证实。在温度低于 100 ℃ 辐照,会引起退火铀的 X 射线衍射线条宽化和冷变形金属的线条宽度变细。冷变形铀辐照后 X 射线衍射线条变窄与辐照过程中应力的照射弛豫现象有关。研究分析表明,辐照缺陷的扩散和缺陷的定向迁移使微应力发生弛豫。另外,在 250 ℃ 下将铀辐照到 0.21% 的燃耗,在 β 或 γ 淬火铀的初始晶粒间会形成由角度很小的边界分隔开来的非常细的晶粒(尺寸为几微米),推断辐照长大应力被塑性变形及随后的多角化所消除,此时没有观察到样品的再结晶现象。

中子辐照铀将导致金属的强烈脆化,在很小辐照剂量时就已开始脆化。对铀进行辐照,其显微硬度提高,屈服强度增长,塑性显著变坏,一般地说,强度极限降低,冲击实验时的断裂功实际降到零。图 7.5 表示辐照前后铀的拉伸曲线,而图 7.6 表示机械性能的变化与燃耗的关系。铀的屈服强度从未经辐照时的 $\sigma_{0.2} = 270$ MN/m^2 到燃耗为 0.075%(原子百分比)时的 555 MN/m^2。延伸率从原始状态的 19% 下降到辐照燃耗为 0.018%(原子百分比)时的 0.5%。从图 7.6 中同样可以看出,室温下试验的样品机械性能在燃耗到 0.02%(原子百分比)时出现最大变化。随着温度提高,辐照过的铀,其强度极限和屈服强度均像未经辐照的铀一样下降。

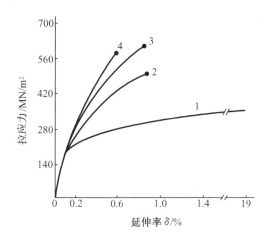

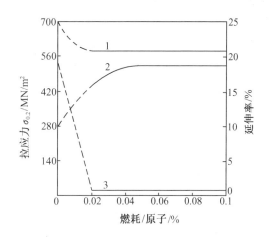

1—未经辐照,δ = 19%(在 680 MN/m² 情况下);

2 ~ 4—燃耗分别为 0.018%(原子分数)、0.031%
　　(原子分数)和 0.075%(原子分数)。

**图7.5　铀未经辐照及辐照到不同
燃耗时的拉伸曲线**

1—强度极限;2—屈服极限;3—延伸率。

图7.6　室温下铀的机械性能与燃耗的关系

从 β 相淬火和辐照到不同燃耗值的铀拉伸样品试验结果表明,在小剂量的情况下辐照的材料具有塑性。例如燃耗为 0.018%(原子百分比)的样品在 300 ℃下试验,断裂前断面收缩率为 35%,延伸率大致为 16%,且形成典型的颈。在 450 ℃下试验的样品没有形成颈,但是发现断裂沿 45°角出现,并且延伸率达 12.8%。在 600 ℃下做试验,样品呈脆性断裂。这种行为上的差别可解释为在高温和低温下 α 铀变形的不同,铀辐照到燃耗为 0.031% 和 0.1%(原子百分比)时,其高温拉伸试验的结果表示在图 7.7 中。

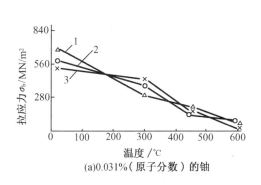

(a)0.031%(原子分数)的铀

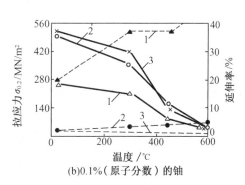

(b)0.1%(原子分数)的铀

1—未经辐照的铀;2,3—相应为辐照到燃耗为 0.031% 和 0.1% 的铀。

图7.7　拉伸时铀的性质

(延伸率以虚线表示,拉应力以实线表示)

辐照后在 600 ℃以内退火,强度极限和屈服强度会有一定程度的恢复,但塑性实际上不恢复。提高温度,延长退火时间可以恢复一些塑性,但此时强度极限及屈服强度降低。辐照到燃耗为 0.075%(原子百分比)的样品在 600 ℃退火 100 h 后,其延伸率可达 1% ~ 1.2%,辐照到燃耗为 0.1%(原子百分比)的样品 800 ℃下退火 10 h,室温下的强度极限及屈服强度的

平均值为 $\sigma_b = 226$ MN/m^2，$\sigma_{0.2} = 204$ MN/m^2，而延伸率从 0.5% 增长到 4.6%。经受较小燃耗的材料其塑性的恢复要好得多。比如，燃耗到只有 0.065%（原子百分比）的辐照过的样品，其塑性在 700 ℃ 退火后可以完全恢复。

辐照过的铀强度极限的降低及其塑性退火后不可能恢复证明了在铀中形成了微观裂纹，这些裂纹是由于辐照长大或由于热膨胀的各向异性而形成的。此时固体和气体裂变产物起着极大作用，落入微裂纹中的气体原子可能会使裂纹稳定化，阻碍其接合，而固体裂变产物，如 Ce，Nd，Y，La 等迁移到裂纹表面，对铀来说，犹如表面活性物质，可以降低铀的表面张力，从而促进裂纹变大。

辐照过的铀拉伸时的性质与随后的循环退火关系密切，特别是当热循环经过 $\alpha \rightleftharpoons \beta$ 或 $\alpha \rightleftharpoons \gamma$ 相变点时，在 γ 和 β 相间循环退火的样品，其屈服强度随燃耗增加而减小。所有经循环退火的样品表面均出现范围很宽的裂纹网络。

辐照对裂变材料蠕变的影响十分大。辐照作用加速蠕变，例如用铀丝样品做蠕变实验，得到如下的结果：

（1）在辐照作用下，无蠕变期只相当于无辐照样品的 1/20 ~ 1/10（无辐照为 200 ~ 400 h，有辐照的为 10 ~ 20 h）。

（2）无择优取向组织样品的蠕变速度与同样的不经辐照的样品的蠕变速度相比大致要快 50 倍。不经辐照，细晶粒样品的蠕变速度只相当于粗晶铸态样品蠕变速度的 1/10 ~ 1/5，而在辐照作用下这个关系又减小 50% ~ 70%。

（3）轧制变形量为 50%，随后在 α 相退火的铀，其蠕变速度减去样品辐照长大速度与未经辐照的轧制样品的蠕变速度相比要大 50 倍。

（4）在小应力下（0.02 ~ 0.05 MN/m^2），也在大应力下（150 MN/m^2）样品在辐照下，其蠕变速度加速 50 ~ 100 倍。

在 450 ℃ 下辐照多晶 α 铀的压缩蠕变试验，在堆内或堆外的试验结果表明，在同样的应力和温度下，二次蠕变速度区别很小。但是试验观察的实验点很分散。

一些科学家研究了 α 和 γ 相铀合金在辐照作用下的应力加速弛豫。根据压在平板之间的，经预先弯曲，辐照过的样品曲率变化发现，两种合金在辐照作用下的前 5 小时，初始应力很快地发生变化。但是如果说 α 相合金几乎全部发生了弛豫，那么 γ 相合金就是经辐照 96 h 之后，也仅仅消失了不大的应力。随后退火可以使初始内应力得到一些恢复。

燃料元件芯体在运行过程中存在应力，在辐照时铀迅速丧失塑性及强度是非常危险的。在此条件下，辐照引起的应力弛豫和辐照蠕变是限制应力对芯体的抗辐照稳定性产生影响的。同时 α 铀在热中子辐照条件下蠕变速度加快可能会导致芯体的形状和尺寸发生变化。

7.1.6　铀合金

铀中的杂质和加入的合金元素对铀的组织、性能，及相变的性质有很大的影响。用在反应堆燃料元件中的铀经常含少量合金化元素，例如美国加 Si 和 Fe，英国加 Fe 和 Al，法国加 Mo，Cr 和 Si 等。这些添加剂可以起三种作用：第一，它们改变了 $\beta - \alpha$ 的相变动力学，借助 β 淬火即能得到细晶粒组织；第二，铸件中 α 相的晶粒长大可以被 $\gamma - \beta - \alpha$ 缓慢冷却时形成的金属间析出物的弥散相所阻遏；第三，制造工艺中对这些合金进行热处理将析出大量的细弥散颗粒（约 10^{21} m^{-3}），这有助于减小气体肿胀。

1. 铀－锆合金

锆属于能在铀中有显著溶解度的元素,添加少量锆能细化 α 铀的晶粒尺寸,提高在水中的抗腐蚀稳定性,在进行热处理以消除晶粒择优取向的情况下能改善 α 铀的质量。用锆进行合金化同样可以在热循环条件下保持尺寸稳定。

由浓缩铀和 2% Zr 组成合金所做的经淬火和退火处理的铸态芯体和加工过的样品在 307 到 383 ℃ 之间,经辐照燃耗到 0.08% ~ 0.189%(原子百分比)时发现有延伸倾向(到 2.08%)。达最大燃耗时,有肿胀倾向。U－Zr 合金抗肿胀能力可以用加少量铌加以改善。例如,U－5% Zr－1.5Nb 轧制的合金燃耗到 0.4%(原子百分比)后,并没有发现肿胀,甚至在 500 ℃ 退火之后,肿胀也很小。

富铀的 U－Zr 系合金(含不超过 20% 的 Zr)及富锆的 U－Zr 系合金(含不超过 20% 的 U)淬火时均按马氏体形式发生相变。在中间成分(从 20% ~80% Zr),γ 相只有在快速淬火时才能保存住,但邻近 δ 相的各面,发生 γ 相的硬化,即或水淬也如此。U－Pu－Zr 合金是富铀系中有前途的合金,U－15% Pu－15% Zr 可以运行到深燃耗,该合金做成柱状元件在包壳最高温度为 655 ℃,成功地辐照运行到燃耗为 12.5%(原子百分比)。

对于含 7% ~22% U 的锆合金,燃耗到 1% ~4.5% 的总原子数时,具有良好的稳定性。低于 540 ℃ 时,每燃耗 1%(原子百分比),肿胀约为 2% ~6%。超过 540 ℃ 肿胀将更大。辐照后在通常(低)温度下进行热处理,导致的肿胀与在热处理温度下进行辐照所引起的肿胀相同。

对于含 7% ~40% U 的合金,辐照温度低于 600 ℃,燃耗为 0.7% ~4.5%(原子百分比)情况下,经辐照产生的体积变化正好是材料通常吸收裂变产物所产生的变化(2% ~3%),因此体积变化与温度变化关系不大。但是高于 600 ℃ 辐照,体积增大与通常情况相比,要多 5 倍。如果辐照温度一定,在温度循环变化的情况下,大致要多 20 倍。样品中心发现许多微气孔和裂纹。

辐照含 22% U 的合金表明,热处理不影响合金的辐照稳定性。该合金是在样品中心温度约为 400 ℃,燃耗为 1%(原子百分比)的情况下进行辐照的,辐照后样品中没发现有任何变化,或者变化很小。含 22% U 的碘精炼锆合金在 675 ℃ 下轧制,800 ℃ 下退火,随炉冷却,在 70.0 MN/m² 应力作用下蠕变的最小速度在 400 ℃ 下为 0.2×10^{-9} s^{-1},在 450 ℃ 下为 0.8×10^{-9} s^{-1},在 500 ℃ 为 2.8×10^{-9} s^{-1}。

2. 铀－钼合金

加少量的钼(使铀合金化)能显著地影响铀的机械性能。这些性能的绝对值在很大程度上取决于合金的热处理及组织。铀钼合金(不超过 2.0% Mo)的机械性能列于表 7.1 中。

表 7.1　U－Mo α 相合金在 20 ℃时的机械性能

性　　能	U[①]	0.5% Mo[②]	1.0% Mo[②]	2.0% Mo[②]
弹性极限/MN/m²	140 ~280	337 ~655	380 ~395	380 ~1 350
强度极限/MN/m²	415 ~730	703 ~1 280	810 ~1 360	750 ~1 350
延伸率/%	18 ~28	6 ~43	2 ~31	0.21 ~21.0
有 V 形缺口的冲击韧性/MJ/m²	0.32	0.05 ~0.26	0.07 ~0.23	0.03 ~0.32

①与杂质含量、晶粒取向等因素有关。

②与热处理及最终组织有关。

铀钼合金(不超过 1.2% Mo)是以粉末冶金方法制得的,它也像非合金铀一样肿胀,而含 1.0% Mo 的合金甚至比非合金铸态铀肿胀还厉害。但是铸态的和铸态变形经 γ 退火的合金样品抗肿胀稳定性极高。在法国,添加 0.5% ~3% 钼的铀钼合金用于制造以天然铀和低浓铀为燃料,石墨作慢化剂和 CO_2 气体作冷却剂的反应堆中的燃料元件(如在马里库尔的 G2 和 G3 堆,在施努的 EDF - 1,EDF - 2 和 EDF - 3 堆)。这些合金具有很高的机械强度和抗辐照稳定性。例如在 500 ℃ 下,其蠕变速率是经 β 热处理的低合金铀的百分之一。含 1% Mo 的这类合金的微观组织是由依次排列的 α 和 γ 相的薄片所组成,这对获得良好的辐照稳定性是很有利的。比如,在 G2 堆中,U - 1.5% Mo(铀浓缩到 1.6%)合金管,辐照到燃耗 $4.25 \times 10^5 (MW \cdot s)/kg$ 时,没有出现毛病,个别的有点椭圆度。含 0.5% Mo 的合金(经热处理或不经热处理)和含 2% 或 3% Mo 的铸态合金在 EL - 3 堆中辐照到 $5.95 \times 10^5 (MW \cdot s)/kg$ 时(其中一些样品辐照到 $8.95 \times 10^5 (MW \cdot s)/kg$)稍微有些弯曲和不大的椭圆度,没有很大变形或表面变化。

元素 Mo,Nb,Ti 和 Zr 能稳定 γ 相,其中 U - Mo 系和 U - Nb 系中形成的亚稳态 γ 相是最稳定的,这些合金处于亚稳态时可以使用。除指出的合金以外,还有一组合金具有 γ 相组织,这些合金是在快堆中经过辐照的铀进行再生处理时获得的。这种铀再生处理后,在氧化溶剂下熔炼,易挥发的和稀土元素几乎可从铀中全部除掉。燃料中保留了作为裂变产物的元素 Mo,Ru,Rh,Pa,Nb,Te,元素 Zr 部分保留,部分被去除。含 Mo 或 Nb 的亚稳态 γ 合金中,晶粒细化一般不成问题,因为体心立方的 γ 相各向同性。因此,晶粒尺寸通常被制造过程和均匀化处理所决定,这是较为方便的。这些合金的热处理是在 γ 相进行,它们还可以经冷变形,随后以周期 γ 淬火处理来恢复塑性。

含 5.0% Mo 的合金,从 γ 相快速冷却可以部分固定 γ 相,所以在室温下,其组织由 α 马氏体的 γ 组成。经相当长时间的加热,γ 相转变成有序化的 δ 相。有序化的 δ 相组织是四方晶格,其晶格常数为 $a = 0.342\ 7$ nm,$c = 0.983\ 9$ nm,$c/a = 2.871$。随着钼含量从 3% 提高到 10%,U - Mo 合金抗肿胀稳定性显著提高。就高温机械性能来说 U - Mo 合金是最好的合金之一。

从 γ 相淬火的铀钼合金在中子辐照下表现出正常的辐照硬化。随钼含量的变化,淬火材料的硬度也变化,但对所有从合金 γ 区域淬火来说,在共析成分区,硬度在继续辐照的情况下达到一个固定值。铸态合金(12 原子% 钼)的初始硬度比挤压的要稍高,但这些合金的硬度值在辐照后区别不大,如果 U - Mo 合金发生相分解,并最终达到 γ 淬火合金的正常状态的话,那么相变后,其样品的初始硬度极高,但迅即下降。众所周知,γ 淬火铀钼合金的典型特征是燃耗不超过 0.05%(原子百分比),即从塑性变为脆性。U - 10% Mo 合金是最有前途的 γ 相合金之一。研究表明,在燃料温度不超过 600 ℃,裂变速度相当高,且能保存 γ 相的情况下,燃耗在约 2%(原子百分比)以内,该合金表现出很大的稳定性。但是抗肿胀的能力是与裂变速率和温度有关的。由各种热处理而造成的样品微观组织在辐照时对肿胀程度没有明显的影响。

U - 10% Mo 合金在 480 ~ 570 ℃ 之间,以小于 6×10^{13} 裂变/($cm^3 \cdot s$) 的速率辐照是不稳定的,这是因为,一方面其要受 γ 相向 α + δ 状态热激发相变的影响,另一方面还要受辐照下产生的相反转变所影响。在平衡条件下,U - 10% Mo 合金的 γ 相要在温度小于 565 ℃ 时才转变成 α + β 的组织。而 α + δ 相在大于 3.6×10^{13} 裂变/($cm^3 \cdot s$) 速率的辐照下,温度不超过 460 ℃ 时即发生向 γ 相的相变。在这些条件下,燃料是不稳定的,至少在燃耗达 1.0%(原子百分比)以前是这样的。温度为 500 ~ 570 ℃ 时,为了保存 γ 相,或使 α + β 相转变成 γ 相,裂变速率不应小于 7×10^{13} 裂变/($cm^3 \cdot s$)。

U - 10% Mo 合金目前只在可能存在 α + δ 组织的情况下才加以应用,并且燃料棒结构的最大燃耗值不能超过0.5%(原子百分比)。

包壳对辐照下样品的机械抑制作用可能抵御肿胀。比如,无包壳的样品从210~425 ℃经辐照比有包壳的样品在635~665 ℃辐照,肿胀要厉害4~8倍。加包壳样品可使燃耗达3%(原子百分比),且未观察到包壳的任何损伤。在铀钼合金中存在高分散颗粒可有效地减低γ相合金的肿胀,这类似于该体系的α相合金。目前所进行的研究工作给U-10%Mo合金提高工作温度及燃耗深度提供了可能。

一些工作研究了各种第三种元素对铀钼合金的影响。加铌和铂能有效地提高8%Mo合金中γ相的稳定性。向含10%和20%Mo的铀合金加1%Nb能提高γ相的热稳定性,且在温度达900 ℃时,能提高其硬度,但若加3%和5%的Nb,则将降低高温硬度及稳定性。加2%的Ru同样可以提高γ相的稳定性。补加钌和铌,与三元合金相比较,更能提高γ相的稳定性。对U-7.5%Mo-2%Ru合金来说,在360 ℃的温度下在水中保持1 848 h,其腐蚀速度为2.8 g/(m² · s)。钌与Cr,Nb,Re和Zr相比,对稳定γ相更为有效。

3. 铀-Fs合金

燃料经火冶炼法对控制使用过的燃料中残留的裂变产物组分提供了可能性。这些裂变产物-Fs:其中有Mo,Ru,Tc,Pd,Zr,Rh,Nb。含有这些元素的合金在热震和辐照下有很高的稳定性,因为往铀中加Fs可以在低温下稳定γ相,压缩β相,并减慢γ的转变。使用U-Fs合金可以使用过的燃料的提纯过程大大简化,但同时用其制造燃料元件要求所有工序全部远距离操作。

U-Fs合金的典型成分列于表7.2中。虽然U-Fs合金是多元合金,但最重要的合金元素仍然是Mo和Ru。锆与钌形成稳定的化合物ZrRu,导致在固溶体中的钌含量降低。

表7.2　以裂变产物作合金元素的一组合金的化学成分

合　　金	元素的质量含量/%(质量分数)					
	Mo	Ru	Rh	Pd	Zr	Nb
U-3%Fs	1.4	1.0	0.2	0.1	0.03	0.006
U-5%Fs	2.4	2.0	0.3	0.2	0.05	0.010
U-8%Fs	3.8	3.0	0.4	0.3	0.07	0.020
U-10%Fs	4.8	4.0	0.6	0.3	0.10	0.020
U-5%Fs-2.5%Zr	2.4	2.0	0.3	0.2	2.30	0.010

U-5%Fs合金的固相线温度为1 002 ℃,液相线温度为1 081 ℃。图7.8表示密度随Fs含量的变化。铸态合金含大量的残余γ相,在500 ℃退火能引起残余γ相向α相转变,相应地密度增高。U-Fs合金的热导率列于图7.9。U-Fs合金的组织对热处理很敏感,所以合金的机械性能在热处理过程中显著变化,铸态合金及γ相水淬的合金硬度与Fs含量的关系表示在图7.10。U-5%Fs合金在400 ℃下等温转变约30 h后,再在825 ℃下于γ相保温,其维氏硬度超过600。但同一种合金从825 ℃在水中淬火以保存γ相,其维氏硬度稍超过100。

辐照U-5%Fs合金表明,该合金在670~750 ℃范围内,燃耗从0.5%~1.0%(原子百分比)肿胀显著。该合金,还有U-5%Fs-2.5%Zr合金在厚度为0.225 mm的304不锈钢包壳中,芯体与包壳之间的 0.15 mm 环缝中填充钠的情况下进行辐照,曾发现在温度范围 360 ~ 590 ℃,燃耗为 1%(原子百分比)时,长大速率小于 1% 的体积变化情况下,合金有极高的稳定性。在温度 600 ℃ 的情况下,U − 5% Fs 合金大致燃耗 1%(原子百分比),肿胀 8%。辐照后退火表明,该合金在温度大致为 700 ℃ 时,分解出裂变气体,开始显著地肿胀。U − Fs 合金属于具有良好的抗高温肿胀能力的铀合金,但是以往研究对 U − Fs 合金相态的变化注意得很少。

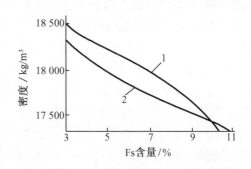

1—水淬并在 500 ℃ 下退火 11 天的样品;2—铸态样品。

图 7.8　U − Fs 合金的密度与成分及热处理的关系

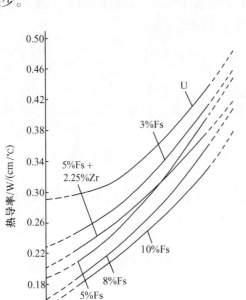

图 7.9　非合金铀及 U − Fs 合金的热导率

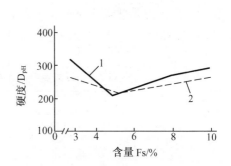

1—铸态合金;

2—在 825 ℃ 下,退火 66 小时,并在水中淬火。

图 7.10　U − Fs 合金的硬度与成分的关系

4. 铀硅合金

美国原子能委员会指出可能应用 U − Si 和 U − Zr 的 ε 相合金作为大功率反应堆的燃料,它们与许多富铀合金相比,其含铀量更高,且有更为良好的抗腐蚀稳定性。在 U − Si 系中,U_3Si_2 化合物用字母 ε 加以表示,接近此成分的合金称为 ε 相合金。U_3Si_2 化合物是以包晶反应而形成的,其铸态的组织非常不均匀。经均匀化热处理后,由 U_3Si 组成的基体中出现了一定数量的自由态铀,这是不希望的。所以合金的化学成分通常要修正到比 U_3Si 成分偏高,以避免形成自由态铀相。这样做还由于 U_5Si_3 在热水中比铀抗腐蚀更为稳定。

给这些合金赋予一定的外形不只可以用浇铸的方法,还可以用粉末冶金和高温挤压的方法。作为高温挤压前的预处理要进行均匀化处理。δ 相 U_3Si 合金挤压和辐照过的芯棒的强度极限为 703 MN/m²,而正比极限为 420 MN/m²。退火后,这些值大致减小 40%,总延伸率约为 1%,弹性模量为 158×10³ MN/m²。在温度从室温到 300 ℃,600 ℃ 和 900 ℃ 变化时,ε 相的线膨胀系数相应地等于 12×10⁻⁶ ℃⁻¹,14×10⁻⁶ ℃⁻¹ 和 16×10⁻⁶ ℃⁻¹。ε 相分解时,膨胀约为 1.7%。综合研究了铀硅合金及化合物的性能和行为,U₃Si 化合物不能被用作高温核燃料。

其他还有铀-铝、铀-铬、铀-铌、铀-钛、铝基、锆基和铌基铀合金,但是比较有前途和实用价值的是铀-钼、铀-锆和铀-Fs 合金。

7.1.7 钍、钍铀和钍钚合金

钍不是裂变材料,但是在热中子作用下,它可以转变为铀同位素²³³U,可以把²³³U分离出来用作裂变材料。钍和少量的铀或钚合金化可用于热中子反应堆,以期燃料燃耗时减少反应性的损失。以少量的铀或钚使钍合金化,对快中子增殖堆有重要意义。

钍是面心立方晶格,在中子辐照条件下,尺寸上不会有大的各向异性的变化,总的来说,钍的性能比铀好,特别是它与结构材料相互作用很弱。但是钍的典型特点是腐蚀稳定性不够,强度低,需要用合金化来改善其性能。根据已有的不多的关于辐照对钍及其合金影响的数据可以推断,钍比铀具有高得多的辐照稳定性。辐照使钍的强度极限提高不大,而屈服强度大致要提高两倍,其硬度为 405~670 MN/m²,并且这些变化并不伴生样品尺寸增大。钍的机械性能与其纯度、杂质含量有很大关系,其中包括碳、氮和氧,并且碳的影响最大(见图 7.11)。钍和碳形成两种化合物 ThC 和 ThC₂。

含不超过 50% U 的 Th-U 合金易熔炼和加工,也可用粉末冶金方法制得。钍

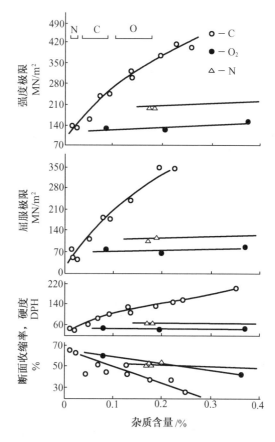

N,C,O—氮、碳和氧在钙热法制得钍中的正常含量范围。

图 7.11 氧、氮和碳对碘化法制得钍力学性能的影响

的强度和硬度随着铀含量的增加而增加。提高铀含量时强度与硬度增加,不只是铀的影响,也有碳的影响。用碘化法钍制得合金的性能数据(见表 7.3)说明了这个问题。

表 7.3 Th-C-U 合金的机械性能

成分/基体-碘化法钍	$\sigma_{0.2}$/(MN/m²)	σ_b/(MN/m²)	硬度/HRc
Th-0.01% C	77.0	125.0	45
Th-0.25% C	243.0	275.0	157
Th-0.25% C-2.0% U	344.0	420.0	186

含 5% ~ 20% U 的钍铀合金的再结晶温度比非合金钍大致要高 100 ℃。冷变形 90% 的 Th – U 合金在 725 ℃时于 5 min 之内就发生再结晶。随着铀含量增加,在 700 ℃,Th – U 合金的抗蠕变能力减小。加 Mo 和 Nb 可使铀强化,也能改善钍合金的抗蠕变能力。为了使不同成分的合金获得 0.01% /h 的蠕变速度,必须施加下述应力,见表 7.4。

表 7.4　不同成分必须施加的应力

成　　分	Th – 5% U	Th – 10% U	Th – 20% U	Th – 10% U – 1.5% Mo	Th – 10% U – 2% Nb
应力/(MN/m²)	12	7.7	3.4	11.2	8.4

此外,测量硬度表明,在高温下,Th – 10% U – 0.5% Al 合金比非合金钍或加 2% Mo 或 4% Nb 的 10% U 合金要硬 65%。Th – 10% U – 0.1% Be 在 600 ℃ 下蠕变速率为 0.01%/h,蠕变阻力为 43.5 MN/m²,同样的蠕变速率在 700 ℃ 下则为 13.1 MN/m²。这些数据表明,少量的铝和铍可以用作 Th – U 系合金的强化剂(见图 7.12)。

辐照到很高燃耗度的 Tu – U 合金表现出相当好的抗高温辐照能力。比如含 10%,15%,20%,25% 和 31% U 的铸态钍合金样品曾辐照到燃耗达 10%(原子百分比)。在最高温度 750 ℃ 下,每燃耗 1%(原子

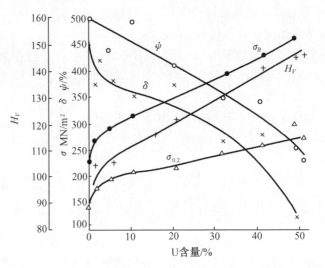

图 7.12　在 850 ℃下退火 2 h 的 Th – U 合金（基本为还原钍）的力学性能

百分比),合金肿胀的平均速率小于 6%。合金的体积长大对成分不敏感。这些合金的良好的肿胀能力大概与铀颗粒细小(约 1 μm)有关,这样裂变碎片将穿过不太致密的钍晶架。此外,铀颗粒的高密度(约10¹³ cm⁻³)可能易促成俘获裂变气体的气泡形成。

燃耗约为 4%(原子百分比)的 Th – U 合金在 775 ℃ 以上退火抗肿胀很稳定。研究非合金钍辐照后退火表明,伴随晶界开裂的肿胀在 950 ℃时才出现。在同一项研究工作中发现,在同样温度下,U 和 Th 具有同样的肿胀速率。预研的结果表明,在 Th – U 合金中加少量的 Zr 可以把抗肿胀的能力提得更高。铸态 Th – U 合金样品的辐照结果示于图 7.13。但是,对含 28% U 的合金来说,燃耗为 4.5%(原子百分比),温度 820 ℃,每燃耗 1% 原子,体积变化达 19.3%。辐照后该样品显著翘曲,且表面粗糙。

同样研究了中子辐照对含 1.4% ~ 5.4% U(93% ²³⁵U)的钍合金室温下机械性能的影响。辐照时,样品的中心温度为 250 ℃。得到的结果表明,如同纯钍一样,辐照可提高该合金的屈服强度,减低塑性。含 2.5% U(93% ²³⁵U)和 1.0% Zr 的钍合金在 ETR 堆中辐照到燃耗 2.3%(原子百分比),在 350 ℃ 和 600 ℃ 之间进行 403 次热循环之后,样品中央肿胀了 3.8%,此时没有发现任何翘、弯、曲的迹象。

钍钚合金　钚在 α 钍中最大溶解度于 600 ℃下可达 34%（原子百分比）。Th – Pu 合金是 α 基的固溶体，它在不超过 450 ℃的温度下具有良好的辐照稳定性。在 450 ℃下辐照燃耗到 1.9%（原子百分比）时，Th – 5% Pu 合金的肿胀导致体积膨胀为每燃 1 原子% 肿胀为 0.8%。Th – 10% Pu 合金样品，在同样温度下辐照到燃耗 2.6%（原子百分比）时，每燃耗 1 原子%，体积扩大 1.2%。这个体积变化并不比 Th – U 样品在同样温度下的变化大。

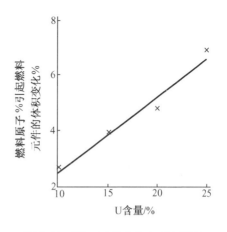

图 7.13　Th – U 系合金在 680 ℃下辐照，燃耗为 2.8% ~ 2.9%（原子分数）时的体积变化

因为钍可以在固溶体中含大量钚，固溶体区很宽，且没有大部分 Th – U 系合金中存在的第二相。但尚未确定 Th – Pu 合金的单相组织是否能抗高温肿胀。对热堆来说，最有意义的是 Th – 10% Pu 合金。对快堆来说，含钚到 40% 的钍合金有意义。

用金相，X 射线和差热分析研究 Th – U – Pu 三元系合金表明，许多三元系合金是 U – Pu 系的相与 α 钍处于平衡态的合金。因为向（Th，Pu）固溶体中加铀能显著减小钚在钍中的溶解度，可望有用的燃料合金是不超过 10% Pu（原子百分比）和含不超过 25% U（原子百分比）的成分范围内的合金。

其他的在钍中加少量的铝、铍、钒、钨、钇、铁、钼、铌、锡、钽、钛、铬、锆等试验，尚未获得改善的结果，亦没有可报道的辐照实验结果。

7.1.8　钚和钚合金

固态钚有六种同素异形体，且存在于不大的温度范围内，因为 α – β 的相变温度为 112 ℃，而钚的熔点为 640 ℃。所有低温同素异形相变 $\alpha \rightleftharpoons \beta \rightleftharpoons \gamma \rightleftharpoons \delta$ 对加热速度和冷却速度都很敏感，所以温度超过 80 ℃时可能发生滞后现象。α，β 和 γ 变形体具有明显的热膨胀各向异性，而 δ 和 η 有负的热膨胀系数。

在 $\alpha \rightarrow \beta$ 相变时，钚将发生很大的体积变化，达 9%，这就限制了钚进行热处理的可能性。铸态钚，主要沿晶界分布着微裂纹，其尺寸和数量在 $\beta \rightleftharpoons \alpha$ 重复循环的情况下明显增加。在循环时，杂质含量、样品尺寸和 $\alpha \rightleftharpoons \beta$ 相变的速度明显地影响钚的损伤。

α 钚的杨氏模量在 20 ℃时为 97 500 ~ 100 000 MN/m²，而剪切模量为 41 300 ~ 42 300 MN/m²。强度极限从 314 ~ 385 MN/m² 波动，屈服强度为 314 MN/m²，相对延伸率小于 1%。钚塑性变形的性质与温度及变形速度有关，对高纯铸态 α 钚来说，变形压下量为 4.5%，在高温低速下（110 ℃，10⁻⁶ s⁻¹）变形，沿晶界滑移起主要作用。也就是说，在低温高速（ – 10 ℃，10⁻³ s⁻¹）的变形条件下，滑移也是变形的基本形式。只有在 105 ℃，110 ℃和 120 ℃的温度下，不考虑变形速度，相应地达到 14%，6%，3% 的临界变形量之后，再结晶才与变形竞相发生。

钚既可作为热中子堆的也可以作为快中子堆的核燃料。计算表明，钚在活性区可占全部燃料元件的 25% ~ 30%，而不致引起比功率的局部升高及损失反应性。20 世纪 70 年代末，钚产量如此之大，以致出现了在特别建造的反应堆中完全用钚燃料装料的可能性。²³⁹Pu 裂变时产生的平均中子数很高（约 3 个中子）。对扩大核燃料的再生产来说，钚燃料快堆变得最为合适可用,有意义的燃料是均匀弥散在增殖材料如^{238}U中含20%Pu的燃料。

钚燃料与铀燃料相比具有毒性,而且物理性能差。但是在快中子堆采用钚时,反应堆装料较少,且比应用^{235}U有较高的增殖系数。钚与^{233}U相比,可以用化学法与^{235}U分离,因为钚同位素的性质与^{235}U的性质显著不同。如果能成功地提高工作温度,延长炉料的使用时间,反应堆则具有较高的运行性能。同时降低钚燃料的制造成本,才有可能使钚燃料的经济指标与铀竞争。选择合金时,最重要的标准是合金的核性能、冶金性能、热导率,从燃料中去除裂变产物的难易程度,清洗完燃料再加工成固体元件的可能性。期望的合金至少应满足一些重要的要求,合金的含钚量不能比纯钚达到临界质量所要求的量还大,合金应该尺寸稳定,合金化应压抑钚的转变,合金应有良好的工艺性,易于制造加工,有较高的抗腐蚀稳定性。具有面心立方晶格的、稳定δ相的合金可以同时满足这些要求中的许多要求。高温体心立方ε相在冶金上可以行得通,但是除了加铀之外,任何合金元素都很难使其保留在室温,而δ相在许多二元系合金中都存在,表7.5列举了一些钚合金的物理性能。

表7.5 钚合金的物理性能

合金	密度 ($\times 10^3$ kg/m^3)	组 织	熔点/℃	热导率 /[J/(M·s·℃)]	热膨胀系数 /$\times 10^{-6}$℃$^{-1}$
Al – 2%Pu	2.74	Al + PuAl$_4$	650	2.38(20℃)	28.1(40~600℃)
Al – 10%Pu	2.90	Al + PuAl$_4$	650	2.24(20℃)	26.4(26~600℃)
Pu – 1.25Al	15.16	δPu(面心立方)	801	9.2(100℃)	14.0(100~500℃)
U – 20%Pu – 10%Fs	16.60	γU(体心立方)	820	14.47(20℃)	
U – 20%Pu – 10%Mo	17.50	γU(>525℃)	920		18.5(550~900℃)
Pu – 2.5%Fe	15.88(在535℃下)	Pu$_6$Fe + Pu (<411℃同素异构体, >411℃液态)	411		

1. 含钚铝合金和含铝钚合金

Al – Pu合金具有很小的热中子寄生俘获,良好的辐照稳定性,制造容易,热导性能良好。对该系合金加少量Ni和Si能提高其在水中的抗腐蚀性。合金熔点低。PRTR,MTR和NRX反应堆所装的燃料元件就是铝钚合金所做。由于固态钚在铝中的溶解度很低,所以在合金中钚以PuAl$_4$化合物的形式弥散在铝基体中。在340~850℃的温度范围内含20%Pu合金的辐照数据表明,随着钚含量的提高,合金抗肿胀的稳定性也提高,并且钚含量愈高稳定性提高得愈缓慢。对包在锆2合金包壳中的含5%~20%Pu和Al – Pu合金进行辐照试验,辐照在水冷动力堆条件下进行了四个月。辐照及辐照后冷退火对体积的影响表示在图7.14。该合金在温度不超过600℃的情况下,可辐照到燃耗为20%Pu。金相学研究并没有揭示出在350~400℃的样品中有共晶球化,但在约600℃辐照下的样品中表现出全部球化。

Pu – 1.25%Al合金是Al在δ钚中的固溶体,在20~788℃的温度范围内均稳定,曾用于EBRI反应堆第四区的装料。但是在385℃的温度下,合金辐照到燃耗0.09%(原子百分比),将引起尺寸的极大变化。该合金一般不能适用于大燃耗情况。

2. 铀－钚和铀钚锆合金

钚在 α 铀中的溶解度可达 16%，α 铀相仍保持着它的各向异性特征。钚在 β 铀中可溶解 20%，而在 γ 铀中可以完全溶解。因此，含钚直到 16% 的合金，仍能够预料它们具有与铀相似的肿胀行为，如图 7.15 所示。辐照试验证实了这一点：在 α 相中空隙肿胀处于支配地位，而在 γ 相中裂变气体气泡的迅速生长占据优势。添加钚后，对每种相都增加了肿胀速率，认为这是因为钚增加了合金中的扩散，以及降低了蠕变强度。在较高的钚浓度时，斜方的 α 相转变为四方的 ζ 相，由于各向异性的 α 相消失，因而空隙肿胀的组成也减弱了。但是，二元 U－Pu 合金并不适合在高温使用，因为钚与常用的包壳材料中的铁和镍会形成共晶。

液态金属反应堆 LMR 提出了一体化快堆 IFR 概念，U－Pu－Zr 是最佳的选择。显然，以 ^{238}U 为增殖材料的增殖反应堆需要含钚的燃料，但是钚和铀－钚合金的固相线温度低，必须寻求添加合金元素以提高 U－Pu 的固相线温度，铬、钼、钛和锆都可以使 U－Pu 合金的固相线温度提高到符合需要，并且合金中的钚含量在满足需要的范围内。其中，锆是最好的，因为它可以抑制燃料和包壳间的相互扩散，改善燃料与不锈钢包壳材料间的相容性。没有锆存在时，包壳中的镍和铁容易扩散到燃料中，在包壳相邻处形成固相线温度低的物质成分。当发生异常事件时，一旦燃料－包壳界面处的温度超过该处物质的固相线温度时，液态物质的渗透会引起包壳的破坏。在钚含量不超过 20wt% 的 U－Pu－Zr 合金中，锆的允许含量限制在大约 10wt%，这是因为太多的锆会引起液相线温度提

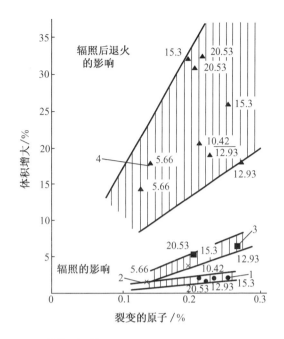

样品经辐照：

1—在 350～400 ℃下，加抑制的肿胀；

2—在 550～625 ℃下，不加抑制的肿胀；

3—起初在 600～625 ℃下，不加抑制的肿胀，然后在 400 ℃下，加抑制的肿胀；

4—样品在 640～650 ℃下，经辐照后退火。

图 7.14　Pu 的燃耗、辐照温度及在 640～650 ℃下辐照后退火对 Al－Pu 合金体积长大的影响

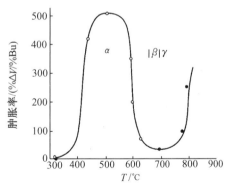

图 7.15　铀的几种相在 0.2%～0.5%（原子分数）燃耗范围内的肿胀速率

高，以至超过制造金属燃料时射铸技术所用的熔凝石英模管的软化点。然而，提高固相线温度仅仅解决了难点的一部分，另一部分是要达到高燃耗。当裂变产物积累至燃料发生肿胀时，包壳可能在低燃耗时就发生变形导致破损。为加深燃耗，需要试验燃料的合金化和热机械处理以抑制肿胀，以及用增强包壳以便在燃料肿胀开始后限制它的变形。这些工作大部分

都没有成功,峰值燃耗到大约3%(原子百分比)是最好的结果。在燃料棒没有加工织构时,燃料肿胀的主要原因是裂变产物中的气体在气泡内的积累,气体的压力随燃耗加深而增加,气泡克服表面张力发生长大,这一结果引起燃料基体变形而导致肿胀。理论分析表明,当燃料肿胀达到大约30%时,气泡一定会开始互相连通,这与气泡大小和数量密度无关。如果燃料与包壳间的间隙足够大,使得燃料肿胀到体积增加30%时还不会发生燃料与包壳接触,那时气泡将发生相互连通,积累的裂变气体被释放,这样就去除或降低了引起燃料肿胀的应力。因此,金属燃料的有效密度以75%为最佳。

不同合金中连通气孔的发展以及伴随的气体释放与肿胀的关系如图7.16所示,它们与燃料合金的成分无关,这些试验中得到的肿胀速率对元件设计是有用的,从这些数据可以确定燃料长度的增加和燃料-包壳达到接触时的燃耗。U-Pu-Zr合金燃料棒长度的增加与燃耗间的关系表示在图7.17中。随着燃耗增加肿胀发生相当迅速,这是金属燃料的特征;U-Fs合金表现出稍微低一点的速率,这是因为添加Si对肿胀产生延缓的效应。事实上所有长度的增加都发生在肿胀的燃料棒还没有和包壳接触之前的燃耗间隔内。轴向肿胀取决于燃料的有效密度。典型的平面有效密度选择在大约75%,使得充分肿胀后有利于裂变气体从燃料中释放出来,该肿胀量大约是30%(如图7.18)。对各向同性的肿胀来说,这么大的平面肿胀转换成大约15%的长度增加。但是,观察到的长度增加

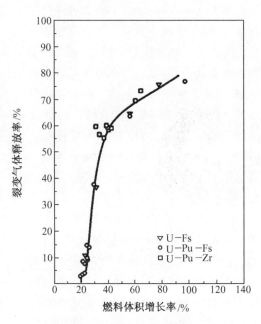

图7.16 裂变气体释放与燃料体积
增加的关系(Beck,1968)

总是比较小的,这说明肿胀是各向异性的。这种效应的主要原因看来是因为燃料棒的中心热一些而外圈冷一些造成肿胀行为不同,U-10Zr的情况如7.19所示。

在主要是γ相的燃料中心部分,形成了大的气泡,这表明燃料具有较高的塑性,因而能承受剪切应力的能力较低,极端时(如果中心部分是黏滞状的性质),在中心部分的裂变气体的压力将对周围壳层施加一个接近双轴载荷,径向应力组分是轴向的两倍。在周边燃料区(主要是α相)应力对肿胀的影响将引起径向比轴向更大的应变,因此发生各向异性的肿胀。在U-Pu-Zr中各向异性的肿胀尤其显著并变化无常,如图7.17中燃料轴向生长的变化。在某些含Pu较高的合金中各向异性更大一些(与低轴向肿胀成比例),这是因为在径向的不同区域中存在不同合金相的变化。这种变化是因为Zr沿径向温度梯度发生了相当快的重新分布而引起。U-Pu-Zr的平衡相图表明(见图7.20),沿着运行着的燃料元件的径向可以找到不同相区的界面。在这些相中Zr的溶解度随温度变化,这样在这些相中燃料成分的化学梯度以及热流都可以产生扩散的驱动力。由于Zr向元件周边温度较低的Zr-δ相迁移,在元件中心部分形成了主要是Pu-ζ相的低Zr区。对于部分运行在更高温度的燃料元件,这时Zr向中心高温区Zr-γ相迁移,也向周边Zr-δ相迁移,在半径的中部形成了Zr的贫化区。

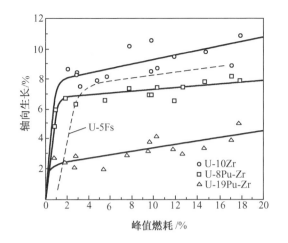

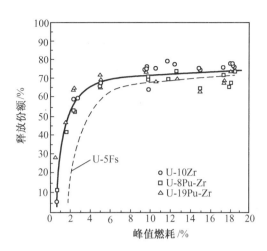

图 7.17　不同金属燃料的燃料长度增加与燃耗间的关系(EBR – Ⅱ辐照)

图 7.18　不同的金属燃料中裂变气体释放到燃料上部气腔中的量与燃耗的关系(EBR – Ⅱ辐照)

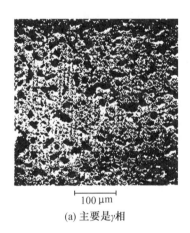

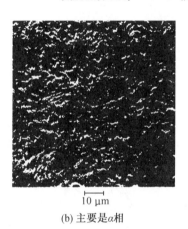

(a) 主要是γ相　　　　　　(b) 主要是α相

图 7.19　辐照后的 U – 10Zr 中不同气孔的形貌(扫描电镜照片)

　　合金组分在温度梯度下的迁移通常可以在动力堆燃料中观察到,由于大的温度梯度和裂变联合作用促进这些扩散。混合氧化物中裂变产物的迁移以铀 – 氢化锆燃料中氢的重新分布是一些例子。对于温度梯度下保持均匀溶液中各个溶质的重新分布,它的化学驱动力来源于溶质的化学位与温度的关系,以及来源于传导电子和声子的能量传递。系统通过这种调节自身的成分行为使其总自由能趋于极小,因此产生的化学位保持常数。在温度梯度下的溶质流量的特征是根据 Fick 第一定律确定的迁移溶质的唯象学的参量决定,这个参量称为传递热 Q^*,且有

$$J_i = \frac{-D_i N_i}{RT}\left(\frac{RT\partial \ln N_i}{\partial x} + \frac{Q^*}{T}\frac{\mathrm{d}T}{\mathrm{d}x}\right) \tag{7.2}$$

式中,D_i 和 N_i 是迁移溶质的扩散系数和浓度。根据目前理论传递热由三部分组成,即 $Q^* = Q_{in} + Q_e + Q_p$,Q_{in} 是本征传热,Q_e 和 Q_p 是电子气和声子气的传热。传递热可以是正值,也可以是负值,这决定于它的组元的符号和量值。例如,纯铀 Q^* 的测量值是 $+5$ kcal · mol^{-1}

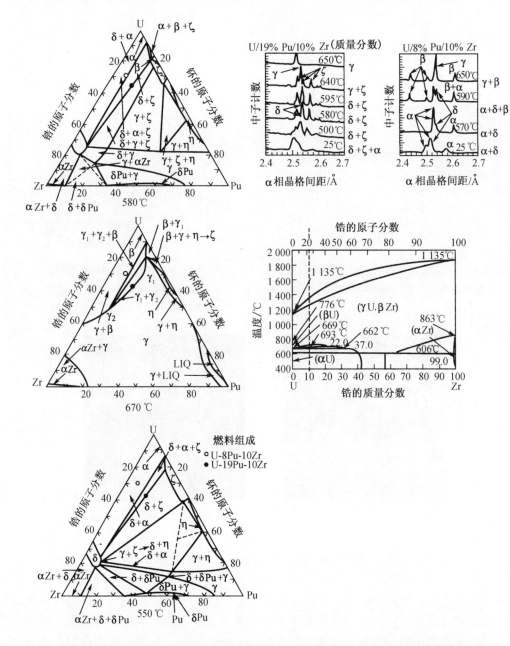

图7.20 U‑Zr 和 U‑Pu‑Zr 的平衡相图,以及铸造合金的一些中子衍射数据

(O'Boyle and Dwight,1970)

(约 21 kJ · mol⁻¹),锆是 – 34 kcal · mol⁻¹(约 – 143 kJ · mol⁻¹)。在它们纯的状态下,铀向温度梯度低的方向迁移,而锆向着高的方向迁移。然而直至今日,所有对 Q^* 有贡献的正确模型都无法揭开研究者们的困惑。在缺乏能预测燃料合金中热迁移的方向和量的模型时,可以用对两组合金发展的唯象方法来解释观察的结果。作一些适当的假定后,式(7.2)可以写为

$$J_i = -\frac{DN_i}{RT^2}(\Delta H_i + Q_i^*)\,\frac{\mathrm{d}T}{\mathrm{d}x} \tag{7.3}$$

式中,ΔH_i 是溶液中组元 i 的偏摩尔热焓。迁移方向由($\Delta H_i + Q_i^*$)之和的符号决定。根据这一理论(仅考虑锆),在 γ 相区($\Delta H_{Zr} + Q_{Zr}^*$) < 0,在 $\beta + \gamma$ 相区($\Delta H_{Zr} + Q_{Zr}^*$) > 0,这导致在燃料中心 Zr 的富集,中间部分(原始为 $\beta + \gamma$)Zr 的贫化,如图 7.21 所示。在燃料中心线温度较低时,不存在 γ 相,这时 Zr 只发生向外迁移,导致中心区(原始为 $\beta + \gamma$)贫 Zr。

在低 Pu 燃料(3% 和 8%)中,Zr 重新分布速率基本上与 U－10Zr 的相似,但在 Pu 浓度为19% 和更高的燃料中,Zr 重新分布的速率快得多,图 7.22 是燃料元件在 3%(原子百分比)燃耗的情况,辐照时的功率密度与图 7.21 所示的二元 U－10Zr 元件相似。在这些含 Pu 较高的合金中,由于 Pu－ζ 相的存在,Zr 的扩散系数较高以及热力学力较大是重新分布较快的原因。观察到在较低功率密度的高 Pu 燃料元件中,明显的 Zr 迁移和区域形成被推延到更高的燃耗(5% ~6%(原子百分比))。这一现象表明温度梯度大小(dT/dx)和裂变速率对扩散系数(D)(在目前的试验中不能将这两种参数分离开)和重新分布现象的动力学影响是明显的。

在高 Pu 和高功率密度的燃料元件中,如果区域形成得很快(也就是在辐照早期燃料－包壳还未接触之前的肿胀阶段),它将明显增加径向肿胀速率。这种径向高肿胀速率在燃料周边产生足够的应力以致形成裂纹,如图 7.22 所示,这同时也增加了肿胀的各向异性。

金属 LMR 燃料中空隙的发展取决于燃料中各种相的存在。在所有合金中,高温立方U－γ 相表现出的特征是大的相互连通的气泡,类似于在纯 γ 铀中观察的那样。在较低温度以 U－α 相为主体时,撕裂型的空隙特征是明显的。在 U－Zr 和 U－Pu－Zr 中,低温 U－α 和Zr－δ 相形成层状显微组织,在 U－Zr 中的层间距比 U－Pu－Zr 中的更小一些,空隙的形貌仿效着这种显微组织。在 U－Fs 中,显微组织更呈等轴状,气孔形貌显得更随机。图 7.19 和7.23 表示了 U－Zr 和 U－Pu－Zr 燃料中高温和低温空隙的例子。当 Zr 的重新分布和相的区域形成发生后,引起低 Zr,Pu－β 和 Pu－ζ 相,它们各自都有非常小的气孔形貌,以及明显的许多金属间化合物特征。

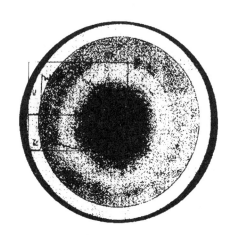 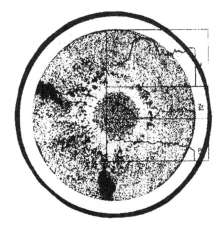

图 7.21 U－10Zr 元件在 5%(原子分数)
燃耗高温区的金相横截面图,并叠加
探针扫描结果(表明区域形成和
Zr－U 的重新分布)

图 7.22 U－19Pu－10Zr 元件在 3%(原子分数)
燃耗高温区的金相横截面图,并叠加
探针扫描结果(表明区域的形成、开裂和
Zr－U 的重新分布)

肿胀和气体释放的恰当描述或模型应当包含不同相存在时的行为,因此需要相当精确的热力学计算以确定燃料元件中的相区。合金中各组元的重新分布模型,以及新相形成的确

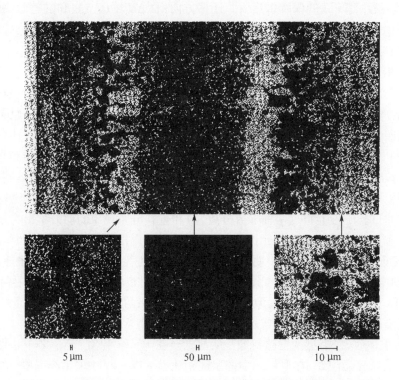

5 μm   50 μm   10 μm

**图 7. 23   U－19Pu－10Zr 燃料在 3%（原子分数）燃耗时的重新分布和区域形成；
纵截面的光学金相照片和 SEM 区域显微组织的细节**

定,如 U－Pu－Zr 中 ζ 相,也都是不可缺少的。这就需要分析燃料辐照时的热导,例如在辐照时由于孔隙的形成、燃料重结构、正化学比的改变、裂变产物的积累以及燃料－包壳间隙热导的改变,都会引起混合氧化物快堆燃料热导的变化。对混合氧化物燃料中这种变化的满意描述已作过很多努力;金属燃料热导的评价充满着相似的困难。在燃料元件中不同显微组织区中的孔隙,通过辐照后的观察已作了很好的表征,由于孔隙引起的热导下降,能够用已有的模型进行计算。在钠结合的金属燃料中,间隙热导非常高,它在总体热的计算中不起重要作用。但是,如果钠结合的局部被裂变气体所替换,在该局部区域的间隙热导将下降。这种类型的替换似乎可以说明,在高 Pu 元件辐照后的金相中通常观察到燃料显微组织局部不规则现象,呈现出组元迅速重新分布和开裂,没有开裂现象的燃料元件中观察不到这种不规则性。例如,U－10Zr 燃料沿着轴向形成了一个圆锥形的结构区,该区是根据燃料内部的等温线发展而成的。

实验研究了 U－Pu－Fs,U－Pu－Zr 和 U－Pu－Ti 系合金深燃耗燃料元件的辐照行为。对快中子增殖堆来说,所研究的合金中最有前途的是大致含 15% Pu,含 10% ~ 15% Zr 的 U－Pu－Zr 合金,该合金做成柱状燃料元件,在包壳最高温度为 655 ℃,燃耗为 12.5%（原子百分比）的情况下,成功地抗住了辐照。

3. 金属核燃料元件

为提高反应堆的经济性,需要提高金属核燃料的工作温度和燃耗极限。金属核燃料最严重的辐照后果包括:各向异性长大造成尺寸不稳定性,高温辐照肿胀,辐照硬化和脆化。如不均匀长大引起晶界空隙,它们在应力下形成裂纹,裂纹将导致局部过热,降低机械强度,在内应力作用下发生断裂。这些因素都将降低元件运行能力和寿命。目前在提高工作温度和燃耗极限上,从以上研究中可以看清两个重要方向:①在合金中设法出现均匀分散的第二相颗粒;②使用高强包壳,结合燃料内通道或结合考虑燃料与包壳的间隙。更要分析研究燃料-包壳相互作用。这些需要结合燃料元件的结构和运行性能来综合分析燃料辐照行为,以作出元件设计和评价。

7.2　氧化物燃料的辐照密实、肿胀和裂变气体释放

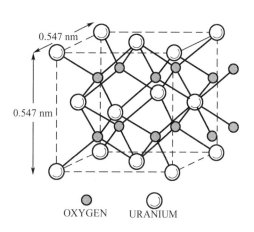

图 7.24　正化学比 UO₂ 的晶胞

首先,氧化物燃料 UO₂ 具有面心立方结构,U⁴⁺正离子在 CaF₂ 结构中(空间群 $Fm\overline{3}m$),正化学比 UO₂ 的晶胞表示在图 7.24 中。在晶胞中心留有空间可容纳裂变产物,使 UO₂(和(U,Pu)O₂)具有辐照稳定的特点。在 UO₂ 和 PuO₂ 间形成完全的取代固溶体,可以形成(U,Pu)O₂ 混合核燃料。UO₂ 和(U,Pu)O₂ 具有高熔点,而且这两种燃料一直到熔点都是单相,因此在辐照情况下只有组织结构上的变化,如固体裂变产物肿胀,裂变气体肿胀,在温度梯度下气孔、气泡的迁移、合并、重布和晶粒长大等。由于氧化物燃料的热导率低,运行中产生很大的温度梯度和热应力,产生裂缝,增强上述重结构现象。

其次,裂变气体不溶于固体中,它们将形成气泡形核、长大、迁移、合并;当裂变气体和裂变气泡与气孔相遇、合并时将形成较快的肿胀。这些气泡和气孔在温度梯度和应力的作用下,将产生重布,使燃料内的热导率发生变化,进一步改变燃料内部温度分布,促进组织结构的变化。

再次,燃料在温度高于 1 400 ℃时发生晶粒长大,在高于 1 700 ℃时由于蒸发凝结机理产生气孔迁移。与其他影响因素一起,晶粒长大和气孔迁移可使燃料内部高温区的裂纹愈合,并促进邻近包壳的芯块区域燃料肿胀(由于气孔生长、迁移和在路程上吞并气泡或与其他气孔合并长大)和非溶性裂变气体 Xe 和 Kr(以及挥发性裂变产物 Cs,I,Br 和 Te)的释放,这将影响元件气隙的热导和侵蚀性产物对包壳在应力下的开裂。由蒸发凝结机理的气孔迁移将伴随着元素的迁移和重布,特别是混合燃料(U,Pu)O₂ 中,钚的重布将引起局部融化,直接危及元件的安全性。

由于氧化物燃料在运行中有很高的温度梯度,中心温度和边缘温度相差很大,造成各个区域有着不同的组织结构。图 7.25 描绘了芯棒中心温度约 2 000 ℃时,芯棒横截面内气泡尺寸和分布与温度梯度的关系。图中,(a)为中心区域(所有大气泡脱离 σ 位错和某些晶界上的大气泡形成柱状晶粒);(b)为中间区域(大气泡在温度梯度作用下离开位错,和在晶界上聚集,有时成为大的堆积);(c)为接近包壳的区域(气孔生长、迁移、在路程上吞并气泡或与其他气孔合并长大)。在温度梯度下,气孔往热的方向迁移,生成稳定的柱状晶粒,伴随着裂变气体的大量释放。燃料温度低于 1 650 ℃,燃料的组织结构的变化是气孔和气泡的迁移聚

集和气孔链、气体释放通道的形成，伴随着裂变气体释放，其物理过程如下。

辐照初期，UO_2 芯块内的烧结气孔在温度应力下发生收缩。当裂变碎片和堆内射线（α，β，γ 等）穿过小气孔时，气体电离，使一些气体原子进入基体，造成气孔内气体减少，气孔进一步缩小，直至最后湮没。对于较大气孔，进入基体的气体原子与气孔中原子总数相比很少，裂变气体又能扩散进气孔，逐渐平衡失去的气体原子，使气孔稳定。因而存在临界半径，小于临界半径是不稳定的，会发生湮没，形成辐照密实。这种小气孔被烧结使燃料芯块致密的效应，导致芯块在径向上压缩和轴向上收缩，

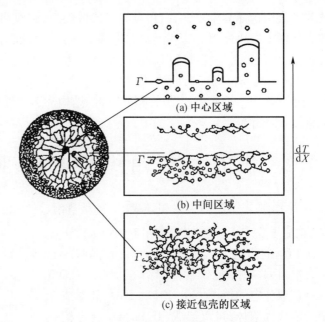

图 7.25 二氧化铀燃料棒内气体裂变产物的分布和尺寸示意图

（a）中心区域

（b）中间区域

（c）接近包壳的区域

使堆芯区域轴密度增加，影响到运行制度。同时由于芯块径向收缩加大了燃料芯块和包壳之间的间隙，导致间隙热导减少，使燃料的平均温度升高，加上铀密度增加导致燃料线功率提高。在这种情况下，一旦元件在轴向某个局部芯块与芯块间轴向脱开一个小距离，燃料的中子通量端部效应导致局部的线功率急剧提高，导致燃料和包壳损坏。在明确了辐照密实机制的基础上，采用了制孔剂制备稳定的燃料芯块，解决了上述问题。

随着芯块燃耗增加，有相当数量的裂变气体，气泡形核生长。气孔可以在温度梯度下发生迁移，与裂变气体的气泡核和气泡相遇，发生合并长大。这时的气孔已演变为有裂变气体的气孔，并有所长大。当辐照密实与裂变气体肿胀相加，肿胀占优势时，芯块就由辐照密实演化为肿胀。气孔的特点是：①孔径较大（＞100 nm），小尺寸气孔基本上湮没了；②气孔内气体密度较高，有烧结气氛和裂变气体；③气孔是可迁移的，迁移机制是表面扩散机制；④气孔由于长期迁移，最终达到晶界，都分布在晶界周围；⑤气孔在晶界上不断长大、变形，若与其他气孔相连，构成气孔链。若气孔链与裂缝表面相通，则构成裂变气体释放的通道。

与气孔相对应的是气泡，裂变碎片在其径迹上产生一系列的级联碰撞的离位峰，间隙原子为固体裂变产物和位错所吸收，氪、氙气体原子稳定贫原子区形成气泡核，在大量的裂变气体和高的 Frenkel 缺陷对浓度下，很快长大成气泡。如果这些气泡在以后的裂变碎片的径迹上，气泡中裂变气体原子又会被级联碰撞的大量反冲原子所撞击而进入基体，气泡被重溶。因此气泡核、气泡的生长受辐照重溶和被气孔吞并的影响，长不太大就会被吞并或再溶解。同时新的气泡不断地在裂变碎片径迹上生成。小的气泡又很容易被杂质原子、位错所钉住，所以气泡核、气泡是不运动的，而是一代一代地经历着成核、长大、辐照重溶（或被吞并）等寿命循环，形成以下一些特点：①气泡是在裂变碎片径迹上成核、长大的；②气泡直径小（＜6 nm），密度高[$5 \times (10^{16} \sim 10^{18})$ 个/cm^3]；③气泡是不运动的；④晶粒内和晶界上的气泡分布没有区别。气孔、气泡、裂变气体扩散的物理过程如图 7.26 所示。它是芯块中温度小于 1 650 ℃区域中气体释放机制。芯块温度超过1 700 ℃的部分，晶粒很快生长，一些气孔、气泡被

晶界直接扫到自由空间,另一些气孔、气泡扫到有限的一些晶面上,它们很快连成通道,裂变气体大量释放。

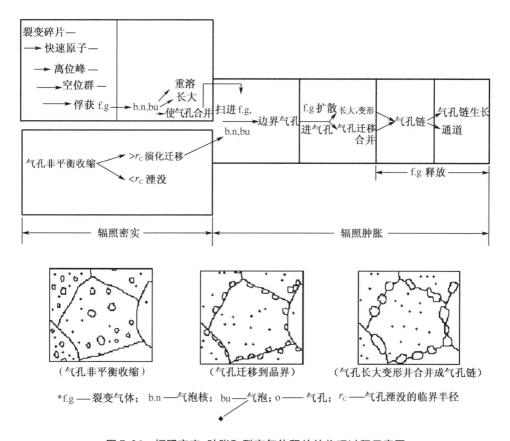

图 7.26　辐照密实、肿胀和裂变气体释放的物理过程示意图

在功率剧增时,芯块裂缝增加,使得在新开裂的裂缝表面上的气孔、气泡(包括露头的气孔、气泡)内的气体瞬时释放;穿过碎裂面的通道切成两截,使过剩压力的气体释放;碎块平均直径减少,气孔链与表面相通的概率增加,通道数增多,气体释放率增加;芯块温度升高,气体扩散进通道的概率增加。

由以上物理图像得出辐照密实、肿胀、裂变气体释放的表达式,与实验结果相一致。裂变气体释放率、瞬时释放正比于 $(n_i)^{1/3}$,$(n_f)^{1/3}$,$(n_f^{1/3} - n_i^{1/3})$,n_i 和 n_f 分别代表功率剧增前后芯块裂缝数。由于元件内壁软衬垫(石墨、Zr、Cu)可以减少芯块裂缝数以及芯块与包壳间的应力和应力腐蚀剂的侵蚀,所以可提高抗功率剧增的能力。

7.2.1　气孔和气泡的物理特性、辐照密实

在 UO_2 芯块烧结过程中会形成一些气孔,气孔中存在着 H_2,H_2O,CO,CH_4 等烧结气氛的气体,在烧结温度下气体压力与气孔表面张力平衡。在堆内运行时由于芯块存在陡的温度梯度、很大的热应力以及裂变碎片产生的级联碰撞(包括离位峰、热峰、Frenkel 空位 - 间隙原子对等),使气孔发生收缩,以保持气泡的热力学平衡。为叙述方便,凡来源于烧结气孔,即便是

后来进入了裂变气体,仍称作气孔;而辐照中产生的气泡(或气孔),都称作气泡。

当裂变碎片和放射性射线穿过气孔时,气体电离。重离子产生的离子对是密集的,且气体压力很高,这种离子对很容易复合,但离子也有到达气孔表面的概率 p。当 H^+,O^+ 离子到达气孔表面,很容易与 UO_2 中的氧、铀原子复合而扩散到芯块中去,造成气孔内气体减少,发生进一步收缩,直至最后湮没。气孔越大,离子到达气孔表面概率越小,同时裂变气体进入大气孔的概率增加,因而存在临界半径,小于临界半径的气孔是不稳定的,会发生湮灭。而大于临界半径的气孔,先是收缩,随后当裂变气体进入量的增加而长大。这就是辐照密实过程。

在等温烧结末端,在烧结温度 T_s 下,UO_2 芯块中的气孔处于热力学平衡状态,气孔内的压力与表面张力相等。对半径为 r_0 的气孔

$$P_0 = 2\gamma/\gamma_0, \quad P_0(4\pi r_0^3/3 - NB) = NkT_s \tag{7.4}$$

式中,P_0 是烧结时气孔内的压力;N 是气孔内气体分子数;k 是玻尔兹曼常数;B 是气体原子本征体积;γ 是芯块表面张力(600 dyn/cm),该气孔在辐照时的压力为 P,且有

$$P(4\pi r^3/3 - NB) = NkT_b \tag{7.5}$$

式中,T_b 是辐照时气孔内气体温度。在气孔表面,气孔作用于固体的压力 P_i 为

$$P_i = P - 2\gamma/r - \sigma$$

固体作用于气孔的压力是 $-P_i$,式(7.5)中 σ 是表面应力张量的径向分量。气孔表面热力学的空位浓度 C_{vr}、间隙原子浓度 C_{ir} 分别为

$$C_{vr} = C_v^{eq} \exp\left[-\frac{\Omega}{kT}\left(P - \frac{2\gamma}{r} - \sigma\right)\right]$$

$$C_{ir} = C_i^{eq} \exp\left[\frac{\Omega}{kT}\left(P - \frac{2\gamma}{r} - \sigma\right)\right] \tag{7.6}$$

式中,C_v^{eq},C_i^{eq} 分别是热平衡态的空位、间隙原子浓度;Ω 是 UO_2 中每个铀原子所占的体积(41 Å^3/原子)。当 $P - 2\gamma/r - \sigma < 0$ 时,气孔表面空位浓度增大,易于扩散出去,使孔径缩小;同时气孔表面间隙原子浓度减少,间隙原子易于扩散进来,增进孔径缩小,直到气孔达到热力学平衡。于是气孔体积变化率为

$$\frac{d}{dt}\left(\frac{4}{3}\pi r^3\right) = \Omega\left[4\pi r D_v(C_v - C_{vr}) - 4\pi r D_i(C_i - C_{ir})\right] \tag{7.7}$$

式中,D_v,D_i 分别是空位、间隙原子的扩散系数。将式(7.6)代入(7.7)式,由于 $\frac{\Omega}{kT}\left(P - \frac{2\gamma}{r} - \sigma\right) \ll 1$,式(7.6)中的指数项进行展开,取到一次项,点缺陷浓度由辐照产生率和点缺陷的复合、位错俘获相平衡所确定,在辐照初期,$4\pi\langle r\rangle N(t) \ll Z_v(\rho_N + \rho_1)$,式(6.72′)近似为 $Z_v(C_v - C_v^{eq}) = Z_i(C_i - C_i^{eq})$,因此式(7.7)演化为

$$\frac{dr}{dt} = \frac{\Omega}{r}\left\{D_v\left(1 - \frac{Z_v}{Z_i}\right)(C_v - C_v^{eq}) - \frac{\Omega}{kT}\left(\sigma + \frac{2\gamma}{r} - P\right)\cdot(C_v^{eq}D_v + D_iC_i^{eq})\right\} \tag{7.8}$$

式中,Z_v,Z_i 是位错对空位、间隙原子的俘获系数。(7.8)式第一项是气孔在应力平衡下由于辐照点缺陷浓度增加而引起的气孔长大,相当于结构材料中气孔的辐照长大。第二项是力学不平衡导致气孔变化,当 $\sigma + \frac{2\gamma}{r} > P$,并且第二项大于第一项时,$\frac{dr}{dt} < 0$,发生收缩。只有在温度足够高时,$(C_v - C_v^{eq})$ 减少,第二项才有可能大于第一项,所以存在一个临界温度 T_c。当温度等于临界温度 T_c 时,$dr/dt = 0$,由此导出 T_c,即

$$T_{\mathrm{c}} = \varepsilon_{\mathrm{v}} \Bigg/ \left[\frac{1}{2}\left(3S_{\mathrm{v}} - \frac{\varepsilon_{\mathrm{m}}}{T_{\mathrm{c}}}\right) - \frac{1}{2}k\ln\frac{Z_{\mathrm{i}}}{Z_{\mathrm{v}}} \cdot \frac{1}{500\Omega\nu_{\mathrm{v}}} \frac{Y_{\mathrm{vi}}\dot{F}k^2 T_{\mathrm{c}} Z^2}{\left(\sigma + \dfrac{2\gamma}{r} - P\right)\left(\sigma + \dfrac{2\gamma}{r} - P + C'\dfrac{kT_{\mathrm{c}}Z}{\Omega}\right)} \right] \tag{7.9}$$

式中, $C' = 1 + \dfrac{Z_{\mathrm{i}}}{Z_{\mathrm{v}}}\dfrac{D_{\mathrm{i}}C_{\mathrm{i}}^{\mathrm{eq}}}{D_{\mathrm{v}}C_{\mathrm{v}}^{\mathrm{eq}}} + \dfrac{Z_{\mathrm{i}}a_0^2}{500}\rho_{\mathrm{d}}\exp\left(\dfrac{\varepsilon_{\mathrm{m}}}{kT_{\mathrm{c}}} - \dfrac{S_{\mathrm{v}}}{k}\right)$, $Z = \left(1 - \dfrac{Z_{\mathrm{v}}}{Z_{\mathrm{i}}}\right)\Big/\left(1 + \dfrac{D_{\mathrm{i}}C_{\mathrm{i}}^{\mathrm{eq}}}{D_{\mathrm{v}}C_{\mathrm{v}}^{\mathrm{eq}}}\right)$, 一般 $\dfrac{D_{\mathrm{i}}C_{\mathrm{i}}^{\mathrm{eq}}}{D_{\mathrm{v}}C_{\mathrm{v}}^{\mathrm{eq}}} \ll 1$,

$C' = 1 + \dfrac{Z_{\mathrm{i}}a_0^2}{500}\rho_{\mathrm{d}}\exp\left(\dfrac{\varepsilon_{\mathrm{m}}}{kT_{\mathrm{c}}} - \dfrac{S_{\mathrm{v}}}{k}\right)$, $Z = \left(1 - \dfrac{Z_{\mathrm{v}}}{Z_{\mathrm{i}}}\right)$, 在推导演算过程中, 空位 – 间隙原子复合速率常数 k_{iv} 曾用式 (6.9′), $z_{\mathrm{iv}} = 500$, 所以 $\dfrac{Z_{\mathrm{i}}D_{\mathrm{i}}}{k_{\mathrm{iv}}} = \dfrac{Z_{\mathrm{i}}a_0^2}{500\Omega}$。 a_0 是晶格常数, $\dot{F}$ 是裂变率, Y_{vi} 每次裂变的裂变碎片所产生的空位间隙原子对数目。 ε_{v} 是空位形成能 (2 eV), S_{v} 是空位熵 (4.15×10^{-4} eV/K), ε_{m} 是空位迁移的激活能 0.829 eV, ν_{v} 是点陷缺 (空位) 在其平衡位置的振动频率 10^{13} s^{-1}。从式 (7.9) 可以看到, T_{c} 随 $\dot{F}$ 增加而增加, 随 σ 增加而减少, 而燃料芯块裂变率增加, 热应力亦增加。因此对芯块中某一半径位置 (r'), T_{c} 接近常量。对芯块中不同半径位置, 由于 $\dot{F}$ 及 σ 引起的 T_{c} 差别, 仅在 15 ℃ 范围之内。

在气孔收缩过程中, 气体压力逐渐增加, 壁面应力 ($\sigma + 2\gamma/r - P$) 逐渐减少, T_{c} 不断升高。对于位错密度 $\rho_{\mathrm{d}} = 10^{10}/\mathrm{cm}^2$ 的芯块, Z_{i} 和 $1 - \dfrac{Z_{\mathrm{v}}}{Z_{\mathrm{i}}}$ 分别为 $1.031\ 31 \times 10^{-3}$ 和 4.245×10^{-3} 时, 芯块中不同位置的辐照密实临界温度 T_{c} 计算值列于表 7.6 中。

在辐照密实初期, 临界温度 T_{c} 在 424.1 ~ 439.3 ℃ 范围内。当气孔内压力升高到接近平衡时, 临界温度 T_{c} 在 501.8 ~ 520.8 ℃, 这些值与实验值比较一致。

气孔湮灭的临界半径　当温度超过密实化的临界温度 T_{c}, 气孔发生收缩, 气孔内压力增加。当气孔内气体不变时, P 与孔径 r 的关系为

$$P = P_0 \frac{r_0^3}{r^3}\frac{T_{\mathrm{i}}}{T_{\mathrm{sint}}} = \frac{2\gamma}{r}\frac{r_0^3}{r^3}\frac{T_{\mathrm{i}}}{T_{\mathrm{sint}}} \tag{7.10}$$

式中, T_{i} 是运行时的温度; T 是原始芯块烧结温度, P_0 和 r_0 是气孔的原始压力和半径。当气孔内压力升高到 $\mathrm{d}r/\mathrm{d}t = 0$ 时, 气孔停止收缩。如果裂变碎片穿过气孔时, 气体电离为 H^+, O^-, H_2^+, O_2^- 等离子 (实际上芯块运行时堆内众多的射线气体已经被电离了), 对于均匀分布在气孔内的离子, 与其他离子、电子复合的临界距离为 λ_{c}, 离子到达半径 r 的气孔表面的平均概率 $\bar{p}_{\mathrm{c}}$ 为

$$\begin{cases} \bar{p}_{\mathrm{c}} = \dfrac{3}{4}\left[\dfrac{\lambda_{\mathrm{c}}}{r} - \dfrac{1}{12}\left(\dfrac{\lambda_{\mathrm{c}}}{r}\right)^3\right], & \lambda_{\mathrm{c}} < r \\[3mm] \bar{p}_{\mathrm{c}} = \dfrac{1}{2} + \dfrac{3}{8}\dfrac{\lambda_{\mathrm{c}}}{r} - \dfrac{3}{16}\left(\dfrac{r}{\lambda_{\mathrm{c}}}\right), & \lambda_{\mathrm{c}} > r \end{cases} \tag{7.11}$$

$\bar{p}_{\mathrm{c}}$ 随 r 减少而增加。若气孔足够大 ($r > \lambda_{\mathrm{c}}$), 而且离子到达气孔表面的平均概率小于 $\dfrac{1}{4}$, 则气孔表面气体层是中性的, 气体扩散到晶格中的概率极小, 则气孔不会收缩。只有气孔半径小于临界值时, $\bar{p}_{\mathrm{c}} \geqslant \dfrac{1}{4}$, 表面层气体有相当量的离子, 与壁面原子结合, 才有可能扩散到固体中去, 气孔内气体减少, 发生收缩, 直至湮灭。其临界值 r_{c} 由 $\bar{p}_{\mathrm{c}} \geqslant \dfrac{1}{4}$ 求得, 即

表 7.6　芯块内辐照密实的临界温度与临界孔径值

F 裂变数/(cm³/s)	P/(dyn/cm²)	项目	位置	r'/r_0 位置 0.2	0.3	0.4	0.5	0.6	0.7	0.8
$0.549\,5\times10^{13}$		$\sigma/(\text{dyn/cm}^2)$		3.423×10^{9}	3.245×10^{9}	2.995×10^{9}	2.674×10^{9}	2.282×10^{9}	1.818×10^{9}	1.284×10^{9}
		$T_c/℃$	1	424.1	424.9	426.2	427.9	430.4	433.9	439.3
			2	460.9	461.8	463.2	465.1	467.8	471.8	477.7
			3	501.8	502.8	504.4	506.5	509.4	513.9	520.6
		$2r_{0c}/\mu\text{m}$		0.902_3	0.878	0.842	0.793_5	0.731	0.651	0.548
$0.769\,14\times10^{13}$		$\sigma/(\text{dyn/cm}^2)$		4.792×10^{9}	4.542×10^{9}	4.193×10^{9}	3.744×10^{9}	3.195×10^{9}	2.546×10^{9}	1.797×10^{9}
		$T_c/℃$	1	424.1	424.9	426.1	427.9	430.3	433.9	439.3
			2	460.9	461.8	463.1	465.1	467.8	471.7	477.7
			3	501.8	502.8	504.3	506.4	509.5	513.8	520.5
		$2r_{0c}/\mu\text{m}$		1.060 1	1.030 2	0.988	0.936 4	0.856	0.761	0.638
$0.988\,9\times10^{13}$		$\sigma/(\text{dyn/cm}^2)$		1.161×10^{9}	5.840×10^{9}	5.391×10^{9}	$4.813_5\times10^{9}$	$4.107_5\times10^{9}$	3.273×10^{9}	2.311×10^{9}
		$T_c/℃$	1	424.1	424.9	426.1	427.9	430.3	433.8	439.2
			2	460.9	461.8	463.2	465.0	467.8	471.7	477.7
			3	501.8	502.7	504.3	506.4	509.4	513.8	520.5
		$2r_{0c}/\mu\text{m}$		1.198	1.164 4	1.115 4	1.051	0.966	0.857	0.715
$1.098\,8\times10^{13}$		$\sigma/(\text{dyn/cm}^2)$		6.846×10^{9}	6.489×10^{9}	5.990×10^{9}	5.348×10^{9}	4.564×10^{9}	3.637×10^{9}	2.567×10^{9}
		$T_c/℃$	1	424.0	424.9	426.1	427.9	430.2	433.8	439.2
			2	460.8	416.8	463.1	465.0	467.8	471.7	477.7
			3	501.8	520.7	504.3	506.4	509.5	513.8	520.5
		$2r_{0c}/\mu\text{m}$		1.261 4	1.225 1	1.173 5	1.104 5	1.015 7	0.901 4	0.751 8

注：r_p—气孔半径；r_0—芯块半径；r'—芯块中 r' 半径位置；1—$2\gamma/r_v$；2—$0.9\sigma+2\gamma/r_v$；3—$0.99\sigma+2r'/r_p$。

$$r_{\mathrm{c}} = 2.971\ 68\lambda_{\mathrm{c}}$$

辐照时,当气孔内压力与热应力、表面张力达到热力学平衡时,气孔原始半径 r_0 与气孔半径 r 的关系为

$$r_0 = r\left(\frac{T_{\mathrm{sint}}}{T_{\mathrm{irr}}}\right)^{1/2}\left\{\left[\sigma - \frac{\left(1 - \dfrac{Z_{\mathrm{v}}}{Z_{\mathrm{i}}}\right)\left(\dfrac{C_{\mathrm{v}}}{C_{\mathrm{v}}^{\mathrm{eq}}} - 1\right)}{\dfrac{\Omega}{kT}(1 + D_{\mathrm{i}}C_{\mathrm{i}}^{\mathrm{eq}}/D_{\mathrm{v}}C_{\mathrm{v}}^{\mathrm{eq}})}\right]\Big/\frac{2\gamma}{r} + 1\right\}^{1/2} \tag{7.12}$$

当 $r > r_{\mathrm{c}}$ 时气孔是稳定气孔,所以芯块中稳定气孔的原始临界半径是

$$r_{0\mathrm{c}} = 2.971\ 68\lambda_{\mathrm{c}}\left(\frac{T_{\mathrm{sint}}}{T_{\mathrm{irr}}}\right)^{1/2}\left\{\left[\sigma - \frac{\left(1 - \dfrac{Z_{\mathrm{v}}}{Z_{\mathrm{i}}}\right)\left(\dfrac{C_{\mathrm{v}}}{C_{\mathrm{v}}^{\mathrm{eq}}} - 1\right)}{\dfrac{\Omega}{kT}(1 + D_{\mathrm{i}}C_{\mathrm{i}}^{\mathrm{eq}}/D_{\mathrm{v}}C_{\mathrm{v}}^{\mathrm{eq}})}\right]\Big/\frac{2r}{2.971\ 68\lambda_{\mathrm{c}}} + 1\right\}^{1/2} \tag{7.13}$$

在动力堆中 UO_2 芯块运行时,裂变碎片产生率为 $2\dot{F} = 2n_0\phi\hat{\sigma}_{\mathrm{f}} > 5 \times 10^{13}$ 碎片/$(\mathrm{cm}^3 \cdot \mathrm{s})$。从统计观点,裂变碎片出射方向是混乱无序的,每秒穿过气孔的裂变碎片数目 N_{f} 和产生离子对数 N_{p} 分别是

$$N_{\mathrm{f}} = 2\dot{F} \times \frac{4}{3}\pi l^3 F\left(\frac{r}{l}\right)$$

$$N_{\mathrm{p}} = \dot{F} \times \frac{4}{3}\pi l^3 F\left(\frac{r}{l}\right) \times \frac{\pi}{2}r\left[\frac{E_1}{l_1} + \frac{E_2}{l_2}\right]\Big/\varepsilon_{\mathrm{i}}$$

$$n_{\mathrm{p}} = \dot{F}l\frac{F\left(\dfrac{r}{l}\right)}{\dfrac{r^2}{l^2}} \times \frac{\pi}{2}r\left[\frac{E_1}{l_1} + \frac{E_2}{l_2}\right]\Big/\varepsilon_{\mathrm{i}}$$

式中,$F\left(\dfrac{r}{l}\right) = \left(1 + 3\dfrac{r}{l} + 3\dfrac{r^2}{l^2}\right)\left\{1 - \dfrac{1}{2}\left[\dfrac{1}{\left(\dfrac{r^2}{l^2} + 1\right)^{3/2} - \dfrac{r^3}{l^3}} + \dfrac{\dfrac{3}{2}\dfrac{r^2}{l^2} + \dfrac{3r}{l}}{\left(\dfrac{r}{l} + 1\right)^3 - \left(\dfrac{r^2}{l^2} + 1\right)^{3/2}}\right]\right\}$,$l$ 是裂变碎片在芯块中的射程,E_1/l_1 和 E_2/l_2 分别是两种裂变碎片在气体中单位路程上的能量损失,ε_{i} 是气体的电离能量,n_{p} 是气孔内离子浓度产生率(约 $10^{17}\mathrm{cm}^{-3} \cdot \mathrm{s}^{-1}$)。由于气孔内气压很高,裂变碎片产生的离子对是很密集的,根据 Jaff 理论,离子复合的临界距离 $\lambda_{\mathrm{c}} = e^2/kT = 6.075 \times 10^{-6}\dfrac{273}{T}$ cm,由此得出芯块中稳定气孔的临界孔径 $2r_{0\mathrm{c}}$ 在 0.752 μm ~ 1.262 μm,与实验值一致。

为避免芯块辐照密实,可以在芯块制备过程中加入制孔剂(如 U_3O_8 等),使芯块的气孔尺寸都大于 1.5 μm,这样就不会发生气孔的湮灭。虽然开始由于气孔的不平衡收缩,芯块有辐照密实现象,但气孔尺寸大不会发生气孔的湮灭,在经过短暂的收缩后很快就稳定下来,随着裂变气体扩散进气孔(或在迁移过程中吞并裂变气体和气泡),气孔又逐渐长大,并超过原来的尺寸,导致芯块肿胀。以下将叙述辐照肿胀和向肿胀发展过程。

7.2.2　气泡和气孔的分布函数、辐照肿胀

定义 $N_1(t,r)\mathrm{d}r$,$N_2(t,r)\mathrm{d}r$ 分别为 t 时刻气孔和气泡半径在 $[r, r + \mathrm{d}r]$ 范围内的浓度,

$N_1(t,r)$ 和 $N_2(t,r)$ 分别称作气孔和气泡的分布函数。由物理模型得出气孔浓度的演化方程式为

$$\frac{\partial}{\partial t}[N_1(t,r)\,\mathrm{d}r] = -\frac{\partial}{\partial r}\Big[N_1(t,r)\Big(\frac{\mathrm{d}r}{\mathrm{d}t}\Big)_1\Big]\mathrm{d}r +$$

$$\iint\Big[\pi(r_i+r_j)^2\,|\,v_\mathrm{g}(r_i)-v_\mathrm{g}(r_j)\,|+H_1(r_i+r_j)\Big(\frac{1}{r_i^4}+\frac{1}{r_j^4}\Big)\Big]\cdot$$

$$[N_2(t,r_i)N_1(t,r_j)+N_1(t,r_i)N_1(t,r_j)]\mathrm{d}r_i\mathrm{d}r_j\delta(r^3-r_i^3-r_j^3)-$$

$$\iint\Big[\pi(r+r_i)^2\,|\,v_\mathrm{g}(r)-v_\mathrm{g}(r_i)\,|+H_1(r+r_i)\Big(\frac{1}{r^4}+\frac{1}{r_i^4}\Big)\Big]\cdot$$

$$[N_1(t,r)N_2(t,r_i)+N_1(t,r)N_1(t,r_i)]\mathrm{d}r_i$$

上式右边第一项是气孔收缩（或生长）项，$\Big(\dfrac{\mathrm{d}r}{\mathrm{d}t}\Big)_1$ 是气孔半径变化率，第二、三项分别是气孔与气泡、气孔相遇合并进入$[r,r+\mathrm{d}r]$范围和离开$[r,r+\mathrm{d}r]$范围的气孔数。假定半径为 r_j 的气孔与半径为 r_i 的气泡或半径为 r_i 的气孔相遇合并时总体积不变，合并后半径在$[r,r+\mathrm{d}r]$范围的概率是 $\delta(r^3-r_i^3-r_j^3)\mathrm{d}r$，$\delta(r^3-r_i^3-r_j^3)$ 是 Delta 函数。$v_\mathrm{g}(r_i)$，$v_\mathrm{g}(r_j)$ 和 $v_\mathrm{g}(r)$ 分别是半径为 r_i，r_j 和 r 的气孔（或气泡）在温度梯度下通过表面扩散而迁移的速度，所以 $\pi(r_i+r_j)^2\,|\,v_\mathrm{g}(r_i)-v_\mathrm{g}(r_j)\,|$ 是气孔与气泡（或气孔）相遇的概率。方程式右边第二、三项中积分号内第一个方括弧中的第二项是气孔、气泡通过体扩散机制迁移的相遇速率，即由式 (6.190) 所表述的尺寸为 i 和尺寸为 j 的气泡间的碰撞速率（$\mathrm{cm}^{-3}\cdot\mathrm{s}^{-1}$）。在这里，气孔、气泡的扩散系数 D_j 为 $D_j=3D_s\lambda\Omega/(4\pi r_j^4)$，其中 λ 是高扩散层厚度，D_s 是气孔、气泡表面的表面扩散系数，Ω 是原子体积，式中的 H_1 等于 $3D_s\lambda\Omega$。经过一次积分，上式为

$$\frac{\partial}{\partial t}[N_1(t,r)] = -\frac{\partial}{\partial r}\Big[N_1(t,r)\Big(\frac{\mathrm{d}r}{\mathrm{d}t}\Big)_1\Big]+$$

$$\int\Big[\pi(\sqrt[3]{r^3-r_j^3}+r_j)^2\,|\,v_\mathrm{g}(\sqrt[3]{r^3-r_j^3})-v_\mathrm{g}(r_j)\,|+$$

$$H_1(\sqrt[3]{r^3-r_j^3}+r_j)\Big(\frac{1}{(\sqrt[3]{r^3-r_j^3})^4}+\frac{1}{r_j^4}\Big)\Big]\cdot[N_2(t,\sqrt[3]{r^3-r_j^3})+$$

$$N_1(t,\sqrt[3]{r^3-r_j^3})]N_1(t,r_j)\mathrm{d}r_j-\int\Big[\pi(r+r_i)^2\,|\,v_\mathrm{g}(r)-v_\mathrm{g}(r_i)\,|+$$

$$H_1(r+r_i)\Big(\frac{1}{r^4}+\frac{1}{r_i^4}\Big)\Big]\cdot N_1(t,r)[N_2(t,r_i)+N_1(t,r_i)]\mathrm{d}r_i \tag{7.14}$$

相应地，气泡分布函数方程式为

$$\frac{\partial}{\partial t}[N_2(t,r)] = Q(r,t)-\frac{\partial}{\partial r}\Big[N_2(t,r)\Big(\frac{\mathrm{d}r}{\mathrm{d}t}\Big)_2\Big]+$$

$$\int\Big[\pi(\sqrt[3]{r^3-r_j^3}+r_j)^2\,|\,v_\mathrm{g}(\sqrt[3]{r^3-r_j^3})-v_\mathrm{g}(r_j)\,|+$$

$$H_1(\sqrt[3]{r^3-r_j^3}+r_j)\Big(\frac{1}{(\sqrt[3]{r^3-r_j^3})^4}+\frac{1}{r_j^4}\Big)\Big]\cdot[N_2(t,\sqrt[3]{r^3-r_j^3})+$$

$$N_1(t,\sqrt[3]{r^3-r_j^3})]N_2(t,r_j)\mathrm{d}r_j-\int\Big[\pi(r+r_i)^2\,|\,v_\mathrm{g}(r)-v_\mathrm{g}(r_i)\,|+$$

$$H_1(r+r_i)\Big(\frac{1}{r^4}+\frac{1}{r_i^4}\Big)\Big]\cdot N_2(t,r)[N_2(t,r_i)+N_1(t,r_i)]\mathrm{d}r_i-bN_2(t,r)$$

$$\tag{7.15}$$

等式右边第一项是气泡成核项，第二项是气泡长大项，$(dr/dt)_2$ 是气泡长大速率，第三、四项是气泡与气孔、气泡相遇合并项，第五项是气泡再溶解，其中 b 是单位时间内裂变碎片破坏气泡的概率。由于辐照密实、肿胀产生的芯块气孔率 P' 是

$$P' = \int_{r_{\min}}^{r_{\max}} \frac{4}{3}\pi r^3 [N_1(t,r) + N_2(t,r)]\,dr \tag{7.16}$$

式中，$N_1(t,r)$，$N_2(t,r)$ 由式(7.14)和(7.15)联立求解得出。对于致密的 UO_2 芯块，气孔浓度较稀。在辐照初期，裂变气体不多，气孔、气泡的复合项可以略去，式(7.14)简化为

$$\frac{\partial}{\partial t}[N_1(t,r)] \approx -\frac{\partial}{\partial r}\Big[N_1(t,r)\Big(\frac{dr}{dt}\Big)_1\Big] = -\Big(\frac{dr}{dt}\Big)_1 \frac{\partial}{\partial r}N_1(t,r) - N_1(t,r)\frac{\partial}{\partial r}\Big(\frac{dr}{dt}\Big)_1 \tag{7.14$'$}$$

气孔收缩率(式(7.8))简写为

$$\Big(\frac{dr}{dt}\Big)_1 = \frac{1}{r}\Big(\beta P - \alpha - \frac{2\gamma\beta}{r}\Big)$$

式中，$\beta = \dfrac{\Omega^2}{kT}(C_v^{eq}D_v + D_iC_i^{eq})$，$\alpha = \dfrac{\Omega}{kT}\sigma(C_v^{eq}D_v + D_iC_i^{eq}) - D_v\Omega\Big(1 - \dfrac{Z_v}{Z_i}\Big)(C_v - C_v^{eq})$。式(7.14$'$)的解是

$$N_1(t,r) = \frac{P_0' e^{-\frac{\alpha}{r_{m,0}^2}t}}{\int_{r_{\min,0}}^{r_{\max,0}} \frac{4\pi}{3\alpha}r^4 e^{-\frac{r^2}{2r_{m,0}^2}}\,dr} \cdot \frac{r^4}{\dfrac{2\gamma\beta}{r} + \alpha - \beta P} \cdot e^{-\frac{r^2}{2r_{m,0}^2}[1 - \frac{\beta}{\alpha}(P + \frac{4\gamma}{r})]}$$

P_0' 是芯块的原始气孔率，$r_{\max,0}$，$r_{\min,0}$，$r_{m,0}$ 是芯块原始气孔分布的最大、最小与极值半径。在辐照初期，由于辐照密实引起的体积变化 ΔV 为

$$\Delta V = V_0\Big[P'\frac{1 + P'(1 + P')}{1 + P_0'(1 + P_0')} - P'\Big] \approx -V_0 P_0'\Big(1 - \frac{P'}{P_0}\Big)$$

$$= -V_0 P_0'\left(1 - e^{-\frac{\alpha}{r_{m,0}^2}t} \cdot \frac{\int_{r_{\min,t}}^{r_{\max,t}} \frac{4\pi}{3\alpha} \times \dfrac{r^4}{1 + \dfrac{2\gamma\beta}{\alpha r} - \dfrac{\beta}{\alpha}P}e^{-\frac{r^2}{2r_{m,0}^2}[1 - \frac{\beta}{\alpha}(P + \frac{4\gamma}{r})]}\,dr}{\int_{r_{\min,0}}^{r_{\max,0}} \frac{4\pi}{3\alpha}r^4 e^{-\frac{r^2}{2r_{m,0}^2}}\,dr}\right) \tag{7.17}$$

这与实验总结的经验关系相近。

1. 气泡分布函数

6.8 节中知识表明，小气泡将被杂质、位错、位错环等缺陷所钉扎，是不能迁移的，同时很容易被裂变碎片所摧毁。因此气泡不断地在裂变碎片径迹上生成，经历着成核、长大、辐照重溶(或被吞并)等寿命循环，所以气泡都是很小的，不能迁移的，只能被迁移的气孔所吞并或被再溶解。因此气泡分布函数的演化方程式(7.15)可以写为

$$\frac{\partial}{\partial t}[N_2(t,r)] = Q(r,t) - \frac{\partial}{\partial r}\Big[N_2(t,r)\Big(\frac{dr}{dt}\Big)_2\Big] - \int[\pi(r + r_j)^2 v_g(r_j) +$$
$$4\pi(r + r_j)D_j]N_1(t,r_j)N_2(t,r)\,dr_j - bN_2(t,r) \tag{7.15$'$}$$

其中，形核率 $Q(r,t) = (\alpha' ND_i)(Y\dot{F}t)\delta(r - r_0)$，$\alpha'$ 是空位团俘获一个裂变气体原子的俘获系数，已有裂变气体原子的空位团称为气泡核，进一步俘获裂变气体原子属于气泡核的长大；N 是裂变碎片损伤区内小空位团的浓度；$(Y\dot{F}t)$ 是裂变气体原子总浓度，其中 $\dot{F}$ 是裂变率，Y 是

裂变气体产生份额,t 是运行时间,因为裂变碎片损伤区内的气泡被再溶解,在这局部区域的裂变气体浓度可以取作裂变气体总浓度;D_i 是气体原子扩散系数;r_0 是气泡核的半径,$\delta(r-r_0)$ 是 Delta 函数。(7.15′)式右边的第二项是气泡长大项,$(\mathrm{d}r/\mathrm{d}t)_2$ 是气泡长大速率,由式(7.8)所确定,$(\mathrm{d}r/\mathrm{d}t)_2 = (\beta P - \alpha - 2\gamma\beta r^{-1})/r$,$P$ 是气泡内压力。右边的第三项是气泡气孔相遇被吞并项,v_g 是气孔的迁移速度,由(6.144)式所确定,$v_g = (3D_s Q_s^* a_0 \nabla T)/kT^2 r$;$D_s,Q_s^*$ 是原子表面扩散系数及迁移热;$r,T,\nabla T$ 分别是气孔半径、气孔所在位置的温度及温度梯度;a_0,k 是晶格常数和玻尔兹曼常数;D_j 是半径为 r_j 的气孔扩散系数,$D_j = 3D_s \lambda \Omega/(4\pi r_j^4)$,$\lambda$ 是高扩散层厚度,Ω 是铀原子所占的体积。由此积分项等于 $N_2(t,r)N_1[\pi H\langle r_j\rangle + H_1\langle r_j^{-3}\rangle + 2r(\pi H + H_1\langle r_j^{-4}\rangle/2) + r^2\langle r_j^{-1}\rangle]$,其中 $H = |3D_s Q_s^* a_0 \nabla T/(kT^2)|$,$H_1 = 6D_s \lambda \Omega$,$N_1 = \int N_1(t,r_j)\mathrm{d}r_j$,$\langle r_j\rangle = \int r_j N_1(t,r_j)\mathrm{d}r_j/N_1$,其余类同。若 P 是 r 的函数,式(7.15′)的解是

$$N_2(t,r) = -\frac{\alpha N D_i Y \dot{F} n_2(r)}{\pi N_1 \eta r_0 N_2(r_0)}\left\{1 - e^{-\frac{\pi N_1 \eta t^2}{2} - (E'+b)t} - \sqrt{-\frac{(E'+b)^2}{2N_1\eta}} \cdot\right.$$

$$\exp\left(-\frac{(E'+b)^2}{2\pi N_1\eta}\left[\Phi\left(\sqrt{-\frac{(E'+b)^2}{2\pi N_1\eta}}\right) - \Phi\left(\sqrt{-\frac{\pi N_1\eta}{2}}\left(t + \frac{E'+b}{\pi N_1\eta}\right)\right)\right]\right)\cdot$$

$$\left. e^{-\frac{\pi N_1 \eta t^2}{2} - (E'+b)t}\right\}e^{-\frac{r}{r_0}} \qquad (r > r_0, \eta < 0) \qquad (7.18\mathrm{a})$$

$$N_2(t,r) = -\frac{\alpha N D_i Y \dot{F} n_2(r)}{\pi N_1 \eta r_0 N_2(r_0)}\left\{1 - e^{-\frac{\pi N_1 \eta t^2}{2} - (E'+b)t} + (E'+b)\left[i\sqrt{\frac{\pi}{4}}\Phi i\left(t + \frac{E'+b}{\pi N_1\eta}\right) - \right.\right.$$

$$\left.\left. i\sqrt{\frac{\pi}{4}}\Phi\left(i\frac{E'+b}{\pi N_1\eta}\right)\right]e^{-\pi N_1\eta\left(t + \frac{E'+b}{\pi N_2\eta}\right)^2}\right\}e^{-\frac{r}{r_0}} \qquad (r > r_0, \eta > 0) \qquad (7.18\mathrm{b})$$

式中,$\eta = (H\langle r_j\rangle + H_1\langle r_j^{-3}\rangle/\pi)/t$;$N_2$ 是气泡总浓度;E'是常数。(7.18)式表明 $N_2(t,r)$ 在一定时间后很快达到饱和,与 r 的关系是 $\exp(-r/r_0)$,与实验结果相一致。$n_2(r)$ 满足以下关系:

$$\frac{\mathrm{d}}{\mathrm{d}r}\left[\frac{1}{r}\left(\beta P(r) - \alpha - \frac{2\gamma\beta}{r}\right)n_2(r)\right] = \left\{\frac{1}{r_0 r}\left(\beta P(r) - \alpha - \frac{2\gamma\beta}{r}\right) - \right.$$

$$\left. \frac{N_1}{N_2}\left[2r\left(\pi H + \frac{H_1}{2}\left\langle\frac{1}{r_j^4}\right\rangle\right) + \pi H r^2\left\langle\frac{1}{r_j}\right\rangle\right]\right\}n_2(r) \qquad (7.19)$$

2. 裂变气体气泡内压力 $P(r)$

假设气泡 r 内有 m 个裂变气体原子,在 $\Delta\tau$ 时间内增加一个气体原子,半径增加 Δr,压力变化 ΔP。若略去 $(\Delta r)^2$ 以上的小量,ΔP 为

$$\Delta P = \frac{4\pi r^3 P^2(m)}{3(m+1)kT}\left(\frac{1}{m} - 3\frac{\Delta r}{r}\right)\Big/\left[1 - \frac{4\pi r^3 P^2(m)}{3(m+1)kT}\left(\frac{1}{m} - 3\frac{\Delta r}{r}\right)\right]$$

裂变气体原子扩散到气泡中的速率,用混合率方式改写方程(6.43),为

$$\mathrm{d}m/\mathrm{d}t = 4\pi r D_g C_g(1 + a_0/r)$$

式中,D_g,C_g 分别是芯块内裂变气体原子的扩散系数和平均浓度。由此,气泡中每扩散进一个裂变气体原子所需要的时间为 $(1 + a_0/r)/(4\pi r D_g C_g)$。对于气泡半径小于 500 nm,$4\pi r^3/(3m) \approx B$,$B$ 是裂变气体原子本征体积。当 $\Delta\tau,\Delta r$ 趋近于零,差分方程演变为微分方程:

$$\frac{\mathrm{d}P}{\mathrm{d}r} = \frac{4\pi r^2 P^2 \left[\dfrac{D_{\mathrm{g}} C_{\mathrm{g}} B}{(1 + \alpha_0/r)(\beta P - \alpha - 2\gamma\beta/r)} - 1 \right]}{(1 + 4\pi r^3/B)kT \left[1 - \dfrac{P}{(1 + 4\pi r^3/(3B))kT} \left(B - \dfrac{(1 + a_0/r)}{D_{\mathrm{g}} C_{\mathrm{g}}} \left(\beta P - \alpha - \dfrac{2\gamma\beta}{r} \right) \right) \right]}$$

$$(7.20)$$

由方程式(7.20)可以解出 P 与 r 的关系。

3. 气孔分布函数方程式 $N_1(t,r)$

考虑到气泡是不运动的,按物理模型的规定,气孔与气泡相遇合并后仍称作气孔,由此方程式(7.14)演变为

$$
\begin{aligned}
\frac{\partial}{\partial t}\left[N_1(t,r) \right] = & -\frac{\partial}{\partial r}\left[N_1(t,r)\left(\frac{\mathrm{d}r}{\mathrm{d}t} \right)_1 \right] + \int \left[\pi\left(\sqrt[3]{r^3 - r_j^3} + r_j \right)^2 v_{\mathrm{g}}(r_j) + \right. \\
& H_1\left(\sqrt[3]{r^3 - r_j^3} + r_j \right) \frac{1}{r_j^4} \right] N_1(t,r_j) N_2\left(t, \sqrt[3]{r^3 - r_j^3} \right) \mathrm{d}r_j - \\
& \iint \left[\pi(r + r_i)^2 v_{\mathrm{g}}(r) + H_1(r + r_i)\frac{1}{r^4} \right] N_1(t,r) N_2(t,r_i) \mathrm{d}r_i + \\
& \int \left[\pi\left(\sqrt[3]{r^3 - r_j^3} + r_j \right)^2 \left| v_{\mathrm{g}}\left(\sqrt[3]{r^3 - r_j^3} \right) - v_{\mathrm{g}}(r_j) \right| + \right. \\
& H_1\left(\sqrt[3]{r^3 - r_j^3} + r_j \right)\left(\frac{1}{\left(\sqrt[3]{r^3 - r_j^3} \right)^4} + \frac{1}{r_j^4} \right) \right] \cdot N_1\left(t, \sqrt[3]{r^3 - r_j^3} \right) N_1(t,r_j) \mathrm{d}r_j - \\
& \iint \left[\pi(r + r_i)^2 \left| v_{\mathrm{g}}(r) - v_{\mathrm{g}}(r_i) \right| + H_1(r + r_i)\left(\frac{1}{r^4} + \frac{1}{r_i^4} \right) \right] \cdot \\
& N_1(t,r)\left[N_2(t,r_i) + N_1(t,r_i) \right] \mathrm{d}r_i
\end{aligned}
$$

$$(7.14'')$$

(7.14″)式第二、四项和第三、五项分别是气孔与气泡、气孔相遇合并进入$[r, r+\mathrm{d}r]$和离开$[r, r+\mathrm{d}r]$范围的气孔数,积分号内方括弧中两项分别是定向迁移和无规迁移的气孔与气泡、气孔相遇概率。

由于 $N_2(t,r')$ 接近于宽度很窄的指数分布,为 $F(u) n_2(r') \mathrm{e}^{-r'/r_0}$,$(r' > r_0)$,$u$ 表示燃烧$(\dot{F}t)$。方程(7.14″)第二、三项中 r_j,r_i 分别在 $\{[r^3 - (r_0 + \Delta r)^3]^{1/3}, (r^3 - r_0^3)^{1/3}\}$,$(r_0, r_0 + \Delta r)$范围内积分才有值,而且气泡半径远小于气孔半径 r,所以$\dfrac{r_0 + \Delta r}{r} \ll 1$,若略去 $(r_0 + \Delta r)^4/r^3$ 以上的项,第二、三项积分之和 $S(t,r)$ 为

$$S(t,r) = \begin{cases} \left(\dfrac{H_1}{r^4}\dfrac{r_0'^3}{r^2}\left[N_1(t,r) - \dfrac{1}{3}r\dfrac{\partial N_1(t,r)}{\partial r} \right] - \dfrac{\pi}{3}\dfrac{H}{r}\dfrac{r_0'^3}{r}\left[N_1(t,r) + r\dfrac{\partial N_1(t,r)}{\partial r} \right] \right) N_2, & r < r_{\max} \\[3mm] \left(\dfrac{H_1}{r^4} + \pi H \right) r N_1\left(t, r - \dfrac{1}{3}\dfrac{r_0'^3}{r^2} \right) N_2, & r > r_{\max} \end{cases}$$

$$(7.21)$$

其中,r_0'是$(r_0, r_0 + \Delta r)$范围内的积分中值,接近于 $2r_0$。

芯块在堆内运行时,按气孔、气泡分布特征分为早期、中期、后期三个阶段:

①早期运行,裂变气体量较少,气泡核、气泡小于气孔浓度,气孔近于原始分布状态,即气孔与气泡相遇合并项很小,其结果如式(7.17)所示,芯块发生辐照密实。

②中期阶段$(t > \tau_f)$,τ_f 是气泡浓度达到饱和的时刻,气泡浓度很大,气孔与气泡相遇合并

的概率远大于气孔与气孔相遇合并的概率,从而略去气孔与气孔相遇合并项,方程式(7.14″)简化为

$$
\begin{cases}
\dfrac{\partial N_1(t,r)}{\partial t} = -\dfrac{\partial}{\partial r}\Big[N_1(t,r)\Big(\dfrac{\mathrm{d}r}{\mathrm{d}t}\Big)_1\Big] + \dfrac{H_1}{r^4}\dfrac{r_0'^3}{r^2}\Big[N_1(t,r) - \dfrac{r}{3}\dfrac{\partial N_1(t,r)}{\partial r}\Big] - \\[2mm]
\qquad\qquad \dfrac{H}{3}\dfrac{r_0'^3}{r^2}\Big[N_1(t,r) + r\dfrac{\partial N_1(t,r)}{\partial r}\Big] \quad (r < r_{\max}) \\[4mm]
\dfrac{\partial N_1(t,r)}{\partial t} = -\dfrac{\partial}{\partial r}\Big[N_1(t,r)\Big(\dfrac{\mathrm{d}r}{\mathrm{d}t}\Big)_1\Big] + \Big(\dfrac{H_1}{r_{\max}^4} + \pi H\Big)r_{\max}N_1(t,r)N_2 \quad (r > r_{\max})
\end{cases}
\tag{7.22}
$$

其中$\Big(\dfrac{\mathrm{d}r}{\mathrm{d}t}\Big)_1 = \Big(BP - \alpha - \dfrac{2\gamma}{r}\Big)r^{-1}$,$P$是气孔内气体压力。若$P$只是$r$的函数,式(7.22)的解所造成的芯块体积变化为

$$
\Delta V = -V_0 P_0'\left[1 - \mathrm{e}^{-\frac{\alpha}{r_{\mathrm{m},0}^2}t + \int\left(\frac{H_1}{r_{\max}^4} + \pi H\right)_{\max}N_2\mathrm{d}t} \cdot \frac{\displaystyle\int_{r_{\min,t}}^{r_{\max,t}}\frac{4\pi}{3\alpha}\frac{r^4}{1 + \frac{2\gamma\beta}{\alpha r} - \frac{\beta}{\alpha}P}\mathrm{e}^{-\frac{r^2}{2r_{\mathrm{m},0}^2}\left[1 - \frac{\beta}{\alpha}\left(P + \frac{4\gamma}{r}\right)\right]}\mathrm{d}r}{\displaystyle\int_{r_{\min,0}}^{r_{\max,0}}\frac{4\pi}{3\alpha}r^4\mathrm{e}^{-\frac{r^2}{2r_{\mathrm{m},0}^2}}\mathrm{d}r}\right]
$$

$$\tag{7.23}$$

式中,$r_{\max,0}$,$r_{\min,0}$,$r_{\mathrm{m},0}$是芯块原始气孔分布的最大、最小与极值半径。当$N_2 \sim 0$,气泡很少,(7.23)式返回到(7.17)式,即辐照密实的关系式。当$t > \tau_\mathrm{f}$,$\int(H_1/r_{\max}^4 + \pi H)r_{\max}N_2\mathrm{d}t > \alpha t/r_{\mathrm{m},0}^2$,时间指数随$t$而增加,$\Delta V$不再继续减少,而是回升。当(7.23)式括号中第二项大于1,ΔV是正值,芯块肿胀。

③后期阶段($t > 2\tau_\mathrm{f}$)

(a)气孔基本上已迁移到晶粒边界,裂变气体不断扩散到气孔中使气孔长大变形。

(b)$r > r_{\max,0}$的气孔沿温度梯度在晶界上的分量迁移,可以与气泡、气孔相遇,吞并气泡进一步长大,与气孔相连连成气孔链。

(c)虽然$r > r_{\max,0}$的迁移很慢,但是在晶界上,由于晶界缺陷浓度高,在晶界面上长大速率高,并且长大是向晶界面上扩展,气孔变形为扁长气孔,当$r < r_{\max,0}$,气孔与它相遇,连成气孔链。由于在晶界上$r > r_{\max,0}$的气孔将演变为扁长气孔,并且必然会形成气孔链,所以$r > r_{\max,0}$的扁长形气孔数相当于气孔链数。

(d)气孔链长度相当于扁长形椭球的长度,如果椭球短轴长度是$2r_{\max,0}$,则$\lambda \approx 2r^3/r_{\max,0}^2$。

7.2.3 气孔链和通道的分布函数

1.气孔链的分布函数

由于$r > r_{\max,0}$的气孔终将演化为气孔链,我们可以将$r > r_{\max,0}$的气孔分布函数转化为气孔链的分布函数,而且假定半径为$r_{\max,0}$的气孔的长度为气孔链的最短长度$\lambda_0 = 2r_{\max,0}$,由此$r > r_{\max,0}$的气孔分布函数变换为气孔链分布函数$N_\mathrm{c}(t,\lambda)$方程式:

$$\frac{\partial N_{c}(t,\lambda)}{\partial t} = -\frac{\partial}{\partial\lambda}\big[N_{c}(t,\lambda)R(\lambda)\big]\cdot 6\Big(\frac{\lambda}{\lambda_{0}}\Big)^{2/3} + \Big[\frac{8H_{1}}{\lambda\lambda_{0}} + \pi H\Big(\frac{\lambda\lambda_{0}^{2}}{8}\Big)^{1/3}\Big]N_{2}\cdot$$

$$\Big[N_{c}(t,\lambda) - 8\frac{r_{0}^{\prime 3}}{\lambda_{0}^{2}}\frac{\partial N_{c}(t,\lambda)}{\partial\lambda}\Big] + F(\lambda,t)N_{c}(t,\lambda) \quad (l>l_{0},t>3\tau_{f}) \quad (7.24)$$

(7.24)式右边第一项是气孔链生长项,是由气孔长大项演变来的,即

$$R(\lambda) = \Big(\frac{\lambda\lambda_{0}^{2}}{8}\Big)^{-1/3}(\beta P - \alpha - 2\gamma\beta)\Big(\frac{\lambda\lambda_{0}^{2}}{8}\Big)^{-1/3}$$

(7.24)式第二、三项分别是气孔($r>r_{\max,0}$)与气泡、气孔相遇形成气孔链的生成项。令

$$F_{1}(\lambda) = \frac{8H_{1}}{\lambda\lambda_{0}^{2}}\Big[1 + \langle r_{i}\rangle\Big(\frac{\lambda\lambda_{0}^{2}}{8}\Big)^{-1/3}\Big] - \pi H\langle r_{i}^{2}\rangle\Big(\frac{\lambda\lambda_{0}^{2}}{8}\Big)^{-1/3} - \Big(\frac{\lambda\lambda_{0}^{2}}{8}\Big)^{-1/3}\big(H_{1}\langle r_{i}^{-4}\rangle + \pi H\big)$$

$N_{c}(t,\lambda)$写为

$$\frac{\partial}{\partial t}N_{c}(t,\lambda)\cdot\Big[\pi H\langle r_{i}\rangle - H_{1}\Big\langle\frac{1}{r_{i}^{3}}\Big\rangle\Big]N_{c}(t,\lambda) = -P(\lambda)\frac{\partial}{\partial\lambda}N_{c}(t,\lambda) + Q(\lambda)N_{c}(t,\lambda)$$

$$(7.24')$$

式(7.24′)中$P(\lambda),Q(\lambda)$分别是

$$P(\lambda) = 6R(\lambda)\Big(\frac{\lambda}{\lambda_{0}}\Big)^{2/3} + 8\Big[\frac{8H_{1}}{\lambda\lambda_{0}^{2}} + \pi H\Big(\frac{\lambda\lambda_{0}^{2}}{8}\Big)^{1/3}\Big]N_{2}\frac{r_{0}^{\prime 3}}{\lambda_{0}^{2}}$$

$$Q(\lambda) = \Big[\frac{8H_{1}}{\lambda\lambda_{0}^{2}} + \pi H\Big(\frac{\lambda\lambda_{0}^{2}}{8}\Big)^{1/3}\Big]N_{2} - 6\Big(\frac{\lambda}{\lambda_{0}}\Big)^{2/3}\frac{\partial R(\lambda)}{\partial\lambda} + F_{1}(\lambda)$$

方程式(7.24′)的解是

$$N_{c}(u,\lambda) = M_{s}\Big[1 - e^{-\zeta\tau_{f}(u'-1) - \int_{1}^{u'}Q'(u')du'}\Big]e^{1 - \frac{\lambda}{\lambda_{0}} - \int_{\lambda_{0}}^{\lambda}\big[\frac{\zeta - P(\lambda)}{Q(\lambda)} - \frac{1}{\lambda_{0}}\big]d\lambda} \quad (7.25)$$

式中,M_{s}是气链的饱和值;ζ是积分常数;$u' = \frac{u}{u_{f}} = \frac{t}{\tau_{f}}$,$u$是燃耗($\dot{F}t$),$u_{f} = \dot{F}\tau_{f}$,$\tau_{f}$是气泡浓度达到饱和的时刻。式(7.25)表明,$u' = 1$(即$u = u_{f}$时),$N_{c}(u_{f},\lambda) = 0$;只有$u>u_{f}$时才开始有气孔链,才开始有与自由空间相通的通道,从而有气体释放。所以稳态运行时,裂变气体释放有一个孕育期,它就是u_{f}。这里所阐述的是稳态运行时裂变气体释放率,并不包括在自由表面层内产生的裂变碎片直接逃逸到自由空间的那部分裂变气体的击出率。

在气孔内的压力不同于在气泡内的压力,虽然用同一个符号P。气孔直径范围为$[10^{-5} \sim 10^{-2}\text{ cm}]$,$P$可以按理想气体方程处理。包含$m$个气体分子的气孔在$\Delta\tau$时间内扩散进一个气体原子,气孔半径增加了$\Delta r$,其差分方程为

$$\frac{\Delta P}{\Delta r} = \frac{3kTD_{g}C_{g}}{r^{2}}\frac{\Delta\tau}{\Delta r} - \frac{3P}{r} - \frac{9kT}{4\pi r^{3}}$$

当$\Delta\tau,\Delta r$趋近于零,上式演化为

$$\frac{\mathrm{d}P}{\mathrm{d}r} = \frac{3kTD_{g}C_{g}}{r(\beta P - \alpha - 2\gamma\beta/r)} - \frac{3P}{r} - \frac{9kT}{4\pi r^{3}} \quad (7.26)$$

2.通道的分布函数

芯块稳态运行时,只有当$t>\tau_{f}$,$u' = u_{f}$才开始有气孔链,气孔链的分布如式(7.25)所示。由于UO_{2}芯块热导率低,运行时裂变能量使芯块内产生很高的温度梯度,相应地存在很大的热应力,通常在$1\ 600\ ℃$以下的区域,发生开裂。在这些区域,晶粒是等轴晶粒,芯块的碎块包

含着很多晶粒,虽然气孔链分布在晶界上,从碎块的整体来看,气孔链的空间分布仍然是接近于均匀分布的,并且气孔链的方向(指气孔链头尾连接的方向)亦是混乱无序的。若芯块碎裂成 n 块,则每块的等效直径 D_c 是 $(6V/\pi n)^{1/3}$,其中 V 是芯块体积。在等效球内,长度为 λ 的气孔链端部位置在 $r \sim r + \mathrm{d}r$ 球壳内,它到达等效球表面的概率 $p'_c\left(r, \dfrac{D_c}{2}, \lambda_c\right)$ 是

$$p'_c\left(r, \frac{D_c}{2}, \lambda_c\right) = \left[r^2 + \lambda_c^2 + 2\lambda_c r - \left(\frac{D_c}{2}\right)^2 \right] \Big/ (4\lambda_c r)$$

式中,λ_c 是气孔链头尾相接的直线距离 $\lambda_c = c\lambda$,c 是比例系数,c 基本上是 1。这里的推导方法类似于方程(7.11)的推导。若气孔链空间分布是均匀的,气孔链端部在等效球内各点位置的概率是相等的,其构成通道的概率 $p_c(\lambda)$ 就是 $p'_c\left(r, \dfrac{D_c}{2}, \lambda_c\right)$ 的体平均值,得出

$$p_c(\lambda) = \begin{cases} \dfrac{\lambda}{2D'_c}\left(3 - \dfrac{\lambda}{2D'_c}\right)^2, & 2\lambda \leqslant D'_c \\[3mm] \dfrac{1}{2} + \dfrac{3\lambda}{4D'_c} - 3\dfrac{D'_c}{32\lambda}, & D'_c \leqslant 2\lambda \leqslant \left(2 + \sqrt{\dfrac{17}{2}}\right)D'_c \Big/ 3 \end{cases} \tag{7.27}$$

D'_c 是 D_c/c,接近于 D_c。通道分布函数 $N_{ch}(u,\lambda)\mathrm{d}\lambda$ 是气孔链分布函数乘以气孔链构成通道的概率,即

$$N_{ch}(u,\lambda)\mathrm{d}\lambda = p_c(\lambda)N_c(u,\lambda)\mathrm{d}\lambda \tag{7.28}$$

若取最简单的气孔链分布函数 $M(u)\mathrm{e}^{(1-\lambda/\lambda_0)}$,通道浓度 N_{ch} 是

$$\begin{aligned} N_{ch} = {} & M(u)\lambda_0\left\{ \frac{3\lambda_0}{D'_c} - 8\left(\frac{\lambda_0}{D'_c}\right)^3 + \mathrm{e}^{1-\frac{D'_c}{2\lambda_0}}\left[\frac{3}{16} - \frac{3\lambda_0}{8D'_c} + \frac{3}{2}\left(\frac{\lambda_0}{D'_c}\right)^2 + 3(\lambda_0/D'_c)^3 \right] + \right. \\[2mm] & \frac{3eD'_c}{32\lambda_0}Ei\left(-\frac{D'_c}{2\lambda_0}\right) - \left(\frac{3}{4} + \sqrt{\frac{17}{128}} + \frac{3\lambda_0}{4D'_c}\right)\mathrm{e}^{-(2+\sqrt{17/2})\frac{D'_c}{3\lambda_0+1}} - \\[2mm] & \left. \frac{3eD'_c}{32\lambda_0}Ei\left(-\frac{\left(2 + \sqrt{\dfrac{17}{2}}\right)D'_c}{3\lambda_0}\right)\right\} \end{aligned} \tag{7.29}$$

Ei 是指数积分函数,$Ei = \displaystyle\int_{-\infty}^{-x} \frac{\mathrm{e}^t}{t}\mathrm{d}t$。一般 $\lambda_0/D'_c \ll 1$,N_{ch} 的近似值为

$$N_{ch} \approx 3M(u)\lambda_0^2/D'_c = 3M(u)\lambda_0^2 c\left(\frac{\pi n}{6V}\right)^{1/3} \tag{7.29'}$$

通道数与裂缝数成 1/3 次方关系,等效球比表面积是 $6\left(\dfrac{\pi n}{6V}\right)^{1/3}$,通道面密度 $\rho_c \approx \dfrac{1}{2}M(u)\lambda_0^2 c$,与裂缝数无关。

7.2.4 稳态运行的裂变气体释放率 $\dot{g}_{cc}$

裂变气体通过气体通道释放到自由空间,式(7.28)表示了通道分布函数 $N_{ch}(u,\lambda)\mathrm{d}\lambda$,如果我们知道了裂变气体通过通道 λ 的释放率 Q_λ,则裂变气体释放速率 $\dot{g}_{cc}$ 为

$$\dot{g}_{cc} = \int_{\lambda_0}^{\infty} Q_\lambda N_{ch}(u,\lambda)\mathrm{d}\lambda \tag{7.30}$$

式中,Q_λ 是裂变气体通过通道 λ 的释放率。下面分析裂变气体通过通道 λ 的释放率 Q_λ:

①裂变气体通过通道 λ 的释放率 Q_λ；②气体扩散进通道的速率。只有在气体扩散进通道的速率与裂变气体通过通道 λ 的释放率 Q_λ 相等时，才能达到稳定释放。

1. 通道 λ 的释放率 Q_λ

设通道内压力、温度分别是 p_1 和 T，元件内自由空间的压力是 p_2，通道内气体向自由空间的释放率是

$$Q_\lambda = 281\sqrt{\frac{T}{\mu}}\left(\frac{d^4}{\lambda\lambda_1}\right)(p_1 - p_2)(p_1 + p_2)/2 \tag{7.31}$$

式中，μ 是裂变气体的摩尔质量；d 是通道直径；λ_1 是单位压强下的平均自由程长度。当气体扩散到通道中的速率 Q_j 大于 Q_λ，通道内气体量随时间增加，压力 p_1 增加，Q_λ 随之增加，直到 Q_λ 与 Q_j 相等，压力才停止上升。反之，当气体扩散到通道中的速率 Q_j 小于 Q_λ，通道内气体量随时间减少，压力 p_1 下降，Q_λ 随之减少，直到 Q_λ 与 Q_j 相等时，Q_j 才保持恒定。

2. 气体扩散到通道内的速率

设通道密度为 ρ_c，在每个通道周围有一个圆柱形体积元，R 是体积元半径，它满足 $\pi R^2 \rho_c = 1$，即这些体积元互相挨着，占满了整个芯块。裂变气体在体积元内的扩散是有均匀源的准稳态过程，其扩散方程如同方程式(6.51)，可写为

$$\frac{D_g}{r}\frac{d}{dr}\left(r\frac{dC_g}{dr}\right) = -Y_g\dot{F} + k_{gs}\rho_c C_g \tag{7.32}$$

式中，k_{gs} 是裂变气体原子与通道反应的速率常数；C_g 是裂变气体浓度。如在 6.3.5 节中所阐述的，在尾间的情况下，浓度仅在紧靠通道的区域内迅速地变化，而且在达到体积元的外径之前很早就接近一个常数值。这种行为表明，可以将俘获体积分成两个区域，如图 6.12 所示。在区域 1 内，扩散是方程(7.32)中最重要的因素，因而可以将源项略去不计，导出裂变气体进入通道的速率。在区域 2，两项的相对大小倒过来，得出裂变气体在这体积元中的产生率。为达到平衡，裂变气体进入通道的速率必须等于裂变气体在这体积元中的产生率。其推导如同 6.3.5 节中 2 分节所示，用体积元平均值 $\overline{k_{gs}\rho_c C_g}$ 代替 $k_{gs}\rho_c C_g$，令(7.32)的源项是

$$(Y_g\dot{F})_{eff} = Y_g\dot{F} - \overline{k_{gs}\rho_c C_g} \tag{7.33a}$$

(7.32)式的边界条件是

$$C_g(d/2) = 0 \tag{7.33b}$$

$$\left(\frac{dC_g}{dr}\right)_R = 0 \tag{7.33c}$$

边界条件式(7.33b)是裂变气体扩散到通道表面时就进入通道；式(7.33c)表示各体积元边界上裂变气体浓度互相平衡，它们是离通道较远区域的裂变气体浓度。由式(7.32)至(7.33c)解得裂变气体扩散到通道中的速率 Q_j 是

$$Q_j = 2\pi D_g C_g(R)\lambda/\ln\left(\frac{2R}{d}\right) \tag{7.34}$$

式中，$C_g(R)$ 是体积元边界面上裂变气体浓度，亦就是芯块内裂变气体浓度；d 是通道的直径，当 $2R \gg d$ 时，有

$$C_g(R) = \frac{(Y_g\dot{F})_{eff}}{2D_g}\left(\ln\frac{2R}{d} - \frac{1}{2}\right) \tag{7.35}$$

当 $Q_j = Q_\lambda$ 时,通道内压力是

$$p_1^2 = p_2^2 + C_2\lambda^2/C_1$$

其中,$C_2 = 2\pi D_g C_g(R)/\ln(2R/d)$ 和 $C_1 = 281\sqrt{\dfrac{T}{\mu}}d^4/(2\lambda_1)$。

由此裂变气体释放速率 $\dot{g}_{cc}$ 是

$$\dot{g}_{cc} = M(u)C_2 l_0^2 \left\{ \frac{15\lambda_0}{2D_c'} - \frac{65\lambda_0^3}{2D_c'^3} + e^{-\frac{D_c'}{2\lambda_0}}\left[6\left(\frac{\lambda_0}{D_c'}\right)^2 + 12\left(\frac{\lambda_0}{D_c'}\right)^3\right] - \right.$$

$$\left. \frac{D_c'}{\lambda_0}e^{1-\left(2+\frac{\sqrt{17}}{2}\right)\frac{D_c'}{\lambda_0}}\left[\frac{41}{32} + \sqrt{\frac{17}{8}} + \left(\frac{3}{2} + \sqrt{\frac{17}{8}}\right)\left(\frac{\lambda_0}{D_c'} + \frac{3}{2}\left(\frac{\lambda_0}{D_c'}\right)\right)\right]^2 \right\}$$

一般 $\dfrac{\lambda_0}{D_c'} \ll 1$,裂变气体释放速率是

$$\dot{g}_{cc} \approx 15\pi D_g C_g \lambda_0^3 M(u) c \left(\frac{\pi n}{6V}\right)^{1/3} \bigg/ \ln\left(\frac{2R}{d}\right) \tag{7.36}$$

平均每根通道的裂变气体释放率为

$$\langle \dot{g}_{cc} \rangle = \dot{g}_{cc}/N_{ch} = 5\pi D_g C_g(R)\lambda_0/\ln\left(\frac{2R}{d}\right) \tag{7.37}$$

裂变气体释放影响元件芯块与包壳间的气隙热导和气体量,使元件温度和内压升高,在压水堆失水和失压的事故工况下将引起元件的局部膨胀,堵塞流道,以至迅速使邻近的元件得不到足够冷却,使邻近元件的温度和内压升高并产生局部膨胀,以此元件的局部膨胀迅速传播将造成严重事故。另外,裂变气体释放伴随着挥发性裂变产物的释放,它们将积聚在芯块与包壳间的气隙中,其中有一些是腐蚀性很强的腐蚀剂,增加应力腐蚀开裂的概率。因此在元件设计中很关注裂变气体释放的规律和数据,以改进设计,如增加元件内氦气的压力(约 10 atm[①])以减弱裂变气体释放对气隙热导的影响,但增加了事故工况的压力。在芯块制备上,采用软芯块的工艺,减少芯块的裂缝数,降低裂变气体的释放量。一般在工程设计上估算气体释放量最普通的方法是将燃料棒分成几个同心的且在其每一径向边界处温度已知的环带,并且对每一环带选定其稳定裂变气体份额释放值 f。例如,Cox 和 Homan 采用下述方案:

$$f = 0.98 \qquad\qquad T > 1\,800\ ℃$$

$$f = 0.50 \qquad\qquad 1\,400 < T < 1\,800\ ℃$$

$$f = 0.30 \qquad\qquad T < 1\,400\ ℃$$

Dutt 等对于混合氧化物燃料在快中子通量下辐照气体释放数据的最佳拟合关系为

$$f = 1.0 \qquad\qquad (T > T_2)$$

$$f = 1 - \frac{A}{u}(1 - e^{-au})e^{-bP} \qquad (T < T_2)$$

其中,A,a 和 b 是经验常数;u 是燃耗;此处 P 是线功率;T_2 是燃料的等轴晶生长区和组织未变区的径向分界处的温度。这纯粹是似合关系。Notley 等做了实验研究和分析,从辐照的燃料芯块不同温度区钻取 UO_2 样品求得释放份额与温度的关系,得出不连续函数 $f(T)$,气体从截面上平均释放份额是

$$\bar{f} = \frac{1}{\pi R^2}\int_0^R f(T)2\pi r \mathrm{d}r$$

---

① 1 atm = 101 325 Pa

式中,R 是燃料芯块的半径。为求取上述积分,假定径向温度 $T(r)$ 的分布为

$$\frac{T - T_s}{T_0 - T_s} = 1 - \frac{r^2}{R^2}$$

式中,T_0 和 T_s 分别是芯块的中心和表面温度,式(7.38)中假定芯块的热导率 k_{UO_2} 和单位体积发热率(H)为常数,由此得出

$$\bar{f} = \frac{1}{T_0 - T_s}\int_{T_s}^{T_0} f(T)\,\mathrm{d}T$$

$$= \frac{1}{T_0 - T_s}[0.01 \times (1\,400 - T_s) + 0.1 \times (1\,500 - 1\,400) + 0.22 \times (1\,600 - 1\,500) + 0.4 \times (1\,700 - 1\,600) + 0.65 \times (1\,800 - 1\,700) + 0.8 \times (T_0 - 1\,800)]$$

亦就是f值在温度范围$[1\,400\ ℃ \sim T_s]$,$[1\,400 \sim 1\,500\ ℃]$,$[1\,500 \sim 1\,600\ ℃]$,$[1\,600 \sim 1\,700\ ℃]$,$[1\,700 \sim 1\,800\ ℃]$,$[1\,800\ ℃以上]$分别是$0.01,0.1,0.22,0.4,0.65,0.8$。假定 T_s 是 $400\ ℃$,T_0 值可借助于表面温度 T_s 和线功率 P 通过积分方程求解得出,即

$$T_0 = T_s + \frac{P}{4\pi\bar{k}}$$

由此可导出气体释放率与元件线功率(W/cm)的关系,计算值与实验值都表示在图 7.27 中,结果表明符合得相当好。但是 Notley 的裂变气体释放机制是:在稳态功率裂变气体集中到燃料中心区域的封闭气孔内,只有当功率发生变化时,气体才释放到元件的自由空间中去。在上述的关系式中,释放和内部气压升高是同义的。

裂变气体的释放将使元件的气隙热导下降,元件温度上升,特别是在事故情况下,裂变气体急剧地大量释放,元件温度和内压很大程度地升高将引起元件的膨胀,从而堵塞流道,使元件的膨胀传播到周围的元件,造成严重事故。其次,元件裂变气体的释放伴随着挥发性裂变产物的释放,其中包括很强侵蚀性的元素如 I,Cd,Ce 等,这些侵蚀性很强的裂变产物在自由空间的积累将引起芯块与包壳相互作用中包壳的应力腐蚀开裂。

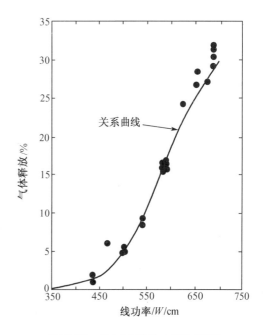

图 7.27　热(水)堆的 AECL 裂变气体释放关系曲线

(引自 J. R. Mac Ewan, et al. , in *Proceedings of the Fourth International Conference on the Peaceful Uses of Atomic Energy*, Vol 10, p. 245, United Nations, New York, 1971.)

7.2.5　裂变气体瞬时释放

在功率剧增时,芯块裂缝增加,使得:①在新开裂的裂缝表面上的气孔、气泡(包括露头的气孔、气泡)内的气体瞬时释放;②穿过碎裂面的通道切成两截,使过剩压力的气体释放;③碎块平均直径减少,气孔链与表面相通的概率增加,通道数增多,气体释放率增加;④芯块温度升高,气体扩散进通道的概率增加。瞬时释放增长应力腐蚀剂的释放,增加了芯块与包

壳间相互作用产生破损的概率。下面分析瞬时释放量与芯块物理量的关系。

1. 开裂面上气孔、气泡内气体释放量

如图 7.28 所示，芯块内气孔、气泡分布函数记作 $N(t,r)$，在每类 $[r,r+\mathrm{d}r]$ 气孔外围有球形体积元 $R_v(r)$，使 $r^3/R^3 = P'$（气孔率），R 是球形体积半径，这些体积元填满了整个芯块。对芯块任意切一刀遇上气孔 r 的概率 p' 相当于对包含 r 气孔的球形体积元 $R_v(r)$ 任切一刀遇上气孔 r 的概率，所以 $p' = (r/R) = (P')^{1/3}$。设在切面上单位面积内露头气孔半径在 $[r,r+\mathrm{d}r]$ 范围内的数目是 $M(t,r)$，切面上遇上半径在 $[r,r+\mathrm{d}r]$ 范围内的气孔的概率是

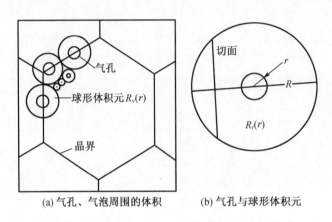

(a) 气孔、气泡周围的体积　　(b) 气孔与球形体积元

图 7.28　气孔与气泡

$$p' = \frac{M(t,r)\,\mathrm{d}r \cdot S}{N(t,r)\,\mathrm{d}r \cdot V} \tag{7.38}$$

式中，S 是切面面积。令 $S/V = L^{-1}$，L 是等效长度，随芯块几何形状和切面形式而异，于是有

$$M(t,r) = L(P')^{1/3}N(t,r) \tag{7.39}$$

当功率剧增，芯块开裂增加，新增裂缝表面积为 ΔS，ΔS 上露头气孔释放的气体量 ΔG_s 是

$$\Delta G_s = \Delta S\int M(t,r)(P-p_2)\frac{4\pi r^3/3}{kT}\mathrm{d}r \tag{7.40}$$

气孔、气泡内压力达到平衡时，P 和 p 都是 $(\sigma+2\gamma/r)$，所以单位体积释放量 Δg_s 是

$$\Delta g_s = \Delta\left(\frac{S}{V}\right)L\left[\frac{(\sigma-p_2)P'^{4/3}}{kT} + 8\pi\gamma P'^{1/3}\frac{(N_1\langle r_i^2\rangle + N_2 r_0'^2)}{3kT}\right] \tag{7.40'}$$

$\Delta(S/V)$ 是芯块比表面积的变化量，若碎块以等效球描述，$\Delta(S/V)$ 是

$$\Delta(S/V) = (36\pi/V)^{1/3}(n_f^{1/3} - n_i^{1/3})$$

式中，n_i, n_f 分别是功率剧增前、后的芯块裂缝数。L 对于圆柱形芯块的径向裂缝是 $\pi a/2$；对于 $a/2$ 处环向裂缝，$L=a$，在这里 a 是芯块半径。对于坍塌型元件芯块，绝大部分裂缝是径向裂缝，仅有少量环向裂缝，其位置在 $a/2$ 附近。若 f 为径向裂缝所占的份额，$L = [1+(\pi/2-1)f]a$，L 是在 $[a,\pi a/2]$ 之间。f 接近于 1，有

$$\Delta g_s \approx 3\pi\left(\frac{2a}{12h}\right)^{1/3}(n_f^{1/3} - n_i^{1/3})\left[\frac{(\sigma-p_2)}{kT}P'^{4/3} + \frac{8\pi\gamma(N_1\langle r_i^2\rangle + N_2 r_0'^2)}{3kT}P'^{1/3}\right] \tag{7.40''}$$

式中，h 是芯块高度，$\frac{2a}{h}$ 是径高比。

2. 穿过裂缝的通道瞬时释放量

若通道 λ 被裂缝分成 λ', λ'' 两截通道,其中一截 λ''(或 λ')的两边都与裂缝空间相通,这两截通道的平衡压力 p_1', p_1'' 分别是

$$p_1'^2 = p_2^2 + C_2\lambda'^2/C_1 , \quad p_1''^2 = p_2^2 + C_2\lambda''^2/4(C_1) ; \quad \lambda = \lambda' + \lambda''$$

超过 p_1', p_1'' 的部分气体就会瞬时释放,其释放量分别为 ΔG_1 和 ΔG_2,其总释放量是 ΔG_c,各自的表式如下:

$$\Delta G_1 = (p_1 - p_1')\frac{\pi d^2 \lambda'}{4kT} , \quad \Delta G_2 = (p_1 - p_1'')\frac{\pi d^2 \lambda''}{4kT}$$

$$\Delta G_c = \frac{\pi d^2}{4kT}\left[p_1\lambda - \sqrt{p_2^2 + C_2\lambda'^2/C_1}\,\lambda' - \sqrt{p_2^2 + \frac{C_2(\lambda - \lambda')^2}{4C_1}}(\lambda - \lambda') \right]$$

若通道方向是无序的,则穿过裂缝的通道被分为 $[\lambda', \lambda' + d\lambda']$ 和 $[\lambda - \lambda', \lambda - (\lambda' + d\lambda')]$ 两截的概率是 $d\lambda'/\lambda$。所以穿过裂缝长度为 λ 通道的平均瞬时释放量 $\overline{\Delta G_c}$ 是

$$\overline{\Delta G_c}(\lambda) = \frac{\pi\left(\frac{C_2}{C_1}\right)^{1/2} d^2\lambda^2}{4kT}\left[\left(1 + \frac{C_1p_2^2}{C_2\lambda^2}\right)^{1/2} - \frac{1}{3}\left(1 + \frac{C_1p_2^2}{C_2\lambda^2}\right)^{3/2} - \frac{1}{6}\left(1 + 4\frac{C_1p_2^2}{C_2\lambda^2}\right)^{3/2} + \frac{5}{3}\left(\frac{C_1p_2^2}{C_2\lambda^2}\right)^{2/3} \right]$$

$$(7.41)$$

若穿过裂缝通道的份额为 f',瞬时释放量 Δg_c 是 $f'\int \overline{\Delta G_c}(\lambda)d\lambda$,在 $\frac{C_1p_2^2}{C_2\lambda^2} \ll 1$,且 $\frac{\lambda_0}{D_c'} \ll 1$ 时,Δg_c 为

$$\Delta g_c = \frac{\pi\left(\frac{C_2}{C_1}\right)^{1/2} f'M(u)\lambda_0 d^2}{4kT}\left\{ 12\lambda_0^2 + \left[\frac{15a_1^2 eEi(-1)}{8\lambda_0^2} + \frac{5a_1^{3/2}}{\lambda_0} - 3a_1 \right]\lambda_0 c\left(\frac{\pi n_i}{6V}\right)^{1/3} \right\}$$

$$(7.42)$$

式中,$a_1 = C_1p_2^2/C_2$。

3. 气体释放率增加

气孔链浓度 $N_c(u,\lambda)d\lambda$ 在功率剧增瞬间还来不及变化,只是在峰值功率持续期间由于温度、温度梯度增高才发生变化,所以新增加的开裂使通道数增加,主要来自气孔链构成通道的概率 $p_c(\lambda)$ 增加。在功率剧增中,新裂缝开裂瞬刻为 t_{cr},裂缝数是 n_f,碎块等效球直径 $D_{cf} = \left(\frac{6V}{\pi n_f}\right)^{1/3}$,构成通道的概率 $p_{cf}(\lambda)$ 是

$$p_{cf}(\lambda) = \begin{cases} \frac{\lambda}{2D_{cf}'}\left(3 - \frac{\lambda}{2D_{cf}'}\right)^2 , & 2\lambda \leqslant D_{cf}' \\ \frac{1}{2} + 3\frac{\lambda}{4D_{cf}'} - 3\frac{D_{cf}'}{32\lambda} , & D_{cf}' \leqslant 2\lambda \leqslant \left(2 + \sqrt{\frac{17}{2}}\right)D_{cf}'/3 \end{cases}$$

$$(7.43)$$

式中 $D_{cf}' = D_{cf}/c$,裂变气体释放速率 $\dot{g}_{cc}'$ 是

$$\dot{g}'_{cc} \approx 15\pi D_g C_g(R)\lambda_0^3 cM(u)\left(\frac{\pi n_f}{6V}\right)^{1/3}\Big/\ln\frac{2R}{d} \quad (t>t_{cr}) \tag{7.44}$$

所以功率剧增下芯块单位体积释放的气体量 Δg 是

$$\Delta g = \begin{cases} \dot{g}_{cc}t_r \approx 15\pi D_g C_g(R)\lambda_0^3 cM(u)\left(\frac{\pi n_i}{6V}\right)^{1/3}\Big/\ln\frac{2R}{d}, & t\leqslant t_{cr} \\ \Delta g_s+\Delta g_c+\dot{g}'_{cc}t_r-(\dot{g}'_{cc}t_r-\dot{g}_{cc})t_{cr}, & t\geqslant t_{cr} \end{cases} \tag{7.45}$$

式中,t_r 是以功率剧增起点为计量起点的时间,$\Delta g_s,\Delta g_c$ 在 t_{cr} 时刻释放,而 $\dot{g}'_{cc}t_r$ 与 t_r 的关系主要取决于温度 $T(t_r)$ 与 t_r 的关系。如前所述,$N_c(u,\lambda)$ 在功率剧增瞬间来不及变化,相应的通道面密度也没有变化,所以 R 值没有改变。因此与时间有关系的量是气体扩散系数,它随温度的变化呈指数关系,所以 $\dot{g}'_{cc}t_r \sim t_r\mathrm{e}^{-E_g/kT(t_r)}$。(7.45)式表明,$\Delta g$ 在 t_{cr} 处有一台阶状的上升,以后呈 $t_r\mathrm{e}^{-E_g/kT(t_r)}$ 变化,这与实验曲线形状是一致的。

瞬时释放与 $(n_i)^{1/3}$,$(n_f)^{1/3}$,$(n_f^{1/3}-n_i^{1/3})$ 成正比,n_i 和 n_f 分别代表功率剧增前后芯块裂缝数。式(7.36)表明,减少裂缝数就减少稳态运行的裂变气体释放率,也就是减少气体积累量。挥发性裂变产物的释放与裂变气体释放大体类似,所以减少裂缝数就可以减少应力腐蚀裂变产物在元件间隙中的积累量和瞬时释放量,提高元件抗功率剧增的能力。因此元件内壁的软衬垫(石墨、Zr、Cu 等)作用之一就是减少芯块裂缝,使应力腐蚀剂的积累量和瞬时释放量大大减少,以提高抗功率剧增的能力。如果仅从包壳应力分析是得不到抗功率剧增能力大幅度改善的结论的。

7.3 气孔迁移和燃料重构动力学

在陶瓷燃料中有裂变气体的气泡和气孔,气泡一般比较小(半径小于 1 μm),而气孔则比较大,其最小限度往往超过 1 μm。气泡充满了气态裂变产物,而气孔则含有氦、CO_2、CO、CH_2、CH_4 和 H_2O。氦是在燃料制备和燃料元件制造过程中用来包覆气体的,燃料制备过程中包含水分和杂质而产生的少量气体(例如由于碳沾污产生的 CO、CO_2、CH_2 或 CH_4)也会促使气孔内形成气相。随着辐照的进行,由于裂变气体扩散到气孔中或是由于运动气孔的清扫作用,气孔中就会积聚裂变气体。

气泡内的气压较高,其气压一般足以维持气泡和周围固体间的力学平衡。例如,当气体压力和表面张力相平衡时,在直径为 200 Å 的气泡内气体压力高达 300 atm 左右。另一方面,对于等效直径为 20 μm 的典型气孔,维持力学平衡所需的气体压力约为 3 atm(超过燃料中的压力或水静应力)。气孔在初始时充满着 1 atm 的氦气(超压为零),因此当燃料达到运行温度时气孔便倾向于收缩,以恢复力学平衡。收缩是通过向固体内部发射空位而实现的。在那里,空位被空位尾闾所吸收。固体通过这种气孔收缩的方式而致密化,这正是陶瓷材料烧结的最后阶段的特点。可是,由于在燃料细棒内温度梯度很大,存在于新燃料内的气孔有可能向棒中心迁移,并在尚未完全达到平衡之前就在中心区形成中心空洞,由于在大气孔内压力亏欠很小,只要燃料内应力不高,烧结过程是不重要的。

气泡非常接近球形,但气孔则倾向于形成如图 7.29 所示的盘形,类似于普通的透镜,而成为透镜状气孔。气孔的位向如显微组织照片所示,它的长轴垂直于温度梯度的方向。当气孔向燃料棒的热中心区迁移时,它就留下一些起源于边界的痕迹,这些痕迹就是燃料柱状晶区特征的径向条纹的来源(见图 7.30)。在制造燃料时是将 UO_2 压块在高温下烧结,得到密度为单晶体理论密度的 92%的燃料块。更高的密度也能达到,但人们希望在新鲜燃料中有一些初始空隙,以容纳裂变气体和裂变产物,以减小肿胀,并使燃料能通过重构而重新分布到一个降低中心温度的环形区内。在加工燃料中 8%的空洞体积是不规则形状的气孔,均匀分布在整个固体中。在温度梯度下经过一定的时间后观察到的典型透镜状气孔是通过气孔在热燃料中迁移的机理形成的。图 7.31(a)指出了透镜状气孔如何围绕着辐照燃料棒的中心而成圈分布;在图 7.31(b)中气孔已经达到中心,并形成中心空洞。

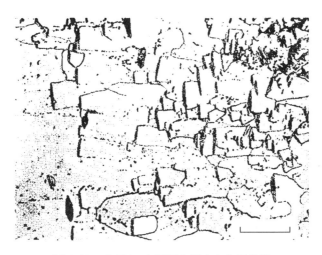

**图 7.29　在 UO_2 中沿温度梯度方向迁移的
透镜状气孔**(温度自右向左递升)

看来,一旦燃料中的初始孔隙消除,气孔的迁移问题就将是一个未必值得讨论的问题(在高比功率的燃料棒中初始孔隙只要几小时就消除了)。然而,由于燃料元件热循环产生的应力或由于裂变产物引起的肿胀产生的应力会使燃料中出现裂纹,这些裂纹就会起着连续气孔源的作用。图 7.32 表示由于燃料中的裂纹而产生的透镜状气孔。裂纹产生的气孔在热梯度的影响下向燃料中心移动,这样就提供了一个使裂纹"愈合"的机理。此外,在辐照期间不断产生的透镜状可动气孔在其运动途中将清扫裂变气体,并将它沉积在中心空洞内(如果在气孔到达燃料中心前先遇到一个大裂纹,那么运动气孔就将裂变气体沉积到这个大裂纹内)。这样一来,气孔迁移就提供了一种从燃料中释放裂变气体的方式。

虽然裂变气泡和气孔都沿温度梯度方向迁移,但由于这两种充气空腔的尺寸相差较大,故它们的运动机理是不同的。小气泡或是通过表面扩散机理(在 UO_2 中)而运动,或是通过体扩散机理(或许在 UC 中)而运动。大气孔的运动机理是基体分子从气孔的热边穿过所含的气体向冷边扩散(分子扩散),这一机理的驱动力是固体蒸气压随温度的变化,这个过程称为蒸气输运或蒸发 - 凝结。从原则上讲没有理由说小气泡就不能通过这种机理而运动,也没有理由说大气孔就不能通过表面扩散或体扩散机理而运动。任何空腔运动的控制机理只不过是一个该过程(机理)所引起的迁移速率的大小问题:引起最高速率的过程就是运动的控制机理。式(6.144)表明,通过表面扩散机理引起的气泡迁移反比于气泡的半径,而体扩散机理引起的迁移速率则和其尺寸无关(式 6.162))。由于蒸气输运引起的迁移速率或者和空腔半径无关(如果气压恒定),或者正比于半径(如果气压为表面张力所平衡)。对平衡裂变气泡来说,当气泡半径约为 10^{-3} cm 时由于蒸气输运机理而引起的迁移速率将超过图 6.25 所示的表面扩散引起的速率。由于在燃料芯块的基体内裂变气泡很难达到 100 000 Å(这种尺寸相当于典型的晶粒大小),故蒸气输运机理不太可能是气泡迁移的主要机理。反之,含有低压气体的典型气孔按蒸气输运机理迁移时其迁移速率是最大的,因此在讨论气孔迁移时只需要这种机理。

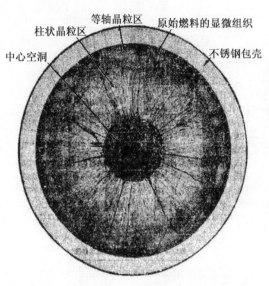

图 7.30　混合氧化物燃料棒辐照到燃耗 2.7%
　　　　　后的横面照片,未发生熔化

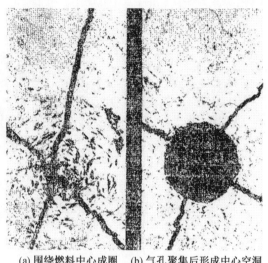

(a) 围绕燃料中心成圈　　(b) 气孔聚集后形成中心空洞
　　分布的透镜状气孔

图 7.31　穿过辐照燃料棒的截面

　　虽然在典型的加工燃料压块中运动气孔所消耗的材料通常都是多晶体,但是从基体蒸气沉积到气孔冷边的固体却倾向于凝结成近似的单晶体。正如通常通过饱和蒸气沉积而生长晶体的过程那样,新形成的材料也优先形成低指数的固体晶面。这样一来,在运动气孔扫过的圆柱区和周围固体的边界处,晶体的取向发生错配,这就构成晶粒边界。人们认为,由运动气孔的边界留下的典型径迹(图 7.29)一部分就是由于这种方式形成的晶粒边界造成的。由于迁移气孔形成的晶粒呈径向圆柱状,故称为柱状晶粒。

　　进一步分析图 7.29 中透镜状气孔后面的径迹发现,许多径迹都是由一串小球组成,而不像通常的晶界由一条分开不同晶体取向区的直线组成,图 7.33 比较清楚地反映了这一特点。Sens 认为,在气孔的边界径迹内的孤立斑点都是些球形小气孔,它是由于盘状大气孔在迁移时被掐断而形成的。另一方面,Oldfield 和 Markworth 认为,这样的径迹是由于运动气孔扫过的杂质(例如气态裂变产物)发生偏析而形成的。杂质是在运动界边后面作为一串小气泡而从气孔内发射出来的。

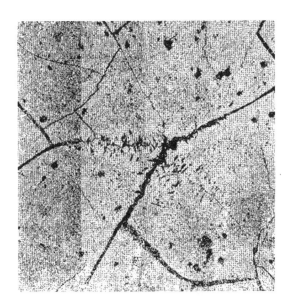

图 7.32　作为透镜状气孔源的裂纹

（引自 P. E. Sens,J. Nucl. ,Mater. ,43:293(1972). ）

图 7.33　向着燃料中心（右上方）运动的透镜状气孔,后面留下一系列球形小气孔或气泡

7.3.1　由蒸气输运机理引起的气孔迁移

许多研究人员都讨论过通过蒸气输运机理而引起的固体中充气空腔的运动问题。从理论上讲,人们对下述问题有很大的兴趣,即为什么一个初始形状不规则的气孔在迁移过程中会变成盘状,而不是球状,也不是 Nichols 所提出的长轴沿着热梯度方向的雪茄状。这里将不去研究这些生动的学术争论,因为绝大多数实验都证明了透镜状气孔的存在。此外,Sens 的数值解表明,一旦形成了透镜状气孔,这种形状就应当是稳定的。

由于透镜状气孔在垂直于温度梯度方向比平行方向宽得多,作为一个很好的近似,我们可以把分析有限大小的盘状气孔的迁移问题当作一个分析一块埋在具有温度梯度的固体中的无限大气板的迁移问题来处理。图 7.34 画出了这样一个理想化的透镜状气孔。图中平均温度从左到右递增。由于气孔比燃料细棒的直径小得多,故在气孔区内宏观温度分布可用一直线来近似。如图 7.34 所示,在固体中引入一块第二相平板会使温度分布受到扰动。由于无论有没有气孔,沿着负 x 方向流过的热量都相同,因此我们可以把在气孔中间平面的热通量写成

$$k_{\mathrm{p}}\left(\frac{\mathrm{d}T}{\mathrm{d}x}\right)_{\mathrm{p}} = k_{\mathrm{s}}'\left(\frac{\mathrm{d}T}{\mathrm{d}x}\right) \tag{7.46}$$

式中,k_{p} 为在气孔中气体的热导率;k_{s} 为基体的热导率,$\mathrm{d}T/\mathrm{d}x$ 为未受扰动的基体温度梯度,$(\mathrm{d}T/\mathrm{d}x)_{\mathrm{p}}$ 为包含在气孔中的气体的平均温度梯度。从气孔的热边到冷边 $(\mathrm{d}T/\mathrm{d}x)_{\mathrm{p}}$ 可以看成是常数。对于气孔中的氦气,$k_{\mathrm{s}}/k_{\mathrm{p}}\approx 5$,但若在气相中掺有杂质(如氙),则 $k_{\mathrm{s}}/k_{\mathrm{p}}$ 增大。当气孔的横向尺寸不是无限大时,在边界周围就有一些热流动,因而通过气孔中心的温度梯度比在无限大气孔中的梯度小。为了确定在有限大小的气孔内的温度分布,需要解二维热传导方程。Sens 的数值解表明,对无限大盘状气孔,温度梯度比 $(\mathrm{d}T/\mathrm{d}x)_{\mathrm{p}}/(\mathrm{d}T/\mathrm{d}x)=5$,而当盘的直径是气孔厚度的 5 倍时上述比值就减到 4 左右。

由于气孔并不和表面张力平衡(若平衡,气孔就将是球形),故气孔内的气体压力并不影响厚度δ。气孔可以通过掐掉球形小孔(或气泡)而收缩,如图7.34所示。但随后它又可以通过吞并在运动途中相遇的气孔或气泡而相继长大。图7.30并没有显示出当气孔达到中心线时它的尺寸有什么变化,故厚度δ可以认为是恒定的。

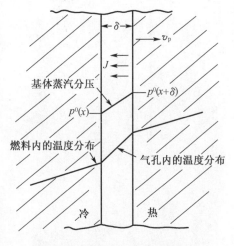

δ—气孔厚度;v_p—气孔速度;
J—沿负 x 方向基体分子的通量

图7.34 在一块具有温度梯度的固体内的透镜状气孔(假定气孔在垂直于温度梯度的方向上是无限大的)

气孔速度 v_p 和基体分子通量 J 的关系是

$$v_p = J\Omega \qquad (7.47)$$

式中,Ω 是基体固体的分子体积(对 UO_2 是 41 Å^3)。基体分子穿过气孔的转移是通过气体中的分子扩散实现的。假定在和气孔的热边和冷边相邻的气体内固体的分压等于相应温度下的蒸气压,在这两个假定下通过气体的通量是由费克定律的积分形式给出的:

$$J = \frac{D_g}{kT\delta}\left[p^0(x+\delta) - p^0(x)\right] \qquad (7.48)$$

式中,D_g 是基体分子在气体中的扩散系数,p^0 和 $p^0(x+\delta)$ 分别代表在气孔的冷边和热边温度下固体的蒸气压。蒸气压可以用下面的式子表示:

$$p^0 = 10^6 \exp\left(\frac{\Delta S_{vap}}{k}\right)\exp\left(-\frac{\Delta H_{vap}}{kT}\right) \qquad (7.49)$$

式中,ΔH_{vap} 和 ΔS_{vap} 分别是固体的蒸发热和蒸发熵(见表7.7),因子 10^6 是将大气压换算成 dyn/cm^2 的换算因子。这里假定,平衡蒸气的成分和固体成分相同。

由于气孔很薄,穿过气孔的温度降以及蒸气压差都很小,因而式(7.48)中的驱动力可以满意地用下式近似表达:

$$p^0(x+\delta) - p^0(x) \approx \frac{dp^0}{dx}\delta = \left(\frac{dp^0}{dT}\right)\left(\frac{dT}{dx}\right)_p\delta \qquad (7.50)$$

根据式(7.49)求出蒸气压对温度的导数,并将式(7.50)代入(7.48),然后再代入式(7.47)中,就得到气孔速度表达式:

$$v_p = \left[\frac{1}{(kT)^2}10^6 D_g\Omega H_{vap}\exp(\Delta S_{vap}/k)\left(\frac{-\Delta H_{vap}}{kT}\right)\right]\cdot\left[\frac{1}{T}\left(\frac{dT}{dx}\right)_p\right] \qquad (7.51)$$

式(7.51)表明,无论在平行于还是垂直于温度梯度的方向上迁移速度都和气孔的尺寸无关。这就意味着,通过蒸气输运而运动的气孔不会发生碰撞而聚合,或者说,由于聚合引起的气孔长大可以忽略。Sens的数值计算表明,气孔的领先边缘(前边)和尾随边缘(后边)是以相同的速度运动的。由于典型的气孔尺寸十分大,即使在它迁移过程中遇到的晶粒边界也不能将气孔钉扎住。

表 7.7　在重金属铀和钚中某些反应的热化学参数

气相反应	$\Delta H^{\ominus}$ /(kJ/mol)	$\Delta S^{\ominus}$ /J·mol^{-1}·K^{-1}	气相反应	$\Delta H^{\ominus}$ /(kJ/mol)	$\Delta S^{\ominus}$ /J·mol^{-1}·K^{-1}
$\frac{1}{2}O_2 \!=\!\!= O$	257	68	$Pu + \frac{1}{2}O_2 \!=\!\!= PuO$	−498	−46
$U + \frac{1}{2}O_2 \!=\!\!= UO$	−528	−62	$PuO + \frac{1}{2}O_2 \!=\!\!= PuO_2$	−352	−69
$UO + \frac{1}{2}O_2 \!=\!\!= UO_2$	−471	−71	$UO_2(固) \!=\!\!= UO_2(气)$	567	150
$UO_2 + \frac{1}{2}O_2 \!=\!\!= UO_3$	−440	−90	$PuO_2(固) \!=\!\!= PuO_2(气)$	571	150

在一些文献中基体分子在气孔内的惰性气体中的扩散系数(在硬球的情形下)是用气体的基本动力学理论来近似计算的。现在已经发展了关于在稀薄气体中输运性质的准确理论,并且用这种方法比用基本动力学理论可以得到更准确的 D_g 值。假定气体中的两种物质是通过 Lennard – Jones 势场而发生交互作用,势场的力常数是由纯组元的黏度所确定(如果此黏度可以查到或可以由在正常沸点或临界点的性质估算出来)。适用于数值计算的准确理论公式是

$$D_{\mathrm{g}} = \frac{1.86 \times 10^{-3} T^{3/2}}{\sigma_{12}^2 \Omega_{\mathrm{D}} P} \left(\frac{M_1 + M_2}{M_1 M_2} \right)^{1/2} \tag{7.52}$$

式中,D_g 的单位是 cm^2/s,T 是 K;P(气体总压)的单位是 atm;M_1 和 M_2 是气体中两种物质的分子量;σ_{12} 是一对交互作用的分子的碰撞直径。Ω_{D} 这个量是由理论得出的碰撞积分,它是参数 kT/ε_{12} 的函数,力常数 σ_{12} 和 ε_{12} 表征着交互作用的粒子间的势函数。它们是由纯物质的相应量按下式算出的:

$$\varepsilon_{12} = (\varepsilon_1 \varepsilon_2)^{1/2}$$
$$\sigma_{12} = \frac{(\sigma_1 + \sigma_2)}{2}$$

表 7.8 列举了氦、氙和 UO$_2$ 的力常数。将这样算出的力常数给出的 Ω_{D} 与 kT/ε_{12} 的函数关系代入式(7.52)得到 UO$_2$ 在 2 000 K 和 1 atm(总压)的氦和氙中的扩散系数:

$$\begin{cases} D_{\mathrm{g}}^*(\mathrm{He} - \mathrm{UO}_2) = 11 \ \mathrm{cm^2/s} \\ D_{\mathrm{g}}^*(\mathrm{Xe} - \mathrm{UO}_2) = 0.9 \ \mathrm{cm^2/s} \end{cases} \tag{7.53}$$

式中的星号表示温度和总压的参考条件。

表 7.8　在 He,Xe 和 UO$_2$ 的 Lennard – Jones 势函数中的力常数

物质	σ/Å	$(\bar{\varepsilon}/k)$/K	物质	σ/Å	$(\bar{\varepsilon}/k)$/K
He[①]	2.55	10	UO$_2$[②]	3.72	4 350
Xe[①]	4.05	231	UO$_2$[③]	3.95	6 000

注:①由黏度数据获得;

②由正常沸点(即蒸气压等于 1 大气压的温度)按式 $\bar{\varepsilon}/k = 1.21T_{\mathrm{b}}$ 估算出。$T_{\mathrm{b}} \approx 36\,00$ K,碰撞直径按式 $\sigma = 1.18V_{\mathrm{b}}$ 近似计算。V_{b} 是液体正常沸点的摩尔体积,可由实测液体密度求得。

③由 Menzies 报告的临界常数以及 $\sigma = 0.83V_{\mathrm{c}}^{1/3}$,$\bar{\varepsilon}/k = 0.75T_{\mathrm{c}}$ 估算出。

当总压不是 1 atm,温度不是 2 000 K 时,扩散系数可按下式计算:

$$D_g = D_g^* \left(\frac{T}{2\ 000}\right)^{3/2} \left(\frac{1}{p}\right) \tag{7.54}$$

D_g 反比于总压这一关系直到 20 atm 左右都是正确的。由于碰撞积分 Ω_D 和温度有关,故 D_g 随温度的变化没有 $T^{3/2}$ 那样显著。可是当温度接近 2 000 K 时式(7.54)是一个足够准确的外推公式。

式(7.52)是一个对非极性球形单原子稀薄气体进行准确的统计力学处理的理论,这些稀薄气体之间通过相应于这类物质的势函数而发生交互作用。这种理论对 UO_2 之类的物质的适用度尚不清楚,但它对许多极性分子都很适用。无论如何,根据严格的动力学理论并结合按公式估算的力常数(这些公式至少对正常物质已经证明是非常正确的)而得到的扩散系数比按基本动力学理论估算的 D_g 值更准确。

在透镜状气孔内的气体压力取决于局部温度和以下两个因素:①由于掐掉小气孔和气泡而引起的气孔体积的减小,以及由于吸收以不同速度运动着的空腔而引起的气孔体积的增加;②通过发射充气气泡或者通过由于裂变产物引起的重溶过程而从气孔中失去的气体原子数,以及通过扩散控制的吸收过程气孔从基体中得到的气体原子数,或通过清扫溶解的或沉淀的气体而从它的前方的基体中得到的气体原子数。在特殊的情况下,当以上①和②两个因素都不影响气孔时,气孔在迁移过程中其体积和气体含量才近似恒定。如果在烧结温度 T_{sint} 和 1 atm 的氙气压力下进行的最后一道加工过程中气孔发生闭合,那么在辐照时在气孔运动过程中比值 p/T 就保持恒定值 $1/T_{sint}$。换言之,气孔内的压力是

$$p = \frac{T}{T_{sint}} \tag{7.55}$$

如果将式(7.54)和(7.55)代入(7.51),并设气孔内和固体内的温度梯度比为 4,那么最后的气孔速度是

$$v_p = \left(\frac{4 \times 10^6 \Omega}{kT}\right) D_g \left(\frac{T}{2\ 000}\right)^{3/2} \left(\frac{T_{sint}}{T}\right) \left(\frac{\Delta H_{vap}}{kT}\right) \exp\left(\frac{\Delta S_{vap}}{k}\right) \exp\left(-\frac{\Delta H_{vap}}{kT}\right) \left(\frac{1}{T}\frac{dT}{dx}\right) \tag{7.56}$$

现根据下列参数来计算在纯 UO_2 中的气孔速度:

$$T = 1\ 000\ \text{K},\ \frac{dT}{dx} = 1\ 000\ \text{K/cm},\ D_g = 11\ \text{cm}^2/\text{s}$$

$\Delta S_{vap} = 150\ \text{J}/(\text{mol} \cdot \text{K})$,$\Delta H_{vap} = 567\ \text{kJ}/(\text{mol} \cdot \text{K})$,$\Omega = 4.1\ \text{Å}^3$,$T_{sint} = 1\ 800\ \text{K}$

在上述条件下按式(7.56)的迁移速度为 0.15 Å/s。

应该指出,在推导式(7.51)中默认的两个重要近似起初都是由 Oldfield 和 Markworth 指出的。第一个近似是关于杂质的影响;第二个近似牵涉到能否假定整个过程完全是由气相扩散控制。这两个现象都影响固体分子通过气体扩散的驱动力。

如果气孔遇到可溶杂质(例如裂变产物氧化物),在气孔热边基体固体的蒸气压便压低到接近于按拉乌尔定律预计的数值。如果杂质是挥发性的,它将和基体分子一道穿过气孔而转移。可是,如果杂质比基体固体更不挥发,那么在气孔通过固体迁移期间,随着气孔吸收越来越多的杂质,气孔热边的杂质浓度将不断增加。如果这种不挥发性的杂质不能通过某种机理排出,那么它在气孔热边聚集将使气孔迁移速度减小,最后就使气孔完全停止运动。如果运动气孔遇到的杂质是不溶于固体的(例如,金属相或碱土裂变产物相杂质),那么点阵固体的平衡蒸气压就不受影响。可是,如果这类杂质聚集得足够多,那么就会产生对输运的阻力,就

像水面上的油或者热交换器表面上的氧化皮产生的阻力那样。

如果仅仅基体材料通过气孔中的蒸气输运,那么杂质就不能收集到冷边。可是,基体蒸气在气孔冷边近乎单晶体的表面上的最可几凝结速率接近于在气孔内的气体中的扩散速率,这是从饱和蒸气中生长晶体时常常遇到的效应。对冷边蒸气凝结的净动力学限制是使此处基体固体的分压增加到热力学平衡分压以上。事实上,气相必须有一定的过饱和度,以保证扩散和表面吸附两个过程以相同的速率进行(因为这两个过程是相继进行的,速率必须相同)。

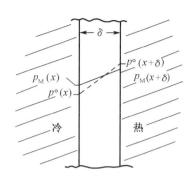

图 7.35 在透镜状气孔内
基体固体的分压分布

在热边溶于基体固体的杂质和在冷边表面吸附限制对气孔速度的影响可以借助图 7.35 来分析。基体固体分子通过气孔的通量可用下式表示[代替方程(7.48)]:

$$J = \frac{D_{\mathrm{g}}}{kT\delta}[p_{\mathrm{M}}(x+\delta) - p_{\mathrm{M}}(x)] \tag{7.57}$$

式中,p_{M} 是和固体相邻的气体中基体材料的分压。图 7.35 指出了在热边杂质聚集的影响和在冷边凝结速率动力学,虚线是在理想气孔中基体材料的分压,实线是在实际气孔中基体材料的分压。如果在气孔热边可溶杂质的摩尔分数为 y_1,并服从拉乌尔定律,那么热边分压 $p_{\mathrm{M}}(x+\delta)$ 可用下式表示:

$$p_{\mathrm{M}}(x+\delta) = (1-y_1)p^0(x+\delta) \tag{7.58}$$

冷边分压可确定如下。首先分析一下固体及其饱和蒸气之间的真实热力学平衡情况。假定饱和蒸气压服从理想气体定律,根据气体动力学理论,基体分子由气相碰撞到单位面积固体表面上的速率为 $n^0\bar{v}/4$,式中 $n^0 = p^0/kT$ 是相应于蒸气压 P^0 的分子密度,$\bar{v} = (8kT/\pi m)^{\frac{1}{2}}$,是在气相中质量为 m 的分子的平均速度。虽然分子从蒸气碰撞到固体上的速率可以用气体动力学理论正确地描写,但凝结速率却可以低于理论值。二者的差值通常用凝结系数 α 表示,α 代表黏结到固体表面的碰撞分子的份额。其余的分子通过反射而返回气相。根据定义,在平衡情况下,凝结速率和蒸发速率是相等的,因此有

$$R_{\mathrm{vap}}^{\mathrm{cq}} = R_{\mathrm{cond}}^{\mathrm{cq}} = \frac{ap^0}{(2\pi mkT)^{1/2}} \tag{7.59}$$

为了处理非平衡情形(这时在固体上面的气相中基体蒸气压并未达到平衡值),我们假定凝结速率由式(7.59)给出,但式中的 p^0 要用 p_{M} 代替。在邻近固体的气体中凝聚相的实际分压为

$$R_{\mathrm{cond}} = \frac{\alpha p_{\mathrm{M}}}{(2\pi mkT)^{1/2}} \tag{7.60}$$

可是作为一级近似,蒸发过程和与固体接触的气相的本质无关,因此假定 R_{vap} 等于式(7.59)给出的 $R_{\mathrm{vap}}^{\mathrm{cq}}$。差值 $R_{\mathrm{cond}} - R_{\mathrm{vap}}$ 就是蒸气分子流向表面或者透镜状气孔的冷边的净通量:

$$J = \frac{\alpha}{(2\pi mkT)^{1/1}}[p_{\mathrm{M}}(x) - p^0(x)] \tag{7.61}$$

Hirth 和 Pound 提出了一个处理单位系凝结系数的简单方法。他们的模型是把长大着的固体表面看成是一系列由凸台隔开的阶梯,凸台的高度高于原子间距,凸台之间的距离为 λ_0。

（见图 7.36）。所有碰到平表面上的分子都暂时被吸附，并作为吸附原子而开始沿着阶梯表面扩散。如果原子达到凸台，就认为它被凝结了。但原子在阶梯表面上迁移的过程中可能蒸发而回到气相。如果应用简单的表面扩散理论进行处理，那么按上述模型预计的凝结系数为

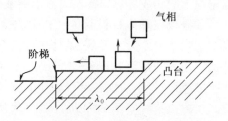

$$\alpha = \frac{\tanh \beta}{\beta}$$

图 7.36　一个凝结过程的模型

式中

$$\beta^2 = \frac{\nu_1 \exp(-E_b/kT)}{4D_s} \lambda_0^2$$

式中，D_s 是基体固体的表面扩散系数[对 UO_2，见式(6.139)]；ν_1 是吸附原子在垂直于表面的方向上的振动频率，通常估计 $\nu_1 = 10^{13}$ s^{-1}。原子吸附于表面的结合能 E_b 只有蒸发热 ΔH_{vap} 的 60% 左右，这是因为吸附在平表面上的原子和表面的结合力不如平均表面原子那样大。看来还没有什么可靠的方法能估算台阶间距 λ_0。若令 λ_0 等于 4 000 个点阵间距（约 1 μm），那么预计 $\alpha = 0.9$。

根据式(7.58)可以从式(7.57)中消去 $p_M(x+\delta)$。令式(7.57)和(7.61)的右边相等，就可以消去 $p_M(x)$，而通量可以表示为

$$J = \frac{(1-y_1)p^0(x+\delta) - p^0(x)}{[(2\pi mkT)^{1/2}\alpha] + (kT\delta/D_g)} \tag{7.62}$$

由于在热边杂质聚集和在冷边凝结速率受限制这样两个因素的综合影响而造成的气孔速度的减小可以由式(7.62)和(7.48)的比值决定，即

$$\frac{v_p}{v_p^*} = \frac{1 - y_1\{1 + [(\Delta H_{vap}/kT)(1/T)(dT/dx)_p\delta]^{-1}\}}{1 + [D_g(2\pi mkT)^{1/2}/\alpha kT\delta]} \tag{7.63}$$

式中，v_p^* 由式(7.56)给出。式(7.63)的分子的右边代表热边杂质效应，而分母的最后一项代表冷边凝结动力学（我们已经忽略掉热边类似的表面动力学限制）。随着气孔厚度 δ 的减小，两项都越来越显著。采用前面举例计算 v_p^0 式的相同参数，我们来计算式(7.63)的比值，同时我们还令

$$y_1 = 0.01$$
$$\delta = 10 \ \mu m$$
$$\alpha = 0.9$$

采用这些数据，我们得到

$$\frac{v_p}{v_p^*} = \frac{1 - 0.1}{1 + 1.2} = 0.41$$

气孔速度对可溶杂质在热边的微小聚集和凝结速率极限十分敏感（即使几乎每个碰到冷边的分子都凝结）。在这两个效应中气孔厚度是一个重要参数，因为它决定了扩散过程相对于冷边凝结过程的速率，而冷边凝结速率是和气孔尺寸无关的。例如，对于一个 20 μm 的透镜状气孔，$\frac{v_p}{v_p^*} = 0.59$。这些计算表明，小孔很容易被固结，只有那些厚度足以使上述第二个影响忽略不计的厚气孔才能通过固体迁移。

7.3.2　气孔率重布动力学

在核反应堆中的燃料通常是铀和钚的氧化物或碳化物小块,其中包含 8% 左右的空洞体积。在燃料内部的空洞大都是直径约为 10 μm 的小空腔,这些空腔在燃料加工的烧结阶段被封死成为气孔。当燃料元件投入堆内运行时,很陡的温度梯度引起燃料热区的加工气孔开始向中心线迁移。这个过程的直接效果是使固体燃料重新分布,和新鲜燃料相比,致密燃料更靠近外边,同时由于气孔达到燃料棒轴线而形成中心空洞。由于核热源更加移近热尾闾(冷却剂)以及清扫了气孔的区域致密化,燃料内区的温度便大大下降。对于中心线温度接近熔点的燃料棒来说,这一重构过程需要几小时的时间,但在低功率燃料棒的寿命期间,重构过程可能永远达不到稳态(即氧化物燃料中心温度低于 2 000 K 的状态)。根据三区模型计算,在新加工燃料和完全重构的燃料中温度分布的差别如图 7.37 所示。图中,$\mathscr{R} = 500$ W/cm;$T_s = 1 000$ ℃;初始密度 = 85% 理论密度;$T_1 = 1 800$ ℃,$\rho_1/\rho_s = 98\%$;$T_2 = 1 600$ ℃,$\rho_2/\rho_s =

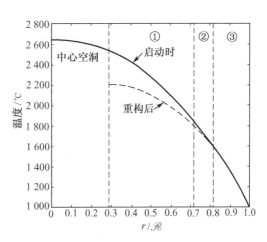

图 7.37　混合氧化物燃料细棒重构前后的温度分布

95% ;$f(P) = 1 - P^{2/3}$。按照这个模型,燃料被分成三区,即柱状晶粒区、等轴晶粒区和未重构区。在计算温度分布时假定三区的孔隙率都是常数(但彼此不等),相邻两区边界的特征温度也是常数。这种处理方法的优点是计算方便,但不能描述在重构过程中温度和孔隙率分布的变化。

如欲准确处理这种过渡状态,就必须知道重构的动力学,并结合准稳态温度计算。计算是根据热导率和空洞份额的关系以及正在长大的中心空洞的几何效应来进行的。

下面的计算适用于化学计量的纯 UO_2,计算基于以下假设:

(1)气孔是封闭的,在温度梯度的影响下,仅沿径向迁移。气孔速度由式(7.56)给出,其中 dT/dx 用径向温度梯度代替,以符合圆柱形燃料棒的几何条件。

(2)所有气孔大小都相同,其体积和径向位置及时间无关。不考虑迁移气孔间的碰撞以及由此而引起的气孔聚合长大现象。

现在需要确定孔隙率分布函数 $N_p(r,t)$。$N_p(r,t)$ 是从有温度梯度算起在时间 t 时在燃料棒内径向位置 r 处单位体积的气孔数。适用于在圆柱形燃料棒内运动但不碰撞的气孔的守恒方程为

$$\frac{\partial N_p}{\partial t} = -\frac{1}{r}\frac{\partial}{\partial r}(rJ_p) \tag{7.64}$$

式中,J_p 是在 $+r$ 方向的气孔通量(单位是 $cm^{-2} \cdot s^{-1}$)。由于气孔无例外地沿径向运动,故 J_p 由下式给出:

$$J_p = -v_p N_p \tag{7.65}$$

因为气孔速度 v_p 是 T 和 dT/dr 的已知函数,故可视为径向位置和时间的待定函数 $v_p(r,t)$,可由温度分布的解确定。将式(7.65)代入式(7.64)得

$$\frac{\partial N_p}{\partial t} = \frac{1}{r}\frac{\partial}{\partial r}(rv_p N_p) \tag{7.66}$$

此方程的初始条件为

$$N_p(r,0) = N_{p0} \tag{7.67}$$

式中，N_{p0} 为在新加工燃料中的气孔浓度。

解方程(7.66)需要边界条件。防止气孔通过燃料 – 包壳界面运动的一个条件是

$$J_p = 0 \qquad (\text{在 } r = R \text{ 处}) \tag{7.68}$$

可是，由于在靠近燃料棒外边的地方温度较低，气孔在远未达到 $r = R$ 处之前就停止运动。式中的 R 是燃料棒半径，因为在低的壁面温度下，v_p 极小，通量趋于零。因而壁面上气孔的浓度接近于原始状态，浓度均匀，燃料壁面的气孔通量实质上是零。因为气孔速度 v_p 如此之低，在暴露于温度梯度的整个时间范围内，$r = R$ 处的气孔浓度并不改变。相当于气孔在迁移到燃料块外围之前就被冻结了，所以 R 可以用 ∞ 来近似，我们用下述边界条件代替式(7.68)：

$$N_p(\infty, t) = N_{p0} \tag{7.69}$$

如果用每个气孔的体积乘以气孔浓度，气孔守恒方程就可以用孔隙率表示为

$$\frac{\partial P}{\partial t} = \frac{1}{r}\frac{\partial}{\partial r}(rv_p P) \tag{7.70}$$

初始条件和边界条件为

$$P(r,0) = P_0$$
$$P(\infty, t) = P_0 \tag{7.71}$$

式中，P_0 是新加工燃料的孔隙率。

在重构过程中任意时刻的温度分布可通过求解以下准稳态热传导方程得到

$$\frac{1}{r}\frac{d}{dr}\Big[rk(T,P)\frac{dT}{dr}\Big] + \Big(\frac{q}{\pi R^2}\Big)\Big(\frac{1-P}{1-P_0}\Big) = 0 \tag{7.72}$$

式中，q 是燃料棒在进行计算的轴向位置的线功率。式(7.72)的边界条件为

$$T(R) = T_s$$
$$\Big(\frac{dT}{dr}\Big)_{r_0} = 0 \tag{7.73}$$

式(7.70)和(7.72)清楚地表示了温度分布和孔隙分布之间的偶合关系；孔隙率出现式(7.72)的热导率和体积热源项中，也间接出现在温度梯度为零的 r_0 项中(最后一个边界条件)。温度分布决定了式(7.70)中的 v_p。

式(7.70)和(7.72)只有在 $r > r_0$ 的区域才正确，这里 r_0 是由于气孔迁移而形成的中心空洞的半径。令气孔迁移前单位长度燃料的固体体积相等即可确定 r_0(假定燃料没有轴向运动)。单位长度新鲜燃料的固体体积是 $(1-P_0)\pi R^2$。当中心空洞和非均匀孔隙率分布出现以后，单位长度燃料棒的固体燃料总体积为

$$\pi R^2 - \int_{r_0}^{R} 2P\pi r dr - \pi r_0^2$$

令气孔重布前后的固体体积相等，得

$$\frac{1}{2}r_0^2\Big(\frac{1-P_0}{P_0}\Big) = \int_{r_0}^{\infty} r\Big(1-\frac{P}{P_0}\Big)dr \tag{7.74}$$

式中已将积分上限近似地取为 ∞。解联立式(7.70)～(7.74)就得到在半径小于形成柱状晶粒的半径时燃料结构的变化情况。同时由方程(7.72)可得到由于重构引起的温度分布的

变化。

图 7.38 是对高功率燃料棒的计算结果。由图看出,在 1/4 小时这样短的时间内就发生了显著的重构;在 2 小时后中心空洞扩大到燃料半径的 10% 左右。在计算选取的时间内,最高燃料温度大约下降 150 K。如将图 7.38 延续到更长的时间,重构速率将显著减小;经过数天以后(对于图 7.39 所相应的线功率),看来就达到了稳定状态。可是,从理论上讲,方程组[(7.70) ~ (7.74)]永远达不到稳态。

图 7.39 比较了理论计算的和实验测得的气孔率分布。二者非常吻合,这表明上节导出的并应用于气孔守恒方程的气孔迁移速度公式是正确的。无论是实验结果还是理论结果都表明,不能把柱状晶粒区内的孔隙率看成常数。柱状晶区外边达到 0.7R(R 是燃料棒半径),在这区内孔隙率和加工燃料中的数值相差很多。图 7.39 指出,此区的最小气孔率为 3%,但在靠近中心空洞和柱状晶区的外边,孔隙率达到 8%,可是按照计算温度分布的三区模型,柱状晶区的孔隙率范围是 1% ~ 5%。

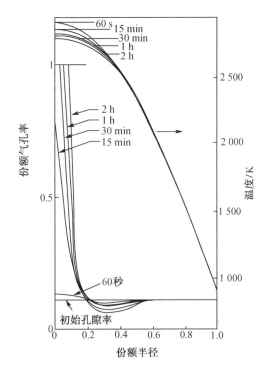

图 7.38　辐照开始后在不同的时间计算的温度和气孔率分布

(燃料半径为 0.5 cm,线功率为 600 W/cm)

7.3.3　柱状晶粒长大

上节提出了确定燃料重构动力学的严格方法,这种重构是由于初始气孔在燃料中的迁移而引起的。可是这种分析从数学上讲是烦琐的,且不能得出明确的柱状晶区边界。后面这一点是很重要的,因为肉眼检查辐照燃料(例如图 7.30)表明,柱状晶粒长大的范围可以很容易地确定。即实测的燃料显微组织的变化可以和一个确定的温度(例如柱状晶粒结构转变为等轴晶粒的温度)联系起来。虽然柱状晶粒的发展是由于气孔在燃料内迁移造成的,但利用上节描述的计算方法算出的气孔分布并不能得到一个特征温度或特征的致密化程度,因而也就不能明确的定出重构的范围。例如,在图 7.39 中的致密化开始于 0.65R 的地方,而柱状晶粒结构则在 0.53R 处观察到(R 为燃料棒半径)。

Nichols 提出了一个简单的方法,用来预计柱状晶粒区的外径及该点温度与辐照时间的关系。他认为,只有当透镜状气孔在辐照期间移动了一段最小距离 d 以后柱状晶结构才能看见。他把显著的气孔移动范围取为 $\frac{1}{3}R$($d \approx 1$ mm)。但以下将表明,只要 d 和 Nichols 提出的数值为同一个数量级,结果就是相近的,模型中 d 的大小并不重要。

这种看起来似乎很粗糙的概念竟然比较适用,其原因是在靠近柱状晶开始形成的地方气孔速度和温度随径向位置急剧变化。图 7.40 是根据式(7.56)画出的气孔速度分布图,式

(7.56)中的温度分布假定是简单的抛物线分布。在中心线上速度降为零,因为此处温度梯度趋于零。当半径大于 $0.6R$ 时由于温度低,气孔速度就变得非常小,因而燃料蒸气压变得非常小。当半径在 $0.2R$ 至 $0.6R$ 之间时,气孔速度随位置急剧变化,在几分之一毫米的范围内就可增大 10 倍之多。

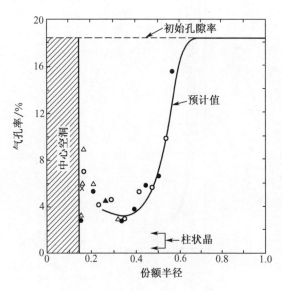

图 7.39　实验和理论预计的燃料
棒中的孔隙率分布

(燃料棒的线功率为 450 W/cm,燃耗为 0.7%。燃料棒是由振动密实的(U,Pu)O$_2$ 制成)(引自 W. J. Lackey. F. J. Homan and A. R. Olsen,*Nucl. Technol.* ,16:120,1972.)

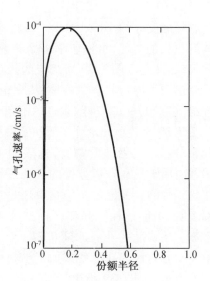

图 7.40　在辐照开始时在图 7.38
所描述的燃料棒内透镜状气孔的
迁移速度(尚未发生重构)

假定经过辐照时间 t 以后柱状晶区外半径在 $r = r_1$ 处,按照 Nichols 的概念,起初在 r_1 处的透镜状气孔在时间 t 内将移动到径向位置 $r_1 - d$。如果它移动的距离较短,柱状晶尚未形成,边界就将在小于 r_1 的某个径向位置。反之,如果起初在 r_1 处的气孔在时间 t 内运动的距离大于 d,那么就将存在另外一个大于 r_1 的径向位置,由此处开始,气孔在时间 t 内恰好运动了距离 d,因而这一点就是柱状晶粒的边界。如果在启动到时间 t 之间假定温度分布是已知的恒定分布,那么气孔速度就可看成是半径 r 的已知函数。辐照时间 t、柱状晶区外边界 r_1 和最小迁移距离 d 由下式给出:

$$t = - \int_{r_1}^{r_1-d} \frac{\mathrm{d}r}{v_p(r)} \tag{7.75}$$

这个方程前面出现负号是因为沿 $-r$ 方向的 v_p 算作是正的。

如果 $T(r)$ 给定,那么原则上就可由式(7.75)解出 r_1 与时间 t 及假定的距离 d 的关系。通过将式(7.75)中的积分变量由距离换成温度就很容易求解:

$$t = - \int_{T_1}^{T_1^d} \frac{\mathrm{d}T}{v_p(\mathrm{d}T/\mathrm{d}r)} \tag{7.76}$$

式中,T_1 是在 r_1 点的温度;T_1^d是在径向距离 $r_1 - d$ 处的温度。

令 v_p^+ 是透镜状气孔在参考条件($T = 2\,000$ K,$\mathrm{d}T/\mathrm{d}r = 1\,000$ K/cm)下的速度,它是对所讨论气孔中的燃料和气体由式(7.56)算出的。对于一个可以近似是体积固定,质量固定的系统的透镜状气孔,迁移速度按照 $T^{-5/2}\exp(-\Delta H_{vap}/kT)$ 的关系随温度变化。气孔速度正比于温度梯度,因此 v_p 可写成

$$v_p = -v_p^+ \left(\frac{T}{2\,000}\right)^{-5/2} \exp\left[-\left(\frac{-\Delta H_{vap}}{2\,000k}\right)\left(\frac{2\,000}{T} - 1\right)\right]\frac{\mathrm{d}T/\mathrm{d}r}{1\,000} \tag{7.77}$$

若定义一个无量纲温度

$$\theta = \frac{T}{2\,000} \tag{7.78}$$

半径份额

$$\xi = \frac{r}{R} \tag{7.79}$$

以及无量纲的蒸发热

$$C = \frac{\Delta H_{vap}}{2\,000k} \tag{7.80}$$

那么式(7.76)就变成

$$t = \left(\frac{R^2}{2v_p^+}\right)\int_{\theta_1}^{\theta_1^d} \frac{\theta^{5/2}\exp\left[C\left(\frac{1}{\theta} - 1\right)\right]}{(\mathrm{d}\theta/\mathrm{d}\xi)^2}\mathrm{d}\theta \tag{7.81}$$

现假定在辐照期间温度分布始终服从式(7.38)所示的简单抛物线分布:

$$\frac{\theta - \theta_s}{\theta_0 - \theta_s} = 1 - \xi^2 \tag{7.82}$$

式中,θ_0 和 θ_s 分别是中心线温度和表面温度除以2 000。没有考虑在辐照期间 θ_0 的下降,这种下降是重构的主要后果。利用式(7.82)消去式(7.81)分母中的梯度就得到

$$t = \frac{R^2 \mathrm{e}^{-c}}{8(\theta_0 - \theta_s)^2 v_p^+}\int_{\theta_1}^{\theta_1^d} \frac{\theta^{5/2}\exp(C/\theta)}{1 - [(\theta - \theta_s)/(\theta_0 - \theta_s)]}\mathrm{d}\theta \tag{7.83}$$

如果柱状晶边界位于气孔速度和温度随半径而迅速变化的位置,那么积分项和 θ 的函数关系主要取决于指数项。因此,被积函数中的 $\theta^{5/2}$ 项和分母都可移到积分号外,然后求 $\theta = \theta_1$ 的数值。这样一来,问题就简化为求以下积分:

$$\int_{\theta_1}^{\theta_1^d}\exp\left(\frac{C}{\theta}\right)\mathrm{d}\theta = C\int_{C/\theta_1^d}^{C/\theta_1}\left(\frac{\mathrm{e}^u}{u^2}\right)\mathrm{d}u$$

式中,被积函数 e^u/u^2 在 $u = 2$ 时取极小值;随着 u 的增大,e^u/u^2 也不断增大,直到无穷。由于 UO_2 的 C 值为34.2,而 θ_1 及 θ_1^d 均接近1,故两个积分限都在极小值右边很远。此处被积函数的变化主要是由于指数项。因此我们可以作进一步的近似:

$$C\int_{C/\theta_1^d}^{C/\theta_1}\left(\frac{\mathrm{e}^u}{u^2}\right)\mathrm{d}u \approx \left(\frac{\theta_1}{C}\right)^2\int_{C/\theta_1^d}^{C/\theta_1}\mathrm{e}^u\mathrm{d}u = \left(\frac{\theta_1}{C}\right)^2\left[\exp\left(\frac{C}{\theta_1}\right) - \exp\left(\frac{C}{\theta_1^d}\right)\right]$$

如果显著运动的距离 d 足够大,那么在柱状晶界附近,由于温度梯度非常陡,θ_1^d 就比 θ_1 大很多,以至在上面方程的括号内,第二个指数项相对于第一个指数项可以忽略不计。这样一来,参数 d 就从模型中完全消除了,式(7.83)则变成

$$t = \left(\frac{R^2\mathrm{e}^{-c}}{8v_p^+C}\right)\left(\frac{\theta_1^{9/2}}{(\theta_0 - \theta_s)\{1 - [(\theta - \theta_s)/(\theta_0 - \theta_s)]\}}\right)\exp\left(\frac{C}{\theta_1}\right) \tag{7.84}$$

当燃料、棒径和气孔中的气体都一定时,式(7.84)右边第一项是常数。例如,对于半径为0.3 cm、充有 1 atm 氙气的纯 UO_2 燃料棒,$C = 34.2$,$v_p^+ = 1.5$ Å/s(见前节示例计算)。式(7.84)

右边第一项等于 3×10^{-10} s。

由式(7.84)可解出 θ_1 和 t，θ_0 及 θ_s 的函数关系，不过主要项还是右边的指数项，因此在实际应用这个公式时，中间项中的 θ_1，θ_0 和 θ_s 可以选用一些方便的典型数值。为此，我们选取

$$\theta_0 = 1.25 (T_0 = 2\,500 \text{ K}), \theta_1 = 1.0 (T_0 = 2\,000 \text{ K}), \theta_s = 0.5 (T_0 = 1\,000 \text{ K})$$

在式(7.84)右边头两项代入合适的数值，解此方程，并将秒化为小时就得到

$$\theta_1 = \frac{34.2}{2.3 \lg t + 28} \tag{7.85}$$

或

$$\frac{1}{T_1} = 3.4 \times 10^{-5} \lg t + 4.2 \times 10^{-4} \tag{7.85'}$$

Christensen 发现，在柱状晶区外径处测得的温度与辐照时间的关系也符合式(7.85)，只是常数有所不同。按式(7.85)算出的 T_1 值比 Christensen 测得的数值大约高 200 K。

虽然作为一级近似，柱状晶温度和燃料中心线温度(亦即线功率)无关，但柱状晶边界的位置却和中心线温度有关。为了确定柱状晶边界的位置，可根据方程(7.85)和(7.82)(假定的抛物线温度分布方程)消去 θ_1。方程(7.82)在 $r = r_1$ 处可写成

$$\left(\frac{r_1}{R} \right)^2 = 1 - \frac{\theta_1 - 0.5}{\theta_0 - 0.5} \tag{7.86}$$

在式(7.86)中假定了表面温度为 1 000 K。根据 Nichols 的意见，T_s 的选取并非关键。

图 7.41 画出了在三个中心线温度下由式(7.85)和(7.86)预计的柱状晶区的外径和温度。在 1 小时到 1 年多的时间内柱状晶温度由大约 2 400 K 缓慢地下降到大约 1 800 K。在表7.9 中对三区燃料模型列举的类似温度就属于本计算的范围。

表 7.9　柱状晶粒和等轴晶粒区参数

实 验 室	柱状晶粒区		等轴晶粒区	
	$T_1/℃$	$(\rho_1/\rho_s)/\%$	$T_2/℃$	$(\rho_2/\rho_s)/\%$
Atomics International	1 800	98	1 600	95
General Electric	2 150	99	1 650	97
Kernforschungszentrum Karlsrule	1 700	95	1 300	加工状态
Westinghouse	2 000	99	1 600	97

随着辐照的进行，柱状晶区的外边界向外移动，但移动速度随时间而减小。当中心线温度为 3 000 K 时，在大约 100 h 后显微组织就基本上完全转变；而当中心线温度为 2 000 K 时，即使辐照一年以后仍可看到柱状晶界显著移动。应当注意，在这个分析中我们假定了从燃料棒表面到中心(棒轴)始终存在一个与时间无关的抛物线温度分布。如果考虑到在重构过程中温度分布的重新调整，那么柱状晶边界的移动速度就将比图 7.41 所示的速度慢，因为中间出现重构时计算出的燃料温度要比启动时得到的抛物线分布温度低。

Nichols 计算的柱状晶边界移向图 7.41 所示边界的右边；或者说，对于给定的辐照时间，r_1 小于曲线所示数值，T_1 大于曲线所示数值。这样，本节计算的柱状晶温度就介于 Nichols 的原始预计值和 Christensen 的实验观测值之间。可是在三种情形下，随辐照时间的变化是非常类似的。

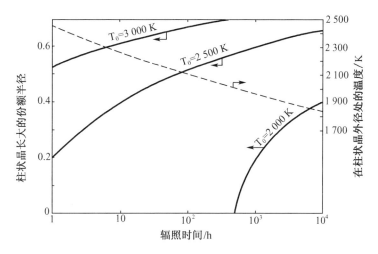

图 7.41　在纯 UO$_2$ 中柱状晶区外边界的位置
和温度与辐照时间的关系

7.3.4　等轴晶粒长大

　　尽管在燃料棒内在半径大于 0.7R 的地方温度梯度很大,但由于此处温度很低,在通常的辐照时间内闭气孔不可能发生热梯度迁移。可是,只要温度高于大约 1 900 K,新加工的燃料压块的晶粒就足以明显长大,几天之内就可以观察到它的长大。因此,份额半径从大约 0.7R~0.8R(这大体相应于温度从 2 100 K~1 900 K)的环形区就决定了等轴晶粒长大区。关于新加工燃料的组织何时变成了等轴晶粒的问题只能定性地加以回答。新制备的 UO$_2$ 燃料块的晶粒度通常是 5 μm,可分辨的等轴晶粒下限约为 25 μm,可是未重构区和等轴晶区的界线是比较分明的(见图 7.30),因为晶粒长大过程和温度密切相关,而且在两区边界附近温度是迅速变化的。

1. 晶粒长大动力学

　　在晶粒长大时,大晶粒自发地吞并小晶粒而长大。从微观上看,长大过程就是基体原子从弯曲晶界凸的一边运动到凹的一边(理想的平面晶界是没有运动趋势的,因为两个相反方向上原子以同样的速度从一边运动到另一边)。原子优先运动到晶界凹的一边的原因是,在这里它将被较多的邻近原子所包围;而当它是属于凸表面晶体的一部分时,周围的邻近原子就较少。因此,晶界就向位于晶界凸的一边的晶粒的曲率中心运动(晶界运动方向是和净原子流动方向相反的)。如图 7.42 所示,这种原子运动最终结果是导致凸表面较多的小晶粒收缩,凹表面较多的大晶粒长大。

　　从宏观的角度看,晶粒长大的驱动力是伴随着固体中所包含的晶界面积的减小而引起的固体能量的减小,单位晶界面积的能量等于晶界的界面张力。由界面张力作用在曲面上的力(如图 7.43 所示)为

$$\frac{力}{单位面积} = \frac{2\pi r\gamma_{gb}\sin\theta}{A} \approx \frac{2\pi r\gamma_{gb}\theta}{\pi r^2} = \frac{2\pi r\gamma_{gb}}{\pi r^2}\left(\frac{r}{R}\right) = \frac{2\gamma_{gb}}{R}$$

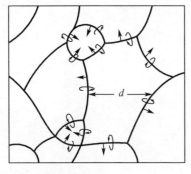

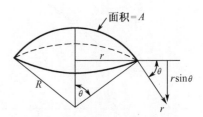

图 7.42 在晶粒长大时晶界的
运动(d=晶粒度)

图 7.43 作用在曲面上的力

一个弯曲晶界受到一个指向曲率中心的力的作用,力的大小等于 $2\gamma_{gb}/R_c$,这里 R_c 是局部的曲率半径。如果认为 R_c 正比于晶粒度 d,那么晶界运动的驱动力就是

$$F_{gb} \propto \frac{r_{gb}}{d} \tag{7.87}$$

由于存在着一个作用于弯曲晶界上的力,晶界就沿力的方向运动。晶界运动的速率正比于力 F_{gb},比例系数就是晶界迁移率。在完全致密、非常纯的材料中,迁移率是固体的固有性质,它也许反映了原子穿过晶界来回跳动的最大速率。在这种情形下,晶界速度(它等于晶粒长大速率)便由下式确定:

$$v_{gb} = \frac{d(d)}{dt} = M_{gb}F_{gb} \tag{7.88}$$

综合(7.87),(7.88)这两个方程,进行积分,并利用初始条件 $t=0$ 时 $d=d_0$(初始晶粒度),就得到

$$d^2 - d_0^2 = kt \tag{7.89}$$

式中,$k=2M_{gb}\gamma_{gb}$,称为晶粒长大常数。对于高纯材料,式(7.89)适用,且 k 正比于晶界的迁移率,而后者又取决于原子穿过晶界的速率。由于这种迁移要求原子从晶粒的点阵位置上移开,故迁移过程是热激活过程,且 k 和温度的关系符合 Arrhenius 函数 $k_0\exp(-Q/kT)$,式中 k_0 是常数,Q 是晶粒长大激活能。在纯材料中 Q 比蒸发热或者体积自扩散激活能都小得多。

可是,对大部分材料来说,晶粒长大动力学并不能用式(7.89)所示的理想定律来很好地描述。大部分数据只符合一些包含另外的可调常数的长大定律,例如

$$d^m - d_0^m = k_0 t\exp\left(-\frac{Q}{kT}\right) \tag{7.90}$$

式中,m 是大于 2 的常数,或

$$d^2 - d_0^2 = k_0 t^a \exp\left(-\frac{Q'}{kT}\right) \tag{7.91}$$

式中,a 是小于 1 的常数。例如,MacEwan 和 Hayashi 发现,UO_2 的晶粒长大可用式(7.90)描述(取 $m=2.5$,$Q=460$ kJ/mol),也可以同样准确地用方程(7.91)描述(取 $a=0.8$,$Q'=360$ kJ/mol)。

图 7.44(a)画出了当 $m=3$ 时 MacEwan 的数据。图中各直线也符合当 $m=2.5$ 时的方程

（7.90）或当 $a=0.8$ 时的方程（7.91）。这些直线的斜率给出了晶粒长大常数与温度的关系。图 7.44（b）按 Arrhenius 函数的形式画出了 k 和 $1/T$ 的关系，从图求得激活能为 520 kcal/mol。

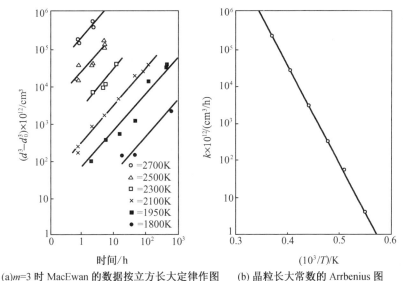

(a)$m=3$ 时 MacEwan 的数据按立方长大定律作图　　(b) 晶粒长大常数的 Arrbenius 图

图 7.44　UO$_2$ 压块中的晶粒长大

（引自 F. A. Nichols，J. Appl. Physi.，1966，37：4599）

通常将偏离理想晶粒长大定律的原因解释为在固体中存在着溶解的杂质或夹杂物，这些杂质或夹杂物阻碍了运动晶界的迁移。例如，运动晶界必须拉着那些牢固地吸附在晶界上的溶解杂质一道前进。这种溶质的拖拉效应的大小取决于杂质的浓度和它在基体中的体扩散系数。例如，在 UO$_2$ 中加入不到 1%（摩尔）的 CaO 就使在 2 100 K 的晶粒长大常数减小 1/2，而激活能则由 460 kJ/mol 增至 570 kJ/mol（基于 $m=2.5$）。

大的障碍物如固态沉淀相或充气空腔也能降低晶界长大速率，使之远低于在无缺陷固体中的长大速率。图

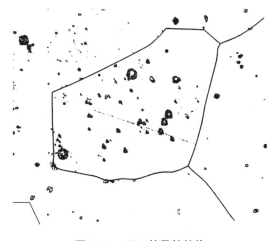

图 7.45　UO$_2$ 的晶粒结构

（其中已发生某些晶粒长大，中部晶粒大小是 50 μm）

（引自 J. R. MacEwen and J. Hayashi，Proc. Brit. Ceram. Soc. 7，1967；245）

7.45 指出了包含封闭气孔分布的 UO$_2$ 试样的晶粒长大，若干晶界被小气孔缀饰，在图中部水平晶界上的一串气孔看来是阻碍了的晶界运动，在通常情形下这个晶界是会向上运动的（这个方向就是这一特定晶界的曲率中心的方向）。

Nichols 提出了一个辐照期间在 UO$_2$ 压块内的残余封闭气孔控制晶粒长大速率的模型。该模型认为，在无气体的材料中晶界的固有迁移率非常大，晶粒长大速率完全取决于晶界是

否能很容易地拉着气孔一道运动。这样,晶界速度就不用方程(7.88)而用下述方程表示:

$$v_{gb} = M_p F_p \tag{7.92}$$

式中,M_p 是气孔在固体中的迁移率;F_p 是气孔所在的晶界作用在气孔上的力。

在6.7节导出了充气气泡由于表面扩散和体积扩散机理引起的迁移率(即扩散系数),可是对于新燃料中的大气孔来说,最可能的迁移机理是蒸气运输。根据能斯特－爱因斯坦方程,迁移率是单位力引起的速度。在7.3.1节,我们确定了透镜状气孔在受特定的力(即由于温度梯度引起的力)作用时的速度,将此速度除以由于蒸气在热梯度下输运而作用在气孔上的力,即得到迁移率。通过和方程(6.154)和(6.161)类比,可以求出由于蒸气在热梯度下输运而作用在单个基体分子上的力 f:

$$f = -\frac{\Delta H_{vap}}{T}\left(\frac{dT}{dx}\right)_p \tag{7.93}$$

作用于整个气孔(此处是半径为 R 的球形气孔)上的力由式(6.151)给出,将其与式(7.93)结合起来,就得到

$$F_p = \left(\frac{4\pi R^3/3}{\Omega}\right)\frac{\Delta H_{vap}}{T}\left(\frac{dT}{dx}\right)_p \tag{7.94}$$

用方程(7.94)除以方程(7.51),并用方程(7.54)表示 D_g,最后得到气孔迁移率为

$$M_p = \frac{3 \times 10^6 \Omega^2 D_g^*}{4\pi R^3 (kT)^2}\left(\frac{T}{2\,000}\right)^{3/2}\frac{1}{p}\exp\left(\frac{\Delta S_{vap}}{k}\right)\exp\left(-\frac{\Delta H_{vap}}{kT}\right) \tag{7.95}$$

虽然迁移率公式是在特定情形即气孔在热梯度下运动的情形下导出的,但它也适用于当作用于气孔上的力是任意力的情形,特别是当作用力是由气孔所在晶界的运动而引起的情形。

对于在热梯度下迁移的情形,方程(7.95)中的 p 假定是方程(7.55)给出。这是因为通过这种机理进行热梯度输运时气体内压和表面张力没有达到力的平衡。另一方面,在现在的应用中很可能建立了力学平衡。首先,在燃料等轴晶区内的气孔更接近于球形,而不是透镜状(见图7.45),这表明表面张力是重要的。其次,在等轴晶区内的气孔并没有扫出此区;它们或多或少地留在原地,并通过连续进行正常的烧结过程而收缩(烧结过程在燃料加工时就已开始)。这就是说,这些气孔要发射空位,直到初始压力不足的状态完全消失并且和固体达到了力学平衡为止。因此,方程(7.95)中的 p 要用 $2\gamma/R$ 代替,气孔迁移率则变成

$$M_p \propto \frac{\exp(-\Delta H_{vap}/kT)}{R^2} \tag{7.96}$$

式中省略了的项可视为常数,它们最终都包括在晶粒长大常数中。

晶界作用在气孔上的力由式(6.155)给出:

$$F_p = \pi R \lambda_{gb}\sin 2\phi \tag{7.97}$$

在6.8节应用此公式时,假定气泡拽着固定的晶界,引起晶界变形,因而产生非零的接触角 ϕ。在现在的情形下,驱动者和从动者正好倒过来,即气孔是不动的,它受运动晶界的拽引,而晶界则由于晶界界面张力而受到力的作用。当晶界试图拽引着气孔一道运动时,它就发生变形,因而在一个被吸附气孔的周围,晶界就变成图6.24所示的形状。如果晶界没有被方程(7.87)的 F_{gb} 力拽着运动,ϕ 角将等于零。由于当 $F_{gb} = 0$ 时 $\phi = 90°$,$F_{gb} > 0$ 时 $\phi < 90°$,故 Nichols 提出,作为一个非常粗略的近似,可以认为 $\sin 2\phi$ 正比于 F_{gb}。用一个正比于 F_{gb} 的量代替 $\sin 2\phi$,并用方程(7.87)表示 F_{gb} 就得到

$$F_p \propto \frac{R}{d} \qquad (7.98)$$

将方程(7.96)和(7.98)相乘,就得到在气孔的拽引起控制作用的情况下晶界运动的速度[由方程(7.92)]:

$$v_{gb} \propto \frac{\exp(-\Delta H_{vap}/kT)}{Rd} \qquad (7.99)$$

为了得到按这个模型的晶粒长大规律,必须找到平均气孔尺寸 R 和平均晶粒度 d 的关系。Nichols 选取了以下关系:

$$R \propto d \qquad (7.100)$$

其理由如下:

(1)当晶界随着晶粒长大而移动时,被拽着一道运动的气孔将和固体中与运动晶界相接触的气孔发生碰撞和聚合。按照 MacEwan 和 Hayashi 的意见,在晶粒度增加一倍的过程中基体中每一点平均来说被运动晶界扫过几次。随着晶粒长大的进行,气孔的聚合引起晶界上平均气孔尺寸增加。由于缺乏关于这个过程更详尽的理论,方程(7.100)就是符合上述定性分析的最简单公式。

(2)实验证明,UO_2 在烧结时密度最大,这可以解释如下:在达到最大密度之前,晶粒长大可以忽略,气孔不断收缩,直到它内部气压和表面张力相平衡为止。在达到最大密度时,晶粒开始长大,气孔随之聚合,从而引起平均气孔半径增加。这种情况和基体中的裂变气泡聚合而引起燃料棒肿胀的情况完全一样。

按照这个模型,晶粒长大定律可通过综合方程(7.99)和(7.100)得到

$$v_{gb} = \frac{d(d)}{dt} \propto \frac{\exp(-\Delta H_{vap}/kT)}{d^2}$$

按上式积分,就得到立方长大定律:

$$d^3 - d_0^3 = k_0 \exp\left(-\frac{\Delta H_{vap}}{kT}\right) t \qquad (7.101)$$

此模型预计了 d 的指数和激活能数值,但不能预计指数前的项 k_0。图 7.44(a)所示的数据至少是和式(7.101)所预计的晶粒度变化一致的。对 Nichols 理论的更强有力证据是实验测定的晶粒长大激活能(520 kJ/mol)和理论预计值($\Delta H_{vap} = 570$ kJ/mol)比较吻合。关于晶界拽动气孔的运动可以应用于运动晶界清扫气泡的理论。

Ainscough,Oldfield 和 Ware 提出了一个在 UO_2 中晶粒长大的解析表达式,它比刚才描述的 Nichols 模型带有更多的经验性。他们利用速率方程来分析晶粒长大,该速率方程是通过综合式(7.87)和(7.88)并附加一个用来说明延迟力的项而得到的(延迟力起源于运动晶界和气孔的交互作用):

$$\frac{d(d)}{dt} = \frac{k}{d} - k' \qquad (7.102)$$

式中,$k = 2\gamma_{gb} M_{gb}$,是晶粒长大常数;k' 是代表介质中气孔阻碍晶粒长大的效应。式(7.102)表明,当最大晶粒度达到 $d_m = k/k'$ 时晶粒就停止生长。考虑到这一点,长大定律可以写成

$$\frac{d(d)}{dt} = k\left(\frac{1}{d} - \frac{1}{d_m}\right) \qquad (7.103)$$

将此方程积分就得到

$$d_m^2 \ln\left(\frac{d_m - d_0}{d_m - d}\right) - d_m(d - d_0) = kt \tag{7.104}$$

Ainscough,Oldfield 和 Ware 将他们的堆外晶粒长大数据代入方程(7.104),得到以下常数:

$$k = 5.2 \times 10^7 \exp\left[-\frac{270}{R(T/10^3)}\right] \quad \frac{\mu m^2}{h} \tag{7.105}$$

$$d_m = 2\,200 \exp\left[-\frac{63}{R(T/10^3)}\right] \quad \mu m \tag{7.106}$$

人们认为,存在最大晶粒度的原因是当晶粒变得足够大时固体中的一排气孔能够完全制止晶界运动(亦即当 d 变大时,晶粒继续长大的驱动力减小)。按照 Nichols 模型是不存在极限晶粒度问题的。式(7.106)表明,d_m 随温度升高而增大。据信这是由于当温度升高时由空位发射引起的气孔收缩(烧结)速率增加造成的。随着气孔尺寸的减小,它阻止晶界迁移的本领也就变小了,因而 k'(或 d_m)增加。在2 000 K时按式(7.106)预计极限晶粒度约为 50 μm。

在辐照时原有的芯块气孔有助于延缓由于固态裂变产物沉淀和裂变气泡引起的晶粒长大。另一方面,通过消除气孔辐照也能加速晶粒长大。Ainscough,Oldfield 和 Ware 等人根据经验断定,净燃耗效应也可以通过修改方程(7.103)来描述。修改后的方程为

$$\frac{d(d)}{dt} = k\left(\frac{1}{d} - \frac{1 + 2\,000\Omega\dot{F}t}{d_m^0}\right) \tag{7.107}$$

式中,d_m^0 代表在没有辐照时的极限晶粒度[由方程(7.106)给出];$\dot{F}$ 是裂变密度;$\Omega = 41$ Å^3 是 UO_2 中每个铀原子的体积。晶粒长大常数 k 不受辐照的影响。

2. 等轴晶区的特征温度

在燃料细棒中未重构区和等轴晶区的边界所特有的温度可从理论上算出,计算的方法完全类似于在确定等轴晶区和柱状晶区的边界温度时所用的方法。为此我们认为,一个晶粒要能看得出是"等轴"的,它就必须长大到特定的直径 d_{crit}。在辐照时间 t 内达到此尺寸的温度就是等轴晶粒恰好可辨识的温度。在式(7.101)中令 $d = d_{crit}$,$T = T_2$,并从图 7.44(b)中选取晶粒长大常数 k_0 和激活能的实验值(以代替 ΔH_{vap}),得到

$$\theta_2 = \frac{T_2}{2\,000} = \frac{31}{2.31\lg t + 26} \tag{7.108}$$

此式和类似的 θ_1 公式[式(7.85)]在形式上是相同的,在绝对值上也是非常相近的。按照方程(7.108)预计,当辐照时间由 10 h 增加到10 000 h时,T_2 值由2 190 K变到 1 760 K。这些数值仅比可比较的柱状晶温度(图 7.41 中的虚线)低 100 K 左右。为了计算燃料中的温度分布,选择了约1 900 K来确定三区模型中等轴晶粒的外边界。方程(7.108)所依据的理论是和确定表 7.8 中的 T_2 值的实验观测相一致的。

7.4 氧 的 重 布

固体氧化物相平衡的气相中,组元的同一性和浓度的计算方法,实质上是纯热力学的。其中假设了固－气系统处在恒温下,而且系统中不允许有物料的损失。但是,同样的燃料在反应堆内部却经受着很大的温度梯度,而且很可能由于裂纹或陶瓷体内连通的孔隙,而使不同温度的区间发生耦合。经由气相的输运通道的引入就意味着,蒸气中的燃料组元能够较容

易地从一个区移向另一个区。换句话说,燃料的成分开始是均匀的,由于加上温度梯度的结果,就可能很容易变成非均匀混合的燃料。这个过程通常叫作特定燃料组元的重布。分析这类过程需要把热力学条件和输运机理的模型结合起来,输运机理确定重布的范围及其动力学。虽然已经提出了建立在固相迁移基础上的一些方法,但我们认为,燃料组元的输运主要还是通过连接不同温度区域的气相扩散而发生的。

既然固体上方的平衡蒸汽中存在着含氧和重金属两类原子的分子,所以氧和重金属两者都可以借助气相输运机理而发生迁移。现在研究氧的重布,重金属的迁移留待下一节处理。由于燃料的许多性质都和混合氧化物燃料中的氧 - 金属比(O/M)有关,所以了解氧重布的程度对全面估计燃料的运行性能十分重要。例如,燃料的热导明显取决于氧 - 金属比,因此氧的径向重布会改变温度分布;氧 - 金属比强烈地影响氧在燃料中的化学位,从而决定了包壳抗燃料腐蚀的能力。氧 - 金属比还影响氧化物燃料的蠕变特性,从而影响到燃料元件的力学性质;最后,氧 - 金属比还强烈地影响燃料内各种物质的扩散系数,所以氧重布间接地影响裂变气体气泡形成,从而导致肿胀,或导致释放。

从氧化学位的关系式就能看出氧迁移的驱动力,可写成

$$\ln p_{O_2} = \frac{\Delta \bar{G}_{O_2}}{RT} = \frac{\Delta \bar{H}_{O_2}}{RT} - \frac{\Delta \bar{S}_{O_2}}{R} \tag{7.109}$$

式中,p_{O_2}是氧分压;$\Delta \bar{G}_{O_2}$是氧在燃料中的化学位;$\Delta \bar{H}_{O_2}$是燃料中氧的偏摩尔熵;$\Delta \bar{S}_{O_2}$是燃料中氧的偏摩尔熵;R 是气体常数。因为 $\Delta \bar{H}_{O_2}$ 和 $\Delta \bar{S}_{O_2}$ 是燃料成分的函数,和温度无关(一级近似),所以方程(7.109)表明,只要有温度梯度,与成分均匀的燃料相平衡的氧分压就要发生变化,也就是说,温度梯度造成气相中存在氧分压梯度,因此氧会通过气相或者固态扩散沿温度梯度而移动。因为是负的,所以方程(7.109)说明,温度最高的燃料部分上方,氧压也最高。假如分子氧的扩散是输运这种元素的唯一途径,可以预料,经过一定时间之后,氧应该从燃料中央移向燃料块的周边,从而燃料表面的氧 - 金属比应高于燃料中央。实验已经证明,氧的重布确实会发生,但并不总是按照上述理论所预期的那样发生。

7.4.1　Markin - Rand - Roberts 模型

为了解释所观察到的氧重布方向和这种效应的大小,Markin,Rand 和 Roberts 提出了一种氧在气相中的输运机理。他们指出,即使是核纯级的 UO_2,也含有百万分之几的碳杂质,当这种燃料达到运行温度时,燃料中的杂质碳就可能以 CO_2 或者 CO 的形式挥发,然后和早已存在的、充满燃料元件中全部孔隙体积的惰性气体(填充气体氦或者裂变气体氙和氪)混合。考虑到燃料元件端部空腔储气室的体积,可以证明,$1 \times 10^{-6} \sim 10 \times 10^{-6}$ 的杂质含量就会产生 $0.1 \sim 1$ atm 的含碳气体。估计 CO_2,CO 和惰性气体的这种混合物有可能充满燃料块中的裂纹和内部连通的气孔及燃料上部的储气室。

氧或许就在这样一种气体混合物中以 CO_2 和 CO 互扩散的方式发生迁移。在超化学计量氧化物中,过程如下:CO_2 从冷区扩散到热区,并在那里将氧沉积在固体中,与此同时 CO_2 被转变成 CO,而后又扩散回到冷区;在冷区 CO 从燃料中摄取氧变为 CO_2,再扩散到热区。CO 和 CO_2 的这种循环运动并未使碳产生净的迁移,但输运了氧(一直达到稳态为止)。CO_2 - CO 机理对氧的输运提供了一个似乎合理的解释,其理由是 CO_2 和 CO 的压力通常比别的含氧物要高得多(至少在超化学计量氧化物中)。通过一个包括 O_2 在内的平衡反应而相互联

系的任何一对气体分子都能起到 CO_2 和 CO 的输运作用。例如 H_2O-H_2 混合物,就人们关心的输运氧的能力来说,相当于 CO_2-CO 混合物。但是,反应堆燃料元件的金属包壳在运行温度下很容易渗透氢,因此即使在开始时大量存在这种杂质,很快它就会消失于冷却剂中。

研究图 7.46 所示的系统,可以使 CO_2- CO 输运机理的结果定量化。燃料块内有一气孔或裂纹,其轴向和温度梯度相平行,孔中有上述的气体混合物,即 CO_2,CO 和包含在大量惰性气体中的少量 O_2。采用直角坐标(而不是燃料棒的柱坐标),以便能用最少的代数公式说明这种现象。研究氧重布的实验证明,整个温度梯度范围内的平均 O/M 和新鲜燃料的初始均匀值相同,这意味着氧并不从有温度梯度的燃料中消失。为了与这个观察结果相一致,假设图 7.46 中气孔两端不透氧(在燃料元件中,冷端朝着包壳,热端终止于中央空洞,所有特性的梯度都因为对称性而在该处变为零)。在这样的系统中,即使是处于稳态,沿气体 z 向也可能存在着 CO_2,CO 和

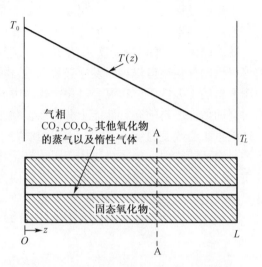

图 7.46　固态氧化物燃料棒受到温度梯度的影响
(燃料棒内有充气的小孔,两端($z=0$,$z=L$)封闭)

其他含氧气相物质的浓度梯度,但是既没有任何形态的碳的氧化物,也没有氧能穿透 $z=0$ 和 $z=L$ 处的阻挡物,则通过和轴垂直的任一平面(如图中的 A - A 平面)的碳和氧元素(不考虑它们的分子态)的净通量一定为零。因为活性物质被惰性气体稀释,所以分子态物质的通量可用菲克定律来描述,于是碳和氧的质量平衡表现为如下形式:

$$\text{碳} \qquad -D_{CO}\frac{\mathrm{d}p_{CO}}{\mathrm{d}z}-D_{CO_2}\frac{\mathrm{d}p_{CO_2}}{\mathrm{d}z}=0 \qquad\qquad (7.110)$$

$$\text{氧} \qquad -D_{CO}\frac{\mathrm{d}p_{CO}}{\mathrm{d}z}-2D_{CO_2}\frac{\mathrm{d}p_{CO_2}}{\mathrm{d}z}-\sum_i N_i D_i\frac{\mathrm{d}p_i}{\mathrm{d}z}=0 \qquad (7.111)$$

式中,D_i 为 i 种物质在惰性气体中的扩散系数;p_i 是 i 种物质在位置 z 处的分压;N_i 是这种气态氧化物的每个分子中的氧原子数。如果 CO_2 和 CO 扩散系数相等的假设是可取的话,式(7.110)和(7.111)积分就能得到

$$p_{CO}(z)+p_{CO_2}(z)=C_C \qquad\qquad (7.112)$$

$$p_{CO}(z)+2p_{CO_2}(z)+\sum_i N_i\frac{D_i}{D_{CO}}p_i(z)=C_O \qquad\qquad (7.113)$$

式中,C_C 和 C_O 是两个常数。因为这种模型假设 p_{CO} 和 p_{CO_2} 比别的气态氧化物的大得多,所以式(7.113)中最后一项可忽略不计,于是就有

$$p_{CO}(z)+2p_{CO_2}(z)=C_O \qquad\qquad (7.114)$$

式(7.112)和(7.114)的唯一解是 p_{CO},p_{CO_2} 均为常数,与 z 无关。因此,输运方面的研究结果只能得出这样的结论:不管是否存在温度梯度,CO_2/CO 的值在各处均为常数。但是,把这个限制和热力学条件联系起来,就足以完全确定 O/M 梯度。这两个热力学条件是:在沿温度梯度的每个点上,有

①局部氧压与燃料中相应部位的氧化学位相一致(气 - 固平衡)。

②气体化合物 CO_2，CO 和 O_2 之间的反应处于热力学平衡状态(气相平衡)。

条件①意味着 p_{O_2} 可用方程(7.109)表示，该方程中，T 是特定位置 z 处的温度，$\Delta \bar{H}_{O_2}$ 和 $\Delta \bar{S}_{O_2}$ 取决于该位置的 O/M(一般来说，这种固体中的含氧量与新鲜燃料不同)。

气相平衡(上述条件②)用气相反应方程表示为

$$CO(气) + \frac{1}{2}O_2 =\!=\!= CO_2(气) \tag{7.115}$$

很快达到平衡。设 K_C 为该反应的平衡常数，则气体中的氧分压可表示为

$$K_C = \frac{p_{CO_2}}{p_{CO}(p_{O_2})^{1/2}} \tag{7.116}$$

如果输入气体的 CO_2 与 CO 之比一定，则 p_{O_2} 可从方程(7.116)求出。平衡常数 K_C 为

$$K_C = \exp\left(-\frac{\Delta G_c^{\ominus}}{RT}\right) \tag{7.117}$$

式中，$\Delta G_c^{\ominus}$ 是反应(7.115)在标准状态下的自由能变化，可以表示为

$$\Delta G_c^{\ominus} = \Delta H_c^{\ominus} - \Delta S_c^{\ominus}(T/10^3) \tag{7.118}$$

综合平衡可应用(7.116)~(7.118)的式子表示，因此可以写成

$$\ln p_{O_2} = 2\frac{\Delta H_c^{\ominus}}{RT} - 2\frac{\Delta S_c^{\ominus}}{R} + 2\ln\left(\frac{p_{CO_2}}{p_{CO}}\right) \tag{7.119}$$

使方程(7.109)的右边和方程(7.119)相等，就得到

$$\frac{\Delta \bar{H}_{O_2}}{RT} - \frac{\Delta S_c^{\ominus}}{R} = 2\frac{\Delta H_c^{\ominus}}{RT} - 2\frac{\Delta S_c^{\ominus}}{R} + 2\ln\left(\frac{p_{CO_2}}{p_{CO}}\right) \tag{7.120}$$

式中，$\Delta \bar{H}_{O_2}$ 和 $\Delta \bar{S}_{O_2}$ 是 T，q [混合氧化物燃料中钚的正离子份额 $Pu/(U+Pu)$] 和 x(氧－金属比与 2 的差值)的已知函数，现在不考虑重金属的移动，因而 q 是常数；于是方程(7.120)左边的热化学参数就仅仅是 O/M 的函数。又因为温度 T 是 z 的已知函数，p_{CO_2}/p_{CO} 是个位置常数，从而可把方程(7.120)看成是以比值 p_{CO_2}/p_{CO} 为参数的给出 x(或 O/M)作为 z 的函数的关系式。解法如下：选一个 p_{CO_2}/p_{CO} 值，解方程(7.120)，求作为 z 的函数的 x，然后按下式求 x 的平均值：

$$\bar{x} = \frac{1}{L}\int_0^L x(z)\,dz \tag{7.121}$$

把 $2 \pm \bar{x}$ 和初始的 O/M 值(规定的)加以比较，两者一致时，则所猜测的 p_{CO_2}/p_{CO} 就是正确的，问题就解决了。所以 $x(z)$ 的轮廓体现了温度梯度引起的氧的重布。

论证氧在温度梯度影响下重布的实验已为许多研究者所报道，实验结果概括在表 7.10 中，Christensen 和 Jeffs 的测量是在堆外实验中维持轴向温度梯度的氧化物棒中完成(轴向几何条件)的。

表 7.10　氧的重布实验概要

研 究 者	材　　料	加温度梯度的几何条件	重布情况
Christensen	UO_{2+x}	径向	热区 O/M 最高
Fryxell 和 Aitken	UO_{2-x}	轴向	冷端 O/M 最高，在 U2.000 中不发生重布

表 7.10(续)

研 究 者	材 料	加温度梯度的几何条件	重布情况
Evans, Aitken 和 Craig	$(U,Pu)O_{2-x}$	轴向	冷端 O/M 最高
Jeffs	$(U,Pu)O_{2+x}$	径向	热区 O/M 最高,在 U2.000 中不发生重布
Adamson	UO_{2+x}	轴向	热端 O/M 最高
Adamson 和 Carney	$(U,Pu)O_{2+x}$	轴向	热端 O/M 最高

表 7.10 说明,超化学计量燃料加上温度梯度后,会使热端含氧量增加,同时冷端含氧量相应减少;而在欠化学计量燃料中,氧的重布则反向发生,使冷端浓集氧,热端失去氧。不管是在裂变造成径向温度分布的反应堆燃料元件上进行试验,还是在外热加强的轴向温度梯度的堆外试验,都具有这些共同的特征。混合氧化物实验结果与氧化铀相同。

图 7.47 将 $UO_{2\pm x}$ 的实验数据和 Markin – Rand – Roberts 模型预计值进行了比较。图 7.47(a)中每条计算曲线上所列的 CO_2/CO 是这样的数值,它产生的 O/M 分布的平均值与初始燃料的 O/M 值相等。在图 7.47(b)中,因为试验是在氢气中进行的,所以用 $H_2 + \frac{1}{2}O_2 \rightleftharpoons H_2O$ 的气相平衡来代替反应 $CO + \frac{1}{2}O_2 \rightleftharpoons CO_2$。在计算中,方程(7.120)中的热化学参数 $\Delta H_c^\ominus$ 和 $\Delta S_c^\ominus$ 已用 $H_2 – H_2O$ 平衡的类似值代替。图 7.47 说明,在超化学计量燃料中热端的氧浓度和欠化学计量燃料中冷端的氧浓度,两者的实验观察结果为输运模型精确的重复(注意,在图 7.47(b)中,纵坐标是 $2 – O/U$,横坐标是绝对温度的倒数,而不是径向距离;温度和径向位置的关系可以通过已知的温度分布而确定)。

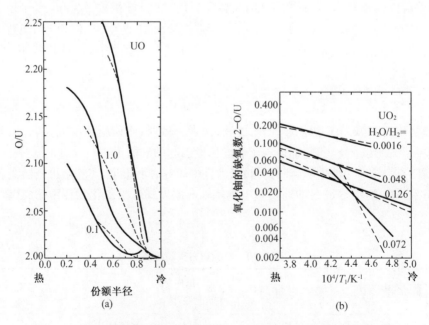

图 7.47　在加温度梯度的氧化铀中,O/U 分布的计算值与实验值的对比

图 7.48 将 Jeffs 的测量结果和 Markin – Rand – Roberts 模型预计值进行了比较。与 Markin – Rand – Roberts 模型的一致性看来是十分令人满意的。

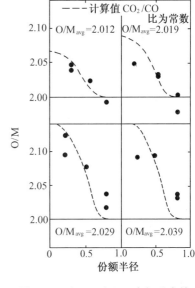

在上述氧化物燃料中,氧的重布模型是建立在这样的假设基础上的:氧的主要载体是 CO_2 和 CO 或 H_2O 和 H_2 的气体混合物。这个假设对超化学剂量氧化物是合理的,但用于欠化学计量氧化物就可能不行了。如果 CO_2 或 H_2O 的分压是小的,则由这种物质输运氧就需要很长时间,也就是说,很可能在气体中存在别的浓度较高的含氧物质支配着氧的重布过程。

因为燃料中存在游离碳时,碳的活度非常大,所以 CO_2 的最大分压可从下列反应的平衡得到:

$$C(固) + O_2(气) \Longrightarrow CO_2(气) \quad (7.122)$$

CO_2 的压力可表示为

$$p_{CO_2}^{max} = p_{O_2} \exp\left(-\frac{\Delta G_{CO_2}^{\ominus}}{RT}\right) \quad (7.123)$$

图 7.48 （U,Pu)O_{2+x} 中氧重布的试验值与 Rand – Markin 模型预期值的对比

式中,$\Delta G_{CO_2}^{\ominus}$ 的是 CO_2 的生成自由能,且有

$$\Delta G_{CO_2}^{\ominus} = -394 - 0.8(T/10^3) \quad (7.124)$$

因为 $\Delta \bar{G}_{O_2}^{\ominus} = RT \ln p_{O_2}$,所以式(7.123)等价于

$$p_{CO_2}^{max} = \exp\left(\frac{\Delta \bar{G}_{O_2}^{\ominus} - \Delta G_{CO_2}^{\ominus}}{RT}\right) \quad (7.125)$$

下面研究一下温度为 1 100 ℃ ,O/M = 1.96 的混合氧化物燃料。这种燃料的氧化学位是 −586 kJ/mol。在1 100 ℃时,CO_2 的生成自由能是 −395 kJ/mol。根据式(7.125),当存在游离碳时,该燃料上的最大 CO_2 压力约为 5×10^{-8} atm(若无游离碳,则 CO_2 的压力仍然很小)。尽管燃料的含碳量很大,以至于全部碳被氧化时所产生的 CO_2 的压力足以达到比 5×10^{-8} atm 大许多的量级,但是欠化学计量燃料的氧化学位很低,不可能使任何地方的碳都汽化。由于 CO_2 的压力被限制到如此低的值,虽然原则上讲,Markin – Rand – Roberts 机理仍然是可能的,然而因为气相扩散的驱动力——CO_2 的浓度——很低,所以迁移过程可能极慢。在欠化学计量氧化物中观察到的氧重布有时比在最大允许 CO_2 压力下所预期的结果要小很多,因此可得出结论,一定还有别的机理会造成氧沿温度梯度的运动。高温时(>2 000 ℃),重金属的气态氧化物就可能随着蒸馏出来的铀、钚一起把氧从热区输运到冷区。低温时,有的裂变产物氧化物(如 MoO_2 和 Cs_2O,或更可能是三元化合物 Cs_2MoO_4)可能挥发,当它们沿温度梯度往下迁移时,也足以输运大量的氧。

除了由于压力和 CO_2 不相上下的氧化物蒸气的存在,可能使 Markin – Rand – Roberts 模型失效外,Aitken 认为,氧在固体中的扩散可能快到足以减少 CO_2 – CO 气相输运机理在燃料中形成的氧的不均匀分布的程度。固态扩散的限制重布作用的分析表明,在把氧的重布范围缩小到远低于 Markin – Rand – Roberts 模型预计值方面,Aitken 输运模型可能很有效。

7.4.2 Aitken 模型

在选定欠化学计量混合氧化物中氧迁移的精确机理方面存在的困难,使 Aitken 及其同事

提出了一个氧重布的唯象描述。根据不可逆过程热力学理论,他们提出,$(U,Pu)O_{2-x}$中的化学计量参数 x 应随温度梯度中的温度按下式规律变化:

$$\ln x = \frac{Q^+}{RT} + 常数 \tag{7.126}$$

式中,Q^+ 是输运的特征热,其值取决于造成氧迁移的机制。参数 Q^+ 并不是一个只与 Soret 效应有关的真输运热,而是氧的固态扩散和所有含氧物蒸气迁移的综合结果,这些含氧物包含在充满燃料裂纹和隙缝的气体中。如果规定了一种机制(例如 Markin – Rand – Roberts 的 CO_2/CO 模型),则 Q^+ 的数值在理论上是可以确定的。在缺少可以接受的物理模型情况下(如在欠化学计量燃料情况下),可把方程(7.126)作为校核试验结果的一种方法,并把这样得到的 Q^+ 凭经验与燃料性能和运行条件联系起来。Aitken 等已经证明,在欠化学计量混合氧化物中,轴向温度梯度试验得到的氧分布可以用式(7.126)形式的方程很好地描述。因此,他们的结果使得有可能在燃料的平均化学计量 $\bar{x}$ 和输运热之间得到一个关系式。对 $0 < \bar{x} < 0.02$,他们发现,重布的测量结果可用常数 $Q^+ = -125$ kJ/mol 很好地拟合。对氧含量较低的燃料,有

$$Q^+ = -\frac{A}{x^2} \quad (0.02 < \bar{x} < 0.1) \tag{7.127}$$

式中,常数 A 在 $0.059 \sim 0.096$ kJ/mol 之间变化,取决于是否存在氧运动的阻碍物(如垂直于温度梯度的裂纹),后面的数值适用于对输运有最小阻抗的燃料,是一种(相当于较小 A 值时)范围较大的重布。借助于轴向温度梯度实验中测定的 Q^+ 值,可计算反应堆燃料细棒中 O/M 的径向分布曲线,典型结果示于图 7.49。图中曲线说明,重布的方向和 Markin – Rand – Roberts 模型对欠化学计量燃料的预测相同,即中央热区贫氧,在冷的燃料表面积聚氧。在燃料表面(相对半径为 1),燃料非常接近严格的化学计量。例如,在图 7.46 顶上的曲线中,表面的 O/M 是 1.999 999。

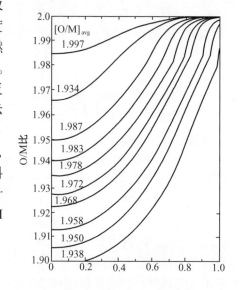

图 7.49　利用实验得到的输运热计算辐照时燃料的化学计量分布

(辐照条件为线功率 500 W/cm,燃料壁面温度 700 ℃,无人为的阻挡层)

7.4.3　Bober Schumacher 模型

Bober 和 Schumacher 观察到,在完全致密的欠化学计量混合氧化物燃料中,也发生氧的重布。当沿温度梯度没有气体通道时,通过 CO_2/CO 蒸气相或任何别的氧化物蒸气的输运发生重布是不可能的。于是他们断定,在固体中热扩散是形成以柱状晶组织为其特征的燃料热塑性区中氧不均匀分布的原因。在他们的模型中,假设扩散的组元是氧空位。在 $(U,Pu)O_{2-x}$ 中,氧空位占正离子点阵节点的份额是 $x/2$。热扩散起着把氧空位驱向燃料热区的作用,但固体中的普通扩散限制了离析范围。因为氧空位在高温下的扩散系数相当大,所以能达到稳态。热扩散和普通扩散的通量为

$$\boldsymbol{J} = -D\nabla C - D\frac{Q^+ C}{kT^2}\nabla T \tag{7.128}$$

其动态平衡可以通过规定方程(7.128)中通量等于零来表示,于是在柱状晶区中可得到

$$\frac{1}{x}\frac{\nabla x}{\nabla T} = -\frac{Q^+}{RT^2} \tag{7.129}$$

式中,Q^+ 是氧空位在燃料中的输运热。Bober 和 Schumacher 发现,对欠化学计量混合氧化物,有

$$Q^+ = -125 \pm 62 \text{ kJ/mol}$$

这和 Aitken 等对略低化学计量燃料所得到的结果符合得很好。

因为输运热是负的,所以式(7.129)表明,缺氧额 x 在高温端最大,即氧沿温度梯度往下迁移。可以认为,在柱状晶区之外的燃料中的裂纹是大量的,足以使氧由 Markin - Rand - Roberts 气相输运机理引起氧的重布,于是对欠化学计量氧化物,这一机理在和热扩散相同的方向上起作用。为得到燃料棒中全部的氧的重布,就可以下载柱状晶边界处把这两个模型结合起来。在高度欠化学计量燃料中,为计及冷区的固态扩散效应,这个模型必须加以修正。与图 7.49 所示相类似的曲线就是用 Bober 和 Schumacher 两区模型计算的。

本节中讨论的氧重布的各种模型都假定:在迁移过程中,燃料中的平均含氧量保持一定。虽然在辐照期间的早期,这个假设可能是正确的,但因为某些裂变产物会加速包壳腐蚀,因而包壳可能变成氧的尾间,在这种情况下,式(7.121)中的 $\bar{x}$ 就随辐照时间下降了。

7.5　锕系元素的重布

锕系元素的重布是在承受径向温度梯度的混合氧化物燃料棒中,重金属铀和钚的离析。因为实际上移动的物质可能是铀、钚,或兼而有之,所以习惯上用锕系元素这个词来描述这种迁移过程。图 7.50 表示了预期在液态金属快中子堆(LMFBR)中典型辐照条件下所发生的重布现象的程度。燃料中重金属的初始含量为 20% 钚,均匀分布。重布过程中心空洞边缘处钚含量增加到约 30%,同时燃料外表面含钚量相应减少。因为在重布过程中钚或铀并不损失,所以整个横截面上的平均含量仍然是 20%。

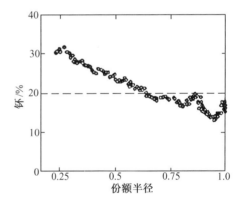

图 7.50　在初始含钚 20％,均匀分布的燃料元件中钚的重布

(该元件在线功率 660 W/cm 下辐照到燃耗 5%)

根据裂变热和热导的论述,在线功率不变的条件下燃料棒中央附近的可裂变物质浓度可使中心空洞周围的温度提高。这是因为和燃料组分均匀分布的燃料棒相比,这时的热源离热库更远些。Sha,Huebotter 和 Lo 估计,在这种情况下,锕系元素重布所造成的热运行性能的额外负担约为 130 W/cm,也就是说,要保持中心空洞内的温度在熔点之下,线功率必须降低约 130 W/cm。许用线功率降低 130 W/cm,就意味着燃料的热运行性能降低 25% 左右。

造成锕系元素重布的机理主要有以下两个:

(1)钚的热扩散(Soret 效应);

(2)气态铀核素(主要是 UO_3)的蒸气,通过裂纹或移动着的空洞中的气相通道从热边迁移到冷边。

如果运行过程中部分燃料已经熔化,则类似于区域熔炼的另一种过程可能会引起重布。

7.5.1　锕系元素的热扩散

根据不可逆过程热力学,在氧化钚和氧化铀的混合物上加上温度梯度,就可以产生 Pu,U 和 O 的原子物质通量。对这个过程进行分析之后假定,燃料中只有组元钚起作用,如式 (7.128)所示,取其通量为

$$J_{Pu} = -D_{Pu}\left(\frac{\partial C_{Pu}}{\partial r} + \frac{Q^* C_{Pu}}{RT^2}\frac{\partial T}{\partial r}\right) \tag{7.130}$$

这个方程仅在钚的浓度很低的时候才成立。要是钚的原子百分含量趋于 1,则铀的原子百分含量必须加以考虑,这一项会在此式最后一项的分子中出现。将这种方法用于燃料元件时,通常可略去这一项。

在式(7.130)中,J_{Pu}是固体混合物中的钚离子通量,C_{Pu}是钚在 t 时刻 r 处的浓度,T 是指定位置的燃料温度,R 为玻尔兹曼常数,D_{Pu}是钚在固体燃料中的扩散系数,具有随温度的指数变化的特征,可以表示为普遍形式:

$$D_{Pu} = D_0 e^{-E/RT} \tag{7.131}$$

据报道,指数前面的因子 D_0 和激活能 E 为

$$D_0 = 0.046 \text{ cm}^2/\text{s}, \quad E = 418 \text{ kJ/mol}$$
$$D_0 = 0.34 \text{ cm}^2/\text{s}, \quad E = 464 \text{ kJ/mol}$$

式(7.130)中的 Q^* 为钚在固体燃料中的输运热,这个量既不能用理论的方法预测(甚至连正负号都不能预测),也不能在单靠加温度梯度的试验中用实验方法测定,因此只能把在辐照后的燃料棒或堆外温度梯度试验中所测得的重布结果和理论来拟合求得 Q^*。用这种方法已测得其值为 -35 kJ/mol,-146 kJ/mol 和 -240 kJ/mol。尽管不同研究工作者测得的 Q^* 值偏差很大,但都是负值,这一点是一致的,即钚沿温度梯度向上迁移,因此在燃料的热区浓集。

另一方面,Soret 效应也可用热扩散因子 α 来描述,α 和输运热的关系是

$$\alpha = -Q^*/kT \tag{7.132}$$

由于缺乏精确的试验资料,究竟是把 α 还是 Q^* 看成常数并不重要[据式(7.152),α 和 Q^* 两者都和温度有关]。在约2 400 ℃温度下,-240 kJ/mol 的 Q^* 相当于 $\alpha = 11$。

燃料棒在反应堆中的寿期内,热扩散过程可能还未达到稳态[相当于式(7.130)中的 $J_{Pu} = 0$]。而钚浓度分布曲线的演变受式(7.130)和表示钚守恒的数学式子的综合控制,描述钚守恒的数学式可表示为

$$\frac{\partial C_{Pu}}{\partial t} = -\frac{1}{r}\frac{\partial}{\partial r}(rJ_{Pu}) \tag{7.133}$$

将式(7.130)代入式(7.133),就可得到一个二阶偏微分方程,它是为找出钚的浓度分布所必须求解的方程。设温度梯度 $T(r)$ 已知,其解满足的初始条件是

$$C_{Pu}(r,0) = C_{Pu0} \tag{7.134}$$

式中,C_{Pu0}是加工后燃料中的钚浓度。还需要两个边界条件。由对称性条件(与温度分布所用的相同),可得

$$J_{Pu} = 0 \quad (当 r = r_0 时)$$

式中,r_0 是中心空洞半径。因为在 $r = r_0$ 处温度梯度为零,所以式(7.130)表明,在 $r = r_0$ 处零通量就相当于

$$\left(\frac{\partial C_{\mathrm{Pu}}}{\partial r}\right)_{r_0} = 0 \tag{7.135}$$

因为在燃料－包壳界面上钚不损耗,所以第二个边界条件是

$$J_{\mathrm{Pu}} = 0 \quad (r = R \text{ 处})$$

式中的 R 是燃料棒半径,如果试图用在中央空洞处加边界条件的同样方法[即规定方程 (7.130) 括号中的量等于零]来满足这个条件的话就会发现,为补偿在 $r = R$ 处不等于零的温度梯度,钚的浓度梯度就要大。但是,因为在低的壁面温度下,D_{Pu} 极小(如果中心温度和壁面温度分别是 2 700 K 和 1 000 K,前种情况钚的扩散系数是后种的 10^4 倍),通量趋于零的条件几乎完全能满足。因而不论壁面上钚的浓度梯度多大,燃料壁面的钚通量实质上是零。注意到下列情况,就可以得到方程(7.133)的边界条件:因为扩散系数如此之低,在暴露于温度梯度的整个时间范围内,$r = R$ 处的钚浓度一点也不改变。在钚扩散到燃料块外围之前就被冻结了,所以 R 可以用 ∞ 来近似,于是边界条件变为

$$C_{\mathrm{Pu}}(\infty, t) = C_{\mathrm{Pu}0} \tag{7.136}$$

在满足式(7.134),(7.135)和(7.136)条件下,式(7.130)和(7.133)可用数值法求解。

应当指出,刚才论及的偏微分方程和边界条件仅限于柱对称情况。在热扩散过程堆外试验特定的一维轴向几何体中,方程(7.133)右端必须用散度的笛卡尔坐标形式表示,热端的边界条件也再由方程(7.135)表示(虽然零通量的论点仍然适用),在这两种情况下计算得到的浓度分布是迥然不同的。

图 7.51(a)表示 Beisswenger,Bober 和 Schumacher 对混合物氧化物燃料在堆外轴向温度梯度试验所获得的试验结果。穿过数据点的实线是计算曲线,在这条曲线上,输运热能被调整到使理论和实验符合得最好。用这样得到的 Q^* 值(-240 kJ/mol)来作反应堆燃料棒几何体的曲线图 7.51(b)。应当指出,最高温度从 2 300 ℃ 升高到 2 600 ℃ 会大大加速这个过程,然而在这两个温度下运行 10^4 h 以后还没有达到稳态。图 7.51(b)的计算曲线和图 7.50 所示的在辐照后燃料棒中测得的钚分布曲线有点相像。但必须指出,对钚守恒的任何过程,在理论曲线和代表初始均匀浓度分布的水平线之间,其区域的半径－权重面积之和必须等于零,这是质量守恒的结果,与重布的机理无关。

以上所述的这类热扩散还远未获得人们的一致赞同。事实上,这种扩散只不过是造成锕系元素重布的主要过程。这个模型之所以有吸引力,是因为不可逆过程热力学为这个过程提供了轮廓相当分明的数学描述;另一个原因是在有温度梯度的情况下,完全预

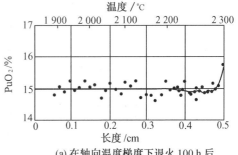

(a) 在轴向温度梯度下退火 100 h 后

(b) 具有抛物线温度分布(未考虑重构)
的 LMEBR 燃料棒的计算值

图 7.51　混合氧化物燃料中温度梯度引起的钚重布

测钚浓度分布的时间特性,只需要一个常数 Q^* 就可以了。

7.5.2 蒸气输运

在燃料温度超过 2 000 ℃ 的情况下,重金属氧化物分压可高到足以维持相当大的铀和钚的物质流通过固体燃料内的裂纹或者空洞中所包容的气体相。因为平衡蒸气中的 Pu/U 通常与固体燃料相差很大,所以钚和铀的蒸气输运速度比与固体中这些物质的迁移速度比不同,从而会发生重金属沿温度梯度的离析。图 7.48 说明,在化学计量或超化学计量混合氧化物中,主要蒸气物质是 UO_3,它在气相中的浓度比 PuO_2 的大 2 ~ 4 个数量级。所以在有温度梯度的情况下,UO_3 会从这类燃料的热区优先挥发,在较冷区凝集,结果使钚浓缩在固体燃料的热区中。

相反,在高度欠化学计量燃料中,图 7.48 说明,PuO 是主要的气态重金属氧化物,在这种燃料中外加温度梯度就可使钚通过气相向温度下降的方向扩散,而使燃料棒的中心热区缺钚。O/M 为 1.96 时,气相中的 Pu/U 大体上等于固体燃料中的比值(发生这种情况时,我们就说气化是等成分的)。即使钚系氧化物的蒸气压可能大到产生相当大的蒸气输运,但如果气相和固相两者的 Pu/U 相同,则仍然不发生重金属离析。

蒸气输运引起钚系元素重布的这些一般特征首先是由 Rand 和 Markin 概括的。在相当于等成分气化的燃料比值 O/M 下,重布方向发生变化的这个关键性预测已为在辐照过的燃料棒中钚的径向分布的测量结果所确认。为了用热扩散机理解释 O/M ≈ 1.96 时钚迁移方向的改变,可以假设 O/M > 1.96 时,输运热 Q^* 为负值,O/M < 1.96 时,为正值。

由于钚系元素阳离子固体扩散系数与温度有关(热扩散分析中引入了扩散系数),由于钚系元素氧化物蒸气压随温度而变化(蒸气压在蒸气 – 输运模型中具有重要意义),所以这两个机理中,哪个机理引起的钚系元素重布都仅限于温度超过 2 000 ℃。这个温度大体上相当于燃料棒中柱状晶区外边界的温度。柱状晶区中燃料是塑性的,一般认为在运行条件下是没有裂纹的,但是由于反应堆功率变化、停堆或者启动的结果,冷裂纹却会张开,因而沿着这些裂纹能发生钚系元素蒸气输运,直到裂纹愈合为止。燃料元件中各个燃料块间的间隙也为钚类元素蒸气输运提供充满气体的通道,直到这些燃料块烧结在一起为止。在柱状晶区中,另一种形式的缝隙是晶界上互相连通的气孔形成的网络(见图 7.26)。

在反应堆燃料元件中,普遍发现的其他充气空间是物料在加工前的烧结过程中未能消除的气孔。这些气孔的长度方向与温度梯度垂直,温度梯度方向上的孔宽度约为 10 μm。作为比较,前面所讲的裂纹、缝隙、互相连通的孔隙都可使气体通道沿温度梯度不断延伸到柱状晶半径相当大的份额。

Mayer,Butter 和 O'Boyle 提出了一种一维的气相扩散计算法,力图使之适用于径向裂纹或正在迁移的气孔。但是,在这两种几何形状中蒸气输运机理似乎很不一样,一个单一的计算模型是不适用于两种几何形状的。

在图 7.45 所示的裂纹中,钚类元素氧化物的蒸气输运要解决该种氧化物的二维气相扩散方程,这是因为沿温度梯度存在着金属 – 氧化物的压力梯度,同时也是由于在温度梯度的反向上,铀和钚向裂纹面扩散和背离裂纹面扩散的需要。钚类元素重布的时间相关性取决于裂纹的大小和数量。

和径向裂纹的蒸气输运过程相比,与铀和钚未混合的正在迁移着的气孔的功能是比较容易分析的。一开始把温度梯度加在起初是均匀的燃料块中的气孔上时,两种锕类元素中更易挥发的元素优先从气孔的热端气化,并在气孔的冷端凝聚,结果就使不易挥发的元素浓度在冷端降低,在热端升高。在这个开始启动的过渡过程之后,随着气孔向温度梯度上方移动,出现很小的附加离析,于是在气孔原来位置的冷端就留下不易挥发的氧化物含量的初始峰,而过量的、易挥发的组元则被推到了运动着的气孔前面。图 7.52 显示一个正在移动的气孔前后钚的浓度分布情况(该图指的是超化学计量燃料。在这种燃料中,

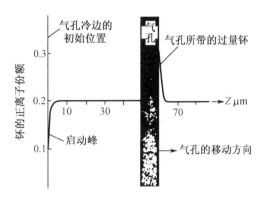

图 7.52　在移动着的气孔附近的钚浓度分布
[引自 D. R. Olander, *J. Nucl. Mater.*, 49:35(1973/74)]

铀是两种重金属中更易挥发的组元)。达到气孔移动着的前峰面的钚的分布是

$$q - q_0 = \Delta q \exp\left(-\frac{v_p}{D_{Pu}}z\right) \tag{7.137}$$

式中,D_{Pu} 是钚在固体氧化物中的扩散系数;z 是固体内到气体前峰面的距离;q_0 为固体中气孔前头的 Pu/(U + Pu)值。Δq 是前峰面上钚的加浓度,这个加浓度由下述要求确定:穿过气孔的钚通量与总的重金属通量之比要等于 q_0。气孔的迁移速度以 v_p 表示(对燃料中气孔迁移的讨论见 7.3.1 由蒸气输运机理引起的气孔迁移)。

每个迁移着的气孔都从该孔的前峰面向外载带等于方程(7.137)积分的过量钚。气孔迁移造成的重布由两部分组成:整个柱状晶区都相当均匀的贫钚区,和接近中央孔洞的一个高加浓区。在中央空洞处,气孔将其载带的过量钚析出。因为初始孔隙在燃料中是随机分布的,所以每个孔在原来位置的负峰(见图 7.52)也是均匀分布的。

气孔迁移所造成的锕类元素重布范围取决于比值 D_{Pu}/v_p,此值相当小(典型值约 1 μm),每个孔峰面的浓度分布曲线仅在固体燃料中延伸几个微米,因此每孔输运的过量钚的量是很小的。如假设全部空隙都以闭合孔存在的话,则锕类元素重布的范围还与燃料的初始孔隙率呈正比。若同样的初始孔隙以裂纹形式沿温度梯度分布,则锕类元素的重布会比正在迁移的气孔所发生的重金属输运进行得更快。但是,透镜状的气孔可能是在高温柱状区燃料中对锕类元素重布适用的唯一的一种气腔。

所有气孔一到达中心空洞,气孔迁移造成的重布过程就终止了。对高功率运行的燃料棒,这种重构过程仅需 100 h 左右就可完成。此后,或通过短暂裂纹中的蒸气输运(这种裂纹偶尔因功率循环而开放),或通过较为缓慢的热扩散过程——这种过程无需气相通道就能完成铀和钚的分离,一定会发生重金属的迁移。

7.6　裂变产物迁移

在燃料中很陡的温度梯度下,一些裂变产物能够离开它们的裂变地点而迁移。在裂变产物的燃料区中,裂变产物量的得失,能大大改变氧在燃料中的化学位分布,并由固体裂变产物导致燃料肿胀。裂变产物的物理、化学性质所处范围很宽,因此各有特定的迁移程度和机理。有些裂变产物转移的机理与氧和锕系元素重布的机理类似,即蒸汽迁移和热扩散。某个特定

裂变产物的迁移率可能决定于裂变衰变链中母体的性质和该裂变产物本身的性质,因此铯的迁移无疑受到铯母体(气体氙同位素)的影响,而有些氙的同位素的半衰期还相当长。另一方面,钼的母体是锆和铌的同位素,它们在氧化物燃料中则特别不易移动。

形成可溶性氧化物溶解于燃料基体中的裂变产物如表 7.11 所示,其中头两组的裂变产物,在温度梯度下几乎不移动。在堆外温度梯度试验中,观察到 $CeO_2 - UO_2$ 混合物中铯发生适中的重布,被认为是由热扩散造成的。表 7.12 中最后三组裂变产物,很可能存在于气相或燃料中。它们从裂变形成原子后,就迅速地聚集成气泡,沿温度梯度向中间空洞迁移,或者扩散到晶粒间界、缝纹或基体中相互连通的孔隙中,由此泄漏到燃料元件的气体空间。气相中的快速扩散使得挥发性元素能均匀地分布于燃料元件中所有的开放空间。除了铯、裂变气体氙和氪以外,几乎就没什么关于其他挥发性裂变产物迁移的实验资料,因为它们的产额很低,检测困难。

表 7.11　在接近化学计量的混合氧化物燃料中裂变产物可能具有的物理、化学状态

化 学 组	物 理 状 态	可能的价态
Zr 和 Nb[①]	燃料基体中的氧化物;一些锆处于碱土氧化物相中	4 +
Y 和稀土[②]	燃料基体中的氧化物	3 +
Ba 和 Sr	碱土氧化物相	2 +
Mo	燃料基体中的氧化物,或金属性夹杂中的单质	4 + 或 0
Ru,Tc,Rh 和 Pd	金属性夹杂中的单质	0
Cs 和 Rb	单质蒸气或燃料冷区中的独立氧化物相	1 + 或 0
I 和 Te	单质蒸气;碘可和铯化合成 CsI	0 或 1 -
Xe 和 Kr	单质气体	0

①虽然铌的最普通的氧化物是 Nb_2O_5,但假定二氧化铌 NbO_2 在燃料中也是稳定的。因为铌的单体产额仅为 4%,所以铌的价态选择并不严格。

②铈有 4 + 态,在高氧位燃料中可稳定为 CeO_2,在碱土氧化物相中也已找到这种元素。

表 7.12　在快中子谱内单质裂变产物的产额

化 学 组	单 体 产 额		
	^{235}U[①]	^{239}Pu[①]	15% ^{239}Pu[②] ,85% ^{235}U[②]
Zr + Nb	0.298	0.204	0.219
Y + 稀土[③]	0.534	0.471	0.493
Ba + Sr	0.149	0.096	0.109
Mo	0.240	0.203	0.206
Ru + Tc + Rh + Pd	0.263	0.516	0.456
Cs + Rb	0.226	0.189	0.209
I + Te	0.012	0.070	
Xe + Kr	0.251	0.248	

①列入了单体产额 >1% 的所有元素。表中所列的化学组,计及约 2% 的裂变产物以外的所有元素。

②J. H. Davies F. T. Ewart,J. Nucl. Mater. ,41(1971)143;

③镧、铈、铺、钕、钷、钐、铕和钆。

在挥发性裂变产物中,铯是挥发性最小、化学活性最强的一种元素。在 690 ℃下,铯的蒸气压是一个大气压。由于铯的产额高,所以可以产生相当大的压力(约 1 atm),其蒸汽会凝聚在燃料元件的冷区。Caldwell, Miles 和 Ross 在底部端塞和燃料柱上部的储气室中找到了铯,这就证实,冷凝可导致明显的物质迁移。铯元素的迁移过程是简单的蒸馏过程。在热燃料中产生的铯,通过气相扩散和(或)对流被转移到表面。因为表面温度低,可冷到足以使铯的蒸气压降到低于通常的分压,因而铯就凝聚在冷的表面上。

在燃料和包壳间的界面处,温度相当低(约 700 ℃),而接近化学计量的燃料的氧化学位又很高,因此铯能与氧发生反应生成氧化物,其反应式是

$$2Cs(气) + \frac{1}{2}O_2(气) \Longrightarrow Cs_2O(固) \tag{7.138}$$

氧化铯比铯元素的挥发性要小得多,在这种情况下很可能以固态形式存在。

除了 Cs_2O 以外,有人提出,在靠近燃料表面处,还有其他不挥发的铯的化合物生成。铯可能与氧化物燃料作用生成铀酸铯,反应式是

$$2Cs(气) + O_2(气) + UO_2(固) \Longrightarrow Cs_2UO_4(固) \tag{7.139}$$

钠也能与燃料产生类似的反应,形成铀酸钠。这种反应,在评价 LMFBR 的冷却剂进入带缺陷燃料细棒所造成的后果时具有重要意义。

铯也可以与其他裂变产物起作用,与钼反应,有人提出过如下反应式:

$$2Cs(气) + O_2(气) + MoO_2(溶于燃料基体中) \Longrightarrow Cs_2MoO_4(液) \tag{7.140}$$

最后,铯还能与裂变产物碘起如下的反应:

$$Cs(气) + \frac{1}{2}I_2(气) \Longrightarrow CsI(固) \tag{7.141}$$

CsI 的生成自由能具有很大的负值,因此这个反应差不多可进行到完成。因为裂变产生铯的单体产额大约是碘的 6 倍,所以实际上全部碘都应从气相中排除了。

既然铯可成为一种非挥发性的富氧化合物,因此由于如下几方面的原因,铯的迁移率减小具有重要意义:

(1)在燃料表面为铯提供尾闾,就能建立起铯的径向浓度梯度。这种梯度可使裂变产生的铯,从燃料的热的中央到较冷的燃料 - 包壳表面产生蒸馏。

(2)如果这化合物含氧,那么通过减小氧化学位的途径就可改变氧平衡(因为 Cs^+ 与裂变释放的一些氧化合)。而在燃耗对燃料中氧化学位的影响中假设铯以单质形式存在的。

(3)如果铯能通过生成铀酸物或钼酸物,从气相中被有效地排除掉,那么就不会有足够的铯留下来与所有的裂变产物碘按式(7.141)化合。

(4)铯加入固相,将增大燃料肿胀。

(5)铯的化合物(特别是 Cs_2O),似乎会加速不锈钢的腐蚀。

对铯迁移的所有研究都已经证明,这种元素聚在燃料 - 包壳界面处。图 7.53 表示 [137]Cs 在三种燃料细棒中的径向分布情况,燃料细棒辐照的燃耗范围从 2.7~6.5(原子分数)。标有 F2R 的元件,内装高密度燃料块(大于 94% 的理论密度)。用 HOV - 15 和 SOV - 6 表示的元件是用在包壳中振动密实氧化物粉末的方法制造的,其密度(理论密度的 80%~84%)低于燃料块。在上述三种情况下,燃料外表面的铯的浓度,都比燃料细棒径向任何地方的浓度大。在两个振动密实的燃料元件中,外表面的铯的浓度约比最小值大两个数量级,这一最小值位于 0.5~0.6 份额半径之间。在这两根元件中,靠近中心空洞处,铯浓度增加可能是含气体元素铯的迁移气孔堆积所致。在中心空洞附近,密度较大的 F2R 元件的铯分布,未出现向上摆动的现象,这是因为它的密度较高,说明气孔较少。在振动密实燃料中,铯沿温度梯度上

下同时迁移。密闭气孔的运动把铯从冷区输运到热区,同时在裂纹和相互连通的孔隙中扩散,又使铯从热区向冷区迁移。

在块状燃料 F2R 中,铯的分布还显示出铯的浓度向表面增加,但增加的程度不如其他两个燃料元件大。在两类燃料中,铯的迁移行为的这种差别,可能是与致密的块状燃料相比,在低密度的振动压实燃料中,沿温度梯度有大量的开放孔隙的缘故。F2R 燃料元件中的铯浓度峰在 0.7 份额半径处,与燃料中这一部位的环形裂纹相重合。这种裂纹阻止铯的运动,而且在辐照后总是观察到这地方铯的浓度较高,这似乎是铯迁移的一般特点。

碱土氧化物相也表现出沿温度梯度的运动。图 7.54(a)显示了这种氧化物相,它作为小的夹杂物,存在于燃料基体中柱状晶区和等轴晶带之间的交界处。该图右边的柱状晶区没有氧化物夹杂。由诸如这样的直观证据,人们可以假设,或者这个相沿温度梯度向下迁移,或者这种夹杂物的单个原子状态的组分从柱状晶向柱晶 – 等轴晶区间界扩散,并在那里沉淀出来。另一方面,图 7.54(b)表明,同样是这个相,但却以大块栓塞出现而充塞中心空洞,这又可使人们认为,锆酸盐类夹杂物或单个原子是沿温度梯度向上迁移。但不论沿两个方向中的哪个方向,都尚未提出碱土金属氧化物相的迁移机理。

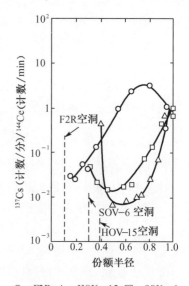

○—F2R;△—HOV – 15;□—SOV – 6

图 7.53 ^{137}Cs 在辐照过的混合氧化物燃料细棒中的径向分布

(引自 C. E. Johnson. in *Proceedings of Conference of Fast Reactor. Fuel Element Technology*, New Orleans, p. 603. ANS. Hinsdale, Ill. , 1971.)

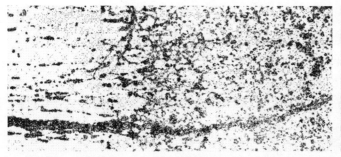

(a) 在等轴晶和柱晶之间边界上的小夹杂物(灰斑点)

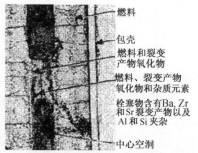

燃料
包壳
燃料和裂变产物氧化物
燃料、裂变产物氧化物和杂质元素
栓塞物含有Ba, Zr和Sr裂变产物以及Al和Si夹杂
中心空洞

(b) 充塞中心空洞的固态栓塞物

图 7.54 辐照燃料(U,Pu)O$_2$ 中的碱土氧化物相

含贵金属裂变产物和一些钼的金属性夹杂,仅在柱状晶区或作为大团块在中心空洞中被观察到(图 7.55)。大团块形状使人们想到,较小的夹杂物是沿径向向中心迁移的。Lambert 等认为,这个过程为包壳约束所产生的作用在燃料上的应力而强化。但是,不管迁移的原因是什么,中心空洞中大尺度的结晶块就意味着,相当大部分的贵金属裂变产物和钼,可通过金属性夹杂的迁移,从燃料基体中被排除掉。在燃料中的冷区(即等轴晶区和处于加工状态的区域),既未观察到碱金属氧化物,也未发现金属性夹杂,很可能裂变产物以原子状态陷在氧化物点阵中了,因为这些裂变产物的固态扩散系数太小,不可能聚结成能觉察其大小的沉淀物。

(a) 金属性夹杂（白色）

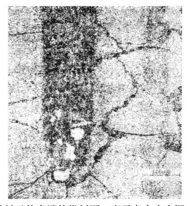
(b) 通过燃料元件底端的纵剖面，表示在中央空洞中的裂变产物锭子。箭头指明与中央空洞壁相连的小锭

图 7.55　在辐照后的混合氧化物燃料中,贵金属裂变产物的聚集

在所有游离性的裂变产物中,钼的迁移对燃料中氧化学位的缓冲作用,使它得到了最多的试验研究。图 7.56 表示在辐照过的燃料元件中,用电子显微探针测定的钼的分布曲线。微探针的高立体分辨本领使其有可能独立地进行金属性夹杂和燃料基体的现场分析。通过柱晶区时,钼在燃料基体中的浓度降低约 50% 左右,而在金属性夹杂中的浓度则大体增加同样的百分数。金属性夹杂中的钼含量为 8% ~ 12% ,正好低于由钼和贵金属组的相对裂变产额的预期量(见表 7.11)。从柱晶区外缘到燃料表面,钼在燃料基体中的浓度增加一个量级。图 7.56 中的数据可用如下几种方式解释:

(1)在燃料表面,钼在燃料基体中的浓度高是由于,钼沿温度梯度向外迁移,随后以一种不能移动的化合物,即按反应式(7.140)生成的钼酸盐那样的化合物,将钼捕陷在表面层中。这种论点假定,MoO_2 在低于约 1 900 K(柱晶区外缘的温度)下就能充分地挥发,足以使其通过裂纹或相互沟通的孔隙中的气体,以相当大的速率扩散。但是在图 7.56 所示含钼的氧化物上,MoO_2 的分压在 1 900 K 下只有约 7×10^{-9} atm,从氧和锕系元素重布的实验使人想到,分压这样低的组分是不能以足够的速度通过气相而迁移的。

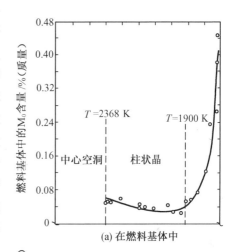
(a) 在燃料基体中

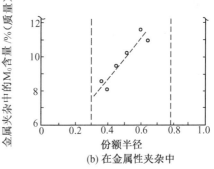
(b) 在金属性夹杂中

**图 7.56　在辐照后的混合氧化物燃料
细棒中钼的浓度分布**

(燃料初始密度:85% 的理论密度;初始氧 - 金属比:1. 998;燃耗 9. 4% ;线功率:426 W/cm)

(2)在燃料的等轴晶区和处于加工状态的区域中,钼含量高的部分原因是,以原子或沉淀留在燃料基体中的单质钼太小,与金属性夹杂区分不开。注意,在份额半径大于 0. 7 时,缺少

有关金属性夹杂的数据。

(3)柱晶区的含钼量低是因为,金属性夹杂携带着钼向中心空洞迁移。靠近表面的燃料基体中,钼的含量高说明,如果这区中的钼没有损失,那么,钼的浓集乃是可以预料的。

7.7 燃料－包壳间的相互作用

包壳把燃料和冷却剂隔开,防止放射性核素释放并沾污主回路。因而在辐照下高度完整的材料对反应堆的安全运行是很重要的,这里简要叙述在 LWR 中芯块和包壳的(机械)相互作用(PCI)和在 FBR 中燃料和包壳的化学相互作用(FCCI)。首次报告 PCI 引起破损的事例是 1963 年,发生在 GETR 高功率元件中。破损归因于裂变产物的化学侵入,碘可能起主要破坏作用,可能的机理是形成应力腐蚀破裂(SCC)。在接着的 5 至 10 年中,正像 Cox 对这种现象的评论那样,对锆合金中 SCC 的研究更加强了,目的在于找到解决 PCI 的办法。1968 年在 Douglas Point 加拿大反应堆的首次在线换料期间所探测到的气体活性明确地标明线功率(LHGR,即燃料棒单位长度上所释放的热功率,一般为 12 ~ 25 kW/m),并证实 LHGR 高于阈值时的任何增加是 PCI 破坏的起始原因。类似地,发现在 BWR 中所发生的破坏元件是位于靠近十字形控制板的第一排或第二排(见图 7.57),在正常运行时那里的局部功率增加容易超过阈值。在 PWR 中,功率的控制是更平坦的,因而 PCI 引起的破损倾向是低的,但仍然很重要。在英国的蒸汽发生重水堆中(SGHWR)也碰到了这种破损。

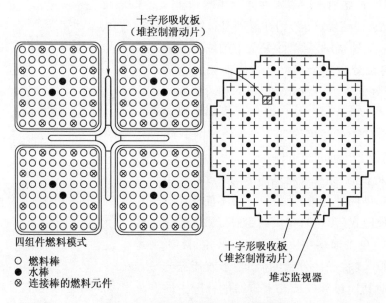

图 7.57　BWR 燃料组件和堆芯略图

7.7.1　芯体－Zr 合金包壳相互作用

很明确,PCI 破损是由燃料和包壳在腐蚀环境下发生机械相互作用(主要由二者热膨胀不匹配)引起的。包壳中的应力受芯块几何、最大 LHGR、LHGR 的局部增加和芯块与包壳之间的摩擦所影响。是否发生破坏取决于在恰当的应力状态下所处的时间以及存在(或缺少)裂变产物。

为了保持 PCI 破损最小,从 1973 年开始限制 BWR 的功率调节,电厂的负荷因子要有相应的损失。

Cubicciotti 等研究表明,裂变产物是 PCI 破坏的必要因素。在以 30 kW/m 运行的一根破损 PWR 元件的包壳内表面发现有裂变产物沉积,沉积物正对着燃料表面裂纹和芯块间的界面。扫描电子显微镜检查表明,沉积物含有 CsI,Cs_2Te 和 Cs – U 氧化物(见图 7.58)。在以 24 kW/m 或更低线功率密度运行的一根非破损元件中没发现有如此沉积物,这根元件是在较低中心温度下运行,基本没有重结构(见图 7.59)或没有裂变产物和挥发性裂变产物(VFP)I,Cs 和 Te 释放出来。这些明显地说明,是这些 VFP 引起的 30 kW/m 元件包壳的 SCC。作为一种补救措施,从 1972 年开始在 CANDU 燃料元件的燃料和包壳之间加一石墨层排除 PCI 破损。它的成功是由于其对挥发性裂变产物形成一个屏障,并把摩擦系数从对裸的 Zr – 2 为 0.7 ~ 0.9 降到对涂石墨的包壳为 0.15 ~ 0.3。破损的减小是很明显的,以至于一般情况下不必采取图 7.60 中所表明的先进芯块设计。

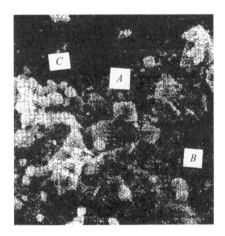

A—CsI;B—Cs_2Te;C—Cs – U 氧化物

图 7.58　在 LWR 元件的
包壳内表面的沉积物

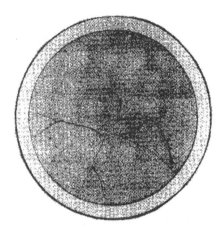

图 7.59　在 10 mm 轻水堆 UO_2 元件中,在
大约 24 kW/m 和 30 GWd/t(U) 情况下,启
动或停堆引起的裂纹和有限的晶粒生长

有意地减小直径和线发热率,降低芯块夹杂物,具有 20 世纪 70 年代开始采用的旨在降低包壳应力的改进几何形状,这些措施大大降低了 PCI 破坏的发生。但是,只是这措施还不足以排除对 BWR 功率调节所带来的限制。作为 BWR 的主要厂商,通用电气公司寻求保护 Zr – 2 的金属屏障层。研究过沉积铜和锆的衬层,最终证明锆衬层在高燃耗下是更稳定的并具有更低的中子吸收。图 7.61 表示目前大多数 BWR 元件的锆屏障层,用共挤压工艺和共减薄工艺制造。这样具有保护的 Zr – 2 包壳使 GE 燃料的可靠性达到 99.99%,对功率调节不再有限制。

伴随碘的应力腐蚀开裂(IGSCC)的芯块 – 包壳相互作用(PSI)是燃料棒失效的一种方式,已经历了有效燃耗(BU)的燃料,在线功率(LHGR)快速变化后观察到这种失效。图 7.62 示意地描述了这类失效的主要机理。一方面由于线功率(LHGR)增加引起的燃料芯块膨胀而导致的应力,另一方面存在碘这种活性腐蚀剂,它是燃料棒中产生的裂变产物,两者共同作用导致了应力腐蚀开裂(SCC)而失效。该问题的出现使国际燃料学界制定了大的研究发展计划(R&D),主要有以下两个目的:

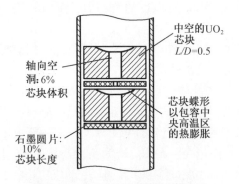

图 7.60　为 CANDU 堆设计的改进
环形芯块和石墨盘,目的在于减小
芯块和包壳相互作用

图 7.61　为了 PIC 保护在通用电气
BWR Zr – 2 包壳上的衬层

（1）为了实用的目的,根据对燃料棒的整体试验来分析设计参数

各种设计和不同辐照历史的燃料棒在试验堆的辐照装置中进行考验。在接近于动力堆中所用的线功率（LHGR）下短时辐照后,按给定的速率增加辐照功率,然后根据它能承受线功率变化而不失效的能力分析燃料棒的行为。这种试验提供了燃料棒最大允许功率的信息,通常是以燃耗（BU）的函数来表示。对于未使用过的燃料棒,存在敞开的间隙可承受大的功率变化:最大功率水平一般约为 50 kW/m。这个限值随燃耗（BU）上升达到 20 GW·d·t^{-1} 后而慢慢降低,那时它稳定在 40 ~ 45 kW/m 范围内。各种试验方法的例子以及所获得的结果汇集在一系列 IAEA 专家会议文集中,例如 IAEA（1982）。

（2）为了了解机理和寻找补救办法,在实验室进行有关基础方面的分析工作

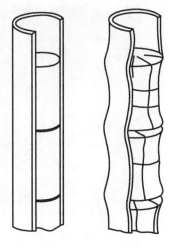

图 7.62　芯块在线功率增加
时发生热膨胀而引起
包壳应变（Levy,1974）

分析工作集中在燃料包壳材料的 SCC 行为。功率瞬间变化时,芯块发生热膨胀而产生应力。稳态运行时,冷却剂的压力引起包壳倒塌蠕变而与燃料芯块接触。此外,由于裂变产物引起低温燃料肿胀对间隙起到封闭作用。在 PWR 中这种状态可能需要 1 ~ 2 年,而在 BWR 中间隙保持开放的时间更长一些。

一旦间隙闭合,芯体尺寸的任何变化都会传递到包壳。对于通常从 20 ~ 40 kW/m 的标准功率变化时,中心温度的变化引起每 10 kW/m 大约 0.25% 的热膨胀。这样高的应变足以产生接近于或大于屈服强度的应力。燃料维持在高功率下运行时,应力水平达到屈服强度的 1/2 ~ 2/3,并且存在腐蚀剂时,这就足以使裂纹萌生和传播,并导致燃料棒的失效。

除碘（I）以外,早期被怀疑为腐蚀剂的还有裂变产物铯（Cs）和镉（Cd）。这些元素以液态金属脆化机理导致 Zr 合金的晶间断裂。断裂表面形貌的特征排除这类核素会引起 SCC 的主要理由。另一方面,Cs 的裂变产量比 I 高,碘在它与固态 CsI 相平衡的蒸气压低,这就引起了在与应力状态的包壳相互作用时,是否可得到碘这种腐蚀剂的讨论。已证明由燃料棒内部裂变反冲物造成的强烈辐照分解,能使碘在它与 CsI 相平衡的有效压力提高到可以发生 SCC 的

水平。

为了了解锆合金的碘致 SCC 机理,在不同条件下对各种材料进行试验。最常见的试验是恒负荷试验,该试验用失效时间与碘介质中施加应力的关系表示;或是恒应变速率试验,在该试验中,分析由碘引起的延性降低。观察到失效时间的缩短或应变的减少,而且已证明有几个参数是重要的:内表面状态、冶金状况以及材料的织构。

Pechs 等在早期做的实验中,认识到基平面的取向相对于应力方向是关键的影响因素:将厚的 Zircaloy 合金板加工成管状试样,这样围绕着该试验样品,可以得到织构角度不同的变化。在碘中试验后,发现裂纹密度强烈地与基平面的相对位向有关。当 c 平面是在裂纹生长方向时,裂纹的密度就高(见图 7.63)。

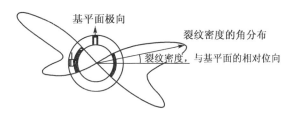

图 7.63　用板材加工成的管试样在碘 SCC 试验时形成的裂纹密度

((c)平面的取向沿着圆周从径向变到切向。当裂纹能沿着 c 平面生长时,有利于它的扩展)

为了解释那些结果以及断裂机理,人们分析了 SCC 断裂表面的形貌特征。图 7.64 是再结晶 Zircaloy 合金在碘介质中进行拉伸试验后的 SEM 照片。断口呈穿晶特征,而且主要是由大的穿晶准解理区域组成,这些区域是由塑性变形很明显的沟槽壁相互连接的 SCC 而引起断裂。准解理区域的结晶学分析表明,它们是由基平面组成,而沟槽壁是位于棱柱面上。SCC 断裂表面在基平面上的扩展由于碘的吸附而被加速,这是因为碘被吸附在这个平面上可使表面自由能大大降低。在延性断裂方式中,在主滑移系上发生的塑性变形形成了沟槽壁,它们将不同的准解理面连接起来。

图 7.64　RX Zr 在碘中经 SCC 断开后的断裂表面

(裂纹在基平面上以准解理方式生长。发生延性断裂的沟槽棱柱面连接了那些脆性区)

由于滑移与棱柱面垂直以及准解理面与基平面垂直,因而塑性变形不能对减小这个平面上的张应力起作用。这样,基平面与作用张应力的相对取向是一个关键参数,而且织构的影响是显著的。恒应力和断裂力学试验确证了当 c 型平面与宏观裂纹表面趋向一致时,SCC 的敏感性增加。对于包壳管,由于芯块膨胀引起的张应力就是周向应力,最佳的织构是在径向 c 方向具有最大的强度。图 7.65 说明用同一铸锭加工的一系列具有不同织构的包壳管在碘介质中对 SCC 的敏感性,从曲线中可看出,SCC 敏感性是 c 极最大强度和径向间夹角的函数。很明显,越多的基极与径向一致,则包壳对 SCC 的敏感性越小。发现 SCC 裂纹生长的应力强度因子(K_{ISCC})依赖于上述同样的参数。对 Zircaloy 合金板中不同方向的裂纹测量,或对裂纹通过不同包壳壁扩展时的测量,得到 K_{ISCC} 在 $3.5 \sim 6$ MPa·$m^{1/2}$ 的范围。当裂纹扩展方向上的 c 平面取向最集中时,K_{ISCC} 值最低。

由于测量的 SCC 裂纹生长速率很快,在 $1 \sim 10$ μm/s 范围内,所以形核阶段是 SCC 寿期最长部分,它控制整个 SCC 行为。金属间沉淀相是碘腐蚀时裂纹萌生的优先位置,晶粒间的沉淀相能阻碍晶界滑动,从而引起局部应力而加速裂纹形成,这是沉淀相与裂纹萌生相关的另一作用。

由于 Zr 合金中起作用的滑移系统有限,发现在塑性变形从一个晶粒到另一晶粒时,存在大应变的不相容性,这是后一种机理所考虑的。在棱柱面系统上发生的塑性形变,不能使基面上形成裂纹的应力得到弛豫,这一事实说明那些不相容性是裂纹萌生的有效机制。

PCI 问题的早期解决办法是降低功率变化速率,为的是在加载的时间里通过应力弛豫减小包壳的环向应力。虽然这种特殊的方法卓有成效,但缺点是损失了能量利用率,这就推动了 R&D 工作,通过燃料

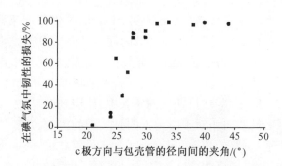

图 7.65　织构对碘中 SCC 敏感性的影响
(用相同合金加工成不同织构的管材,发现径向织构更集中时,可减少对 ISCC 的敏感性)

设计获得解决办法。为了实用的目的,研究人员找到了补救措施以避免 PCI 型失效,并进行了验证。在反应堆中最易出现这种现象,现已成功地发展了先进的包壳。对于 CANDU 反应堆,在不停堆换料时燃料束棒的调换会引起线功率 LHGR 大的局部变化,所以"CANLUB"设计是在包壳内表面涂一层石墨。对于 BWR 的"阻挡层"燃料棒是有一层再结晶的纯 Zr 内层,它是与母体 Zircaloy 合金一起进行 Trex 共挤压和冷轧,以获得完全冶金结合。

7.7.2　芯体－不锈钢包壳相互作用

辐照后的燃料对不锈钢包壳的侵蚀可能是 LMFBR 运行性能受限制的主要现象之一。这样的相互作用使包壳内壁部分减薄,从而不大能承受燃料或裂变气体压力造成的内部机械应力。图 7.66 显示了辐照期间燃料－包壳的界面断面和内壁减薄侵蚀的类型。

1. 不锈钢氧化热力学

辐照后的燃料组分与包壳中的组元是否发生化学反应,完全取决于所涉及的反应的热力学。燃料－包壳相容的热力学判据要求:第一,要弄清造成相互作用的具体化学反应;第二,要知道有关反应的热力学性质。表 7.13 列出了混合氧化物燃料中氧的化学位和不锈钢中主要合金组元的氧化物的生成自由能,燃料的成分接近于精确化学比。表中列的是 1 000 K 下的数值,这个温度接近于 LMFBR 中的最高包壳温度。

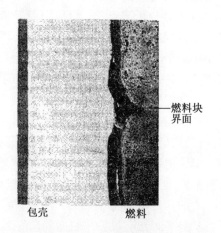

　　　　燃料块
　　　　界面

包壳　　　燃料

**图 7.66　辐照后的混合氧化物燃料的
侵蚀作用使包壳变薄,正对
燃料块界面处的侵蚀比别处少**

(引自 R. J. Perry et al. in *Proceedings of Conference on Fast Reactor Fuel Element Technology*. New Orleans, p. 411, American Nuclear Society, Hinsdale. Ill. ,1971.)

表 7.13 燃料和包壳在 1 000 K 下的热化学性质

混合氧化物燃料①		不锈钢中的组元②	
重金属价	$\Delta \bar{G}_{O_2}$（kJ/mol）	反　应　式	$\Delta G^①$/（kJ/mol）
4.002	−284	$\dfrac{4}{3}Cr + O_2 \Longrightarrow \dfrac{2}{3}Cr_2O_3$	−573
4.000	−418		
3.98	−561	$2Fe + O_2 \Longrightarrow 2FeO$	−393
3.96	−615	$2Ni + O_2 \Longrightarrow 2NiO$	−293

①氧的化学位值取自图 7.67。

②快堆燃料元件包壳所使用的典型的不锈钢，含 74% Fe，18% Cr 和 8% Ni（质量分数），碳和硼是次要组分。

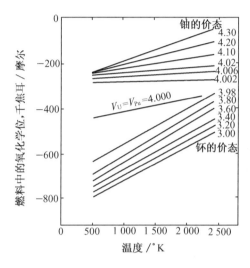

图 7.67　混合氧化物燃料的氧化学位

表 7.13 表明，在不锈钢的三个组元中，铬对氧的亲和力最大（即这种元素形成的氧化物最稳定）。在 1 000 K 下，氧压达 exp（−573/RT）时，纯铬就开始被氧化。但是铬在不锈钢中浓度约为 18%（质量），因此，氧分压满足反应平衡式（7.142）时才可能被氧化，平衡式（7.142）为

$$\frac{4}{3}Cr（溶于不锈钢中） + O_2（气） \Longrightarrow \frac{2}{3}Cr_2O_3（固） \tag{7.142}$$

对这一反应运用质量作用定律，则在含氧化铬的不锈钢上的平衡氧压可用下式表示：

$$RT\ln p_{O_2} = \Delta G_{Cr}^{\ominus} - \frac{2RT}{3}\ln a_{Cr} \tag{7.143}$$

式中，a_{Cr} 是铬在不锈钢中的活度。对燃料和包壳之间的平衡而言，式（7.143）中的氧压还必须和燃料相平衡，所以此式左边可等于燃料中的氧分压 $\Delta \bar{G}_{O_2}$。为了求得氧压，设铬在不锈钢中的活度等于其原子份额，即 $a_{Cr} \approx 0.18$。利用表 7.13 所列的 Cr_2O_3 的生成自由能，则式（7.143）变为 $\Delta \bar{G}_{O_2} = -573 - \dfrac{2R}{3}\ln（0.18） = -565$ kJ/mol（在 1 000 K 下），可见燃料表面的氧化学位达 −565 kJ/mol 时，从热力学上讲包壳就可能氧化。表 7.13 表明，这个氧位相应于这样一种燃料，这种燃料中钚的价态是 3.98，也就是说，欠化学计量的燃料（$U_{1-q}Pu_qO_{2-x}$）中钚离子的平均价态为电中性所要求的条件是，铀的价数 4，钚的价数是 4 − (2x/q)，此时含 20% 钚的燃料

的 O/M 为 1.998。如果燃料表面的 O/M 维持在恰好低于精确的化学比,包壳就不会被氧化。为此故意将快堆新鲜燃料制成 O/M 约为 1.96。但是,即使处于制造状态的燃料是明显的欠化学计量,温度梯度和辐照两者也能使燃料表面的 O/M(因而也就是氧位)上升。7.4 节的论述表明,即使燃料的平均 O/M 比 2.00 低得多,由于氧的重布,燃料表面也能达到严格的化学比。此外,辐照效应能提高细棒状燃料元件内各径向位置的氧位。因此燃料 - 包壳界面上的氧位似乎未必低到足以在燃料元件的整个寿期内避免包壳被氧化。这样,在热力学上可能发生氧化反应的环境中,包壳的完整性就势必取决于这种化学侵蚀的动力学。

顾名思义,各种牌号的不锈钢都意味着这类合金是抗氧化的。即使热力学条件是不利的,像锆这样的金属和像不锈钢这样的合金,由于在氧化初期就形成一种具有保护性的氧化物覆盖层,它们也是抗氧化的。例如,就不锈钢而言,在表面上形成一层 Cr_2O_3,因此从物理上讲基体金属和氧化性介质隔离了。这层氧化物进一步生长,就需要铬离子由金属扩散到覆盖层的外表面,或者是氧离子在相反的方向迁移。由于离子在氧化物层中的扩散系数很小,所以在 1 000 K 下这两个过程的速度非常慢。但是,要是机械应力使覆盖层破裂,或者覆盖层被氧化性介质中的某个组分所溶解,基体金属就会暴露而被迅速侵蚀。

2. 辐照过的混合氧化物燃料腐蚀包壳的结果观察

辐照过的核燃料对不锈钢的侵蚀,已观察到的有两种类型:第一类是包壳内壁被腐蚀,第二类是包壳中的组分转移到燃料内。

图 7.68 表明,有两种腐蚀形态。图 7.68(a)描绘了称为基体侵蚀的腐蚀形态,这里整个包壳内壁变成了含铁、铬和镍的氧化物的反应区。图 7.68(b)是晶间腐蚀一例。这里,腐蚀被局限于材料的晶界,不锈钢的晶粒未受影响。图 7.69 表示透过燃料 - 包壳界面时电子探针测定的各种元素的分布曲线,在界面上基体已被侵蚀[图 7.68(a)]。值得注意的是,包壳中的组元在反应区内的分布是不均匀的,铁、镍和铬的浓度峰出现在不同的位置。反应区就好像是一个层析柱,把这三种元素分离成明显的带。其他研究者也观察到了类似的分布曲线,只是铁、铬和镍峰的相对位置不一定和图 7.69 相同。除了包壳中这三个主要组分外,反

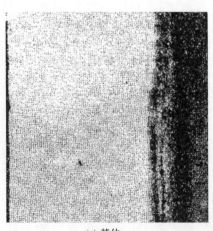
(a) 基体

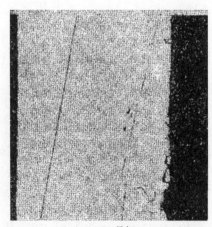
(b) 晶间

图 7.68　316 型不锈钢被混合氧化物燃料侵蚀后的两种腐蚀形态(燃料的燃耗为 5%)

(引自 K. J. Perry et al. , in *Proceedings of the Conference of Fast Reacter Fuel Element Technology*. New Orleans, p. 411 , American Nuclear Society, Hinsdale, Ill. 1971.)

应区还有裂变产物铯、钼和少量的碘、碲和钯,似乎没有重金属铀和钚。在包壳内,铀和钚哪一种都没有(图 7.68 中的痕量钚,实质上是电子探针中这种元素的本底水平)。

　　基体腐蚀的深度取决于温度和氧位(即取决于燃料的化学计量)。在 500 ℃ ~ 600 ℃ 之间,就可以观察到包壳的穿透现象。受腐蚀的典型深度是 0.05 ~ 0.1 mm,即包壳厚度的 20% ~ 40%。图 7.70 表明,高温和近乎 2.00 的高 O/M,会强化燃料 – 包壳间的反应。发现阈温约为 540 ℃(低于阈温,包壳几乎不被腐蚀),这个阈温似乎是由于动力学的限制而不是热力学的限制决定的。在 540 ℃ 以下,即使腐蚀在热力学上可能发生,但包壳氧化很慢,在典型的燃料元件寿期内不易觉察。

　　不锈钢的堆外氧化试验证明,其腐蚀程度并不和在同样温度下,包壳与辐照后的燃料接触时的一样,堆外试样中,氧位是用常规方法建立的(即用氧气或水蒸气)。未辐照过的燃料对不锈钢的腐蚀,也不如辐照过的燃料的大。这样的证据使人们有理由认为,在辐照过的燃料元件中,一种或多种裂变产物加速了不锈钢包壳的氧化。探查受照射的包壳中裂变产物的结果表明,铯和钼沿晶界深深透入包壳。图 7.71 显示了在辐照后的燃料元件细棒包壳中,用电子探针测定裂变产物的结果的照片,发现钼和铯在受到晶间腐蚀的晶界中。把各种裂变产物元素及其化合物加入模拟用的燃料元件细棒,在一定温度下保持具有代表性的反应堆运行时间进行堆外试验。试验结果表明,唯有 Cs_2O 加速包壳氧化。人们认为,氧化铯 Cs_2O 多半是通过和 Cr_2O_3 直接反应,形成铬酸铯而使包壳内壁上的保护性氧化物覆盖层溶解。当然,为形成由 Cs_2MoO_4 和 MoO_3 组成的一种低熔点液体电解质,钼可能是必不可少的,这种介质可破坏不锈钢包壳表面上的保护性氧化膜,并在热力学上 Cs_2O 可能离解为元素铯(它是非腐蚀性的)和氧气的氧位下,通过把铯稳定为 Cs_2O 从而加速包壳氧化。

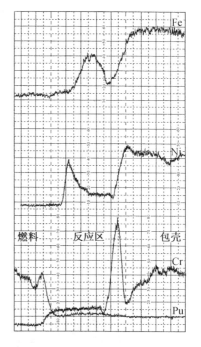

图 7.69　燃料 – 包壳界面的电子探针扫描

(引自 R. B. Fitts, E. Long, and J. M. Leitnaker, in *Proceedings of Conference on Fast Reacter Fuel Element Technology*. New Orle 1971.)

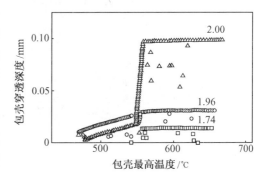

O/M:□—1.94;○—1.96;△—2.00
数据所代表的燃耗范围从 7% ~ 13%。

图 7.70　304 不锈钢包壳被混合氧化物燃料侵蚀的最大深度

(引自 J. W. Weber and E. D. Jensen, *Trans. Amer. Nucl. Soc.* ,14;175(1971).)

　　包壳氧化的一个重要后果(且不说它反过来会影响包壳的结构性能),是氧化过程具有自调节性。如果不锈钢起到氧的尾闾的作用,则燃料获取的氧的数量就要减少,随之燃料中氧的化学位也就将减少。于是,腐蚀过程将有助于恢复燃料 – 包壳界面的热力学平衡。但是,裂变不断地产生过量的氧,由挥发性的裂变产物氧化物(特别是 Cs_2O),恐怕还有 CO_2 和 CO 的迁移,又把氧从燃料元件细棒内部输运到表面,这都意味着燃耗深时,包壳腐蚀可能不会稳定。

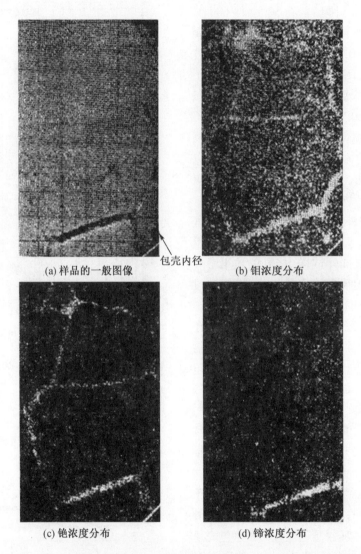

(a) 样品的一般图像   包壳内径   (b) 钼浓度分布

(c) 铯浓度分布   (d) 锑浓度分布

图7.71　在辐照燃料造成包壳晶间腐蚀的区域中,晶间的裂变产物浓度

(引自 K. J. Perry et al. , in *Proceedings of the Conference on Fast Reactor Fuel Element Technology*, New Orleans. p. 411. American Nuclear Society, Hinsdale, Ill. 1971.)

3. 包壳的组元向燃料转移

辐照过的燃料,除了引起包壳晶间腐蚀和基体腐蚀外,还观察到包壳中的组元迁移入燃料内。图 7.72 显示了与燃料包壳界面邻接的燃料中填入裂缝的纯铁流。据 Johnson 和 Crouthamel 报道,燃料内金属性的纯铁夹杂分布,远达等轴晶和柱状晶区之间的交界。铁迁移过这样可观的距离暗示着,某种形态的铁要比燃料元件内的铁元素或其他氧化物更容易游离。Johnson 和 Crouthamel 认为,输运机理与商业上用来提纯金属(诸如锆和铪)的 Van Arkel. de Boer 法相类似,根据这种机理,裂变产物碘按如下可逆反应,为汽化包壳组元提供了

手段:

$$M(固) + I_2(气) = MI_2(气) \quad (7.144)$$

式中,$M = Fe、Cr$ 或 Ni,MI_2 为 M 的气态金属碘化物。表7.13说明这些化合物在 1 000 K 下的稳定性和挥发性。由于 MI_2 的生成热是负值,所以反应式(7.144)在低温下向右建立平衡,从而二碘化物易于在较冷的包壳表面而不是在较热的燃料区形成。燃料 – 包壳间的窄间隙上的温降可能很大(见表7.14),于是碘和包壳反应生成金属的二碘化物后,通过间隙中的气体扩散到燃料中。在燃料中反应(7.144)按反向进行,碘化物分解放出金属。释放的 I_2 又扩散回到包壳被金属吸收。如此循环往复,少量碘就能不断地越过燃料 – 包壳间隙输运包壳的组元。根据表7.15所列数据,燃料中只找到铁也是可以理解的。NiI_2 的生成自由能太高(即这种化合物不很稳定),不能在高到足以大量输运金属的最常用的碘分压下生成。CrI_2 虽然稳定,但其挥发性要比其他金属的二碘化物几乎小三个数量级,因此铬的输运还可能受到低的气相分压的限制。然而,按照上述机理进行气相输运,FeI_2 的稳定性和挥发性似乎是适中的。这些论据与燃料中只观察到铁的结果是一致的。

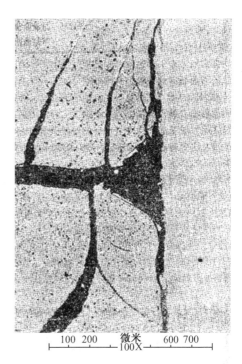

图7.72　邻近燃料 – 包壳界面的燃料中的纯铁流

(引自 R. B. Fitts, E. L. Long, and J. M. Leltnaker, in *Proceedings of the Conference on Fast Reactor Fuel Element Technology*. New Orleans. p. 431, American Nuclear Society, Hinsdale, Ill. ,1971.)

表7.14　快中子堆燃料内部传热中的热阻

项　目	典型的热导率/[W/(cm·℃)]	温降/℃
燃料 – 包壳的间隙	1	290
包壳	9	32
冷却剂膜	12	24
总计	0.84	349

注:元件运行的条件为线功率550 W/cm;燃料半径3 mm;包壳为不锈钢,厚0.25 mm,$k_c = 0.22$ W/(cm·℃);冷却剂为钠。

表7.15　过渡金属的二碘化物在1 000 K 下的稳定性与挥发性

二碘化物	生成自由能/(kJ/mol)	蒸气压/atm
CrI_2	− 109	2.4×10^{-4}
FeI_2	− 67	9.1×10^{-2}
NiI_2	− 8	(约 9×10^{-2})

碘输运机理的主要问题是,和图 7.72 中铁流内铁的数量相比较,要生成输运数量相当的铁所必需的 FeI_2,碘的量可能不足。实际上全部的分子碘都应被铯按反应式(7.141)所耗尽,一点也不能用来挥发包壳中的铁。然而,CsI 在燃料元件运行的强辐照场中不稳定是可能的,它辐照分解释放出参与铁输运过程的碘。但是,同样的论点也应当适用于 FeI_2 的辐照稳定性。从热力学上讲,碘是自由态,一定还有别的反应可从燃料-包壳界面的气相中移走铯。有可能反应(7.139)和(7.140)就形成足够稳定的铯-金属-氧化合物,使 CsI 分解而释放出自由态的碘。Keroulas 等进行的试验支持了碘化过程输运铁的假说。

Fitts,Long 和 Leitnaker 提出了另一种循环过程,即铁酸铯由下列反应生成:

$$Fe_2O_3 + Cs_2O \Longrightarrow 2CsFeO_2 \tag{7.145}$$

并溶解于假定是充填燃料-包壳间隙的某种液体中(存在这样一种液相已在前面有关包壳加速氧化问题中论述过)。$CsFeO_2$ 在燃料-包壳界面的燃料一侧分解,而后 Cs_2O 通过液相返至包壳,并在包壳侧吸收更多的氧化铁,完成一个循环过程。这个机理有个缺点,它要求有另外的一个过程来解释为什么在观察结果中金属铁进入燃料那么深。

复习思考题

7.1 高功率 UO_2 燃料棒中的中心空洞来源于 UO_2 芯块中气孔的迁移。在反应堆运行时,燃料棒中的温度梯度使这些气孔通过蒸气输运机理向中心迁移。一旦燃料元件放入堆内并升高功率时,在半径为 $0.8R$(R = 燃料棒的半径)的范围内的气孔就开始向中心迁移。当迁移过程完成以后,在 $0 < r < 0.8R$ 区域的气孔就被扫清,这个区域就成为完全致密的柱状晶区,在中心形成中心空洞。

(1)假定在 $0 \leqslant r \leqslant 0.8R$ 区域内全部气孔都用于形成中心空洞,计算在重构完成后中心空洞的半径(r_{0f})。燃料的初始空隙率是 P_0。

(2)对任意的中心空洞半径,利用热传导方程确定在柱状晶区($0.8R \leqslant r \leqslant r_0$)内的温度分布。假定燃料的柱状晶区和未重构区内热导率相等,且都和孔隙率及温度无关。假定在柱状晶区内的功率密度和位置无关,并且在重构的任意时刻都等于在中心空洞半径为 r_0 时的平均值。

(3)假定气孔迁移速度是局部燃料温度的函数 $v_P = v_P(T)$。试问如何计算达到(1)中所述的最终中心空洞半径所需的时间。假定中心孔半径的变化是时间的函数。

(4)在(3)中所述的气孔速度是蒸气输运机理确定的。在这个模型中必须指出的参量是气孔内的气体压力 p。在通常的气孔速度分析中,假定在辐照期间气孔的体积恒定。在本题中我们想要计算气孔的速度,为此假定气孔是球形,其半径恰好是使气体内压和表面张力达到平衡所需的数值。假定在新加工的燃料中气孔是均匀分布的,半径为 r_{p0}。在冷的状态,每个气孔都充满了压力为 p_0、温度为 T_0(T_0 是周围环境的温度)的氙气。在迁移的过程中,初始存在于气孔中的氙气毫不泄漏。试计算 p 和 T 的关系,从而计算迁移速度 $v_p(T)$。

7.2 通过蒸汽输运机理而迁移的透镜状气孔的速度对于确定燃料在温度梯度作用下重构的速率是非常重要的。在计算迁移速度时通常假定燃料是由纯 UO_2 组成。虽然这个假定对热中子反应堆是适合的,但在快中子堆中燃料是氧化铀和氧化钚的混合物。现在要计算在温度梯度 dT/dx 作用下钚正离子份额为 q_0 的混合氧化物中气孔的速度 v_p。透镜状气孔可模拟成一块薄板,它在温度梯度方向的尺寸(板的厚度)为 δ,而在垂直于温度梯度的方向(横向)的尺寸为无限大(见题图)。当气孔沿着温度梯度方向运动时它将消耗一部分成分为 q_0 的燃料,这部分燃料是以 UO_2 和 PuO_2 蒸气流(用 J_{UO_2} 和 J_{PuO_2} 表示)的形式穿过气孔而输运的。根据气孔两边的材料平衡条件可知:

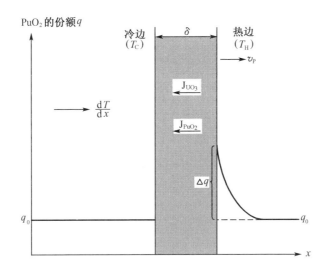

题 7.2 图

(1)沉积在气孔冷边的燃料成分等于新鲜燃料的成分(即 q_0)

(2)在填充气孔的气体中蒸汽流的气体中蒸汽流的比和 q_0 的关系为

$$q_0 = \frac{J_{PuO_2}}{J_{UO_2} + J_{PuO_2}} \tag{1}$$

可是,由于 PuO_2 和 UO_2 的蒸汽压不一样,在紧靠燃料热边的燃料成分就不是 q_0,亦即如果 PuO_2 比 UO_2 更不易挥发,那么在气孔前面的含钚量就必然高于 q_0 以保证蒸汽通量之比满足方程(1)。在气孔邻近,钚份额的分布见题图。就像在纯 UO_2 中蒸汽输运的情形一样,UO_2 和 PuO_2 通过气孔内的气体的扩散通量为

$$J_i = \frac{D_g}{kT\delta}(P_i^H - p_i^c) \quad (i = UO_2, PuO_2)$$

式中,D_g 是 UO_2 和 PuO_2 在气体中的扩散系数,p_i^H 和 p_i^c 分别是 i 种物质在气孔的热边和冷边的分压。

假定拉乌尔定律适用于二元固体,因此分压和蒸汽压的关系为

$$p_{PuO_2} = q P_{PuO_2}^0 \tag{3}$$
$$p_{UO_2} = (1 - q) f_{PuO_2}(T) \tag{4}$$

式中,纯 PuO_2 的蒸气压由克劳修斯 - 克拉贝龙方程给出:

$$P_{PuO_2}^0 = A_{PuO_2} \exp\left(-\frac{\Delta H_{PuO_2}}{kT}\right) \tag{5}$$

决定 UO_2 挥发性的函数 $f(T)$ 由下式给出:

$$f_{UO_2}(T) = A_{UO_2} \exp\left(-\frac{\Delta H_{UO_2}}{kT}\right) \tag{6}$$

式中,A_i 和 ΔH_i 对每种物质都是常数,k 是玻尔兹曼常数(即气体常数)

就像气孔在纯 UO_2 中迁移的情形一样,假定气孔很薄,因而在热边的函数 $P_{PuO_2}^0$ 和 f_{UO_2} 可以通过展成单项泰勒级数而用冷边的相应函数来表示。

(1)导出在热边 PuO_2 的浓度增量 Δq 的表达式(用式(5)和(6)的热化学性质、新鲜燃料的成分 q_0、气孔厚度 δ 以及温度梯度的 dT/dx 来表示)。

(2)计算在混合氧化物中和在纯 UO_2 中气孔速度之比[即 $v_p/(v_p)_{UO_2}$]。

(3)求解在运动气孔前面钚的扩散方程,并导出在气孔前面的固体中钚分布的方程。

7.3 某混合氧化物燃料起初含有厚度为 δ、体积为 v_p 的盘状气孔。在单位体积燃料中这种气孔的数目相应于初始孔隙率 P_0(这些气孔是均匀分布在燃料的横截面上的)。当燃料元件投入运行时气孔开始以速度 v_p 运动,即

$$v_p = (v_p)_{UO_2}X$$

式中,$(v_p)_{UO_2}$ 是气孔在纯 UO_2 中的速度,即

$$(v_p)_{UO_2} = \frac{D_g \Delta H_U P_U^0 \Omega}{k^2 T^3}\frac{dT}{dr}$$

X 是对混合氧化物燃料的校正因子,假定这个因子是与温度无关的。在温度梯度下经过时间 t 以后,气孔的迁移造成孔隙率重新分布,如图 7.38 所示。假定通过解气孔守恒方程已求得孔隙率分布 $P(r,t)$。在孔隙率重新分布时气孔的大小和形状不变,因此气孔的浓度 $N_p(r,t)$ 正比于 $P(r,t)$。

我们想利用气孔分布函数 $N_p(r,t)$ 并结合在每个气孔前面钚的分布[方程(7.137)]来确定燃料元件内钚的重布。考虑在半径 r 处的单位体积的燃料。起初这个体积元包含 N_{p0} 个气孔。由于迁移这些气孔离开体积元,于是在后面的固体中由于启动峰(图 7.51)就出现钚含量不足区。在重布过程中的某一时刻 t,体积元内含有 $N_p(r,t)$ 个气孔。由于分布曲线移到气孔前面,这 $N_p(r,t)$ 个气孔中每一个气孔都贡献一个过剩钚原子。

(1)计算每个迁移气孔所输运的过剩钚(即超过初始浓度 q_0 的钚)的量。

(2)计算在对应于气孔浓度为 $N_p(r,t)$ 或气孔率是 $P(r,t)$ 的时间和位置在所论体积元的固体内钚的平均份额。

7.4 根据 Hirth – Pound 模型导出凝结系数 α。注意 $\nu_1 \exp(E_b/kT)$ 这个量是在完整晶面上原子的平均解吸期的倒数。

7.5 考虑一块初始孔隙率为 P_0、厚度为 L_0 的燃料板。在 $t=0$ 时穿过薄板作用一个固定的温度梯度 dT/dx。在随后消除气孔的过程中,温度梯度由下式确定:

$$T(x) = T_s + \left(\frac{dT}{dx}\right)x$$

式中,x 是离板的冷边的距离,T_s 是在 $x=0$ 处的温度。

(1)假定每个气孔的速度为

$$v_p = v_p^+ \exp\left(-\frac{\Delta H_{vap}}{kT}\right)\left(\frac{dT}{dx}\right)$$

式中,v_p^+ 是常数。试导出气孔从温度为 T 的地方运动到温度为 $T'(T' > T)$ 的地方所需的时间。请采用在方程(7.83)后面正文中所描述的近似方法。

(2)利用(1)的解确定在加了温度梯度以后的时刻 t 燃料板的厚度。

7.6 计算并画出初始晶粒度 $d_0 = 9\ \mu m$ 的 UO_2 压块在没有中子辐照下退火时和在裂变密度为 6.1×10^{12} 裂变·cm^{-3}·s^{-1} 的堆内退火时晶粒长大曲线(即晶粒度 – 时间曲线)。温

度是 1 600 K。

7.7 为了研究模拟的金属裂变产物夹杂物在 UO_2 中的迁移情况,进行了下述实验。将金属颗粒夹在两块 UO_2 之间,然后将组件放入具有线性温度分布(即 dT/dx 是常数)的炉子内,温度梯度方向垂直于金属颗粒的初始沉积面。在初始沉积处的温度为 T_0。在温度梯度的影响下金属颗粒通过表面扩散机理(也就是推动裂变气泡沿温度梯度方向运动的同样机理)运动到 UO_2 的热区。假定沿着夹杂物 – 基体界面的温度分布和埋在固体内的气泡的情形相同。

(1)半径为 R 的单个金属颗粒在时间 t 时运动到离初始位置($x=0$)多远的地方? 利用方程(7.83)后面的近似方法。

(2)金属粉末中的粒度分布 $f(R)dR$ 给出,$f(R)dR =$ 半径在 R 到 $R+dR$ 之间的颗粒数。试问在时间 t,颗粒按距离的分布 $g(x)dx$ 如何?($g(x)dx$ 代表在薄层 x 到 $x+dx$ 之间的颗粒数)。

7.8 分析 UO_2 中一个厚度为 δ 的透镜状气孔。在垂直于气孔表面的方向温度呈线性分布($dT/dx =$ 常数)。在初始气孔位置的温度为 T_0,气孔内初始惰性气体压力为 p_0,由于温度梯度,气孔朝着燃料的热区运动,燃料中含有均匀浓度 C_0(裂变气体原子/厘米^3)的裂变气体。当气孔迁移时,起初吸附在燃料中的气体就成为气孔中所含气体的一部分。假定气孔是通过蒸气输运机理运动的,试导出气孔速度公式。假定所有必需的常数都是已知的,气孔在迁移时厚度不变,而且气孔中的气体可视为理想气体。

7.9 在新近进行的一些二氧化铀细棒辐照实验中,线功率足以引起燃料棒中心区的某些燃料溶化。这些实验表明,熔融的燃料会沿中心空洞方向聚集成间距为 21 的一些塞子[见题图(a)]。当(a)图所示的燃料在低于熔化所需的线功率下重新辐照时,塞子就逐渐消失,最终形成完整的中心空洞[见题图(c)]。题图(b)指出了中间阶段的几何形状,最右边的图是正在变化的结构的一个重复单元的放大图。人们相信重构过程是由 UO_2 的蒸气输运引起的。

(1)定性解释为什么蒸气输运能将燃料由题图(a)所示结构变成题图(c)所示结构。

(2)建立定量描述恢复过程的合适的热输运和质量输运方程,并指出微分方程的必要边界条件。所需的假设条件如下:

①燃料表面温度 T_s 和轴向位置无关;

②固体燃料的功率密度 $H(W/cm^3)$ 处处恒定;

③燃料的热导率 k 是常数;

④燃料行为和纯 UO_2 一样(纯 UO_2 的蒸气 – 压力 – 温度关系 $P(T)$ 是已知的);

⑤UO_2 在包含于中心空洞内的惰性气体中的扩散系数是已知的。

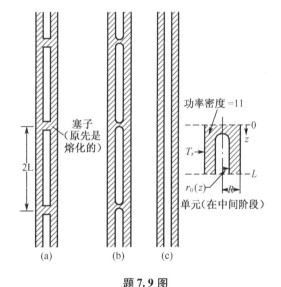

题 7.9 图

(a)初始阶段;(b)中间阶段;(c)最终阶段

第 8 章　辐照硬化、脆化和断裂

　　金属材料受高能射线辐照后,会产生大量的辐照缺陷,金属材料组织发生很大变化,如出现辐照空洞、辐照析出,同时材料的性能出现诸如辐照硬化、辐照脆性、辐照蠕变和辐照疲劳等各种现象。高能中子辐照除了产生缺陷,还会引起核嬗变反应,使材料原子的原子核发生变化,同时这些嬗变核的反冲亦造成一定损伤。有些核素对热中子亦能产生核嬗变,同样产生杂质(如氦和氢),和嬗变核的反冲产生损伤。

　　如在第 6 章阐述的,辐照缺陷经过复合、聚集和演化,形成一些稳定的缺陷和一些合金元素的偏析及新相,它们有点缺陷、空位团、间隙原子团、位错环、层错四面体、空洞、碳化物沉淀物、氦气泡和一些新相。这些与射线种类、能量和材料成分结构有关。如奥氏体不锈钢,常用于堆芯的结构材料,沸水堆、快中子堆的元件包壳材料,核聚变装置的结构材料等,它具有面心立方(fcc)晶体结构,有良好的高温蠕变强度,并能抵抗高温水、液体钠和亚化学计量混合氧化物燃料的腐蚀作用。另外,它比其他特异金属(如锆合金、镍合金)要便宜,有足够数量供应各种需要,并易于成型。但是奥氏体不锈钢辐照下很容易形成空洞发生肿胀,并且合金中组元和中子反应而生成氦,导致高温氦脆,另外还有相不稳定性问题。钒基合金和马氏体钢,具有体心立方(bcc)结构,它们都比奥氏体不锈钢更抗辐照肿胀和耐氦脆,具有高的热导和抗高温水、液体钠和亚化学计量混合氧化物燃料的腐蚀作用,且可以制备成低活性的马氏体钢(钒合金本身就是低活性材料)为聚变堆的结构材料。钒基合金价格高,尚未进入工业规模生产,而马氏体钢存在辐照脆性,并需要改善高温蠕变性能。另一种重要的材料是压水堆的压力壳钢材料,它是铁素体钢,具有 bcc 点阵结构,同样存在辐照脆性。这三种类型钢的成分列于表 8.1 ~ 8.3。

表8.1　奥氏体不锈钢的成分

元素	304 型/%(质量分数)	316 型/%(质量分数)	元素	304 型/%(质量分数)	316 型/%(质量分数)
Fe	70	65	S	0.02	0.02
Cr	19	17	Si	0.5	0.3
Ni	9	13	B	0.000 5	0.000 5
C	0.06	0.06	N		0.03
Mn	0.8	1.8	Mo	0.2	2.2
P	0.02	0.02	Co		0.3

表8.2　压力容器钢的成分

元素	A302 - B 型/%(质量分数)	A212 - B 型/%(质量分数)	元素	A302 - B 型/%(质量分数)	A312 - B 型/%(质量分数)
Fe	97	98	S	0.02	0.03
C	0.2	0.3	Cr	0.2	0.2
Mn	1.3	0.8	Ni	0.2	0.2
P	0.01	0.01	Mo	0.5	0.02
Si	0.3	0.3			

表 8.3 低活性马氏体钢的成分/%（质量分数）

元素	CLAM	F82H	JFL－1	EUROFE97	9Cr－2WVTa
Cr	8.50～9.50	7.5～8.5	9.0	8.50～9.50	9.0
C	0.08～0.12	0.08～0.12	0.1	0.09～0.12	0.10
W	1.3～1.7	1.8～2.2	2.0	1.0～1.2	2.0
V	0.15～0.25	0.15～0.25	0.20	0.15～0.25	0.25
Ta	0.1～0.2	0.01～0.06	0.07	0.05～0.09	0.07
Mn	0.4～0.6	0.05～0.20	0.65	0.20～0.60	0.40
Si	<0.01	0.05～0.20	0.08	<0.05	0.30
Ti	<0.01	0.004～0.012		<0.01	
O	<0.002	<0.01		<0.01	
N	<0.002	<0.02	0.05	0.015～0.045	
S	<0.003	<0.01		<0.005	
P	<0.005	<0.01		<0.005	
Al	<0.01	<0.1		<0.01	
Cu	<0.005	<0.05		<0.005	
Ni	<0.005	<0.10		<0.005	
Nb	<0.001	<0.002		<0.001	
Mo	<0.005	<0.05		<0.005	
B	<0.001	<0.001		<0.001	
Co	<0.005	<0.01		<0.005	
Ag		<0.05		Ag＋Sn＋Sb＋Zr<0.05	
Sn		<0.004		Ag＋Sn＋Sb＋Zr<0.05	
As		<0.005		Ag＋Sn＋Sb＋Zr<0.05	
Sb		<0.004		Ag＋Sn＋Sb＋Zr<0.05	

　　金属材料的断裂形式与温度有密切关系,低温时一般是脆性断裂,高温时则是韧性断裂。除了面心立方(fcc)金属,其他的金属韧性随温度下降,可能在某一特定温度附近有韧性断裂－脆性断裂的突然变化,也就是说只要低于该温度,金属的面缩率、延伸率或冲击韧性将会急剧下降,这个转变温度称为韧脆转变温度(Ductile Brittle Transition Temperature,DBTT)。在落锤冲击试验中采用无韧性转变温度(Nil Ductility Temperature,NDT),二者有相当好的对应关系。如果材料的使用温度低于韧脆转变温度,材料有可能发生脆性断裂,脆性断裂一般在很短时间内发生,而且没有先兆,常常造成灾难性的事故。为了确保安全,工程上明确规定核电站压力壳材料的韧脆转变温度必须比使用温度低33 ℃以上。而铁素体钢材经过中子辐照,它的韧脆转变温度将向高温方向移动,出现了脆化,称为辐照脆性。对于压力壳钢的辐照脆性来自材料中的微量铜元素的析出,辐照前固溶在具有体心立方结构基体中微量铜元素,在辐照缺陷的帮助下,离开原来的位置,相互聚集并形成极小的面心立方结构的析出物,这些析出物的形状像圆盘或圆球。圆盘的直径一般为20 nm左右,厚度只有1～2个原子。圆球的直径也只有20 nm左右。由于每个析出物的尺度很小,所以材料中只要有微量的铜元素存在,辐照后产生的铜析出物的数目就可能非常大。最近有报道认为,固溶在体心立方结构基体内的铜首先以9R双晶结构析出,这是一种马氏体相变。这种析出物的尺寸一般为

6 ~ 15 nm。当它继续长大到一定尺寸时,就会转变成面心立方结构。铜元素与辐照脆性的对应关系的发现,对于核电站压力容器材料的研究开发起了很大作用,20 世纪 70 年代以后建造的核电站,其压力容器材料的含铜量都受到了严格的限制。除了铜外,影响辐照脆性的还有其他杂质元素,如 P,S,As,Sn,Su,其中 P 的影响更大一些。人们发现,在铜的析出物附近,常有 P 元素出现,所以认为 P 可能是通过促进铜元素析出而间接地促进材料辐照脆化。辐照脆化与辐照温度有关,在 300 ℃辐照与 200 ℃辐照相比,脆化量要小许多,因为高温下辐照缺陷在相当程度上得到了回复。尽量降低材料中 Cu 的残余含量是制造合格的压力容器的需要,也是现在材料设计中减轻辐照脆化的主要方法,但是铜含量降到一定量,继续降低在冶金工艺学上困难很大。因此有必要研究铜析出的规律,以及其他合金元素对铜析出过程的影响,以期找到抑制铜析出的新办法。

辐照硬化通常是指屈服应力和拉伸极限的提高,二者都是快中子剂量和温度的函数。屈服强度和拉伸极限都是在形变产生于高应力和相当高的形变速率下的实验中测得的。但是,更确切地代表燃料元件包壳强度的则是金属对低速蠕变的抗力,因为包壳受到的内负荷从来就不会超过屈服应力。金属的蠕变强度一般是以恒负荷下达到断裂所需要的时间来度量的(即持久试验)。

金属的脆化可以用在断裂以前它所发生的塑性变形量或蠕变量来度量。快中子辐照总是使金属的塑性比没有辐照时要差些。断裂可以是脆性的,这是一种达到失稳状态的一个具有临界尺寸的小裂纹迅速地扩展到整个部件导致的断裂;或者也可以是发生在应力长期作用并且有了相当的变形量之后的断裂。持久试验中的破断是在金属的内部多处产生了小的晶间裂纹或空腔,然后它们被联结起来导致断裂。

8.1　钢的显微组织在中子辐照下的演变

受到中子轰击的金属,其中由辐照而产生并导致力学性质变化的实体,可以用电子显微镜来加以辨认并定出数量和尺寸。当能量为几十万电子伏特的电子束通过一个金属薄样时,某些电子透过了薄膜,某些电子则发生衍射,后者就像 X 光被晶体表面的一系列平行原子面所衍射一样。由于样品足够薄(100 ~ 500 nm),而且电子束又准直得很好(斑点只有几微米),所以探测到的只是一个晶粒的一部分。就在材料的这一单晶体区域内,某些原子面的位向可以适合于使入射电子束衍射。衍射束相对于入射电子束的角度可以根据布拉格条件确定,受制于入射电子的德布罗意波长以及固体中的原子面间距。透过束的强度被减弱了多少要看它所经过的固体满足布拉格条件并产生强衍射的程度。图 8.1 是透射电镜明场装置成像的示意图。透过的电子由静电透镜在孔径处聚焦在一起。调整孔径的位置使其只能透过透镜电子而挡住了衍射束。任何局部破坏了晶体点阵完整性的缺陷也将使这一地点的衍射条件发生改变。当缺陷周围原子面的位向和(或)间距比完整晶体中的原子面能更好地满足布拉格条件时,那么缺陷周围的原子面将比完整晶体的那些面产生更强烈的衍射。参看图 8.1,如果 $I'_D > I_D$,则缺陷附近的透过束将弱于完整晶体的透过束。此时,在光阑后面的底板上,缺陷将在亮的背景中呈现一个暗影,影像的反差正比于 $I_T - I'_T$。这样的影像代表三维晶体缺陷的投影像。吻合不好的原子面(如晶界近处或层错)或由于应变场而受到扭曲的晶体区域(如位错周围)能产生干涉因而可以成像。

充有气体的平衡气泡(即气压和表面张力相平衡)并不使其附近的固体发生应变,所以附近固体的行为就像没有扭曲的晶体一样。即使空腔中没有气体（即孔洞），缺陷附近的应力场也是可以忽略的。气泡和空洞所以能被探测到是因为电子束经过空腔时比经过一段完全是固体组成的薄膜时要得到较少的吸收。

图 8.2 表示用于快堆燃料元件包壳的一种典型奥氏体不锈钢的显微组织。图 8.2（a）是抛光样品的一般光学显微照片，可以清楚地看到平均大小为 25 μm 的晶粒。图 8.2（b）是透射电镜的照片，其中只有加工状态金属所有的位错网线段。

8.1.1　黑斑结构

图 8.3 是不锈钢样品在约 100 ℃ 辐照后的显微组织，快中子剂量约为 $10^{21}\,\mathrm{cm}^{-2}$。这种条件下所产生的缺陷在电镜照片中呈现为一些黑斑。因缺陷太小，电镜不足以揭示它的结构，但是，据信这些缺陷代表辐照损伤理论所预言的贫原子区或空位团（见图 4.21）。只要辐照温度低于 350 ℃，增大剂量只是简单地使黑斑损伤的密度增加。

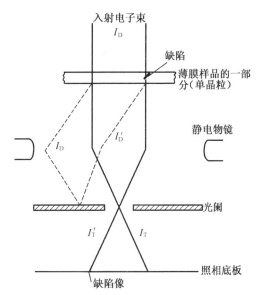

图 8.1　电镜明场成像的示意图

（I_T 和 I_D 表示入射电子经过完整晶体区域时的透过束强和衍射束强；I_T' 和 I_D' 表示经过缺陷区域得到的相应强度）

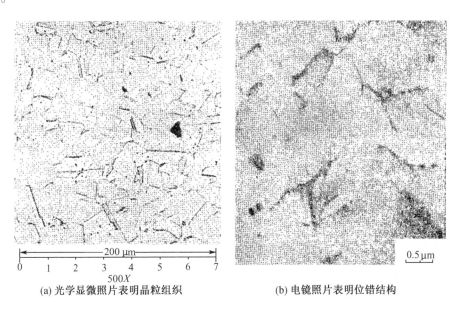

(a) 光学显微照片表明晶粒组织　　　　(b) 电镜照片表明位错结构

图 8.2　304 型不锈钢未辐照时的显微组织

当辐照温度在 350 ℃ 以上时，显微组织的性质和低温辐照特征的黑斑形式完全不一样了。在 350 ℃ 以上辐照的不锈钢中，由碰撞序列所产生的缺陷有足够的活动能力，它们能在固体中运动并聚集成较大的缺陷团。位错环和空洞组成了损伤的结构。

8.1.2　位错环

辐照产生的空位或间隙原子凝聚在一起形成近似圆形的片,盘片附近的原子面再塌陷下来,这样产生的缺陷聚集形态通常称作环。图8.4(a)和8.4(b)表示空位环的形成过程,间隙原子的形成过程则表示于图8.4(c)和8.4(d)中。凝聚－塌陷的最后结果是造成了一个区域,其边缘就是圆形的刃形位错。对于 *fcc* 结构,环总是在{111}面上形成。当聚集成一个间隙原子片或者空位片时,就等于塞进或是去掉了一个(111)面,因而完整的密排结构的堆垛顺序就受到扰乱。所以圆刃形位错所封闭的区域就是一个层错。

8.4(b)和8.4(d)两图中的位错环叫作Frank 定位错,或简称 Frank 位错。所谓"定"就是不能移动的意思。因为位错所包围的是层错区,所以 Frank 环也叫作层错环。Frank 位错的柏氏矢量和环面相垂直,它的大小等于(111)面的面间距。用符号表示这一柏氏矢量就是

$$\boldsymbol{b} = \pm \frac{a_0}{3}[111] \qquad (8.1)$$

其方向由方括号中的密勒指数所表示。前面的符号取决于环是由空位还是由间隙原子形成的。柏氏矢量的长度等于密勒指数平方和的平方根再乘以系数 $a_0/3$,等于 $(a_0/3)\sqrt{3} = a_0/\sqrt{3}$。

刃形位错只能沿它的柏氏矢量的方向进行滑移。和环面相垂直的圆柱面是环能够运

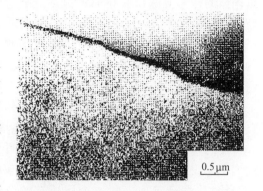

图 8.3　93 ℃辐照后的 304 型不锈钢的显微组织

[引自 E. E. Bloom, W. R. Martin, J. O. Stiegler, and J. R. Weir, J. *Nucl. Mater* ,. 22 :68(1967)]

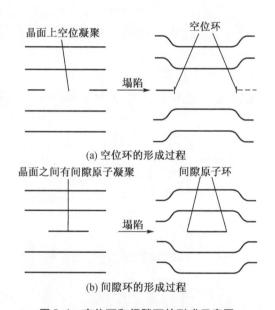

(a) 空位环的形成过程

(b) 间隙环的形成过程

图 8.4　空位环和间隙环的形成示意图

动的面,但并不是 *fcc* 的滑移方向⟨110⟩。因此 Frank 位错环不能沿它的柏氏矢量运动,故称不动位错或定位错。但环可以通过吸收或释放点缺陷(即通过攀移)来变化它的直径。同类点缺陷的净增将使环增大,而在吸收相反类型的点缺陷时将使环缩小。可以通过环面上下两部分晶体的相对滑动而使层错消除,而另一个称作 Shockley 位错的位错扫过层错区域时就可以造成这种滑动。Shochley 位错与 Frank 位错互相反应后形成了另一个位错,它的位置仍是原来的 Frank 环的位置,但位错环的内部现在和邻近的(111)面构成了完好的堆垛顺序。不锈钢的这种去层错过程在约 600 ℃时可以自发地发生。去层错以后的位错环其柏氏矢量为

$$\boldsymbol{b} = \pm \frac{a_0}{2}[110] \qquad (8.2)$$

这个柏氏矢量在 *fcc* 点阵中是可以产生滑移的[图 8.5(a)],因而环变成可移动的了。当它通过滑移而运动时,它将扫过一个和(111)面成一定倾角的柱面。由于滑移格式的这种形状,所以去层错后的环也常叫作棱柱位错环。它和图 8.6 中剪切位错环的区别就在于柏氏矢量相对于位错环面的角度不一样。剪切环的柏氏矢量位于环面上,而棱柱环的柏氏矢量位于环面以外。由式(8.2)给出的去层错位错环是一种全位错,即沿滑移面运动的结果将使原子的位置仍然等同于原先所占有的位置。由 Frank 定位错环所代表的位错不具有这一特征,因而 Frank 环被称作不全位错。

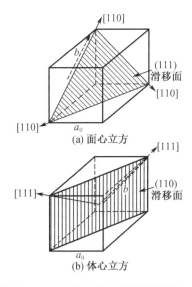

图 8.5　立方晶体中的滑移面和滑移方向

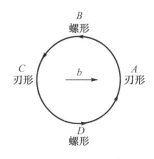

图 8.6　一个滑移面上的位错环

层错的和非层错的位错环分别如图 8.7(a),8.7(b)所示。图 8.7(a)的层错环,由于所包围的是层错区,故而在电镜下表现为遮光的圆片。去掉层错区后,环内部和环外固体完全一样,只有环的轮廓线被保留下来(见图 8.7(b))。由于非层错位错环式是动的,它们在作用应力下滑移很容易消失掉原有的明显圆形,并且和自然的或变形的位错网搅在一起。辐照固体的环在约 600~650 ℃时消失。

(a) 层错环　　　　　　　　　　　　　　　(b) 非层错环

图 8.7　304 型不锈钢中的位错环

(引自 E. E. Bloom,J. O. Stiegler. ASTM Special Technical Publication ASTM,Philadelphia,1970,484:451)

8.1.3　层错四面体

层错四面体(Stacking Fault Tetrahedral,SFT)是面心立方晶体中常见的一种空位聚合体(空位团)的晶体缺陷结构。如果三个空位组成一个平面三角形,以此三角形作为四面体的底面,位于四面体顶点位置的原子往下移动一点位置,就形成了一个最原始的三空位四面体的晶格缺陷。这个三空位四面体的顶点由四个空位组成,中心有一个填隙原子[见图8.8(a)]。由四个空位型的层错环组成的四面体称作层错四面体。层错四面体的结构与图8.8(a)的三空位四面体相似,只是每一个面不再仅仅是三个空位,而是一片较大的层错。层错四面体中心也不再只是一个原子,而是一块四面体形状的晶体。图8.8(b)是在电镜下观察到的金晶体中从1 000 ℃淬火得到的层错四面体的图像。

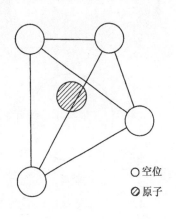

○空位
⊘原子

(a) 三空位四面体示意图　　(b) 从1 000 ℃淬火的金中的层位错四面体电镜照片

图8.8　层错四面体

层错四面体有两种形成方式,一是由六角型空位聚集体形成;二是 $\boldsymbol{b}=1/3\langle111\rangle$ 的夫兰克位错环分解成面角位错和肖克莱不全位错:

$$\frac{1}{3}[111]\longrightarrow\frac{1}{6}[101]+\frac{1}{6}[121]$$

然后通过上述位错分解反应形成的肖克莱不全位错相互吸引发生下面的位错反应:

$$\frac{1}{6}[121]+\frac{1}{6}[\bar{1}\,\bar{1}\,\bar{2}]\longrightarrow\frac{1}{6}[01\bar{1}]$$

形成面角位错,最后形成层错四面体。利用汤普森位错反应四面体模型,可以比较清楚地解释上述两个位错反应。通常组成层错四面体的都是空位型层错环,虽然理论上并未排除由填隙型层错环组成层错四面体的可能性,但实验上还未观察到这种层错四面体。最近有研究表示观察到了填隙型层错四面体,但进一步的实验仍然给予了否定。由于层错四面体是由空位型层错环组成的,所以四面体的内部并不是空心的,而是有一块四面体形状的晶体。淬火、塑性变形以及各种辐照都能够产生层错四面体。一般情况下,层错四面体一旦形成,便非常稳定。受到层错能的限制,层错四面体的尺寸有一个上限,不能无限制长大。一般情况下,层错四面体的边长不超过 50 nm。

8.1.4 空洞

图 8.4(a)中空位聚集体的胚胎在某些情况下能按三维的方式长大而不是塌陷成为位错环,这一途径将导致金属内产生空洞以及随后的肿胀。不锈钢于 525 ℃受到高剂量快中子照射后的空洞可见图 8.9。空洞不是球形的,它们以正八面体的形状出现,以{111}面作为表面。不过八面体的顶角被{110}面截去。在约 750 ℃时空洞可从微观组织中退火掉。对于晶体来说,空洞并不一定是能量最低的空位聚集方式,但在辐照时,大多数材料中都会出现空洞。空洞和层错四面体都是由空位聚集形成的二次缺陷。层错四面体易在较低的温度下形成,而空洞则易在较高的温度下形成。

8.1.5 碳化物沉淀物

在纯金属里中,中温辐照只产生空洞和位错环。

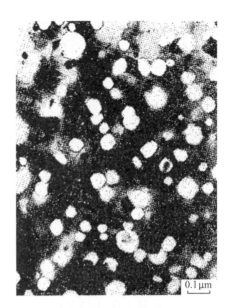

$E > 0.1$ MeV,空洞平均直径 64 nm,
空洞数密度 4.4×10^{14} 个/cm³

图 8.9 316 型不锈钢样品在 525 ℃辐照到 7.1×10^{22} cm^{-2}

[引自 W. K. Appleby et al. , in *Radiation – Induced Voids in Metals*, Albany, N. Y. , James W. Corbett and Louis C. Iannlello（Eds.）USAEC Symposium Series, CONF – 710601, 166, 1971]

但在像不锈钢这样复杂的材料里,中子辐照也将导致不同固相的沉淀。碳是在熔融的钢中加入的,那时碳的溶解度大。不论是在固态或是在液态钢中碳的溶解度都随温度的降低而急剧下降。但是如果钢从液态迅速淬冷,固体中原子的可移动性很快降低,碳的析出在动力学上就跟不上。钢中 0.06%(质量)的碳(见表 8.1)以原子形态保留在过饱和的固溶体中,如将钢再加热到原子可动性相当大而又仍是过饱和态的温度时,碳能从固溶体中被赶出来并在金属中形成第二相。钢在时效过程中(即在高温长期加热)其中溶解的碳可和基体元素铁和铬相互作用生成化合物 $M_{23}C_6$(M = Cr 及 Fe),这个化合物不溶于奥氏体或 γ 相,反应式为

$$23M(\gamma) + 6C(\gamma) \Longrightarrow M_{23}C_6 (混合碳化物)$$

式中,γ 表示奥氏体,所形成的碳化物是 $Fe_{23}C_6$ 和 $Cr_{23}C_6$ 的混合体。由于铬是强烈的碳化物形成元素,因此混合碳化物中主要是 $Cr_{23}C_6$。至于不锈钢中的组分镍,它并不形成稳定碳化物。

中子辐照可以加速扩散过程,扩散过程控制了点阵中原子的活动能力,从而也控制了上述析出反应的动力学。比起没有辐照时,碳化物的析出将在低得多的温度和短得多的时间内发生。辐照加速析出反应只是在热力学上宜于发生反应的情况下才行。如果辐照温度高于碳溶解度极限等于钢中含碳量的温度,那么辐照就不能引起析出。例如,对含碳量 0.06%的 316 不锈钢来说,温度高于约 900 ℃时碳化物析出在热力学上就不利了。温度如低于 400 ℃,扩散过程太缓慢(即使有辐照促进),就不能在合理的辐照时间内观察到析出。但在 400 ~ 900 ℃之间将奥氏体不锈钢辐照到快中子剂量为 $10^{21} \sim 10^{22}$ cm^{-2} 时将产生碳化物析出。图 8.10 是一张

电镜照片,表示 316 不锈钢中的碳化物析出。碳化物颗粒在 γ 相(奥氏体)晶粒内部有,在晶界上也有。晶界上存在沉淀物会对合金的蠕变强度产生影响。

8.1.6　氦气泡

当温度高于 800 ℃左右,辐照后的钢中没有位错环和空洞。在显微组织中除了晶界、位错(原有的位错网再添有非层错环)和碳化物的沉淀物之外,还含有小的充满氦的气泡。氦是由钢中的杂质硼,还有主元素(主要是镍)参与(n,α)反应而生成的。如温度低于约 650 ℃,α 粒子在材料内受阻而形成的氦没有足够的可动性因而不能使气泡形核,结果氦就处于溶解状态不能被电镜观测到。在高温时,金属内形成氦泡,就像陶瓷燃料材料内形成裂变气体气泡一样。金属中的氦气泡近乎球形,这意味着气体的内压力和表面张力二者近于平衡。图 8.11 表示 800 ℃不锈钢中的氦泡。此例中氦是用回旋加速器引入样品里的。晶界上的气泡要比晶内的大些。晶间的氦对不锈钢的高温脆化起着重要作用。除非加热到溶化,否则氦泡是不能通过退火从金属中去除的。

图 8.10　溶解处理后的 316 型不锈钢于 850 ℃辐照至 5.1×10^{22} cm^{-2},晶界上有几乎连续的 $M_{23}C_6$ 析出

8.2　力学性质试验

很多阐明中子辐照对结构金属影响的力学实验是在辐照之后用冶金上常规的试验机来进行的。通常是将样品在已知能谱的中子通量中照射到一定的时间,然后取出做试验。至于大中子剂量(即很长期照射)的效应可以利用拆换堆芯部件之便,将其加工成试样进行研究。除了操作和屏蔽放射性试样带来的问题以外,照射后试验就是常规试验,这样能迅速、经济地积累大量的力学性质数据。

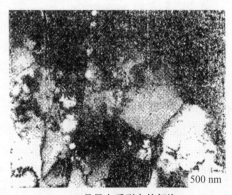

(a) 晶界上看到大的氦泡

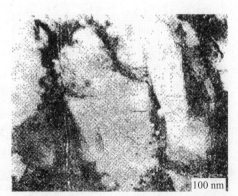

(b) 晶界上有大的氦泡,基体内有小一些的氦泡

图 8.11　不锈钢注入 5×10^{-5} 原子份额的氦的透射电镜照片(试验温度为 800 ℃)

结构钢辐照后的力学性质取决于辐照温度。从堆内取出试验再进行实验,这不可避免地将引进一个附加参数,但这种附加的自由度常常是有价值的,将一定温度下辐照的样品放在一系列温度下作拉伸实验可以提供有关缺陷热稳定性知识,这些缺陷影响着辐照引起的强度变化。但是,对某些性质来说,堆外实验,即使是实验温度等于辐照温度,也不能恰当地代表金属在堆内工作环境中的行为。可以用边辐照边进行力学试验的办法来解决这一复杂性,但是这样的试验总是困难并且昂贵的。通常,堆内试验只限于量测那些既和中子总剂量又和中子通量紧密相关的性质,如辐照蠕变。

本节将介绍用来研究辐照结构钢的某些常规性力学性质试验。

8.2.1 拉伸试验

拉伸试验是向棒状或条状样品施加单向载荷,并将不同载荷下的伸长量加以测量(图 8.12)的实验。样品的原始长度为 l_0,原始截面为 A_0,当加上拉伸载荷 P 时,长度增加到 l,截面积减小到 A。负荷和原始截面的比值即为 P/A_0,在试验中称作工程应力。拉伸真应力则是根据样品的实际截面求出的,即

$$\sigma = \frac{P}{A} \tag{8.3}$$

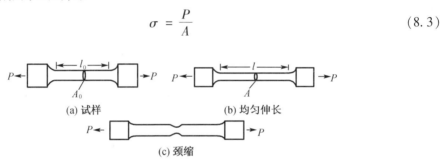

(a) 试样   (b) 均匀伸长

(c) 颈缩

图 8.12 拉伸试验

工程应变是伸长量除以样品的原始长度,即 $(l-l_0)/l_0$,而真应变则是应变增量的积分:

$$\varepsilon = \int_{l_0}^{l} \frac{\mathrm{d}l}{l} = \ln\left(\frac{l}{l_0}\right) \tag{8.4}$$

真应变总是比工程应变大一些。由式(8.4)定义的真应变和弹性理论中常用的应变分量并不等同。位移和微分应变分量之间的关系可根据泰勒级数展开求出,展开时略去应变分量的乘积项。式(8.4)所表示的应变可以适用于进入塑性区的拉伸试验中的有限形变,也称作对数应变。

在弹性应力区域,真应力真应变曲线遵从胡克定律,在单向拉伸试验中即 $\sigma = E\varepsilon$。不过,拉伸试验一般是用来研究应力远大于胡克定律所适用的数值时的金属行为的。由于变形主要是通过剪切产生的,因此在拉伸试验中大的不可逆的塑性变形发生于体积基体不变的情况下。既然样品体积恒定,面积缩减和样品伸长之间就有以下关系:

$$Al = A_0 l_0$$

或

$$\frac{\mathrm{d}l}{l} = -\frac{\mathrm{d}A}{A} \tag{8.5}$$

因而,真应变可以表示为

$$\varepsilon = \int_{A_0}^{A} \left(-\frac{\mathrm{d}A}{A} \right) = \ln\left(\frac{A_0}{A} \right) \tag{8.6}$$

上述一些式子无保留地适用于沿试样整个长度各处断面收缩都是一样的变形阶段,这种变形形式称作均匀伸长[见图 8.12(b)]。等达到某一定载荷时,试样一个局部地区的截面积要比棒的其余部分收缩得快[见图 8.12(c)],这一现象叫作颈缩,开始发生颈缩时的应力或应变即是塑性失稳点。

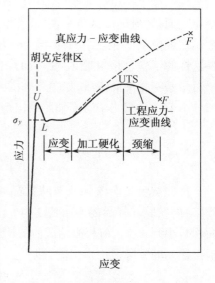

图 8.13　铁素体钢的应力应变曲线

一个典型的低合金钢(未辐照)的应力应变曲线如图 8.13 所示。这种曲线的一般形状是多数 *bcc* 结构金属的特征。实线代表工程应力应变曲线,即用 P/A_0 和 $(l-l_0)/l_0$ 作出的图。在达到 U 点之前材料按胡克定律弹性变形,到 U 点时样品发生屈服。接着载荷随样品伸长(直到 L 点)而下降。U 点和 L 点分别称作上屈服点和下屈服点。对一个材料所报道的屈服强度通常是指下屈服点的应力。在紧接 L 点之后的一小段应变中,塑性变形是在不增大载荷的情况下发生的,这一阶段叫作 Lüders 应变。表征 Lüders 应变区间的应力水平基本上和下屈服点相等,有时候又叫作材料的流动应力。

Lüders 应变之后是一个要进一步增大应变就得增大应力的区域,应力应变曲线的这一段叫作应变硬化或者加工硬化区域,因为作为变形过程的结果是材料变得更硬了。应力应变曲线的加工硬化部分终止于塑性失稳点,这一点标作 UTS,代表拉伸极限应力,这一点也代表着样品承受最大载荷的能力。在形变当所有时刻,载荷等于实际截面面积和真应力的乘积,或 $P = \sigma A$。在 UTS 点,$\mathrm{d}P = 0$,或

$$\frac{\mathrm{d}\sigma}{\sigma} = -\frac{\mathrm{d}A}{A}$$

根据式(8.6),$-\mathrm{d}A/A = \mathrm{d}\varepsilon$,故发生在 UTS 的颈缩起始点应是处在真应力应变曲线上的一点,此时

$$\frac{\mathrm{d}\sigma}{\mathrm{d}\varepsilon} = \sigma \tag{8.7}$$

直到塑性失稳点,可以利用式(8.3)和(8.4)将真应力应变曲线做出来(图 8.13 中的虚线曲线)。到了颈缩时,如果认为标距 l 就是样品的总长,那么式(8.4)就不适用了。不过,我们从来没有指定 l 必须是试样的整个长度,它很可能选作是正好在颈缩区的一小段,在这一小段中伸长是均匀的。实验上要测量一个很小的标距的长度变化是困难的,但是式(8.6)是可以适用于颈缩区的,只要面积 A 就是样品颈缩最厉害的那部分的断面面积的话。因此,应用式(8.3)和(8.6)并取颈缩处的面积作 A 就能将真应力应变曲线从 UTS 再延长到断裂(F 点)。断裂时的真应变和真应力总是要比工程应变和应力要大,但是在小应变的情况下,两种应力应变曲线的差别可以忽略不计。例如,屈服点用哪一种曲线上所代表的都可以,差别不大。

图 8.14 表示一个典型的奥氏体钢的拉伸行为。图 8.13 及图 8.14 中两类应力应变曲线的主要差别是图 8.14 中不存在明确的屈服点。对于大多数 *fcc* 结构的金属来说,应力增加时

应力应变曲线总是不断地与胡克定律相偏离，因而不可能指出一个明确的塑性变形开始发生的应力数值，也就是说，金属并不是以一种毫不含糊的方式发生屈服的。因而对这些金属，人为规定在拉伸试验中当永久变形达到 0.2% 时就是屈服（或塑性变形开始）了。这一应力，在图 8.14 中标作 σ_y，叫作金属的 0.2% 残余变形屈服强度。

延伸率或是用断裂真应力与屈服应力之间的应变量（$\varepsilon_F - \varepsilon_Y$）来度量，或是按更加常用的方式以颈缩以前的总均匀伸长来度量。脆化意味着这两种延伸率中任一个变小了。一个脆性材料就是刚要屈服就断裂了，或者对没有明确屈服点的材料来说，就是还不到 0.2% 永久应变就破断了。

在拉伸试验里变形的速率，或应变速率，将

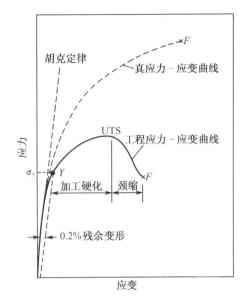

图 8.14　奥氏体钢的应力应变曲线

影响图 8.13 和图 18.14 中的应力应变曲线。低的应变速率将使屈服应力下降，因为低应力值下位错的慢运动足以表现为塑性变形。对于未辐照的钢来说，延伸率不大受应变速率的影响。

常规拉伸试验的典型应变速率约为 0.01/min。这个数值也大致等于典型反应堆功率瞬变（停堆、开堆、功率循环）时在包壳中引起的变形速率。如果把试验的应变速率降到 10^{-4}/min，并且试验温度很高，就称为蠕变断裂试验。这个应变速率也是堆内燃料肿胀在包壳中引起的典型应变速率。

8.2.2　管子爆破试验——双向应力状态

上面讨论的拉伸试验在实验上是测量金属力学性质的一种方便的方法，而且由于应力张量里只有一项不为零，即沿加载方向的正应力，这就简化了对应力应变曲线的理论分析。不过，元件包壳受到内部裂变气体的压力和燃料肿胀的作用，它的应力状态更加类似于一个长形薄壁管柱两头封住，内充气压时的应力状态。包壳在长期受到远低于屈服点的应力作用之后，它的破坏是蠕变断裂，因此人们对辐照前后的钢管就进行了很多蠕变断裂试验，方法就是在封闭的管材中充惰性气体加压。这种试验方法称作管子爆破试验。

根据弹性理论，内充气体压力为 P 的封闭管，其正应力为

$$\sigma_\theta = \frac{pD}{2t} \tag{8.8a}$$

$$\sigma_z = \frac{pD}{4t} \tag{8.8b}$$

$$\sigma_r \approx 0 \tag{8.8c}$$

式中，D 为管子直径；t 为壁厚，$t \ll D$。对应于普通弹性理论的径向和切向小应变应分别是 $(t - t_0)/t_0$ 和 $(D - D_0)/D_0$。但在发生大变形量时则应采取对数应变，真应变（对数应变）为

$$\varepsilon_r = \ln\left(\frac{t}{t_0}\right) \tag{8.9a}$$

$$\varepsilon_\theta = \ln\left(\frac{D}{D_0}\right) \tag{8.9b}$$

$$\varepsilon_{z=} 0 \tag{8.9c}$$

式中，D_0 和 t_0 分别是管材的原始直径和壁厚。变更气压 p 就可以使管子塑性变形。由于管壁受到大小相当的两个应力分量，因此是双向应力状态。要分析管子爆破试验的结果，需要知道在单向和双向应力情况下二者的塑性应力及应变状态的对应关系。例如，如果在拉伸试验中屈服发生于真应力 σ_Y，那么管子应在多大气压时屈服呢？更广泛地说，需要知道多向应力状态下发生屈服的判据。在拉伸和爆破试验中，不涉及剪切应力，这种情况下的 (x,y,z) 和 (r,θ,z) 坐标轴为主轴，作用在与主轴相互垂直的面上的正应力即是主应力。如果在某种情况中剪应力不是零，那么总是可以把普通的坐标系统(直角坐标，柱坐标，球坐标)旋转到另一组坐标轴，称作 1,2,3 坐标轴，使得此时的剪应力为零。沿着这些轴的正应力 $\sigma_1,\sigma_2,\sigma_3$ 即是系统的主应力。尽管对拉伸和管子爆破试验并不需要旋转坐标轴，但是我们还是从主应力 $\sigma_1,\sigma_2,\sigma_3$ 出发来找出多向应力状态的屈服判据，然后将我们感兴趣的两例作为特例。

对于三维弹性介质，单位体积的应变能为

$$E_{el} = \frac{1}{2}(\sigma_{xx}\varepsilon_{xx} + \sigma_{yy}\varepsilon_{yy} + \sigma_{zz}\varepsilon_{zz} + 2\sigma_{xy}\varepsilon_{xy} + 2\sigma_{xz}\varepsilon_{xz} + 2\sigma_{yz}\varepsilon_{yz})$$

应力–应变关系符合广义虎克定律，应力张量的六个分量($\sigma_{xx},\sigma_{yy},\sigma_{zz},\sigma_{xy},\sigma_{yz},\sigma_{zx}$)和应变张量的六个分量($\varepsilon_{xx},\varepsilon_{yy},\varepsilon_{zz},\varepsilon_{xy},\varepsilon_{yz},\varepsilon_{zx}$)之间存在着线性关系：

$$\sigma_{xx} = c_{11}\varepsilon_{xx} + c_{12}\varepsilon_{yy} + c_{13}\varepsilon_{zz} + c_{14}\varepsilon_{yz} + c_{15}\varepsilon_{zx} + c_{16}\varepsilon_{xy}$$

$$\sigma_{yy} = c_{21}\varepsilon_{xx} + c_{22}\varepsilon_{yy} + c_{23}\varepsilon_{zz} + c_{24}\varepsilon_{yz} + c_{25}\varepsilon_{zx} + c_{26}\varepsilon_{xy}$$

$$\sigma_{zz} = c_{31}\varepsilon_{xx} + c_{32}\varepsilon_{yy} + c_{33}\varepsilon_{zz} + c_{34}\varepsilon_{yz} + c_{35}\varepsilon_{zx} + c_{36}\varepsilon_{xy}$$

$$\sigma_{yz} = c_{41}\varepsilon_{xx} + c_{42}\varepsilon_{yy} + c_{43}\varepsilon_{zz} + c_{44}\varepsilon_{yz} + c_{45}\varepsilon_{zx} + c_{46}\varepsilon_{xy}$$

$$\sigma_{zx} = c_{51}\varepsilon_{xx} + c_{52}\varepsilon_{yy} + c_{53}\varepsilon_{zz} + c_{54}\varepsilon_{yz} + c_{55}\varepsilon_{zx} + c_{56}\varepsilon_{xy}$$

$$\sigma_{xy} = c_{61}\varepsilon_{xx} + c_{62}\varepsilon_{yy} + c_{63}\varepsilon_{zz} + c_{64}\varepsilon_{yz} + c_{65}\varepsilon_{zx} + c_{66}\varepsilon_{xy}$$

式中，c_{ij} 是介质的弹性模量，36 个系数并非都是独立的，由于张量 σ_{ij} 和 ε_{ij} 是对称张量，所以 $c_{ij} = c_{ji}$，这样弹性常数减至 21 个。根据固体结构的对称性，这 21 个常数还可能进一步减少。对称性越高，弹性常数越少。立方晶体只有三个弹性常数，而宏观上各向同性的材料(例如非晶体或多晶材料)只有两个弹性常数，这两个弹性常数叫作 Lame 系数，即 λ 和 μ。它们确定了应力–应变关系：

$$\sigma_{ij} = 2\mu\varepsilon_{ij} + \lambda\delta$$
$$\sigma_{ij} = 2\mu\varepsilon_{ij} \qquad (i \neq j)$$

式中，δ 是体膨胀(或体积变化率)，即

$$\delta = \varepsilon_{xx} + \varepsilon_{yy} + \varepsilon_{zz}$$

通常弹性常数不用 Lame 表示，而用杨氏模量、剪切模量 G 和泊松比 ν 来表示。常用的弹性模量和 Lame 系数的关系是 $E = \mu(3\lambda + 2\mu)/(\lambda + \mu)$，$G = \mu$，$\nu = \lambda/2(\lambda + \mu)$。$E,G,\nu$ 三者不是独立的，而是符合以下关系：

$$G = E/2(1 + \nu)$$

因此应变与应力的关系为

$$\varepsilon_{xx} = \frac{1}{E}\left[\sigma_{xx} - \nu(\sigma_{yy} + \sigma_{zz})\right], \varepsilon_{yy} = \frac{1}{E}\left[\sigma_{yy} - \nu(\sigma_{xx} + \sigma_{zz})\right]$$

$$\varepsilon_{zz} = \frac{1}{E}\left[\sigma_{zz} - \nu(\sigma_{yy} + \sigma_{xx})\right], \varepsilon_{xy} = \frac{1}{2G}\sigma_{xy}$$

$$\varepsilon_{xz} = \frac{1}{2G}\sigma_{xz}, \varepsilon_{yz} = \frac{1}{2G}\sigma_{yz}$$

利用上述关系,在没有剪切应变存在时,形变固体中单位体积的弹性应变能为

$$E_{\text{el}} = \frac{1}{2E}(\sigma_1^2 + \sigma_2^2 + \sigma_3^2) - \frac{\nu}{E}(\sigma_1\sigma_2 + \sigma_2\sigma_3 + \sigma_3\sigma_1) \tag{8.10}$$

根据一种假说认为当应变能 E_{el} 达到某一临界值时即发生屈服,由此可得到一个一般的屈服判据。但是这个判据并不合适,因为人们熟知在纯粹是水静压的作用下材料内部可以积蓄很大的应变能而不发生永久变形。Von Mises 提出,合宜的应变能应该是从式(8.10)的总应变能密度中减掉假如当固体受到三个主应力的平均值作用时所具有的应变能密度。这个平均正应力是

$$\sigma_{\text{h}} = \frac{1}{3}(\sigma_1 + \sigma_2 + \sigma_3) \tag{8.11}$$

由此水静压应力而产生的应变能密度可以从式(8.10)中用 σ_{h} 代替 σ_1,σ_2 和 σ_3 而求出,即

$$(E_{\text{el}})_{\text{h}} = \frac{3}{2}\left(\frac{1-2\nu}{E}\right)\sigma_{\text{h}}^2 = \frac{1-2\nu}{6E}(\sigma_1 + \sigma_2 + \sigma_3)^2 \tag{8.12}$$

Von Mises 认为,当 $E_{\text{el}} - (E_{\text{el}})_{\text{h}}$ 超过某一临界值时,屈服就要发生。这个能量密度可从式(8.10)和(8.12)求出:

$$(E_{\text{el}})_{\text{d}} = E_{\text{el}} - (E_{\text{el}})_{\text{h}} = \frac{1+\nu}{6E}\left[(\sigma_1 - \sigma_2)^2 + (\sigma_1 - \sigma_3)^2 + (\sigma_2 - \sigma_3)^2\right] \tag{8.13}$$

在单向拉伸试验中 $\sigma_1 = \sigma_x$,$\sigma_2 = \sigma_y = 0$,$\sigma_3 = \sigma_z = 0$,式(8.13)简化为

$$(E_{\text{el}})_{\text{d}} = 2\left(\frac{1+\nu}{6E}\right)\sigma_x^2 \tag{8.14}$$

如果取方程(8.13)和(8.14)等号右边的项相等,就可以认为是单向拉伸时真应力 σ_x 相当于表征多向应力状态的主应力 σ_1,σ_2 和 σ_3。这时等效应力为

$$\sigma_x = \sigma^* = \frac{1}{\sqrt{2}}\left[(\sigma_1 - \sigma_2)^2 + (\sigma_1 - \sigma_3)^2 + (\sigma_2 - \sigma_3)^2\right]^{1/2} \tag{8.15}$$

这里,为了强调等效应力这一概念,我们将单向应力换成了符号 σ^*。这个量也叫作应力偏量,因为它只代表促使样品改变形状的那一部分应力系统而不包括对体积变化作出贡献的应力。

对于管子爆破试验,$\sigma_1 = \sigma_\theta$,$\sigma_2 = \sigma_z = \sigma_\theta/2$,$\sigma_3 = \sigma_r = 0$。将这些应力代入式(8.15)的右边项可得

$$\sigma^* = \frac{\sqrt{3}}{2}\sigma_\theta \tag{8.16}$$

式(8.15)和(8.16)可以应用于屈服点到断裂之间。要确定封闭管屈服时管内气压应是多大,可令 σ^* 等于 σ_Y,即等于拉伸试验所测得的屈服应力;σ_θ 由式(8.8a)给出,于是式(8.16)就能给出管子屈服时的内压力为

$$p(\text{屈服}) = \frac{4}{\sqrt{3}}\frac{t}{D}\sigma_Y$$

类似于应力偏量的应变偏量定义为

$$\varepsilon^* = \frac{\sqrt{2}}{3}\left[(\varepsilon_1 - \varepsilon_2)^2 + (\varepsilon_1 - \varepsilon_3)^2 + (\varepsilon_2 - \varepsilon_3)^2\right]^{1/2} \tag{8.17}$$

应变偏量 ε^* 也叫作等效应变。式中系数 $\sqrt{2}/3$ 是由于想使 ε^* 等于单向拉伸试验时的 $\varepsilon_1 = \varepsilon_x$。尽管拉伸试验中应力是单向的,而塑性应变却不是单向的。横向的应变相等,由于材料在塑性变形中是不可压缩的,故

$$\varepsilon_1 + \varepsilon_2 + \varepsilon_3 = 0 \tag{8.18}$$

当 $\varepsilon_2 = \varepsilon_3$ 时

$$\varepsilon_2 = \varepsilon_3 = -\frac{1}{2}\varepsilon_1$$

这样就从式(8.17)得到所希望的 $\varepsilon^* = \varepsilon_1 = \varepsilon_x$。对于充压的管子 $\varepsilon_r = -\varepsilon_\theta$(因为 $\varepsilon_z = 0$),得到等效应变为

$$\varepsilon^* = \frac{2(2)^{1/2}}{3}\varepsilon_\theta \tag{8.19}$$

其中 ε_θ 由式(8.9b)给出。管子在塑性变形时难以量出它的径向应变,但 ε_θ 较易于量测,ε_θ 也叫作直径应变。

虽然管材充压变形试验也能用来测出应力应变曲线,但用拉伸试样作出曲线要方便得多。管子充压试验主要是用来测定在一定的压力下管子达到破裂所需要的时间。这个破断时间一般来说相当长(约在 1 ~ 10 000 h 之间),因而这一现象叫作蠕变断裂。断裂时的直径应变也可以测出来。这一数量可以定性地标志样品的塑性。同样,直径应变对时间的导数是蠕变速率的度量。设在试验期内基本上都是稳态蠕变,那么断裂时间 t_R 由下式给出:

$$t_R = \frac{\varepsilon_F}{\dot{\varepsilon}} \tag{8.20}$$

式中,ε_F 是断裂时的直径应变,$\dot{\varepsilon}$ 为蠕变速率,并假定 $\dot{\varepsilon}$ 在 $0 < t < t_R$ 期间不变。

图 8.15 表示 316 不锈钢在不同温度时典型的持久试验曲线。如果将蠕变第二阶段中应变速率 $\dot{\varepsilon}$ 和应力的关系

$$\dot{\varepsilon} = 常数 \times \sigma^m e^{-E/kT} \tag{8.21a}$$

代入式(8.20)中就可以得到断裂时间和应力之间的关系。如认为在不同应力不同温度的试验中断裂直径应变都是一样,则得到

$$\sigma_\theta \propto \left[t_R \exp\left(-\frac{E}{kT}\right)\right]^{-\frac{1}{m}} \tag{8.21}$$

在这个式子中,E 是稳恒蠕变的激活能。

对于位错攀移构成的蠕变,式中的指数 $m \approx 4$,因此在 $\lg - \lg$ 图中蠕变断裂直线的斜率应为 $0.2 \sim 0.3$。图 8.15 证实了这一推断。从式(8.21)还可以得到启示,如果用应力及 $t_R \exp(-E/kT)$ 作图而不是用简单的 t_R 来作图,则可以去掉持久试验曲线的温度依赖性。这个复合变量称作 Dorn Theta 参量。按照式(8.21)来作图时,图 8.15 中两个试验方法的任一个的确都可以归化成一条曲线。

8.2.3 冲击试验和转变温度

奥氏体钢和铁素体钢在力学行为上一个重要的区别是,铁素体钢在低温时变脆,而奥氏

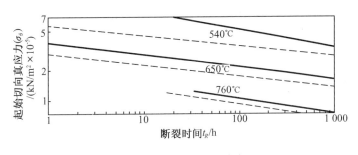

——单向应力；– – – 双向应力。

图 8.15 未辐照 316 型不锈钢的断裂寿命

体钢在拉伸试验所能达到的低温下仍能保持其塑性。塑性或脆性的程度和断裂前的应变量有关(图 8.13 中 F 点)。当降低试验温度,断裂应变变小,最后就和屈服的起始点相重合。另一种衡量金属断裂之间塑性变形本领的方法是用断裂时每单位体积所需的能量,这个量称作韧性,就是图 8.13 中应力应变曲线直到 F 点以下的面积。如果要量出并积出整个应力应变曲线下的面积从而得到能量的话,那就太烦琐了,出现了一种更快的办法,即冲击试验。这种试验的目的并不在于给出真正断裂能量的准确值,而是能够迅速并重复性地看出诸如温度和辐照等变量对于铁素体钢脆性变化所起的作用。冲击试验一般被认为是一种比较试验,这一点不同于拉伸和爆管试验,后者是用来测定金属的某些明确的力学性质的。

软钢最常用的冲击试验就是却贝 V 形缺口试验,见图 8.16(a)。带有缺口的样品,具有标准尺寸和形状(1 cm×1 cm×6 cm),两端架在支架(图中用实三角形表示)上。重锤装在摆臂的顶端,将摆锤抬到样品之上的起始高度 h_1,这就相当于在撞上样品的瞬间具有能量 325 J。重锤起始高度和终止高度之差($h_1 - h_2$)可以给出样品在破断过程中所吸收的能量。如果对处在不同温度下的样品进行却贝试验,吸收能量(称作冲击功)的变化如图 8.16(b)所示。吸收功从低温时(<15 J)增加到高温时的一个平台称作平台冲击功,其典型值为 100 ~ 150 J。在一个相当窄的温度范围内存在一个过渡区,对应于冲击功为 40.7 J 的温度被人为地定作塑性区和脆性区的分界线,这个温度叫作塑脆转变温度(DBTT)。未辐照的软钢,其 DBTT 位于-50 ℃ ~ 20 ℃ 之间。

图 8.17 所表示的落锤试验在衡量金属脆断敏感性的冲击类试验中可能算是最简单的了。在这一试验中,先在试验板材样品(9 cm×35 cm×2.5 cm)的背面堆上一层焊珠,在焊缝

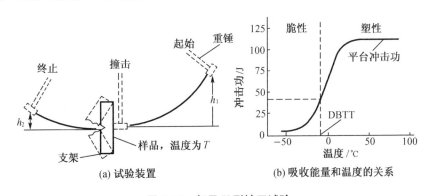

| (a) 试验装置 | (b) 吸收能量和温度的关系 |

图 8.16 却贝 V 形缺口试验

上再做一个小的裂纹或缺口。试验时使一个重锤从一定高度正好落在焊珠背后的板面上。板两端支架的高度是固定的,使得样品的最大变形相当于5°的弯曲。在低温试验中样品发生断裂。当试验温度提高就会得到一个开裂不能穿过整个板厚的温度,这一温度叫作无塑性温度(NDT)。温度如高于NDT,样品在冲击作用下发生弯曲但不断裂。NDT大约等于却贝试验所给出的DBTT。由于却贝试验用的样品小,易于放在盒内进行辐照,

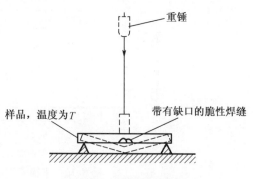

图8.17　落锤冲击试验

所以大多数辐照脆化研究都是采用却贝试验。NDT和DBTT二者有相当好的对应关系,所以两个名词常互换使用。

由于冲击试验是经验性的,没有哪一个转变温度具有明确的理论意义,不过能够将中子辐照引起的DBTT或是NDT的变化同断裂理论联系起来。

8.3　辐照硬化理论

50多年来在实验方面所做的大量工作已经确认所有金属在受到快中子照射后都将使屈服强度提高。对于铁素体钢,这种辐照硬化表现为下屈服点上升。对奥氏体钢,辐照能使0.2%永久变形屈服强度提高,甚至会使应力应变曲线发展为具有明显的屈服点(即曲线类似于图8.13所表示的,而不是如图8.14所示)。

两种类型钢的典型工程应力应变曲线表示在图8.18中。除了随着辐照屈服点得到提高以外,延伸率(用总伸长或用均匀伸长表示)也下降了。图中所表示的两类钢的曲线只适用于试验温度低的情况,温度应低于熔点(K)的一半或三分之二,要视中子剂量而定。奥氏体钢经辐照后并在高温试验,屈服强度和拉伸极限都不提高,只有塑性降低还坚持存在(见图8.18(a)下面的一条曲线)。当 bcc 金属受到辐照并在高温下试验时,应力应变曲线完全恢复到未辐照材料的曲线样子。不论产生强化或使塑性受到损失的辐照缺陷是什么,高温退火过程都将它们消除了。

不论是奥氏体钢或铁素体钢,辐照使屈服强度的提高都远大于它使拉伸极限的提高。由于辐照使屈服强度趋近于UTS,这就造成塑性的损失。图8.18(b)上部的一条曲线就是屈服强度和拉伸极限相重合的例子。这种情况一发生,就没有均匀伸长了,当样品一离开代表着弹性应变的直线后,颈缩便立即发生。对 bcc 金属,当试验温度足够低辐照剂量足够大时,甚至连颈缩变形的区域也会没有;样品还处在弹性阶段的直线上时就会断裂。这样的样品就完全是脆性的了。

fcc 及 bcc 金属所以有辐照硬化都归因于在晶内由于辐照而产生了种种缺陷。金属受中子辐照而产生的缺陷包括以下几种情况:

①点缺陷(空位和间隙原子);

②杂质原子(以原子态弥散的核反应产物);

③小的空位团(贫原子区);

④位错环(层错的或非层错的,空位型或间隙型);

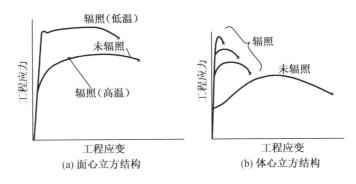

图 8.18　快中子辐照对反应堆钢拉伸性质的影响

⑤层错四面体；

⑥位错线（和原有位错网已经连在一起的非层错环）；

⑦洞（空洞及氦泡）；

⑧沉淀物（在不锈钢中，$M_{23}C_6$ 碳化物或金属间化合物相）。

本节将讨论上列③～⑧缺陷引起强度增加的理论。至于点缺陷和杂质原子，和较大的缺陷团比起来，它们对硬化的贡献可以忽略。

辐照可以以两种不同的方式使金属硬化。①它能使启动一个位错使其在滑移面上行动所需要的应力增加。造成位错启动阻力的叫作源硬化。将一个位错释放到它的滑移面上所需要施加的应力叫作去钉扎应力或解锁应力。②一旦运动起来，位错还可能被接近或处在滑移面上原来就有的或者辐照产生的障碍物所阻滞，称作摩擦硬化。

8.3.1　源硬化

对于未辐照的 *fcc* 金属，启动位错所需要的应力认为就是其中 Frank – Read 源（F – R 源）的去钉扎应力。F – R 位错源如图 8.19 所示，当外加应力增大时，曲线从图 8.19（a）中的 $R = \infty$ 减小到最小值，一个半圆的 $R = \lambda/2$［图 8.19（b）］，这时候的外加应力等于（$\sigma_{yx\,R=\frac{1}{2}} = \sigma_{FR} = \frac{2Gb}{l}$。如果剪应力超过 σ_{FR}，那么弯曲位错就会变成图，如图 8.19（c）所示的形状，这种形状表示曲率半径在增大，此后这个形状的曲线继续长大，一直到曲线的 P 和 P' 段相遇。因为这两点处是符号相反的两段位错线，所以它们接触后就互相湮没了。正在逐渐长大的位错线就断开并放出一个新位错环，同时原来的一段直线状位错线再继续增殖，形成解扎。这个解扎应力的大小和钉扎点之间的距离成反比。这一类金属有一个特征，就是它们的屈服是渐渐发生的，这一点可以用启动不同源所需要的应力有一个分布来解释。在外加应力低的时候，最容易动作的源（即钉扎点相距大的源）先发出位错来。等到塞积群对位错源产生了反向应力并使源停止作用时，塑性变形就停下来。如果应力再加大，有更多的位错源动作起来，于是应变就增加了。晶体内位错的增殖使运动着的位错缠结起来，这样就需要有更大的外加应力以促使互相平行的位错可以彼此越过，或是让非平行的位错互相切过。这一加工硬化过程使得应力随着应变而平滑地增加，如图 8.14 所表示的那样。

尽管在未辐照的 *fcc* 金属和合金中没有出现源硬化，但这一现象在未辐照的 *bcc* 金属中却

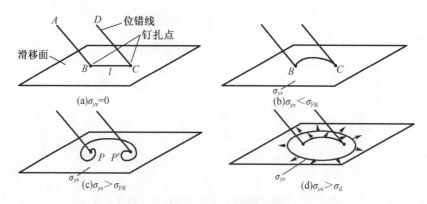

图 8.19　Frank - Read 位错源

是常见的。应力应变曲线上有上下屈服点就是源硬化的反映。未辐照的铁素体钢很清楚地表现出这一效应[见图 8.13 和 8.18(b)]。对于 fcc 金属,表明有源硬化存在的屈服降现象只在辐照之后才能观察到[见图 8.18(a)]。在照射了的 fcc 金属中所以发展出源硬化来,可能是在 F - R 源的附近有了辐照产生的缺陷团。这些障碍物使得位错环要扩展时或位错能够继续增殖时所需要的应力提高了,也就是说,位错源运转所需要的应力提高了。一旦应力水平足以将源解放出来,那么行进着的位错就能将小的缺陷团(即环)破坏掉,从而降低继续变形所需要的应力。因此,在辐照后的奥氏体钢中就观察到了类似于未辐照的铁素体钢所有的屈服现象,但是原因却很不一样。未辐照铁素体钢的源硬化原因将在 8.11 节中讨论。

8.3.2　摩擦硬化

阻碍位错在晶体内运动的力可以分成长程力和短程力。为使位错运动所需施加的总剪切应力应是长程应力和短程应力之和,即

$$\sigma_i = \sigma_{LR} + \sigma_s \tag{8.22}$$

式中,σ_i 是摩擦应力,下标 LR 和 s 分别表示长程和短程的贡献。由于辐照或由于加工硬化或由于时效使 σ_i 增大,就叫作摩擦硬化。在应力应变曲线塑性变形区段内的任一点,摩擦应力大体等于真应力。

1. 长程应力

长程力来自行进中的位错和固体中位错网的一部分相互间的排斥作用。虽然金属内的位错网并不像一个规则的列阵,但还是常常用一系列的立方体来代表它,立方体的棱边就是位错线。图 8.20 表示出一个理想化了的位错网,其中有一个位错环处于和立方体上下面相平行的滑移面上。长程应力就是由于环形位错的应力场和位错网里上下面内的位错线的应力场二者间的交互作用,上下面内的位错线就是指立方体顶面和网底面的各个边,上下面又是和位错环相平行的。为简单起见,我们假定环和它相平行的网位错之间的交互作用力可以用平行刃位错的作用力来近似。在既有正应力又有剪应力分量组成的应力场中,作用在刃形位错单位长度上的力矢量为

$$\boldsymbol{F} = \pm \left[\sigma_{xy} b\boldsymbol{i} + \sigma_{xx} b\boldsymbol{j} \right] \tag{8.22a}$$

一个孤立的刃形位错所建立的应力场(见图 8.21)的应力分量 σ_{rr} 和 $\sigma_{r\theta}$ 为

$$\sigma_{rr} = \sigma_{\theta\theta} = \frac{Gb}{2\pi(1-v)} \frac{\sin\theta}{r}$$

$$\sigma_{r\theta} = \sigma_{\theta r} = -\frac{Gb}{2\pi(1-v)} \frac{\cos\theta}{r}$$

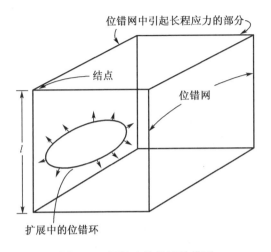

图 8.20　固体内位错网的模型

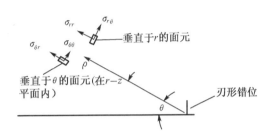

图 8.21　一个刃形位错附近
固体介质中的应力场

通过坐标变换从圆柱坐标变为直角坐标的应力分量为

$$\sigma_{xx} = \sigma_{rr} - 2\sin\theta\cos\theta\sigma_{r\theta}$$

$$\sigma_{xy} = (\cos^2\theta - \sin^2\theta)\sigma_{r\theta}$$

由此可得两个相互平行的刃形位错之间作用在单位长度上的交互作用力矢量为

$$\boldsymbol{F}_i = \pm\frac{Gb^2}{2\pi(1-v)r}[\cos\theta(\cos^2\theta - \sin^2\theta)\boldsymbol{i} + \sin\theta(1+2\cos^2\theta)\boldsymbol{j}] \tag{8.22b}$$

其中正、负号的选择取决于两个刃形位错的符号。如果两个位错的滑移面之间的距离为 $y = \sin\theta$,那么作用力的 x 分量和 y 分量可以写成

$$F_{ix} = \pm\frac{Gb^2}{2\pi(1-v)}\frac{f_x(\theta)}{y}; \quad F_{iy} = \pm\frac{Gb^2}{2\pi(1-v)}\frac{f_y(\theta)}{y}$$

$$f_x(\theta) = \sin\theta\cos\theta(\cos^2\theta - \sin^2\theta)$$

$$f_y(\theta) = \sin^2\theta(1+2\cos^2\theta)$$

使 $f_x(\theta)$ 等于它的最大值 $\frac{1}{4}$,取 $1-v = \frac{1}{2}$,并近似地取位错环和与它相平行的最近的网位错之间的距离等于立方体边长的一半($y = l/2$),可得到行动位错上的长程力为

$$F_{LR} \approx \frac{Gb^2/4}{(2\pi)(1/2)(l/2)} = \frac{Gb^2}{2\pi l}$$

要克服这一作用力所需的应力是 F_{LR}/b,故有

$$\sigma_{LR} = \frac{Gb}{2\pi l} \tag{8.23}$$

图 8.20 所描述的位错网,每个立方体有 12 个棱,并且每个棱被四个位错体积所共有,因此与

每个小立方体相关的位错线长度为$3l$。由于每个立方体的体积是l^3，$\rho_d = 3l[\text{cm}(\text{位错线})/\text{立方位错体}]/l^3[\text{cm}^3(\text{固体})/\text{立方位错体}]$，所以特征长度$l$和位错密度$\rho_d$的关系是

$$l = \left(\frac{3}{\rho_d}\right)^{\frac{1}{2}} \tag{8.24}$$

任何使材料内位错密度增加的过程(如冷加工、辐照棱柱环的非层错化或加工硬化)将使l减小，并使作用在行进位错上的长程应力增大。

除了网上的位错外，在平行于扩张着的环的滑移面上如有位错挤塞，也将施加长程力，足以阻碍甚至制止行进位错的运动。

2. 短程应力

短程应力来自行进位错滑移面上的障碍物，这些障碍物叫作平面垒。短程力只有在行进位错很接近或碰上障碍物时才起作用。这些障碍物只是在接触的时候才对行进位错施加作用力。短程力可以进一步分作非热的和热激活的两部分。非热的应力分量，它的大小和温度无关。非热部分的机理一般是位错围绕非透过性的障碍物发生弓弯。而在热激活的过程中，克服障碍物的方式则是要求行进着的位错穿过或是攀移过路上的障碍。因为一条位错线穿过或越过障碍物时需要的能量有一部分可由热涨落来提供，所以短程应力的热激活部分随温度的上升而减小。

由障碍物弥散而产生的摩擦应力，取决于在行进位错的滑移面上障碍物的平均距离(不是障碍物在三维空间的平均距离)。图8.22表示单位面积的滑移面，它被一部分半径为r的球状物质所交截，这些球状物的浓度是$\text{N} \cdot \text{cm}^{-3}$，并均匀地无规则地分布在固体中。以滑移面为中心面有一个体积为$2r$的平板区，任何一个球只要它的球心处于这个板内就将和滑移面相交。在这个体积元中的障碍物数目等于

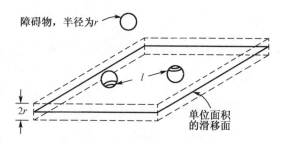

图8.22　形状障碍物与滑移面
相交形成了一套平面垒

$2rN$，也就是在滑移面上每单位面积的交截数。因为障碍物在滑移面上的平均距离的平方倒数(l^{-2})就等于面上交截数的密度，故有

$$l = \frac{1}{(2rN)^{1/2}} \tag{8.25}$$

8.4　贫原子区引起的硬化

8.4.1　位错与贫原子区的作用

从显微组织看，钢在低温低剂量中子照射后的后果主要是出现了贫原子区。仅仅只是出现贫原子区损伤的辐照条件最易于在堆的压力壳区域得到满足。堆芯部件所处的条件是高温和高剂量，这将产生8.3节开始时所列的那些较大的缺陷。不过在低温低快中子剂量下，奥

氏体钢和铁素体钢都发现有贫原子区硬化。贫原子区对力学性质的影响可以归类为近程热激活型的摩擦硬化。本节介绍 Seeger 所提出的理论用来说明贫原子区引起的金属辐照强化。

在均匀分布着贫原子区的金属中,一条行进着的位错线总是在它的路途上不断地压迫着一定数量的这类障碍物。图 8.23(a) 的作图面表示位错的滑移面,上面的位错用实线表示,它在外加剪应力的作用下压迫着障碍物 A, B 和 C。根据方程(8.22)用来使位错在金属中运动的净应力,等于外加应力(σ_i)减去位错要活动时必须要克服固体内原有位错网的长程力所需的应力(σ_{LR})。因此,在 A, B, C 障碍物之间的位错线段上,所作用的剪应力是 $\sigma_s = \sigma_i - \sigma_{LR}$。正是由于这一应力的作用,位错线能够通过障碍物的阵地前进,从而在固体中产生一个宏观的应变速率 $\dot{\varepsilon}$。不过,每一位错线的运动是痉挛性的而不是均匀的,并不是整个一条位错线都在同一时刻运动。在图 8.23(a) 中,当位错线上的一些点一次一个地切透障碍物时,位错便自左向右前进。这样,位错线先是被 A, B 和 C 拖住;但由于热涨落的帮助,位错线有足够的能量穿透障碍物 B。一旦这一事件发生,位错线便迅速地运动到虚线所表示的位置,在这个位置上它又压迫着障碍物 A, D, C。这个基本步骤所扫过的滑移面面积在图上用涂点的区域表示。

一般来说,钉扎点之间的距离 l_0 大于滑移面上障碍物的平均距离[l,由式(8.25)给出]。位错切过障碍物 B 后所前进的距离在图 8.23(b) 中用 h 表示。不论平面上的点如何列阵,总是 l_0 愈大,h 就愈小。事实上,l, l_0 和 h 三者有以下关系:

$$l^2 = hl_0 \tag{8.26}$$

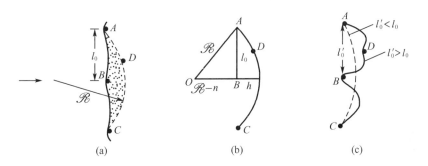

图 8.23　一个位错线在它的滑移面上压迫着贫原子区(A, B, C 和 D 是钉扎点)

l_0 的数值是这样确定的:处于钉扎点之间的位错线段,它的曲率任何时候都被位错线张力和净加应力之间的平衡所固定。当外加应力 σ_{xy} 对单位长度位错线的作用力 F_{xy} 与线张力引起的恢复力 Gb^2/R 相等,得到弯曲位错线平衡形状的曲率半径为

$$\mathscr{R} = \frac{Gb}{\sigma_{xy}} \tag{8.23a}$$

现在外加剪应力 $\sigma_{xy} = \sigma_s$,位错线的曲率半径是

$$\mathscr{R} = \frac{Gb}{\sigma_s} \tag{8.23b}$$

根据图 8.23(b) 的几何关系

$$\mathscr{R}^2 = l_0^2 + (\mathscr{R} - h)^2$$

将前面三式合并并假定 $h/(2\mathscr{R}) \ll 1$,我们可得

$$l_0 = \left(\frac{2Gbl^2}{\sigma_s}\right)^{1/3} \tag{8.27}$$

按照这一公式，位错线将根据所受到的应力在滑移面上调整它的位置，它要选择钉扎点间距满足式(8.27)的位置。为达到这一间距所采用的方式可参见图8.18(c)，图中表示出当实际钉扎点距离 l_0' 不满足方程(8.27)时位错线所具有的形状。

如果 $l_0' < l_0$，在位错线切割过障碍物 B 以后的平衡弯曲表现为图8.23(c)中的虚线。在这种情况下并不碰到下一个障碍物 D。因为线的位置停留在 B 和 D 之间，所以 l_0' 的数值几乎增加了一倍；为了纠正不等式 $l_0' < l_0$，这个变化的方向是对的。

如果 $l_0' > l_0$，在没有切割障碍物之前位错线就弯曲到和障碍物 D 相接触了。因此，未经切割任何障碍物时 $ADBC$ 就是位错线的稳定状态，而不是 ABC。在图中的实线曲线上，l_0' 约等于 AD 或者 BD，这两者都小于原来的 $l_0' = AB$。这里，位错线也是重新调整了它的位置，其倾向也是让障碍物之间的距离朝着式(8.27)所给的数值走去。

应力如果大于某一数值，方程(8.27)就不再适用了。当 σ_s 大到足以使 $l_0 = l$ 时，式(8.27)给出 $\sigma_s = 2Gb/l$。我们后面将会看到，这样的应力正是位错线能够完全绕过障碍物的方式通过阵地所要求的临界应力。这时，穿透障碍物就不再是位错运动所必须要求的了。

下一步要计算根据上述位错运动的方式所应有的切变速率。应变速率为

$$\dot{\varepsilon} = \rho b v_d \tag{8.28}$$

式中，ρ 为运动位错的密度(总位错密度减去不动网络的位错密度)；v_d 是行进位错的速度，这一速度是

$$v_d = h\Gamma = \Gamma \tag{8.29}$$

式中，Γ 是单位时间内一个位错线段割过它所压迫的障碍物的概率。为了计算位错速度，在此忽略了 l 和 l_0 的差别。如 $l \approx l_0$，方程(8.26)给出 $h \approx l$。

计算切割频率 Γ 的方法，类似于当原子越过鞍点能垒从一个平衡位置跳到另一平衡位置时计算跳跃频率的方法。要穿过一个障碍物，和障碍物相接触的位错线段必须得到一个激活能 U^*。激活能由热涨落提供。可以想象，在障碍物处的位错线以频率 ν 振动，每次振动都碰到障碍物的概率应是

$$\Gamma = \nu \exp\left(-\frac{U^*}{kT}\right) \tag{8.30}$$

将式(8.29)和(8.30)代入式(8.28)就得到应变速率为

$$\dot{\varepsilon} = \rho l b \nu \exp\left(-\frac{U^*}{kT}\right) \tag{8.31}$$

贫原子区可以看作是一个个具有半径 r(约10 nm)的小球。这些球状的贫原子区和滑移面相交为近似圆形的区域，能量 U^* 就是位错要切过这圆形区域所需要的能量。图8.22中画有阴影线的圆就代表这些相交区。在没有应力作用的情况下，能量随着位错线切进障碍区深度而变化的情况，如图8.24(a)所示。从位错线和障碍区开始接触到切割完了为止，能量上升值为 U_0。贫原子区和滑移面相交而成的圆，其平均半径要比球本身的半径小，因为一般来说滑移并不是正好经过贫原子区的球心(见图8.22)。贫原子区和滑移面相交圆的平均半径是

$$r' = \left(\frac{2}{3}\right)^{1/2} r \tag{8.32}$$

处于 $-r' < x < r$ 范围内的任一点，对位错的阻力是 $-dU/dx$。

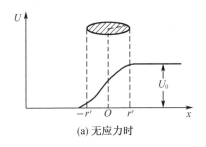
　　　　(a) 无应力时

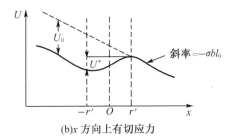
　　　(b)x 方向上有切应力

图 8.24　一个位错线切过一个贫原子区时的能量图形

　　当有外加应力作用到滑移面上时,能量图就变成 8.24(b)图中的样子。剪应力在 x 方向上对每单位长度位错线所施加的力等于 $\sigma_s b$。因为障碍物的间距是 l_0,故外加应力作用到每个障碍物上的力是 $\sigma_s b l_0$。设 $U(x,\sigma_s)$ 为图 8.24(b)中的能量图像,$U(x,0)$ 为未加外力时的图像。当有应力加上时,切割过程中每点的力即是

$$-\frac{\mathrm{d}}{\mathrm{d}x}U(x,\sigma_s) = -\frac{\mathrm{d}}{\mathrm{d}x}U(x,0) + \sigma_s b l_0$$

也就是说,没有应力情况下的作用力(等式右边第一项)被削弱了,削弱的即是外加应力的贡献(最后的一项)。积分后上式变为

$$U(x,\sigma_s) = U(x,0) - \sigma_s b l_0 x + 常数项 \tag{8.33}$$

　　从图 8.24(b)可以看出,在有外应力的情况下,穿透障碍物时所需要越过的能垒将从 U_0 减为

$$U^* = U(r',\sigma_s) - U(-r',\sigma_s) \tag{8.34}$$

　　要计算 U^*,必须知道图 8.24(a)中的能量曲线。Seeger 假定它具有下面的形式:

$$U(x,0) = U_0\left[1 - \frac{1}{1 + \exp(x/r')}\right] \tag{8.35}$$

$U(x,0)$ 的确切函数形式并不重要,它只需要有图 8.24(a)曲线的近似形状,这一点式(8.35)可以达到。将式(8.35)代入式(8.33)中,并作出式(8.34)中等号右边的减法,就可得到 U^*,即

$$U^* = U_0\left(1 - \frac{4\sigma_s b l_0 r'}{U_0}\right)^{3/2} \tag{8.36}$$

如果 σ_s 足够大,能使式(8.36)内括弧中的第二项大于 1,则位错不需借助任何热涨落就可切过贫原子区。能使括弧中右边一项成为 1 的应力 σ_s^0,将把能垒的高度 U^* 降到零。所以,σ_s^0 代表在 0 K 时位错通过障碍物所需要的应力。用式(8.27)中的 l_0,式(8.32)中的 r' 和式(8.25)的 l,可以得出

$$\sigma_s^0 = \left(\frac{U_0}{4\left(\frac{2}{3}\right)^{1/2}}\right)^{4/2} \frac{l}{b^2 G^{1/2}} \frac{N^{1/2}}{r} \tag{8.37}$$

式中,σ_s^0 是由于贫原子区所引起的最大摩擦硬化,贫原子区的半径为 r,在固体中的体浓度为 N。

　　温度对贫原子区硬化的影响,可以先从式(8.31)中解出 U^*,然后使它等于式(8.36)的右边。像过去一样,消掉 l_0,r',l,得

$$\sigma_s = \sigma_s^0\left[1 - \left(\frac{T}{T_c}\right)^{2/3}\right]^{3/2} \tag{8.38}$$

式中，σ_s^0 由式(8.37)给出，T_c 是一个特征温度，可由下式给出：

$$T_c = \frac{U_0}{k\ln[\rho bv / \dot{\varepsilon}(2rN)^{1/2}]} \tag{8.39}$$

T_c 并不是真正的一个常数，因为它依赖于金属变形时的应变速率，又依赖于随辐照时间而变大的贫原子区浓度 N。不过，这些量都出现在一个对数项里，它们对 T_c 变动的影响是小的，可以忽略掉。

式(8.37)和(8.38)中的应力 σ_s 代表着由贫原子区引起的辐照硬化。对于钢，在约 350 ℃ 以下时，σ_s 在实验上表现为应力应变曲线的屈服点因辐照而得到提高，如图 8.18 所示。式(8.38)中的硬化效应随着温度的提高而减弱，到 $T > T_c$ 时完全消失。钢在 350 ℃ 附近，贫原子区硬化随温度升高而减弱的趋势甚至比式(8.38)所预期的还要快。在通常用来研究硬化的辐照后拉伸试验中，高的试验温度使贫原子区退火(即破坏)，这就使得 N 随温度升高而下降。

Seeger 的理论已经由实验证实，图 8.25 表示铜和镍受低温低剂量中子照射后的摩擦硬化效应，两套数据都按照式(8.38)所提示的坐标画出。对于铜，预期的 $(\sigma_s)^{2/3}$ 和 $T^{2/3}$ 之间的直线关系很准确地得到表现。但是，镍的曲线有两条不同的直线段，这意味着辐照产生了两种形式的贫原子区。在低温时以 A 型为主，它显然比 B 型有较低的 U_0，因而也有较低的 T_c[见式(8.39)]。作为一级近似，可以认为 U_0 正比于贫原子区同滑移面相交圆的圆面积，即 $U_0 \propto r^2$。不过，在中子和金属点阵的碰撞作用下所产生的 A 型贫原子区其数量一定比 B 型的多，因为在 0 K 时 A 型硬化比 B 型硬化来得大。一般说来，辐照很可能是产生了一系列贫原子区，其大小和能垒 U_0 有连续分布。

关于 Seeger 理论，还有通过对中子硬化和 4 MeV 电子辐照进行比较而予以证实的。

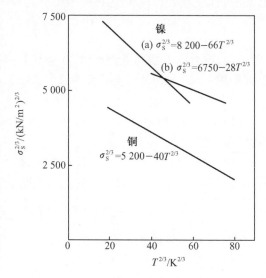

图 8.25　根据 Seeger 理论对铜和镍的辐照硬化作图

(剂量 7×10^{19} cm^{-2}；辐照温度 100 ℃；试验温度 $-200 \sim 200$ ℃)

在两种辐照方式中，辐照温度和试验温度的范围都取成一样，并且调整剂量使试样按照简单级联理论而计算得到的 Frenkel 对的数量也是一样的。试验发现由电子所引起的硬化比起中子硬化是很小的。根据适用于相对论电子的两体运动等，可以求出每个 4 MeV 的电子能够传递给铜碰撞原子的最大能量是 66 eV。按照 Kinchin - Pease 模型，这一传递能量只能产生 2 ~ 3 个原子级联。所以，电子辐照并不能产生离移峰(或贫原子区)，它所造成的损伤只是些孤立的空位和间隙原子。这样的缺陷在很低温度时就可以退火消除(间隙原子在几十开尔文就能运动)。与此相反，贫原子区在约 350 K 以下都是热稳定的。除此之外，孤立的点缺陷作为硬化因素也不像空位团那样有效。在电子辐照中实际上不存在辐照硬化这一事实支持了这样的假说，即贫原子区是真正存在的，而且对金属的低温强化起着作用。

8.4.2　辐照硬化的饱和

根据式(8.37)，σ_s 应按 $N^{1/2}$ 增大。如果没有什么机理破坏掉贫原子区的话，那么 N 就和中子总剂量成正比，于是在这一阶段中理论应该预计

$$\sigma_s \propto (\Phi t)^{1/2} \tag{8.40}$$

在高剂量时硬化不遵循这一公式，有两种模型曾被提出来解释这一现象。这两种理论都是引进了可以去掉贫原子区的过程，从而能使在高剂量时 N 达到一个稳态数值。

8.4.3　Makin 理论

Makin 和 Minter 假定，围绕着每一个贫原子区都存在着一个小体积 V，在这个体积 V 内将不再能产生新的贫原子区。这种想法看来和计算机模拟辐照的研究结果相矛盾，因为模拟实验曾表明级联的重叠可以使贫原子区长大。但是应该看到，由 n 个离位峰在同一地区造成的单个的大贫原子区，其硬化效能不及 n 个较小的互相分开的贫原子区。

要预言贫原子区浓度随剂量增大而增大的关系，就必须估计贫原子区的生成速率。如 Σ_s 为宏观散射截面，Φ 为总的快中子通量，则每秒·立方厘米内中子将和点阵原子碰撞 $\Sigma_s \Phi$ 次。如快中子具有平均能量 0.5 MeV(典型的 FBR 谱)，$A = 56$(铁)，式(5.28)给出碰撞原子的平均能量约为 17.5 keV。据报道，对辐照硬化起作用的贫原子区只限于具有 10 个或者 10 个以上空位的缺陷团。20 keV 碰撞原子所产生的空位团分布涉及的点缺陷是 200 个左右，其中约有 5% 或者约 10 个空位处于成员数目大于 10 的空位团中。也就是说，快中子和铁原子碰撞时，平均一次产生一个含量大于 10 个空位的空位团。这样大小的空位团，其密度随时间的变化率是

$$\frac{\mathrm{d}N}{\mathrm{d}t} = \alpha \Sigma_s \Phi (1 - VN)$$

式中，α 是每次中子碰撞所产生的空位团(贫原子区)数，约等于 1。括弧中的项，根据 Makin 理论，代表可供产生新区的固体体积份额。由于贫原子区的存在，体积中 VN 部分被活化了。将这一微分方程积分，得

$$N = \frac{1}{V}\left[1 - \exp(-\alpha V \Sigma_s \Phi t)\right] \tag{8.41}$$

将它代入式(8.37)后得

$$\sigma_s^0 \propto \left[1 - \exp(-\alpha V \Sigma_s \Phi t)\right]^{\frac{1}{2}} \tag{8.42}$$

其中的俘获体积 V，根据辐照硬化的数据曾被估计为 5~8 mm 直径的等效球。与此相比，位于俘获体积中心的贫原子区本身，其直径约为 20 nm。

8.4.4　贫原子区的热退火

我们曾提到过热退火是破坏贫原子区的一种潜在机制。Dollins 曾将热退火考虑在内来分析贫原子区的动力学，其目的是求出贫原子区浓度和中子剂量，以及温度之间的函数关系。在分析中假定中子和点阵原子每次碰撞产生一个半径为 R_0 的贫原子区。这个贫原子区一旦

形成,便构成在级联碰撞时与贫原子区一起生成的自由空位和自由间隙原子的尾间。由于贫原子区能通过扩散吸收点缺陷,因此在任何辐照时间 t 就有一个贫原子区的不同大小的分布 $N(R,t)$。为表达这种贫原子区的守恒,可以采用类似于求裂变气泡在燃料中尺寸分布的方法,气泡的长大方式是吸收原子态弥散的 Xe 和 Kr。这种形式的守恒,集中注意于某一个颗粒尺寸的区间,并使通过区间边界的通量差等于颗粒浓度的时间导数,称作欧勒式守恒。在很多情况下,同样可以接受的守恒原则也可以用拉格朗日方式求出,这时是跟踪一小组颗粒,从它们的生成时刻开始跟踪到某一被考虑的时间。在变化中的颗粒,其大小可根据适合于某一颗粒系统的长大定律 dR/dt 来求出。例如,在一个点缺陷过饱和的固体中,空腔的长大律可由式(6.91a)给出。这个长大律可以应用于贫原子区的生长:

$$\dot{R} = \frac{dR}{dt} = -\frac{\Omega}{R}[D_i C_i - D_v(C_v - C_{vR})]$$

由于间隙原子的浓度很低,C_{iR} 可以忽略。至于表面的空位浓度,可以将贫原子区看作是空洞,根据式(6.92a)并忽略掉气体内压项来求出 C_{vR}:

$$C_{vR} = C_v^{eq} \exp\left(\frac{2\gamma\Omega}{RkT}\right)$$

将两式合并,得

$$\dot{R} = -\frac{\Omega}{R}\left\{D_i C_i - D_v\left[C_v - C_v^{eq}\exp\left(\frac{2\gamma}{R}\frac{\Omega}{kT}\right)\right]\right\} \tag{8.43}$$

确立 C_v 和 C_i 的稳态点缺陷平衡类似于方程(6.70)。在被一个快中子引发的碰撞级联生成的空位中,因为有一部分包含在与自由点缺陷同时产生的贫原子区之内,所以我们将产额 Y_{vi} 换算成每一初级离位原子(PKA)所得的间隙原子数 ν_i 及自由空位数 ν_v。这些量和新生贫原子区(假定一次中子碰撞只产生一个)的大小有以下关系:

$$\nu_i = \nu_v + \frac{4\pi R_0^3/3}{\Omega} \tag{8.44}$$

式中,ν_i 可根据孤立级联理论(如 Kinchin – Pease 模型)计算,并扣除在级联过程中发生的空位与间隙原子的复合消失。在 Dollins 的分析中,将 ν_i 估计为 Kinchin – Pease 计算值的 10%。

式(6.70)中 N_P 现在写成为快中子碰撞密度 $\Sigma_s\Phi$ 乘以 ν_i。式(6.70)内的 Z_i 和 Z_v 由式(6.64)和(6.60)给出,这里假定位错对点缺陷的吸收完全是扩散控制。假定位错芯的半径对于空位和间隙原子都是一样的,则 $Z_i = Z_v = Z$。假定间隙原子的过饱和很大,从而和 C_i 相比 C_i^{eq} 可以略去。

考虑到准稳态情况和共格沉淀相对于点缺陷的吸收特性,对式(6.70)简化,对气孔吸收点缺陷项用贫原子区对点缺陷的吸收来代表,这样点缺陷收支平衡成为

$$V_i\Sigma_s\Phi = Z\rho_d D_i C_i + K_{iv}C_i C_v + \int_0^{R_0} 4\pi R D_i C_i N(R,t)dR \tag{8.45a}$$

$$\nu_v\Sigma_s\Phi = Z\rho_d D_v(C_v - C_v^{eq}) + K_{iv}C_i C_v + \int 4\pi R D_v\left[C_v - C_v^{eq}\exp\left(\frac{2\gamma}{R}\frac{\Omega}{kT}\right)\right]N(R,t)dR \tag{8.45b}$$

式中的积分上限取 $R = R_0$,因为贫原子区是缩小而不是增大,所以新生的贫原子区在分布中属于最大的。

在 t 时刻位于 R 和 $R + dR$ 区间的贫原子区就是前一段在 τ 时刻于 $d\tau$ 期间所产生的贫原子区(尺寸为 R_0),或

$$N(R,t)\,\mathrm{d}R \;=\; \Sigma_s \Phi \mathrm{d}\tau \tag{8.46}$$

这种守恒的描述就等同于一定尺寸范围内贫原子区的守恒。根据上述反应可得到分布函数

$$N(R,t) = \Sigma_s \Phi \left| \frac{\partial \tau}{\partial R} \right|_t$$

可应用收缩的定律求出区间 $\mathrm{d}\tau$ 和 $\mathrm{d}R$ 之比(即 R 和 τ 变换的雅各比行列式)。R 是在 τ 时刻生成的贫原子区在 t 时刻时的半径,这个数值可以通过对式(8.43)积分求得,假设考虑的只是稳恒态的情况。这时 C_i 和 C_v 都是常数,$R^{\cdot}$ 只是 R 的函数,积分可得

$$\int_{R_0}^{R} \frac{\mathrm{d}R'}{R^{\cdot}} \;=\; \int_{\tau}^{t} \mathrm{d}t' \;=\; t - \tau \tag{8.47}$$

再以 R 作变量微分得

$$\left| \frac{\partial \tau}{\partial R} \right|_t \;=\; -\frac{1}{R^{\cdot}}$$

在稳恒态时的分布函数为

$$N(R) \;=\; \frac{\Sigma_s \Phi}{R^{\cdot}} \;=\; \frac{\Sigma_s \Phi}{\Omega} \; \frac{R}{D_i C_i - D_v \left[C_v - C_v^{eq}\exp\left(\dfrac{2\gamma}{R}\dfrac{\Omega}{kT}\right) \right]} \tag{8.48}$$

注意,在非稳恒态时 C_i 和 C_v 随时间变化,收缩定律的解析积分不能完成。

将式(8.45a)减去(8.45b),并利用式(8.44)可得

$$\left(\frac{4}{3}\pi R_0^3 \right) \frac{\Sigma_s \Phi}{\Omega} \;=\; Z\rho_d \left[D_i C_i - D_v (C_v - C_v^{eq}) \right] \;+$$

$$4\pi \int_0^{R_0} \left\{ D_i C_i - D_v \left[C_v - C_v^{eq}\exp\left(\frac{2\gamma}{R}\frac{\Omega}{kT} \right) \right] \right\} R N(R) \mathrm{d}R$$

将式(8.48)代入此式,发现等号左边的项和等号右边的第一项相同,结果导出 C_i 和 C_v 有如下关系:

$$D_i C_i - D_v (C_v - C_v^{eq}) \;=\; 0 \tag{8.49}$$

式(8.48)在其指数项按二元泰勒级数展开后,可简化成

$$N(R) \;=\; \frac{\Sigma_s \Phi R^2}{D_v C_v^{eq} \Omega^2 (2\gamma/kT)} \tag{8.50}$$

将分布函数 $N(R)$ 积分,便可得出稳恒态时贫原子区的总浓度

$$N \;=\; \int_0^{R_0} N(R)\mathrm{d}R \;=\; \frac{\Sigma_s \Phi R_0^3}{3 D_v C_v^{eq} \Omega^2 (2\gamma/kT)} \tag{8.51}$$

Dollins 分析了贫原子区形成与退火的非稳恒态,它在 $t \to \infty$(饱和)时的极限就代表了我们前面的分析。图 8.26 比较了根据 Dollins 的热退火模型和根据 Makin 的俘获体积模型[式(8.41),取俘获体积等效于 7.5 nm 直径的圆球]所求出的贫原子区浓度变化。这两种方法所预测的贫原子区饱和浓度的重合是带有偶然性的,因为按照 Makin 理论预测的 $N(\infty)$ 应与俘获体积的三次方成反比。即使挑选 v 使得两种模型所得的饱和浓度大致相等,那么根据热退火分析推断出趋向饱和的速度要比 Makin 简单模型预言的慢得多。所以如此的原因是:在热退火计算中,使贫原子区收缩需要点缺陷向贫原子区扩散,这就存在着内在的时间滞后。而另一方面,Makin 的俘获体积计算方法提供了一个贫原子区形成速率瞬时减小的机理。

热退火计算对于所选取的 R_0 数值非常敏感。Makin 分析中的 $N(\infty)$ 不依赖于温度;而如果是热退火对贫原子区的破坏起作用的话,那么 $N(\infty)$ 就对温度非常敏感了。可以计算出来

在 300～400 ℃之间稳恒态贫原子区浓度将有很陡的下降,不过,这个结果也在很大程度上取决于在退火分析时所输入的参数。

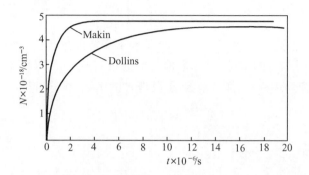

图 8.26　辐照金属中贫原子区浓度趋向饱和的状况

8.5　非穿透性障碍物——沉淀物和空洞硬化

处在行进位错滑移面上的障碍物常常并不是像贫原子区那样可以被位错线所切穿过去的。位错线通过非穿透性障碍物阵地的方式是用弯曲的办法绕过它们。这类障碍物能引起的强度提高常是金属脱溶强化处理所研究的问题。中子辐照也能够析出 $M_{23}C_6$ 碳化物或是由钢中主要组元所构成的硬的金属间化合物(如 σ 相)。

沉淀物颗粒和它所处于其中的基体,二者之间常有不吻合。如果沉淀物颗粒的体积比它所置换的原有金属的体积大,颗粒就形成了一个压缩中心,并在周围固体内构成了一个应力场。一个位错还没有真正碰到颗粒时就会通过这个应力场感觉到颗粒(叫作共格沉淀物)的存在。另一方面,如果沉淀物比它所置换的材料占有的体积更小,则在外来颗粒周围的固体中就没有应力场。对于这种非共格沉淀物,位错必须实际接触到颗粒才有相当大的交互作用力。

图 8.27(a)表示一个运动着的位错线(或者在扩张着的位错环的一部分)对付在它的滑移面上一列沉淀物颗粒的过程。图中表示的过程可分成四个步骤。①位错被颗粒停止住了。②由于有效应力(即外加剪应力减掉长程作用力所引起的内应力)的作用,位错线在相邻点之间向外弓弯。③当外加应力大到一定程度足以使弯曲线段的曲率半径等于颗粒间距的 1/2 时,颗粒两边的半圆碰到一起并互相夹断,这就像 F－R 源在动作时的那样(见图 8.19)。④最后造成了一条自由的位错线,加上沉淀物颗粒,在颗粒的周围有一些小的位错环,它们是交互作用后遗留下来的残迹。

在夹断点,方程(8.23c)中的 R 是 $l/2$,因而一条位错线通过障碍物列队所需要的应力是

$$\sigma_s = \frac{2Gb}{l} \tag{8.52}$$

式中,取 2 作因子,是因为取位错线张力为 Gb^2。如果取线张力为 $Gb^2/2$,则系数 2 将消失。颗粒的分开距离 l 可由式(8.25)求出,其中的 N 式沉淀物颗粒的体浓度,r 是颗粒半径。

方程(8.52),也称作 Orowan 应力,是平面上相距为 l 的一列阵的障碍物能够给位错运动的最大可能阻力。在推导中曾假定障碍物和平面的交点是规则的列阵。如果不是规则成队

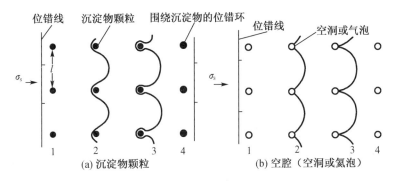

图 8.27　一列阵障碍物和位错滑移面相交时，一个位错通过的情况

的话（实际上是任意的），那么 Orowan 应力将减小约 20%。不过，这种减小的程度比方程（8.52）中系数 2 的不确定性还要小。

在有空腔（空洞或氦泡）和滑移面相交的情况下，一条位错线行经固体的状况可见图 8.27（b）。空腔作为障碍物和沉淀物颗粒的唯一不同之处是位错线弯曲的弧与空腔表面以直角相交。为使位错运动所需要的临界应力和共格沉淀物所给出的完全一样，和沉淀物不一样，在过程完毕之后没有位错环留在空腔一圈。对空洞硬化的细节，Coulomb 有过讨论。

除了弯曲再加上夹断的方式外，位错也可以切过空腔，就像切过贫原子区一样。假定位错有能力切过空腔，那么事件发生以后的位错结构仍和发生之前一样。因此，这两种东西之间的交互作用能随它们分开距离的变化是对称的，而不像 8.24（a）图中位错切过贫原子区时的形状。除了这一点差别之外，使位错穿过一个空洞所需要的应力仍可以根据 8.4 节分析切过贫原子区的方法来求得。设位错和空洞的最大交互作用能为 U_0，则切过所需要的应力是

$$\sigma_s = \frac{U_0}{blR}$$

式中，R 为空腔的半径。交互作用能 U_0 可以近似地看作是包含在与空腔体积相等的固体中的弹性应变能，这个体积的中心正在位错线上。当空腔附着在位错线上的时候这个应变能被释放出来，在把二者分开时则必须提供这样的能量。例如一个螺形位错周围的弹性能密度为

$$E_{el} = \sigma_{z\theta}\varepsilon_{z\theta} = \frac{Gb^2}{8\pi^2 r^2}$$

在对这个表达式积分时，我们不是对一个中心坐落于位错上的球体求积分，而是代之以半径为 R 长度为 $2R$ 的圆柱体。在这一体积中所包含的总弹性能（它就是空洞和位错的交互作用能）为

$$U_0 = 2R\int_{r_d}^{R} 2\pi r E_{el}\,dr = \frac{RGb^2}{2\pi}\ln\left(\frac{R}{r_d}\right) \tag{8.53a}$$

将上面两式合并可以得出位错切过一个空洞或者气泡所需要的应力

$$\sigma_s = \frac{Gb}{l}\frac{\ln(R/r_d)}{2\pi} \tag{8.53}$$

这和 Orowan 应力（式 8.52）相差一个因子 $\ln(R/r_d)/4(\pi)$。看来位错要是切过小的空腔应当比绕过去容易一些，但是这两种机理所要求的应力如此接近，分析又如此粗略，人们认为还是用 Orowan 应力更明智一些。

8.6　位错环硬化

辐照产生的间隙原子可浓集成位错环,这些环若为层错环则属于纯刃形位错,若为非层错环,则属于刃形及螺形混合位错。如果运动位错的滑移面离环很近或与环相交,那么面上的位错就会受到阻力而难以运动。要能够对运动位错施加相当大的阻力,环的中心就必须离滑移面很近(约小于环的直径)。因为环直径一般说来要比滑移面上的环与环的间距小得多,因此可以看作是只有在碰上时每个环才对位错施加作用力 F_{max}。为了克服环的阻力所需要的外加剪应力,相当于环和位错线之间的最大作用力 F_{max}。设在滑移面上环的间距为 l,则位错线每单位长度所受到的阻力应是 F_{max}/l。由于外加剪应力对位错线所加的反向力为 $\sigma_s b_e$,b_e 是位错运动的柏氏矢量。假如所有的环对固体中的位错都施加了最大的力,那么就会在 $\sigma_s b_e$ 等于或超过 F_{max}/l 时出现明确的屈服点。更确切地说,由于环的存在而引起的屈服应力的提高(即环硬化)是

$$\sigma_s = \frac{F_{max}}{b_e l} \tag{8.54}$$

σ_s 的计算可分成以下两步:

① 计算 F_{max},F_{max} 标志一个单个环和位错线之间的交互作用。

② 计算环和滑移面相交点之间的距离 l。

F_{max} 的计算必然是近似的,因为相对于某一个滑移面而言,一个圆形的环可以有很多种位向,而且不论是环或是运动的位错都有不同的柏氏矢量。由于环就是一个圆形的位错,就常用经典的弹性理论来描述环和位错线之间的交互作用。不过,这种方法在位错线实际切割环时,它的合理性是值得怀疑的。在本节里只给出一个例子,用来说明求 F_{max} 的解析方法,所计算的是一条直的刚性位错线在一个不动的圆形位错环附近经过而不相交时的纯弹性交互作用。至于环和位错线相交时的结果,与根据长程弹性作用所得出的结果在一般形式上也是相同的。

图 8.28 表示一条长的直线刃形位错,它所处的滑移面和一个圆形环的面相距为 y,圆环是纯刃形的。我们希望求出这两个实体之间的作用力 F_x 和距离 x 之间的函数关系。要做到这一点,第一步先求出将环从半径为零开始长大到半径为 R_l 时所需要做出的功。然后将这一功相对于 x 微分就可得到 F_x。像这一类的计算曾经对不同的环和线的组态进行过。

在直线刃形位错附近固体的应力场中含有一个剪应力分量和正应力分量 σ_z,σ_y 和 σ_x。剪应力分量作用在图 8.28(a) 中环的面上,但其方向和环的柏氏矢量 b_l 相垂直。因此,这样的应力分量对环没有作用力[即式 8.22(b) 中第一项的 b 分量为零]。同样,正应力分量 σ_z 和 σ_x 也不对环产生使其生长受到阻碍的作用力。但是,正应力 σ_y 却有一种倾向将环所包围的层错带拉开或是挤紧。因此,这个应力分量对环有一个径向力。图 8.28(b) 和图 8.28(a) 所表示的情况是一样的。σ_y 分量作用在环上总的力等于 $(2\pi R_l)\sigma_y b_l$。当环从 R_l 扩张到 $R_l + dR_l$ 时,所做的功为

$$dW = (2\pi R_l)\sigma_y b_l dR_l$$

或,在反抗附近直线刃形位错应力时环进行膨胀所做的总功为

$$W = \pi R_l^2 \sigma_y b_l \tag{8.55}$$

应力 σ_y 是

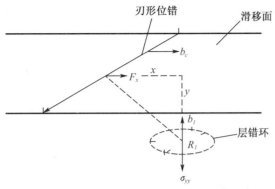

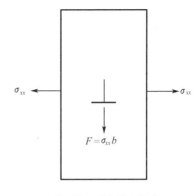

(a) 直线刃形位错正在一个层错位错环的近旁经过　　　(b) 作用在刃形位错上的力
　　（位错的滑移面平行于层错环面）

图 8.28　刃形位错

$$\sigma_y = \frac{Gb_e}{2\pi(1-\nu)} \frac{y(x^2 - y^2)}{(x^2 + y^2)^2} \quad (8.56)$$

式(8.56)是从图 8.20 柱坐标的应力分量求出的,其方式就像在直角坐标系中求其他分量一样。将式(8.56)代入(8.55),并将 W 相对于 x 微分,得出

$$F_x = -\frac{\partial W}{\partial x} = -\frac{Gb_e b_l R_l^2}{1-\nu} \frac{xy(3y^2 - x^2)}{(x^2 + y^2)^2} \quad (8.57)$$

在推导方程(8.55)时,曾经假定在环的整个面积上应力 σ_y 变化不大。这种简化只在位错线远离环时(即 $x^2 + y^2 > R_l^2$)才是可以接受的。如果线和环离得很近,就必须考虑 σ_y 在整个环面积上的变化,而且 F_x 的式子要比式(8.57)复杂得多。对 $y = R_l$ 和 $y = 0.1R_l$ 的整个计算结果可

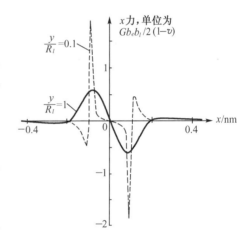

图 8.29　位向如图 8.27 所示的
位错线所受的 x 力

见图 8.29。最大的力发生在 $x \approx R_l$ 处,而且当 y 减小时它将增大。对于 $y > R_l$,由上述的近似处理方法就给出最大力为

$$(F_x)_{max} = F_{max} = \frac{\alpha Gb_e b_l}{2(1-\nu)} \left(\frac{R_l}{y}\right)^2 \quad (8.58)$$

式中,数字系数 α(约为 1)取决于环和位错线的相对取向和柏氏矢量。Kroupa 和 Hirsch 将所有位向和柏氏矢量的组合平均以后,在一个处于滑移面并且厚度为 $2R_l$ 的板状区内如有均匀分布的环,则最大力的平均值为

$$F_{max} \approx \frac{1}{8} Gb_e b_l \quad (8.59)$$

在这个板状区以外的环,其作用力可以忽略,因为根据式(8.58) F_{max} 与 y^{-2} 成比例。将式(8.59)代入(8.54)得到环的硬化效应是

$$\sigma_s = \frac{Gb_l}{8l} \quad (8.60)$$

Foreman 曾对环硬化进行过计算,所用的方法是忽略上述模型中的弹性交互作用力。取代所采用的模型是:将位错线从环撕开所需要的临界应力取决于环和线相交以后所形成的结点的稳定性。在计算中,认为有剪应力将位错线驱入含有一列大小和间距都固定的环的固体中。在低于使整个位错线通过环的队形的应力下,位错线达到了某一平衡位置。如将应力一小步一小步地增大,位错线就前进到一个个新的平衡位置。图 8.30 给出一条位错线(开始时是纯螺形的)在一片环中的平衡形态,环的直径是滑移面上环间距的 1/10。图上的每个黑点就代表着一个同位错滑移面相交的环。位错线的三个位置相当于三个不同的外加剪应力数值,剪应力的作用方向是朝着图的上方。当外加应力超过了对应于平衡位置(c)的数值之后,环阵就不能阻止位错的运动了。也就是说,环阵表现出具有一定临界应力值的明确的屈服点。在对所有位错和环的位向进行平均后,Foreman 计算机模拟得出的临界应力是

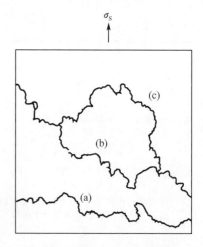

图 8.30 位错(开始时是螺旋形)通过环阵向上运动的三个阶段

[对应于每一位置的外加应力是:
(a)$0.544Gb_l/l$;(b)$0.550Gb_l/l$;
(c)$0.556Gb_l/l$]

$$\sigma_s = \frac{Gb}{4l} \tag{8.61}$$

Foreman 的结果和 Kroupa 与 Hirsch[方程(8.60)]的结果相差的不仅是分母中的数字因子,而且对间距 l 的解释也不一样。Foreman 的分析里,l 由方程(8.25)给出。在 Kroupa 与 Hirsch 的分析里,l 比这一数值要大一些,因为位错线在环阵中是曲折前进的。这一差别进一步扩大了式(8.60)和(8.61)之间的不同。大部分环硬化的试验验证倾向于式(8.61)所给出的关系式,如按方程(8.25)代入,则

$$\sigma_s = \frac{Gb(2R_l N_l)^{1/2}}{\beta} \tag{8.62}$$

式中,N_l 是固体中的环密度;β 是介于 2 和 4 间的一个数字因子。不论选哪一个常数数值,由环硬化所增加的强度只是 Orowan 应力[式(8.53)]的满值的 20% 左右,Orowan 应力来自一队列不能穿透的障碍物。

8.7 辐照后奥氏体不锈钢的拉伸性能

奥氏体不锈钢的快中子辐照效应中两个现象占主导地位:一个是硬化,也就是引发塑性变性所需要的应力(屈服应力、弹性比例极限,或是流动应力)被提高了;另一个是脆化,也就是断裂前样品的延伸率降低了。

8.7.1 辐照硬化

快中子辐照强化效应取决于剂量和温度(包括照射温度和试验温度)。高温的作用是将快中子和点阵原子碰撞所产生的损伤去除掉。在辐照当中,缺陷一面产生一面又同时受到热

退火。而在足够高的温度下作力学试验时，只有热退火发生，这个过程的倾向是减轻中子辐照的硬化效应。根据剂量和温度范围可以将损伤效应粗略地进行划分，高于约 10^{21} cm^{-2}（快）和低于此值的剂量区域粗略地分别对应于快中子堆和热中子堆内堆芯结构件所接受的剂量。

8.7.2　低剂量区的辐照硬化

在这个区域（$\Phi t < 10^{21}$ cm^{-2}），辐照损伤的主要形式是 8.4 节所述的贫原子区。由于剂量低，还没能形成大量的位错环和空洞。低剂量区又可以根据温度再粗略地分成两个区段，这个温度取为熔点（K）的一半，就不锈钢来说就是 550 ~ 600 ℃（钢的熔点是 1 650 ~ 1 700 K）。当 $T < T_m/2$ 时，在辐照和试验中还能有足够多的损伤在退火中生存下来使得屈服点提高。这种硬化形式将按照式（8.38）随着温度的升高而减弱。低温低剂量照射后的典型应力应变曲线见图 8.18（a）的上部。如果温度高于 $T_m/2$，贫原子区和间隙原子环的胚芽很快在辐照及（或）试验中退火掉，于是拉伸试验中看不到硬化。应力应变曲线和未经辐照的材料的曲线相重合［图 8.18（a）下方的曲线］。

8.7.3　高剂量区的辐照硬化

高剂量下（$\Phi t < 10^{21}$ cm^{-2}），位错环和空洞长大到大的尺寸。这些大的缺陷，即使在高温力学试验中也需要相当长的时间才能被退火掉，因此它们对力学性质的影响可以比贫原子区的影响坚持到更高的温度。只有到温度超过 800 ℃（约为 $2T_m/3$）后辐照硬化才能全部被消除。图 8.31 表示 304 不锈钢辐照后屈服应力随试验温度的变化。样品在熔点一半的温度进行辐照，快中子剂量超过 10^{22} cm^{-2}。试验温度在 400 ℃ 以下时，硬化起因于贫原子区、位错环和空洞的联合作用。到约 400 ℃ 的试验温度，离位损伤（即贫原子区硬化）就可以忽略不计，因为有热激活使运动位错能切割过贫原子区，而且试验中的热退火能将贫原子区去除。到了 400 ~ 500 ℃ 之间，硬化就和温度无关（非热性）。到了 550 ~ 650 ℃ 之间，位错环将在试验中去层错或被退火掉，辐照硬化逐步减弱，直到 650 ℃ 时只有空洞硬化被保留着。空洞只有在 800 ℃ 以上的温度才能全部去除掉。由拉伸试验所测得的辐照硬化的这些相当清楚的区间，可以和电镜观察到显微组织中的贫原子区（黑斑）、环和空洞相对应。图 8.30 中测得的环硬

化和空洞硬化比前节讨论的理论预测值要低一些，而这些缺陷强化的非热性质是和理论的推断相一致的。试验上硬化和理论上预言的硬化在大小上的差别，可能来自低估了电镜照片上缺陷的浓度，照片上不能显示出直径小于几十埃的缺陷来。缺陷浓度在代入式（8.25）后可求出障碍物在滑移面上的间距，这个数量出现在空洞硬化的表达式［方程（8.53）］和环硬化公式［式（8.61）和（8.62）］中。

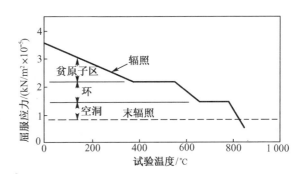

图 8.31　辐照前和辐照后（辐照温度为 $T \sim T_m/2$，剂量为 1.7×10^{22} cm^{-2}）304 不锈钢的屈服强度

当 $T > 800$ ℃时,在电镜下可观察到的唯一辐照缺陷就是氦泡了,它们的数量不多,不足以产生可观的硬化。但是,它们可以激烈地引起直到熔点温度范围的延伸率下降。

8.7.4 塑性失稳

低温辐照奥氏体不锈钢屈服强度的很大提高并不伴随金属拉伸极限的相应增加。从图8.18 可看出,屈服强度增加的百分数要比拉伸极限(即工程应力应变曲线上的最高应力)增加的百分数大得多。辐照产生的缺陷对于阻止位错运动,要比阻止样品的理论断裂应力不被超过更加有效。前一种能力引起屈服强度大为增加,后一种能力使拉伸极限仅有不大的提高。因此,辐照的净效果是使钢拉伸极限和屈服强度的差值减小,或者说降低了加工硬化速率,$d\sigma/d\varepsilon$。

在一个未经辐照的金属中,加工硬化是由于运动位错互相纠缠在一起或者是运动位错和金属内原先存在的位错网缠绕在一起,这就造成了障碍物阻止位错运动。在辐照的金属中,辐照已经产生了很多的阻止位错运动的障碍物,使得位错缠绕的硬化效应(正常的加工硬化)只是一个在摩擦应力之上附加的小增量而已。

根据式(8.7),当加工硬化速率 $d\sigma/d\varepsilon$ 下降时,发生颈缩或塑性失稳的应力也将相应下降。如果颈缩的应力降低了,这一点的应变也要降低。所以,与硬化(低温时)一起出现的塑性降低,仅仅是塑性失稳早现的后果。

8.7.5 位错沟道

在有些深度照射的金属中,颈缩的发生能和屈服合并在一起。也就是说,在拉伸试验中没有任何均匀的伸长。图8.18(b)上方的曲线就表示了具有这种失稳态的样品的应力应变曲线。据信,这种非寻常的宏观形变行为是和一种称作位错沟道的微观现象联系在一起的。在这种过程中,金属内阻碍位错运动的缺陷在位错穿过它们后被破坏掉了。这样一来,后续的运动位错所经受的运动阻力就比它们的前任小了,它们在一部分障碍物被去掉的滑移面上可以比原先开路的位错更容易运动。在辐照障碍物已被去除的滑移面上使位错运动所需要的应力,要比开动第一个位错时所需要的应力小得多。所以,像雪崩一样,有一批位错能沿着被清除掉障碍物的平面沟道释放出来。这种类型位错运动所产生的应变是高度局域性的。一组相距很近的平行滑移面,它们上面的缺陷已被运动位错所去掉,这就称作位错沟道。位错能够在清除了的沟道中继续产生和继续运动,直到正常的硬化过程(即滑移位错和金属中的位错网相交)又将保持位错运动所需要的应力加以提高。形变中可以有很多沟道被活化。从图8.32 可看出位错沟道形变的迹象。图中的暗色条带,称作滑移带,代表着其中发生过大量局部变形的位错沟道。至于带和带之间的材料,则没有变形。照片上每一条滑移带就相当于一组(111)面和表面的交线。{111}面是 fcc 结构所倾向的滑移面。

最可能被滑移位错破坏掉的辐照缺陷就是位错环。图8.33 表示一个不动性的环和运动着的位错两者的交互作用,从中可以看到环是怎样被转化为运动位错的一部分的。滑动位错切入环图 L(见图8.33(a)),并在相交处形成稳定的结 J(见图(b))。环的两部分继续滑移,将结拉长。直到它们在 J'(见图(c))相并交包围了半个环,然后两个半环互相吸引,一同沿它们的滑移柱面滑移,而且合并起来(见图(d))。在滑动位错通过之后,环完全消失了。运动位错将环破坏掉的其他机理中包括环可以被截断成一些小段,其中某些小段可被纳入运动的位错里。

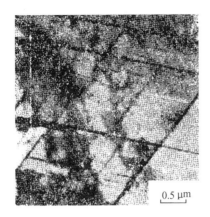

图 8.32　304 型不锈钢在 121 ℃辐照
之后再经受 10％的变形

（滑移带（暗色条带）代表{111}面和样品表面的交线）

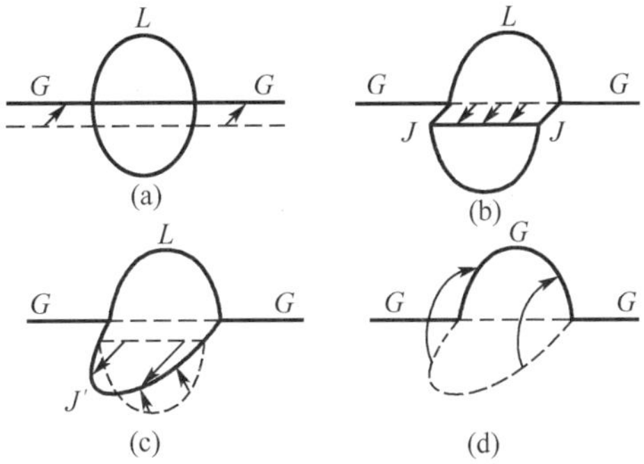

图 8.33　环被运动位错破坏掉的一种机制

8.8　辐 照 脆 化

　　辐照缺陷不仅使材料硬化，也使材料脆化。这是由于辐照缺陷的聚集，特别是聚集到晶粒边界，使晶界弱化，在应力下易于形成晶界裂缝，进而形成晶界断裂，相应地延伸率下降，这种现象称之为辐照脆化。

　　在工程上，工件经受远低于屈服应力的作用下发生的断裂，金属的变形是以蠕变方式发生的，这种现象称为蠕变断裂。蠕变断裂试验可以在类似拉伸试验所用的设备上进行，或是类似爆破试验。后者用的是封口的管状样品，内充气压。在两种试验中测定的是达到破断的时间（称为断裂寿命 t_R）和断裂时的延伸率 $\dot{\varepsilon}_F$。假定大部分试验期间主要是稳恒蠕变，那么这两个量和蠕变速率 $\dot{\varepsilon}$ 的关系可由式（8.20）表示。蠕变断裂性能依赖于辐照的深度，辐照温度，试验温度，以及样品的冷加工度。这些变量直接控制着蠕变速率，和断裂时的延伸率 ε_F。断裂寿命 t_R 是 ε_F 和 $\dot{\varepsilon}$ 的比值，因而它间接地受到同样变量的影响。辐照下的工件发生辐照脆化，是使其断裂寿命 t_R 和延伸率下降。

　　图 8.34 表示在大的快中子剂量下奥氏体不锈钢蠕变断裂性能的典型结果。在这组具体的实验里，用的是退火样品（即不是冷加工态），中子剂量、试验温度和加载应力都保持不变，只有辐照温度在变。数据指出，辐照过的样品的蠕变速率 $\dot{\varepsilon}$ 低于未照射的样品。这种下降在图中最低的温度时最严重。从倾向上看，这和温度对辐照钢拉伸强度的影响是一致的。蠕变速率之所以下降是由于有了因快中子轰击而产生的贫原子区、Frank 位错环和空洞，所有这些都阻止位错在固体中的运动。随着照射温度的提高，这些位错运动的障碍物逐渐从样品中退火，于是蠕变速率增大。到 780 ℃时蠕变速率和未经辐照的材料基本一样。

　　并不是所有的研究都是肯定关于中子辐照后钢的稳恒蠕变速率要下降的这种观察。常常发现相反的效应，这是由于辐照促进析出过程，产生了大的碳化物颗粒（$M_{23}C_6$），使得以原子态弥散着的碳被除掉了。显然，作为位错运动的障碍物来说，溶解碳要比更大而且分散得更远的碳化物颗粒具有更强的作用。

　　图 8.34 也表明辐照减小了断裂前的延伸率。和蠕变速率的情况一样，辐照温度最低的样品其断裂时的应变也最小。ε_F 的这种下降很可能是由于随着金属的辐照强化，加工硬化的能力

受到损失,这就导致了早发的塑性失稳(见 8.8 节)。当辐照温度提高时,断裂延伸率就会开始回到未辐照材料所有的数值。当热退火去除了辐照所产生的屈服强度的增加,加工硬化的能力也就得以恢复。不过,即使到 780 ℃,这时辐照硬化应当被完全退火掉了,但蠕变试验仍然显示出延伸率有很大下降。事实上,在辐照温度增到比图 8.34 所表示的还要高的温度时,断裂延伸率仍然要下降。这种高温下延伸率的损失,是因为在金属中有(n,α)反应而生成了氦的缘故。

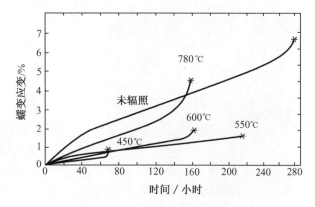

图 8.34 辐照温度对退火态 304 型不锈钢蠕变断裂的影响

(辐照剂量为 1.9×10^{22} cm^{-2}(>0.1 MeV),

试验温度 550 ℃;应力 3×10^5 kN/m^2)

图 8.35 表示快中子剂量对于断裂延伸率的影响,所有的其他变量保持不变。延伸率(在断裂时的应变)从未辐照材料的 20% 左右到 LMBFR 服役所期望的剂量时下降到只有约 0.1% 。对于这一组具体的试验条件来说,辐照使样品的延伸率减小了 200 倍。

剂量和温度对蠕变断裂性质的联合影响也能够用图 8.15 那样的断裂寿命曲线来表示。在图 8.15 中曾经表示过,对于未辐照的钢来说,提高试验温度将显著地降低断裂寿命。这个效应反映了稳恒蠕变速率 $\dot\varepsilon$ 随试验温度而迅速增加[根据方程(8.21a),按 Arrhenius 规律]。图 8.36 表示,在固定应力和固定试验温度时,辐照使断裂寿命减小,相差常常可以达到一个数量级。t_R 的减小主要是由于辐照使延伸率严重下降。至于试验温度(不要和 8.34 图的辐照温度相混淆)的影响,仍和未辐照样品相类似(见图 8.15)。

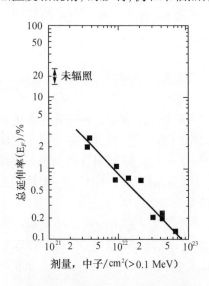

图 8.35 在 370～470 ℃间不同温度辐照后的 304 型不锈钢的延伸率

(试验温度 600 ℃,应力 1.9×10^5 kN/m^2)

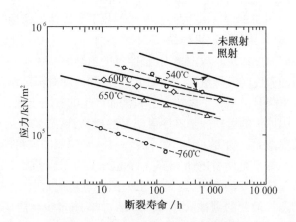

图 8.36 316 型不锈钢辐照后的断裂寿命

(辐照剂量为 1.2×10^{22} cm^{-2};辐照温度 440 ℃,

试验是单向拉伸,在不同温度进行)

中子剂量对 t_R 的影响表示于图 8.37 中。断裂寿命随剂量的增大而急剧下降,这主要是因为图 8.35 所表示过的延伸率下降。

用于燃料元件的套管,它的冷加工程度是一个在工艺上可以控制的因素,可以利用这一因素来达到包壳在堆内服役的最佳化。度量冷加工度是用室温拉管时所产生的断面收缩率。从显微组织上看,冷加工度表现为较退火状态有更高的位错密度。冷加工使金属强化的机理和辐照硬化的机理相似。但是,冷加工的一般现象是:冷加工所产生的效果在高温时大大下降,因为热过程使机械作用生成的位错缠绕得以消除(回复)。不锈钢持久性能受冷加工的影响可见图 8.38。不大的冷加工(10% ~ 30%)可以提高短期的持久强度,但长期强度最后比完全退火的材料要低。如果在选择包壳材料时只需要考虑低应力下有长的断裂寿命这一个指标的话,那么完全退火的金属就会比所有的冷加工状态都要好。不过包壳冷加工的主要价值是它能够抑制空洞的生长和肿胀。所以,10% 的冷加工看来是最好的折中,一方面改进了肿胀抗力,一方面牺牲了一些蠕变断裂性能。

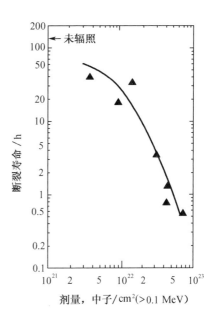

图 8.37　中子剂量对 304 型不锈钢照射后断裂寿命的影响

(照射温度在 370 ~ 430 ℃ 之间。试验温度 600 ℃,应力 1.9×10^5 kN/m^2)

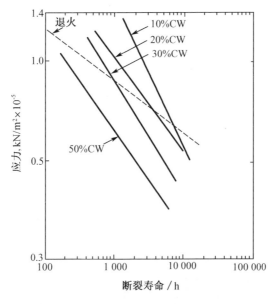

图 8.38　冷加工对于 316 型不锈钢断裂寿命的影响

8.8.1 断裂机制

在低温时,断裂多来自金属晶粒内部的剪切(即穿晶形式),并常常只发生有了相当的变形之后。而高温蠕变断裂,在性质上与金属及合金在低温拉伸试验时的断裂很不一样,它是在高温蠕变第三阶段末尾的断裂形式或高温拉伸试验中的变形,常常是晶间类型的断裂。除此之外,高温断裂之后在断面附近的金属中常可以观察到微小的裂纹或者空腔。

金属在较高应力的拉伸试验中的断裂形式可见图 8.39。如果是未经辐照的样品[图 8.39(a)],在断口近处的金属内布满了楔形的裂纹。它的实际断口可能是沿着晶界,经过一条已经有了高密度裂纹的途径。晶粒本身在外加应力的方向上发生了变形。对于辐照了的样品[图 8.39(b)],则没有小的内裂纹,晶粒也看不到发生过变形。蠕变断裂试验中所产生的断口,其类似显微照片见图 8.40。未辐照样品断处近处的金属内有很多小的空腔,不像高应力拉伸断口那样有许多楔形裂纹[见图 8.39(a)]。在断裂了的未辐照试样中,有明显的垂直于断口的晶内变形。钢经中子辐照以后进行蠕变断裂试验时,断口的一般形貌和拉伸试验[图 8.39(b)]所观察到的实际上没什么区别。两种情况下,显然都是一旦形成了少量的晶界裂纹或空腔,晶间开裂就很快发生了。在断口近处既没有内裂纹和空腔,晶内也没有变形,这都是因为晶粒的基体受到辐照硬化,从而强迫破断沿着晶界以一种几乎是脆性的方式进行。与辐照样品在有了少量的裂纹和空腔形成之后就立即断裂的情况相对比,未辐照金属的断裂是通过晶界滑动的扩散过程使裂纹或空腔缓慢生长的结果。

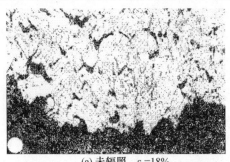 

(a) 未辐照,$\varepsilon_p=18\%$ (b) 辐照到快中子剂量 $2\times10^{22}\,cm^{-2}$,$\varepsilon_p=3\%$

图 8.39　347 型不锈钢 600 ℃拉伸试验下的断裂

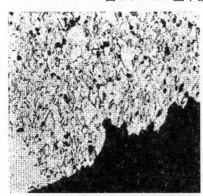 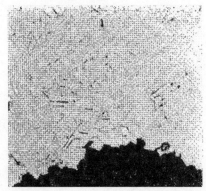

(a) 未辐照：应力 $=2.4\times10^5\,kN/m^2$；$t_R=32\,h$；$\varepsilon_p=23\%$ (b) 辐照到 $2\times10^{22}\,cm^{-2}$,应力 $=2\times10^5\,kN/m^2$；$t_R=21\,h$；$\varepsilon_p<0.2\%$

图 8.40　347 型不锈钢在 650 ℃持久试验时的断裂

8.8.2　常温下断裂机制——楔形裂纹的形成和作用

高温断裂过程可以分作成核和长大两段。当外加应力超过一个临界值时,在晶界的三线交点处能自发地形成楔形裂纹。Stroh 假定在一个滑移面上的位错塞积群提供了必要的应力集中,在此基础上计算楔形裂纹成核时的临界应力。图 8.41 表示的是一个晶粒,其中有一个位错源,在外加剪应力 σ_{xy} 的作用下这个源已经向滑移面上释放出了一些位错。位错被晶界阻挡住,于是形成了一个塞积群。

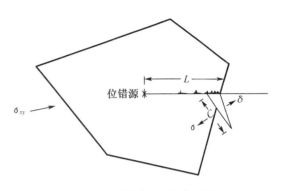

图 8.41　位错塞积群压迫晶界使裂纹成核

如果塞积群中有 n 个位错,那么第 i 个位错的力的平衡条件就是

$$\sum_{\substack{j=1 \\ j \neq i}}^{n} F_{xi,j} = F_m$$

其中,F_m 是由外加剪应力造成的、在 $-x$ 方向上作用在每一个位错上的力 $\sigma_{xy}b$,$F_{xi,j}$ 是 i 位错与 j 位错的交互作用所产生并作用上 i 位错上的力,在方程(8.22c)的 x 分量公式中,用 i,j 位错之间的距离代替 r 就可以得到 $F_{xi,j}$。因此力的平衡条件可以写成

$$\frac{Gb^2}{2\pi(1-\nu)} \sum_{\substack{j=1 \\ j \neq i}}^{n} \frac{1}{x_i - x_j} = \sigma_{xy}b$$

上式表示共有 $n-1$ 个关于距离 x_i 的非线性方程式(上式不适用于领头位错)。这组方程的解给出塞积群中的位错数为

$$n = \frac{\pi(1-\nu)L\sigma_{xy}}{Gb} \tag{8.63a}$$

其中,L 是第一与最后一个位错之间的距离。塞积群的最重要性质是这种位错排列对附近固体介质的作用应力。令 r 表示在滑移面上离开领头位错的距离,并假设图 8.40 中指向右边的方向为正方向。

①当 r 很小并取正值时(即正好在领头位错的前方),塞积群对固体介质作用的剪应力是外加剪应力的 n 倍,即

$$\sigma = n\sigma_{xy} = \frac{\pi(1-\nu)L\sigma_{xy}^2}{Gb} \tag{8.63b}$$

②在 r 取较大正值,但还小于 L 的时候,塞积群造成的应力集中按下述关系计算:

$$\sigma = \left(\frac{L}{r}\right)^{1/2} \sigma_{xy} \tag{8.63c}$$

在一个包含领头位错的平面内,式(8.63c)对剪应力和拉伸应力都是适用的。当包含领头位错的平面与滑移面之间的夹角等于 70° 时,式(8.63c)给出的是拉伸应力。

③当离开领头位错的距离很大时($r \gg \pm L$),塞积群在固体介质中产生的应力与一个柏氏矢量为 nb 的位错所产生的应力是相等的,即

$$\sigma = \frac{nGb}{2\pi(1-\nu)r} = \left(\frac{L}{2r}\right)\sigma_{xy} \tag{8.63d}$$

在式(8.63d)中,令 $r = -L$ 就可以求出塞积起来的位错环对产生它们的 F-R 源的反作用应力。反作用应力大约是外加应力的 1/2,而且方向与外加应力相反。反作用应力使 F-R 源停止运行,当有效应力(外加应力减去反作用应力)小于 F-R 源运行所需要的应力时,就不会再产生新的位错环。

当塞积群包含领头位错的平面与滑移面之间的夹角等于 70° 时,塞积群就造成拉应力 σ,它能促使在滑移带的顶头处张开一个裂纹。最大的拉应力和包含塞积群的滑移面成 70° 角,因此裂纹生成的位向就像图 8.41 上所表示的那样。应力集中由方程(8.63c)给出,其中裂纹的长度取的是从裂纹的尖端到塞积群的距离,得

$$\sigma^2 C = L\sigma_{xy}^2 \tag{8.63}$$

式中,C 是裂纹的长度,L 是塞积群的长度。裂纹的稳定性根据 Griffith 能量判据决定,它代表固体失去弹性能和裂纹增加表面能二者之间的得失平衡。根据裂纹附近的具体应力分布可计算出弹性能的一项,得出形成裂纹所需的功为

$$W = E_{\text{tot}} - E_{\text{el}}^0 = -\frac{\pi(1-\nu)C^2\sigma^2}{8G} + 2C\gamma \tag{8.64}$$

式中,E_{el}^0 是完整固体的弹性能,γ 是产生一个单位面积的裂纹面所需要的能量。使 $\mathrm{d}W/\mathrm{d}C = 0$,得

$$C\sigma^2 = \frac{8\gamma G}{\pi(1-\nu)} \approx \frac{12\gamma G}{\pi} \tag{8.65}$$

如果将弹性常数的关系 $E = 2G(1+\nu)$ 代入并将裂纹长度用 $2C$ 代表而不是用 C 代表,就可得到式(8.65)成为 Griffith 的断裂应力 σ_{f} 判据

$$\sigma_{\text{f}} = \left[\frac{2E\gamma_{\text{s}}}{\pi(1-\nu^2)C}\right]^{1/2}$$

当外加剪应力 σ_{xy} 一旦达到某一数值足以使式(8.63)和(8.65)的右方相等时,裂纹就可以自发地成核。或

$$\sigma_{\text{nucl}} = \left(\frac{12\gamma G}{\pi L}\right)^{1/2} \tag{8.66}$$

人们观察到楔形裂纹几乎总是发生在晶粒的顶角处(即三线的交点),于是 Mclean 提出了一个方法,它可以将 Stroh 的分析和这一观察结合在一起,并可以估计 L。他的论点是可以用晶界滑动来代替 Stroh 理论中发生位错塞积的晶内滑移面,这样生成的裂纹见图 8.42。在将方程(8.66)应用到三线交点的裂纹时,我们假定 L 是滑动界面的长度,这也约等于晶粒大小。

如果晶界上存在着沉淀物(例如氦泡或是 $M_{23}C_6$),晶界滑动将受到阻碍。所以 Weaver 建议,长度 L 应当选取晶界上颗粒之间的平均距离。

如果在裂纹尖端附近没有塑性变形,则式(8.66)中的 γ 可以近似取为:在裂纹形成时造成的

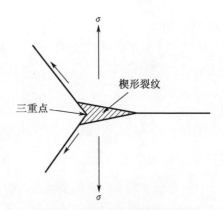

图 8.42 由于在一个晶界上作用外加正应力,结果在晶界的一个三线交点处产生了楔形裂纹

两个自由表面的能量减掉裂纹形成时去掉了的一个晶界的能量,即

$$\gamma = \gamma_s - \frac{1}{2}\gamma_{gb} \tag{8.67}$$

加入不锈钢中的添加剂(如 Ti)能够影响蠕变断裂性质,原因是或在晶界上有偏析或是能将氧及氮一类的杂质从晶界上去掉,这就增加了有效的表面能。不论是哪一种情况,方程(8.67)右方两项中有一个会发生变化。

当金属的晶粒有能力发生塑性变形时,裂纹尖端处的应力集中将被塑性流动松弛掉一部分。晶内变形的净效应是增加了形成单位面积新鲜裂纹表面所需要的能量,也就是 γ 值比方程(8.67)所推断的要高。在一些相当于软的金属里,只有在应力对应于 $\gamma \approx 100\gamma_s$ 的情况下才能发生裂纹成核。所以,任何强化晶粒并阻止晶粒变形的过程,都将使裂纹成核所需要的应力降低,从而也使金属的延性变差。中子照射后钢在延性上所以损失,辐照缺陷对基体的强化便是一个机理。

式(8.66)所给的成核条件只适用于小的裂纹。当裂纹长大时,在能量平衡中和裂纹宽度有关的贡献就变得重要了。将这些贡献考虑在内,就可以得到一个新的使裂纹失稳长大的临界应力,或者是在应力小于临界值的情况下就可以得到平衡的裂纹大小。我们假定裂纹的宽度就等于塞积群中的位错数 n 和每一位错的宽度的乘积,每个位错的宽度则大约等于柏氏矢量的大小。这就是说,我们把裂纹看成是由 n 个单独的位错凝聚成一个柏氏矢量为 nb 的超级位错。

形成每单位长度裂纹所需做的功是

$$W = -\frac{\pi(1-\nu)C^2\sigma^2}{8G} + 2C\gamma + \frac{G(nb)^2}{4\pi(1-\nu)}\ln\left(\frac{4R}{C}\right) - \sigma V_c \tag{8.68}$$

式中的前两项是小裂纹能量平衡时就已经包含了的,它们代表在外加应力场中的弹性能以及裂纹的表面能。第三项则是超级位错每单位长度的弹性能(即线张力)。这个量在第 8.5 节中曾经对每个单位位错计算过。方程(8.35b)给出了一个柏氏矢量为 b 的螺形位错每单位长度的能量,只要除以 $1-\nu$ 就可以得到一个刃形位错的相应结果。如果把裂纹看作是刃形的超级位错,则其柏氏矢量是 nb,位错芯的半径换成了 $C/4$。至于超级位错的应力场截止半径 R,我们并不需要知道它,因为只要求出 W 对 C 的微商就行了。

式(8.68)中的最后一项代表着将裂纹张开到一定体积 V_c 时外加应力所做的功。裂纹是三角形的,底宽为 nb,高为 C,因此

$$V_c = \frac{1}{2}(nb)C \tag{8.69}$$

将式(8.69)代入式(8.68),并使 $dW/dC = 0$,这样就可得到下面的二次方程来求裂纹长度的稳态数值:

$$C^2 - B\left[1 - 2\left(\frac{A}{B}\right)^{1/2}\right]C + AB = 0 \tag{8.70}$$

其中

$$A = \frac{G(nb)^2}{8\pi\gamma(1-\nu)} \tag{8.71}$$

$$B = \frac{8\gamma G}{\pi(1-\nu)\sigma^2} \tag{8.72}$$

审查方程(8.70),可以知道如 $B > 16A$ 则根 C 为实数,如 $B < 16A$ 则根 C 为虚数。在 $B > 16A$ 的情况下,两个根中较小的那个就代表了裂纹的稳定长度;假如 $B < 16A$,则裂纹就失稳而发

生断裂。中性稳定态的条件是 $B = 16A$ 或

$$\sigma(nb) = 2\gamma \tag{8.73}$$

这个式子中的裂纹宽度 nb 可以根据所讨论的位错塞积理论求出。在应用式(8.63a)求 nb 时,我们取塞积长度(即从位错源到裂纹的距离)约等于晶粒尺寸 d 的一半。在上面的分析中,裂纹长大的判据所根据的前提是:假定垂直于出现裂纹的晶粒边界在金属内有拉应力存在。然而,使裂纹发展的位错塞积是由沿滑移面(或在此情况下为晶粒边界)上的剪应力产生的。由于基体中有障碍物,所以这些沿着晶界运动后来聚集成裂纹的位错就受到摩擦应力 σ_i 的阻力(第8.4节)。在估算 nb 时,方程(8.63a)中的剪应力要减去这个量,这样得

$$nb = \frac{\pi(1-\nu)L(\sigma_{xy} - \sigma_i)}{G} \approx (\sigma_{xy} - \sigma_i)\frac{d}{G} \tag{8.74}$$

这里已经将塞积群长度取为晶粒大小的二分之一。

将式(8.74)代入(8.73)就得到了临界拉应力为

$$\sigma_{\text{crit}}(\sigma_{xy} - \sigma_i) = \frac{2G\gamma}{d} \tag{8.75}$$

在图8.41中,产生晶界切变的应力 σ_{xy} 是外加应力的一个分量,其值约等于 $\sigma/2$。如果除此之外,还假定 σ_i 是小的,则从方程(8.75)得到的三线交点裂纹的失稳长大临界拉应力几乎等于 Stroh 理论中裂纹成核所需的临界切应力见式(8.66)。一般说来,内应力 σ_i 相当大,所以由方程(8.75)得到的 σ_{crit} 要比方程(8.66)得到的数值大。这就是说,断裂受裂纹长大所控制,而不是受裂纹成核所控制的。因此,在破断是由于晶界裂纹形成和扩展的情况下,式(8.75)中的 σ_{crit} 就代表着金属的极限强度。

在破断是由晶界三线交点的裂纹引起的时候,前面对裂纹稳定性的分析还可以用来估算断裂时的延伸率。一个晶粒所以能有伸长(或蠕变应变)是由于 n 个位错滑过了晶粒,然后联合成了裂纹。n 个位错中的每一个都产生了一个位移 b,因而宽度为 nb 的裂纹所产生的位移就等于 nb。晶粒的延伸率,或位移的份额是 nb/d。方程(8.73)也可以看成是在一定的外加应力下得出临界裂纹宽度(此时将发生断裂)的条件。在断裂时 nb 等于晶粒直径和断裂延伸率的乘积;延伸率可从方程(8.73)得出:

$$\varepsilon_F = \frac{2\gamma}{\sigma d} \tag{8.76}$$

这个式子由 Williams 首先提出,曾用于中子辐照的因康镍(一个镍基合金)的脆化问题上。

上式预言晶粒细化(即减小 d)将减小脆化,这一点已被试验验证。式(8.76)还预言,增大表面能 γ 可提高延性。γ 是在裂纹尖端形成单位面积的新鲜表面时所需的能量。如果金属是硬而且脆的,γ 就趋近它的最低值,如方程(8.67)所示。另一方面,软的金属可允许在裂纹尖端塑性流动,这就要求在建立新鲜表面时需要比表面能更大的能量。在这种情况下,γ 可以比 γ_s 大得多。辐照,由于能使基体硬化,它的作用是在蠕变时减小了裂纹尖端的塑性流动,因而也减小了 γ。总的说来,任何强化晶粒的基体而又不增加晶界强度的现象,都将使金属脆化。

方程(8.76)还表示 ε_F 和外加应力成反比,这一点似乎还没有试验证实过。

8.8.3　高温下断裂机制——晶界空洞引起的断裂机制

金属在高温蠕变时,在和外加拉应力相垂直的晶界上的空洞(或孔洞)有可以长大的现

象。这些晶界空洞能够在远低于楔形裂纹失稳长大时所需要的临界应力[式(8.75)]作用下长大。

固体中一个不含气体的球形空腔,在拉伸应力 σ 作用下,力学平衡的条件是 $p = \dfrac{2\gamma}{R} + \sigma$,在该式中 σ 代表压应力。当空腔的半径大于下式中的临界半径时,它将倾向于长大

$$\sigma = \frac{2\gamma}{R_{\text{crit}}} \tag{8.77}$$

要想描述这些空洞生长所引起的蠕变断裂,必须探讨一下半径大到足以满足以上稳定性关系式的空洞核心生成的机理,然后确定这些空洞的生长速率。

空洞最易于在有应力集中的晶界成核。图 8.42 中的三线交点楔形裂纹,它的等效半径可以大到足以使式(8.77)的右边小于外加的应力,尽管这一外加应力还没有超过楔形裂纹长大的临界应力。不过,蠕变样品里的空洞并不是只在三线交点处才有,而是在晶界上到处都可以观察到。晶粒边界上能够引起空洞成核的缺陷包括沉淀物的颗粒或是小的突起部分,二者都是有效的应力集中点。

一经成核之后,空洞便可以从整体内吸收空位而长大,等到大得相互可以连接起来的程度时,便引起断裂。空位向空洞的流动很可能经由晶界,因为在不高的温度时,晶界扩散比点阵扩散要快。Hull 和 Rimmer 提出了晶界空洞在应力作用下长大的定量模型,Speight 和 Harris 作了改进,下面是这些工作的描述。

设在和拉应力相垂直的晶界上,每单位面积已经形成了 N_{gb} 个半径为 R_0 的作为核心的空洞;至于成核的机理可以是上节所举出的一个或几个。假定 R_0 比式(8.77)中的 R_{crit} 大,图 8.43 表示这个空洞在长大过程中的某一阶段,它的半径已经长到 $\mathscr{R}$。外应力加载时已经有一批空洞成核了,在它们长大期间新空洞的成核我们忽略不计。根据处理燃料中气泡三维长大的类似方式,我们将所有空洞分割成一系列

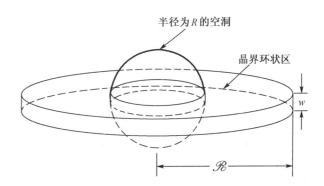

半径为 R 的空洞

晶界环状区

w

$\mathscr{R}$

图 8.43 蠕变过程中由空位沿晶界扩散使晶界上空洞长大的模型

等同的单胞,每个单胞的中心有一个空洞,空洞的周围是属于它的晶界面积。空洞从中获取空位的晶界范围可由下式确定:

$$(\pi \mathscr{R}^2) N_{\text{gb}} = 1 \tag{8.78}$$

假定在围绕每个空洞的 $R < r < \mathscr{R}$ 环状薄片中空位生成的速率是均匀的。片的厚度即是晶界的厚度 w。在环里生成的空位向心部的空洞扩散,并被空洞所吸收,这就使空洞不断长大。根据式(8.78)的单胞近似方法,空洞连同附属于它的晶界面积被看成是一个独立的整体;于是在 $r = \mathscr{R}$ 处的空位通量等于零。在包围着每个空洞的轮状区内,空位扩散方程是

$$D_{\text{vgb}} \frac{1}{r} \frac{\text{d}}{\text{d}r}\left(r \frac{\text{d}C_{\text{v}}}{\text{d}r}\right) + G_{\text{v}} = 0 \tag{8.79}$$

式中,D_{vgb} 是空位在晶界内的扩散系数;C_{v} 是空位的体密度;G_{v} 是扩散区域内空位在每单位体积

中的均匀生成率(均匀的体源)。空洞表面($r = R$)上的空位浓度可由式(6.92a)求出,取$p = 0$,有

$$C_v(R) = C_v^{eq} \exp\left(\frac{2\gamma}{R}\frac{\Omega}{kT}\right) \tag{8.80}$$

这个式子意味着,由于表面张力,处于空洞表面附近的固体受有拉应力,因而其平衡空位浓度比无应力固体中的要高。在$r = \mathscr{R}$处的边界条件为

$$\left(\frac{dC_v}{dR}\right)_{\mathscr{R}} = 0 \tag{8.81}$$

按以上边界条件可得到方程(8.79)的解为

$$C_v(r) = C_v^{eq}\exp\left(\frac{2\gamma}{R}\frac{\Omega}{kT}\right) + \frac{G_v\mathscr{R}^2}{2D_{vgb}}\left[\ln\left(\frac{r}{R}\right) - \frac{1}{2}\frac{r^2 - R^2}{\mathscr{R}^2}\right] \tag{8.82}$$

空洞周围晶界中的空位浓度情况和晶界中空位生成的速率G_v有关。这个量并不是预先就可以知道的。Speight和Harris引入了一个人为的条件,即G_v的大小恰好是足以使在两个空洞中途处(即$r = \mathscr{R}$)的空位浓度等于固体在拉应力作用下应有的热力学平衡浓度。也就是说,G_v由下面的辅助条件代入(8.82)式来决定:

$$C_v(\mathscr{R}) = C_v^{eq}\exp\left(\frac{\sigma\Omega}{kT}\right) \tag{8.83}$$

在解决了扩散问题之后,我们可得到空位向空洞的通量是

$$(2\pi Rw)D_{vgb}\left(\frac{dC_v}{dR}\right)_R$$

尽管空位的供应是限制在宽度为$w \ll R$的中心带状区域内的,但是我们还是假定空洞仍保持球形;这样便得出空洞体积随时间变化的速度为

$$\frac{d}{dt}\left(\frac{4}{3}\pi R^3\right) = (2\pi Rw)D_{vgb}\left(\frac{dC_v}{dR}\right)_R\Omega \tag{8.84}$$

空洞表面处的梯度可从方程(8.82)求出,G_v在利用式(8.83)后便可消除。$D_{vgb}C_v^{eq}\Omega$这个乘积就是晶界自扩散系数。由于方程(8.80)和(8.83)中指数项的参量是小量,e^x可用$1 + x$近似。于是方程(8.84)变成

$$\frac{dR}{dt} = \frac{wD_{gb}\Omega}{\mathscr{R}^2 kT}\left(\sigma - \frac{2\gamma}{R}\right)\frac{(\mathscr{R}/R)^2 - 1}{2\ln(\mathscr{R}/R) - 1 + (R/\mathscr{R})^2} \tag{8.85}$$

这个式子表明,当空洞大小超过式(8.77)所给的临界值之后,长大速率就是正的。半径小于R_{crit}的空腔将按方程(8.85)的速度烧结并最终消失掉。$R_0 > R_{crit}$的空洞则愈长愈快。

空洞在晶界面积中所占的份额是

$$f = \left(\frac{R}{\mathscr{R}}\right)^2 \tag{8.86}$$

可以认为,当空洞互相接触在一起时断裂(即蠕变断裂)就要发生。假定球状空洞的分布是正方形队列,则它们接触时空洞所占的面积份额就是$\pi R_F^2/(2R_F)^2 = \pi/4$,其中的$R_F$为断裂时空洞的半径。在式(8.86)中取$f = \pi/4$,可得

$$R_F = \left(\frac{\pi}{4}\right)^{1/2}\mathscr{R} \tag{8.87}$$

断裂所需要的时间可以将长大规律从$R = R_0$积分到$R = R_F$来得到,或

$$t_R = \int_{R_0}^{R_F} \frac{dR}{(dR/dt)} \tag{8.88}$$

断裂时的延伸率(蠕变应变量)可按下面的方式估计。设把固体分成一个个和外加应力相平行的正四方棱柱体。棱柱的高等于晶粒大小 d，棱柱的底是边长为 $2R_F$ 的正方形。在上底和下底的中心各有一个空洞的核。每个棱柱的固体体积是 $(2R_F)^2 d$。在断裂发生时，棱柱的上底和下底都已经变成了半球形，其半径为 R_F；这些半球代表着从核心长大而成的空洞。棱柱两端的半球球心相距 $d+2\delta$，选取 δ 的条件是最后棱柱内固体的体积应该等于起始棱柱内的固体体积，即

$$(2R_F)^2 d = (2R_F)^2 (d+2\delta) - \frac{4}{3}\pi R_F^2$$

式内右边的最后一项代表棱柱两头的两个半球形空腔的体积。断裂时晶粒的伸长分量是 $2\delta/d$，这可以从前式得到

$$\varepsilon_F = \frac{2\delta}{d} = \frac{\pi}{3}\frac{R_F}{d}$$

R_F 用式(8.87)代入，得

$$\varepsilon_F = \frac{\pi^{3/2}\mathscr{R}}{6d} = \frac{\pi}{6d(N_{gb})^{1/2}} \tag{8.89}$$

根据这一公式，因空腔现象而被破坏的材料，其延性可以通过晶粒细化而加以改进，也可以通过减少晶界上空洞核心的密度来改进。

和上面刚刚讨论的长大理论相对比，空洞在晶界上的形核理论还没有很好地发展，因而不能预测空洞的间距 $\mathscr{R}$。但是，这个量可以从断裂面的显微照片上测出晶界上的空洞密度，然后应用式(8.78)求出。根据以上分析估算出断裂时间，和许多金属蠕变断裂的试验结果符合得不错。除了方程(8.83)的人为性条件以外，Hull - Rimmer 理论提供了一个物理上可以接受的解释，来说明晶界空洞在低于楔形裂纹扩张所需要的应力下可以产生蠕变断裂。

8.9 氦 脆 化

8.9.1 氦脆的机制

由不锈钢中组元核蜕变而生成的氦可以引起脆化(延性下降)，这种脆化是高温退火所不能消除的。像燃料中生成的裂变气体一样，氦在热力学上是不溶于金属的，如果温度高到氦原子可以迁移的温度，它们就要析出来形成气泡。如果基体中形成了气泡，它们能像空洞一样[即式(8.53)]也对辐照硬化做出贡献。但是，在位错环和空洞都处于稳定状态的低温时(即 $T < 700 \sim 800\ ℃$)，氦泡所引起的强度增加比起其他辐照缺陷所作的贡献是很小的。当温度高到可以使空洞和位错退火掉时，钢的强度就回到未辐照时的数值(见图 8.30)。氦泡也可以合并长大成较大的气泡，相应地减少了气泡数目，以至于没有足够的数量引起较大的硬化。

不过，在高温时氦能使钢严重脆化。断裂时的延伸率和屈服强度不一样，在高温时是再也恢复不了的。未辐照金属的断裂是穿晶型的，或是穿晶与晶间的联合形式，而辐照钢的断

裂则总是沿着晶界。氦脆化的程度则要取决于快中子剂量、钢的成分和温度。

为解释氦脆现象,人们曾提出过种种不同机理。Woodford,Smith 和 Moteff 提出,氦泡停留在基体之内,它们阻止位错线运动。由于基体的强度增加了,这就阻止了在晶界三线交点处应力集中的松弛,从而促进了楔形裂纹扩张引起的破断。

Kramer 等人观察到氦泡主要在晶界碳化物颗粒(即 $M_{23}C_6$)处成核,这样就不必满足式(8.66)中 Stroh 所提的成核应力条件。Reiff 曾经指出,三线交点的裂纹里有了氦,就可以使这些裂纹的失稳长大能够在低于没有气体的裂纹所需要的应力下发生。

但是,这一领域里的大多数工作者都认为,脆化是由于晶界上的氦泡因应力诱发长大,最终氦泡连接起来造成晶间断裂。

8.9.2　氦的生成速率

在讨论脆化机理之前,首先需要确定在中子通量下生成氦的数量。能够产生 α 粒子(即氦的原子核)的核反应可以分成两类,一类是主要在热中子通量下发生的反应,一类是要求快中子通量的反应。

在一个热中子通量谱中,钢中氦的主要来源是以下反应:

$$^{10}B + {}^1n \longrightarrow {}^7Li + {}^4He \tag{8.90}$$

在一个麦克斯韦通量谱(即热谱)里,这个反应的有效截面超过 3 000 b。因此,即使不锈钢内的微量硼(见表8.1)也能产生相当数量的氦。不仅如此,钢中的硼常和晶界上的碳化物伴随在一起,因为碳化物通式就是 $M_{23}(CB)_6$。这里 M 代表铁或铬,(CB)的意思是硼和碳在化合物中可以互换。所以,硼反应所生成的氦处在贴近晶界的要害位置,在那里能造成最大的损伤。

天然硼只含有 20% 的 ^{10}B,加上大多数钢里这一杂质的浓度很小,因此其中存在的 ^{10}B 能够在燃料元件寿命的早期就通过式(8.90)的反应从包壳中被烧掉。但是,包壳中的氦量还是在增加,其部分原因是还有下面的牵涉到热中子和镍的两步反应:

$$^{58}Ni + {}^1n \longrightarrow {}^{59}Ni + \gamma \tag{8.91a}$$

$$^{59}Ni + {}^1n \longrightarrow {}^{58}Fe + {}^4H \tag{8.91b}$$

这两个反应的有效截面分别是 4.4 b 和 13 b。因为不锈钢里的镍是取之不尽的(从核反应的角度看),所以中子和镍两步反应生成的氦在燃料元件的整个寿命期间都将继续下去。

在快中子增殖堆里,快中子通量要比热中子通量大约四个量级。与此对比,在热堆里快通量部分和热通量部分则约略相等。因此,虽然式(8.90)和(8.91)两种反应能在 LMFBR 的包壳中产生氦,而快中子通量则能对金属的所有组元都诱发 (n, α) 反应。快中子照射对几乎所有核素也产生 (n, p) 反应。但是这些反应生成的氢并不引起脆化,因为在钢里这一元素扩散得很快,能从包壳逸出。Birss 曾总结反应堆材料生成氦的各种反应,钢中最重要的生成氦的元素是镍和铁;钢中的另一主要元素铬也能产生不少数量的氦;杂质氮和硼也能由于快中子引起的 (n, α) 反应释放出氦。钢内金属和轻杂质元素的 (n, α) 反应是有阈的,就是说当能量低于某一最小值或阈值时截面就是零。所以有阈能存在时反应是吸热的,需要中子提供动能才能进行。相反,反应式(8.90)和(8.91)都是放热反应,截面随 $E^{-1/2}$ 而增加。图 8.44 表示一个典型 (n, α) 反应的截面和能量的关系。阈能的范围为 $1 \sim 5$ MeV。将截面乘以通量的能谱(见图5.2)再乘以具体核素的密度,就可以得到氦的生成速率:

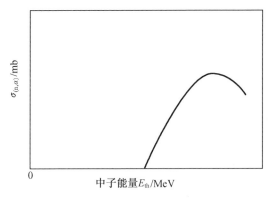

图 8.44　一个典型 (n,α) 反应截面和能量的关系

$$N\int_{E_{th}}^{\infty}\Phi(E)\sigma_{(n,\alpha)}(E)\mathrm{d}E = 单位体积金属的氦生成速率 \qquad (8.92)$$

式中，N 是被考虑的核素的密度；$\Phi(E)$ 是通量的能谱。在一个具体的通量谱里的有效截面可定义为

$$\sigma_{(n,\alpha)\text{eff}} = \frac{\int_{E_{th}}^{\infty}\Phi(E)\sigma_{(n,\alpha)}(E)\mathrm{d}E}{\int_{0.1}^{\infty}\Phi(E)\mathrm{d}E} \qquad (8.93)$$

式 (8.93) 的分母是总的快中子通量 ($E > 0.1$ MeV)。不锈钢中主要组元和两种杂质在裂变谱中的有效 (n,α) 截面列于表 8.4 中。这些截面表示的是表内元素每一稳定同位素的截面再根据它们的天然丰度加权求和而得的数值。

表 8.4　在裂变中子谱中的有效 (n,α) 截面

元素	Cr	Fe	Ni	N	B
$\sigma_{(n,\alpha)\text{eff}}$/mb	0.2	0.23	4.2	41	623

注意金属元素的截面是毫靶数量级，而方程 (8.90) 和 (8.91) 的热中子反应截面要比此大 3~4 量级。氮和硼的快中子通量 (n,α) 截面要比钢中主要组元的截面大得多；因此这些杂质元素是快堆燃料元件包壳中的氦的主要提供者。在典型的 LMFBR 通量谱中有效 (n,α) 截面的数值约略和表 8.4 所给的裂变中子谱的数值相等。

图 8.45 表示快堆和热堆中包壳内所产生的氦浓度。热堆中氦生成速率的不连续是由于 ^{10}B 被烧掉了。氦浓度继续提高是因为中子通量中的快中子

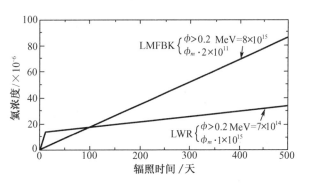

图 8.45　304 型不锈钢在 LMFBR 和 LWR 通量谱中照射后的氦浓度

[引自 A. Depino, Jr. , *Trahs. Amer. Nucl. Soc.* , 9：386(1956).]

成分产生了有阈值的(n,α)反应。图中没有考虑式(8.91)所给的镍的两步反应。在约过100 d后快堆包壳中的氦浓度就变得比热堆的要大了。尽管截面小,但快堆的通量要比热堆高。经过大约两年的照射期,包壳中的氦浓度接近$100\ \mu g/mL$。

8.9.3 氦脆的理论表述——晶界上氦泡的应力诱导长大

对于处在垂直于外加拉应力的晶界上的氦泡,在分析它们的长大速率时,仍采用上节计算空洞的 Hull – Rimmer 方法作为基础。空洞分析中只有两点需要加以改变:稳定性判据以及在长大时气泡表面的空位浓度。

空洞的稳定性判据由式(8.77)给出。对于和固体成力学平衡的充气气泡,类似的判据已由 Hyam 和 Sumner 导出。设一个气泡中有m个氦原子,在周围固体没有应力的情况下,气泡的半径可用式(6.100b)表示;前面已经假定过气泡足够大,可以允许应用理想气体定律,这个条件对氦的限制性不如对于氙的限制。因而

$$m = \left(\frac{4}{3}\pi R_0^2\right)\left(\frac{2\gamma}{kT}\right) \tag{8.94}$$

当加上拉应力σ,新的气泡平衡半径由式(6.167)给出:

$$p + \sigma = \frac{2\gamma}{R} \tag{8.95}$$

理想气体定律为

$$p\left(\frac{4}{3}\pi R^3\right) = mkT \tag{8.96}$$

从式(8.94)~(8.96),将m和p消去,得到

$$\sigma = \frac{2\gamma}{R}\left(1 - \frac{R_0^2}{R^2}\right) \tag{8.97}$$

图 8.46 是根据式(8.97)所作的图,其中用了三种R_0数值。按照方程(8.94),R_0就是气泡中氦原子数的一种量度。曲线在$R = 3^{1/2}R_0$处有最高点,在这个大小时应力和初始半径的关系为

$$\sigma = \frac{4\gamma}{3(3)^{1/2}R_0} = 0.77\frac{\gamma}{R_0} \tag{8.98}$$

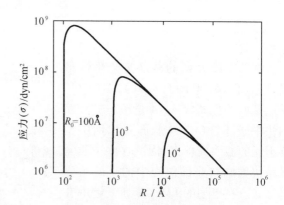

图 8.46　平衡态气泡发生不受限制的应力诱发长大时所需要的临界应力和原始气泡尺寸的关系

对这个公式可以从两方面理解。如外加拉应力给定了,那么式子就可以给出临界的稳态气泡半径R_{0crit}。当$R_0 < R_{0crit}$时,加上应力可以使气泡长大到能够满足式(8.97)的尺寸。另一种理解是,如果给定了初始气泡半径,方程就可以给出稳定态的临界应力σ_{crit}。不论是σ或是R_0,只要它使得式(8.98)的左边项大于右边项,就没有稳定的气泡半径了,气泡便不受限制地长大。方程(8.98)对于气泡来说就像是方程(8.77)对于空洞的关系。对于一个给定大小的空腔,

可以看出,平衡充气气泡的临界应力要比空洞的大约小 3 倍。这个结果反映了式(8.95)中气体压力 p 可以帮助外加应力 σ 使气泡长大这一事实。

可以根据类似于 Hull 和 Rimmer 分析晶界空洞(前节)时所用的方法来得出充气气泡的长大规律。晶界气泡的密度按式(8.78)的样子规定着单胞的半径。如果假定基体中产生的氦全部都形成氦泡,而且所有的氦泡都是在晶界上,那么就可以估算出一个 N_{gb}。设根据图 8.44 得到了金属中氦的总浓度是 M,如 R_0 为无应力作用时的气泡大小,每个气泡中的气体原子数可从式(8.94)求出。于是气泡密度(即单位体积内的气泡数)为

$$N = \frac{M}{m} = \frac{M}{(4\pi R_0^2/3)(2\gamma/kT)} \tag{8.99}$$

取样品的晶粒直径为 d,每个晶粒将有 Nd^3 个气泡。假定晶粒为立方体形状,Nd^3 个气泡又都均匀地安置在立方体的六个面上,那么对一个晶粒而言,每单位面积的晶界就有 $Nd/6$ 个气泡。但是气泡是为两个相邻晶粒所共有的,故

$$N_{gb} = \frac{Nd}{3}(每单位晶界面积的气泡数) \tag{8.100}$$

可惜方程(8.99)和(8.100)并不能确定地给出 N_{gb} 来,必须给出气泡的大小 R_0 或是气泡的密度 N 才成。对于这两个量的了解又取决于气泡的成核、迁移和聚合等性质,这些性质还没有一个被很好地确立起来。

尽管如此,假定晶界的气泡密度是可以估出的,那么 Hull – Rimmer 的分析就和前面分析空洞时完全一样,但需要把式(8.80)所给的气泡表面空位浓度的边界条件加以修正,以便将气体内压力的影响考虑进去。根据方程(6.92a),得

$$C_v(R) = C_v^{eq}\exp\left(\frac{2\gamma}{R} - p\right)\frac{\Omega}{kT} \tag{8.101}$$

按 Hull – Rimmer 推导的线索走下去,可以得出氦泡的长大定律为

$$\frac{dR}{dt} = \frac{wD_{gb}\Omega}{\mathscr{R}^2 kT}\left(\sigma - \frac{2\gamma}{R} + p\right)\frac{(\mathscr{R}/R)^2 - 1}{2\ln(\mathscr{R}/R) - 1 + (R/\mathscr{R})^2} \tag{8.102}$$

这个式子中的气体压力 p 可按式(8.96)用 m 和 R 表示,然后根据式(8.88)进行积分,这在 m 是常数或是时间的已知函数时都可以做到。如果空腔中没有气体($p=0$),式(8.102)就化成为空洞时的情况[见方程(8.85)]。

对于一个具体的初始气泡大小 R_0 来说,如果外加应力小于式(8.98)所给的临界值,则气泡就要从 R_0 长大到一个能够满足式(8.97)的最后尺寸,长大的速度由方程(8.102)给出。但是,如果外加应力大于 $0.77\gamma/R_0$,则长大速率仍按式(8.102)给出,可是 R 没有上限。在这种情况下,当气泡碰上了,长大才停止,这时的半径由式(8.87)给出。断裂时间由式(8.88)给出。断裂延伸率由式(8.89)给出。将式(8.100)代入到式(8.89)可得

$$\varepsilon_F = \left(\frac{\pi^2}{12Nd^3}\right)^{1/2} \tag{8.103}$$

方程(8.103)表明,气泡密度越大,氦脆化就越严重。因为气泡的生长是依靠扩散和依靠新泡成核以后的聚合,所以 N 将随中子剂量而线性增加,并可能随温度升高而降低,这种现象通常叫作过时效。

8.10 奥氏体不锈钢辐照脆化与铁素体钢断裂韧性

测定力学性质通常采用拉伸试验(高变形速率)或采用蠕变断裂试验(低变形速率)。在这两种试验中,辐照对屈服强度 σ_Y 和破断延伸率 ε_F 的影响最为突出。由于辐照,σ_Y 被提高了,ε_F 被降低了。在燃料元件的设计工作中,辐照引起的延性下降要比屈服强度的提高更加重要;辐照硬化可以改善服役性能,而延性遭受损失则要减少服役寿命。这两个因素相比,在限制反应堆燃料元件的设计上,服役寿命要重要得多。对于聚变堆的第一室壁,脆化也可能同样是限制寿命的因素。

在拉伸和蠕变断裂两种试验里,脆化都是随着中子剂量而单调地增加(见图8.35)。但是辐照温度的影响则是相当复杂的(辐照温度不要和试验温度混淆了,试验温度的影响见图 8.36)。图 8.47 表示辐照温度对断裂延伸率的影响,其中的试样都照射到同一快中子剂量,然后在低温下进行照射后的拉伸试验。在低照射温度时延性的降低是由于塑性失稳(见 8.2 和8.8 节),塑性失稳又是由于屈服应力提高很多而同时拉伸极限却没有相应的增加。当温度接近 500 ℃时,阻碍位错运动并引起硬化的障碍物(例如环)开始被去除掉,于是金属恢复了它的加工硬化能力。正是由于这一回复,延伸率增加了。在大约是能够使金属内点缺陷有足够的活动能力可

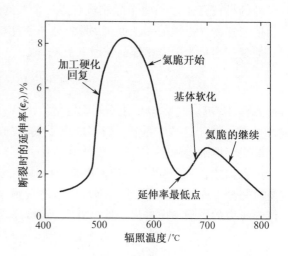

图 8.47　辐照温度对照射不锈钢延伸率的影响

(拉伸试验温度 50 ℃;快中子剂量 $>10^{22}$ 中子·cm^{-2})

[引自 R. L. Fish and J. J, Holmes, J. *Nucl. Mater.*, 46:(1973).]

以将引起硬化的缺陷团退火掉的同样温度时,基体中的氦原子也变得可以迁移了,而且析出成偏聚在晶界上的气泡。结果,延性就因氦脆化而下降。当温度达到约 650 ℃,空洞的去除就很可观了,于是基体有所软化。较软的基体允许在楔形裂纹的近处发生塑性流动,因而倾向于抵制氦的脆化作用。这样产生的延伸率最低点在辐照钢的拉伸试验中曾常常看到。不过,最终氦脆化将掩盖所有的其他效应,到高温时延伸率将降到很低的数值。

燃料元件的设计一般是根据辐照后金属的一个或更多的蠕变断裂性质。例如,如果需要包壳在堆内工作到一个给定的时间 t_{irr},则它承受裂变气体释放后的内压或(及)燃料及包壳力学交互作用时所容许的应力,可以从以下两个数值中选较小的一个作为要求:①断裂时间为 t_{irr} 时应力的 67%,②在 t_{irr} 时间内产生 1% 的总应变(弹性、塑性和蠕变)时应力的 100%。

辐照金属按条件①的容许应力,可以从图 8.35 所示的堆外试验结果中求出。从图 8.34 的数据中,可以估计按条件②的最低允许应力。

这些条件都是假定在寿命 t_{irr} 期间加到包壳上的应力是恒定的。如果不是这样,那就可以用一种叫作寿命份额叠加的方法来处理。我们暂且先不考虑辐照的作用,并假定包壳受到应力 σ_1 的时间是 t_1,受到 σ_2 的时间是 t_2,等等。各段时间求和应是 $t_1 + t_2 + \cdots = t_{irr}$。对应于每一个应力水平都有一个断裂寿命 $t_{R1}, t_{R2} \cdots$。时间与应力二者可能的联合是

$$\frac{t_1}{t_{R1}} + \frac{t_2}{t_{R2}} + \cdots = 1 \qquad (8.104)$$

这里假定温度不变,而且和应力相关的断裂寿命是已知的。方程(8.104)不包括条件①中的安全系数。

同理,对于包壳寿命期间应力不等的情况,条件②可以修正为

$$\frac{t_1}{t_{\sigma 1}} + \frac{t_2}{t_{\sigma 2}} + \cdots = 1 \qquad (8.105)$$

式中,$t_{\sigma i}$ 是在应力为 σ_i 时产生 1% 应变所需要的时间。

在辐照场内,式(8.104)中的断裂时间 t_{Ri},以及式(8.105)中的达到 1% 应变所需要的时间 $t_{\sigma i}$,都取决于应力 σ_i,温度 T_i,以及累计剂量 $\sum_{j=1}^{i} \Phi_i t_i$;这些带下标 i 的量都是包壳在 t_i 时间内所存在的状态。因而,持久断裂将发生于

$$\sum_{i=1}^{n} \frac{t_i}{t_R\left(\sigma_i, T_i, \sum_{j=1}^{i} \Phi_j t_j\right)} = 1 \qquad (8.106)$$

在这一分析中不包括堆内辐照蠕变。

对于铁素体钢的工程设计中的重要指标是断裂韧性,是指材料抵抗裂纹扩展的能力,以应力强度因子 K 和能量释放率 G_c 作为控制裂纹扩展的参量。目前普遍采用应力强度因子参量 K,它是描述裂纹顶端附近应力 – 应变场的一个参量,与外加应力 σ 和裂纹尺寸 C 有以下关系:

$$K = \alpha \sigma \sqrt{\pi C}$$

式中,α 是一个数值常数,与加载方式、试样和裂纹几何有关。当 K 达到某一临界值 K_c 时,裂纹发生失稳扩展,导致断裂。K_c 就用来表示断裂韧性,单位为 MPa·$m^{1/2}$。在平面应变 I 型穿透裂纹的情况下,用符号 K_{Ic} 表示。平面应变状态是实际构件中最危险的工作状态,因此平面应变断裂韧性 K_{Ic} 是工程设计中的重要指标,它是裂纹达到失稳状态的量。在物理上,裂纹的稳定性根据 Griffith 能量判据决定,它代表固体失去弹性能和裂纹增加表面能二者之间的得失平衡。根据裂纹附近的具体应力分布可计算出弹性能的一项,得出形成裂纹所需的功为

$$W = E_{\text{tot}} - E_{\text{el}}^0 = -\frac{\pi(1-\nu)C^2\sigma^2}{8G} + 2C\gamma \qquad (8.64)$$

式中,E_{el}^0 是完整固体的弹性能;γ 是产生一个单位面积的裂纹面所需要的能量。由 $dW/dC = 0$,得

$$C\sigma^2 = \frac{8\gamma G}{\pi(1-\nu)} \approx \frac{12\gamma G}{\pi} \qquad (8.65)$$

如果将弹性常数的关系 $E = 2G(1+\nu)$ 代入并将裂纹长度用 $2C$ 表示,而不是用 C 表示,就可看出式(8.65)成为 Griffith 的断裂应力 σ_f 判据

$$\sqrt{\pi C}\,\sigma_f = \left(\frac{2E\gamma_s}{1-\nu^2}\right)^{1/2} \qquad (8.65')$$

式中,E 是弹性模量。这种失稳状态相当于裂纹扩展的能量释放率 $\dfrac{\partial U}{\partial C}$ 等于裂纹扩展的阻力,即临界能量释放率 $\dfrac{\partial U}{\partial C} = 2\gamma_s = G_c$,因此(8.65')可写成

$$\sqrt{\pi a_c}\,\sigma_c = \left[E\left(\frac{\mathrm{d}U}{\mathrm{d}C}\right)_c \right]^{1/2} = \sqrt{EG_c} \qquad (8.65'')$$

在式$(8.65'')$中,我们把$(8.65')$中C写成a_c(临界裂纹尺寸),同时略去了$1/(1-\nu^2)$的因子,在铁素体钢中断裂应力σ_f与裂纹失稳的临界应力σ_c是等价的,G_c就是能量释放率。由此将K_{Ic}与G_c联系了起来。

K_{Ic}在工程设计选材上是很重要的,例如设计要求工件的工作应力为$140\ \mathrm{kg/mm^2}$,如果取安全系数为1.5,需要选取$210\ \mathrm{kg/mm^2}$高屈服强度的材料,而高强钢材K_{Ic}约为$150\ \mathrm{kg/mm^{3/2}}$,对于$1\ \mathrm{mm}$裂纹的断裂应力为$120\ \mathrm{kg/mm^2}$,它小于$140\ \mathrm{kg/mm^2}$的要求值。但是如果取安全系数为$1.2$,则钢材的屈服强度为$170\ \mathrm{kg/mm^2}$,这种钢材的$K_{Ic}$约为$250\ \mathrm{kg/mm^{3/2}}$,相应于$1\ \mathrm{mm}$裂纹的断裂应力为$200\ \mathrm{kg/mm^2}$,大于$140\ \mathrm{kg/mm^2}$,满足设计要求。这表明,普通的钢材比高强度钢更适合于工件的状态。但是在辐照条件下,屈服强度的增加是有利的,但同时 DBTT 的升高和延伸率的下降将影响断裂韧性K_t的数值,必须考查辐照下的断裂韧性K_t的变化。

8.11　铁素体钢的硬化和脆化

前面从 8.3 节至 8.6 节所讨论的辐照硬化理论,对 *bcc* 和 *fcc* 金属及合金都同样适用。但是,这两类金属在响应辐照的方式上有几点重要的不同,所有这些差异都可以追溯到原子或者点缺陷在较开放的 *bcc* 点阵中比在密排 *fcc* 晶体结构中有更大的活动能力。

8.11.1　铁素体钢辐照下力学性能表现特征

1. 屈服降

未经辐照的奥氏体和铁素体钢在力学性质上最重要的差别之一就是奥氏体钢的应力应变曲线上没有屈服降现象。在未辐照的铁素体钢中所以有鲜明的屈服降(图 8.13 中屈服点),是由于沿着位错线分布的杂质原子(主要是碳)将位错线钉扎住。在一个 F－R 源可以被外应力开启以前,源内的位错线(图 8.19 的 *BC*)必须解除来自杂质原子的钉扎,作为由基体中迁移的结果,这些杂质原子已和位错线束缚在一起。位错线周围的应力场能够吸引杂质原子。例如,从热力学上看,间隙式的碳原子处在一个刃形位错的额外半原子面下方的受拉区域就比处在完整的基体中要舒服些。可以估计出位错从一列碳原子解脱出来所需要的应力。一旦从溶质原子的钉扎作用中得到自由之后,位错就能在较低的应力下运动,这就造成了图 8.13 中屈服应力从 U 到 L 的下降。接着屈服便在一个几乎不变的流动应力下继续进行,直到来自运动位错和静止位错的交互作用使正常的加工硬化得以开始。

碳和位错间的互锁机理在奥氏体不锈钢中并不重要,因为碳在密堆 *fcc* 点阵中的扩散系数比它在铁素体钢中更加开放的 *bcc* 结构中的扩散系数小。在正常的淬火程序下,奥氏体钢中的碳原子不能迅速运动到位错线处,因而不能在沿线造成足以强烈锁住位错的碳原子浓度。在 8.4 节曾经指出,*fcc* 金属辐照后可以出现屈服降,因为点缺陷能够代替杂质原子起到锁住位错的作用。

2. 辐照退火硬化

bcc 金属中杂质原子的高度可动性可以由一种称作辐照退火硬化的现象反映出来,而在 *fcc* 材料中则观察不到这一现象。如果在经过低温辐照之后,一个面心立方金属的试样在拉伸试验之前给以几小时的退火,则辐照所带来的屈服应力的提高将随着退火温度而均匀地减小。但是,对于 *bcc* 金属,随着退火温度的提高,屈服应力却先是升高,在经过一个最高点之后才回到未辐照时的数值。这种在退火过程中反而增加硬化便是由于间隙杂质原子(氧、氮及碳)向辐照所产生的诸如贫原子区或位错环之类的缺陷团处迁移。杂质和缺陷团的复合体比起杂质和缺陷团在基体中分开存在的状态能够更加有效地阻碍位错运动。间隙原子大的扩散系数能够让这些小的原子在温度低于缺陷团被退火破坏掉的温度下就向缺陷团处迁移。不过,如果温度足够高的话,复合体和缺陷团都会被去除掉,这就像在 *fcc* 金属中一样,硬化随着温度的提高而降低。

3. 蠕变强度

bcc 金属本征组元(空位和基体原子)在较开放的结构中的高扩散速率,是使铁素体钢比奥氏体钢的蠕变断裂强度较差的原因。例如,由于晶界空腔长大而造成的蠕变是通过空位扩散而造成的(见第 8.8 节),于是 *bcc* 金属的蠕变就比 *fcc* 的大了。由于这种原因,堆芯的高温部件采用奥氏体钢而不采用铁素体合金。

4. 高温脆化

bcc 金属和 *fcc* 金属最突出的差别之一是 *bcc* 金属不存在氦的脆化。也就是说,*bcc* 金属及合金在高温辐照时没有大幅度的延伸率下降。我们也许会想象 *bcc* 金属的高扩散系数加速晶界空洞(被氦所稳定化)长大所造成的蠕变断裂,这种机构认为是 *fcc* 金属氦脆化的主要机理。而实际上 *bcc* 金属并没有氦脆化,这表明这种材料的蠕变断裂并不是由于应力诱发孔洞长大的机理。相反,人们认为 *bcc* 金属大的自扩散系数能够有效地减弱晶界处的应力集中,因而也削弱了三线交点或楔形裂纹的倾向。点缺陷大的可动性可以加速再结晶过程(生长新的晶粒)和回复过程(将位错网退火使得基体软化)。这两个过程都起到削弱应力集中的作用,因而能抑制晶间断裂。

8.11.2　脆性断裂——Cottrell – Petch 理论

在早期的 Petch 理论的基础上,Cottrell 曾提出了一个关于具有明显屈服点的金属屈服的理论。这个理论可以用来确定断裂应力。有了关于屈服应力和断裂应力的知识,就可推演脆性断裂的条件。

bcc 金属或辐照后 *fcc* 金属的下屈服点包含着源硬化和摩擦硬化两方面的贡献(见 8.4 节),摩擦硬化是位错在金属中运动时所受到的应力,源硬化代表着将钉扎着的位错解除钉扎并使它们启动所需的外加应力。Cottrell 假定,或是因为某些晶粒相对于载荷的位向能够使得在活动的滑移面上产生最大的分切应力,或是因为在这些晶粒中有若干位错源具有特别低的解钉扎应力,于是在某些相互分开的晶粒中有些位错就首先被解除钉扎。不论是哪种原因,在先期屈服的晶粒中所产生的位错将塞积起来压迫着晶粒边界。塞积群附近增大了的剪

应力能够触发相邻晶粒中的位错。于是，像一列骨牌一样，屈服便在整个样品中前进，也就是说，材料流动了。

如果有一个晶粒已经屈服并释放出一连串位错，这些位错被晶界所阻挡，则一个邻近晶粒中滑移面上所受到的应力如图 8.48 所示。作用在晶粒②内位错源上的应力有两个部分，一个是外加应力 σ_{xy}，另一个是晶粒①的位错塞积群十分逼近所致。后者由方程(8.63c)给出，但为了把晶粒①中塞积群内位错所受到的摩擦应力考虑进去，需要将 σ_{xy} 减掉一个 σ_i。这样，晶粒②中位错源所受到的切应力就是

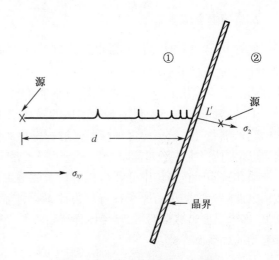

图 8.48 由于在已屈服了的晶粒内的塞积群使邻近未屈服晶粒内的位错源受到剪应力

$$\sigma_2 = \sigma_{xy} + (\sigma_{xy} - \sigma_i)\left(\frac{d}{L'}\right)^{1/2} \quad (8.107)$$

式中，晶粒①的塞积群长度就取作 d（晶粒大小），L' 是自晶界到晶粒②最近的位错源的距离。$\dfrac{d}{L'}$ 一般比 1 大好多。启动材料内位错源的应力用 σ_d 表示。在未辐照的高纯金属中，σ_d 就是启动 F–R 源所需要的应力 $(\sigma_{xy})_{R=\frac{1}{2}} = \sigma_{F-R} = \dfrac{2Gb}{l}$。但是在普通的 bcc 金属或是在辐照后的 fcc 金属中，因为有杂质或辐照产生的点缺陷将位错源锁住，所以 $\sigma_d > \sigma_{FR}$。

在屈服按图 8.48 的机理被触发的瞬间，σ_{xy} 就等于屈服应力 σ_y，σ_2 等于 σ_d。将这些代入到式(8.107)后得出

$$\sigma_d = \sigma_y + (\sigma_y - \sigma_i)\left(\frac{d}{L'}\right)^{1/2}$$

从中解出屈服应力为

$$\sigma_y = \frac{\sigma_i + \sigma_d(L'/d)^{1/2}}{1 + (L'/d)^{1/2}} \approx \sigma_i + \sigma_d\left(\frac{L'}{d}\right)^{1/2} \quad (8.108)$$

如将 $\sigma_d(L')^{1/2}$ 这个乘积用常数 k_y 表示，则屈服应力就是

$$\sigma_y = \sigma_i + k_y d^{-1/2} \quad (8.109)$$

式(8.109)中右边第二项代表源硬化对屈服应力的贡献。σ_y 的两部分从实验上可用以下两种方法来确定：

①将图 8.13 中的应力–应变曲线的加工硬化部分外推到弹性线上。交点就可以认为是 σ_i。下屈服点和这一交点之差即是源硬化的贡献 $k_y d^{-1/2}$。Makin 和 Minter 曾用这一办法确定过铜的中子辐照对摩擦硬化部分和源硬化部分的影响。

②量测不同晶粒大小的试样的屈服应力，作出 $\sigma_y - d^{-1/2}$ 直线。这一直线的截距为 σ_i，斜率为 k_y。大多数金属相当好地遵从这个作图关系。

在从屈服应力数据确定 k_y 之后，Cottrell 将式(8.109)代入到式(8.75)计算出断裂的临界拉伸应力。在屈服应力时，σ_{xy} 就是 σ_y，式(8.75)括弧中的项即 $k_y d^{-1/2}$。于是断裂应力为

$$\sigma_{\text{crit}} = \sigma_{\text{F}} = \frac{2G\gamma}{k_y}d^{-1/2} \qquad (8.110)$$

图 8.49 表示晶粒大小对一个低碳钢的断裂应力(即拉伸极限)和屈服应力的影响。两条线在塑性脆性过渡点处交叉。在这一点以右,材料是延性的,它在断裂之前屈服。为达到断裂所需要增添的应力($\sigma_{\text{F}} - \sigma_y$)由加工硬化过程所提供,这意味着金属必须塑性变形。正像图内下方曲线所表示的那样,断裂以前发生了相当大的伸长量。在过渡点以左,屈服和断裂同时发生。因为屈服是断裂的先决条件,所以断裂是沿着屈服应力的那条线发生的。在这一区间金属完全是脆的。

也可以用 Cottrell – Petch 理论来解释辐照对钢的屈服强度和拉伸极限的影响。屈服应力中摩擦硬化部分 σ_{i} 对于辐照是相当敏感的,这是由于快中子照射所产生的缺陷团(见8.4 节)。但是参数 k_y 却取决于金属中开动位

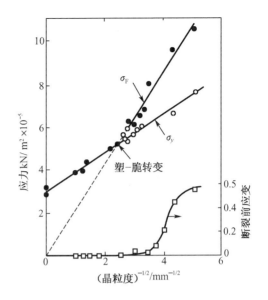

●断裂;○屈服;□应变。

图 8.49　晶粒大小对一个低碳钢在低温试验时屈服应力和断裂应力的影响

错源所需要的应力 σ_{d}。在 fcc 金属和合金中这个应力因有点缺陷帮助钉扎位错源所以稍有增加。然而,对于 bcc 金属,在没有中子生成点缺陷的情况下位错源已经被杂质原子强烈地钉扎住,因此对这类晶体结构的金属,辐照对 k_y 的影响可以忽略。理论预计,辐照应当使屈服应力的增加大于拉伸极限的增加,这个预言已为实验所证明。低温时延伸率的大幅度下降正是由于 σ_y 和 σ_{F} 二者对中子损伤的不同敏感度所引起的。

图 8.50 是用温度和不同的摩擦应力作图来表示 Cottrell – Petch 理论。σ_{i} 的增加被认为是中子辐照引起的。塑 – 脆转变温度(DBTT)或无塑性温度(NDT)的条件是 $\sigma_{\text{F}} = \sigma_y$,根据式(8.110),这一条件可写成

$$\sigma_y k_y = 2G\gamma d^{-1/2} \qquad (8.111)$$

虽然原则上可以利用这个式子解出转变温度(应用温度和 σ_y 及 k_y 的关系),但最常用它的还是从中估计中子照射对于铁素体钢变脆温度的影响。图 8.50 用图解表示了转变温度的提高,这也可以根据式(8.111)定量地加以表示,注意到式子右边的项基本上不随辐照和温度而变,因此

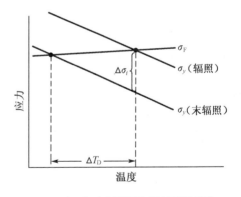

图 8.50　温度对未照射和照射后铁素体钢屈服强度及断裂强度的影响

$$d(\sigma_y k_y) = \sigma_y dk_y + k_y d\sigma_y$$

σ_y 和 k_y 随变量 T 和中子剂量(中子剂量反映为辐照硬化或者是摩擦应力 σ_{i} 的提高)的变化为

$$dk_y = \left(\frac{\partial k_y}{\partial T}\right)dT + \left(\frac{\partial k_y}{\partial \sigma_i}\right)d\sigma_{\text{i}}$$

$$d\sigma_y = \left(\frac{\partial \sigma_y}{\partial T}\right)dT + \left(\frac{\partial \sigma_y}{\partial \sigma_i}\right)d\sigma_i$$

将这些式子合并,并忽略掉辐照对源硬化的影响[即$\partial k_y / \partial \sigma_i = 0$,从而根据(8.109)式得$\partial \sigma_y / \partial \sigma_i = 1$],我们便得出转变温度的增加

$$\frac{dT}{d\sigma_i} = \frac{\Delta T_D}{\Delta \sigma_i} = -\left(\frac{\sigma_y}{k_y}\frac{\partial k_y}{\partial T} + \frac{\partial \sigma_y}{\partial T}\right)^{-1} \tag{8.112}$$

k_y 随温度的变化是小的,但它在式(8.112)中前面乘以大的数字,因此在分析中将它保留下来。屈服应力,源硬化系数,以及它们对温度的微商都可以从堆外试验中求得。将数值代入以后可以得到对于典型的压力壳钢,有

$$\frac{\Delta T_D}{\Delta \sigma_i} = 3 \sim 5 \ ℃\left(每 \ 10^4 \ kN/m^2\right) \tag{8.113}$$

8.2 节中已讲过,DBTT 或 NDT 可以用冲击试验量得。图 8.16(b)表示未辐照低碳钢的 DBTT 约为 0 ℃。对辐照以后的样品,相应的曲线要比图中未辐照的数据向高得多的温度右移。如果将辐照硬化($\Delta \sigma_i$)也同时量出,那么测得的 ΔT_D 数值和式(8.113)Cottrell – Petch 理论的预言符合得很好。

摩擦应力的增长 $\Delta \sigma_i$ 几乎完全是由于在运动位错的滑移面上产生了障碍物。在 LWR 压力壳工作的低温下,$\Delta \sigma_i$ 可以认为是由于贫原子区而引起的硬化(见式(8.38)和(8.42))。图 8.51 总结了不同压力壳钢无塑性温度随中子剂量而升高的数据。如果部件在低于 250 ℃ 左右长期辐照运行,就会发现 NDT 有相当大的提高。从图中可以看出,长期照射后 NDT 可以接近压力壳的运行温度(约等于 PWR 冷却剂入口温度)。铁素体钢的堆芯部件可能需要周期性的退火以消除累积的辐照损伤。作为监督工作的一部分,可以在堆芯放一些试件,分期取出来作冲击试验。

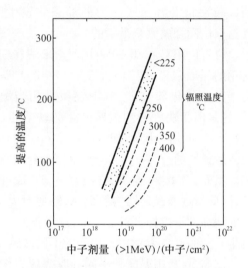

图 8.51 快中子剂量对不同温度下辐照的低碳钢无塑性温度提高的影响

(引自 L. E. Steele and J. R. Hawthorne. ASTM Special Technical Publication 380,283,1965)

复习思考题

8.1 由于辐照,一个金属样品中含有空洞,样品在堆外于温度 T 退火。空洞只能通过俘获空位或放出空位而长大或收缩。样品整体中含有热平衡的空位浓度。

(1)一个初始半径为 R_0 的空洞,它的半径将如何随着退火时间发生变化?

(2)设辐照后空洞尺寸分布的分布函数是 $N_0(R_0)dR_0 =$ 半径处于 R_0 和 $R_0 + dR_0$ 之间的空洞数。那么,在退火时间 t 时的空洞分布函数应是什么? 假定以下参数都是已知的:空位扩散系数 D_v,平衡空位浓度 C_v^{eq},金属的表面张力 γ,原子体积 Ω。(提示:采用 8.4.4 节的方法)

(3)设原始分布 $N(R_0)$ 是高斯分布,平均空洞半径为 400 Å,标准偏差 5 nm。原始空洞浓度 N_T^0 为 $10^{15}/cm^3$。在退火中,平均大小的空洞在 3 小时消失。试计算并画出在 $t = 0$ 和

$t = 2$ h时的空洞分布。

8.2 应力应变曲线的加工硬化阶段可用 $\sigma = k\varepsilon^n$ 表示,其中 n 代表加工硬化指数。由于辐照使屈服应力的提高大于拉伸强度的提高,因而辐照可以有效地降低加工硬化指数。试根据塑性失稳的判据,计算当辐照将 n 减小了 Δn 之后均匀延伸率应下降多少。

8.3 在 Seeger 对辐照硬化的处理中,位错切割障碍物时的势能是

$$Y = 1 - \frac{1}{1+e^\eta} - A\eta + \text{const}$$

其中,$Y = \dfrac{U(x, \sigma_s)}{U_0}$,$\eta = \dfrac{x}{r'}$,$A = \dfrac{\sigma b l_0 r'}{U_0}$

证明 $Y(\eta)$ 有以下性质:

(1)当 $A \geqslant 1/4$,势垒高度等于零。

(2)如 $\varepsilon = 1 - 4A$ 为一小的正值,将参量为 ε 的 Taylor 级数的极大和极小位置展宽。证明极值由下式给出

$$\eta_\pm = \pm 2\varepsilon^{1/2}$$

(3)证明位垒高度等于

$$Y(\eta_+) - Y(\eta_-) = 2\varepsilon^{3/2}$$

8.4 镍的贫原子区硬化数据(图8.24)表示在辐照中产生了两种类型的贫原子区。根据这一图中的曲线,计算出由 A 和 B 两条线所代表的两个贫化区的半径比和数量比。

8.5 设在每立方厘米中含有 N 个半径为 R 的气泡的固体中有一条位错线,对固体施加剪应力 σ_{xy},使位错在滑移面上滑动。

(1)在什么情况下位错线将扫走气泡而不是绕过它们?

(2)设气泡按表面扩散机制运动,在允许气泡被扫走的情况下,位错线的初始速度应是什么?

(3)位错线运动时,它收集路程上的所有气泡,这就使沿位错线的气泡间距变小并减缓位错的运动。忽略掉附着在位错线上的气泡聚集作用,找出在外加应力方向走出 x 距离时位错线应具有的速度。

8.6 一块受到辐照的金属,含有位错网络的密度为 ρ_d,并在单位体积中含有半径为 R_l 的位错环 N_l 个。如果刚好在位错环的去层错温度以下及刚好在这个温度以上量测辐照金属的屈服应力,试问在这两个温度所量测的屈服应力会有什么区别?假定去层错以后的环变成了固体中位错网的一部分。

8.7 有一条直线的刃形位错线;另有一个位错环,环面垂直于刃形位错的滑移面并且和刃形位错本身相平行;试导出二者间作用力的表达式。设直线刃形位错的滑移面距离环的中心是环半径的 3 倍,对此作出类似于图8.29 的图形。

8.8 对于晶界三线交点处内无气体的楔形裂纹,方程(8.75)给出了它的稳态临界拉伸应力。但是现在假定裂纹是由三线交点处的气孔形成的,气孔的原始体积为 V_0,其中含有 m 个氦原子。在外加应力 σ 的作用下,气孔长成为长度为 C 宽度为 nb 的楔形裂纹。

(1)金属中晶粒的形状看作是立方八面体(十四面体),其大小为 l(见附图)。在辐照的某一具体时刻,金属中每单位体积已经生成了 M 个氦原子。设所有的氦原子都被收集在三线点的裂纹中。那么每裂纹的氦原子数 m 应是多少?

(2)形成裂纹所需的能量是什么?有效应力是气体内压和拉伸应力 σ 之和,在形成裂纹时内含的气体做功。

（3）对于那些相对于外加应力处于有利位向的裂纹，它们的失稳扩张临界应力是什么？

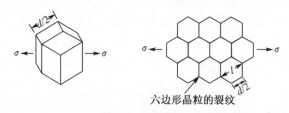

六边形晶粒的裂纹

题 8.8 图

8.9　根据 Hull – Rimmer 的分析，在得出式（8.85）所表示的晶界长大定律时曾假定，位于两个空洞中点的空位浓度等于有外加拉应力时的热力学平衡值。但是，在这个分析中，应力是根据样品的载荷除以截面积得到的。当空洞在垂直于载荷方向的晶界上形成时，由于空洞的存在，晶界承受载荷的面积减小了。应该怎样修正生长定律才能把这种效应考虑进去？

8.10　304 不锈钢辐照了一年，通量的热中子成分为 10^{13} cm^{-2} · s^{-1}，快中子成分为 10^{15} cm^{-2} · s^{-1}，计算其中的氦含量。

8.11　晶界上有半径为 100 nm 的氦泡。在拉应力为失稳临界应力值一半的情况下，气泡能长到多大？当两个气泡合并时，新气泡的平衡尺寸是什么？

8.12　方程（8.98）给出了在晶界上球形气泡的临界应力，但是晶界上气泡的平衡形状并非球形而是透镜形的（见附图）

（1）设晶界张力为 γ_{gb}，金属的表面张力为 γ，当固体不受应力时一个含有 m 个气体原子的透镜形气泡的几何平衡是怎样的（即角度 θ 和曲率半径 ρ 之间的关系）？

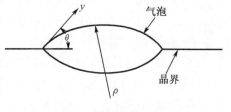

题 8. 12 图

（2）当固体受有静液拉伸应力 σ 时（1）的结果将如何变化？

（3）透镜形气泡失稳扩张的临界应力是什么？将答案用透镜形气泡临界应力相对于含同样氦原子数的球形气泡临界应力的比值来表示。如果 $\gamma_{gb}/\gamma = 0.4$，这个比值是多少？

8.13　由于氦脆化，一个辐照后的奥氏体不锈钢样品在外加应力为 2×10^6 kN/m^2 时破坏了，应变量为 1%。需要有多大的氦浓度（原子 ppm）才能在这一应变量时发生破断？金属的晶粒大小为 15 μm，表面张力为 1 500 dyn/cm。辐照温度为 1 000 ℃。

8.14　一个辐照金属中氦的生成速率为每秒·立方厘米 G 个原子。所有的氦原子一经生出就被捕获到晶界上的气泡里。每单位晶界面积的气泡数是 N_{gb}，晶粒大小为 d。

（1）在每一个气泡位置，俘获氦原子的速率是什么？

（2）在外加应力 σ 的作用下，长大着的晶界气泡变成不稳定时所需的时间 t_c 是什么？这时的气泡半径 R_c 是什么？在 $t \leqslant t_c$ 时，气泡的长大速率受氦原子的流入通量所决定（即气泡总是保持平衡）。

（3）在 $t > t_c$ 时，气泡失稳，它的膨胀速度受空位达到气泡速率所控制（并限制）。假定气体原子达到气泡的速率由（1）给出。将失稳长大阶段时气泡内气体原子数不断增加这一因素考虑在内，试列出一个方程以确定断裂时间 t_R。

（4）断裂时的延伸率 ε_F 是什么？

第9章　辐照生长、蠕变和疲劳

9.1　辐　照　生　长

在结构材料中亦存在如金属铀那样的辐照生长,如在锆和锆合金,高温气冷堆用石墨中。纯锆在室温下是密排六方晶体结构,c/a 为 1.593(与理想值 1.633 相比,在 c 方向上稍有收缩)。晶格常数 $a_0 = 0.323$ nm,$c_0 = 0.515$ nm;a 和 c 方向的热膨胀系数分别是 5.20×10^{-6} 和 1.04×10^{-5}。对冷轧材料(板或管),其织构表现为大多数晶粒的 c 轴偏离板的法向或管子表面的法向。在轧管时,通过改变减壁与减径比能减少织构的分散度:减壁比减径多时得到更集中的径向织构,即 c 极更接近于径向的织构。对于扩散系数,Zr 在 c 方向扩散系数较大。

辐照生长是指不受力的材料在辐照下发生恒体积的尺寸变化,即在没有作用力下材料发生变形,而体积没有变化。对于 Zr 单晶体,辐照生长是由沿 a 方向膨胀以及 c 轴收缩而构成。

在多晶材料中的情况更为复杂,由于晶界能够对点缺陷起到择优尾闾的作用,因此晶粒形状和取向起很大作用。但是,通常多晶体材料的生长行为也由沿 a 方向膨胀和沿 c 轴收缩构成。锆合金的制造过程产生了织构。对于 Zircaloy 合金包壳,棱柱面在垂直于轴(纵)向上优先排列,这意味着辐照生长引起长度增加以及包壳直径和厚度减小。如果燃料棒的生长受到限制,将发生弯曲,可能导致燃料棒的失效,另外生长畸变也使燃耗受到限制,这给设计和安全带来了影响。

Rogerson 收集了大量关于辐照生长的实验数据,表明辐照生长受微观组织变量如冷加工量、残余应力和合金添加元素的影响。图 9.1 说明冷加工与温度对辐照生长的影响。图中,虚线表示冷加工(CW)材料的生长应变,其应变跟通量成近似线性关系并随温度增加。实线表示退火材料的生长应变,其生长速率明显比冷加工材料的小,而且也随温度增加。在"迸发性"的通量后,退火材料的生长速率与冷加工材料的值相差不大。退火材料中的"迸发性"生长与那个通量下〈c〉组元位错的发展相联系。冷加工材料的生长应变,通常随通量呈线性关

系,温度越高斜率越大。退火材料至少在辐照初期具有相当低的应变速率。但是,在大约 3×10^{25} m^{-2} 的通量后出现"迸发现象"(Breakaway Phenomena),应变速率突增到接近冷加工材料的值。观察到迸发性生长与〈c〉组元位错的发展相联系。

一般来说,当有高密度位错存在时,其控制生长行为,然后呈线性和稳定生长。根据速率理论,这与受尾闾控制方式相关,在这种位错情况下所产生的大多数缺陷消失在尾闾中,在退火材料中或在辐照开始时观察到瞬变行为。当迸发性生长出现时,观察到的生长速率具有受尾闾控制方

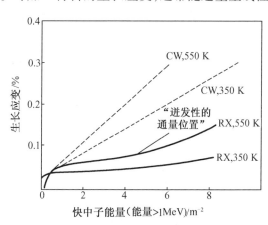

图 9.1　不同冷加工量的材料在几种辐照温度下生长应变与通量的关系

式的特征,如图9.1所示。

合金元素也会影响生长速率。Griffiths 提出,包括 Fe 在内的杂质元素稳定萌生的$\langle c \rangle$组元环后,使上面提及的$\langle c \rangle$组元位错发展。另一种可能的机理是铁增强了 Zr 的自扩散,从而加速点缺陷向位错运动而增进生长。Zee 等衡量了 Sn 的影响,发现 Zr – 0.1% Sn 比 Zr – 1.5% Sn 生长更显著,可能是由于铁原子被 Sn 原子捕陷而妨碍了 Fe 对增强生长的作用。最近的一组新合金,称为 Zirlo 以及俄罗斯合金 Zr – 1% Nb – 1% Sn – 0.4% Fe,其辐照生长显著地减少。

辐照生长是间隙原子和空位分配到不同尾间的结果,这种尾间在材料中的分布是各向异性的。尾间可以是冷加工或辐照引起的$\langle a \rangle$,$\langle c \rangle$或$\langle c + a \rangle$特征的位错,以及不同位向的晶界。例如,在$\langle a \rangle$平面上形成的间隙环或在$\langle c \rangle$和$\langle c + a \rangle$平面上形成的空位环,或者两者都有,正如最初由 Buckley 提出的那样,其初始模型为

$$\dot{\varepsilon}_x \propto 1 - 3F_x$$

式中,$\dot{\varepsilon}$是 x 方向生长引起的应变速率,而 F_x 是基面在 x 方向的分量。由于在辐照材料中起初没有观察到基面环,因而提出了其他一些模型,包括其他尾间,例如晶界,或认为是点缺陷各向异性迁移的影响。

Holt 提出了一个速率理论计算,包括在以前的模型中提出的点缺陷各向异性的迁移、织构效应以及所有的点缺陷尾间,发现冷加工试样的辐照生长可以用空位分配到$\langle c + a \rangle$网络位错以及间隙原子分配到$\langle a \rangle$型位错来解释,而退火材料的加速生长是由于空位分配到最新形成的$\langle c \rangle$型环以及间隙原子分配到$\langle a \rangle$型环所造成的。为了对 350 K 时线性生长速率作出合理的解释,空位的迁移能需要小于 0.7 eV,如 Buckley 等起初证明的那样。这就支持了以上叙述的 Fe 加速了空位迁移的机理。Holt 用晶粒尺寸效应也能解释在某些样品中观察到的沿纵向和横向同时收缩的现象,如对晶粒尺寸小于 1 μm,具有集中取向的晶粒进行辐照时会产生这种现象。通过调整参数可以改善 Zircaloy 合金的行为,这种措施以后被成功地用于预测 Zr – 2.5% Nb 的生长。

9.2　蠕　　变

蠕变是一种在常应力的长期作用下发生的永久性形变。弹性和塑性形变实际上是在外加应力作用下同时发生的。图 9.2 表示蠕变现象中有关的应变曲线图。若样品一直保持在一种受应力作用的状态,而且温度足够高(仍假设为 1/3 ~ 1/2 用 K 表示的熔点),那么在很长的时间内(以日或月计)将会不断地产生不可逆的形变,一直到发生破坏。图 9.2 的蠕变曲线中,在一个减速阶段(蠕变第一阶段)之后,蠕变速率实际上变成一个常数,这一阶段称为蠕变第二阶段,或称为稳态蠕变。这个阶段结束时蠕变速度再次增大(蠕变第三阶段),这时离破坏已经很近了,这种破坏称为应力断裂。

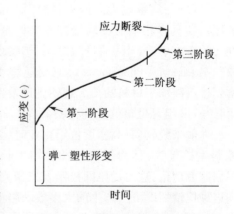

图9.2　典型蠕变曲线

在任何材料中,特别是在多晶体材料中,存在接近于连续分布的滑移方式,当应力提高时

它们就可以发生作用。在图9.2所表示的瞬时塑性应变中,与一定外加应力有关的所有滑移方式几乎都起了作用。若应力保持为常数,那么有几种滑移机理可以起作用而使形变继续发生,但却进行得非常慢。

在一定温度和外加应力作用下,要使位错在一个正常情况不活化的滑移面上运动,或者要使被杂质钉住的位错运动,都需要附加的能量,这种能量可以通过偶然的热扰动而获得。在单位时间内,能够获得位错运动所需能量 E 的概率正比于玻尔兹曼因子 $e^{-E/kT}$,因此蠕变速率与温度有非常强的依赖关系。

在高温下点缺陷的可动性提高了,此时一直挂在运动位错后面的点缺陷,例如杂质云,也更容易运动了,因此高温时它们就更容易被位错拖拽(这种热激活蠕变机理称为微蠕变)。最后空位和间隙在高温时是可以运动的,因此它们可以使位错发生攀移。

对于所有这些机理,蠕变第二阶段中的应变速率 $\dot{\varepsilon}$ 与温度和应力的关系都具有下述形式:

$$\dot{\varepsilon} = 常数 \times \sigma^m e^{-E/kT} \tag{9.1}$$

式中,σ 是外加应力;T 是绝对温度;E 是蠕变激活能。对于由位错攀移控制的蠕变来说,应力 σ 上的指数 m 约等于4。但是蠕变也可以通过下述两种方式来进行:即通过相邻晶粒沿着晶粒间界的滑动;或者通过空位从晶粒的一边向另一边扩散(Nabarro-Herring 蠕变),相应地 m 和 E 值有所不同。特别是在辐照的条件下,同样是位错攀移控制的蠕变,辐照缺陷将影响到上述关系,下面将研究辐照对它的影响。

在开展材料蠕变实验和数据的工程应用中常采用 Larson-Miller 参数 $T[\ln t_f + C']$ 与使用应力 σ 的关系。其中 T 是实验温度(或使用温度);t_f 是在实验温度 T 和恒应力 σ 下的断裂寿命;C' 是与材料的成分、状态有关的常数。蠕变实验没有必要采用在工程使用条件下进行很长时间的实验测定,因为这样耗费大量的时间,而且亦不现实,一般选用几个合适的较高温度和较高应力做蠕变实验,获得合理的寿命时间。绘制 Larson-Miller 参数 $T[\ln t_f + C']$ 与恒应力 σ 的曲线如图9.3所示,从中定出合适的常数 C'。由此在工程设计中使用该材料时,根据该曲线来选定使用参数。例如在使用温度下要达到目标寿命,其应力应选择等于或稍低于对应于 Larson-Miller 参数 $T[\ln t_f + C']$ 与 $\ln\sigma$ 的曲线上的应力值。

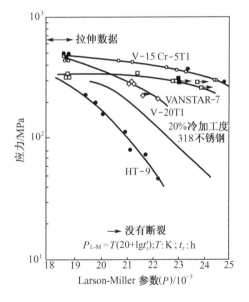

图 9.3　选定结构合金的 Larson-Miller 图

如果采用蠕变第二阶段,即稳态蠕变的关系,可以推导出 Larson-Miller 参数 $T[\ln t_f + C']$ 与使用应力 σ 的关系,以及 C' 与其他物理量间的表达式。假定断裂寿命 t_f 是等于延伸率 ε_f 除以稳态蠕变的蠕变率 $\dot{\varepsilon}$,令(9.1)式中的常数为 C,则断裂寿命 t_f 为

$$t_f = \frac{\varepsilon_f}{\dot{\varepsilon}} = \frac{\varepsilon_f}{C}\sigma^{-m}\exp\frac{E}{kT}$$

因此

$$T[\ln t_{\mathrm{f}} + \ln(C/\varepsilon_{\mathrm{f}})] = \frac{E}{k} - mT\ln \sigma \tag{9.2}$$

所以 $C' = \ln(C/\varepsilon_{\mathrm{f}})$，根据式(8.89)，$C' = \ln[6Cd(N_{\mathrm{gb}})^{1/2}/\pi]$，$d$ 是晶粒直径，N_{gb} 是空洞(或气孔)在晶界的密度。因此在蠕变的基本关系上，$T[\ln t_{\mathrm{f}} + C']$ 与 $\ln \sigma$ 有着明确的关系。由于第一阶段和第三阶段都比较短，影响较小，但还是可以直接反映在 Larson-Miller 参数与 $\ln \sigma$ 的实验曲线上。但是辐照对 Larson-Miller 参数与 $\ln\sigma$ 关系的影响以及它的应用还有待于进一步研究。

9.2.1 辐照蠕变

辐照蠕变是指由于辐照引起热蠕变速率增加的现象，或在没有热蠕变的条件下产生蠕变的现象，前一种现象称为辐照加速蠕变，后一种现象称为辐照引起的蠕变。作为辐照蠕变，外应力必须引起固体非均匀变形(不仅仅是肿胀)，而且变形速率必须随着快中子通量的改变而改变。

不锈钢的辐照蠕变理论可分成两类，其区别在于蠕变过程中是否包含了辐照产生的位错环和空洞。由于这些缺陷团的成核和温度关系很大，故这两类蠕变理论分别相当于低温和高温蠕变，其分界线大约是形成空洞的最低温度(对不锈钢约为 350 ℃)。

通常高温辐照蠕变的原因是：①成核位错环的应力定向；②位错加速攀移，然后滑移。

低温辐照蠕变有两种，第一种是由于固体中位错网络的钉扎段攀移而引起的瞬态蠕变；第二种是由于空位环塌陷而引起的稳态蠕变。图 9.4 举出了低温下瞬态蠕变和稳态蠕变同时存在的情况。首先将样品放在堆内，在高应力下长期辐照，然后再减小样品上的载荷。图 9.4 左边的垂直线代表立即产生的弹性应变的恢复(弹性恢复)，接着是 2 000 h 左右的孕育期，然后才达到低应力水平下特有的稳态辐照蠕变。在弹性恢复末端和新的稳态蠕变直线的回推点之间的应变差代表了低温辐照蠕变的瞬态蠕变分量的大小。图 9.4 中的数据可用下式表示：

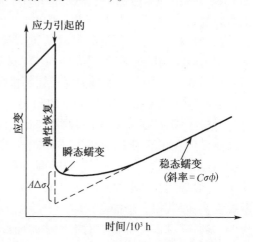

图 9.4　304 型不锈钢在堆内 100 ℃辐照、再减少应力以后的应变恢复

$$\varepsilon = A_0\sigma\left[1 - \exp\left(-\frac{\Phi t}{B}\right)\right] + C\sigma\Phi t \tag{9.3}$$

式中，右边第一项代表可恢复的瞬态应变，第二项反映了稳态蠕变速率。下面我们将解释这两种低温辐照蠕变的机理，并估算式(9.3)中的常数 A_0，B 和 C。

9.2.2 瞬态蠕变

Hesketh 和 Lewthwaite，Proctor 等人分别提出了瞬态辐照蠕变模型，这里评述一下略加修改的 Hesketh 模型。

考虑一块位错密度为 ρ_d 的金属,位错网络用位错线段组成的立方栅格来模拟。位错线段在结点处被钉扎(见8.3.2节),结点间距为式(8.24),即有

$$l = \left(\frac{3}{\rho_d}\right)^{1/2} \tag{9.4}$$

由于这个理论所适用的温度比形成空洞的温度低得多,我们假定由级联碰撞产生的空位是不动的。在不锈钢中空位和间隙原子的扩散系数可近似地表示为 $D_v \approx \exp(-\varepsilon_v^*/kT)$,$D_i \approx \exp(-\varepsilon_i^*/kT)$,式中扩散系数的单位是 $\mathrm{cm^2/s}$,$\varepsilon_v^* \approx 125 \ \mathrm{kJ/mol}$,$\varepsilon_i^* \approx 13 \ \mathrm{kJ/mol}$。在 100 ℃ 时,$D_v \approx 10^{-18} \ \mathrm{cm^2/s}$,$D_i \approx 10^{-2} \ \mathrm{cm^2/s}$。如果把原子在时间 t 的均方根位移取成位错网格的尺寸,那么一个点缺陷的平均寿命就可由式 $\overline{r^2} = 6Dt$ 估算出来。例如,当 $\rho_d = 10^{10} \ \mathrm{cm^{-2}}$ 时,令 $r^2 = l^2 \approx 10^{-10} \ \mathrm{cm^2}$,并采用上述点缺陷的扩散系数值就可得到,空位到达位错的平均时间约为 $10^7 \ \mathrm{s}$,而间隙原子在 $10^{-9} \ \mathrm{s}$ 内被吸收。由此可见,我们有充分理由把空位看成是完全固定的,而间隙原子则有足够的活动性,能够始终维持其准稳态浓度。这种分析所得到的基本结果并不限于上述情形,但分析方法比两种缺陷(空位和间隙原子)都运动的情形更简单。

假定一个试样在无应力状态下辐照了很长时间,达到了稳定的显微组织(辐照产生的间隙原子引起位错网络的钉扎段攀移,直到弯曲位错的线张力和由于间隙原子过饱和产生的化学应力相平衡为止)。由于没有应力作用,刚辐照时不会产生蠕变。图9.5画出了一块在辐照期间典型的位错网络立方体,立方体的每边都是长为 l 的刃形位错线段,其柏氏矢量是紊乱取向的。在辐照下位错的弯曲用位于钉扎点之间的圆弧段表示(为清晰起见,图中只画出了一半弯曲线段)。图9.5中的弯曲位错线是由于从辐照固体中吸收了间隙原子而形成的。因此弧形阴影区代表组成刃形位错的半原子面扩展的区域。由于位错

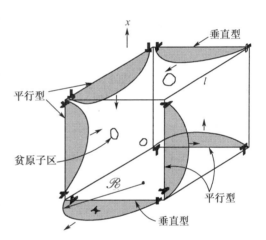

图9.5 位错网络的各段在辐照下弯曲
(无外应力作用)

线段聚集了过剩的间隙原子,这就使每段位错线具有同样的曲率半径 $\mathscr{R}$。图9.5中的不规则小区代表贫原子区,它是在级联碰撞过程中形成的,而且在低温热退火时很稳定,这种贫原子区就是空位聚集的区域。

由于辐照产生同样数量的空位和间隙原子,故守恒条件决定了位错线段攀移程度、贫原子区的尺寸和数量,以及辐照维持的点缺陷浓度三者之间的关系。与弯曲位错线相关的间隙原子数与点阵中间隙原子浓度 C_i 之和必须等于贫原子区内的空位数与点阵中空位浓度 C_v 之和。这个条件和点缺陷平衡条件是两回事,后者是指每种点缺陷的产生速率等于它的消失速率。

与弯曲位错线段相关的间隙原子数可按下法确定:图9.5所示的立方体中含有12条位错线段,但每条线段都由相邻的四个立方块所共有,因此在体积为 l^3 的固体中共有三条位错线段。根据式(9.4),单位体积内位错线段的数目为 ρ_d/l。设图9.5中圆弧形阴影区的面积为 A,则每一阴影区包含的间隙原子数为 bA/Ω。面积 A 是曲率半径 $\mathscr{R}$ 和立方体边长 l 的函

数。在弯曲部分(阴影区)单位体积的间隙原子数为 $bA\rho_d/l\Omega$。

在稳定状态下存在一定的贫原子区分布 $N(R)$，其中贫原子区的半径 R 从级联碰撞时的最大值 R_0 变到零(见8.5.3节)。半径为 R 的贫原子区包含 $4\pi R^3/(3\Omega)$ 个空位，因此点缺陷总数的平衡条件可写成

$$C_i + \frac{b\rho_d A}{l\Omega} = C_v + \frac{4\pi}{3\Omega}\int_0^{R_0} R^3 N(R)\,\mathrm{d}R \tag{9.5}$$

点缺陷平衡方程为

$$\nu_v \Sigma_s \Phi = k_{iv} C_v C_i \tag{9.6}$$

$$\nu_i \Sigma_s \Phi = Z_i \rho_d D_i (C_i - C_i^d) + k_{iv} C_i C_v + 4\pi D_i C_i \int_0^{R_0} R N(R)\,\mathrm{d}R \tag{9.7}$$

假定空位是不动的，它不会扩散到位错或贫原子区，空位只有通过和迁移的间隙原子复合才能从固体中消失。除了位错表面的间隙原子浓度不同外，间隙原子的平衡方程[方程(9.7)]和分析贫原子区退火时所采用的方程(8.4.3节)是相同的。在研究退火时，假定位错可以自由攀移，$C_i^d = C_i^{eq} = 0$。当位错被钉扎，位错的攀移由于线张力而受到阻止时，位错表面的间隙原子浓度就由 C_i^{eq}(对自由攀移的直位错线)上升到式(9.8a)所给出的数值(对具有一定曲率半径的位错线)

$$C_i = C_i^{eq}\exp\left[\frac{\tau_d}{b\mathscr{R}f}\frac{\Omega}{kT}\right] \tag{9.8a}$$

当被钉扎的位错线末端没有空洞时，方程(9.8a)中的因子 f 等于1，而在现在的分析中 C_i^d 的数值为

$$C_i^d = C_i^{eq}\exp\left[\frac{\tau_d}{b\mathscr{R}}\frac{\Omega}{kT}\right] \tag{9.8}$$

根据8.4.3节对贫原子区退火的分析，间隙原子和自由空位(即不属于初生贫原子区的空位)的关系为

$$\nu_i = \nu_v + \frac{4\pi R_0^3}{3\Omega} \tag{9.9}$$

在8.4.3节分析贫原子区退火时已经求得了贫原子区的分布 $N(R)$。这里在引用 $N(R)$ 时只是假定空位是不动的，因此式(8.48)变成

$$N(R) = \frac{\Sigma_s \Phi R}{D_i C_i \Omega} \tag{9.10}$$

如果从式(9.7)中减去式(9.6)，再按式(9.9)计算差值 $(\nu_i - \nu_v)$，并且在式(9.7)的积分中采用式(9.10)的分布，那么就会发现，点缺陷平衡条件要求 $C_i = C_i^d$，或由式(9.8)得到

$$\frac{\tau_d}{b\mathscr{R}} = \frac{kT}{\Omega}\ln\left(\frac{C_i}{C_i^{eq}}\right) \tag{9.11}$$

式(9.11)中左边是将位错线弯曲成曲率半径 $\mathscr{R}$ 时所需的外应力，右边是由于间隙原子过饱和而作用于位错线上的有效应力(或化学应力)。

式(9.5)提供了 C_i 和 $\mathscr{R}$ 的附加关系式。利用式(9.10)可以算出积分，而由式(9.6)C_v 可以用 C_i 来表示，这样就得到

$$C_i + \frac{b\rho_d A}{l\Omega} = \frac{\nu_v \Sigma_s \Phi}{k_{iv} C_i} + \frac{4\pi}{15}\frac{\Sigma_s \Phi R_0^5}{\Omega^2 D_i C_i} \tag{9.12}$$

半径 $\mathcal{R}$ 包含在式(9.12)的面积 A 中,如图9.6所示,扇形面

积 $A' = A + \dfrac{l}{2}\sqrt{\mathcal{R}^2 - \dfrac{l^2}{4}}$,扇形的弧长 L 与角度 θ,A' 和 $\mathcal{R}$ 之间

有下述关系:$\dfrac{L}{2\pi\mathcal{R}} = \dfrac{\theta}{2\pi} = \dfrac{A'}{\pi\mathcal{R}^2}$,因此 $A' = \mathcal{R}L/2$,由此得到

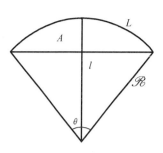

图9.6 位错线弯曲成曲率
半径 $\mathcal{R}$ 时的几何图形

$$A = \frac{\mathcal{R}L}{2} - \frac{l}{2}\sqrt{\mathcal{R}^2 - \frac{l^2}{4}}$$

$$= \mathcal{R}^2\frac{\theta}{2} - \frac{l}{2}\sqrt{\mathcal{R}^2 - \frac{l^2}{4}}$$

$$= \mathcal{R}^2\sin^{-1}\frac{l}{2\mathcal{R}} - \frac{l}{2}\sqrt{\mathcal{R}^2 - \frac{l^2}{4}}$$

因此式(9.12)可以写为

$$C_i + \frac{b\rho_d}{l\Omega}\left(\mathcal{R}^2\sin^{-1}\frac{l}{2\mathcal{R}} - \frac{l}{2}\sqrt{\mathcal{R}^2 - \frac{l^2}{4}}\right) = \frac{\nu_v\Sigma_s\Phi}{k_{iv}C_i} + \frac{4\pi}{15}\frac{\Sigma_s\Phi R_0^5}{\Omega^2 D_i C_i} \tag{9.12'}$$

解联立方程(9.11)和(9.12′)就得到 C_i 和 $\mathcal{R}$。

如果用这种方法求得的 $\mathcal{R}$ 值小于1/2,那么图9.5中所示的弯曲位错线就不能维持。在低温(约100 ℃)下对大多数金属来说,按照式(9.11)可算出以下结果:

$$\frac{\tau_d}{b\mathcal{R}}\frac{\Omega}{kT} \approx 10^{-4}\ \text{cm}$$

对于位错密度为 $10^{10}\ \text{cm}^{-2}$ 的金属,$\mathcal{R}$ 的最小值(等于1/2)约为 $10^{-5}\ \text{cm}$。因此,按式(9.12)维持稳定的弯曲位错线段所允许的间隙原子过饱和度就限制在 $C_i/C_i^{eq} < 10^4$。可是,如果位错密度为 $10^{12}\ \text{cm}^{-2}$,则最大允许的间隙原子过饱和度为 10^{40}。

为了近似地按式(9.12)计算 C_i,假定位错线段接近半圆形($\mathcal{R} \approx l/2$),那么

$$A \approx \frac{1}{2}\pi R^2 = \frac{\pi l^2}{8}$$

根据式(9.4),l 用 ρ_d 来表示,于是式(9.12)变成

$$\Omega C_i + \left[\frac{3^{1/2}\pi}{8}b(\rho_d)^{1/2}\right] = \frac{b^2\Omega\Sigma_s\Phi}{D_i}\left(\frac{\nu_v}{Z_{iv}} + \frac{4\pi}{15}\frac{R_0^5}{\Omega b^2}\right)\frac{1}{\Omega C_i} \tag{9.13}$$

式中,空位－间隙原子复合系数 k_{iv} 已用式(6.9′)表示($a_0 \approx b$)。将典型的常数值代入式(9.13)得到,左边第二项比右边的系数 $1/(\Omega C_i)$ 大得多。因此,二次方程的解为

$$C_i = \frac{8}{3^{1/2}\pi}\frac{b}{(\rho_d)^{1/2}D_i}\left(\frac{\nu_v}{Z_{iv}} + \frac{4\pi}{15}\frac{R_0^5}{\Omega b^2}\right)\Sigma_s\Phi \tag{9.14}$$

将式(9.14)代入式(9.11)即可确定 $\mathcal{R}$。

当中子通量为 $10^{13}\ \text{cm}^{-2}\cdot\text{s}^{-1}$,$R_0 \approx 0.8\ \text{nm}$,位错密度为 $10^{12}\ \text{cm}^{-2}$ 时,由式(9.14)得到 $C_i \approx 10^3\ \text{cm}^{-3}$。在100 ℃热平衡间隙原子浓度约为 $10^{-36}\ \text{cm}^{-3}$,故间隙原子过饱和度约为 10^{39}。这个过饱和仅仅略低于按式(9.11)算出的、使位错攀移到超过半圆(即超过 $\mathcal{R} = l/2$)所需要的饱和度。因此,前面的分析仅限于低通量和高位错密度的金属。当温度升高(因而 C_i^{eq} 也增大)时,这些限制就不像在100 ℃左右那样大。Hesketh 讨论了当间隙原子的过饱和度足够大,致使位错在化学应力的作用下脱钉时会产生什么后果的问题。

当试样在没有应力的情况下辐照时,所有位错都通过吸收过剩的间隙原子而攀移同样的

距离。当沿着图 9.5 中的垂直方向单向拉伸时，附加半原子面和拉应力垂直（也就是柏氏矢量和拉应力平行）的刃形位错就发生攀移，因为应力使位错芯的间隙原子浓度减小。在图 9.5 中这些位错称作垂直型的，它占固体中全部位错总数的三分之一。其余三分之二位错的柏氏矢量和应力轴成 90°，或者说，多余半原子面平行于应力方向。在图 9.5 中这些位错称作平行型的位错线段，它不受应力的直接影响。

当加上应力并达到了最终的稳态分布时，垂直型位错的曲率半径由 $\mathscr{R}$ 变为 $\mathscr{R}_\perp$，平行型位错则由 $\mathscr{R}$ 变为 $\mathscr{R}_{/\!/}$。当没有应力作用时，这两种位错中心区的间隙原子浓度由式（9.8）决定，而在应力的作用下则变为

$$（C_i^d）_\perp = C_i^{eq}\exp\left(\frac{\tau_d}{b\mathscr{R}_\perp}\frac{\Omega}{kT}\right)\exp\left(-\frac{\sigma\Omega}{kT}\right) \tag{9.15}$$

$$（C_i^d）_{/\!/} = C_i^{eq}\exp\left(\frac{\tau_d}{b\mathscr{R}_{/\!/}}\frac{\Omega}{kT}\right) \tag{9.16}$$

点缺陷平衡方程变成

$$\nu_v\Sigma_s\Phi = k_{iv}C_i'C_v' \tag{9.17a}$$

以及

$$\nu_i\Sigma_s\Phi = \frac{1}{3}Z_i\rho_d D_i\left[C_i' - （C_i^d）_\perp\right] + \frac{2}{3}Z_i\rho_d D_i\left[C_i' - （C_i^d）_{/\!/}\right] +$$
$$k_{iv}C_i'C_v' + 4\pi D_i C_i'\int_0^R RN(R)\,dR \tag{9.17b}$$

式中，C_i' 和 C_v' 是当系统和外应力达到平衡后固体中点缺陷的平衡浓度。贫原子区的分布由式（9.10）决定，只需将式中的 C_i 换成 C_i'。按照无应力时的分析方法可知，为了满足点缺陷平衡条件，式（9.17b）中两个括号内的数值都应为零，或者说，式（9.11）应该用以下两个条件代替：

$$\frac{\tau_d}{b\mathscr{R}_\perp} - \sigma = \frac{kT}{\Omega}\ln\left(\frac{C_i'}{C_i^{eq}}\right) \tag{9.18}$$

$$\frac{\tau_d}{b\mathscr{R}_{/\!/}} = \frac{kT}{\Omega}\ln\left(\frac{C_i'}{C_i^{eq}}\right) \tag{9.19}$$

在无应力时点缺陷的全部平衡条件用式（9.12）表示，而现在则变成

$$C_i' + \frac{b\rho_d}{l\Omega}\left(\frac{1}{3}A_\perp + \frac{2}{3}A_{/\!/}\right) = \frac{\nu_v\Sigma_s\Phi}{k_{iv}C_i'} + \frac{4\pi\Sigma_s\Phi R_0^5}{15\Omega^2 D_i C_i'} \tag{9.20}$$

式中，$A_\perp$ 和 $A_{/\!/}$ 分别是相应于曲率半径 $\mathscr{R}_\perp$ 和 $\mathscr{R}_{/\!/}$ 的攀移面积。由式（9.18）~（9.20）解出 C_i'，$\mathscr{R}_\perp$ 和 $\mathscr{R}_{/\!/}$，就可以确定在有应力的固体中最终的位错组态。由于应力作用引起的间隙原子浓度和两种位错的曲率半径的变化比先前辐照引起的相应变化小得多，因此新的数值可表示为

$$A_\perp = A + \left[\frac{dA}{d(1/\mathscr{R})}\right]\left(\frac{1}{\mathscr{R}_\perp} - \frac{1}{\mathscr{R}}\right) \tag{9.21}$$

$$A_{/\!/} = A + \left[\frac{dA}{d(1/\mathscr{R})}\right]\left(\frac{1}{\mathscr{R}_{/\!/}} - \frac{1}{\mathscr{R}}\right) \tag{9.22}$$

$$C_i' = C_i + \delta C_i \tag{9.23}$$

利用上面各式解方程（9.18）~（9.20）。为了尽量简化代数运算，我们更加粗略地假定 $\delta C_i = 0$ 或 $C_i' \approx C_i$。这样一来，就可以用式（9.11）左边代替式（9.18）右边，或写成

$$\frac{\tau_d}{b}\left(\frac{1}{\mathscr{R}_\perp} - \frac{1}{\mathscr{R}}\right) = \sigma \qquad (9.24)$$

由于外应力是正的(拉应力),故由式(9.24)得出 $\mathscr{R}_\perp < \mathscr{R}$,或者说,在加载后垂直型位错略微向前移动。这表明,和应力轴垂直的弯曲位错线段上添加了原子,这种物质的转移就会引起固体沿外应力方向变形(或应变),变形量可以按如下方法确定。

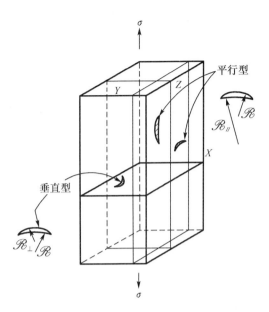

图9.7 由于被钉扎位错线段的弯曲引起的瞬态蠕变

如图9.7所示,假定有一块辐照过的金属,其初始尺寸为 X,Y,Z。它的内部有一个包含垂直型位错线段的平面和两个包含平行型位错线的平面。图9.7中画阴影的月牙形面积代表由于外应力作用引起的面积变化。对垂直型位错,面积变化是 $A_\perp - A$。这块金属中包含了 $(\rho_d/l)XYZ$ 条长为 l 的位错线段,其中1/3是垂直型的。当这些位错膨胀 $A_\perp - A$ 时,将有 $\frac{1}{3}\frac{\rho_d}{l}(XYZ)\frac{b}{\Omega}(A_\perp - A)$ 个原子运动到和应力轴垂直的平面上。相应的体积变化是上式的 Ω 倍。这个体积变化和沿着应力方向的变形量 δX 的关系是

$$\delta X(YZ) = 运动的原子数 \times \Omega$$

综合以上两式就得到最后的蠕变 ε:

$$\varepsilon = \frac{\delta X}{X} = \frac{\rho_d b(A_\perp - A)}{3l} \qquad (9.25)$$

面积变化 $(A_\perp - A)$ 可由式(9.21)求得,式中曲率半径倒数之差可按式(9.24)确定。这样我们就得到

$$\varepsilon = \frac{\rho_d b^2 \sigma}{3l\tau_d}\left[\frac{dA}{d(1/\mathscr{R})}\right]$$

如图9.6所示,面积 A 为

$$A = \mathscr{R}^2 \sin^{-1}\frac{l}{2\mathscr{R}} - \frac{l}{2}\sqrt{\mathscr{R}^2 - \frac{l^2}{4}} = \frac{l^2}{4}\left[\frac{1}{x^2}\sin^{-1}x - \frac{1}{x}\sqrt{1-x^2}\right]$$

其中 $x = l/(2\mathscr{R})$,$\dfrac{dA}{d(1/\mathscr{R})} = \dfrac{dA}{dx}\dfrac{dx}{d(1/\mathscr{R})} = \dfrac{l}{2}\dfrac{dA}{dx}$,由此得出

$$\frac{dA}{d(1/\mathscr{R})} = \frac{l^3}{12}F\left(\frac{1}{\mathscr{R}}\right) \qquad (9.26)$$

式中,$F\left(\dfrac{1}{\mathscr{R}}\right) = 3\left[\dfrac{1}{(l/2\mathscr{R})^2}\dfrac{1}{\sqrt{1-(l/2\mathscr{R})^2}} - \dfrac{1}{(l/2\mathscr{R})^3}\sin^{-1}\dfrac{l}{2\mathscr{R}}\right]$,当 $l/\mathscr{R} \to 0$ 时,$F \to 1$,而当位错线段弯成半圆形($\mathscr{R} = l/2$)时 F 值就很大。由于位错线张力近似等于 Gb^2(G 是剪切模量),故最后蠕变为

$$\varepsilon = \frac{\rho_d l^2 F(1/\mathscr{R})}{36G}$$

由式(9.4)得到 $\rho_d l^2 = 3$，以及 $E = 2(1 + v)G \approx 3G(E$ 为杨氏模量，G 为剪切模量）代入上式，得到

$$\varepsilon = \frac{F(1/\mathscr{R})}{4}\left(\frac{\sigma}{E}\right) = \frac{F(1/\mathscr{R})}{4}\varepsilon_{弹性} \tag{9.27}$$

若 $F(1/\mathscr{R}) \approx 1$，则由式(9.27)得出，瞬态蠕变应为弹性应变的 1/4。这和图 9.4 所示的试验结果是符合的。该图指出，在减小应力后的弹性恢复比随后的瞬态蠕变恢复大若干倍。据 Lewthwaite 和 Proctor 报道，瞬态蠕变可以达到初始弹性应变的 3 倍。这可能是由于位错弯成接近半圆形，因而 $F(1/\mathscr{R})$ 大于 1 的缘故。

比较式(9.3)和(9.27)可以得到常数 A_0 的理论值为

$$A_0 = \frac{F(1/\mathscr{R})}{4E} \tag{9.28}$$

当辐照试样在低温加载时，最后蠕变取决于辐照通量。式(9.28)中的系数 A 正比于几何因子 $F(1/\mathscr{R})$，$F(1/\mathscr{R})$ 由式(9.26)给出，它随 $\mathscr{R}$ 的减小而增大。根据式(9.11)，随着间隙原子浓度 C_i 的增大，$\mathscr{R}$ 将变小；而根据式(9.14)，C_i 正比于通量 Φ。由此可以解释为什么 Lewthwaite 和 Proctor 测得的系数 A 比较大，因为他们的试样是在快中子堆内辐照的，辐照通量大约达到 $2 \times 10^{14}\ \mathrm{cm}^{-2} \cdot \mathrm{s}^{-1}$；而 Hesketh 测量 A 值所用的试样是在热中子堆内辐照的，裂变通量只有 $4 \times 10^{13}\ \mathrm{cm}^{-2} \cdot \mathrm{s}^{-1}$ 左右。

然而，按照这里讨论的瞬态蠕变机理，瞬态蠕变和辐照的关系主要取决于式(9.3)中的指数项。该式表明，在没有辐照的情形下，达到预期的最后蠕变将需要无限长的时间。我们不想从理论上直接计算常数 B，而是采用 Hesketh 以及 Lewthwaite 和 Proctor 等人所用的方法计算在加载时的初始应变速率 $\dot{\varepsilon}_0$。$\dot{\varepsilon}_0$ 和 B 的关系为

$$B = \frac{A_0 \sigma \Phi}{\dot{\varepsilon}_0} \tag{9.29}$$

虽然应变和时间的准确函数关系比式(9.3)中的简单指数关系更复杂，但根据式(9.29)至少可以估算出正确的初始应变速率。

由式(9.25)，初始应变速率为

$$\dot{\varepsilon}_0 = \frac{\rho_d b}{3l}\left(\frac{\mathrm{d}A}{\mathrm{d}t}\right)_{t=0}$$

式中，$t = 0$ 对应于试样的加载瞬间。如果 m_i 是弯曲位错线段中包含的原子数，那么

$$\frac{\mathrm{d}A_\perp}{\mathrm{d}t} = \frac{\Omega}{b}\frac{\mathrm{d}m_i}{\mathrm{d}t}$$

式中，$\mathrm{d}m_i/\mathrm{d}t$ 是间隙原子流向位错线段的速率，有

$$\frac{\mathrm{d}m_i}{\mathrm{d}t} = J_i^d l$$

式中，l 是位于钉扎点之间的位错线段的近似长度；J_i^d 是每单位长度的垂直型位错线段对应的间隙原子通量。在加载前，由于体系处于平衡，流向位错线的间隙原子通量为零。可是在加载后，在垂直型位错线中心区的间隙原子浓度将减小，因而形成间隙原子通量 J_i^d，且有

$$J_i^d = Z_i D_i \left[C_i - (C_i^d)_{\perp 0}\right]$$

式中，$(C_i^d)_{\perp 0}$ 是在加载瞬间在垂直型位错线中心区的间隙原子浓度。综合以上四个方程得到

$$\dot{\varepsilon}_0 = \frac{1}{3}\rho_d \Omega Z_i D_i \left[C_i - (C_i^d)_{\perp 0}\right] \tag{9.30}$$

在加载前的瞬间固体中所有位错线上的间隙原子浓度均由式(9.8)决定,而当试样在恒定的应力下经过足够长的时间以后各位错线段将达到新的平衡分布,这时在垂直位错线段上的间隙原子浓度由式(9.15)决定。可是在 $t=0$ 时,曲率半径仍然等于无应力时的数值 $\mathscr{R}$,而在位错中心区的间隙原子浓度则立刻按方程(9.15)的第二个指数项减小,因此

$$(C_i^d)_{\perp 0} = C_i^{eq} \exp\left(\frac{\tau_d}{b\mathscr{R}} \frac{\Omega}{kT} \right) \exp\left(-\frac{\sigma\Omega}{kT} \right) \tag{9.31}$$

如果将第二个指数项展成泰勒级数,那么式(9.30)的驱动力变为

$$C_i - (C_i^d)_{\perp 0} = C_i - C_i^{eq} \exp\left(\frac{\tau_d}{b\mathscr{R}} \frac{\Omega}{kT} \right) + C_i^{eq} \exp\left(\frac{\tau_d}{b\mathscr{R}} \frac{\Omega}{kT} \right)\left(\frac{\sigma\Omega}{kT} \right)$$

根据式(9.11),上式右边的前两项彼此相等,而最后一项的系数 $\sigma\Omega/kT$ 等于 C_i,因此式(9.30)变为

$$\dot{\varepsilon}_0 = \frac{1}{3}\rho_d \Omega Z_i D_i C_i \frac{\sigma\Omega}{kT}$$

由于在加载的瞬间 C_i 并不显著改变,故上式中的 C_i 由式(9.14)给出,因而初始应变速率为

$$\dot{\varepsilon}_0 = \frac{8}{3^{3/2}\pi} \frac{Z_i \Omega^2 \sigma b (\rho_d)^{1/2}}{kT}\left(\frac{v_v}{Z_{iv}} + \frac{4\pi}{15} \frac{R_0^5}{\Omega b^2} \right)\Sigma_s \Phi \tag{9.32}$$

将式(9.32)和(9.28)代入式(9.29)[令式(9.28)中的 $F(1/\mathscr{R}) \approx 1$],得到系数 B 为

$$B = \frac{3^{2/3}\pi}{32} \frac{kT}{\Sigma_s E Z_i \Omega^2 b (\rho_d)^{1/2}\left(\frac{v_v}{Z_{iv}} + \frac{4\pi}{15} \frac{R_0^5}{\Omega b^2} \right)} \tag{9.33}$$

取 $\rho_d = 10^{12}$ cm^{-2},由式(9.26)算出 $B \approx 10^{20}$ cm^{-2},这与 Lewthwaite 和 Proctor 测得的 B 值是同一个数量级的。式(9.32)表明,位错密度越高,达到最后蠕变应变的时间就越短,这也符合冷加工和退火不锈钢的瞬态蠕变的测量结果。

9.2.3　由空位盘塌陷引起的稳态辐照蠕变

虽然金属在高于形成空洞的最低温度辐照时在显微组织中看不到由于过剩空位凝聚而形成的位错环,但在低温辐照时就会形成并保留空位环。这种空位环是通过空位片(或空位盘)塌陷产生的[见图8.4(a)],而空位片又是由离位峰的贫原子区的空位或小空位团形成的。虽然由 Marlowe 程序得出的离位峰的组态转变为空位盘的机理还不清楚,但这种空位片必然是从离位峰中心的无定形空位团过渡到凝聚在密排面上的规则空位环的中间产物。在形成空位环的低温下,由于空位扩散系数很小,几乎不可能通过基体中的自由空位均匀成核而形成空位团。因此,空位片或空位环一定是由于在初级碰撞原子所造成的贫原子区内空位凝聚而形成的。Hesketh 考虑到应力对空位盘塌陷成空位环的影响,提出了一个辐照蠕变机制。下面介绍一下这种机制。

图9.8画出了贫原子区首先转变成空位片,然后再转换成空位环的过程。如果贫原子区内有 m 个空位(孤立空位或小空位团),那么由这些空位形成的空位片的半径 R 为

$$m = \frac{\pi R^2}{a_0^2} \tag{9.34}$$

假定空位盘厚度为1个原子层(亦即厚度近似等于点阵常数 a_0)。图9.8(b)画出了一个圆形

的空位盘。用计算机进行的稳定性模拟计算表明,在金属中这种形状的空位盘是不稳定的,它在靠近中心的位置将部分地塌陷,就像在单个空位周围的原子向空位移动(松弛)一样。松弛后的组态(能量最低的组态)如图9.8(c)所示。计算机的研究结果还得出,空位片中心两个相对面的距离为

$$s = a_0\left(1 - \frac{R}{R_c}\right) \tag{9.35}$$

式中,R_c是临界空位片半径。超过R_c后整个空位片就塌陷成图9.8(d)所示的空位环。临界半径和临界空位盘中的空位数有以下关系:

$$m_c = \frac{\pi R_c^2}{a_0^2} \tag{9.36}$$

当$R = R_c$时空位盘的两个面恰好在中心部分相接触,而这就是整个空位片塌陷成空位环的必要条件。Hesketh假定在小盘($m < m_c$)内空位片保持图9.8(b)所示的组态,而在超过临界尺寸的空位盘内空位片塌陷成图9.8(d)所示的空位环。

然后我们来确定垂直于盘面的外应力对缺陷塌陷的临界尺寸的影响。图9.9(a)表明,压应力使空位盘两个面中心间的距离减小。相反,拉应力将使两个面向外张开。由于应力σ引起的距离s的变化可以用下式估算:

$$s(\sigma) \approx s(0) - \frac{4}{E}R\sigma \tag{9.37}$$

式中,$s(\sigma)$是在应力σ作用下空位盘两面间的距离;E是杨氏模量。式(9.37)乃是用经典弹性理论处理类似的问题得到的解。该式表明,应力对大盘的影响大于小盘,对弱固体(E小的固体)的影响大于强固体。这一点看来是合理的。

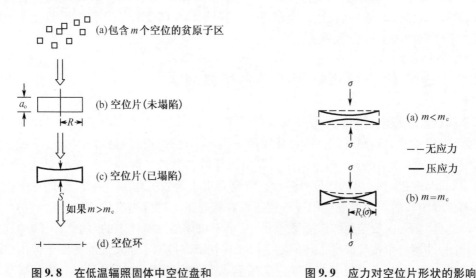

图9.8 在低温辐照固体中空位盘和空位环的形成过程

图9.9 应力对空位片形状的影响

在图9.9(b)所示的空位盘中,空位数刚好使$s(\sigma) = 0$(亦即刚好在应力σ作用下发生塌陷)。这种空位盘的半径$R_c(\sigma)$小于在无应力固体中空位盘塌陷的临界半径。图中的虚线是当$\sigma = 0$时同样半径的空位盘组态。在式(9.35)中令$R = R_c(\sigma)$和$R_c = R_c(0)$可得到盘面的面间距$s(0)$:

$$s(0) = a_0 \frac{\Delta R_c}{R_c}$$

式中，$\Delta R_c = R_c(0) - R_c(\sigma)$，而分母中的 $R_c(0)$ 已经简单地用 R_c 来代替，因此 ΔR_c 比 $R_c(\sigma)$ 或 $R_c(0)$ 都小。

在式 (9.37) 中令 $R = R_c$ 时 $s(\sigma) = 0$，就得到另一个计算 $s(0)$ 的公式：

$$s(0) = \frac{4}{E} R_c \sigma$$

令上面两式的右边相等就得到

$$\Delta R_c = \frac{4}{E} \frac{R_c^2}{a_0} \sigma \tag{9.38}$$

利用式 (9.36)，应力效应可以用临界空位盘内的空位数的变化 Δm_c 来表示：

$$\Delta m_c = \left(\frac{\mathrm{d} m_c}{\mathrm{d} R_c} \right) \Delta R_c = \frac{2\pi R_c}{a_0^2} \Delta R_c \tag{9.39}$$

将式 (9.38) 代入 (9.39)，并通过方程 (9.36) 消去比值 $(R_c/a_0)^3$ 就得到

$$\Delta m_c = \frac{8}{\pi^{1/2}} \frac{m_c^{3/2}}{E} \sigma \tag{9.40}$$

这个公式给出了空位盘塌陷的临界尺寸的减小与外压应力的关系。然后需要确定由于临界尺寸减小而引起的固体中空位片数量的变化。图 9.10 画出了由于快中子和点阵原子发生一次碰撞而形成空位团的分布。这种分布代表典型的低温辐照情形，故空位团分布不会由于吸收基体中的空位或间隙原子而改变。实际上，图 9.10 代表 20 keV 的 PKA 在铁内碰撞级联的缺陷团分布（相应于空位团分布）。Hesketh 采用了下述分布函数：

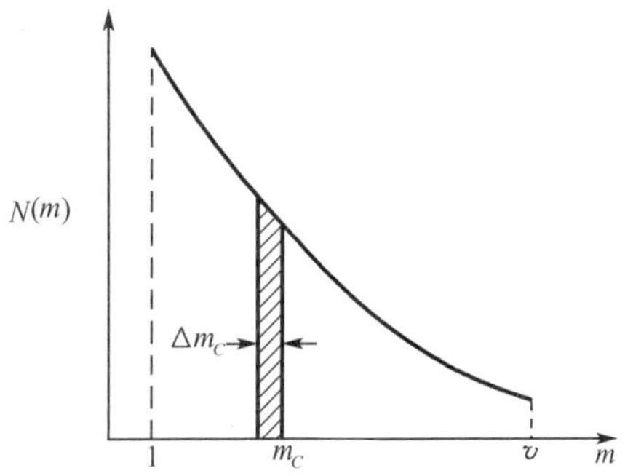

图 9.10　在辐照初期金属中产生空位团的尺寸分布

$$N(m) = \frac{K}{m^2}$$

式中，K 是常数，$N(m)$ 是由每一初级碰撞原子 (PKA) 形成的，包含 $m \sim m + \mathrm{d}m$ 个空位的贫原子区（或空位盘）数目。这种分布适用于 $1 < m < \nu$ 的贫原子区（ν 是 PKA 产生的 Frenkel 缺陷对的总数，可按 4.2 节孤立级联碰撞理论计算）。对于典型的快中子谱，如果忽略级联碰撞的退火效应，则 $\nu = 500$。上述分布中的常数 K 可利用

$$\nu = \int_1^\nu m N(m) \mathrm{d}m$$

的关系（即在所有空位团中包含的空位总数应该等于 ν）来确定。由上面两个方程可以得出 $K = \nu/\ln \nu$，而分布函数为

$$N(m) = \left(\frac{\nu}{\ln \nu} \right) \frac{1}{m^2} \tag{9.41}$$

在辐照固体中形成的空位片的取向是混乱的。单向加载并不改变混乱的取向。然而，垂直于应力轴的空位盘的临界塌陷尺寸是不同于其他空位盘的。图 9.11 画出了一块尺寸为 x，y，z 的固体（z 方向垂直于图面），沿 x 轴方向作用了压应力。在辐照形成的空位片中，1/3 是

受应力影响的垂直型空位盘,其余的则不受应力影响。

塌陷成空位环的平行空位片的数量用图 9.10 中 m_c 右边分布曲线下的面积来表示。在垂直型空位片中,所有在横坐标 $(m_c - \Delta m_c)$ 右边的空位片都塌陷。图 9.10 中阴影面积等于 $N(m_c)\Delta m_c$,它代表由于应力作用而额外塌陷的空位盘数量,塌陷的原因是应力影响垂直型空位片(而不影响平行空位片)。由于大部分平行型空位团都不塌陷,因而固体块的横向(y 轴和 z 轴)变形速度大于应力轴(x 轴)方向。在图 9.10 的微分区域内包含的空位数 $m_c N(m_c)\Delta m_c$,单位时间内每个平行型空位盘(包括垂直于 y 轴和垂直于 z 轴的平行型空位盘)增加的空体积与每个垂直型空位盘(垂直于 x 方向的空位盘)增加的空体积之差为

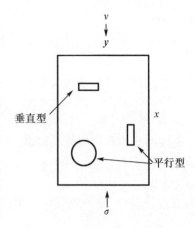

图 9.11 辐照固体中的空位片

$$\frac{1}{3}\Sigma_s\Phi(xyz)\Omega m_c N(m_c)\Delta m_c = (xz)\frac{\mathrm{d}y}{\mathrm{d}t} - (yz)\frac{\mathrm{d}x}{\mathrm{d}t}$$

$$= (xy)\frac{\mathrm{d}z}{\mathrm{d}t} - (yz)\frac{\mathrm{d}x}{\mathrm{d}t}$$

或者用主方向上的应变速率来表示

$$\dot{\varepsilon}_y - \dot{\varepsilon}_x = \dot{\varepsilon}_z - \dot{\varepsilon}_x = \frac{1}{3}\Sigma_s\Phi\Omega m_c N(m_c)\Delta m_c \tag{9.42}$$

式中

$$\dot{\varepsilon}_x = \frac{1}{x}\frac{\mathrm{d}x}{\mathrm{d}t}$$

$$\dot{\varepsilon}_y = \frac{1}{y}\frac{\mathrm{d}y}{\mathrm{d}t}$$

$$\dot{\varepsilon}_z = \frac{1}{z}\frac{\mathrm{d}z}{\mathrm{d}t}$$

由于固体中存在各种取向的未塌陷空位盘,故空位盘体积将连续增加,因而固体就发生体积肿胀和蠕变(蠕变是由于在三个主方向上发生相对变形的结果)。体积肿胀速率为

$$\frac{\Delta V}{V} = 3\dot{\varepsilon}_y = 3\dot{\varepsilon}_z \tag{9.43}$$

沿着 x 方向的蠕变速率是 x 方向的总应变速率与体积肿胀分量之差:

$$(\dot{\varepsilon}_x)_{蠕变} = \left|\dot{\varepsilon}_x - \frac{1}{3}\left(\frac{\Delta V}{V}\right)\right| = \frac{1}{3}\Sigma_s\Phi\Omega m_c N(m_c)\Delta m_c$$

将式(9.41)表示的 $N(m_c)$ 值和式(9.40)表示的 Δm_c 值代入上式就得到压应力引起的辐照蠕变($\dot{\varepsilon}_x$)$_{蠕变}$,为

$$(\dot{\varepsilon}_x)_{蠕变} = \left[\frac{8}{3\pi^{1/2}}\frac{1}{E}\left(\frac{v}{\ln v}\right)(m_c)^{1/2}\Omega\Sigma_s\right]\sigma\Phi = C\sigma\Phi \tag{9.44}$$

比较式(9.44)和式(9.43)右边第二项可以看出,系数 C 就等于式(9.44)括号内的值。若选取下列参数:

$$E = 2.1 \times 10^8 \ \mathrm{kN/m^2}$$

$$\Omega = 12 \ \text{Å}^3$$

$$\Sigma_s = 0.2 \ \mathrm{cm^{-1}}$$

$$\nu = 500$$

$$m_c = 200$$

则可算出 $C = 20 \times 10^{-30} \left[\mathrm{cm}^2/(\mathrm{kN} \cdot \mathrm{m}^2) \right]$。图 9.12 画出了钢在堆内蠕变试验时测得的 C 值。从图可见,理论计算和实验结果吻合。可是理论不能解释 C 值随温度升高而急剧减小的现象(这种行为也和热蠕变相反,因为热蠕变是随着温度的升高而增加的)。这一机制之所以不能反映温度效应,是因为它隐含了一个假设,即假定辐照固体中通过级联碰撞形成的未塌陷空位盘是无限稳定的,也就是说,它的数量只随时间(或剂量)直线增加。如果能考虑到由于向固体点阵发射空位或由于吸收辐照产生的间隙原子(在测量 C 值的温度下间隙原子是可动的)而造成的空位盘破坏,那么未塌陷

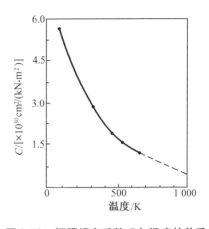

图 9.12　辐照蠕变系数 C 与温度的关系

的空位盘数量将随着温度升高而急剧减少。因此,尽管 Hesketh 的分析中没有直接得出 C 值随温度急剧减小的结论,但实验观测结果至少是和他的模型一致的。

由于未塌陷空位盘的数量随时间连续(直线)增加,故理论蠕变速率是恒定的,亦即蠕变是稳态的。可是应该指出,由于没有提出一个机理来消除小于临界塌陷尺寸的空位盘,故预计的肿胀比低温辐照时观测的数值大得多[虽然已经观察到由于贫原子区及其产物(空位盘)的积累引起的低温肿胀]。

和本节前面讨论的瞬态蠕变机理相反,由应力促使的空位盘塌陷所引起的稳态蠕变是不可逆的。当卸载时由于应力作用而塌陷了的 $N(m_c) \Delta m_c$ 个空位盘不能自发地恢复盘状,因而蠕变变形就保留下来。可是当这种理论应用到拉伸蠕变(而不是压缩蠕变)时就遇到了困难。在拉伸蠕变的情况下,$N(m_c) \Delta m_c$ 代表在垂直于拉应力的方向上未塌陷的额外空位盘数量(这些空位盘之所以能继续存在就是由于拉应力使盘面向外扩张的结果)。当卸载时,按照上述理论分析,那些大于无应力时的临界尺寸的空位盘就不再稳定,因而发生塌陷。这样一来,在拉伸期间产生的蠕变变形就随之消失。

9.2.4　由于间隙原子环的应力定向成核引起的稳态蠕变

在开始出现空洞和肿胀峰的温度下(对不锈钢约为 350～500 ℃),给定的应力状态会引起间隙原子环在一定的晶面上优先成核,从而产生辐照蠕变。这种机理是由 Hesketh 首先提出的,随后 Lewthwaite,Wolfer,Braisfod 和 Bullough 等人将它应用到不锈钢上。

在辐照时,间隙原子在固体的特定晶面(例如面心立方点阵的{111}面)上形成环状核心。如果该晶面相对于外应力取向是有利的,那么位于这些晶面上的环核就很容易保留下来,而在其他晶面上成核过程不受应力的影响,因而不容易保留。虽然在面心立方点阵中有许多组等价的{111}面,但为了简单起见,我们只考虑垂直于外应力的晶面(简称垂直晶面)和平行于应力轴的晶面(简称平行晶面)。平行晶面的数目是垂直晶面的 2 倍。这种情况仍可用图 9.11 所示的固体块来描述,只需将空位盘看成是间隙原子环,将压应力改成拉应力(当然这种选择并不重要)。

在这种情形下,由于应力有利于垂直型位错环的成核,故这种位错环的密度比位于平行

于应力方向的平面上的任何一种平行位错环的密度都稍微高一点。除了在垂直于拉伸轴的晶面上优先成核外,垂直位错环的长大速率也比平行位错环快一些。不过这种差别是次要的,这里不予考虑。

垂直型位错环优先成核的原因是,当这种取向的环形位错线扩展时外应力要对它做功,因而位错环的生成能降低,降低的量恰好等于外应力对系统做的功。我们来分析位错环尺寸从零长大到临界成核半径 R_{1c} 的过程,平行位错环的成核过程与应力无关,因此若将它看成是线张力为 τ_d 的宏观位错线,那么临界尺寸的平行位错环的能量为

$$E_{/\!/} = 2\pi R_{1c}\tau_d \tag{9.45}$$

可是,对正在长大的垂直位错来说,拉应力对单位长度的位错线作用了一个向外的径向力 σb [见图 8.28(b)],因而当环的半径由 R_1 长大到 $R_1 + dR_1$ 时能量的变化为

$$dE_\perp = 2\pi\tau_d dR_1 - 2\pi R_1\sigma b dR_1$$

将上式从 $R_1 = 0$ 到 $R_1 = R_{1c}$ 积分得到

$$E_\perp = 2\pi R_{1c}\tau_d - \pi R_{1c}^2\sigma b \tag{9.46}$$

假定在某特定方向间隙环成核的概率正比于玻尔兹曼因子(该因子包含了环的生成能),那么垂直环和平行环的相对成核速率为

$$\frac{P_\perp}{P_{/\!/}} = \frac{\exp(-E_\perp/kT)}{\exp(-E_{/\!/}/kT)} = \exp\left(\frac{\pi R_{1c}^2\sigma b}{kT}\right) \tag{9.47}$$

在两类正交晶面的各类面上,位错环成核概率之和应为 1,故有

$$P_\perp + 2P_{/\!/} = 1 \tag{9.48}$$

在面心立方结构(111)面上每个原子的面积为 $3^{1/3}a_0^2/4$,而 $\frac{a_0}{3}\langle 111\rangle$ 的层错环的柏氏矢量为 $b = a_0/3^{1/2}$。因此,在半径为 R_1 的位错环内间隙原子数为

$$m_i = \frac{4\pi R_1^2}{3^{1/2}a_0^2} = \frac{\pi R_1^2 a_0}{3^{1/2}\Omega} = \frac{\pi R_1^2 b}{\Omega} \tag{9.49}$$

式(9.49)中引用了面心立方结构中原子体积和结构常数的关系 $\Omega = \frac{a_0^2}{4}$。将式(9.49)中的 m_i 写成 m_{ic},R_1 写成 R_{1c}(c 代表临界尺寸的间隙环),代入式(9.47);然后将所得的式子与式(9.48)联立求解,就得到

$$P_\perp = \frac{\exp(m_{ic}\sigma\Omega/kT)}{2 + \exp(m_{ic}\sigma\Omega/kT)} \approx \frac{1}{3}\left(1 + \frac{2}{3}\frac{m_{ic}\sigma\Omega}{kT}\right) \tag{9.50}$$

式中,指数项已展成泰勒级数。如果间隙原子环的总密度为 N_1,那么垂直型位错环的密度为 $P_\perp N_1$。这个密度大于任何一组平行于应力轴的晶面上的位错环密度。在辐照过程的某一时刻,所有间隙原子环的半径都将从 R_{1c} 长大到 R_1,但由于忽略了应力对成核以后的长大过程的影响,故 $R_{1\perp} = R_{1/\!/} = R_1$。对 316 型不锈钢在快中子辐照下,Brager 和 Straalsund 给出了以下经验公式:

$$\rho_1 + \rho_N = 10^9(\Phi T\times 10^{-22})^{F(T)}\exp[G(T)]$$

其中 $F(T) = 31.07 - 0.014\,5T - (13\,750/T)$;$G(T) = -47.7 + 0.019\,3T + (25\,970/T)$。位错总密度所占的份额为

$$\frac{\rho_N}{\rho_1 + \rho_N} = \{1 + \exp[0.11(715 - T)]\}^{-1} \tag{9.50b}$$

在以上公式中，ρ_1 和 ρ_N 分别代表层错环和网络位错的密度，T 是热力学温度（K）。层错环的平均半径为

$$\bar{R}_1 = \frac{1}{2}(\Phi T \times 10^{-22})^{H(T)} \exp[J(T)]10^{-10} \text{ m}$$

式中，$H(T) = -6.31 + 0.002\,62T + (3\,060/T)$；$J(T) = 23.89 - 0.007\,1T - (9\,040/T)$。层错环的密度（数目）为

$$N_1 = 10^{15}(\Phi T \times 10^{-22})^{0.53} \exp[L(T)]$$

式中，$L(T) = -203.5 + 0.116T + (85\,900/T)$。所以对于快中子堆的辐照，间隙原子位错环的密度和间隙原子环的半径可由以上方程确定。

在单位体积的垂直型位错环内包含的间隙原子数为 $m_i N_1 P_\perp$，式中 m_i 和环半径的关系如方程（9.49）所示。如果环是在无应力下成核，那么在单位体积中各种取向的间隙原子环内的间隙原子数是 $m_i N_1/3$（亦即 $P_\perp = 1/3$）。因此，和平行环相比，垂直环内附加的间隙原子数为

$$在垂直环中附加的原子数/\text{cm}^3 = m_i N_1\left(P_\perp - \frac{1}{3}\right)$$

按照推导方程（9.25）的方法可以得出，在垂直于应力的晶面内附加的间隙原子环引起的蠕变为

$$\frac{\delta x}{x} = \varepsilon_x = m_i \Omega N_1\left(P_\perp - \frac{1}{3}\right)$$

或者利用方程（9.50）和（9.49）得到

$$\varepsilon_x = \frac{2}{9}(\pi R_1^2 N_1 b)\frac{m_{ic}\Omega\sigma}{kT} \tag{9.51}$$

如果知道临界环核（m_{ic} 可能是 3 左右，但也可能达到 10）以及有关辐照期间位错环的尺寸和密度的试验数据，那么由式（9.51）就可以确定蠕变速率。另一方面，根据点缺陷平衡方程、空洞和环的长大方程以及这两种缺陷团的成核速率，也可以从理论上求出 R_1 和 N_1 与中子剂量的关系。如果考虑到面心立方结构中所有等价的 $\{111\}$ 面，而不单是三个正交的 $\{111\}$ 面，那么上面的蠕变速率公式要除以 2.5。

人们曾试图找出蠕变和空洞肿胀的关系。为此需假定位错环内包含的间隙原子数等于空洞中包含的空位数。初步分析表明，式（9.51）中括号内的项等于间隙环引起的固体肿胀份额。如果这个体积增加等于空洞引起的体积增加 $\left(\dfrac{\Delta V}{V}\right)$，那么就有

$$\varepsilon_x = \frac{2}{9}\left(\frac{\Delta V}{V}\right)\frac{m_{ic}\Omega\sigma}{kT} \tag{9.52}$$

上面假定了位错环内的间隙原子数等于空洞内的空位数，但这个假定并无理论根据。如果固体中的位错网络可以自由攀移，它就可以吸收过剩的间隙原子。在大约 500 ℃ 以上间隙原子环就从显微组织中消失，但空洞将保留到 600 ℃ 以上。因此，如果能找到位错环的尺寸和密度与剂量及温度的关系，那么方程（9.51）比（9.52）更合用。不过，方程（9.52）可以修正，修正的方法是将它乘以位错环内总位错密度的份额 [也就是 1 减方程（9.50b）]。这样一来，即使位错环和空洞内所含的点缺陷数目不相等，修正后的方程（9.52）也可以更准确地预计蠕变速率。

上述辐照蠕变模型的独特之点在于应力只影响成核过程。因此，如果位错环在应力作用下成核后将试样卸载，那么在位错环长大（在没有应力的情况下长大）期间试样将继续蠕变。反之，在成核完毕后再加载则不应产生这种辐照蠕变。

9.2.5 攀移控制的位错滑移

现在分析辐照对扩散蠕变的影响,扩散蠕变是指由点缺陷向固体中的尾间扩散控制的蠕变。业已发现,当尾间是晶界时,辐照产生的点缺陷并不加速正常的蠕变。当尾间是位错时情况也是如此,这时蠕变完全是由位错攀移引起的。这种扩散蠕变模型的特点是,蠕变速率和作用应力成正比,和晶粒度的 n 次方($n > 1$)成正比。可是当温度低于扩散蠕变的温度、应力高于扩散蠕变的应力时,应力对蠕变速率的影响就大得多(在典型的情况下蠕变速率正比于应力的四次方,即 σ^4),而晶粒度的影响则不大。蠕变速率和温度的关系也符合 Arrhenius 公式,其激活能和原子自扩散激活能属于同一个数量级。其对应的蠕变机理,是由 Weertman 提出的位错攀移控制的蠕变机理,这种蠕变机理明显地不同于扩散蠕变机理,但从蠕变速率和温度的关系可以推知,无论按哪种机理,最终决定蠕变速率的过程都是空位的迁移。按 Weertman 提出的蠕变机理,辐照会加速蠕变。在这种蠕变过程中,运动位错或者越过滑移面上的障碍物而攀移,或者向着相邻的平行滑移面上的异号位错攀移。在前一种情况下当运动位错达到势垒顶部并迅速滑到下一个障碍物时就产生蠕变;而在后一种情况下发生蠕变的条件是,位错塞积群通过滑移而扩展,从而使塞积群中被相邻滑移面上的异号位错抵消了的位错[1]得到补充。这些蠕变机理的特点在于将控制蠕变速率的过程(攀移)和控制应变的过程(滑移)分开,这正是辐照为什么影响蠕变速率的关键。

辐照对扩散蠕变过程(包括由攀移控制的滑移过程)的影响是一个长期争论不休的问题。根据近年来的研究结果,辐照加速 Weertman 型蠕变的条件是,位错对快中子辐照产生的间隙原子和空位的吸收速率不相等。在第6章中讨论空洞肿胀时我们曾经指出,具有择优吸收特性的位错要吸收过剩的间隙原子,就必须要求固体中同时存在其他吸收过剩空位的尾间。高温下吸收过剩空位的尾间无疑就是空洞,而在低温下则是贫原子区。

按照攀移控制的滑移机理,辐照蠕变取决于位错通过俘获过剩的间隙原子而攀移的速率 $(v_c)_{irr}$。发生显著辐照蠕变的条件是,$(v_c)_{irr}$ 至少要和塞积位错在应力作用下越过障碍物攀移的速率 $(v_c)_{th}$ 相当。辐照同时还起着减缓蠕变的作用。这是因为运动位错必须攀越(并在其间滑移)的障碍物或是空洞和间隙环(在发生肿胀的温度范围内),或是贫原子区(在低温下),而这些缺陷团的尺寸和密度都随剂量而增加。这些障碍物一方面使辐照金属的强度增加,另一方面还使金属在辐照后的蠕变实验中蠕变速率减小。注意不要将这种辐照后的蠕变实验和堆内辐照蠕变实验混为一谈,前者是一个结构效应,因为已辐照金属和未辐照金属的蠕变机理都相同,只是阻碍位错运动的障碍物的性质和密度受辐照的影响。堆内蠕变(或辐照蠕变)包含一个附加因素,即通过吸收点缺陷而加速攀移。为了强调中子通量和剂量的重要性,这种蠕变有时也称为动力学蠕变。

下面分析在辐照固体中由于攀移控制的运动位错的滑移而引起的蠕变。分析的出发点是应变速率和位错运动速度间的普遍公式:

$$\dot{\varepsilon} = \rho_m b v_d \tag{9.53}$$

式中,ρ_m 是固体中运动位错的密度,ρ_m 通常小于总位错密度 ρ_d。总位错中一部分是无层错的间隙环,这种环或者是固定不动的定位错环,或者是被空洞钉扎住,或者是处于位错缠结中。

----

[1] 即塞积群中的领先位错。

b 是运动位错的柏氏矢量,v_d 是运动位错的平均速度,它等于位错运动在障碍物间滑过的平均
距离除以它越过障碍物攀移所需的时间:

$$v_d = \frac{l}{h/v_c} \tag{9.54}$$

式中,l 是滑移距离;h 是运动位错为了克服障碍物在垂直与滑移面的方向上必须攀移的距
离;v_c 是攀移速度;h/v_c 是位错通过攀移而越过势垒所需的时间。

设想障碍物在滑移面上排成方阵,障碍物之间的距离为[见式(8.25)]

$$l = \frac{1}{(2RN)^{1/2}} \tag{9.55}$$

式中,R 和 N 分别为障碍物(包括贫原子区、空洞和间隙环)的半径和密度。假定外应力较小,
位错既不能穿过障碍物,也不能绕它弯曲成闭合环而绕过去。在这种情况下位错线必须沿
滑移面法向方向攀移一个临界高度,然后外应力才足以引起它继续滑移。图 9.13 是这个过
程的二维简图。各排障碍物都是从端部看去。在垂直于图面的方向上球形障碍物之间的距
离和在滑移面内相邻两排障碍物之间的距离都是 l。如果实际固体中的障碍物排成理想的方
阵(即理论分析中采用的模型),那么只要塞积位错能越过一排障碍物攀移,它就足以滑过后
面的各排障碍物。这种理想模型当然不符合实际固体中障碍物的排列情况,但这并不会引起
严重问题,因为在实际辐照过的固体中,障碍物的混乱排列保证了运动位错从原来被钉扎的
位置滑移一定的距离后就会被障碍物止住,而平均的滑移距离是符合方程(9.55)的。

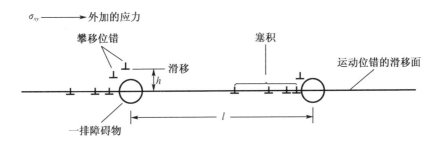

**图 9.13　按照攀移控制的位错滑移模型(一种辐照蠕变模型)
及位错越过辐照产生的障碍物的运动方式**

这样,确定蠕变速率的问题就简化为计算障碍物高度 h 和攀移速度 v_c 的问题。

我们首先考虑 Harkness 等人提出的情况,即需要通过攀移来克服的障碍物是空洞。由于
空洞吸引位错线(见图 9.14),因而第一个到达空洞列的位错就被这列空洞吸住,这个过程和
图 8.27(b)所示的过程类似,只是在这里,由于应力低于屈服极限,位错不能最后从空洞列脱
出。可是,后面的运动位错将受到已经吸进空洞列中的第一个位错排斥,它们只有通过攀移
才能越过被吸位错而继续运动。

由于蠕变应力很低,位错将被滑移面内的障碍阻塞(如果位错是在很大的外应力下运动,
它是可以越过或穿过障碍物继续运动的)。如果位错被阻塞,那么继续变形的唯一方式就是
运动位错绕过障碍物。当障碍物是别的异号位错时,运动位错就朝着障碍物运动,并使障碍
物消失。在以上两种情形下,运动位错都必须离开滑移面运动。对刃形位错来说,这就是攀
移过程,刃形位错沿着垂直于滑移面的方向运动,构成这种线缺陷的附加半原子面必须失去
原子或得到原子。失去原子相当于吸收空位,得到原子则相当于发射空位。因此刃形位错的

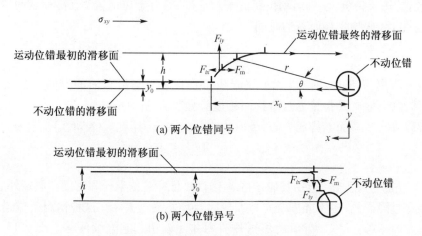

图 9.14　一个运动位错射向一个不动位错

攀移过程可以当作空位在位错线和固体内部的流动过程来分析。因为在刃形位错滑移面上的剪应力只能在滑移面内产生一个使位错滑移的力,而不会在位错上产生一个攀移力。产生攀移力的原因是外加应力改变了位错线上的平衡浓度。当正应力作用在固体上时,在割阶近旁的空位浓度(C_v^{jog})便变成一个新的平衡值:

$$C_v^{jog} = C_v^{eq} \exp\left(\frac{\sigma\Omega}{kT}\right) \tag{9.56}$$

规定拉应力为正。当加上应力后割阶就开始发射空位,这些空位将由割阶流到整个固体中。这样在拉应力的作用下空位从割阶流向空位浓度为 C_v 的固体内部的通量等于从割阶发射空位的速率 $R_c(\sigma)$ 和割阶吸收空位的速率 $R_c(C_v)$ 之差:

$$R = R_c(\sigma) - R_c(C_v)$$

应力下割阶近旁的空位浓度为 C_v^{jog},在不平衡的情形下空位从割阶流出的速率等于空位浓度分别为 C_v^{jog} 和 C_v^{eq} 时理想尾闾(割阶)俘获或吸收空位速率之差:

$$R = R_c(C_v^{jog}) - R_c(C_v^{eq}) \tag{9.57}$$

由于割阶的尺寸和原子相近,因而割阶俘获空位的速率未必是受扩散控制的,最好看成是由反应速率控制的。综合式(6.18)和(6.19),并利用空位的性质可得到:

$$R_c(C_v) = (被俘获的空位数)/(秒 - 割阶) = \frac{zD_v\Omega C_v}{a_0^2}$$

由此可得到割阶的净空位流为

$$R = \frac{zD_v\Omega C_v^{eq}}{a_0^2}\left[\exp\left(\frac{\sigma\Omega}{kT}\right) - 1\right] \approx \frac{zD_{vol}\sigma b}{kT} \tag{9.58}$$

式中,指数函数已近似地展成只有两项的幂级数,空位扩散系数已用体扩散系数来表示($D_{vol} = D_v C_v^{eq}\Omega$),而 a_0 和 Ω 则用 b 来表示($\Omega \approx a_0^3 \approx b^3$)。在上面的公式中,$z$ 代表割阶周围的原子位置数。割阶就是从这些位置吸收空位的。

　　割阶发射空位后就沿着图9.15所示的 $\pm z$ 方向运动,其结果便使图中的附加半原子面的底部向下扩展,或者说,刃形位错以 v_c 沿 $-y$ 方向攀移。如果每厘米位错线上有 n_j 个割阶,那么每秒钟从每厘米位错线上失去的空位数为 $n_j R$。由于每个空位相当于体积 Ω,所以单位时间内单位长度的半原子面上增加的体积为 $n_j R\Omega$。在 Δt 时间内,每厘米位错线增大了

$n_j R\Omega\Delta t$ cm^3。这个体积等于附加半原子面宽度(b)、位错线长度(1 cm)和在 Δt 时间内攀移的距离(Δy)三者的乘积。因此攀移速度为

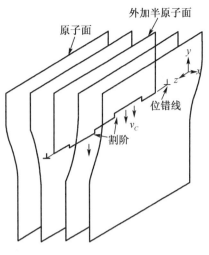

$$v_c = \frac{\Delta y}{\Delta t} = \frac{n_j R\Omega}{b} \qquad (9.59)$$

将 R 值代入上式得到

$$v_c = \frac{z n_j \Omega D_{\text{vol}} \sigma}{kT} \qquad (9.60)$$

为了完全确定攀移速度,还必须估算位错线上割阶的密度 n_j。假定割阶密度是在固体温度下的热平衡密度,那么在包含割阶的位错线上,原子位置的份额近似地由玻尔兹曼因子 $\exp(-E_j/kT)$ 确定,这里 E_j 是割阶生成能[这个公式的推导和固体中平衡空位浓度的推导方法一样,只是假定割阶的生成熵为零]。由于单位长度位错线上原子位置数为 $1/a_0 \approx 1/b$,所以平衡的割阶密度为

图 9.15　带割阶的刃形位错

$$n_j^{\text{eq}} = \frac{1}{b}\exp\left(-\frac{E_j}{kT}\right) \qquad (9.61)$$

攀移速度为

$$v_c^{\text{eq}} = \frac{zb^2 D_{\text{vol}} \exp(-E_j/kT)\sigma}{kT} \qquad (9.62)$$

式中,下标 eq 表示该物理量是按平衡的割阶浓度求得的。这种表示方式丝毫不牵涉割阶能否在其附近维持平衡的空位浓度。不管割阶密度是否符合式(9.61)所给的平衡值,空位浓度都看成是平衡浓度,因而式(9.56)成立。

割阶生成能无法准确求得,但可进行如下估算:在本来是直的一段刃形位错中插入一个割阶,位错的长度便增加 b(割阶的高度)。产生这段附加的位错所需的能量等于位错的线张力 τ_d 乘以割阶长度 b。因为 $\tau_d \approx 10^{-4}$ dyn,而 $b \approx 3 \times 10^{-8}$ cm,所以割阶的生成能近似为

$$E_j \approx \tau_d b \approx 3 \times 10^{-12} \text{ erg} = 2 \text{ eV}$$

更精确的估算表明,E_j 在 0.5 ~ 1 eV 之间。和原子自扩散能量相比(这个能量决定了自扩散系数与温度的关系),在任何情形下,割阶生成能都不容忽略。

当位错线和其他滑移面上的运动位错交截时,可能产生比式(9.61)给出的平衡值高得多的割阶密度。当割阶彼此离得很近时,就不能再把它看作是点状空位源或尾闾,而应该认为整段位错线上的空位浓度都保持在式(9.56)所给出的数值。为了确定从位错流向晶体内部的净空位通量,最好是把它当作具有线扩散源的扩散问题来处理,处理的方法就是在 6.3.5 节分析位错线俘获点缺陷时所采用的方法。根据这种分析,空位通量和攀移速度将取决于每个位错周围俘获区的半径 $\mathscr{R}$。攀移速度是

$$v_c^{\text{sat}} = \frac{2\pi b^2 D_{\text{vol}} \sigma}{kT\ln(\mathscr{R}/R_d)} \qquad (9.63)$$

式中,R_d 是位错芯的半径;v_c^{sat} 是当整个位错线附近的空位浓度保持在平衡浓度时位错线的攀移速度(该平衡浓度值取决于外应力)。当位错线上的割阶离得较远时,只要位错芯是空位快速迁移的通道,方程(9.63)就仍然适用(这种快速迁移叫作"管道扩散")。在这种情形下,单

个的割阶可以直接向位错线的其余部分输运空位,而无须通过固体内部(空位在固体内部的扩散系数比在位错芯区慢得多)。

当位错克服障碍物攀移到另一个滑移面时,即脱钉,就可以滑移一段距离直到被下一个障碍物所钉扎。令 p 为每秒钟某一个领先位错通过攀移而脱钉的概率,它是运动位错越过钉扎位错而攀移所需的平均时间的倒数。由于在 $0 \sim h$ 之间[图 9.14(a)]所有碰撞参数 y_0 都是同样可能的,我们首先计算运动位错越过钉扎位错而攀移的时间 t_c,求出 t_c 和初始距离 y_0 的关系,然后对所有可能的 y_0 值求平均。利用式(9.60),塞积群的领先位错的攀移速度可以写成

$$v_c = \frac{dy}{dt} = \frac{zn_j D_{vol}\Omega\sigma^+}{kT} \tag{9.63a}$$

式中,σ^+ 是 F_{iy} 力所需的假想拉应力,而 F_{iy} 实际上是由于图 9.14 中的两个位错交互作用引起的。所以

$$F_{iy} = \sigma^+ b$$

但 F_{iy} 也可用式(8.22d)表示:

$$F_{iy} = \frac{Kbf_y(\theta)}{y} \tag{9.64}$$

综合上两式,引起运动位错攀移的假想正应力为

$$\sigma^+ = \frac{Kf_y(\theta)}{y} \tag{9.65}$$

式(9.64)中的力指向正 y 方向,所以运动位错就开始通过吸收空位而向上攀移。在攀移过程中,它沿 x 轴的位置恰好调整到使它在 x 方向上所受的合力保持为零(见图 9.16)。因此,攀移的轨迹可以用下面两个方程通过消去 θ 来描述:

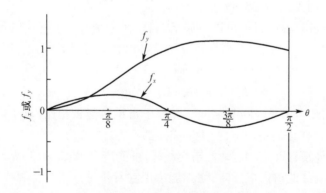

图 9.16 两个刃形位错间交互作用
力的 x 和 y 分量的角度函数

$$Kf_x(\theta) = \sigma_{xy}y \tag{9.66}$$
$$x = y\cot\theta$$

当 θ 达到 22.5°时,函数 f_x 达到最大值。为了达到这个角度,运动位错必须攀移到一个高度 h,在式(9.66)中令 $f_x = 1/4$ 就可以求出 h:

$$h = \frac{K}{4\sigma_{xy}} = \frac{Gb}{8\pi(1-v)\sigma_{xy}} \tag{9.67}$$

它就表示不动位错所产生的势垒高度。当运动位错在攀移中达到的高度等于不动位错的滑移面以上这个高度时,它立刻就能在新的滑移面上很容易地进行滑移。在式(9.65)中用式(9.66)消掉 y,得

$$\sigma^+ = \frac{f_y(\theta)}{f_x(\theta)} n\sigma_{xy}$$

利用式(9.66)很容易将攀移速度转换成角度随时间的变化,即

$$\frac{dy}{dt} = \frac{dy}{d\theta}\frac{d\theta}{dt} = \frac{kf_x'}{n\sigma_{xy}}\frac{d\theta}{dt}$$

式中,$f_x' = df_x/d\theta$,$n\sigma_{xy}$ 是作用在领先位错上的总应力,将上两方程代入方程(9.63′)得到

$$\frac{d\theta}{dt} = \left(\frac{zn_j D_{vol}\Omega n^2 \sigma_{xy}^2}{KkT}\right)\frac{f_y}{f_x f_x'} \qquad (9.68)$$

方程(9.68)括号内的一组参数的单位是 s^{-1},它可以确定位错攀移的特征时间:

$$\tau_c = \frac{KkT}{zn_j D_{vol}\Omega n^2 \sigma_{xy}^2} \qquad (9.69)$$

如果一个运动的领先位错在碰撞参数 y_0 下碰到钉扎位错上,那么它越过钉扎位错而攀移所需时间就可通过将方程(9.68)积分求得

$$t_c(\theta_0) = \tau_c \int_{\theta_0}^{\pi/8} \frac{f_x f_x'}{f_y} d\theta \qquad (9.70)$$

式中,θ_0 是从领先位错到障碍物的初始极角。求出在所有碰撞参数 y_0 或所有极角 θ_0 范围内 t_c 的平均值,就可得到平均攀移时间。假定在 $0 \leqslant y_0 \leqslant h$ 的范围内,y_0 是均匀分布的,该分布可表示为

$$q_1(y_0)dy_0 = y_0 \text{ 出现在 } y_0 \sim (y_0+dy_0) \text{ 之间的概率} = \frac{dy_0}{h}$$

由 $q_1(y_0)$ 可求得初始极角的分布为

$$q_2(\theta_0)d\theta_0 = q_1(y_0)dy_0$$

或

$$q_2(\theta_0) = q_1(y_0)\frac{dy_0}{d\theta_0} = \frac{1}{h}\frac{K}{n\sigma_{xy}}f_x'(\theta_0)$$

式中,导数 $dy_0/d\theta_0$ 由方程(9.66)得到。可是 h 是由方程(9.67)给出的,所以初始极角分布应满足

$$q_2(\theta_0) = 4f_x'(\theta_0) \qquad (9.71)$$

现在采用式(9.71)作为权重函数在所有初始极角范围内对方程(9.70)的 t_c 进行积分,有

$$\bar{t}_c = \int_0^{\pi/8} t_c(\theta_0)q_2(\theta_0)d\theta_0$$

将式(9.70)和(9.71)代入上式得到

$$\frac{\bar{t}_c}{\tau_c} = 4\int_0^{\pi/8} f_x'(\theta_0)\left(\int_{\theta_0}^{\pi/8}\frac{f_x f_x'}{f_y}d\theta\right)d\theta_0 \qquad (9.72)$$

方程(9.72)右边是一个单纯的数(数量级为1),我们用常数 C 表示这个数,于是单位时间内位错越过被钉扎位错而攀移的概率是

$$p = \frac{1}{C\tau_c} = \frac{(v_c)_{th}}{h} \qquad (9.73)$$

这个公式可以用来确定平均热攀移速度 $(v_c)_{th}$。式中势垒高度 h 由式(9.67)给出,但考虑到

在被吸收位错后面的位错塞积,式(9.67)中的 σ_{xy} 需乘以式(8.63a)中的强化因子 n,即

$$h = \frac{K}{4n\sigma_{xy}} = \frac{Gb}{8\pi(1-v)n\sigma_{xy}} \tag{9.74}$$

在式(9.73)中 C 是一个系数,它是通过对各种碰撞参数(表征被吸位错和碰撞位错的滑移面之间的距离的参数)的攀移过程取平均值得到的[见式(9.72)]。τ_c 是位错攀移的特征时间。若攀移速度是基于位错线的割阶密度,则 τ_c 由式(9.60)确定。但若整个位错线的空位浓度都维持在平衡浓度(和作用于位错线上的应力相应的平衡浓度),那么攀移速度就由式(9.63)决定,于是 τ_c 为

$$\tau_c = K\left[\frac{\ln(\mathscr{R}/r_d)}{2\pi}\right]\frac{kTb}{D_{vol}\Omega n^2 \sigma_{xy}^2} \tag{9.75}$$

将式(9.74)和(9.75)代入式(9.73),并用式(8.63a)表示 n 值,就得到

$$(v_c)_{th} = \frac{2\pi(1-v)}{2C\ln(\mathscr{R}/r_d)}\frac{D_{vol}bl\sigma_{xy}^2}{kTG} \tag{9.76}$$

在式(9.76)中已将式(8.63a)中的塞积群长度取为障碍列之间的距离。

9.2.6 辐照蠕变和肿胀的关系

在中子辐照下位错攀移的速度不再像式(9.76)那样由热激活过程决定,而是取决于流向位错的间隙原子和空位通量。设流向单位长度位错线上的间隙原子通量和空位通量分别为 J_i^d 和 J_v^d,则间隙原子到达位错线的净速率为 $J_i^d - J_v^d$。由于每个间隙原子贡献的体积是 Ω,故包含刃形位错的半原子面在单位时间内增加的体积为 $(J_i^d - J_v^d)\Omega$(cm³/(s·cm 位错线))。在 Δt 时间内单位长度位错线增加的体积是 $(J_i^d - J_v^d)\Omega\Delta t$,它应该等于半原子面宽度 b 和在 Δt 时间内位错线攀移的距离 $(v_c)_{irr}\Delta t$ 的乘积。因此,由于辐照产生的间隙原子流向位错线而引起的攀移速度为

$$(v_c)_{irr} = \frac{(J_i^d - J_v^d)\Omega}{b} \approx (J_i^d - J_v^d)b^2 \tag{9.77}$$

式(9.77)表明,辐照引起位错攀移的机理正好是空位长大的机理,就是位错线择优吸收间隙原子。

综合方程(9.53)和(9.54),并用方程(9.74)表示 h,用方程(9.77)表示 v_c,即可得到辐照蠕变速率公式:

$$\dot{\varepsilon}_{irr} = \rho_m l\frac{8\pi(1-v)n\sigma_{xy}}{G}(J_i^d - J_v^d)b^2 \tag{9.78}$$

现在我们注意,$(J_i^d - J_v^d)$ 和固体总位错密度 ρ_d 的乘积是单位体积固体中作为间隙原子尾间与空位尾间的容量位错尾间强度 Q_i^d 和 Q_v^d 之差,即

$$\rho_d(J_i^d - J_v^d) = Q_i^d - Q_v^d \tag{9.79}$$

式中,Q_i^d 和 Q_v^d 分别为

$$Q_i^d = Z_i D_i \rho_d(C_i - C_i^{eq})$$
$$Q_v^d = Z_v D_v \rho_d(C_v - C_v^{eq})$$

式中,ρ_d 是代表全部位错的位错密度。在现在的分析中,忽略位错线和位错环的差别。利用方程点缺陷平衡公式可以求出辐照蠕变速率和空洞肿胀的关系。和以前一样,我们把网络位

错和间隙原子环合并为总位错密度。根据稳态点缺陷平衡方程:

$$\nu \Sigma_{\rm s} \Phi = Q_{\rm v}^{空洞} + Q_{\rm v}^{N} + Q_{\rm v}^{l} + Q_{\rm v}^{p} + k_{iv} C_i C_v (均匀复合,对空位)$$

$$\nu \Sigma_{\rm s} \Phi = Q_{\rm i}^{空洞} + Q_{\rm i}^{N} + Q_{\rm i}^{l} + Q_{\rm i}^{p} + k_{iv} C_i C_v (均匀复合,对间隙原子)$$

式中,容量尾间强度 Q 的上标 N,l,p 分别表示位错网络、位错环和沉淀颗粒的容量尾间强度,其下标 i,v 分别表示对间隙原子、空位的容量尾间强度。将上一种点缺陷的平衡方程减去另一种点缺陷的平衡方程,得到

$$Q_{\rm i}^{\rm d} - Q_{\rm v}^{\rm d} = Q_{\rm v}^{空洞} - Q_{\rm i}^{空洞} \tag{9.80}$$

由于忽略位错线和位错环的差别,$Q_{\rm i}^{N} + Q_{\rm i}^{l}$ 合并为 $Q_{\rm i}^{\rm d}$,对于位错对空位的容量尾间强度 Q 亦是如此。这表明,如果除了空洞和位错外没有别的尾间,那么流向位错的净间隙原子流恰好等于流向空洞的净空位流。最后肿胀速率可表示为

$$\frac{\rm d}{{\rm d}t}\left(\frac{\Delta V}{V}\right) = \left(\frac{\Delta \dot{V}}{V}\right) = (Q_{\rm v}^{空洞} - Q_{\rm i}^{空洞})\Omega \tag{9.81}$$

综合上面四个方程,并用方程(8.63a)表示塞积群内的位错数,就得到按这种模型的辐照蠕变速率:

$$\dot{\varepsilon}_{\rm irr} = \left(\frac{\rho_{\rm m}}{\rho_{\rm d}}\right)\left[\frac{8\pi^2(1-v)^2}{G^2}\right]\frac{l^2 b}{\Omega}\left(\frac{\Delta \dot{V}}{V}\right)\sigma_{xy}^2 \tag{9.82}$$

这个方程指出了肿胀速率和辐照蠕变速率间的直接关系。

　　辐照蠕变速率与应力的关系不像热蠕变速率那么大。如果在前面的推导中用式(9.76)代替(9.77),那么得到的应力指数将是 4 而不是 2,如果运动位错的密度很低或肿胀速率很高,那么运动位错将十分迅速地越过被空洞吸住的位错而攀移,以致来不及形成位错塞积群。在这种情况下,凡是式中出现 n 的地方都令 $n=1$。这样一来就得到一个结果:辐照蠕变和热蠕变速率分别正比于 σ_{xy} 和 σ_{xy}^2。在任何情形下辐照蠕变的应力指数都低于热蠕变,这个预计已为实验所证实。

　　辐照蠕变的温度范围比辐照肿胀的范围窄。当温度低时大部分位错都以不能滑移的层错环形式存在,因而 $\rho_{\rm m}/\rho_{\rm d}$ 较小。此外,在低温下 $(\Delta \dot{V}/V)$ 也小。这两个因素都使辐照蠕变速率减小。在极高温度下,当空洞不长大时(对不锈钢来说,就是当 $T \approx 600$ ℃,$\Delta \dot{V}/V \to 0$ 时),这种机理的辐照蠕变就不再存在了。在足够高的温度下式(9.76)所示的热攀移速度迅速增加,超过了辐照引起的攀移速度,因而正常的 Weertman 热蠕变机理将取代辐照蠕变而成为一种主要的变形机理。类似地,热攀移速度正比于 σ_{xy}^2 这一事实表明,只要外应力足够高(但并没有高到使位错能直接穿过空洞或通过弯曲与闭合而绕过空洞),那么在任何温度下热蠕变都超过辐照蠕变而起着主导作用。

　　由式(9.82)可知,辐照蠕变速率随着剂量的增加而减小,因为在辐照期间空洞尺寸(也许还有空洞密度)不断增加,因而根据式(9.55),障碍物之间的距离也相应地减小。

　　式(9.82)中最难预计的项是运动位错占总位错的份额 $(\rho_{\rm m}/\rho_{\rm d})$。Harkness 等人把运动位错看成是显微组织中无层错环的位错线长度。他们假定,当 $R=500$ Å 时 Frank 环是无层错的;当环的平均直径超过 500 Å 时 $\rho_{\rm m}/\rho_{\rm d}=1$。当环的平均尺寸小于 500 Å 时,他们采用了以下近似公式:

$$\frac{\rho_{\rm m}}{\rho_{\rm d}} = \frac{R_1}{500}$$

式中,R_1 是中子剂量的函数,可以通过求解位错环长大方程得到,而后者是在分析空洞肿胀过

程中按照图 9.17 所示的方法得出的。

除了空洞外,间隙环也提供了位错运动的势垒,势垒高度和空洞的情形不相上下。Wolfer 等人用数学公式表示了上述攀移控制的滑移模型,但模型中的障碍物是间隙环,而不是空洞。间隙环直接排斥向它靠近的运动位错。综合式(8.54)和(8.58)可以求出使位错线穿过一排半径为 R_1、间距为 l 的间隙环所需的外应力 σ_{xy}:

$$\sigma_{xy} = \frac{\alpha G b_1}{2(1-v)} \frac{R_1}{ly^2}$$

式中,y 是一排间隙环和运动位错的滑移面之间的距离。如果这排间隙环位于运动位错的滑移面内,并且外应力很低,位错线无法穿过这排位错环[亦即如果 σ_{xy} 小于式(8.61)的 σ_s],那么位错线只要攀移一个高度 y 才能继续滑移。因此,y 可以写成势

输入:辐照条件、位错密度、晶粒度、沉淀相的弥散度、时间间隔

计算扩散系数

计算热空位分布

计算在所论时间内形成的空洞数和位错环数

计算在各种尾间情况下空位和间隙原子的稳态分布

计算空洞和位错环的成核速率

根据流向空洞的过剩空位通量和流向位错环的过剩间隙原子通量计算空洞和位错环体积的增加

根据空洞和位错环的密度和体积计算其平均半径

是否达到了堆内辐照时间 —— 否

是

打印:空洞总体积、空洞和位错环的平均半径、空洞和位错环密度

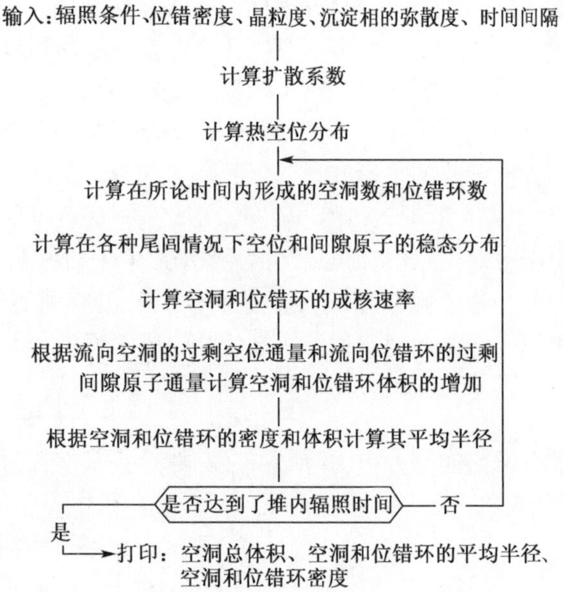

图 9.17　计算空洞肿胀的计算机程序框图

垒高度 h。如果我们考虑到在一排间隙环后面的位错塞积,将 σ_{xy} 换成 $n\sigma_{xy}$,那么从上面的公式就可以解出势垒高度 h 和外应力的关系:

$$h = \left[\frac{2Gb_1}{2(1-v)} \frac{R_1^2}{nl\sigma_{xy}} \right]^{1/2} \tag{9.83}$$

采用式(9.83)[而不是式(9.74)]表示 h,重复前面的推导,就可以找出辐照蠕变速率 $\dot{\varepsilon}_{irr}$:

$$\dot{\varepsilon}_{irr} = \left(\frac{\rho_m}{\rho_d} \right) \left[\frac{2\pi(1-v)}{\alpha G^2} \right]^{1/2} \frac{l^2}{R_1 b} \left(\frac{\Delta \dot{V}}{V} \right) \sigma_{xy} \tag{9.84}$$

将这个公式和式(9.82)(障碍物是空洞的情形)相比较可知,在障碍物是间隙环的情形下辐照蠕变速率和应力的关系较小(呈线性关系,而不是平方关系),而和通量的关系则较大,因为分母中包含了因子 R_1。

攀移控制的滑移模型的最后一种情形是当障碍物是贫原子区的情形。对于这种情形,Duffin 和 Nichols 提出了一个机理。按照这个机理,肿胀是不会发生的,因为在辐照金属贫原子区和空洞不可能同时并存。

9.3　辐照疲劳和辐照蠕变的相互作用

金属材料受到周期性应力作用时,材料中会产生微裂纹。这些裂纹逐渐扩展,最后导致材料断裂,这就是疲劳。严格地说,疲劳是材料在循环载荷的持续作用下发生的性能变化与断裂现象。由于引起疲劳断裂的应力水平远低于静态断裂的安全应力,这种断裂极易造成灾难性事故,是最受关注的一种材料破坏方式。一般用交变的应力幅度 $\pm\sigma_a$ 与断裂循环数 N_t 绘成疲劳寿命曲线,通常称之为 S–N 曲线,以评价材料、机器零件以及整个结构的基本疲劳

强度,如图 9.18 所示的应力 – 寿命曲线。

有两类材料表现出不同的应力 – 寿命曲线;如钢铁和其他间隙式合金,存在明显的疲劳极限,当应力幅度低于它时,将不出现疲劳破坏;而铝合金却经常随应力幅度降低,断裂循环数稳定地增加,不存在明显的疲劳极限。传统上把对应断裂循环数 10^7 或 5×10^7 的应力幅度定义为耐久极限。

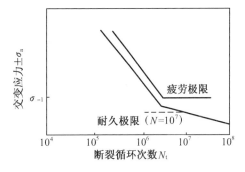

图 9.18　应力 – 寿命曲线示意图

柯芬(Coffin)和曼森(Manson)提出用塑性应变幅度表征疲劳寿命。他们在双对数坐标上,把塑性应变幅度 $\Delta\varepsilon_p$ 对断裂时载荷的反向次数 $2N_f$ 作图,得到一直线关系,即柯芬·曼森关系

$$\Delta\varepsilon_p/2 = \varepsilon_f'(2N_f)^c$$

式中,ε_f' 为疲劳延性系数;c 是疲劳延性指数。总应变幅度 $\Delta\varepsilon/2$、塑性应变幅度 $\Delta\varepsilon_p/2$ 和弹性应变幅度 $\Delta\varepsilon_e/2$ 与寿命关系的示意图见图 9.19。

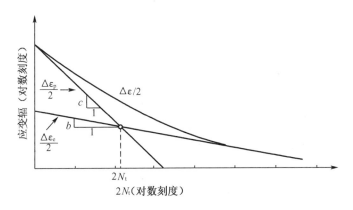

图 9.19　应变 – 寿命曲线示意图

疲劳断裂常常是突然发生的,但它是疲劳损伤逐渐累积的结果。不存在裂纹或严重应力集中的情况下,整个疲劳过程可以分成依次出现但有部分重叠的三个阶段,即疲劳硬化或软化、裂纹萌生和裂纹扩展。

(1)疲劳硬化或软化

金属和合金在循环载荷作用下将出现内部结构变化,宏观上表现为试样整体硬度或流变强度的升高或降低,称作疲劳硬化或软化,如图 9.20 所示。疲劳硬化或软化行为具有饱和性质,即循环载荷作用的最初几周或几十周内,硬化或软化速率很大,然后逐渐缓慢下来,进入基本稳定的饱和阶段。循环载荷作用下材料是硬化还是软化,主

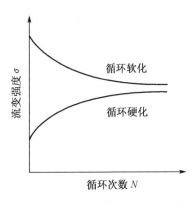

图 9.20　循环硬化及循环软化曲线

要由材料的状态、微观结构和试验条件决定。可归纳出如下的一般规律:①退火金属表现出疲劳硬化,而经各种形式硬化(如变形硬化、沉淀硬化、马氏体相变硬化、固溶硬化和弥散硬

化)的材料常常表现为疲劳软化;②极限拉伸强度 σ_{UTS} 与屈服强度 σ_y 之比可以看作是一些材料硬化或软化的十分粗略的判据,当 $\sigma_{UTS}/\sigma_y > 1.4$ 时,可能出现疲劳硬化,$\sigma_{UTS}/\sigma_y < 1.2$ 时,则出现软化,当比值为 $1.2 \sim 1.4$ 时,循环性能只有极微小的变化,但这一经验性判据只适用于低周疲劳。

（2）"驻留滑移带"的形成和疲劳裂纹的萌生

在疲劳过程中某些有利取向的晶粒形成集中的滑移带,这些集中的滑移带具有驻留或记忆的性质,称作"驻留滑移带"（persistent slip band,PSB）。在通常的情况下,疲劳裂纹在金属的自由表面或接近表面的某些"奇异点"萌生。概括起来存在三种主要类型的疲劳裂纹形核位置:驻留滑移带、晶粒间界和表面夹杂物。裂纹在 PSB 内萌生是最基本的疲劳开裂方式。由于 PSB 内大量无规则和不可逆的循环滑移形变,在表面形成具有严重应力集中的挤出片或侵入沟,利于裂纹的萌生。高应变疲劳时,不再出现与 PSB 有关的循环形变局部化,此时晶界常常成为裂纹优先形核的地点。夹杂物所造成的应力集中效应能够导致夹杂物与基体界面的脱开或夹杂物本身的裂开。

（3）疲劳裂纹扩展的一般规律

疲劳裂纹扩展分两个阶段:①疲劳裂纹在试样表面形核后,在进一步的循环加载过程中彼此联结,并沿着具有最大切应力的滑移面长大,这是切应力控制的晶体学扩展;②当裂纹长大到几个晶粒长度后将逐步改变方向,最后沿着最大正应力作用面扩展,这是一种正应力控制的非晶体学扩展。疲劳裂纹第二阶段的扩展速率 $\mathrm{d}a/\mathrm{d}N$（a 为裂纹长度,N 为循环数）通常用强度因子范围 ΔK 描述,它们之间的关系可近似地用"倒 S 曲线表示"（见图 9.21）。一般可分为 A,B,C 三个区域。

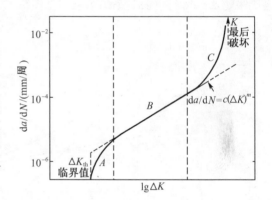

图 9.21　裂纹扩展速率 $\mathrm{d}a/\mathrm{d}N$ 与应力强度因子范围 ΔK 关系示意图

A 为低速区,$\mathrm{d}a/\mathrm{d}N < 10^{-5}$ mm/周,裂纹扩展行为受材料组织结构、加载条件和环境的影响。在这一区域存在一应力强度因子范围的临界值 ΔK_{th}。如果外加的 ΔK 小于 ΔK_{th},裂纹就不再扩展,ΔK_{th} 称为材料的疲劳裂纹扩展阈值。B 为中速区,典型的裂纹扩展速率范围为 $10^{-6} \sim$ 10^{-3} mm/周,服从帕里斯公式,即

$$\mathrm{d}a/\mathrm{d}N = c \cdot \Delta K^m$$

式中,c 和 m 为材料常数。经测试的几乎所有材料都符合这一关系,材料显微结构影响很小。C 为高速区,$\mathrm{d}a/\mathrm{d}N > 10^{-3}$ mm/周,在这里由于 K 最大值接近材料的断裂韧性 K_{IC},裂纹扩展速率增长很快,表现为静载型的断裂。在这个区域中,组织结构、载荷条件和试样尺寸都有较大影响。

在工程上,不仅用应力和应变的限制来防止部件的失效,还要求用设计法规来保护部件使之不因疲劳和蠕变 - 疲劳的相互作用而失效。

对于钠冷快堆,由于液态钠优良的热传导性能,在开堆、改变负荷及停堆时,部件的结构材料紧随液态金属的温度变化。冷热钠的混合可能引起金属表面温度的循环变化即"热条纹",在材料中就产生了应力和应变,在疲劳分析中必须考虑应力和应变变化的影响。FBR（快中子增殖堆）法规中部件的疲劳设计曲线是与实验室中非常光滑试样上产生的应变控制

的疲劳试验数据相关联的。图 9.22 画出了 304 型和 316L(N)型的数据：总应变范围与失效循环数的相互关系。循环数除以因子 20 或应变范围除以因子 2 就从实验数据得到了设计曲线（如 ASME 法规），用两者的最小值来产生设计曲线。真实部件的实验数据与设计限值间存在"安全"因子，这是由于表面粗糙度对疲劳的影响而出现的设计不确定性、试验尺寸的影响及数据的分散性。获得的数据表明，各种牌号的固溶退火奥氏体不锈钢之间只有很小的差别。在 400 ~ 600 ℃，温度对疲劳影响的范围内，其温度对疲劳的影响也是相当小的。

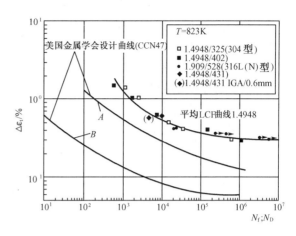

N_{f}—直到断裂的循环数；N_{D}—设计允许的循环数；$\Delta\varepsilon_{\mathrm{t}}$—总应变范围。

曲线 A 代表持续的低周疲劳（LCF）；

曲线 B 则是包括了时间保持作用的 LCF。

图 9.22　550 ℃下 304 型不锈钢的疲劳行为

在较高的应变范围（$\Delta\varepsilon > 0.5\%$）"低周疲劳"（LCF）抗力主要由循环初期产生的微裂纹（0.01 ~ 0.1 mm）生长所控制。在高周疲劳（HCF）范围（$> 10^6$ 循环）疲劳抗力由裂纹萌生所控制。较低温度（$T < 500$ ℃）下断裂以穿晶为主，较高温度下晶间断裂方式增加了。循环时奥氏体不锈钢出现了硬化（图 9.23 为其一例）。

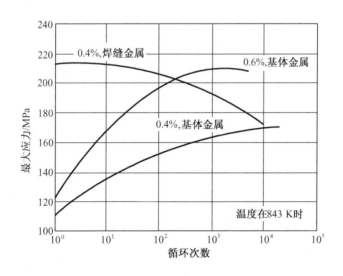

图 9.23　304 型不锈钢焊缝及基体金属循环硬化时

（最大应力对循环数的依赖关系）

总应变范围是 0.4% ~ 0.6%

实际情况下加载状态比拉压型实验所确定的更为复杂，例如低周加载状态上叠加了一个高周加载过程，还必须考虑多轴应力及应变的影响。此外，由于温度变化引起的应变和应力，疲劳及蠕变加载间有相互作用。在这样的温度瞬态后，部件就在具有相应蠕变过程的恒定高温下运行。为了在实验室中研究这样的蠕变 - 疲劳状态的相互作用,利用应变循环与蠕变周期相结合来进行 LCF 试验。加载状态及材料响应的例子如图 9.24 所示。蠕变 - 疲劳相互作用试验的许多变量可参见相关文献。

必须要有计算机管理的试验装置来产生一连串的应力 - 应变或储存数据,过去十几年中发展了特殊的技术。理想的试验程序是恒应变振幅的疲劳试验,并在循环的拉伸部分附带一个保持时间,图 9.25 对该试验程序画出了保持时间的变化对失效循环数(N_t)的影响。这一情况下蠕变损伤与保持时间中应力松弛的蠕变机理有关($\Delta\sigma \rightarrow \Delta\varepsilon_{el} \rightarrow \Delta\varepsilon_{inel}$)。循环中不同保持时间的实验表明,对于冶金变量、温度、应变范围及保持时间长短 N_f 有不同的趋势。蠕变 - 疲劳相互作用中的循环硬化也取决

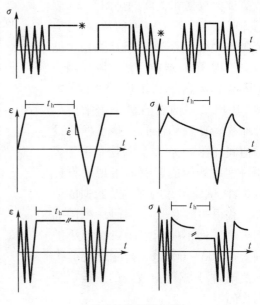

t_h—应力松弛的保持时间。

图 9.24　加载状态及材料对蠕变疲劳的响应

于许多参数。更详细的内容可见 ASTM 疲劳会议的文献以及在柏林举行的第三届 LCF 会议文集。

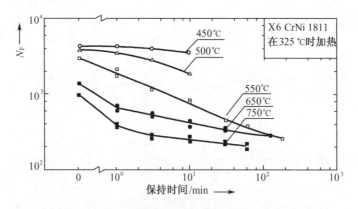

图 9.25　304 型钢中保持时间对断裂循环数(N_r)的影响及
温度对保持时间行为的影响

[循环时总应变范围 $\Delta\varepsilon_t = 1\%$,应变速率 $\varepsilon = 3 \times 10^{-3}$ s^{-1}(Bocek 等,1983)]

在 FBR 设计法规中评估蠕变疲劳损坏时,一般所用的观点是两种损坏机理或多或少是彼此无关的,即在蠕变损伤的 Robinson 规则上叠加了 Miner 疲劳损伤规则(非线性)。基于时间分数规则来评估蠕变阶段的蠕变损伤(ASME 或 RCC - MR 法规中的程序)。基于应变分数规则还有别的观点(延性耗尽法),包括疲劳裂纹生长并结合蠕变空洞及晶间蠕变开裂引起的基体弱化的冶金方面的考虑,亦在研究可变应力疲劳、蠕变/疲劳相互作用等各种加载条件下裂纹的生长行为。设计工程师与冶金学家之间仍在进行讨论以便对描述蠕变 - 疲劳相互作用的方法作出改进。

高温气冷堆(HTGR)部件的疲劳载荷可能来自循环应力(如振动、HCF),或者来自引起结构中热应力及应变的温度变化(LCF),将着重注意一些为部件设计特别感兴趣的实验纲要结果,许多作者给出了更加专门和详细的资料。与低温规范及 FBR 运行温度相比,在很高温度的规范下观察到不同的行为:

①与 400~500 ℃范围相比,随着温度的提高疲劳强度降低;

②由于高温下的蠕变作用(损伤),低温下所观察的持久极限降低;

③随着温度的提高及应变速率的降低,循环硬化减少,这意味着显微组织中出现了复杂方式的回复和软化;

④蠕变与应力控制的循环载荷以复杂的方式相互作用;

⑤与低温下相比,对保持时间条件下的疲劳,由于较快的蠕变速率出现使松弛也较快。

在蠕变疲劳相互作用的状态下及寿命分数规则的考虑中,对复杂材料的性能的影响近来发表了一些研究进展(可参阅相关文献)。

辐照疲劳主要指辐照对疲劳过程的影响,目前正在进行研究。辐照对疲劳的影响与对蠕变的影响是不一样的。辐照蠕变速率与辐照点缺陷的生成速率,即辐照过程有关,而辐照疲劳主要取决于辐照中材料组织的变化,所以辐照后疲劳实验仍具有相当的意义。现在已有的实验结果表明,一般辐照后的材料疲劳寿命缩短了,其原因可能与辐照引起的材料脆化有关。

在模拟材料中加入氦的情况下,MANET 合金在辐照后疲劳实验中只有轻微的影响。V – 3Ti – 1Si 和 V – 5Ti 合金在模拟材料中氦含量水平超过聚变堆材料中氦含量的情况,并辐照到 7 dpa 进行辐照后疲劳试验,检测到对辐照后裂纹生长的影响很小。

聚变堆低频脉冲运行,目前考虑的方案是等离子体燃烧 1 000 s,间断 10~100 s,形成温度循环,导致疲劳 – 辐照蠕变相互作用。这种疲劳是在 14 MeV 和其他派生射线作用下,即在辐照环境下的疲劳。

AISI 型 316L S. S,经受 16 dpa 的中子辐照后进行疲劳试验,与未辐照的疲劳寿命 N_f 相比低了 $\frac{1}{3}$ 以上,因为辐照硬化,延伸率 ε 减少,这样导致疲劳寿命 N_f 下降。这还不能代表辐照疲劳,但是在堆内连续的循环疲劳实验,疲劳寿命 N_f 落在热控制实验的分散数据带之中。

对于在 1 000 s 等离子燃烧期间,辐照下材料负荷是准稳态的:①辐照硬化不同于连续的循环关系;②辐照蠕变改变了周期负荷的应力 – 应变关系,影响疲劳寿命。

氘核辐照的应变控制疲劳实验,辐照试验温度为 400 ℃,样品为 AISI 不锈钢,包括冷加工态和固溶态两种样品,维持时间包含在负载周期中,其结果如下:

(1)当最大应力达到可以使样品发生辐照蠕变的条件下,经冷加工的样品导致平均应力和疲劳寿命 N_f 减少,这是由于在平均应力和辐照硬化的协同作用下,延伸率 ε 下降,导致疲劳寿命下降。而固溶态样品,辐照蠕变引起应力弛豫,但比循环硬化和辐照硬化要小得多;而辐照硬化在很大程度上被连续的周期负荷压制,它等于或相似于 1 000 s 维持时间疲劳实验的结果。

(2)对于不加应力的周期负荷效应(仅是温度循环),主要研究材料的辐照硬化。试验表明疲劳寿命 N_f 减少,这是属于辐照硬化和延伸率减少的效应。

改进型 316L 不锈钢辐照下高周疲劳实验表明:对固溶态的样品,主要是化学组分支配着疲劳硬化过程。在辐照损伤改变疲劳硬化的过程中,辐照损伤对疲劳寿命的效应与样品化学成分之间存在特征关系。有三种改进型 316 不锈钢,316SI,316F,316(ST – 1),其加工硬化指

数 n 分别为 1,0.3 和 0.2,辐照疲劳寿命的影响依次减小,对 316SI 样品影响最大,导致疲劳寿命 N_f 下降,而对 316(ST − 1)样品的影响最小,对 316F 样品的影响介于两者之间。对于平整样品,疲劳寿命 N_f 受位错行为支配。疲劳寿命 N_f 主要决定于塑性形变振幅 ε_p,对于试验温度 T 的关系不敏感。脉冲质子辐照引起热脉冲的温差 $\Delta T < 10$ K,对于 316SI 样品在 333 K 下在役辐照,由于辐照硬化缩短了样品的疲劳寿命 N_f,微观观察表明滑移带的区域密度 < 10 K 温度脉冲实验的滑移带的区域密度。观察到辐照引起沉淀,在疲劳实验期间,塑性应变振幅增加,这些沉淀为位错运动所分散,增强辐照硬化,导致疲劳寿命 N_f 下降。

而 316(ST − 1)高周疲劳主要是受疲劳增长沉淀所控制,所以有低的硬化指数,辐照增长疲劳硬化,但其沉淀颗粒太大,位错运动无法使沉淀分散,在总应变控制下的疲劳实验,塑性应变部分减少,从而延长了疲劳寿命 N_f。样品 316F 辐照对疲劳寿命的影响介于上述二者之间,虽然辐照使 316F 样品的疲劳寿命 N_f 减少,但减少的量不如样品 316SI 减少得那么多。

各种固溶态不锈钢疲劳寿命相差甚小,在 400 ~ 600 ℃ 范围内温度效应也很小。对于较高应变范围($\Delta\varepsilon > 0.5\%$),低周疲劳的疲劳极限 N_f 主要受较早周期运行中产生的裂纹(0.01 ~ 0.1 mm)的生长过程所控制。而高周疲劳($> 10^6$ 循环/min)的疲劳极限 N_f 是受裂纹萌生所控制。当 $T < 500$ ℃,断裂是穿晶断裂;而 $T > 500$ ℃,是晶界断裂。在循环中,奥氏体有硬化。

实际的负载条件比定义的推拉型实验复杂得多,低周加载荷的条件叠加高周负载过程,又不得不考虑多轴应力应变,以及温度变化引起应力应变的蠕变负载与疲劳的相互作用。在温度瞬变后部件在高温下具有相对的蠕变过程,需要研究蠕变 − 疲劳相互作用,即低周疲劳中将应变循环与蠕变周期结合起来。

辐照对疲劳的影响,特别是材料在一定氢含量下辐照对疲劳的影响需要进一步研究。无论是核聚变反应堆材料和部件以及碎裂中子源的材料和部件都存在着辐照疲劳问题,需要加强研究。

复习思考题

9.1 一个燃料元件受到蠕变的威胁,现在用寿命份额的原理来估计它最可能的服役寿命。假定所有时间内都是稳恒蠕变,因而在固定条件下的断裂寿命是 $t_R = \varepsilon_F / \dot\varepsilon$。忽略辐照蠕变,并假定蠕变速率不受剂量的影响而是按式(9.1)依赖于应力和温度。断裂应变按图 8.35 所示随剂量而减少。包壳内裂变气体的压力按已知速度随辐照时间而线性增加。导出一个可以用来估计服役寿命的表达式(如果其中的常数为已知)。辐照期间的温度不变。

9.2 有一段圆弧,半径为 $\mathcal{R}$,弧长为 L,弦距为 l。

(1)证明 $\dfrac{dL}{dA} = \dfrac{1}{\mathcal{R}}$,式中 A 是弓形面积;

(2)推导 $\dfrac{dA}{d(1/\mathcal{R})}$ 的公式;

(3)若弦端是半径为 R 的小圆圆心,重复(1)的证明。

9.3 利用方程(9.21)和(9.22)的近似式解方程(9.18)至(9.20)。

9.4 按照 Hesketh 辐照蠕变模型(由应力促进的空位环塌陷模型),空位含量小于 m_c($m_c \approx 200$)的贫原子区是以空位片的形式存在于固体中。当 $m < m_c$ 时每个大小为 m 的空位

片的体积为 $m\Omega$。假定中子碰撞产生的空位片(或贫原子区)按平方反比分布函数分布。试计算在没有外应力、快中子通量为 10^{20} cm^{-2} 的条件下由于未塌陷空位片引起的肿胀。假定 $\Sigma_s = 0.2$ cm^{-1},$\Omega = 12$ Å^3,$\nu = 500$ Frenkel 缺陷对/次快中子碰撞。

第 10 章　辐照模拟技术

材料的辐照效应伴随着第一个石墨型生产堆研究以来已有 60 多年的研究历史了,由于它直接关系着反应堆的安全性和经济性,一直为反应堆工程界和材料学界所重视。迄今经历了生产堆、生产动力两用堆、动力堆三个阶段,并继续探索发展快中子堆、高温气冷堆和热核聚变堆。中心问题是那些必不可少的,又无法避免受到辐照的核燃料和材料辐照行为、性能降级问题。一些比较理想的材料,经辐照性能发生很大变化。如集中研究了多年生产堆阶段的金属铀辐照生长和石墨辐照生长及潜能问题,稍不注意还会出现铀块卡管、石墨烧毁事故。动力堆的元件和压力壳钢的辐照行为至今还在不断研究和更新,目前已经积累了大量的辐照数据,建立了反应堆材料手册,并且在大量辐照数据基础上编制了反应堆建造和运行的规程以及安全审评和审批法规。对于反应堆的改进型设计,新出现的材料问题可以借鉴已有的数据进行分析和推断,必要时可以在相应的试验堆上进行实验以确定最终的设计方案。

但是对于聚变堆的材料问题,由于没有强流的 14 MeV 中子源,没法进行实际的辐照实验,只能采用一系列的辐照模拟实验和相应的理论分析推断其在聚变堆工况下的辐照行为。目前发展了一系列的辐照模拟技术,以适应核聚变堆材料研究的发展需要。特别是对于快中子堆(FBR)、高温气冷堆(HTGR)和热核聚变堆,材料的抗高温辐照性能是主要的,中子的经济性降为次要因素,可以广泛选择适用的元素,尤其是聚变堆材料,正在发展抗辐照的低活性钢种和材料,选材和工艺的多样性大大拓宽了研究范围,相应地样品种类、数量急剧增加,而辐照条件和空间比以往限制更多,迫使研究工作采用新的方式,其有以下一些特点:

(1)发展辐照模拟技术,采用各种辐照技术的特点分因素进行研究,然后综合分析以获得相应于 14 MeV 中子辐照的效应。这种方法亦有利于对快堆、高温气冷堆材料辐照效应的研究分析,更有针对性地提出改进方案。

(2)采用小样品试验方法,如 $\phi 3$ mm $\times 0.25$ mm 电镜样品(亦可以作双轴力学性能测试);2.5 mm $\times 0.2$ mm $\times 0.25$ mm 小型拉伸试样(测量力学性能,极限强度 σ_{UTS},屈服强度 σ_Y,延伸率 δ);$\phi 4$ mm $\times 25$ mm 压力管(测量蠕变性能);冲击样品 3 mm $\times 3$ mm $\times 33$ mm(测量塑脆转变温度)。这样的样品在辐照罐内温度易于控制,并可以装载足够数量的样品,获得大量辐照数据。

(3)加强微观结构观察,分析辐照对微观组织结构的演变,更有针对性地提出改进成分设计,以期获得更抗辐照的材料。

(4)大力开展计算机模拟技术:①模拟级联碰撞过程,探索初级离位原子产生原始缺陷的结构和性质;②模拟存活缺陷间的相互作用,探索微观结构的演化;③模拟位错线的结构以及在应力下位错的发展和演化,众多位错之间的相互作用以及动力学状态,可以直接与电镜的观察相比较。在这些研究的基础上探索 14 MeV 中子辐照的特征。

这种辐照损伤模拟过程跨越了很大的时间、空间尺度(从原子碰撞过程(10^{-18} s,10^{-9} m)到宏观性能的改变(10^9 s,10^{-3} m)),它包括碰撞过程、缺陷形成过程和微结构演化过程,从而导致材料的辐照肿胀、辐照生长和微结构的变化,最后导致材料强度、延展性、韧性等性能的变化,相应的计算机模拟技术就是所谓的材料辐照损伤的多尺度模拟(multi-scale modeling/simulation)技术。采用的研究方法及目的按空间尺度由小到大分别为:第一性原理/从头计算得出材料的电子结构和缺陷特征能;分子动力学、动力学 Monte Carlo、场方程等研究溶质、杂质、缺陷等的演化过程,以及预测微结构的演化;动力学 Monte Carlo、3D 位错动力学、连续体力学等研究材料的宏观力学性能。低层次的模拟、计算方法都为高一层次提供必要的输入条件。

(5)编评已有的辐照数据,寻求数据间的联系、推断和延伸,建立材料数据手册,供工程设计人员参考。

当前聚变堆材料问题最为突出,国际聚变科学工程界经过近 20 年的努力,成功地设计了国际热核聚变实验堆(ITER),如图 10.1 所示,实验堆包括包层模块(421 块)、双层真空室(9 个扇形部分)、环形超导线圈(18 卷)、中心螺旋超导线圈(6 个)、极向超导线圈(6 个)、偏滤器(54 个组合体匣子),这项设计将中心的高温等离子体与周围的真空室之间用 421 块屏蔽模块(如图 10.2 所示)隔开,将高温、高通量、强中子沉积在屏蔽模块中,以保护真空室、超导线圈及杜瓦支撑组件、加热装置、侦断设备等不受高温、高通量、强中子的辐照。对于聚变堆而言,用包层模块来代替屏蔽模块,包层模块具有三个功能:①沉积高温、高通量、强中子的能量发电;②利用中子与产氚靶件(固体靶件或液态靶件兼冷却剂 LiPb、Li)生产氚,提供聚变堆运行所需要的燃料;③将高温、高通量、强中子隔开,起到屏蔽作用。因此把聚变堆材料问题集中在包层材料上,当然还有其他聚变堆材料,如偏滤器材料、窗口材料、反射镜材料、绝缘材料、光导纤维等。但关键的还是包层的结构材料,它经受着高温、高通量、强中子的辐照,还协同着嬗变的氦、氢和杂质元素的作用。ITER 所用的材料,都经过模拟辐照的数据加以分析,综合成 ITER 的材料手册。例如 316Ti 控氮不锈钢的辐照数据主要是来自美国高通量同位素堆(HFIR)和快中子堆(FFTF,EBR-Ⅱ)的辐照数据,再结合其他实验结果进行分析,决定采用 316Ti 控氮不锈钢作为屏蔽模块的结构材料。因为 ITER 的目的是:考查反应堆级条

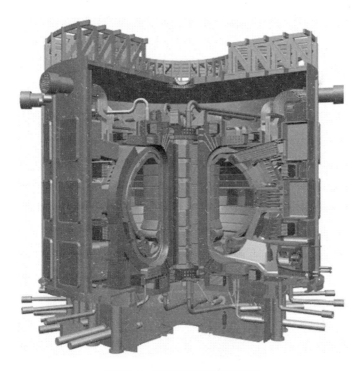

图 10.1　国际热核聚变实验堆

件下热核聚变燃烧的等离子体性能和整体聚变技术联合的关键特性,证实可控的氘氚等离子体点火和持续燃烧达到稳定运行,以表明聚变动力的科学性和技术可行性。同时要证实整体聚变堆技术的可靠性,完成高热流核部件的整体试验,实现实际利用聚变能量。预期运行 20年,期间不锈钢的损伤剂量为 2.4 dpa,可以安全使用。

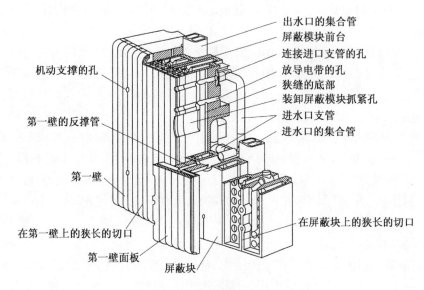

机动支撑的孔
第一壁的反撑管
第一壁
在第一壁上的狭长的切口
第一壁面板
屏蔽块

出水口的集合管
屏蔽模块前台
连接进口支管的孔
放导电带的孔
狭缝的底部
装卸屏蔽模块抓紧孔
进水口支管
进水口的集合管
在屏蔽块上的狭长的切口

图 10.2　屏蔽模块的结构

但是,高温、高通量、强中子辐照协同着嬗变的氦、氢和杂质元素的作用将引起不锈钢的相的不稳定性,它在 30 dpa 以后将引起严重的辐照肿胀,再加上不锈钢低活化的努力不成功,并不适用于包层的结构材料。但在辐照剂量 10 dpa 以下时,316Ti 不锈钢具有很大的优点,可以用作大型真空室的材料以及相应的其他构件材料。而铁素体/马氏体具有良好的抗辐照肿胀和抗辐照氦脆的能力,尤其是低活性马氏体钢还具有良好的抗 LiPb 腐蚀的能力,可以作为包层结构材料。包层除了产能、产氚的功能外,还有屏蔽功能,以保护真空室及其以外的材料设备的辐照剂量达到安全的水平。因此包层材料是聚变堆的主体材料,需要加以重点开发和试验,特别是需要进一步进行研究聚变堆的脉冲运行引起材料的疲劳和蠕变相互作用,以确保聚变堆的可靠、安全运行。当然为确保聚变堆的设计可靠性,发展聚变材料辐照设施(international fusion materials irradiation facility,简称 IFMIF)是必不可少的,如图 10.3 所示。由于建造周期较长和 14 MeV 中子高通量的区域有限,首要的辐照任务还是聚变堆部件考验,所以聚变材料的辐照研究也受到一些限制。下面介绍辐照模拟技术和相应的聚变堆材料研究。

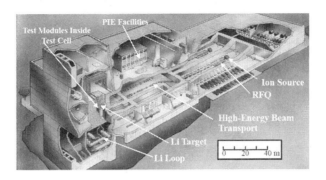

Test Modules Inside Test Cell—试验模块内部的试验单元；PIE Facilities—
辐照后检验设施；Li Target—锂靶；Li Loop—锂回路；High-Energy Beam
Transport—高能离子束传输；RFQ—高频加速器；Ion Source—离子源。

图 10.3　国际聚变堆材料辐照设施

10.1　各类辐照模拟技术

各类反应堆和聚变堆都有不同的中子能谱，即使在同一个反应堆中，不同位置亦有不同的能谱，也就是说，堆内不同位置的材料运行在不同的中子能谱、不同的通量和不同的温度下，它们的辐照行为也是有差别的。应用辐照实验数据关系到三个重要参量，即试验温度、中子通量和中子能谱，从这个意义上说，辐照实验都是带有一些模拟性质的。但是对于聚变堆条件而言，除了辐照温度以外，现有的辐照装置的通量和能谱与聚变堆的情况相差太悬殊，因此这种辐照实验只是模拟性质的。根据各自模拟的目标不同，曾有以下一些辐照装置。

10.1.1　14 MeV 中子源 – 旋转靶的中子源（简称 RTNS – Ⅱ中子源）

RTNS – Ⅱ是由美国和日本联合在美国劳仑茨 – 利弗莫尔国家实验室，用加速器产生氘束撞击转动的氚靶上产生氘氚反应的聚变中子源（见图 10.4），开展聚变中子辐照效应研究，（它亦开展 14 MeV 中子反应截面的测量），取得一些表征聚变中子辐照特征的结果，如14 MeV 中子可以产生高能的初级离位原子的级联碰撞区，这些级联碰撞区将导致一些相变区。实验证实了这些级联区的存在，并测量其大小和微观特征，相变结构观察与级联碰撞区预测的结果是一致的。

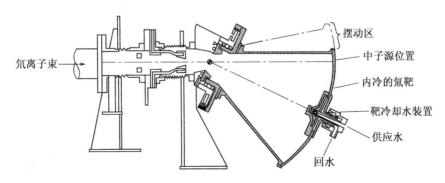

图 10.4　RTNS – Ⅱ旋转靶的中子源的示意图

但是这种装置通量低,辐照空间小,仅能得到小于 0.1 dpa 剂量的实验结果,这些实验数据损伤剂量太小,不能给出工程可应用的数据。但是它对做各种中子能谱效应的对照试验是很有利的。

10.1.2　FFTF 和 EBR－Ⅱ等快中子辐照装置

FFTF 是在汉福特实验室的高通量快中子试验堆,曾做过大量的快中子辐照实验,现在由于运行费用过于昂贵而暂停运行。EBR－Ⅱ是美国阿贡实验室的快中子增殖工程实验堆。它们是研究快中子堆材料辐照效应的有力工具,在一年内损伤剂量可达 50～100 dpa,辐照罐内可以装载各种形式的大量样品,样品温度比较容易控制,损伤均匀,可以同时放置微观观察样品、拉伸性能试验样品、冲击试验样品和压力罐式的蠕变试样等,获得不同 dpa 下的拉伸性能、DBTT、蠕变变形量和微观结构组织形貌,比较全面地了解辐照行为。

但是快中子能量较低,平均能量约 1 MeV,不能反映 14 MeV 中子的辐照行为,主要的差别是没有足够的嬗变产物,嬗变的氦、氢和杂质量比 14 MeV 中子辐照的嬗变量要小 1 至 2 个量级。虽然 14 MeV 中子能产生更高能量的初级离位原子(PKA),但是高能的 PKA 将产生几个子级联,并不产生更大的级联碰撞区;只有当几个子级联挨得很近并且同时出现时才有更大的级联碰撞区。所以快中子辐照损伤与相同 dpa 的聚变中子辐照损伤有类似之处,其差别在于嬗变氦和氢的作用,它们在冲击性能和疲劳性能上有重要作用。

当前俄罗斯有几个快中子堆在正常运行,有利于开展材料的快中子辐照实验。

10.1.3　HFIR 裂变中子的辐照模式

目前高通量的材料辐照主要在高通量同位素反应堆(HFIR)内进行。高通量同位素堆的能谱虽然比快中子堆的要软一些,但是快通量要占总通量的一半,所以在高通量下同样可以达到高的损伤剂量。为了调节氦的产生量与损伤剂量(dpa)间的比值(使之接近于聚变堆的氦的产生量与损伤剂量间的比值,约 1×10^{-5} dpa),在合金中添加适量的具有高的(n,α)反应截面的同位素(如 ^{55}Fe),观察不同比值下氦原子的作用。这种“缝合式”的辐照研究取得不少成果,比较明确地表明氦与级联碰撞的协同作用。但是这种实验比较昂贵,而且调节量有一定限度,并且没有其他嬗变元素,而这些元素有时对相的不稳定性起重要作用。

10.1.4　高能质子(600 MeV)辐照

利用高能回旋加速器(如图 10.5,10.6 所示)产生的高能质子束辐照材料,能够像高能中子一样产生均匀的辐照损伤,并且打开(p,xn),(p,α),(p,D),(p,T),(p,np)等反应道,产生氦、氢和其他嬗变杂质。在相同的损伤剂量下,600 MeV 质子辐照产生的嬗变氦、氢和杂质量比 14 MeV 中子辐照的嬗变量要大 1 个量级。如果质子能量降低到 100 MeV,辐照产生的氦量与损伤剂量 dpa 的比值约为 1×10^{-5} dpa,接近 14 MeV 中子辐照的情况,同时可以放置微观观察样品、拉伸性能试验样品、冲击试验样品和压力罐式的蠕变试样等,获得不同 dpa 下的拉伸性能、DBTT、蠕变变形量和微观结构组织形貌,比较全面地了解辐照行为。

但是辐照费用昂贵,高通量的空间很小,达到的损伤剂量一般都在 20 dpa 以下。在碎裂中子源区,虽然有一个高能中子尾巴(14 MeV～20 MeV),但中子能谱还是比较接近聚变堆的中子能谱,但是通量不高,约为 6×10^{13} cm^{-2}·s^{-1},尚难达到高剂量损伤的结果。

以上四种辐照模拟技术的数据比较完备(包括拉伸性能、DBTT、蠕变变形量和微观结构

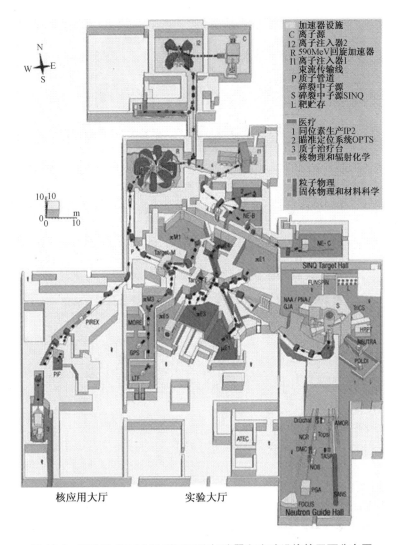

加速器设施
C　离子源
I2　离子注入器2
R　590MeV回旋加速器
I1　离子注入器1
　　束流传输线
P　质子管道
　　碎裂中子源
S　碎裂中子源SINQ
L　靶贮存

医疗
1　同位素生产IP2
2　瞄准定位系统OPTS
3　质子治疗台
核物理和辐射化学

粒子物理
固体物理和材料科学

核应用大厅　　　　　实验大厅

图 10.5　PSI 的 600 MeV 质子回旋加速器和实验设施的平面分布图

组织形貌等），是很有价值的。但是辐照费时长，辐照和辐照后的热室测量都是很昂贵的。

　　但是在建堆初期，为了研究材料辐照损伤，美国的曼哈顿计划（Manhattan Project）动员了各地一些离子加速器，开展了离子辐照实验，取得相当大的成功。反应堆建成之后，核材料辐照研究用中子辐照更为直接，离子加速器的辐照实验转向半导体材料的研究，在核电子学和半导体工业上起着重要作用。尤其是半导体器件的辐照加固和工艺过程中的离子注入以及器件的改性，都取得很大成功。20 世纪 60 年代后期，发展快中子堆和聚变堆，材料的辐照肿胀和辐照脆性非常突出，而反应堆的中子辐照远不能适应要求，重离子辐照实验在世界范围内再次得到广泛应用。与中子辐照相比，离子辐照的优点如下：

　　（1）辐照剂量大，能够在较短时间内达到高的损伤剂量。一般反应堆上中子辐照实验需要几年时间，而加速器离子辐照仅仅需要几十小时。

图 10.6   PSI 600 MeV 质子回旋加速器的材料辐照装置

(2)可以方便地调整各种辐照参数,如辐照温度、辐照剂量、含氢量、含氦量等。通过实验数据的对比,分析各因素的作用。

(3)被辐照的材料很少产生诱发放射性,一般不需要热室设备。

(4)辐照实验耗费较少。

离子辐照实验的缺点如下:

(1)由于辐照时间过短,难以考查那些与时间有关的材料变化,例如材料的时效、新相的析出等;

(2)离子辐照的缺陷分布与沿入射离子的深度有关,并不产生均匀损伤。

(3)实验数据与中子辐照数据不完全一致,尤其是二者的辐照肿胀形成温度差别更为明显。这是因为离子进入材料后会形成多余的间隙原子,以至过多地消耗空位,抑制空洞的形成。对于离子辐照,具有代表性的辐照模拟技术有两种:双束离子(氦束和重离子束)辐照和高能电子辐照(带有两个离子加速器)。

10.1.5   双束离子辐照

一般重离子加速器产生的 Ni,Fe 等离子的能量范围为 5 ~ 100 MeV。由于重离子束辐照损伤效率很高,在短时间内(几小时至十几小时)就可以达到上百 dpa 的损伤剂量,样品没有放射性,易于进行观察测量。但是这样能量范围离子射程只有几微米,只能进行辐照损伤区的微观观察和分析。但是可以采用截面技术,测量微观结构沿入射离子深度的变化,也就是随不同损伤剂量的微观结构的变化。当联合另一台注入氢或氦的加速器,进行级联碰撞与氦的协同作用的研究,从单束辐照(铁束或氦束)与双束(铁束和氦束)辐照的微观组织上的变化来分析高能 PKA、嬗变 He(具有反冲能量的 He)和 He 与高能 PKA 协同作用下的微观组织结构上的变化,分因素地研究辐照效应。

10.1.6　高能电子辐照

如 5.3.3 所述,对于大多数材料,能产生离位原子的电子能量在 0.5～2 MeV 范围内。超高压电镜(high voltage electron microscope, HVEM)的电压有 1 000 kV(JEM1000),1 300 kV(JEM1300),日本大阪大学的高压电镜的加速电压为 3 000 kV,都能够进行电子辐照,同时可以进行原位观察,观察辐照缺陷的各种变化,得到非常直观的实验结果。PKA 的能量较低,不足以产生级联碰撞,辐照缺陷比较单纯,实验结果的分析也比较方便。其特点是:①电子束的聚焦产生非常高的电子强度,辐照损伤速率 $>2 \times 10^{-3}$ dpa/s,几小时就可达几十 dpa;②可以在不同时刻(即不同 dpa)对同一视场进行微观结构的观察,直接了解微观结构的演化,包括空洞的长大、相结构的变化,确定肿胀率与 dpa 的关系;③样品的靶室温度可以调节,直接观察到不同温度下的微观结构的演化,也可以进行在役退火观察。

因为高压电镜的电子束密度非常高,可以在几小时至十几小时内达到 50～100 dpa,与此相应的材料中空位、间隙原子浓度非常高,空位和间隙原子可以各自形核成空位团(或位错环)和间隙原子位错环。由于间隙原子迁移速率很高,再加上间隙原子与位错有长程相互作用,有过多间隙原子进入位错和位错环,所以有过多的空位进入空位团而发展成空洞,造成辐照空洞肿胀。同时这些点缺陷的迁移扩散与合金元素相互迁移扩散的作用将造成沉淀颗粒和相变,这能分因素地研究合金的辐照效应。一般高压电镜的电子辐照实验与中子辐照实验相比更早出现空洞肿胀,而且肿胀量远大于中子辐照的情况。但是可以进行材料、材料工艺状态的辐照数据的对比分析,从而进行材料和材料工艺的筛选研究。

为了研究氢、氦和嬗变核素与辐照缺陷的相互作用,在日本北海道大学将两台粒子加速器复合到 HVEM1300 高压电镜,高能电子产生大量的缺陷;一台粒子加速器产生氦(或氢)束同时注入样品;另一台粒子加速器产生重离子,模拟固体嬗变元素,超高压电子显微镜与离子加速器的联合装置如图 10.7,10.8,10.9 所示。在这台联合装置上可以进行很多模拟辐照研究,例如以下三类实验。

图 10.7　HVEM1300 高压电镜的原理

①辐照的原位观察:将离子束引入电子显微镜内,对样品进行离子辐照(氦离子,或重离子),通过电子显微镜进行原位观察,研究辐照缺陷的动态变化。

②电子束与 10 keV 的氦束(或氢束)双束辐照,调节氦含量与损伤剂量的比值约 1×10^{-5} dpa(与聚变的 14 MeV 中子损伤的比值相同),观察 dpa 下微观结构形貌。分析小的级联碰撞区(由氦离子产生的)在密集的空位、间隙原子浓度下与氦的相互作用。

图 10.8　两台粒子加速器复合到 HVEM1300 高压电镜的实体图

左边是 HVEM1300 高压电镜的一角,右边是两台粒子加速器组合到 HVEM1300 高压电镜,并注入粒子

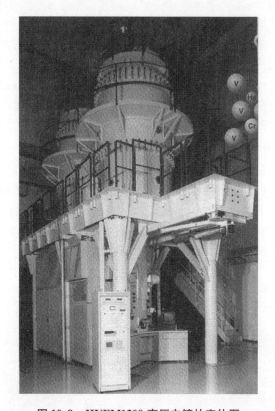

图 10.9　HVEM1300 高压电镜的实体图

（3）电子束、氦离子束和重离子束三束辐照,研究合金的相稳定性问题。

虽然带电粒子辐照损伤速率很高,在短时间内即可达到 50～100 dpa,样品没有放射性,易于观察和分析,但仅仅限于微观结构的观察,只是分因素研究辐照损伤。应用于工程上的数据还需要从中子辐照实验中获得。为适应聚变堆的发展,国际上合作建造聚变堆材料辐照设施 IFMIF,如图 10.3 所示,从事聚变堆材料辐照研究。

10.2　聚变堆结构材料的辐照效应

如果聚变堆结构设计按照 ITER 的构思,将中心的高温等离子体与周围的真空室之间用包层模块隔开,包层模块将是:①沉积高温、高通量、强中子的能量发电;②隔开高温区,并将 14 MeV 中子最大地慢化,使之不对包层以外的构件造成重要损伤,起到热和辐射的屏蔽作用;③模块中的中子与产氚靶件(固体靶件或液态靶件兼冷却剂 LiPb,Li)生产氚,提供聚变堆运行所需要的燃料。这样聚变堆的结构材料主要是包层结构材料和真空室材料,以及低温杜瓦结构材料。

由于真空室受到包层模块的屏蔽,可以采用 316Ti 控氮不锈钢;而包层的结构材料将经受高温、高通量、强中子的辐照,又要经受冷却剂的侵蚀,在聚变堆脉冲运行情况下,材料还承受着疲劳和蠕变的相互作用的损伤。因此第一壁/包层和偏滤器的结构材料要能够在聚变堆的严酷的辐照、热、化学和应力工况下保持机械完整性和尺寸稳定性。这些候选材料必须有较好的抗辐照损伤性能,能在高温应力状态下运行,与面向等离子体材料和其他包层材料相容,能承受高表面热负荷。同时结构材料还必须有丰富的取材资源和容易制造等。结构材料的选择受到冷却剂和氚增殖剂选择的强烈影响,因为这两者影响反应堆的运行温度。

材料的各种性能和运行参数影响结构材料的选择。材料的主要性能有物理、机械、化学和中子性能,主要参数有运行温度、表面热通量、寿期内的中子注量、应力/负荷要求。为了降低温度和应力梯度,较低的膨胀系数、高热导和低弹性模量是重要的物理性能。高温抗拉强度和蠕变强度是重要的性能指标。结构应保持一定的塑性以及承受通常和瞬时负荷条件下的热应变和机械应变。过分的辐照肿胀或蠕变导致尺寸变化,最后引起失效。疲劳和裂缝生长在应用中很重要。尽管商用堆将在稳态下工作,但是 ITER 实验堆是以 500 ~ 1 000 s 的周期脉冲式地运行,其后的示范堆可能以数千秒的周期脉冲式运行,疲劳和蠕变相互作用的损伤是不可忽视的。

聚变堆包层模块的材料可供选择的方案列于表 10.1 中。

表 10.1　聚变堆包层设计中的材料候选方案

候选方案	结构材料	氚增殖剂	冷却剂
RAFM/LiPb	RAFM 钢	LiPb 或 Li 陶瓷	He 或 H_2O
钒合金/Li	钒合金	液态 Li	液态 Li
SiCf/SiC 复合材料/LiPb	SiCf/SiC 复合材料	LiPb 或 Li 陶瓷	He 或 LiPb

表 10.1 和图 10.10 是当前国际上主要的包层设计方案及候选材料。目前的重点是镍稳定化的 316Ti 改进型奥氏体不锈钢,9Cr2WVTa 低活性马氏体钢和钒基合金(V – 15Cr – 5Ti)。SiCf/SiC 复合材料近期才被定为聚变堆候选结构材料,其基本优点在于低活化性和高温运行的潜力。单片 SiC 是典型的低塑性陶瓷,断裂韧性低,有些辐照数据表明其热导在低通量下显著降低。然而 SiCf/SiC 复合材料比单片材料有更好的断裂韧性。现有数据不足以评估该材料作为聚变堆结构材料的潜力,主要关键问题是:制造大部件的成本可接受;在保持高温和低活性性能下连接材料;在高的氦嬗变速率下抗辐照损伤;密封材料制造;与候选氚增殖剂的相容性。

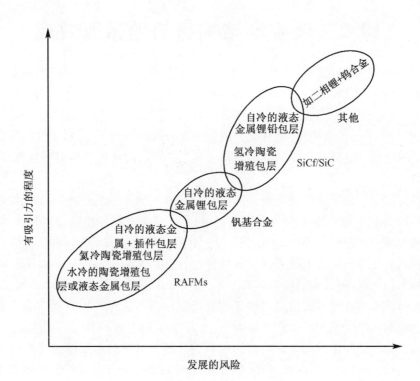

图 10.10　聚变堆设计可能方案及材料规划

　　为了评估该材料潜力需要进一步的研究和开发,对于数千秒的周期脉冲式运行,疲劳和蠕变相互作用的损伤是不可忽视的。

　　低活性马氏体钢为结构材料的包层设计是最易实现的一种设计方案,其中以液态金属自冷方案为最佳选择方案;以钒合金为结构材料的包层设计具有中等成熟的技术和吸引力;SiCf/SiC 复合材料为结构材料的包层设计具有很多优点和最大吸引力,技术难度也最大。表10.2 和 10.3 是一些候选材料的定性比较。

表 10.2　候选第一壁/包层结构材料的定性比较

	主要性能	关键设计问题
奥氏体不锈钢 (316Ti 改进型)	核应用最广泛的数据库 良好的加工性能/可焊性 抗氧化 选择辐照肿胀最佳条件 低放射活性的元素替代不成功	热应力因子低 抗液态金属腐蚀 有限的运动温度(辐照) 有限的抗辐照寿命(肿胀和氦脆) 辐照蠕变限度 在水里可能的应力腐蚀效应
低活化铁素体 /马氏体钢	扩展未辐照/辐照数据库 热应力因子优于奥氏体不锈钢 液态金属相容性优于奥氏体不锈钢 抗辐照肿胀和氦脆优于奥氏体不锈钢 可以制备成低放射活性的马氏体钢	焊接工艺规范要求 铁磁材料 辐照引起 DBTT 的升高 限制运行温度

表 10.2(续)

主要性能		关键设计问题
钒基合金 (V – Cr – Ti)	具有高温运行潜力 热应力因子优于铁素体钢 抗液态金属腐蚀性能较好 低放射活性	有限数据库/加工经验 在焊接工艺规程要求 在高温下氧化/污 尚未达到工业开发阶段 需要做大量的研究工作

表 10.3　候选结构材料的性能

性能	PCA	RAFM	V – Cr – Ti	SiCf/SiC 复合材料
熔化温度/℃	1 400	1 420	1 890	2 800
密度/(g·cm^{-3})	8.00	7.80	6.20	2.70
热导率/(W·m^{-1}·K^{-1})	19.5	29.3	27.7	10 ~ 35
热膨胀系数 10^{-6}/K	17.6	12.6	10.5	3.0
弹性模量/GPa	168	200	127	150 ~ 300
泊松比		0.27	0.36	0.2
热应力因子 $k(1-v)/\alpha E/($ W·MPa^{-1}·m^{-1} $)$	4.8	8.5	12.8	8.9 ~ 31
极限强度/MPa	600	680	680	500
屈服强度/MPa	560	460	440	
总延伸率/%	>30	22	30	1
断裂韧度/(kJ·m^{-2})		500	>500	24 MPa·m$^{1/2}$
腐蚀温度范围/℃(5 ~ 20 μm/a,流速为 1.5 m/s)				
Lithium	430 ~ 470	535 ~ 580	>750	>750
Li – Pb	370 ~ 400	420 ~ 480	>650	>650
最高运行温度/℃,He 脆性(>0.57T$_m$ – 50 ℃)				
	550	550	750	>750
DBTT ℃(辐照过)	< RT	~ 125	< RT(?)	
肿胀寿命/dpa,(5%)	100(500 ℃)	~ 200(425 ℃)	>200(600 ℃)	
	150(400 ℃)			
设计应力界限 MPa,S$_m$(未辐照的)1/3 UTS(T)				
	205(500 ℃)	175(500 ℃)	200(500 ℃)	
	195(550 ℃)	160(550 ℃)	235(650 ℃)	
S$_{mt}$(未辐照的)3 × 10^4 h(PCA);6 × 10^4(RAFM,VCrTi)				
1% 电子	205(500 ℃)	145(500 ℃)	220(500 ℃)	
1/3UTS	190(550 ℃)	85(550 ℃)	235(650 ℃)	
	190(500 ℃)	175(500 ℃)	225(500 ℃)	
S$_m$(辐照的)75 dpa,5% ε				
	175(550 ℃)	160(550 ℃)	235(650 ℃)	
	190(400 ℃)	198(400 ℃)		
100 dpa	150(550 ℃)	160(550 ℃)		
	155(400 ℃)	163(400 ℃)	165(500 ℃)	

表 10.3（续）

性能	PCA	RAFM	V – Cr – Ti	SiCf/SiC 复合材料
150 dpa	175（500 ℃）	150（550 ℃）	165（650 ℃）	
		125（400 ℃）	125（500 ℃）	
		115（550 ℃）	125（650 ℃）	
中子性能（1 MW · a/m²）				
dpa	11.3	11.1	11.3	
H（×10⁻⁶）	594	450	240	
He（×10⁻⁶）	157	110	57	
Q（W·cm⁻³）	9.8	9.8	7.1	

10.2.1 奥氏体钢

奥氏体钢在裂变堆中被广泛应用,已有一个很完备的核应用数据库。基于这一原因,奥氏体钢常被当作参考合金,在研究其他候选合金时,常将其相应的性能参数与奥氏体钢相比较。这类合金主要是 316Ti 改进型不锈钢。表 10.2 对奥氏体钢与铁素体/马氏体钢和钒合金的主要性能和关键的设计问题作了定性的比较和对照。由于奥氏体钢物理性能较差,主要的设计问题是在聚变条件下该材料的热应力因子低,表面热通量能力有限,抗肿胀能力有限,抗液态金属腐蚀能力有限,并可能有水应力腐蚀等问题。但是奥氏体钢有优越的成型和制造性能,对任何一种熔合焊接工艺都有优良的可焊性。然而焊接、高温铅焊或其他高温工艺都可能退火或改变冷加工微观组织。

图 10.11 显示了几类材料的物理性能随温度变化的比较。从设计的角度看,热应力因子和热蠕变性能由于限制表面热通量是重要的性能比较指标。图 10.12 显示了作为奥氏体钢壁厚函数的热通量的计算值。图 10.13 显示了用 Larson-Miller 参数表示的候选材料的热蠕变性能。奥氏体钢只能承受最低的热通量,但蠕变性能比马氏体钢好。

在结构材料选择中,其与候选冷却剂、氚增殖剂和氢(DT)等离子体的相容性非常重要。奥氏体钢和氦冷却剂的相容性不是设计制约因素。奥氏体钢在水中的腐蚀质量迁移也不构成寿命问题,但放射性质量转移造成维修困难。然而奥氏体钢在聚变条件下的水应力腐蚀需要认真考虑,放射分解水中的自由氧含量不可能控制在理想的低水平,钢的辐照硬化和循环运行可以加重这一问题。图 10.14 显示了奥氏体钢对作为试验温度函数的应力腐蚀的敏感性,在温度超过 150 ℃ 时对裂缝的敏感性增加。图 10.15 表示了 Kohyama 所发现的适中的中子注量辐照仍然影响奥氏体钢的应力腐蚀裂缝。冷加工钢比固溶退火钢更容易受应力腐蚀的影响。

在不同条件下研究了奥氏体钢在 Li 和 Pb – Li 合金中的抗腐蚀能力,腐蚀过程由 Ni 从合金中的溶解来决定。具有高镍含量的 PCA 合金的腐蚀速度高于 316 钢,Pb – Li 合金比锂腐蚀性更大,图 10.16 和图 10.17 表示了有关腐蚀数据。液态金属系统的轻微腐蚀极限约为 20 μm/g。根据这一腐蚀速率和适中的速度,奥氏体钢在锂和 Pb – Li 合金中的容许界面温度分别为 450 ℃和 400 ℃。在碱金属系统中没有遇到应力腐蚀问题。有限的数据表明奥氏体钢的疲劳性能在较纯的锂环境中试验不受影响。在允许的工作温度内,奥氏体钢和陶瓷增殖材料的相容性不成问题。然而在 600 ℃ 时和铍有强烈反应。

中子辐照对奥氏体钢的辐照效应是该结构材料应用的一大限制。图 10.18 显示了奥氏体钢和铁素体/马氏体钢的辐照肿胀与辐照剂量的关系,特别是中子谱和模拟聚变产生氦量效应的差别。表 10.3 列出了裂变和聚变堆中几种材料的 He/dpa 的比较。冷加工 PCA 合金在裂变堆和早期聚变计划中的广泛应用比传统的 316 钢在抗辐照损伤方面有明显的改进。然而图 10.19 显示了当模拟聚变堆在大约 15 He/dpa 时，奥氏体钢在受到特定中子谱较低损伤时就有较大肿胀，同时 PCA 和 316 钢的差别较小，冷加工等改进也很小。

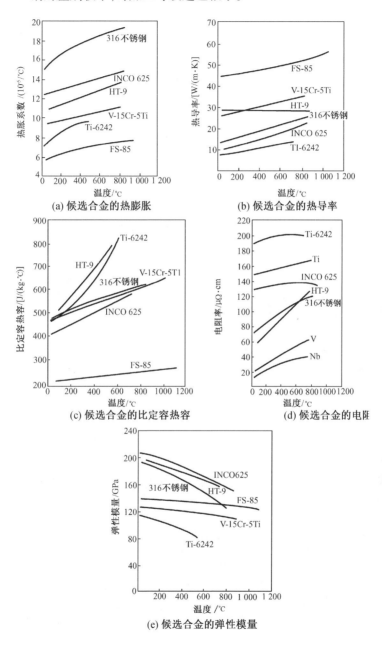

图 10.11　几类材料物理性质比较

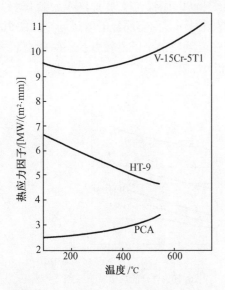

图 10.12　选定结构合金的理论热应力因子

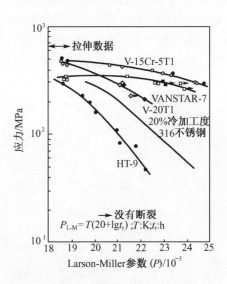

图 10.13　选定结构合金的 Larson-Miller 图

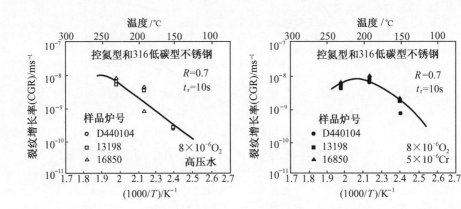

图 10.14　316 型不锈钢在氧化水中裂缝增长率随温度的变化

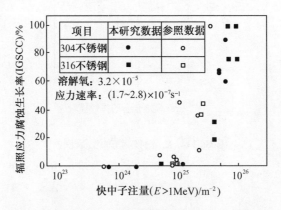

图 10.15　304 型和 316 型不锈钢的 IGSCC 随注量的变化

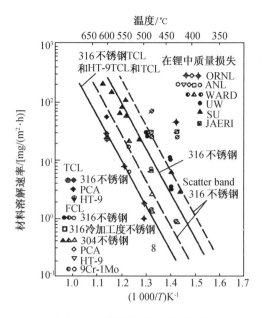

图 10.16　奥氏体钢和铁素体钢
在流动锂中的腐蚀数据

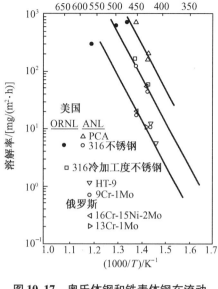

图 10.17　奥氏体钢和铁素体钢在流动
Pb－17Li 含量中的腐蚀数据

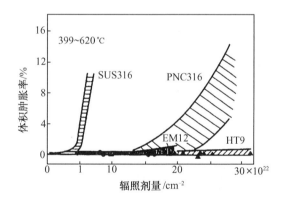

图 10.18　各种材料的辐照肿胀与辐照剂量的关系

（SUS316、PNC316 为奥氏体钢；

EM12、HT9 为铁素体钢）

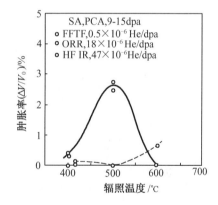

FFTF—快中子试验装置；

ORR—橡树岭研究堆；

HFIR—高通量同位素反应堆。

图 10.19　固溶退火钢 PCA 在混合谱
和快中子堆中的肿胀随温度的变化

　　辐照脆化是结构合金最关键的可行性问题。大多数合金在相当于几 dpa 的中子注量辐照后屈服强度增加很大而塑性减小很多。塑性减小通常对应变速率敏感。低应变速率（～10^{-4} s^{-1}）拉伸试验对应于正常负荷,而高应变速率和如 Sharpy 冲击实验对应于等离子体破裂时的负荷。图 10.20 显示了在橡树岭研究堆上开展的特定谱实验（模拟聚变堆 He/dpa速率）数据。在温度为 100～400 ℃ 时,固溶退火和冷加工奥氏体钢在辐照到 7 dpa 时,屈服强度就增加到约 800 MPa,固溶退火材料在 200～400 ℃ 时均匀延伸率由 30% 急剧降到 0.3%,

在 $T < 400$ ℃时冷加工材料的均匀延伸率降到小于 1%，然而在 300 ~ 400 ℃时总延伸率仍然为 2% ~ 3%。

Odette 和 Lucas 总结了奥氏体钢断裂韧性的辐照效应，如图 10.21 所示，温度范围在 370 ~ 430 ℃，少数试验在高应变速率下完成，没有很好地表明高应变速率在关键性温度范围 200 ~ 350 ℃时的辐照效应。数据表明，断裂韧性在几 dpa 后明显减少，在 400 ℃时低应变速率试验 10 ~ 30 dpa 时结果达到饱和，有限的焊接样品辐照效应表明断裂韧性低于基体。高氦浓度效应尚不清楚。

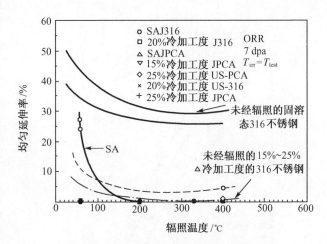

图 10.20 奥氏体钢在 ORR 堆辐照后的均匀伸长与辐照温度的关系

辐照疲劳特性的测量非常困难。辐照后的疲劳数据表明辐照影响适中。Grossbeck 研究了奥氏体钢的辐照蠕变性能。图 10.22 显示了在特定谱条件下 60 ℃的辐照蠕变速率高于在较高温度下的蠕变速率。

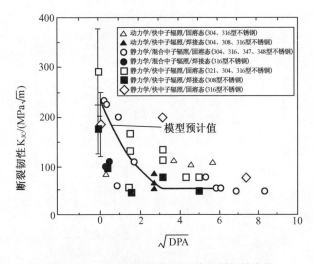

图 10.21 奥氏体钢在辐照下的断裂韧性变化

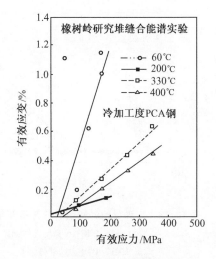

图 10.22 冷加工奥氏体钢在 ORR 堆中的辐照蠕变

10.2.2 铁素体/马氏体钢

裂变快堆中用作燃料包壳的含有 8% ~ 12% Cr 的马氏体钢是聚变堆第一壁/包层候选材料。这些合金以 HT - 9(Cr12% Mo1% 合金)和欧洲合金 MANET(Cr12% Mo0.5% 合金)为基础。现有改性包括 8% ~ 9% Cr - 1% ~ 2% Mo 和低活化的 8% ~ 9% Cr - 2% W 的合金，其中除去了钼和少量铌和镍。目前倾向于 8% ~ 9% Cr 合金，因为辐照引起的塑脆转变温度

(DBTT)的位移与 Cr 含量的关系如图 10.23 和表 10.4、10.5 所示,Cr 含量在 9% 时辐照引起的 DBTT 位移最小。

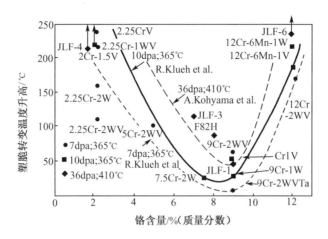

图 10.23　低活性铁素体钢在 FFTF 中子照射下的
DBTT 增加量与 Cr 含量的关系

表 10.4　在 FFTF 中辐照的 Cr – W 钢的打击性质(辐照温度为 365 ℃)

合金名称	辐照剂量	DBTT[①]/℃	ΔDBTT/℃	上下平台能量/J	ΔUSE/%	$\Delta\sigma_y$[②]/MPa
$2\frac{1}{4}$CrV	0	14		10.0		
	7.4	250	236	4.2	−58	301
	16.2	310	296	2.1	−79	278
	22.5	349	335	3.6	−64	234
$2\frac{1}{4}$Cr – 1WV	0	−28		11.8		
	7.4	192	220	5.6	−53	281
	16.2	238	266	2.8	−76	333
	22.5	261	289	3.3	−72	281
$2\frac{1}{4}$Cr – 2W	0	−19		9.2		
	7.4	140	159	4.6	−50	245
	16.2	230	249	3.9	−58	287
	23.7	232	251	5.2	−43	238
$2\frac{1}{4}$Cr – 2WV	0	4		9.1		
	7.4	111	115	5.2	−43	182
	16.2	145	141	4.2	−54	303
	23.7	152	148	4.5	−51	304
5Cr – 2WV	0	−70		9.2		
	7.7	33	103	6.5	−29	192
	16.7	45	115	6.0	−35	220
	23.9	49	119	7.6	−17	202
9Cr – 2WV	0	−60		8.4		
	7.7	8	68	6.4	−24	161

表 10.4(续)

合金名称	辐照剂量	DBTT[①]/℃	ΔDBTT/℃	上下平台能量/J	ΔUSE/%	$\Delta\sigma_y$[②]/MPa
	16.7	−32	30	6.3	−25	148
	23.9	−8	52	6.3	−25	156
9Cr−2WVTa	0	−88		11.2		
	6.4	−84	4	8.6	−23	125
	15.4	−74	14	8.5	−24	155
	22.5	−67	21	9.6	−14	166
12Cr−2WV	0	−18		8.3		
	6.4	156	174	5.9	−29	335
	15.4	125	133	4.8	−42	344
	20.8	128	136	4.5	−46	398

注:①在上下平台间的一半能量水平处评价冲击性能。

②在一些参考文献未发表的数据中辐照到 7 dpa,16~17 dpa 和 25~29 dpa 所引起的屈服应力的升高。

表 10.5　在 FFTF 中辐照的 Cr−W 钢的冲击性质(辐照温度为 393 ℃)

钢	热处理	DBTT/℃	ΔDBTT/℃	USE/J	ΔUSE/%
$2\frac{1}{4}$CrV	HT1	36		9.4	
	HT1 − Irrd	287	251	1.4	−85
	HT2	−24		10.9	
	HT2 − Irrd	261	285	2.4	−78
$2\frac{1}{4}$Cr−1WV	HT1	−5		9.7	
	HT1 − Irrd	216	221	2.4	−75
	HT2	−32		9.0	
	HT2 − Irrd	228	260	3.2	−64
$2\frac{1}{4}$Cr−2W	HT1	−48		9.6	
	HT1 − Irrd	176	224	5.0	−48
	HT2	−56		11.5	
	HT2 − Irrd	155	211	8.8	−23
$2\frac{1}{4}$Cr−2WV	HT1	0		9.7	
	HT1 − Irrd	138	138	8.0	−18
	HT2	−52		11.0	
	HT2 − Irrd	152	204	4.8	−56
5Cr−2WV	HT1	−80		10.0	
	HT1 − Irrd	111	191	8.0	−20
	HT2	−112		11.7	
	HT2 − Irrd	21	133	8.0	−32
9Cr−2WV	HT1	−60		9.4	
	HT1 − Irrd	−28	43	8.0	−15

表 10.5（续）

钢	热处理	DBTT/℃	ΔDBTT/℃	USE/J	ΔUSE/%
	HT2	−63		9.5	
	HT2 – Irrd	−14	49	8.1	−15
9Cr – 2WVTa	HT1	−88		9.7	
	HT1 – Irrd	−45	43	8.9	−8
	HT2	−80		10.1	
	HT2 – Irrd	−53	27	8.4	−17
12Cr – 2WV	HT1	−50		9.0	
	HT1 – Irrd	83	133	6.0	−33
	HT2	−59		9.9	
	HT2 – Irrd	77	136	5.7	−42

注:HT1—经正火和回火的 15.9 mm 厚的板;HT2—经正火和回火的 3 mm 的棒;Irrd—辐照到 14 dpa。

　　这类合金的主要特点是比奥氏体钢有更好的抗肿胀性能,更好的热应力因子和液态金属腐蚀行为,还有大量的基本性能和辐照性能数据库。主要的设计问题是困难的焊接特性,包括焊后热处理、辐照脆化、工作温度有限制和铁磁性质。

　　为了改进这类合金的性质,它们在正常或退火条件下使用。其性能对热机械处理十分敏感,如典型的工艺是 950 ~ 988 ℃退火 2 小时,然后 1 070 ℃退火半小时,最后 750 ~ 780 ℃退火 2 小时。温度变化 20 ~ 40 ℃时性能变化很大,退火时间变化时性能变化也很大。为了获得好的焊接效果,通常需要焊接前后 725 ℃及时的热处理。焊接前后热处理的小变化对其性能有较大影响。

　　铁素体/马氏体钢热应力因子和热蠕变性能是重要的性能比较指标。图 10.12 和 10.13 表示了铁素体/马氏体钢和钒合金的热应力因子和热蠕变性能的比较。较低的蠕变强度是这类合金工作温度的重要限制。但是图 10.24 表明 JFL1 等马氏体钢蠕变系数远远小于 HT − 9 的蠕变系数,9Cr − 2WVTa 马氏体钢具有较好的蠕变性能。

　　铁素体/马氏体钢和候选冷却剂及氚增殖剂之间化相容性与奥氏体钢类似或更好,和氦冷却剂的相容性没有设计限制。水腐蚀可以接受,应力腐蚀不像奥氏体钢那样需要考虑。如图 10.16 和图 10.17 所示马氏体钢在锂和 Pb – Li 合金中抗腐蚀性比奥氏体钢更好,允许界面温度比奥氏体钢高 50 ℃,在锂中的腐蚀速率受氮含量的影响。HT − 9 在锂环境下的疲劳性能也已作了研究,观察到了锂中高氮含量对疲劳性能的影响。马氏体钢和陶瓷氚增殖剂之间的相容性在允许的工作温度下不成问题。

　　马氏体钢的中子辐照效应是第一壁/包层结构的主要问题,其关键问题有辐照脆化和氦嬗变问题。由于高通量,没有现成的 14 MeV 中子源,聚变氦影响只能通过各种模拟实验。马氏体钢在 400 ~ 650 ℃快中子辐照到 70 dpa 时有较强的抗辐照肿胀。然而在高通量同位素堆(HFIR)中辐照有很强的空洞效应,尤其是含有镍时。中子和镍的反应使得产氦速率接近聚变情况。这些数据的解释尚有争议,含镍合金的空洞和肿胀是由于较高的产氦速率引起的。即使有氦影响,马氏体钢的肿胀仍低于奥氏体钢。

　　中子辐照对于马氏体钢的力学性能有很大影响。图 10.24 显示了低注量(约 7 dpa,25 ℃)时这类钢有很大的屈服强度增加,同时观察到了额外的氦影响,尽管在低氦浓度、低注量(约 10 dpa)时饱和,但在 HFIR 中高氦浓度时没有发现饱和。在低应变速率时辐照对拉伸塑性的影响与屈服强度有关。辐照后高应变速率的 Charpy 冲击实验表明的塑脆转变温度(DBTT)的变化是马氏体钢的关键问题之一。合金成分、辐照注量、温度和模拟氦影响的效应都已得到研究。图 10.25 表示了 MANET 合金的 DBTT 随辐照温度的变化。现有数据表明 12Cr 和 9Cr 合金的变化相似,但 9Cr 钢的 DBTT 变化较小。合金在 HFIR 辐照后的 DBTT 变化比在快堆中大。含镍的合金产生更高的氦浓度,表现出更大的 DBTT 位移。图 10.26 和图 10.27 列出了这些效应的现有数据。氦影响决定了 DBTT 位移量。低活化成分(9Cr – 2WVTa)的有限数据表明在低注量时 DBTT 位移较小,在 FFTF 中辐照到 28 dpa,辐照温度为 365 ℃,DBTT 的位移量仅为 25 ℃。两种马氏体钢在 FFTF 堆快中子辐照下的拉伸性能和 DBTT 与损伤剂量 dpa 的关系表示在图 10.28 和图 10.29 中,辐照温度为 365 ℃。

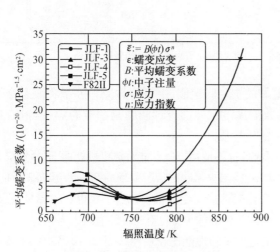

图 10.24　在 JFL 和 F82H 钢中
平均蠕变系数与温度的关系

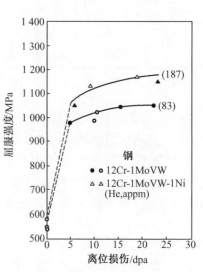

图 10.25　氦浓度对马氏体钢
屈服强度辐照效应的影响

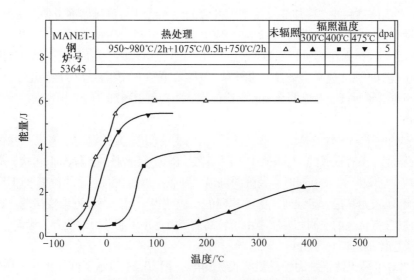

图 10.26　辐照效应对 MANET 钢冲击性能的影响

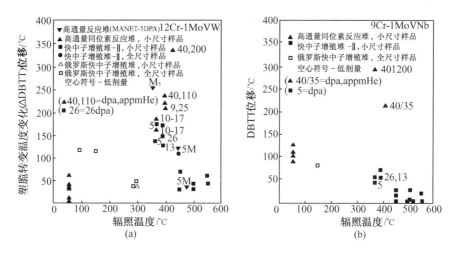

图 10.27　辐照温度和氦对 12Cr 马氏体钢和对 NCR 钢冲击性能的影响

(a) 对 12Cr 马氏体钢；(b) 对 NCR 钢

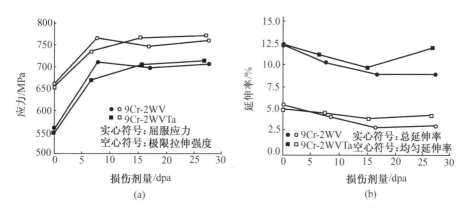

图 10.28　9Cr－2WV 和 9Cr－2WVTa 在 FFTF 中 365 ℃辐照的拉伸性能与 dpa 的关系

　　虽然屈服强度和极限强度在 10 dpa 之前已达到饱和而 DBTT 的位移量并没有饱和的迹象，继续随损伤剂量增加而增加，但是变化量与其他钢种相比是最小的，尚不能确定这是由于成分改变或低镍低产氢量合金中的高杂质。辐照温度对于六种钢的 DBTT 位移量的影响表示在图 10.30 中，DBTT 的位移量随辐照温度增加而减小，唯有 9Cr－2WVTa 钢的 DBTT 位移量随辐照温度增加而稍有增加，这可能是溶解的 Ta 升高了断裂应力或改变了流动应力的行为。在 9Cr－2WVTa 中钨和钽的组合比 9Cr－1MoVNb 中的钼和铌的组合更能够导致高的断裂应力。

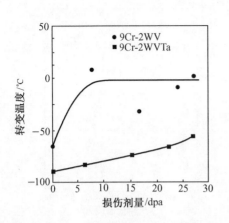

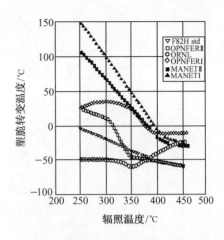

图 10.29　9Cr－2WV 和 9Cr－2WVTa 在 FFTF 中 365 ℃辐照的冲击性能与 dpa 的关系　　　**图 10.30　六种钢在 HFR 中辐照到 0.8 dpa 的冲击性能与辐照温度的关系**

　　模拟氦含量对 DBTT 位移的影响是个关键性问题。

　　(1)在氦含量浓度约为 10^{-4} 和辐照温度高于 300 ℃时存在明显的氦效应,如表 10.6 和 10.7 所示,氦含量影响 DBTT 的位移。但是模拟产氦量时在样品中添加了 ^{10}B 和 Ni,而这些 ^{10}B 和 Ni 的含量与不含这些 ^{10}B 和 Ni 的样品相比明显地使延伸率降低。因此 DBTT 的位移是二者的结合,有氦的效应,亦有添加物的效应。

表 10.6　低活性 Cr－Mo 钢的辐照前后的拉伸性能

钢种	温度/℃	辐　　照		强度/MPa		延伸率/%	
		损伤剂量 /dpa	氦含量 ×10^{-6}	屈服强度	拉伸强度	均匀 伸长率	总延伸率
F82H－Std	300			522	603	3.0	12.0
(8Cr－2WVTaB)	300	9	39	822	832	0.2	6.7
	400			464	532	2.8	11.6
	400	12	41	646	677	0.9	7.2
F82H－Mod	300			438	498	0.5	3.2
(8Cr－2WVTa)	300	5	2	765[①]	777	0.5	6.1
	400					0.8	3.5
	400					0.9	5.0
9Cr－2WVTa	400			715	817	1.6	4.5
	400	11	5	963	983	1.6	5.8
9Cr－2WVTa－2Ni	400			733	824	1.6	4.3
	400	11	114	1 034	1 075	0.6	5.7

①数据采用另一个高通量同位素反应堆辐照实验。

表 10.7　低活性 **Cr－Mo** 钢的辐照前后的冲击性能

钢　种	辐照温度 /℃	辐照		DBTT/℃	ΔDBTT/℃	USE/J
		损伤剂量/dpa	氦含量/×10^{-6}			
F82H－Std	未辐照			－103		12.3
（8Cr－2WVTaB）	300	10	40	56	159	7.9
	400	12	41	14	117	9.7
F82H－Mod	未辐照			－82		10.8
（8Cr－2WVTa）	300	9	4	70	152	8.3
	400	11	4	64	146	8.3
9Cr－2WVTa	未辐照			－94		10
	400	11	5	－15	79	6.5
9Cr－2WVTa－2Ni	未辐照			－113		10.8
	400	11	115	21	133	n/m

（2）当辐照温度低于 300 ℃时，辐照对 DBTT 的位移正比于材料中的氦含量，如图 10.31 所示，^{10}B 嬗变为氦量与辐照剂量的关系如图中虚线所示，氦含量首先快速上升，但随着 ^{10}B 含量随燃烧而迅速下降，氦含量渐趋饱和。对于不同 ^{10}B 含量的样品，辐照下 DBTT 的变化与 ^{10}B 产氦的关系都相一致，表明 DBTT 的变化正比于材料中的氦含量。因此在聚变环境下，当温度低于 300 ℃将产生严重问题，因为 14 MeV 中子产生的嬗变氦和氢与损伤剂量之比分别为 1×10^{-5} dpa 和 1×10^{-4} dpa，将引起 DBTT 的很大升高。所以需要避免低温运行。

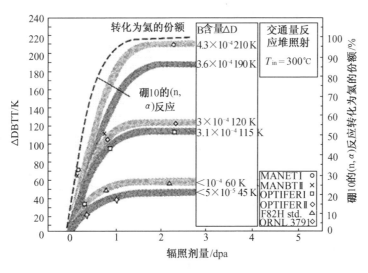

图 10.31　辐照下不同氦含理引起的 **DBTT** 变化的关系，
氦含量是辐照下 ^{10}**B** 嬗变为氦所产生，随辐照剂量而变化

（3）三束粒子辐照（氦束、氢束和铁重离子束）9Cr－2WVTa 钢在 350 ℃产生最大的硬化，如图 10.32 所示。Fe 离子的级联区与氦、氢的协同作用将引起严重硬化和损伤，将导致 DBTT 的升高。从单束粒子辐照，氦粒子辐照的硬度变化高于氢离子的硬度升高值，而铁离子辐照引起的硬度变化值高于氦离子辐照的硬度变化值，这是铁离子辐照损伤和附加的铁离子间隙

原子导致的硬化。当铁离子和氢离子双束辐照时,其硬度变化值低于铁离子单束辐照的变化值,表明氢离子和其产生的空位能松弛铁间隙原子的应力;而氦与铁的双束粒子辐照却增强硬度的变化。在铁、氦和氢三束辐照情况下则产生最大的硬度变化。这些效应需要结合微观结构观察来分析氢、氦和级联的协同作用。

辐照对疲劳的影响尚未得到仔细研究。即使在模拟加入氦的情况下,MANET 合金在辐照后疲劳实验中只有轻微的影响。但是对于氦离子注入到 250 ℃ 的 F82H 疲劳样品,氦浓度为 4×10^{-4},试验结果表示在图 10.33 中。对于较高的应变幅度,疲劳寿命到原来的 1/5;而对低应变幅度,疲劳寿命反而增加。这是因为高应变幅度,氦泡是裂纹萌生的源,容易萌生裂纹而影响疲劳寿命;对于低应变幅度,氦泡阻碍位错运动,因而增加疲劳寿命。

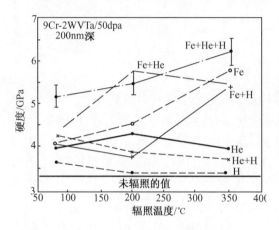

图 10.32　9Cr–2WVTa 钢以不同模式辐照到 50 dpa 的材料硬度与辐照温度的关系

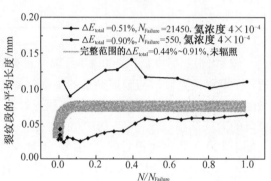

图 10.33　F82H 铁素体/马氏体钢在 250 ℃ 预注入 400 appm He 的情况下疲劳裂纹生长行为

10.2.3　钒基合金

钒合金是有吸引力的第一壁/包层材料,因为其具有高温潜力,长辐照寿期,高热通量和低活化性能。早期裂变增殖堆研究表明,钒合金中加入适量的钛可以抵制肿胀,主要集中在含有 3% ~7% 的 Cr 和 3% ~5% Ti 的固溶强化合金。主要候选材料有 V–5Cr–5Ti。目前该合金采用了典型的固溶退火处理(约 1 125 ℃,1 h),当然还可能有另外更好的处理方法。该合金的重要设计问题在于还缺乏使用难熔金属的经验,它们还需要在惰性气体保护下焊接,在高温下与非金属元素(O,N,H,C)作用,和其他合金类似的辐照脆化。

该材料资源充分、纯度高,具有各种合金成分下的二次加工工艺制品,如板、长管、线材等。由于较高的塑性,该合金的各种成分容易实现。由于钒在高温下容易与氧反应,工艺过程中应避免环境污染。尽管该合金的焊接数据有限,但该合金几乎可用各种融合工艺焊接。由于该合金为简单固溶体,它们对偏析不敏感,所以焊接可在惰性气体中完成。对于薄截面工件焊接后不需要热处理,对于厚截面工件需要进一步的工作去决定焊接参数。

表 10.3 和图 10.11 到图 10.13 表示了该合金和其他钢的物理、力学性能比较。图 10.12 和图 10.13 显示钒合金的热应力因子和蠕变性能优于其他钢。V–5Cr–5Ti 合金的值比 V–15Cr–5Ti 合金的值稍低。这类合金的强度可以通过少量成分的调整或热机械处理得到改进。关于疲劳性能只有少量数据,图 10.34 的结果表明 V–15Cr–5Ti 的疲劳性能优于奥

氏体钢。

钒合金的化学相容性由非金属元素(如氧)的相互作用所决定。这类合金与氦相容,但氦气必须加以纯化,并用有效的纯化方法保持纯度。有限的数据表明,在 300 ℃压水中钒合金抗腐蚀。V – 15Cr – 5Ti 合金抗腐蚀和应力腐蚀开裂,没有铬的合金抗腐蚀较差,抗腐蚀所需要的铬含量尚不明确。

钒对于纯锂可能还有 Pb – Li 合金都有高的抗腐蚀性。在高温下(高于 450 ~ 500 ℃)必须纯化残态金属防止非金属元素相互作用。钒合金在锂中的预期腐蚀量比钢低得多。在低温下这些反应速率可以

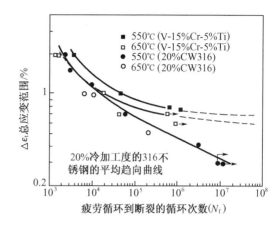

图 10.34　V – 15Cr – 5Ti 和 316 不锈钢的疲劳数据

控制以便在表面形成一个稳定的反应产物层(如氧化物),而使合金的腐蚀行为可接受。现尚需要进一步工作以明确可接受的条件。

作为结构材料钒基合金的中子辐照效应是个关键问题。这些效应中最主要的是辐照脆化和氦效应。对这些性质的乐观看法主要是因为其有利的基本力学性质和成分及热机械处理改进。钒合金中含有百分之几的钛中子辐照到约 100 dpa 时或离子辐照大于 200 dpa 时,具有较强的抗肿胀性。图 10.35 显示了在中子损伤剂量接近 100 dpa 时肿胀随含钛量的变化。合金预注入氦(7.4×10^{-5} ~ 1×10^{-4} 用氚衰变)肿胀行为与无氦时相似。合金中有大于 3% Ti 使肿胀行为得到改进。

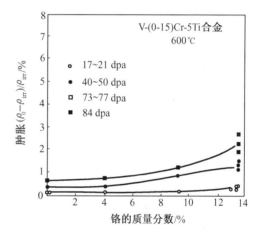

图 10.35　在 600 ℃辐照后 Cr 添加剂对 V – (0 ~ 15)Cr – 5Ti 合金肿胀的影响

在大多数试验合金中辐照增加屈服强度,降低塑性,在 20 dpa 时效应达到饱和,图 10.36 表示了各种 V – Cr – Ti 三元合金在 420 ℃辐照到 84 dpa 时的均匀伸长。除一种合金外所有伸长在 5% ~ 15% 的范围内。这些合金的均匀延伸率通常是总延伸率的 75%。对于 V – 3Ti – 1Si,V – 20Ti 和 V – 5Ti 在各种条件下氦预注入对拉伸性能的影响表明,只观察到氦的适度影响。

对于马氏体钢,辐照和氦含量对高应变断裂韧性的影响是主要问题。V – 15Cr – 5Ti 和 V – 10Cr – 5Ti 合金在 420 ℃辐照到 44 dpa 时 DBTT 有较大的变化(约 220 ℃)。如图 10.37 所示,Loomis 观察到 V – Cr – Ti 合金的 DBTT 随成分而变。这些数据表明在 3% ~ 10% Cr + Ti 时 DBTT 最小为 –200 ℃。如 V – 5Cr – 5Ti 的未辐照 DBTT 小于 –200 ℃。由于能得到辐照数据的合金趋势与未辐照的合金相似,可以预测含有 3% ~ 10% 的 Cr + Ti 时 DBTT 将低于室温。评估这一可能性和氦含量效应的实验正在取得进展。

合金的辐照疲劳数据尚且有限。疲劳数据只限于辐照和试验。Van Witzenburg 证明 V – 3Ti – 1Si 和 V – 5Ti 合金即使在模拟氦含量水平超过聚变堆情况时以及辐照到 7 dpa 时,对辐

照后裂纹生长的影响也很小。关于疲劳性能的辐照效应还需要进一步评估。

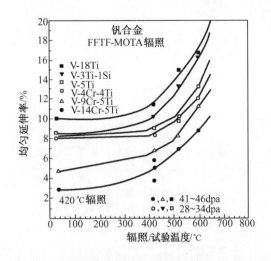

图 10.36　辐照 30 ~ 40 dpa 后钒合金的
均匀伸长

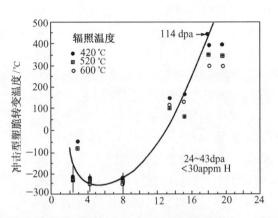

图 10.37　钒钢在 400 ~ 600 ℃辐照到
24 ~ 43 dpa 时的塑脆转变温度

10.3　级联碰撞与氢、氦的协同作用

聚变中子对材料的辐照效应,如硬化、脆化、断裂、肿胀和辐照蠕变等已经结合裂变堆的材料辐照进行了广泛的研究。聚变堆包层中的辐照状况在性质上类似于快堆堆芯中的情况,但是由于两者的中子能谱及来自(n,p)和(n,α)反应的气体(尤其氦)生成率不同,两者的辐照效应有重大差异。经计算,中子辐照不锈钢所产生的 dpa,在聚变堆中有 75% 是由能量大于 5 MeV 的中子产生的,而在裂变堆中这一部分只占 5%。不锈钢中氦浓度与 dpa 之比,快中子增殖堆是 1.2×10^{-7} dpa,而聚变堆是 $(1 ~ 2) \times 10^{-5}$,氢浓度与 dpa 的比值在聚变堆中高达 1×10^{-4} ppm/dpa。高的氦和氢的产生率,除加速脆变外,还将导致不同的空洞和气泡的成核状况,关键是级联碰撞与氢、氦的协同作用。带电粒子辐照模拟,费用较低,较易于达到高的 dpa,在辐照损伤机理研究和抗辐射材料的筛选中是有力的工具,但和裂变中子一样,它们的数据都不能直接应用于聚变堆设计。

聚变中子的直接实验研究工作受到中子源强的限制,如 LLNL 的 RTNS – Ⅱ的最大源强达到 10^{13} s^{-1},大多数研究工作都在注量 $10^{21} ~ 10^{22}$ m^{-2}($10^{-4} ~ 10^{-2}$ dpa)下进行。主要研究 D – T 聚变中子辐照损伤引起缺陷结构的演变;研究宏观性质的变化与注量及微观缺陷之间的关系;研究聚变中子和裂变中子及带电粒子辐照损伤引起的缺陷结构及其演变过程的异同点,试图在它们之间找出相互关联关系,将模拟技术的实验数据应用于聚变堆的辐射环境下材料性能的评估。

Muroga 等用 100 MeV 镍离子(最高剂量是 3.2×10^{18} m^{-2})、30 MeV 碳离子(最高剂量 6.3×10^{21} m^{-2})和 14 MeV 中子(最高注量 8.5×10^{21} m^{-2})辐照铜样品,测量不同损伤剂量下的缺陷团密度,表明缺陷团的密度与子级联的密度相一致,实验数据和计算数据分别表示在图 10.38,10.39 和 10.40 中。他们还研究了在纯镍中空洞肿胀与聚变中子和裂变中子的关系,在各种不同温度下用聚变中子(RTNS – Ⅱ)和裂变中子(JOYO)辐照。一般情况是聚变中子产生的空洞比裂变中子大,不同温度辐照下空洞密度、肿胀与中子注量、损伤计量间的关系表示在图 10.41 和 10.42 中。从图 10.41 的空洞密度和肿胀与中子注量的关系来看,无法建立两类辐照间的关系;而从图 10.42 中以损伤剂量 dpa 作单位表明空洞密度与损伤剂量间有较好的关系,这是和子级联密度与 dpa 关系相关的。而聚变中子辐照肿胀量远大于快中子辐照的肿胀量,这与聚变中子在材料中氦和氢的产生量远高于快中子的产氦量有关,即由聚变中子和快中子产生的 PKA 的能谱和 PKA 产生子级联数目的关系式(4.93)来预计空洞平均大小与损伤剂量 dpa 的关系与实验结果表示在图 10.43,结果比较一致;而相应的肿胀量的大小差别较大,如图 10.44 所示。对于 4% 冷加工样品,快中子辐照对冷加工样品辐照肿胀的抑制效应不明显,而对聚变中子辐照,观察到了冷加工态有明显的空洞抑制效应,这是高位错密度和高的氦浓度导致空洞密度增加、尺寸变小的结果。

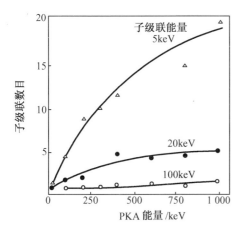

图 10.38　铜中子级联数目
与 PKA 能量的关系

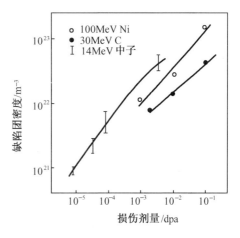

图 10.39　Ni 离子、C 离子和 14 MeV 中子
辐照铜中的缺陷密度与损伤剂量 dpa 的关系

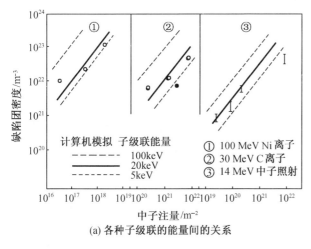

(a) 各种子级联的能量间的关系

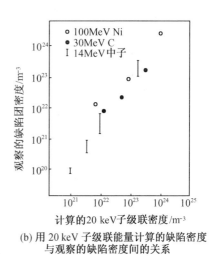

(b) 用 20 keV 子级联能量计算的缺陷密度
与观察的缺陷密度间的关系

图 10.40　观察的缺陷密度与计算的子级联密度

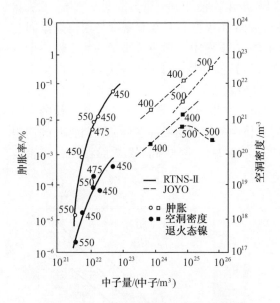

图 10.41　RTNS－Ⅱ和 JOYO 中子辐照退火
态纯 Ni 的空洞密度和肿胀与中子能量
（$E > 0.1$ MeV，JOYO）的关系

（辐照温度用数字标在图上）

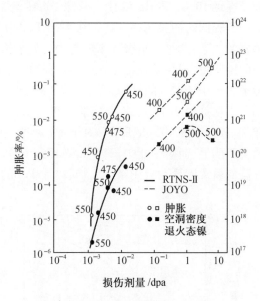

图 10.42　经 RTNS－Ⅱ和 JOYO 中子
辐照退火态纯 Ni 的空洞密度和肿胀
与损伤剂量 dpa 的关系

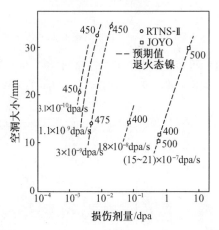

图 10.43　RTNS－Ⅱ和 JOYO 中子辐照
退火态纯 Ni 的空洞大小与
损伤剂量 dpa 的关系

（虚线是计算预期的空洞大小－损伤剂量关系，
图上数值是辐照温度和损伤剂量率 dpa/s）

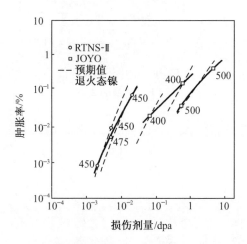

图 10.44　RTNS－Ⅱ和 JOYO 中子
辐照退火态纯 Ni 的肿胀与
损伤剂量 dpa 的关系

（虚线是计算预期的肿胀－损伤剂量关系）

　　如 4.5 节所预期的那样，14 MeV 中子所产生的 PKA 中能量高于子级联阈值能量 T_{sc} 的 PKA，将按式（4.93）产生 $n_{sc}(T)$ 个子级联，其中 T 是 PKA 的能量。所以那些高能的 PKA 都将分解为若干个子级联，这些子级联是独立的损伤单元。如图 10.40 所示，缺陷团浓度的实验值对应着计算的子级联的浓度，所以 14 MeV 中子的 PKA 能谱只不过是产生更多的像子级联那样的缺陷团，与快中子产生的 PKA 的级联形成的缺陷团是相似的，都是随 dpa 增加子级联

浓度增加。这是 14 MeV 中子辐照与快中子辐照的相似之处,不同之处是 14 MeV 中子产生大量的氦和氢。在相同的缺陷浓度下,聚变中子产生的空洞尺寸和肿胀大于快中子的空洞尺寸和肿胀,这可能是嬗变氢和氦量以及损伤速率的差别所引起的。

现在来考查氢、氦的作用,为分析方便起见,进行氢和级联、氦和级联、氢氦与级联的三种情况的对比试验,考查氢、氦与级联作用的各自特性,由此分析氢、氦在级联中它们各自的作用和影响。14 MeV 中子辐照 316 不锈钢材料将产生 (n, α)、(n, p) 核反应,质子和 α 粒子具有出射能谱,其平均能量为 1.5 MeV,所以采用 1.5 MeV 质子和 1.8 MeV α 粒子辐照 316 不锈钢模拟嬗变粒子在材料中的行为。实验用的 316 不锈钢的成分如表 10.8 所示。

表 10.8 316 不锈钢的成分表

元素	Cr	Ni	Mo	Mn	C	Si	S	P	N	O	Fe
百分分数%	17.22	14.14	2.25	1.41	0.025	0.29	0.015	0.017	0.032	0.01	余量

固溶态的位错密度小于 10^{10} cm^{-2}。质子束流为 10^{-11} μA,样品 C_1 和 C_2 的总通量分别为 2.65×10^{19} cm^{-2} 和 2.66×10^{18} cm^{-2}。对于 1.8 MeV α 粒子束,样品 B 上的总通量为 $5.705 \times 10^{17} \alpha/\text{cm}^2$,辐照温度为 (500 ± 10) ℃,实验装置如图 10.45 所示。辐照粒子不断对样品加热,样品温度升高。样品背面与样品架有良好的接触,为了保证样品表面温度为 500 ℃,我们通过对样品架进行水冷却和加热以调节样品的温度,因此沿着样品厚度方向有一个温度梯度。采用截面技术,观察入射粒子在不同深度位置所引起的微观结构的变化,对于 α 粒子辐照,代表着不同的 He/dpa(He 量与损伤剂量 dpa 比值)下的微观结构的行为。

(1)对于 1.5 MeV 质子辐照 0.2 mm 厚度的 316 不锈钢样品,质子的射程是 11.9 μm,可是在整个样品厚度的截面上都有约 2 nm 的气孔(如图 10.46 所示)。样品厚度超过射程 16.7 倍。

(2)对样品 C_1、C_2 和 B 的正面和背面都进行 X 射线衍射测量,在 B 样品上没有发现新相。可是在 C_1 和 C_2 样品的正面和背面进行 X 射线衍射测量,都发现大量新相,如图 10.47 所示,其中 Cr_2O_3 相最强,$(CrFe)_2O_3$ 相其次,其余还有 $(Fe_5C_2)_{28}N$(较弱)、$(CrMo)N$(弱)、$(Fe_2Mo)_{12}H$(很弱)、$(FeNi)_9S_8$

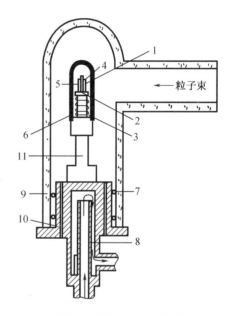

1—样品;2—样品支架;3—电加热器;
4—在样品表面上的热电偶;
5—在样品支架上的热电偶;
6—热屏;7—密封圈;8—冷却水通道;
9—石英靶室;10—出线密封支架;11—热导柱。

**图 10.45 带电粒子辐照
装置的样品靶室**

(很弱)等,它们都是 O,N,S,C 与基体元素 Fe,Cr,Ni,Mo 的化合物。通量越高,新相的衍射线强度越强。样品 C_1 的正面和背面的新相衍射线强度略有不同,C_1 正面对应的新相衍射峰值略高于样品 C_1 背面的值。C_1 正面的 Cr_2O_3 主峰值($2\theta = 24.4°$,$2\theta = 54.7°$)分别为样品主峰值 12% 和 13%,背面的 Cr_2O_3 对应主峰值分别为样品主峰值 9% 和 11%。样品 C_2 正面的 Cr_2O_3 主峰值分别为样品主峰值 3% 和 4%。这是由于氢沿梯度扩散并置换 O,N,S 等气

体,它们不仅与 H 结合成小气泡,还与基体原子 Fe,
Cr,Ni,Mo 等发生反应,形成新化合物的核,并不断
长大形成新相。因为氢原子的半径最小,处于间隙
位置时晶体的自由能比其他原子处于间隙位置的
低,因此它很容易置换处于间隙位置的其他原子,使
其成为游离态原子。这些游离态原子在 500 ℃下与
基体原子 Fe,Cr,Ni,Mo 等发生反应,形成这些化合
物的核,这些核吸收同种化合物分子不断长大,从而
生成这种化合物的晶体结构,产生了新相。在 316
不锈钢中,氧原子半径较小,处于间隙位置的氧原子
最多,其次是 N,C,S。由于氢原子的置换,样品体内
氧原子较多。由于氧和铬的亲和力最大,辐照后体

**图 10.46　1.5 MeV 质子辐照样品的
截面微观象(放大倍数 700 000)**

内生成 Cr_2O_3 相最强。同时 C_1,C_2 样品中还出现 α' 相(Cr80% Fe20%)和 σ 相(CrFe50%)。
α' 相在 475 ℃时易形成;σ 相在 520 ℃时易形成。质子 500 ℃辐照加速了这些相的形成,而
α' 相是脆性相,将是很有害的。

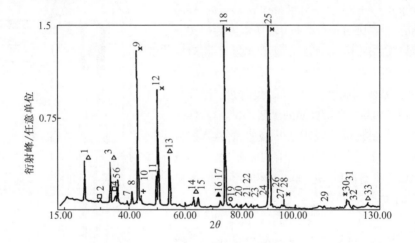

$*$ —母材衍射峰;$\triangle$ —Cr_2O_3 衍射峰;

$\bigcirc$ —$(CrFe)_2O_3$ 衍射峰;$+$ —$(Fe_5C_2)_{28}N$ 衍射峰;

$\blacktriangle$,$\square$ —$(Fe_2Mo)_{12}H$ 和 $(FeNi)_9S_8$ 衍射峰

**图 10.47　1.5 MeV 质子辐照 316 型不锈钢的 X 射线衍射谱,
损伤剂量 50 dpa,辐照温度为 500 ℃**

(3)1.8 MeV 的 α 粒子入射到样品中时,α 粒子只停留在表面层 3 μm 内(约 1.8 MeV α
粒子射程),气泡沿着入射深度的分布表示在图 10.48 中,其气泡的平均半径与深度的关系表
示在图 10.49 中,它类似于辐照损伤与深度的曲线。气泡平均尺寸的峰值区域接近于损伤峰
值区(Damage Peak Region DPR),位于 2.5 μm,小于 1.8 MeV α 粒子的平均射程(约
2.81 μm),因而在这区域氦含量不是太高。而在 α 粒子平均射程以后,氦含量是最高的,气
泡密度很高,而气泡尺寸很小。这表明了高损伤区与氦的协同作用。在损伤峰值区,空位浓
度是最高的,它使得级联的影响区更宽;而该区域的氦浓度不高,形核量不多,丰富的空位使

得气泡核生长。另外级联区和它的影响区互相重叠使气泡更大。协同作用的结果是气泡最大，气泡密度较低。与此对照的，在平均射程之后，氦量是丰富的，而损伤率较低，氦泡形核率很高，而空位浓度不足以使气泡长大，形成很密的小气泡。氦与级联易于形核，但必须有大量的空位使其长大。经计算 1.8 MeV α 粒子的最大射程是 3 μm，所以在 3 μm 以后，没有气泡。这表明氦不可能迁移很远，去置换出其他间隙气体形成新相。对于 1.8 MeV 的 α 粒子照射的样品 B，没有观察到任何新相。

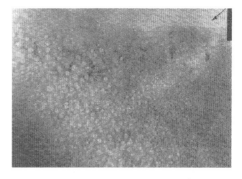

图 10.48　1.8 MeV α 粒子辐照 20%冷加工度的316 不锈钢内气泡沿入射深度的分布

（箭头表示入射粒子的方向，辐照温度 500 ℃，放大倍数 252 463）

由于氦离子只留在它的射程之内，所以低能氦离子照射很容易在表层内形成气泡，表层的热导下降，在连续的照射下温度不断增高，表层内氦气泡不断长大、合并，在气泡内压力不断增加下，表层温度不断升高，材料屈服强度就不断下降，导致表面起泡。由于表面起泡是不断发展的过程，有一个阈值剂量，超过阈值剂量就产生气泡。因此在阈值剂量上可以敏感地鉴别氢在氢氦混合束照射时是否有附加作用。实验装置如 10.50 所示，采用 30 keV 的氢氦离子混合束进行实验。样品是 316 不锈钢，其成分如表 10.8 所示，辐照温度为 500 ℃和 300 ℃，进行试验的条件和结果表示在表 10.9 和 10.10，以及图 10.51 中。

表 10.9　表面起泡的试验条件和结果

样品编号	照射条件和结果						
	离子种类	离子能量/keV	He/H	束流/(μA/cm²)	总剂量×10^{17} 离子/cm²	温度/℃	表面起泡情况
01	He⁺	38	—	30	4	500	稀少
02	He⁺	38	—	30	6.02	500	一些
#15	H⁺	38	—	40	70	500	没有
03	He⁺	27	—	20	4	300	没有
#6	He⁺	27	—	25	6.4	300	一些
#1	混合束	27	0.40	30	12.0	300	轻微
#5	混合束	27	0.34	30	21.2	300	轻微
#2	混合束	27	0.30	25	21.3	300	轻微
#4	混合束	27	0.20	30	32	300	中等
#3	混合束	27	0.12	30	53.3	300	严重

表 10.10　对于各种氢氦离子比和剂量下的表面气泡的平均直径和密度

样品编号	He 剂量 ×10¹⁷	总剂量 ×10¹⁷	离子比 He/H/%	气泡平均直径/μm	气泡密度 ×10⁶/cm⁻²
#6	6.4	6.4	没有 H	0.562	6.91
#2	6.4	21.3	0.30	0.641	20.7
#4	6.4	32	0.20	0.718	18.3
#3	6.4	53.3	0.12	0.680	38.1

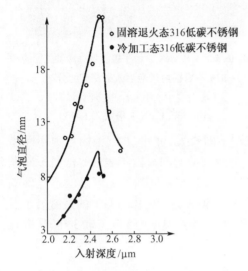

图 10.49　1.8 MeV α 粒子辐照 316 型
不锈钢在样品内气泡平均直径随入射
深度的关系(辐照温度 500 ℃)

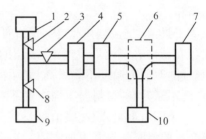

1—氢气体源;2—控制氢气流针形阀;3—针形阀;4—双等离子体源;5—加速管和聚焦棱镜;6—质量分析磁铁;7—靶室;8—控制氢气流针形阀;9—氢气体源;10—质量分析器。

图 10.50　氢、氦混合粒子束
辐照装置简图

　　从表 10.8 中可以看到氦起泡的阈值剂量,氢本身由于迁移速率很高不会引起表面起泡。但是在混合束中,达到同样的氦阈值剂量,氢的加入促进表面起泡。当氢氦离子比达到 8.3,表面起泡非常严重。在聚变堆中,无论是材料体内还是表面,氢氦离子比都大于 8.3,所以嬗变氢对微观组织的影响不可忽视,它不仅会引起金属合金相组织的变化,还会促进氦泡的长大。如图 10.52 和图 10.53 所示,27 keV 的氢、氦离子入射到 316 不锈钢中,氢、氦粒子和氢、氦离子产生的空位浓度沿样品深度的分布,表明氢、氦粒子的分布和氢、氦离子产生的空位浓度分布的峰值都互相有交叠,在氦泡中含有一定量的氢,氢的活性降低了氦泡的表面张力,促进气泡的长大;同时氢离子产生的空位浓度与氦离子产生的量是相当的,进一步增加气泡的生长。因此出现了像图 10.51 所示的结果。

　　万发荣研究了氢对 JFMS 试样的辐照肿胀的影响,试样经离子加速器注氢,再在超高压电子显微镜中进行电子辐照,观察辐照空洞的形成。图 10.54 为 350 ℃下电子辐照时形成的空洞的照片,没有注氢的试样的电子辐照量虽然比注氢试样的电子辐照量大,但空洞的数密度却低得多。这表明在铁素体/马氏体钢中氢的存在促进辐照空洞的形成。当增加辐照温度,注氢使得空洞的数密度增大,而且这种趋势随着辐照温度的升高而增强,其结果表示在图 10.55 中。一般情况下,氢在材料中,尤其在铁中很容易扩散。但如果材料中含有大量的空位缺陷,则氢的扩散将受到很大抑制。因为氢和空位有很强的相互作用,其结合能为

0.2~0.6 eV。反过来,空位的迁移由于氢与空位的相互结合,空位的迁移能将变大,同时空位和氢的结合所形成的复合体比较稳定地存在于材料中,这种复合体很容易成为空洞形核的位置。在低温辐照时,在没有注氢的试样中,空位的迁移比较困难,这些空位也可以成为空洞的核。因此低温下注氢对空洞形核的影响不太明显。高温辐照时,没有与氢相结合的空位很容易迁移,因而难以成为空洞的核,此时氢和空位的复合体对空洞形核的影响显得十分突出。因此,氢对辐照空洞形核影响开始变得重要时的温度,就是空位开始急剧迁移的温度。对于JFMS 的试样空位开始急剧迁移的温度为 300 ℃。氢对辐照肿胀的影响,主要是通过空洞形核而产生的。虽然注氢试样中的辐照空洞的尺寸小一些,但由于其数密度增加较多,结果还是增加了辐照肿胀。

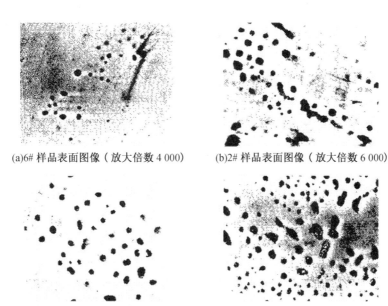

(a)6# 样品表面图像（放大倍数 4 000）　　(b)2# 样品表面图像（放大倍数 6 000）

(c)4# 样品表面图像（放大倍数 6 000）　　(d) 3# 样品表面图像（放大倍数 6 000）

10.51　混合束辐照样品表面起泡情况(SEM) 图像

空位与氢的复合体聚集成空洞时,空洞内聚集了不少氢,这些氢将降低空洞的表面能,促进空洞的生长,并且与不含氢的空洞生长有着不同的生长机制:一种是受位错的点缺陷阱偏压强度的支配;另一种则是受空洞内气体压力的支配。在注氢铁素体钢中观察到类似的两种不同的空洞长大机制。

铁素体钢在注氢后进行电子辐照,观察到辐照引起共格析出现象。在 JFMS,Fe－10Cr 和Fe－1Ni 合金中 350~450 ℃温度下进行注氢后电子辐照出现了 Cr,Ni 合金元素的偏析。氢离子高温辐照发现基体内固溶 Cr 浓度因氢离子辐照而减少。这种共格析出在 600 ℃温度下 4 h 出现分解。氢粒子在辐照中可能引起一些相的析出,如同质子辐照 316 不锈钢那样出现一些新相。

9Cr－2WVTa 马氏体钢用单束、双束、三束离子辐照,离子束为 3.5 MeV Fe^{2+},360 keV He^+ 和 180 keV H^+,辐照温度有 80 ℃,200 ℃和 300 ℃三种。这些照射产生各种缺陷,包括黑斑、位错环、线位错和气泡,它们导致硬化。图 10.31 比较了在 200 nm 深度处辐照到 50 dpa的单束、双束、三束后硬度值与辐照温度的关系。整个数据表明,三束产生最大硬化,随后依次是 Fe＋He,Fe,Fe＋H,He,He＋H, 和 H 束。一般氦增强硬化,如在三束和 Fe＋He 双束辐照的情形,特别是在 200 ℃辐照。另一方面,在 200 ℃以上 Fe + H 双束辐照与单束 Fe 相比,氢是减少硬化,但是在三束辐照中与 Fe + He 双束相比氢又是增强硬化。单束 He 引起硬化,而单束氢实质上除了在 80 ℃没有引起硬化。在铁的单束、双束(He 或 H)和三束辐照时,硬化随着辐照温度增加而增强。图 10.53 表明辐照引起的硬度和屈服强度变化的百分率是相似的量,在约 30 dpa 是 30% ,并且硬度随剂量增加而升高,峰值在 50 dpa。对于 9Cr – 2WVTa 马氏体钢在 10.2 节中表明屈服强度和 DBTT 随损伤剂量增加而连续地增加,这与三束实验相一致,而辐照硬化的峰值在 50 dpa,或许 9Cr – 2WVTa 马氏体钢的屈服强度和 DBTT 也在 50 dpa 达到峰值。这种变化可能反映了氢、氦和级联协同作用的结果。

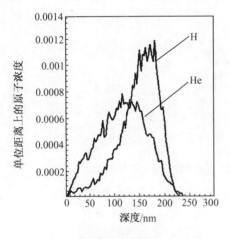

图 10.52 27 keV 氢、氦混合束在
样品中离子分布

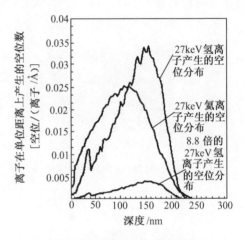

图 10.53 27 keV 氢、氦混合束在
样品中产生空位的分布

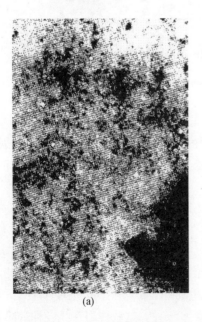
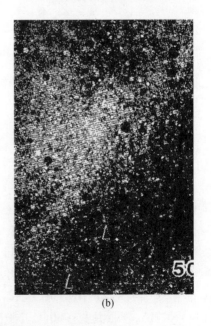

(a)   (b)

图 10.54 JFMS 试样在 620 ℃、电子辐照量为 10.7 dpa(左,未注氢试样)
和 4.7 dpa(右,室温注氢 6.2 × 10^{20} m^{-2}) 时的辐照空洞

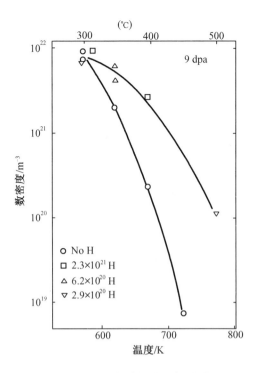

图 10.55　各种温度下辐照时
产生的空洞的数密度

参 考 文 献

[1] 唐纳德·奥兰德. 核反应堆燃料元件基本问题[M]. 李恒德, 译. 北京:原子能出版社, 1984.

[2] TOWNSEND P D, KELLY J C, HARTLEY N E W. Ion Implantation, Sputtering and their Application[M]. New York:Academic Press, 1976.

[3] FELDMAN L C, MAYER J W. Fundamentals of Surface and Thin Film Analysis[M]. Upper Saddle River:Prentice Hall, 1986.

[4] HAM F S. The Quantum Defect Method 1[J]. Solid State Physics, 1955, 1:130 – 135.

[5] 汤家镛, 张祖华. 离子在固体中的阻止本领、射程和沟道效应[M]. 北京:原子能出版社, 1988.

[6] DIENES G J, VINEYARD G H. Radiation Effects in Solids[M]. New York:Interscience Publishers, 1957.

[7] THOME L. Nuclear Physics Applications on Materials Science[M]. Recknagel, Soares J C (Eds.). Dordrecht:Kluwer Academic, 1988.

[8] THOMPSON M W. Defects and Radiation Damage in Metals[M]. Cambridge:Cambridge University Press, 1969.

[9] CHADDERTON L T. Radiation Damage in Crystals[M]. London:Methuen & Co Ltd, 1965.

[10] LEHMANN C. Interaction of Radiation with Solid and Elementary Defect Production[M]. Amsterdam:North-Holland Publishing Company, 1977.

[11] LETEURTRE J, QUERE Y. Irradiation Effects in Fissile Materials[M]. Amsterdam:North-Holland publishing company, 1972.

[12] FREEMAN G R. Kinetics of Nonhomogeneous Processes[M]. New York:John Wiley & Sons Inc, 1987.

[13] RYSSEL H, GLAWISCHNIG H. Ion Implantation Techniques[M]. Berlin:Springer, 1982.

[14] MEGHREBLIAN R V, HOLMES D K. Reactor Analysis[M]. New York:McGraw-Hill Book Company, 1960.

[15] CARSLAW H S, JAEGER J C. Conduction of Heat in Solids[M], 2nd ed. New York:Oxford University Press, 1986.

[16] REIF F. Fundamentals of Statistical and Thermal Physics[M]. New York, McGraw-Hill Higher Education, 1965.

[17] COFFINBERRY A S, MINER W N. The Metal Plutonium[M]. Chicago:University of Chicago Press, 1961.

[18] 戴浩. 真空技术[M]. 北京:人民教育出版社, 1961.

[19] REID R C, SHERWOOD T K. The Properties of Gases and Liquids[M], 2nd ed. New York:

McGraw-Hill Book Company,1966.

[20] 斯莫尔曼. 现代物理冶金学[M]. 张人佶,译. 北京:冶金工业出版社,1980.

[21] GUPTA C K, KRISHNAMURTHY N. Extractive Metallurgy of Vanadium[M]. Amsterdam: Elsevier Science,1992.